建筑工程混凝土配合比研究与应用

中国水利水电第四工程局有限公司　编
徐银林　主编

黄 河 水 利 出 版 社
·郑州·

内 容 提 要

本书以中国水电四局承建的工程项目混凝土施工配合比为基础，主要介绍了水利工程、水电工程、轨道交通工程、公路工程、工业与民用建筑工程五个行业混凝土施工特点、配合比设计依据、配合比设计实施、配合比设计典型案例、配合比数据库建立、配合比现场应用及相关问题等内容。通过对不同行业、不同领域混凝土的探索、研究和创新，提炼出混凝土配合比核心技术，并汇编形成配合比数据库，为不同领域建筑行业技术人员了解和掌握混凝土配合比设计试验工作提供指导和借鉴。

图书在版编目(CIP)数据

建筑工程混凝土配合比研究与应用/中国水利水电第四工程局有限公司编；徐银林主编. —郑州：黄河水利出版社，2022. 2

ISBN 978-7-5509-3237-1

Ⅰ.①建…　Ⅱ.①中…　②徐…　Ⅲ.①混凝土施工-配合比设计　Ⅳ.①TU528.062

中国版本图书馆 CIP 数据核字(2022)第 028171 号

组稿编辑：杨雯惠　电话：0371-66020903　E-mail：yangwenhui923@163.com

出 版 社：黄河水利出版社　　网址：www.yrcp.com

地址：河南省郑州市顺河路黄委会综合楼 14 层　　邮政编码：450003

发行单位：黄河水利出版社

发行部电话：0371-66026940、66020550、66028024、66022620(传真)

E-mail：hhslcbs@126.com

承印单位：广东虎彩云印刷有限公司

开本：787 mm×1 092 mm　1/16

印张：28.5

字数：660 千字　　印数：1—1 000

版次：2022 年 2 月第 1 版　　印次：2022 年 2 月第 1 次印刷

定价：150.00 元

《建筑工程混凝土配合比研究与应用》
编写人员

主　　编　徐银林

副 主 编　张文山　乔世雄　王志军　王保法
　　　　　赵春雨　李万舒

参编人员　王　焕　盛海华　王新华　宋永杰
　　　　　李全意　胡宏峡　郑　凯　武学忠
　　　　　何　强　陈咸昌　韦灿强　宋忠利
　　　　　邓　茹　尹仕萍　米国宁　万丽萍
　　　　　路统帅

序 1

混凝土是人类建筑史上最伟大的发明。从广义的角度,混凝土起源可以追溯到远古时代,像古埃及、古罗马和我国古代,但是真正意义上的混凝土,应以1824年英国阿斯普丁(Joseph Aspdin)发明波特兰水泥后,并以波特兰水泥作为胶凝材料的混凝土开始。至1886年,美国首先用回转窑煅烧熟料,使波特兰水泥进入了大规模工业化生产阶段,此后随着水泥品种和性能的不断扩大与改进,为混凝土技术在工程中广泛应用准备了条件,成为现代社会不可缺少的重要的建筑材料。所谓混凝土配合比,其实就是组成混凝土的各种材料及它们之间的比例关系,混凝土配合比的设计是混凝土工程中一项很重要的工作,混凝土的各项性能,如混凝土拌合物性能、施工性能、硬化物性能等都会受它的成分配合比影响。配合比变动,混凝土各项性能也随之改变,直接影响混凝土工程的施工质量和工程成本。

在我国的建设和发展过程中,水利水电工程是混凝土应用和研究的大户,中国水电四局作为水电工程建设的主力军,从20世纪50年代的刘家峡水电站工程建设开始,截至目前,承担的已建和在建并以混凝土作为筑坝材料的大型水利水电工程有龙羊峡、拉西瓦、李家峡、三峡、小湾、向家坝、白鹤滩以及埃塞俄比亚泰克则等水电站工程50余座。在此过程中,为了达到混凝土高质量、高性能和经济性的要求,对每项工程混凝土施工配合比均开展了深入研究,取得了丰富的成果,掌握了混凝土及其配合比的核心技术,同时也收获了大量的混凝土配合比设计和施工方面的经验。三峡、公伯峡、小湾等众多工程捧得"鲁班奖""詹天佑奖""大禹奖""国家优质工程奖""火车头杯""菲迪克奖""国际里程碑奖"等国家和行业重要奖项;承建和参建的三峡、小湾、南水北调、京沪高铁、锦屏、小浪底6项工程入选"中华人民共和国成立70周年工程建设行业100项经典工程"。目前,随着国家各个领域基础设施的全面建设,中国水电四局施工项目在水利水电工程的基础上已向公路、铁路、城建、地铁、市政、水环境、风电、光伏等多领域全面发展,对混凝土施工技术、配合比的应用研究已向多领域、多元化方面拓展,无论是常态混凝土或泵送混凝土、碾压混凝土或高流态混凝土的研究和应用已向高性能、绿色化方向发展,均取得了一定成效。

本书以中国水电四局承建的工程项目混凝土施工配合比为基础，梳理总结了不同建筑领域混凝土施工配合比设计及应用技术，以便于更好地交流不同工程项目配合比设计思路和经验，推广或推动混凝土新技术、新材料、新工艺的应用和创新，相互学习借鉴不同行业、不同领域、不同工程项目、不同原材料品种、不同气候因素、不同环境和地质条件、不同设计要求、不同拌和设备、不同运输条件、不同浇筑施工措施及不同品种的混凝土配合比设计试验技术和应用方面的经验与措施，对不同领域建筑行业技术人员了解和掌握混凝土配合比设计试验工作具有一定的参考价值，对中国水电四局乃至我国各类建筑工程混凝土配合比技术的传承和发展具有重要意义。

中国工程院院士
清华大学副校长
水利系教授、博士生导师

2022年1月

序 2

配合比在很大程度上影响甚至决定着混凝土的各项性能。科学、合理的配合比是保证混凝土各项性能指标以及经济性的关键。混凝土技术发展至今,已经形成非常多的配合比设计方法,如美国的 ACI 标准、英国的 BS 标准、欧洲的 EN 标准等;我国国家标准 GB/T 50476 以及 JGJ 55、DL/T 5330、TB/T 3275 等行业标准中均提出了混凝土配合比设计的方法与要求。混凝土配合比设计不仅需要关注理论与方法的研究,考虑原材料性能、物料组成、施工工艺,以及服役环境对混凝土性能的影响规律,而且需要重视工程实践与经验的总结。

中国水电四局发轫于亚洲第一座百万千瓦级的刘家峡水电站,施工项目在水利水电工程的基础上拓展至公路、工程、城建、地铁、市政、水环境、风电、光伏等领域,对混凝土配合比、施工技术的研究已向多领域、多元化方面拓展,在常态混凝土、泵送混凝土、碾压混凝土或高流态混凝土的高性能化和绿色化方面的研究和应用均取得了一定成效。承建的众多国内外工程获“鲁班奖”“詹天佑奖”“国家优质工程金奖”“中国质量奖提名奖”“菲迪克奖”“国际里程碑奖”等重要奖项,是“国家高新技术企业”。

《建筑工程混凝土配合比研究与应用》一书从水利工程、水电工程、轨道交通工程、公路工程、工业与民用建筑工程等领域混凝土施工特点出发,从原材料要求、性能指标要求、控制要点、混凝土配合比试验前准备工作、混凝土配合比试验研究、混凝土配合比实际应用中易发生的问题及原因分析、混凝土施工过程中配合比调整优化等方面进行了详细阐述。对不同领域建筑行业技术人员学习和了解混凝土配合比设计试验工作具有一定的参考价值。

中国工程院院士
东南大学教授 刘加平

2022 年 1 月

前　言

20世纪60年代初，随着刘家峡、盐锅峡等水电站的开工兴建，中国水电四局已经展开对水工混凝土施工配合比的试验研究工作，以保证当时建设环境下施工要求和设计要求。但是对混凝土施工配合比开展深入研究是从20世纪80年代初修建龙羊峡水电站期间开始的，至今已有40年左右的历史了，由于龙羊峡水电站高寒缺氧、气候干燥、环境恶劣，对混凝土性能影响很大。针对当时工程情况、混凝土设计要求、施工要求、施工能力、混凝土外加剂所处的技术水平以及掺合料的品质和供应能力等，开展了DH型混凝土高效减水剂的研制与应用、高寒地区“双掺”混凝土减水剂及粉煤灰试验与研究、高效能混凝土复合减水剂DH3及SP169研究与应用等一系列新材料、新工艺课题研究，研究成果均在龙羊峡水电站施工中得到应用，提高了混凝土性能，取得了很好的技术和经济效益，其中DH型混凝土高效减水剂的研制与应用研究项目荣获1985年国家科委科技进步三等奖，高寒地区“双掺”混凝土减水剂及粉煤灰试验与研究荣获1986年青海省科技进步三等奖，高效能混凝土复合减水剂DH3及SP169研究与应用荣获1986年青海省科技进步二等奖。由上述研究取得的技术成果，以及由这些成果衍生出来的混凝土技术在20世纪90年代的李家峡水电站和万家寨水利枢纽工程中得到了推广应用，均取得很好的效果。受当时客观条件的制约，混凝土配合比设计过程中对粉煤灰等掺合料的应用还停留在废物利用、节约水泥、降级水化热温升等层面上，使用的粉煤灰多为Ⅱ级灰或Ⅲ级灰，品质较差且质量不稳定，在混凝土配合比设计应用上认识不足，存在很大的片面性，粉煤灰在混凝土中的作用未能得到很好发挥。直到20世纪末21世纪初，随着我国混凝土技术的发展和各种新型外加剂的出现，混凝土配合比设计理念得到极大转变，把粉煤灰等掺合料当作一种功能型材料来使用，在长江三峡、黄河拉西瓦、金沙江白鹤滩水电站等混凝土配合比设计中，结合工程的具体特点、施工要求和原材料特性，充分发挥减水剂和引气剂的作用效果，采取“两低一高”（高掺粉煤灰、低水胶比、低用水量）的配合比设计技术路线，使混凝土具备较低的温升、高的耐久性和好的工作性。与此同时，依托一些工程开展混凝土配合比深入研究，例如结合李家峡水电站开展了硅粉在大体积混凝土中的应用研究，于1999年荣获中国水电总公司科技进步三等奖；依托南水北调漕河特大型渡槽工程开展了特大型渡槽薄壁结构高性能混凝土抗裂防渗关键技术应用研究，于2008年荣获水利水电建设集团公司科技进步一等奖；结合拉西瓦水电站工程特点进行了保持混凝土含气量提高混凝土耐久性试验研究，于2009年荣获中国水利水电建设集团公司科技进步二等奖；依托龙江水电站进行了火山灰在双曲拱坝中的应用研究，于2011年荣获中国水利水电建设集团公司科技进步二等奖；依托向家坝水电站及溪洛渡水电站开展了改性PVA纤维在水工混凝土中的试验研究，于2013年荣获中国水利水电建设集团公司科技进步三等奖；依托玉树灾后重建工程进行了高海拔高寒地区冬季施工混凝土防冻性试验研究和人工砂石粉在泡沫混凝土中的应用研究，于2013年分别获得中国水电四局科技进步三等奖和中国水利水电建设集团公司科技进步三等奖。

在碾压混凝土配合比研究和应用方面，中国水电四局从1988年开始进行碾压混凝土试验研究和应用推广工作。自1986年在福建坑口建成我国第一座碾压混凝土重力坝后，这一新型筑坝技术得到了中国水电四局的高度重视，立即组织技术人员到福建大田坑口大坝现场学习。于1988年4月成立了中国水电四局碾压混凝土推广领导小组，同年选派专业技术干部到福州参加了首届碾压混凝土技术培训班。此后，推广小组和原水电部西北勘测设计院经过周密策划，提出了在龙羊峡左副坝采用碾压混凝土筑坝技术的可行性研究报告，从此拉开了中国水电四局碾压混凝土筑坝技术的序幕，开始进行碾压混凝土试验研究和应用推广工作，经过充分的准备工作，于1991年10月在龙羊峡左副坝进行了碾压混凝土生产性试验施工。截至目前，中国水电四局承建或参建的碾压混凝土工程达到20座，分别是青海龙羊峡左副坝（重力坝，坝高38 m）、甘肃张掖龙首水电站（拱坝，坝高80 m）、陕西岚皋蔺河口水电站（拱坝，坝高100 m）、广西百色水利枢纽（重力坝，坝高130 m）、长江三峡三期围堰（重力坝，坝高115 m）、云南江城戈兰滩水电站（重力坝，坝高113 m）、甘肃永登铁成水电站（重力坝，坝高44.8 m）、甘肃临洮海甸峡水电站（重力坝，坝高54 m）、越南昆嵩波来哥隆水电站（重力坝，坝高97 m）、贵州青隆光照水电站（重力坝，坝高20.5 m）、云南丽江金安桥水电站（重力坝，坝高160 m）、新疆富蕴喀腊塑克水电站（重力坝，坝高121.5 m）、四川雅安永定桥水库大坝（重力坝，坝高123 m）、陕西商南莲花台水电站（重力坝，坝高72.9 m）、云南云龙县功果桥水电站（重力坝，坝高105 m）、四川省雅砻江官地水电站（重力坝，坝高168 m）、四川宜宾县和云南水富县交界处向家坝水电站（重力坝，坝高162 m）、贵州六盘水市水城县善泥坡水电站（抛物线双曲拱坝，坝高119.4 m）、云南兰坪县黄登水电站（重力坝，坝高203 m）、陕西引汉济渭三河口水利枢纽（抛物线双曲拱坝，坝高141.5 m）。在上述所建的碾压混凝土大坝中，坝高100 m以上的14座，占70%，最大坝高达到200 m级。中国水电四局在碾压混凝土研究与应用过程中，随着国内外碾压混凝土筑坝技术而发展，曾先后经历了大VC值碾压混凝土铺筑碾压施工和采用"金包银"坝体防渗结构等筑坝技术，20世纪90年代后期改变了观念和思路，采用全断面碾压混凝土筑坝技术，发展到目前采用高石粉、低VC值的高性能碾压混凝土筑坝技术，建成了200 m级的碾压混凝土高坝。在此期间，中国水电四局在碾压混凝土配合比设计技术方面，随着我国碾压混凝土施工技术的发展而不断进行提高，在碾压混凝土研究和实践中，紧密结合工程所处的地域环境、气候条件、施工条件、原材料特性、骨料中石粉含量情况，提出了石粉含量对碾压混凝土性能影响试验方法，制定了水工碾压混凝土配合比试验程序，在碾压混凝土配合比设计和应用的实践中不断坚持实践—总结—提升—创新，形成了一套理论上成熟、技术上先进、操作过程简便、技术经济效益显著的水工碾压混凝土配合比试验工法，其中广西百色碾压混凝土主坝工程针对辉绿岩骨料导致碾压混凝土施工不利影响的技术难题，利用该工法开展了辉绿岩人工砂石粉在RCC中的利用研究课题，保证了工程的高质量快速施工，荣获2005年度中国电力科学技术奖三等奖。由于该工法核心内容为石粉掺量对碾压混凝土性能影响试验方法，后更名为石粉掺量对碾压混凝土性能影响试验工法。该工法于2006年被建设部确认为国家级工法。然而骨料中的石粉含量是影响水工碾压混凝土性能和质量的关键因素。根据石粉含量，确定混凝土配合比以及制订石粉含量控制方案，有利于提高混凝土工作性，加快施工进度，降低混凝土温升，提高耐久性能，同时可以获得明显的技术经济效益。2006年之后，本工法结合一些工程的特殊情况，在配合比设计试验方面，对石粉掺量对碾压混凝土性能影响试验工法进行了补充和完善，把石粉掺量作为碾压混凝土配合比设计的辅助条件，在通过试验研究分析骨料中石粉掺量与混凝土各项性能关系的基础上，进行碾压混凝土配合比最优化设计，成功解决了碾压混凝土拌合物性能、现场施工性能与硬化后各项性能之间的矛盾，使工法得到进一步提升，并于 2015 年被中国电力建设集团有限公司再次认定为电建工法。应用该工法，云南金安桥水电站、四川官地水电站、向家坝水电站二期工程、贵州善泥坡水电站、黄登水电站、陕西引汉济渭三河口水利枢纽工程等大坝碾压混凝土施工配合比设计试验结果均取得较好结果，其配合比参数设计合理、技术指标先进。其中在金安桥水电站工程，针对弱风化玄武岩骨料特性导致碾压混凝土施工不利影响的技术难题，进行了石粉在弱风化玄武岩骨料碾压混凝土研究与应用，保证了工程的高质量快速施工，该课题荣获 2010 年度中国水利水电建设股份有限公司科技进步三等奖，黄登水电站和三河口水利枢纽工程采用该工法进行碾压混凝土配合比设计，在施工后的坝体结构中分别取出了 24. 6 m 和 25. 2 m 长的碾压混凝土超长芯样，是先进的混凝土配合比技术与施工管理水平的综合体现。

实践推动着科研和创新，科研和创新成果引领混凝土配合比技术的发展，借助中国水电四局施工领域向多元化扩展的平台，针对不同领域混凝土设计要求、施工性能和功能要求等方面均进行了深入研究。目前，配合比设计试验核心技术在水利水电工程的基础上已向着公路、铁路、城建、地铁、市政、水环境、风电、光伏等诸多领域不断渗透和应用，同时朝着高性能化和绿色化方向全面发展。

为了总结不同领域混凝土施工配合比设计及应用技术，中国水利水电第四工程局有限公司编写了《建筑工程混凝土配合比研究与应用》一书，可以更好地交流不同工程项目配合比设计思路和经验，推广或推动新技术、新材料、新工艺的应用和创新，相互学习借鉴不同品种的水泥、骨料、掺合料、外加剂等原材料及不同品种的混凝土配合比设计试验技术和应用方面的经验与措施。

本书编写任务重、资料收集量大、涉及范围广、时间长，自 2020 年年初统筹编写至 2021 年年初编写完成，期间历经多次改稿完善。第 1 章概述及第 7 章总结由工程管理部编写完成，第 2 章水利工程混凝土配合比研究与应用由胡宏峡、郑凯等人编写完成，第 3 章水电工程混凝土配合比研究与应用由宋永杰、李全意等人编写完成，第 4 章轨道交通工程混凝土配合比研究与应用由武学忠、何强等人编写完成，第 5 章公路工程混凝土配合比研究与应用由王焕、陈咸昌等人编写完成，第 6 章工业与民用建筑工程混凝土配合比研究与应用由盛海华、韦灿强等人编写完成。各行业编写人员具有现场混凝土配合比设计及应用的丰富实践经验。

在此向各位编写人员及在编写过程中提出指导意见和宝贵建议的专家、领导、同事表达谢意。

由于编写任务量大、涉及范围广，限于编者的水平，未能深入分析研究之处，恳请读者朋友批评指正。

作　者

2021 年 12 月

目 录

第1章 概 述

1.1 建筑工程混凝土配合比发展历程

所谓混凝土配合比,其实就是组成混凝土的各种材料及它们之间的比例关系。由于技术水平原因,在不同历史时期组成混凝土的材料品种差异很大,其配合比的差异也非常大。混凝土配合比发展历程,随着混凝土技术的发展而发展,实质上就是混凝土的发展历程,如果从广义的角度,可以追溯到远古时代,像古埃及、古罗马和我国的古代,人们就探索用烧石灰、烧黏土、烧石膏及石灰加火山灰作为胶凝材料配制混凝土。

但是真正意义上的混凝土,应以1824年英国阿斯普丁(Joseph Aspdin)发明波特兰水泥,并以波特兰水泥作为胶凝材料的混凝土开始。随着水泥生产技术及强度的不断提高,水泥的品种不断扩大,水泥混凝土的应用才日益广泛,之后法国、英国、德国、美国、中国和日本先后建立了水泥厂,为混凝土工业开辟了新的一页。中国1876年在唐山开平煤矿附近设窑生产水泥,即唐山启新洋灰厂,为我国水泥工业之始,此时距波特兰水泥发明仅50年。1886年,美国首先用回转窑煅烧熟料,使波特兰水泥进入了大规模工业化生产阶段。此后水泥品种不断扩大,性能不断改进,为混凝土在工程中广泛应用准备了条件,成为现代社会不可缺少的重要的建筑材料。

在混凝土技术及相关理论方面,1850年,法国人兰伯特(Lambot)用加钢筋的混凝土做了小水泥船;1861年,巴黎花匠蒙耶(Monier)在水泥砂浆花盆中放置铁丝网,制成的花盆薄且强度大,由此蒙耶被称为钢筋混凝土结构的创始人;1887年,科伦(Koenen)发明了钢筋混凝土的计算方法,大大促进了混凝土的应用范围;1896年,法国人Feret提出了以孔隙含量为主要因素的强度公式;1918年,美国人阿布拉姆(Abram)通过大量试验建立的水灰比理论,则是混凝土材料性能研究的一次重要发展,随后就出现了配合比设计法和各种工艺规程,使混凝土强度、耐久性以至均匀性得到了保证,为混凝土材料可靠地在工程中广泛应用提供了依据;1928年,法国著名桥梁工程师弗瑞西奈(Freyssinet)提出了混凝土收缩、徐变理论,奠定了预应力钢结构混凝土的基础,发挥了混凝土与钢筋共同作用的复合功能,使长跨、高耸、重载等结构使用钢筋混凝土作为主体材料成为可能,这是混凝土技术的一次飞跃,大大推动了建筑工程的进步。

在混凝土外加剂方面,20世纪30年代末,美国发明的松脂类引气剂和纸浆废液减水剂使混凝土的耐久性、流动性得到前所未有的提高,在工程中迅速得到采用。1935年,美国的E. W. Scripture首先研制成以木质素磺酸盐为主要成分的减水剂,20世纪50年代开始在美国滑模混凝土、大坝混凝土和冬季施工混凝土中大量使用。1962年,日本花王石碱公司服部健一博士,首先研制成以β-萘磺酸甲醛缩合物钠盐为主要成分的减水剂,简称萘系减水剂,具有减水率高的特点,适宜于制备高强(抗压强度达100 MPa)或坍落度达

20 cm 以上的混凝土。随后 1964 年，联邦德国研制了磺化三聚氰胺甲醛树脂减水剂，该类减水剂与萘系减水剂同样具有减水率高、早强效果好、低引气量等特点，同时对蒸养混凝土制品和铝酸盐(主要为 C_3A)含量高的水泥制品适应性较好，能制备高强或大流动性混凝土。1986 年，日本触媒公司研发成功一种带有侧链的梳状分子结构的聚羧酸类减水剂，在 20 世纪 90 年代初形成产品并进入市场且得以迅速应用，克服了木质素磺酸盐类减水剂较强缓凝作用和萘类减水剂成本高、减水率低、坍落度损失快等缺点，被认为是外加剂发展史上的第三次飞跃，使混凝土朝着高性能、环境友好型、生态相容型等方向发展，促进了混凝土行业的健康发展。

混凝土配合比发展是随着混凝土施工技术的发展而发展的。在水泥混凝土技术发展初期，采用干硬性混凝土建造大体积的建筑物，用人工捣实的方法使混凝土密实。在钢筋混凝土发明之后，由于构件截面小、钢筋密，当时又缺乏捣实机械，所以采用塑性易成型的混凝土，这样的混凝土强度和耐久性都是不稳定的。第一次世界大战后，由于战后的恢复工作，混凝土生产量大，建筑物结构复杂并朝高层化发展，而且大量修筑公路，对混凝土提出高产量、高质量的要求。当时机电工业也发展到一定的水平，有条件用机械振动密实成型混凝土，这样半干硬性、干硬性混凝土得到了很大的发展。这比手工振捣的塑性混凝土节约了水泥，提高了强度和耐久性，并降低了渗透性和收缩变形。第二次世界大战后，东欧一些国家要在一片废墟上重建家园，以苏联为首的一些国家提出了建筑工业化的道路，即在车间生产建造构件，在施工现场像堆积木一样建造房屋，因此在建筑工程中出现了两条技术路线：一条以传统的现场施工为主，进行现场浇筑，预制的仅仅是一些小构件；另一条正好相反，以预制构件为主，施工现场浇筑为辅，后者从根本上克服了混凝土工程现场施工的季节性。混凝土工程现场浇筑结构的优点是整体性、抗震性强；缺点是施工速度慢，主要原因是：一方面现场施工需要较长时间的支模、拆模；另一方面传统的混凝土现场搅拌和提升及运输非常缓慢，尤其是高层和远距离运输，施工现场乱，难以管理，不利于安全。泵送混凝土的诞生使得传统的现场浇筑混凝土工程施工速度进一步加快，质量得到进一步保证，混凝土工程的模板一经定位，无论工程多高，短时间内可以连续浇筑完成，泵送混凝土从根本上克服了现场搅拌、提升机运输混凝土速度慢的缺点。1990 年，美国国家标准与技术研究院 NIST 及美国混凝土协会 ACI 联合提出“高性能混凝土”的概念，定义高性能混凝土为同时具有高力学性能、高工作性和高耐久性的均质混凝土。对此国内外不同的专家看法不一，但吴中伟院士认为，首先，高性能混凝土应以耐久性作为设计的主要指标，对混凝土耐久性、工作性、适用性、强度、体积稳定性、经济性等不同性能或不同用途的要求，应有重点地予以保证；其次，高性能混凝土配制的特点是低的水胶比，选用优质原材料，除水泥、水、骨料外，还必须掺加足够数量的矿物细掺料和高效外加剂。目前，高性能混凝土已广泛应用于国内外的城市建筑、桥梁、地铁、高铁等工程中，并且针对不同用途和要求，逐渐显现了高性能混凝土的真正涵义。

关于碾压混凝土，起源于 20 世纪 30 年代的干贫混凝土，是一种采用土石坝施工机械运输及铺筑，用振动碾压实的特干硬性混凝土。在 20 世纪 50 年代，我国开始研究这种新型混凝土，但用于修筑路面时用平板振动器等机械振实，由于进度缓慢，未能推广应用。20 世纪 60 年代，世界各国开始进行碾压混凝土的试验研究，1964 年，意大利建成了 172 m

高的阿尔普格拉(Alpe Gera)坝,在该坝施工时,自卸卡车从拌和厂将混凝土直接运至仓面卸料,用推土机平仓,用悬挂于推土机后部的插入式振捣器组进行振捣,像土石坝施工一样,从坝的一端向另一端一层层地浇筑,在坝体规定位置用切割机切割振捣后的混凝土形成横缝。用碾压混凝土筑坝,1960~1961 年在我国台湾石门坝的芯墙上也曾有过尝试,但影响不大。对碾压混凝土坝的发展产生过重要影响的是巴基斯坦塔本拉(Tanbela)坝的隧道修复工程,由于 1974 年该坝的泄洪隧洞出口被洪水冲垮,1975 年,美国陆军工程师团在该坝泄洪隧洞的修复工程中,首次采用了未经筛洗的砂砾石加少量水泥拌和混凝土,经振动碾压,修复被冲毁的部位,在 42 d 内浇筑了 35 万 m^3 混凝土,显示了碾压混凝土快速施工的巨大潜力。随后,碾压混凝土筑坝技术开始得到重视,1981 年 3 月,日本建成了世界上第一座碾压混凝土重力坝——高 89 m 的岛地川坝。1982 年,美国接着建成了世界上第一座全碾压混凝土坝——高 52 m 的柳溪坝,坝轴线长 543 m,不设纵横缝,坝体上游面碾压混凝土水泥用量为 104 kg/m^3,下游面碾压混凝土胶凝材料用量为 151 kg/m^3,其中粉煤灰 47 kg/m^3, 坝体内部碾压混凝土胶凝材料用量仅 66 kg/m^3,其中粉煤灰占 19 kg/m^3。该坝采用 30 cm 厚的薄层连续铺筑方法,在 4 个月里完成了 33.1 万 m^3 碾压混凝土的铺筑,比常态混凝土重力坝缩短工期 1~1.5 年,造价相当于常态混凝土重力坝的 40%、堆石坝的 60%左右。此后,碾压混凝土筑坝技术便在世界各国获得广泛应用,发展十分迅速,我国 1986 年在福建坑口建成我国第一座碾压混凝土重力坝。碾压混凝土配合比也随着国内外碾压混凝土筑坝技术的发展而取得了快速的进步和提高,先后从大 VC 值铺筑碾压施工和采用“金包银”坝体防渗结构等筑坝技术,发展到目前采用高石粉、低 VC 值的高性能碾压混凝土全断面筑坝技术。截至目前,世界上已建和在建的碾压混凝土坝约 800 座,坝的高度已经超过 200 m。

随着混凝土技术的快速发展,近年来又提出了“绿色高性能混凝土”的概念,它要求在进行混凝土配合比策划或设计时要考虑如何降低混凝土用水量和水泥用量,或合理利用工业“三废”,有效替代部分水泥,减轻环境污染,提高混凝土的工作性、耐久性,延长使用寿命,降低维修费用,减少废弃物,从而减轻混凝土产业对环境的危害,使其成为可持续发展产品。这不仅会使工程建设对环境的破坏减少到最小,而且有利于环境的改善,更是人类生存和发展的需要。

在我国的建设和发展过程中,水利水电工程是混凝土应用和研究的大户,中国水电四局作为水电工程建设的主力军,从 20 世纪 50 年代的刘家峡水电站工程建设开始,截至目前,承担的已建和在建并以混凝土作为筑坝材料的大型水利水电工程如龙羊峡、拉西瓦、李家峡、三峡、小湾、白鹤滩以及埃塞俄比亚泰克则等水电站工程约 50 座,由于水工混凝土工作条件具有复杂性、长期性、重要性等特点,为了达到混凝土高质量、高性能和经济性的要求,对每项工程混凝土施工配合比均要开展深入研究,取得了丰富的成果和经验。目前,中国水电四局施工项目在水利水电工程的基础上已向公路、铁路、城建、地铁、市政、水环境、风电、光伏等多领域全面发展,对混凝土施工技术、配合比的应用研究领域也向多元化发展,无论是常态混凝土或泵送混凝土、碾压混凝土或高流态混凝土的研究和应用已向高性能、绿色化方向发展,均取得了一定成效。

1.2 中国水电四局试验中心简介

在中国水电四局承建的各类工程项目中,混凝土施工配合比设计及试验工作由中国水电四局试验中心承担。中国水电四局试验中心是随着中国水电四局的成立而成立的,其历史可追溯到1958年中国水电四局建局之初的刘家峡水利发电工程局技术处试验室,作为中国水电四局的一个关键技术部门,早期主要完成了刘家峡、盐锅峡、八盘峡、龙羊峡、李家峡、万家寨等水利水电工程的原材料试验检测,新材料、新工艺研究和安全监测工作,并在混凝土配合比设计试验及其他各类材料试验中发挥了重要作用。随着我国市场经济的发展,为了适应建筑市场的管理模式,试验中心于1996年在李家峡水电站建设过程中取得国家检验检测机构资质认定资质CMA,随后于2003年取得中国国家实验室认可资质CNAS,2007年取得青海省建设工程质量检测机构见证取样检测资质(青建检字第63010号),2011年取得水利部水利工程质量检测单位岩土工程、量测甲级资质(水质检资字第20110012号)、混凝土工程甲级资质(水质检资字第20180012号),2019年取得交通部公路水运工程试验检测机构公路工程综合乙级资质(青GJC综乙2019-002),主要检测能力已涵盖建筑工程材料检测类、实体结构工程现场检测类、工程岩土检测类、基础处理质量检测类、道路及桥梁工程质量检测类、工程安全监测与测量类等六大领域760余项参数。在市场经济管理模式下,试验中心承担的试验检测领域不断扩大,相继完成了公伯峡、广西百色、金安桥、溪洛渡、向家坝、功果桥、黄登、蓄集峡、红鱼洞、夹岩金遵、引汉济渭三河口及世界最大的水电工程——长江三峡水利枢纽工程、世界首座300米级双曲拱坝——小湾水电站、世界首座高海拔特高薄拱坝——拉西瓦水电站、世界在建最大的水电站——白鹤滩水电站、南水北调中线工程14个标段、引大济湟西干渠、兰州水源地、引江济淮安徽段、蓬南分干渠等大型水利水电工程的混凝土配合比设计试验工作,承担了以武邵高速公路、天津大道、西宁南绕城高速公路、林拉高速公路、江门高速公路、太行山高速公路、中开高速公路等为代表的公路工程的混凝土配合比设计试验工作;以京沪高速铁路、宁杭客运专线、宝兰客专、蒙华铁路、徐盐铁路、深圳地铁7号线和12号线为代表的铁路工程的混凝土配合比设计试验工作,以平安工业园区、玉树灾后重建项目、沧海文化产业园区、白鹤滩移民项目为代表的市政房建工程的混凝土配合比设计试验工作,以海南光伏电站、格尔木风电等为代表的新能源项目工程的混凝土配合比设计试验工作,以非洲埃塞俄比亚的泰可泽、安哥拉的索约公路为代表的国外工程的混凝土配合比设计试验工作。在这些工程建设长期实践中,试验中心在混凝土相关技术方面不断进行探索、研究和创新,掌握了配合比设计试验的核心技术,完成了不同领域建设工程的建设任务,同时也为推动中国水电四局混凝土技术发展起到了重要作用。

1.3 混凝土配合比设计基本原则

无论是工民建、水利水电、公路、铁路、风力发电等建筑工程,还是地铁、市政、港口、水环境治理工程,混凝土配合比设计均应遵循以下基本原则。

1.3.1 混凝土拌合物性能需要

根据工程结构部位、钢筋的配筋量、施工方法及其他要求，确定混凝土拌合物的坍落度、扩散度或VC值，确保混凝土拌合物有良好的均质性，不发生离析和泌水，易于浇筑和抹面。例如，对于常态混凝土，就要具有很好的黏聚性、保水性和可塑性；对于采用泵送施工的混凝土，就不能发生离析和泌水现象，要具有很好的黏聚性、可泵性和流动性；对于施工设备、机械、施工作业人员、工器具等均无法进入或施展的区域，采用的混凝土就应具有最好的流动性、抗分离性和自密性；对于碾压混凝土，就要具有很好的均匀性、抗分离性、可碾性和层间结合性能等。

1.3.2 混凝土强度性能要求

满足结构设计强度要求是混凝土配合比设计的首要任务。任何建筑物都会对不同结构部位提出强度设计要求。为了保证配合比设计符合这一要求，必须掌握配合比设计相关的标准、规范，结合使用材料的质量波动、生产水平、施工水平等因素，正确掌握高于设计强度等级的"配制强度"。配制强度毕竟是在试验室条件下确定的混凝土强度，在实际生产过程中影响强度的因素较多，因此还需要根据实际生产的留样检验数据，及时做好统计分析，必要时进行适当的调整，保证实际生产强度符合《混凝土强度检验评定标准》(GB/T 50107)的规定，这才是真正意义的配合比设计应满足结构设计强度的要求。

1.3.3 满足混凝土使用要求的耐久性

混凝土配合比的设计不仅要满足结构设计提出的抗渗性、耐冻性等耐久性的要求，而且还要考虑结构设计未明确的其他耐久性要求，如严寒地区的路面、桥梁，处于水位升降范围的结构，以及暴露在氯污染环境的结构等。为了保证这些混凝土结构具有良好的耐久性，不仅要优化混凝土配合比设计，同样重要的工作就是进行混凝土配合比设计前，应对混凝土使用的原材料进行优选，选用良好的原材料，是保证设计的混凝土具有良好耐久性的基本前提。

1.3.4 节约水泥和降低混凝土成本

在满足上述条件的同时，做到节约水泥和降低混凝土成本。任何一个企业的生产与发展离不开良好的经济效益，因此在满足上述技术要求的前提下，尽量降低混凝土成本，达到经济合理的原则。为了实现这一要求，配合比设计不仅要合理设计配合比的本身，而且更应该对原材料的品质进行优选，选择优质、价格合理的原材料，也是混凝土配合比设计过程中应该注意的问题，不仅有利于保证混凝土的质量，而且也是提高混凝土企业经济效益的有效途径。为此，在进行不同领域混凝土配合比设计时，均要根据工程要求、结构形式、施工条件和原材料状况，并在保证混凝土拌合物具有良好工作性的较小用水量和最优砂率，选用合适的水胶比，配制出既满足工作性、强度及耐久性等要求，又经济合理的混凝土。

第2章 水利工程混凝土配合比研究与应用

2.1 水利工程混凝土施工特点

水利工程是为达到兴水利、除水害的目的而兴建的工程设施，主要包括防洪工程、农田水利工程、水力发电工程、港口工程、排水工程、环境水利工程等。水利工程施工是将水利工程的规划、设计方案转变为工程实体的过程，这个过程中必然涉及混凝土工程及水工混凝土材料。所以，水工混凝土质量的优劣直接关系到水利工程的施工质量、安全运行和使用寿命。

水利工程项目混凝土施工要充分考虑水利工程的用途、功能和实际使用情况。由于水利工程建筑物形式多种多样，有水库、大坝、引水设施、泄洪设施、灌溉供水设施等。又如，在引水工程中，又包含隧洞、明渠、暗渠、渡槽、倒虹吸、桥梁等结构形式，而在渡槽工程中又包含灌注桩、基础承台、排架、空腹桁架、槽身等结构部位。建筑物各部位所处的位置和工作条件不同，决定了建筑物各部位混凝土对抗压强度、抗渗、抗冲蚀、抗冻融等要求不一样，因此设计时需对不同的部位提出不同的混凝土性能要求；其次，水利工程多处于偏远的山区或河道上，远离经济发达的城市，交通不便，物资供应和运输困难，施工受自然条件和季节气候变化影响较大；再次，水利工程一般工程量非常大，混凝土浇筑量常以"万m^3"计，混凝土施工的原材料量大、品种多，主要的原材料就有水泥、砂、石、掺合料、外加剂等，涉及供应的生产厂家也多，生产厂家质量良莠不齐决定了进场材料的质量良莠不齐。以上各方面的因素决定了水利工程混凝土施工的复杂性。

水利工程混凝土设计指标常常采用不同的龄期，除28 d外，有些部位会采用90 d或180 d设计龄期，并且抗渗、抗冻、抗裂和温控指标要求高；配合比设计有的采用大骨料级配、低胶材用量、高掺合料和外加剂，混凝土拌合物采用较小的坍落度(VC值)，有的采用小级配、高胶材用量，混凝土拌合物采用大坍落度。无论哪种情况，混凝土都要具备良好的和易性、适宜的含气量，同时满足不同季节和不同气候条件施工要求的凝结时间。由于水工混凝土工作条件的复杂性、长期性、重要性等特点，其设计指标或配合比试验方法均与普通混凝土有很大区别，为了达到混凝土高质量、高性能和经济性的要求，混凝土配合比试验工作尤为重要。

我国在水利工程建设长期实践中，掌握了水工混凝土配合比的核心技术，完成了许多水利工程的建设任务，同时也收获了大量的混凝土配合比设计和施工方面的经验，主要有以下几点：

(1)采取专门的施工方法和措施。水利工程承担挡水、蓄水和泄水等任务，因而对水工建筑物的稳定、承压、防渗、抗冲、耐磨、抗腐蚀等性能都有特殊要求，需按照水利施工的技术规范，采取专门的施工方法和措施，确保工程质量。

(2)采取专门的地基处理措施。水利工程对地基的要求比较严格,工程又常处于地质条件比较复杂的地区和部位,处理不当留下隐患,难于补救,需采取专门的地基处理措施。

(3)进行施工导流、截流或水下作业。水利工程多在河道、湖泊及其他水域施工,需根据水流的自然条件及工程建设的要求进行施工导流、截流或水下作业。

(4)施工受自然条件的影响较大。水文、气象、地形、地质、水文地质影响施工难易程度和施工方案。

(5)综合利用制约因素多。通航、灌溉、供水、漂木、过鱼使施工组织复杂化。

(6)工程量巨大。大中型水利水电工程的混凝土用量通常都是几十万到几百万立方米,从浇筑混凝土开始到工程基本建成蓄水,一般需要3~5年的时间才能完成。为了保证混凝土质量和加快施工进度,必须采用综合机械化施工手段,选择技术先进、经济合理的施工方案。

(7)工程质量要求高。水利工程质量是百年、千年大计,关系下游人民生命财产的安全。

(8)工程地点偏僻。水利工程所在地一般交通不便、人烟稀少,常需修建对外专用公路、场内交通道路、临时施工工厂,以及生活、办公、福利等设施。工期较长、投资较大与此有关。

(9)工程工期长。水利工程施工工期一般较长,短则1~3年,长则5~10年。

(10)温度控制要求严格。混凝土中多数大体积混凝土或大面积混凝土,通常需要采用分缝分块进行浇筑。为了防止混凝土温度裂缝(特别是基础约束部位的混凝土)、表面冻害(特别是大面积薄型混凝土),保证建筑物的整体性,必须根据当地的气温条件,对混凝土采取严格的温度控制、表面保护和接缝灌浆。

(11)施工技术复杂。建筑物因其用途和工作条件的不同,一般体型复杂多样,常采用多种等级的混凝土。另外,混凝土浇筑又常与地基开挖、处理及一部分安装工程发生交叉作业,且由于工种工序繁多,相互干扰,矛盾很大。

(12)其他。政治、环保、移民问题日渐突出。

2.2　水利工程混凝土配合比设计依据

2.2.1　设计理念

(1)水工混凝土配合比设计,应满足设计与施工要求,确保混凝土工程质量且经济合理。

(2)混凝土配合比设计要求做到以下几点:

1)应根据工程要求、结构形式、施工条件和原材料状况,配制出既满足工作性、强度及耐久性等要求,又经济合理的混凝土,确定各组成材料的用量。

2)在满足工作性要求的前提下,宜选用较小的用水量。

3)在满足强度、耐久性及其他要求的前提下,选用合适的水胶比。

4)宜选取最优砂率,即在保证混凝土拌合物具有良好的黏聚性并达到要求的工作性时用水量最小的砂率。

5)宜选用最大粒径较大的骨料及最佳级配。

(3)混凝土配合比设计的主要步骤如下:

1)根据设计要求的强度和耐久性选定水胶比。

2)根据施工要求的工作度和石子最大粒径等选定用水量和砂率,用水量除以选定的水胶比计算出水泥用量。

3)根据体积法或质量法计算砂、石用量。

4)通过试验和必要的调整,确定每立方米混凝土材料用量和配合比。

(4)进行混凝土配合比设计时,应收集有关原材料的以下资料,并按有关标准对水泥、掺合料、外加剂、砂石骨料等的性能进行试验:

1)水泥的品种、品质、强度等级、密度等;

2)石料岩性、种类、级配、表观密度、吸水率等;

3)砂料岩性、种类、级配、表观密度、细度模数、吸水率等;

4)外加剂种类、品质等;

5)掺合料的品种、品质等;

6)拌和用水品质。

(5)进行混凝土配合比设计时,应收集相关工程以下设计资料,明确设计要求:

1)混凝土强度及保证率;

2)混凝土的抗渗等级、抗冻等级等;

3)混凝土的工作性;

4)骨料最大粒径。

(6)进行混凝土配合比设计时,应根据原材料的性能及混凝土的技术要求进行配合比计算,并通过试验室试配、调整后确定。室内试验确定的配合比尚应根据现场情况进行必要的调整。

(7)进行混凝土配合比设计时,除应遵守本标准的规定外,还应符合国家现行有关标准的规定。

2.2.2 依据的规范

2.2.2.1 水泥

《通用硅酸盐水泥》(GB 175);

《中热硅酸盐水泥、低热硅酸盐水泥》(GB/T 200);

《抗硫酸盐硅酸盐水泥》(GB 748);

《低热微膨胀水泥》(GB 2938);

《砌筑水泥》(GB/T 3183);

《道路硅酸盐水泥》(GB/T 13693);

《石灰石硅酸盐水泥》(JC/T 600);

《水泥取样方法》(GB/T 12573);

《水泥标准稠度用水量、凝结时间、安定性检验方法》(GB/T 1346);

《水泥比表面积测定方法 勃氏法》(GB/T 8074);
《水泥细度检验方法 筛析法》(GB/T 1345);
《水泥胶砂流动度测定方法》(GB/T 2419);
《水泥密度测定方法》(GB/T 208);
《水泥胶砂强度检验方法(ISO 法)》(GB/T 17671);
《水泥化学分析方法》(GB/T 176);
《水泥水化热测定方法》(GB/T 12959);
《水泥抗硫酸盐侵蚀试验方法》(GB/T 749);
《水泥压蒸安定性试验方法》(GB/T 750);
《水泥胶砂干缩试验方法》(JC/T 603);
《水泥胶砂耐磨性试验方法》(JC/T 421);
《自应力水泥物理检验方法》(JC/T 453);
《硅酸盐水泥熟料》(GB/T 21372)。

2.2.2.2　粉煤灰

《用于水泥和混凝土中的粉煤灰》(GB/T 1596);
《水工混凝土掺用粉煤灰技术规范》(DL/T 5055);
《粉煤灰混凝土应用技术规范》(GB/T 50146);
《水泥取样方法》(GB/T 12573);
《水泥密度测定方法》(GB/T 208);
《水泥细度检验方法 筛析法》(GB/T 1345);
《水泥标准稠度用水量、凝结时间、安定性检验方法》(GB/T 1346);
《水泥胶砂流动度测定方法》(GB/T 2419);
《水泥胶砂强度检验方法(ISO 法)》(GB/T 17671);
《水泥化学分析方法》(GB/T 176);
《活性粉末混凝土构件施工要点手册》(工管技〔2009〕77 号);
《石膏化学分析方法》(GB/T 5484)。

2.2.2.3　水

《混凝土用水标准》(JGJ 63);
《水工混凝土水质分析试验规程》(DL/T 5152);
《水泥化学分析方法》(GB/T 176);
《水质 氯化物的测定 硝酸银滴定法》(GB 11896);
《水质 硫酸盐的测定 重量法》(GB 11899);
《水质 悬浮物的测定 重量法》(GB 11901);
《水质 pH 值的测定 玻璃电极法》(GB 6920);
《生活饮用水卫生标准》(GB 5749);
《水工混凝土施工规范》(DL/T 5144);
《水工碾压混凝土施工规范》(DL/T 5112)。

2.2.2.4　**外加剂**

《混凝土外加剂》(GB 8076);

《水工混凝土外加剂技术规程》(DL/T 5100);

《混凝土外加剂应用技术规范》(GB/T 50119);

《水工混凝土施工规范》(DL/T 5144);

《水工碾压混凝土施工规范》(DL/T 5112);

《聚羧酸系高性能减水剂》(JG/T 223);

《砂浆、混凝土防水剂》(JC 474);

《混凝土防冻剂》(JC 475);

《喷射混凝土用速凝剂》(GB/T 35159);

《混凝土膨胀剂》(GB/T 23439);

《水工混凝土试验规程》(SL/T 352);

《建筑用墙面涂料中有害物质限量》(GB 18582);

《混凝土外加剂匀质性试验方法》(GB/T 8077);

《水泥化学分析方法》(GB/T 176);

《水泥标准稠度用水量、凝结时间、安定性检验方法》(GB/T 1346);

《水泥比表面积测定方法 勃氏法》(GB/T 8074);

《水泥细度检验方法 筛析法》(GB/T 1345);

《水泥密度测定方法》(GB/T 208);

《水泥胶砂流动度测定方法》(GB/T 2419)。

2.2.2.5　**砂**

《建设用砂》(GB/T 14684);

《普通混凝土用砂、石质量及检验方法标准》(JGJ 52);

《水工混凝土砂石骨料试验规程》(DL/T 5151);

《水工混凝土试验规程》(SL/T 352);

《水工混凝土施工规范》(DL/T 5144);

《水工混凝土施工规范》(SL 677);

《水工碾压混凝土施工规范》(DL/T 5112);

《水工沥青混凝土试验规程》(DL/T 5362);

《混凝土结构工程施工质量验收规范》(GB 50204)。

2.2.2.6　**石**

《建设用卵石、碎石》(GB/T 14685);

《普通混凝土用砂、石质量及检验方法标准》(JGJ 52);

《水工混凝土砂石骨料试验规程》(DL/T 5151);

《水工混凝土试验规程》(SL/T 352);

《水工混凝土施工规范》(DL/T 5144);

《水工混凝土施工规范》(SL 677);

《水工碾压混凝土施工规范》(DL/T 5112);

《水工沥青混凝土试验规程》(DL/T 5362);

《混凝土结构工程施工质量验收规范》(GB 50204)。

2.2.2.7　混凝土配合比

《水工混凝土配合比设计规程》(DL/T 5330);

《普通混凝土配合比设计规程》(JGJ 55);

《水工混凝土施工规范》(DL/T 5144);

《水工碾压混凝土施工规范》(DL/T 5112);

《水工混凝土试验规程》(DL/T 5150);

《水工混凝土试验规程》(SL/T 352);

《水工碾压混凝土试验规程》(DL/T 5433);

《水下不分散混凝土试验规程》(DL/T 5117);

《水工自密实混凝土技术规程》(DL/T 5720);

《自密实混凝土设计与施工指南》(CCES 02);

《水电水利工程喷锚支护施工规范》(DL/T 5181);

《水工混凝土结构设计规范》(DL/T 5057);

《水工建筑物抗冲磨防空蚀混凝土技术规范》(DL/T 5027);

《砌筑砂浆配合比设计规程》(JGJ/T 98);

《建筑砂浆基本性能试验方法标准》(JGJ/T 70)。

2.2.3　原材料的要求

2.2.3.1　一般规定

(1)水工混凝土中宜掺入适量的掺合料和外加剂,以改善性能、提高质量、节约成本。

(2)水泥、掺合料、外加剂等原材料应通过优选试验选定,生产厂家应相对固定。

(3)水泥、掺合料、外加剂等任一种材料更换时,应进行混凝土相容性试验。

2.2.3.2　水泥

(1)水泥的选用应遵守下列规定:

1)工程所用同种类水泥宜选择1~2个厂商供应。

2)水位变化区外部、溢流面及经常受水流冲刷、有抗冻要求的部位,宜选用中热硅酸盐水泥或低热硅酸盐水泥,也可选用硅酸盐水泥和普通硅酸盐水泥。

3)内部混凝土、水下混凝土和基础混凝土,宜选用中热硅酸盐水泥、低热硅酸盐水泥和普通硅酸盐水泥,也可选用低热微膨胀水泥、低热矿渣硅酸盐水泥、矿渣硅酸盐水泥、火山灰质硅酸盐水泥、粉煤灰硅酸盐水泥。

4)环境水对混凝土有硫酸盐侵蚀性时,应选用抗硫酸盐硅酸盐水泥。

5)受海水、盐雾作用的混凝土,宜选用矿渣硅酸盐水泥。

(2)选用的水泥强度等级(见表2-1)应与混凝土设计强度等级相适应。水位变化区外部、溢流面和经常受水流冲刷部位、抗冻要求较高的部位,宜选用较高强度等级的水泥。

表 2-1　水泥强度控制指标

品种	等级	抗压强度(MPa)			抗折强度(MPa)		
		3 d	7 d	28 d	3 d	7 d	28 d
硅酸盐水泥	42.5	≥17.0	—	≥42.5	≥3.5	—	≥6.5
	42.5R	≥22.0			≥4.0		
	52.5	≥23.0	—	≥52.5	≥4.0	—	≥7.0
	52.5R	≥27.0			≥5.0		
	62.5	≥28.0	—	≥62.5	≥5.0	—	≥8.0
	62.5R	≥32.0			≥5.5		
普通硅酸盐水泥	42.5	≥17.0	—	≥42.5	≥3.5	—	≥6.5
	42.5R	≥22.0			≥4.0		
	52.5	≥23.0	—	≥52.5	≥4.0	—	≥7.0
	52.5R	≥27.0			≥5.0		
矿渣硅酸盐水泥 火山灰质硅酸盐水泥 粉煤灰硅酸盐水泥	32.5	≥10.0	—	≥32.5	≥2.5	—	≥5.5
	32.5R	≥15.0			≥3.5		
	42.5	≥15.0	—	42.5	≥3.5	—	≥6.5
	42.5R	≥19.0			≥4.0		
	52.5	≥21.0	—	≥52.5	≥4.0	—	≥7.0
	52.5R	≥23.0			≥4.5		
中热水泥	42.5	≥12.0	≥22.0	≥42.5	≥3.0	≥4.5	≥6.5
低热水泥	32.5	—	≥10.0	≥32.5	—	≥3.0	≥5.5
	42.5	—	≥13.0	≥42.5	—	≥3.5	≥6.5
中抗硫酸盐硅酸盐水泥 高抗硫酸盐硅酸盐水泥	32.5	≥10.0	—	≥32.5	≥2.5	—	≥6.0
	42.5	≥15.0	—	≥42.5	≥3.0	—	≥6.5
低热微膨胀水泥	32.5	—	≥18.0	≥32.5	—	≥5.0	≥7.0

(3)根据工程的特殊需要,可对水泥的化学成分、矿物组成、细度等指标提出专门要求(见表 2-2~表 2-5)。

(4)水泥的运输、保管及使用应遵守下列规定:

1)优先使用散装水泥。

2)进场的水泥应按生产厂家、品种和强度等级,分别储存到有明显标志的储罐或仓库中,不应混装。水泥在运输和储存过程中应防水防潮。

3)已罐储水泥宜1个月倒罐1次。

表 2-2　水泥化学指标控制要求

<table>
<tr><th>品种</th><th>代号</th><th>不溶物(%)</th><th>烧失量(%)</th><th>三氧化硫(%)</th><th>氧化镁(%)</th><th>碱含量(%)</th><th>f-CaO(%)</th><th>氯离子(%)</th></tr>
<tr><td rowspan="2">硅酸盐水泥</td><td>P·Ⅰ</td><td>≤0.75</td><td>≤3.0</td><td rowspan="3">≤3.5</td><td rowspan="3">≤5.0</td><td rowspan="3">—</td><td rowspan="3">—</td><td rowspan="5">≤0.06</td></tr>
<tr><td>P·Ⅱ</td><td>≤1.50</td><td>≤3.5</td></tr>
<tr><td>普通硅酸盐水泥</td><td>P·O</td><td>—</td><td>≤5.0</td></tr>
<tr><td rowspan="2">矿渣硅酸盐水泥</td><td>P·S·A</td><td>—</td><td>—</td><td rowspan="2">≤4.0</td><td>≤6.0</td><td>—</td><td>—</td></tr>
<tr><td>P·S·B</td><td>—</td><td>—</td><td>—</td><td>—</td><td>—</td></tr>
<tr><td>火山灰质硅酸盐水泥</td><td>P·P</td><td>—</td><td>—</td><td rowspan="2">≤3.5</td><td rowspan="2">≤6.0</td><td rowspan="2">—</td><td rowspan="2">—</td><td rowspan="2"></td></tr>
<tr><td>粉煤灰硅酸盐水泥</td><td>P·F</td><td>—</td><td>—</td></tr>
<tr><td>中热硅酸盐水泥</td><td>P·MH</td><td>—</td><td>≤3.0</td><td>≤3.5</td><td>≤5.0</td><td>≤0.60</td><td>≤1.0</td><td>—</td></tr>
<tr><td>低热硅酸盐水泥</td><td>P·LH</td><td>—</td><td>≤3.0</td><td>≤3.5</td><td>≤5.0</td><td>≤0.60</td><td>≤1.0</td><td>—</td></tr>
<tr><td>中抗硫酸盐硅酸盐水泥</td><td>P·MSR</td><td>≤1.50</td><td>≤3.0</td><td>≤2.5</td><td>≤5.0</td><td>≤0.60</td><td>—</td><td>—</td></tr>
<tr><td>高抗硫酸盐硅酸盐水泥</td><td>P·HSR</td><td>≤1.50</td><td>≤3.0</td><td>≤2.5</td><td>≤5.0</td><td>≤0.60</td><td>—</td><td>—</td></tr>
<tr><td>低热微膨胀水泥</td><td>LHEC</td><td>—</td><td>—</td><td>4.0~7.0</td><td>≤6.0</td><td>供需商定</td><td>≤1.5</td><td>≤0.06</td></tr>
</table>

表 2-3　水泥熟料控制要求

<table>
<tr><th>品种</th><th>硅酸三钙(%)</th><th>硅酸二钙(%)</th><th>铝酸三钙(%)</th></tr>
<tr><td>硅酸盐水泥</td><td colspan="2">≥66</td><td>—</td></tr>
<tr><td>中热硅酸盐水泥</td><td>≤55</td><td>—</td><td>≤6</td></tr>
<tr><td>低热硅酸盐水泥</td><td>—</td><td>≥40</td><td>≤6</td></tr>
<tr><td>中抗硫酸盐硅酸盐水泥</td><td>≤55</td><td>—</td><td>≤5</td></tr>
<tr><td>高抗硫酸盐硅酸盐水泥</td><td>≤50</td><td>—</td><td>≤3</td></tr>
<tr><td>低热微膨胀水泥</td><td colspan="2">≥66</td><td>—</td></tr>
</table>

表 2-4　水泥物理指标控制要求

<table>
<tr><th rowspan="2">品种</th><th colspan="2">凝结时间(min)</th><th rowspan="2">安定性</th><th rowspan="2">压蒸安定性膨胀率(%)</th><th rowspan="2">细度(%)</th><th rowspan="2">比表面积(m^2/kg)</th><th rowspan="2">线膨胀率(%)</th></tr>
<tr><th>初凝</th><th>终凝</th></tr>
<tr><td>硅酸盐水泥</td><td>≥45</td><td>≤390</td><td>合格(沸煮法)</td><td>—</td><td>—</td><td>≥300</td><td>—</td></tr>
<tr><td>普通硅酸盐水泥</td><td rowspan="4">≥45</td><td rowspan="4">≤600</td><td></td><td></td><td></td><td></td><td></td></tr>
<tr><td>矿渣硅酸盐水泥</td><td></td><td></td><td rowspan="3">≤10
(80 μm)
≤30
(45 μm)</td><td rowspan="3">—</td><td rowspan="3">—</td></tr>
<tr><td>火山灰质硅酸盐水泥</td><td></td><td></td></tr>
<tr><td>粉煤灰硅酸盐水泥</td><td></td><td></td></tr>
</table>

续表 2-4

<table>
<tr><th rowspan="2">品种</th><th colspan="2">凝结时间(min)</th><th rowspan="2">安定性</th><th rowspan="2">压蒸安定性膨胀率(%)</th><th rowspan="2">细度(%)</th><th rowspan="2">比表面积(m^2/kg)</th><th rowspan="2">线膨胀率(%)</th></tr>
<tr><th>初凝</th><th>终凝</th></tr>
<tr><td>中热硅酸盐水泥</td><td rowspan="2">≥60</td><td rowspan="2">≤720</td><td rowspan="2">合格(沸煮法)</td><td>≤0.80</td><td rowspan="2">—</td><td rowspan="2">≥250</td><td rowspan="2">—</td></tr>
<tr><td>低热硅酸盐水泥</td><td>≤0.80</td></tr>
<tr><td>中抗硫酸盐硅酸盐水泥</td><td rowspan="2">≥45</td><td rowspan="2">≤600</td><td rowspan="2">必须合格(沸煮法)</td><td>—</td><td rowspan="2">—</td><td rowspan="2">≥280</td><td>≤0.060(14 d)</td></tr>
<tr><td>高抗硫酸盐硅酸盐水泥</td><td>—</td><td>≤0.040(14 d)</td></tr>
<tr><td>低热微膨胀水泥</td><td>≥45</td><td>≤720</td><td>合格(沸煮法)</td><td></td><td>—</td><td>≥300</td><td>≥0.05(1 d)
≥0.10(7 d)
≤0.60(28 d)</td></tr>
</table>

表 2-5 水泥水化热指标控制要求

<table>
<tr><th rowspan="2">品种</th><th rowspan="2">强度等级</th><th colspan="2">水化热 (kJ/kg)</th></tr>
<tr><th>3 d</th><th>7 d</th></tr>
<tr><td>中热水泥</td><td>42.5</td><td>≤251</td><td>≤293</td></tr>
<tr><td rowspan="2">低热水泥</td><td>32.5</td><td>≤197</td><td>≤230</td></tr>
<tr><td>42.5</td><td>≤230</td><td>≤260</td></tr>
<tr><td>低热微膨胀水泥</td><td>32.5</td><td>≤185</td><td>≤220</td></tr>
</table>

注:32.5 级低热水泥型式检测 28 d 的水化热应不大于 290 kJ/kg,42.5 级低热水泥型式检测 28 d 的水化热应不大于 310 kJ/kg。

4)袋装水泥仓库应有排水、通风措施,保持干燥。堆放袋装水泥时,应有防潮层,距地面、边墙不少于 30 cm,堆放高度不得超过 15 袋,并留出运输通道。

5)散装水泥运到工地的入罐温度不宜高于 65 ℃。

6)先出厂的水泥应先用。袋装水泥储运时间超过 3 个月、散装水泥超过 6 个月,使用前应重新检验。不应使用结块水泥,已受潮结块的水泥应经处理并检验合格方可使用。

7)防止水泥的散失浪费、污染环境。

2.2.3.3 骨料

(1)骨料的选用应遵循优质、经济、就地取材的原则。可选用天然骨料、人工骨料,或两者互为补充。选用人工骨料时,宜选用石灰岩质的料源。

(2)骨料的勘察应按《水利水电工程天然建筑材料勘察规程》(SL 251)的规定执行。骨料料源品质、数量发生变化时,应进行补充勘察。未经专门论证,不得使用碱活性、含有黄锈或钙质结核的骨料。

(3)应根据骨料需要总量、分期需求量进行技术经济比较,制订合理的开采规划和使用平衡计划,尽量减少弃料。覆盖层剥离应有专门弃渣场地,并采取必要的防护和恢复措施,防止水土流失。

(4)骨料加工的工艺流程、设备选型应合理可靠，生产能力和料仓储量应保证混凝土施工需要。骨料生产的废水应按国家有关规定进行处理。

(5)细骨料的品质要求应符合下列规定：

1)细骨料应质地坚硬、清洁、级配良好；人工砂的细度模数宜为 2.4~2.8，天然砂的细度模数宜为 2.2~3.0。使用山砂、海砂及粗砂、特细砂时应经过试验论证。

2)细骨料的表面含水率不宜超过 6%，并保持稳定，必要时应采取加速脱水措施。

3)细骨料的其他品质要求应符合表 2-6 的规定。

表 2-6　细骨料的品质要求

项目		指标	
		天然砂	人工砂
表观密度(kg/m^3)		≥2 500	
细度模数		2.2~3.0	2.4~2.8
石粉含量(%)		—	6~18
表面含水率(%)		≤6	
含泥量(%)	设计龄期强度等级≥30 MPa 和有抗冻要求的混凝土	≤3	—
	设计龄期强度等级<30 MPa	≤5	
坚固性(%)	有抗冻和抗侵蚀要求的混凝土	≤8	
	无抗冻要求的混凝土	≤10	
泥块含量		不允许	
硫化物及硫酸盐含量(%)		≤1	
云母含量(%)		≤2	
轻物质含量(%)		≤1	—
有机质含量		浅于标准色	不允许

(6)粗骨料的品质要求应符合下列规定：

1)骨料应质地坚硬、清洁、级配良好，如有裹粉、裹泥或污染等应清除。

2)粗骨料的分级。粗骨料宜分为小石、中石、大石和特大石四级，粒径分别为 5~20 mm、20~40 mm、40~80 mm 和 80~150(120)mm，用符号分别表示为 D20、D40、D80、D150(D120)。

3)应控制各级骨料的超径、逊径颗粒含量。以原孔筛检验时，其控制标准为：超径颗粒不大于 5%，逊径颗粒不大于 10%。当以超、逊径筛(方孔)检验时，其控制标准为：超径颗粒为零，逊径颗粒不大于 2%。

4)各级骨料应避免分离。D20、D40、D80、D150(D120)分别用采孔径为 10 mm、30 mm、60 mm 和 115(100) mm 的中径筛(方孔)检验，中径筛余率宜为 40%~70%。

5)粗骨料的压碎指标应符合表 2-7 的规定。粗骨料的其他品质要求应符合表 2-8 的规定。

表 2-7　粗骨料的压碎指标

骨料类别		设计龄期混凝土抗压强度等级(%)	
		≥30 MPa	<30 MPa
碎石	沉积岩	≤10	≤16
	变质岩	≤12	≤20
	岩浆岩	≤13	≤30
卵石		≤12	≤16

表 2-8　粗骨料的品质要求

项目		指标
表观密度(kg/m^3)		≥2 550
吸水率(%)	有抗冻和抗侵蚀要求的混凝土	≤1.5
	无抗冻要求的混凝土	≤2.5
含泥量(%)	D20、D40 粒径级	≤1
	D80、D150(D120)粒径级	≤0.5
坚固性(%)	有抗冻和抗侵蚀要求的混凝土	≤5
	无抗冻要求的混凝土	≤12
软弱颗粒含量(%)	设计龄期强度等级≥30 MPa 和有抗冻要求的混凝土	≤5
	设计龄期强度等级<30 MPa	≤10
针片状颗粒含量(%)	设计龄期强度等级≥30 MPa 和有抗冻要求的混凝土	≤15
	设计龄期强度等级<30 MPa	≤25
泥块含量		不允许
硫化物及硫酸盐含量(%)		≤0.5
有机质含量		浅于标准色

(7)骨料的运输和堆存应遵守下列规定:

1)堆存场地应有良好的排水设施,宜设遮阳防雨棚。

2)各级骨料仓之间应采取设置隔墙等措施,不应混料和混入泥土等杂物。

3)储料仓应有足够的容积,堆料厚度不宜小于 6 m。细骨料仓的数量和容积应满足脱水要求。

4)减少转运次数。粒径大于 40 mm 骨料的卸料自由落差大于 3 m 时,应设置缓降设施。

5)在粗骨料成品堆场取料时,同一级料在料堆不同部位同时取料。

2.2.3.4　掺合料

(1)掺合料可选用粉煤灰、矿渣粉、磷渣粉、硅粉、石灰石粉、火山灰等。掺合料可单掺也可复掺,其品种和掺量应根据工程的技术要求、掺合料品质和资源条件,经试验确定。

拌制混凝土和砂浆用粉煤灰技术要求见表 2-9。

表 2-9　拌制混凝土和砂浆用粉煤灰技术要求

项目	粉煤灰种类	GB/T 1596 技术要求			DL/T 5055 技术要求		
		Ⅰ级	Ⅱ级	Ⅲ级	Ⅰ级	Ⅱ级	Ⅲ级
细度(45 μm 方孔筛筛余)(%)不大于	F 类	12.0	30.0	45.0	12.0	25.0	45.0
	C 类						
需水量比(%)不大于	F 类	95	105	115	95	105	115
	C 类						
烧失量(%)不大于	F 类	5.0	8.0	10.0	5.0	8.0	15.0
	C 类						
含水量(%)不大于	F 类	1.0			1.0		
	C 类						
三氧化硫(%)不大于	F 类	3.0			3.0		
	C 类						
游离氧化钙(%)不大于	F 类	1.0			1.0		
	C 类	4.0			4.0		
安定性(雷氏法)(mm)	F 类	—			合格		
	C 类	5.0					
碱含量	F 类	Na_2O+0.658K_2O 计			Na_2O+0.658K_2O 计		
	C 类						
强度活性指数(%)	F 类	≥70.0			—		
	C 类						
均匀性	F 类	单一样品的细度不应超过前 10 个样品细度平均值的最大偏差			可用需水量比或细度作为考核依据		
	C 类						
放射性	F 类	合格			合格		
	C 类						
二氧化硅、三氧化二铝和三氧化二铁总质量分数(%)	F 类	≥70.0			—		
	C 类	≥50.0					
密度(g/cm^3)	F 类	≤2.6					
	C 类						
半水亚硫酸钙含量(%)	F 类	≤3.0					
	C 类						

(2)粉煤灰宜选用Ⅰ级或Ⅱ级粉煤灰。

(3)掺合料应储存到有明显标志的储罐内或仓库中,在运输和储存过程中应防水防潮,并不应混入杂物。

2.2.3.5　外加剂

(1)外加剂可单掺也可复掺,其品种和掺量应根据工程的技术要求、环境条件,经试验确定(见表2-10)。工程所用同种类外加剂以1~2种为宜。

表2-10　匀质性指标

试验项目	指标
氯离子含量(%)	不超过生产厂控制值
总碱量(%)	不超过生产厂控制值
含固量(%)	S>25%时,应控制在0.95S~1.05S; S≤25%时,应控制在0.90S~1.10S
含水率(%)	W>5%时,应控制在0.90W~1.10W; W≤5%时,应控制在0.80W~1.20W
密度(g/cm^3)	D>1.1时,应控制在D±0.03; D≤1.1时,应控制在D±0.02
细度	应在生产厂控制范围内
pH	应在生产厂控制范围内
硫酸钠含量(%)	不超过生产厂控制值

注:(1)生产厂应在相关的技术资料中明示产品匀质性指标的控制值。
(2)对相同和不同批次之间的匀质性和等效性的其他要求,可由供需双方商定。
(3)表中的S、W和D分别为含固量、含水率和密度的生产厂控制值。

(2)有抗冻性要求的混凝土,应掺用引气剂,掺量应根据混凝土的含气量要求通过试验确定。大中型水利水电工程,混凝土的最小含气量应通过试验确定;没有试验资料时,混凝土的含气量可参照表2-11选用。混凝土的含气量不宜超过7%。

表2-11　抗冻混凝土的适宜含气量

骨料最大粒径(mm)		20	40	80	150(120)
抗冻等级	≥F200	6.0%±1.0%	5.5%±1.0%	4.5%±1.0%	4.0%±1.0%
	≤F150	5.0%±1.0%	4.5%±1.0%	3.5%±1.0%	3.0%±1.0%

注:如含气量试验需湿筛,按湿筛后骨料最大粒径选用相应的含气量。

(3)外加剂宜配成水溶液使用,并搅拌均匀。当外加剂复合使用时,应通过试验论证,并应分别配制使用。

(4)同厂家和不同品种的外加剂应储存到有明显标志的储罐或仓库中,不应混装。粉状外加剂在运输和储存过程中应防水防潮。外加剂储存时间过长,对其品质有怀疑时,使用前应重新检验。

(5)掺外加剂的混凝土性能应符合表2-12要求。

表 2-12　受检混凝土性能指标

<table>
<tr><th rowspan="3" colspan="2">项目</th><th colspan="13">外加剂品种</th></tr>
<tr><th colspan="3">高性能减水剂 HPWR</th><th colspan="2">高效减水剂 HWR</th><th colspan="3">普通减水剂 WR</th><th rowspan="2">引气减水剂 AEWR</th><th rowspan="2">泵送剂 PA</th><th rowspan="2">早强剂 Ac</th><th rowspan="2">缓凝剂 Re</th><th rowspan="2">引气剂 AE</th></tr>
<tr><th>早强型 HPWR-A</th><th>标准型 HPWR-S</th><th>缓凝型 HPWR-R</th><th>标准型 HWR-S</th><th>缓凝型 HWR-R</th><th>早强型 WR-A</th><th>标准型 WR-S</th><th>缓凝型 WR-R</th></tr>
<tr><td colspan="2">减水率(%)不小于</td><td>25</td><td>25</td><td>25</td><td>14</td><td>14</td><td>8</td><td>8</td><td>8</td><td>10</td><td>12</td><td>—</td><td>—</td><td>6</td></tr>
<tr><td colspan="2">泌水率比(%)不大于</td><td>50</td><td>60</td><td>70</td><td>90</td><td>100</td><td>95</td><td>100</td><td>100</td><td>70</td><td>70</td><td>100</td><td>100</td><td>70</td></tr>
<tr><td colspan="2">含气量(%)</td><td>≤6.0</td><td>≤6.0</td><td>≤6.0</td><td>≤3.0</td><td>≤4.5</td><td>≤4.0</td><td>≤4.0</td><td>≤5.5</td><td>≥3.0</td><td>≤5.5</td><td>—</td><td>—</td><td>≥3.0</td></tr>
<tr><td rowspan="2">凝结时间之差(min)</td><td>初凝</td><td rowspan="2">-90~+90</td><td rowspan="2">-90~+120</td><td>>+90</td><td rowspan="2">-90~+120</td><td>>+90</td><td rowspan="2">-90~+90</td><td rowspan="2">90~+120</td><td>>+90</td><td rowspan="2">-90~+120</td><td rowspan="2">—</td><td>-90~+90</td><td>>+90</td><td rowspan="2">-90~+120</td></tr>
<tr><td>终凝</td><td>—</td><td>—</td><td>—</td><td>—</td><td>—</td></tr>
<tr><td rowspan="2">1 h 含气量经时变化量</td><td>坍落度(mm)</td><td>—</td><td>≤80</td><td>≤60</td><td rowspan="2">—</td><td rowspan="2">—</td><td rowspan="2">—</td><td rowspan="2">—</td><td rowspan="2">—</td><td>—</td><td>≤80</td><td rowspan="2">—</td><td rowspan="2">—</td><td>—</td></tr>
<tr><td>含气量(%)</td><td>—</td><td>—</td><td>—</td><td>-1.5~+1.5</td><td>—</td><td>-1.5~+1.5</td></tr>
<tr><td rowspan="4">抗压强度比(%)不小于</td><td>1 d</td><td>180</td><td>170</td><td>—</td><td>140</td><td>—</td><td>135</td><td>—</td><td>—</td><td>—</td><td>—</td><td>135</td><td>—</td><td>—</td></tr>
<tr><td>3 d</td><td>170</td><td>160</td><td>—</td><td>130</td><td>—</td><td>130</td><td>115</td><td>—</td><td>115</td><td>—</td><td>130</td><td>—</td><td>95</td></tr>
<tr><td>7 d</td><td>145</td><td>150</td><td>140</td><td>125</td><td>125</td><td>110</td><td>115</td><td>110</td><td>110</td><td>115</td><td>110</td><td>100</td><td>95</td></tr>
<tr><td>28 d</td><td>130</td><td>140</td><td>130</td><td>120</td><td>120</td><td>100</td><td>110</td><td>110</td><td>100</td><td>110</td><td>100</td><td>100</td><td>90</td></tr>
<tr><td>收缩率比(%)不大于</td><td>28 d</td><td>110</td><td>110</td><td>110</td><td>135</td><td>135</td><td>135</td><td>135</td><td>135</td><td>135</td><td>135</td><td>135</td><td>135</td><td>135</td></tr>
<tr><td colspan="2">相对耐久性(200 次)(%)不小于</td><td>—</td><td>—</td><td>—</td><td>—</td><td>—</td><td>—</td><td>—</td><td>—</td><td>80</td><td>—</td><td>—</td><td>—</td><td>80</td></tr>
</table>

注：(1)表中抗压强度比、收缩率比、相对耐久性为强制性指标，其余为推荐性指标。

(2)除含气量和相对耐久性外，表中所列数据为掺外加剂混凝土与基准混凝土的差值或比值。

(3)凝结时间之差指标中的“-”号表示提前，“+”号表示延缓。

(4)相对耐久性(200 次)指标中的“≥80”表示将 28 d 龄期的受检混凝土试件快速冻融循环 200 次后，动弹性含气量模量保留值≥80%。

(5)1 h 含气量经时变化量指标中的“-”号表示含气量增加，“+”号表示含气量减少。

(6)其他品种的外加剂是否需要测定相对耐久性指标，由供需双方协商确定。

(7)当用户对泵送剂等产品有特殊要求时，需要进行的补充试验项目、试验方法及指标，由供需双方协商决定。

2.2.3.6 **水**

（1）凡符合《生活饮用水卫生标准》（GB 5749）的饮用水，均可用于拌和混凝土。未经处理的工业污水和生活污水不应用于拌和混凝土。

（2）地表水、地下水和其他类型水在首次用于拌和混凝土时，应经检验合格方可使用。检验项目和标准应同时符合下列要求：

1）混凝土拌和用水与饮用水样进行水泥凝结时间对比试验。对比试验的水泥初凝时间差及终凝时间差均不应大于 30 min，且初凝和终凝时间应符合《通用硅酸盐水泥》（GB 175）的规定。

2）混凝土拌和用水与饮用水样进行水泥胶砂强度对比试验。被检验水样配制的水泥砂浆 3 d 和 28 d 龄期强度不得低于饮用水配制的水泥砂浆 3 d 和 28 d 龄期强度的 90%。

3）混凝土拌和用水应符合表 2-13 的规定。

表 2-13　拌和与养护混凝土用水的指标要求

项目	钢筋混凝土	素混凝土
pH 值	≥4.5	≥4.5
不溶物（mg/L）	≤2 000	≤5 000
可溶物（mg/L）	≤5 000	≤10 000
氯化物，以 Cl^- 计（mg/L）	≤1 200	≤3 500
硫酸盐，以 SO_4^{2-} 计（mg/L）	≤2 700	≤2 700
碱含量（mg/L）	≤1 500	≤1 500

注：碱含量按 $Na_2O+0.658K_2O$ 计算值来表示。采用非碱活性骨料时，可不检验碱含量。

2.2.4 控制检验

2.2.4.1 **一般规定**

（1）为保证混凝土质量达到设计要求，应对混凝土原材料、配合比、施工过程中各主要工序及硬化后的混凝土质量进行控制与检查。

（2）应建立和健全质量管理与保证体系，并根据工程规模、质量控制及管理的需要，配备相应的技术人员和必要的检验、试验设备。

（3）对混凝土原材料和生产过程中的检查、检验资料，以及混凝土抗压强度和其他试验结果应及时进行统计分析。对于主要的控制检测指标，如水泥强度和凝结时间、粉煤灰细度和需水量比、细骨料的细度模数和表面含水率、粗骨料的超径和逊径、减水剂的减水率、外加剂溶液的浓度、混凝土坍落度、含气量和强度等，应采用管理图反映质量波动状态，并及时反馈。

2.2.4.2 **原材料的质量控制**

（1）混凝土原材料应经检验合格后方可使用。

（2）使用碱活性骨料时，每批原材料进场均应进行碱含量检测。

(3)进场的每一批水泥,应有生产厂的出厂合格证和品质试验报告,每 200~400 t 同厂家、同品种、同强度等级的水泥为一取样单位,不足 200 t 也作为一取样单位,进行验收检验。水泥品质的检验,应按现行的国家标准进行。

(4)骨料生产和验收检验,应符合下列规定:

1)骨料生产的质量,每 8 h 应检测 1 次。检测项目:细骨料的细度模数和石粉含量(人工砂)、含泥量和泥块含量;粗骨料的超径、逊径、含泥量和泥块含量。

2)成品骨料出厂品质检测:细骨料应按同料源每 600~1 200 t 为一批,检测细度模数、石粉含量(人工砂)、含泥量、泥块含量和表面含水率;粗骨料应按同料源、同规格碎石每 2 000 t 为一批,卵石每 1 000 t 为一批,检测超径、逊径、针片状、含泥量、泥块含量。

3)每批产品的检验报告应包括产地、类别、规格、数量、检验日期、检测项目及结果、结论等内容。

4)使用单位每月按表 2-6~表 2-8 中的所列项目进行 1~2 次抽样检验。必要时应进行碱活性检验。

(5)同品种掺合料以连续供应不超过 200 t 为一个取样单位,不足一个取样单位的按一个取样单位计。粉煤灰应检验其细度、需水量比、烧失量、含水量等,其他掺合料应遵照相应标准进行检验。

(6)外加剂验收检验,应符合下列规定:

1)外加剂验收检验的取样单位按掺量划分。掺量不小于 1%的外加剂以不超过 100 t 为一取样单位,掺量小于 1%的外加剂以不超过 50 t 为一取样单位,掺量小于 0.05%的外加剂以不超过 2 t 为一取样单位。不足一个取样单位的应按一个取样单位计。

2)外加剂验收检验项目:减水率、泌水率比、含气量、凝结时间差、坍落度损失、抗压强度比。必要时进行收缩率比、相对耐久性和匀质性检验。

(7)符合《生活饮用水卫生标准》(GB 5749)要求的饮用水,可不经检验作为水工混凝土用水。地表水、地下水、再生水等,在使用前应进行检验;在使用期间,检验频率宜符合下列规定:

1)地表水每 6 个月检验 1 次。

2)地下水每年检验 1 次。

3)再生水每 3 个月检验 1 次;在质量稳定 1 年后,可每 6 个月检验 1 次。

4)当发现水受到污染和对混凝土性能有影响时,应及时检验。

(8)混凝土生产过程中的原材料检验应遵守下列规定:

1)必要时在拌和楼抽样检验水泥的强度、凝结时间和掺合料的主要指标。

2)砂、小石的表面含水率,应每 4 h 检测 1 次,雨雪天气等特殊情况应加密检测。

3)砂的细度模数和人工砂的石粉含量,天然砂的含泥量应每天检测 1 次。

4)粗骨料的超逊径、含泥量每 8 h 应检测 1 次。

5)外加剂溶液的浓度,应每天检测 1~2 次。必要时检测减水剂溶液的减水率和引气剂溶液的表面张力。

6)拌和楼砂石骨料按表 2-6~表 2-8 所列项目,应每月进行 1 次检验。

2.2.5　混凝土配合比设计

(1)混凝土配合比设计,应根据工程要求、结构形式、设计指标、施工条件和原材料状况,通过试验确定各组成材料的用量。混凝土施工配合比选择应经综合分析比较,合理降低水泥用量。室内试验确定的配合比还应根据现场情况进行必要的调整。混凝土配合比应经批准后使用。

(2)混凝土强度等级(标号)和保证率应符合设计规定。

(3)骨料最大粒径不应超过钢筋最小净间距的2/3、构件断面最小尺寸的1/4、素混凝土板厚的1/2。对少筋或无筋混凝土,应选用较大的骨料最大粒径。受海水、盐雾或侵蚀性介质影响的钢筋混凝土面层,骨料最大粒径不宜大于钢筋保护层厚度。

(4)粗骨料级配及砂率选择,应根据混凝土施工性能要求通过试验确定。粗骨料宜采用连续级配。当采用胶带机输送混凝土拌合物时,可适当增加砂率。

(5)混凝土的坍落度,应根据建筑物的结构断面、钢筋间距、运输距离和方式、浇筑方法、振捣能力以及气候环境等条件确定,并宜采用较小的坍落度。混凝土在浇筑时的坍落度可参照表2-14选用。

表2-14　混凝土在浇筑时的坍落度

混凝土类别	坍落度(mm)
素混凝土	10~40
配筋率不超过1%的钢筋混凝土	30~60
配筋率超过1%的钢筋混凝土	50~90
泵送混凝土	140~220

注:在有温度控制要求或高、低温季节浇筑混凝土时,其坍落度可根据实际情况酌量增减。

(6)大体积内部常态混凝土的胶凝材料用量不宜低于140 kg/m³,水泥熟料含量不宜低于70 kg/m³。

(7)混凝土的水胶比应根据设计对混凝土性能的要求,经试验确定,且不应超过表2-15的规定。

表2-15　水胶比最大允许值

部位	严寒地区	寒冷地区	温和地区
上、下游水位以上(坝体外部)	0.50	0.55	0.60
上、下游水位变化区(坝体外部)	0.45	0.50	0.55
上、下游最低水位以下(坝体外部)	0.50	0.55	0.60
基础	0.50	0.55	0.60
内部	0.60	0.65	0.65
受水流冲刷部位	0.45	0.50	0.50

注:(1)在有环境水侵蚀情况下,水位变化区外部及水下混凝土最大允许水胶比减小0.05。

(2)表中规定的水胶比最大允许值,已考虑了掺用减水剂和引气剂的情况,否则酌情减小0.05。

(8)用碱活性骨料时,应采取抑制措施并专门论证,混凝土总碱含量最大允许值不应超过 3.0 kg/m^3。

混凝土各组成材料中的碱按含量大小依次为总碱、可溶性碱和有效碱。总碱量并不能说明它对 SiO_2 的活性,而有效碱量则可作为对 SiO_2 的一个比较好的活性指标。但由于有效碱随可溶性碱量的不确定变化较大,目前还没有能准确测试有效碱的方法,一般将可溶性碱视同为有效碱。

基于安全考虑,通常将水泥、外加剂、拌和水中的总碱均视为有效碱。掺合料中的有效碱,根据各国研究人员的大量试验研究,国际上通常取粉煤灰总碱量的 1/6~1/5 作为其有效碱量,取矿渣或硅粉总碱量的 1/2 作为其有效碱量。

一些研究人员认为,以上关于有效碱取值的粉煤灰"1/6 规则"和矿渣"1/2 规则"不够科学。英国建筑研究协会标准(BRE Digest 330,2004 Edition)根据掺合料掺量的不同分别考虑其有效碱量。对矿渣,当掺量低于 25%时,以全部碱作为有效碱;当掺量为 25%~39%时,以全部碱的 1/2 作为有效碱;当掺量达 40%以上时,则忽略不计。对粉煤灰,当掺量低于 20%时,以全部碱作为有效碱;当掺量为 20%~24%时,以全部碱的 1/5 作为有效碱;当掺量大于 25%时,则忽略不计。

(9)混凝土设计抗压强度是指按照标准方法制作和养护的边长为 150 mm 的立方体试件,在设计龄期用标准试验方法测得的具有设计保证率的抗压强度,以 MPa 计。

混凝土配制强度计算公式为:

$$f_{cu,0} = f_{cu,k} + t\sigma$$

式中 $f_{cu,0}$——混凝土配制强度,MPa;

$f_{cu,k}$——混凝土设计龄期的抗压强度标准值,MPa;

t——概率度系数,由给定的保证率 P 选定(见表 2-16),$P=80\%$时,$t=0.840$,$P=95\%$时,$t=1.645$;

σ——混凝土抗压强度标准差,MPa。

表 2-16　保证率和概率度系数关系

保证率 P(%)	70.0	75.0	80.0	84.1	85.0	90.0	95.0	97.7	99.9
概率度系数 t	0.525	0.675	0.840	1.000	1.040	1.280	1.645	2.000	3.000

(10)混凝土抗压强度标准差(σ),宜按同品种混凝土抗压强度统计资料确定。

统计时,混凝土抗压强度试件总数应不少于 30 组。

根据近期相同抗压强度、生产工艺和配合比基本相同的混凝土抗压强度资料,混凝土抗压强度标准差(σ)应按下式计算:

$$\sigma = \sqrt{\frac{\sum_{i=1}^{n} f_{cu,i}^2 - n m_{f_{cu}}^2}{n-1}}$$

式中 $f_{cu,i}$——第 i 组试件抗压强度,MPa;

$m_{f_{cu}}$——n 组试件的抗压强度平均值,MPa;

n——试件组数。

当混凝土设计龄期立方体抗压强度标准值不大于 25 MPa,其抗压强度标准差(σ)计算值小于 2.5 MPa 时,计算配制强度用的标准差应取不小于 2.5 MPa;当混凝土设计龄期立方体抗压强度标准值不小于 30 MPa,其抗压强度标准差计算值小于 3.0 MPa 时,计算配制强度用的标准差应取不小于 3.0 MPa。

(11)当无近期同品种混凝土抗压强度统计资料时,σ 值可按表 2-17 选用。施工中应根据现场施工时段强度的统计结果调整 σ 值。

表 2-17　标准差 σ 选用值

设计龄期混凝土抗压强度标准值 $f_{cu,k}$(MPa)	≤15	20~25	30~35	40~45	≥50
混凝土抗压强度标准差 σ(MPa)	3.5	4.0	4.5	5.0	5.5

2.2.6　混凝土配合比的计算

(1)混凝土配合比计算应以饱和面干状态骨料为基准。

(2)选定水胶比(水灰比)。计算配制强度 $f_{cu,0}$,求出相应的水胶比,并根据混凝土抗渗、抗冻等级和其他性能要求及允许的最大水胶比(水灰比)限值选定水胶比(或水灰比)。

根据混凝土配制强度选择水胶比。在适宜范围内,可选择 3~5 个水胶比,在一定条件下通过试验,建立设计龄期的强度与胶水比的回归方程式或图表,按强度与胶水比关系式,选择相应于配制强度的水胶比。

$$f_{cu,0} = A \cdot f_{ce}(\frac{c + p}{w} - B)$$

$$w/(c + p) = \frac{A \cdot f_{ce}}{f_{cu,0} + A \cdot B \cdot f_{ce}}$$

式中　$f_{cu,0}$——混凝土配制强度,MPa;

f_{ce}——水泥 28 d 龄期抗压强度实测值,MPa;

$(c+p)/w$——胶水比;

B——回归系数,应根据工程使用的水泥、掺合料、骨料、外加剂等,通过试验由建立的水胶比与混凝土强度关系式确定。

(3)选取混凝土的用水量。应根据骨料最大粒径、坍落度、外加剂、掺合料及适宜的砂率通过试验确定。

(4)选取最优砂率。最优砂率应根据骨料品种、品质、粒径、水胶比和砂的细度模数等通过试验选取。

(5)混凝土的胶凝材料用量(m_c+m_p)、水泥用量 m_c 和掺合料用量 m_p 计算:

$$m_c+m_p=\frac{m_w}{w/(c+p)}$$

$$m_c=(1-P_m)(m_c+m_p)$$

$$m_p = P_m(m_c + m_p)$$

式中　m_c——混凝土水泥用量，kg/m³；

m_p——混凝土掺合料用量，kg/m³；

m_w——混凝土用水量，kg/m³；

P_m——掺合料掺量；

$w/(c+p)$——水胶比。

当不掺加掺合料时，p、P_m、m_p 均为0。

(6)砂、石料用量由已确定的用水量、水泥(胶凝材料)用量和砂率，根据“绝对体积法”计算。

每立方米混凝土中砂、石采用绝对体积法按下式计算：

$$V_{s,g} = 1 - \left[\frac{m_w}{\rho_w} + \frac{m_c}{\rho_c} + \frac{m_p}{\rho_p} + \alpha\right]$$

$$m_s = V_{s,g} S_v \rho_s$$

$$m_g = V_{s,g}(1 - S_v)\rho_g$$

式中　$V_{s,g}$——砂、石的绝对体积，m³；

m_w——混凝土用水量，kg/m³；

m_c——混凝土水泥用量，kg/m³；

m_p——混凝土掺合料用量，kg/m³；

m_s——混凝土砂料用量，kg/m³；

m_g——混凝土石料用量，kg/m³；

α——混凝土含气量(%)；

S_v——体积砂率(%)；

ρ_w——水的密度，kg/m³；

ρ_c——水泥密度，kg/m³；

ρ_p——掺合料密度，kg/m³；

ρ_s——砂料饱和面干表观密度，kg/m³；

ρ_g——石料饱和面干表观密度，kg/m³。

各级石料用量按选定的级配比例计算。

(7)列出混凝土各组成材料的计算用量和比例。

2.2.7　混凝土配合比的试配、调整和确定

2.2.7.1　试配

在混凝土配合比试配时，应采用工程中实际使用的原材料。

在混凝土试配时，每盘混凝土的最小拌和量应符合表2-18的规定，当采用机械拌和时，其拌和量不宜小于拌和机额定拌和量的1/4。

表 2-18 混凝土试配的最小拌和量

骨料最大粒径(mm)	拌合物数量(L)
20	15
40	25
≥80	40

按计算的配合比进行试拌,根据坍落度、含气量、泌水、离析等情况判断混凝土拌合物的工作性,对初步确定的用水量、砂率、外加剂掺量等进行适当调整。用选定的水胶比和用水量,混凝土用水量增减4~5 kg/m^3 时,砂率增减 1%~2%进行试拌,坍落度最大时的砂率即为最优砂率。用最优砂率试拌,调整用水量至混凝土拌合物满足工作性要求。然后提出混凝土抗压强度试验用的配合比。

混凝土强度试验至少应采用 3 个不同水胶比的配合比,其中一个应为确定的配合比,其他配合比的用水量不变,水胶比依次增减,变化幅度为 0.05,砂率可相应增减 1%。当不同水胶比的混凝土拌合物坍落度与要求值的差超过允许偏差时,可通过增、减用水量进行调整。

根据试配的配合比成型混凝土立方体抗压强度试件,标准养护到规定龄期进行抗压强度试验。根据试验得出混凝土抗压强度与其对应的水胶比关系,用作图法或计算法求出与混凝土配制强度($f_{cu,0}$)相对应的水胶比。

2.2.7.2 **调整**

(1)按试配结果,计算混凝土各组成材料用量和比例。

(2)按下列步骤进行调整:

1)按确定的材料用量按公式计算每立方米混凝土拌合物的质量:

$$m_{cc} = m_w + m_c + m_p + m_s + m_g$$

2)按公式计算混凝土配合比校正系数:

$$\delta = \frac{m_{c,t}}{m_{c,c}}$$

式中 δ——配合比校正系数;

$m_{c,c}$——混凝土拌合物的质量计算值,kg/m^3;

$m_{c,t}$——混凝土拌合物的质量实测值,kg/m^3;

m_w——混凝土用水量,kg/m^3;

m_c——混凝土水泥用量,kg/m^3;

m_p——混凝土掺合料用量,kg/m^3;

m_s——混凝土砂子用量,kg/m^3;

m_g——混凝土石料用量,kg/m^3。

(3)按校正系数对配合比中每项材料用量进行调整,即为调整的设计配合比。

2.2.7.3 **确定**

(1)当混凝土有抗渗、抗冻等其他技术指标要求时,应用满足抗压强度要求的设计配合比,进行相关性能试验。如不满足要求,应对配合比进行适当调整,直到满足设计要求。

(2)当使用过程中遇下列情况之一时,应调整或重新进行配合比设计:对混凝土性能指标要求有变化时;混凝土原材料品种、质量有明显变化时。

2.2.8　常态混凝土配合比设计的基本参数

(1)混凝土的水胶比应根据设计对混凝土性能的要求,通过试验确定,并不超过表 2-19 的规定。

表 2-19　混凝土的水胶比最大允许值

部位	严寒地区	寒冷地区	温和地区
上、下游水位以上(坝体外部)	0.50	0.55	0.60
上、下游水位变化区(坝体外部)	0.45	0.50	0.55
上、下游最低水位以下(坝体外部)	0.50	0.55	0.60
基础	0.50	0.55	0.60
内部	0.60	0.65	0.65
受水流冲刷部位	0.45	0.50	0.50

注:在有环境水侵蚀情况下,水位变化区外部及水下混凝土最大允许水胶比应减小 0.05。

(2)混凝土用水量应通过试拌确定。

1)水胶比在 0.40~0.70 范围,当无试验资料时,其初选用水量可按表 2-20 选取。

表 2-20　常态混凝土初选用水量　(单位:kg/m^3)

混凝土坍落度(mm)	卵石最大粒径(mm)				碎石最大粒径(mm)			
	20	40	80	150	20	40	80	150
10~30	160	140	120	105	175	155	135	120
30~50	165	145	125	110	180	160	140	125
50~70	170	150	130	115	185	165	145	130
70~90	175	155	135	120	190	170	150	135

注:(1)本表适用于细度模数为 2.6~2.8 的天然中砂。当使用细砂或粗砂时,用水量需增加或减少 3~5 kg/m^3。

(2)采用人工砂,用水量增加 5~10 kg/m^3。

(3)掺入火山灰质掺合料时,用水量需增加 10~20 kg/m^3;采用Ⅰ级粉煤灰时,用水量可减少 5~10 kg/m^3。

(4)采用外加剂时,用水量应根据外加剂的减水率作适当调整,外加剂的减水率应通过试验确定。

(5)本表适用于骨料含水状态为饱和面干状态。

2)水胶比小于 0.40 的混凝土以及采用特殊成型工艺的混凝土用水量应通过试验确定。

(3)石子按粒径依次分为 5~20 mm、20~40 mm、40~80 mm、80~150 mm(120 mm)4 个粒级。水工大体积混凝土宜尽量使用最大粒径较大的骨料,石子最佳级配(或组合比)应通过试验确定,一般以紧密堆积密度较大、用水量较小时的级配为宜。当无试验资料时,可按表 2-21 选取。

表 2-21 石子级配比初选

级配	石子最大粒径(mm)	卵石(小:中:大:特大)	碎石(小:中:大:特大)
二	40	40:60:—:—	40:60:—:—
三	80	30:30:40:—	30:30:40:—
四	150	20:20:30:30	25:25:20:30

注:表中比例为质量比。

(4)混凝土配合比宜选取最优砂率。最优砂率应通过试验选取。当无试验资料时,砂率可按以下原则确定:混凝土坍落度小于 10 mm 时,砂率应通过试验确定。混凝土坍落度为 10~60 mm 时,砂率可按表 2-22 初选并通过试验最后确定。混凝土坍落度大于 60 mm 时,砂率可通过试验确定,也可在表 2-22 的基础上按坍落度每增大 20 mm,砂率增大 1%的幅度予以调整。

表 2-22 常态混凝土砂率初选 (%)

骨料最大粒径(mm)	水胶比			
	0.40	0.50	0.60	0.70
20	36~38	38~40	40~42	42~44
40	30~32	32~34	34~36	36~38
80	24~26	26~28	28~30	30~32
150	20~22	22~24	24~26	26~28

注:(1)本表适用于卵石、细度模数为 2.6~2.8 的天然中砂拌制的混凝土。
(2)砂的细度模数每增减 0.1,砂率相应增减 0.5%~1.0%。
(3)使用碎石时,砂率需增加 3%~5%。
(4)使用人工砂时,砂率需增加 2%~3%。
(5)掺用引气剂时,砂率可减小 2%~3%;掺用粉煤灰时,砂率可减小 1%~2%。

(5)外加剂掺量按胶凝材料质量的百分比计,应通过试验确定,并应符合国家和行业现行有关标准的规定。

(6)掺合料的掺量按胶凝材料质量的百分比计,应通过试验确定,并应符合国家和行业现行有关标准的规定。

(7)大体积内部混凝土的胶凝材料用量不宜低于 140 kg/m³。

(8)有抗冻要求的混凝土,必须掺用引气剂,其掺量应根据混凝土的含气量要求通过试验确定。对大中型水电水利工程,混凝土的最小含气量应通过试验确定;当没有试验资料时,混凝土的最小含气量应符合《水工建筑物抗冰冻设计规范》(SL 211)的规定。混凝土的含气量不宜超过 7%。

2.2.9 碾压混凝土配合比设计

(1) 碾压混凝土所用原材料应符合下列规定:

1)宜选用硅酸盐水泥、普通硅酸盐水泥、中热硅酸盐水泥、低热硅酸盐水泥和低热矿渣硅酸盐水泥,水泥的强度等级不宜低于 32.5 级。

2)应优先选用优质粉煤灰作为掺合料;掺量超过 65%,应通过试验论证。

3)石料最大粒径一般不宜超过 80 mm。

4)当采用人工骨料时,人工砂的石粉(小于 0.16 mm 颗粒)含量宜控制在 10%~22%,最优石粉含量应通过试验确定。

5)应掺用外加剂,以满足可碾性、缓凝性、引气性及其他性能要求。

(2)碾压混凝土配合比设计应满足设计强度和耐久性要求,并做到经济合理。配置强度应按下式计算,设计龄期选用 90 d 或 180 d,设计抗压强度保证率为 80%,$t=0.842$。

碾压混凝土配制强度计算公式:

$$f_{cu,0}=f_{cu,k}+t\sigma$$

式中　$f_{cu,0}$——混凝土配制强度,MPa;

$f_{cu,k}$——混凝土设计龄期的抗压强度标准值,MPa;

t——概率度系数。

(3)碾压混凝土的水胶比应根据设计对碾压混凝土性能的要求,通过试验确定,其值宜不大于 0.65。

(4)碾压混凝土中满足坍落度(VC 值)要求的用水量,主要与最大骨料粒径、岩性、砂料用量和品质有关,应通过试验确定。当无试验资料时,其初选用水量可按表 2-23 选取。

表 2-23　碾压混凝土初选用水量　(单位:kg/m^3)

碾压混凝土 VC 值	卵石最大粒径(mm)		碎石最大粒径(mm)	
(s)	40	80	40	80
5~10	115	100	130	110
10~20	110	95	120	105

注:(1)本表适用于细度模数为 2.6~2.8 的天然中砂,当使用细砂或粗砂时,用水量需增加或减少 5~10 kg/m^3。

(2)采用人工砂时,用水量增加 5~10 kg/m^3。

(3)掺入火山灰质掺合料时,用水量需增加 10~20 kg/m^3;采用 I 级粉煤灰时,用水量可减少 5~10 kg/m^3。

(4)采用外加剂时,用水量应根据外加剂的减水率作适当调整,外加剂的减水率应通过试验确定。

(5)本表适用于骨料含水状态为饱和面干状态。

(5)碾压混凝土砂率。碾压混凝土的砂率可按表 2-24 初选,并通过试验最后确定。

表 2-24　碾压混凝土砂率初选　(%)

骨料最大粒径	水胶比			
(mm)	0.40	0.50	0.60	0.70
40	32~34	34~36	36~38	38~40
80	27~29	29~32	32~34	34~36

注:(1)本表适用于卵石、细度模数为 2.6~2.8 的天然中砂拌制的 VC 值为 5~12 s 的碾压混凝土。

(2)砂的细度模数每增减 0.1,砂率相应增减 0.5%~1.0%。

(3)使用碎石时,砂率需增加 3%~5%。

(4)使用人工砂时,砂率需增加 2%~3%。

(5)掺用引气剂时,砂率可减小 2%~3%。

(6)掺用粉煤灰时,砂率可减小 1%~2%。

在满足碾压混凝土施工工艺要求的前提下，选择最佳砂率。最佳砂率的评定标准为：骨料分离少；在固定水胶比及用水量条件下，拌合物 VC 值小，混凝土密度大、强度高。

(6)石料合理级配主要由骨料堆积密度、颗粒表面积和粒形等因素确定。将不同粒径的石料按不同的比例组合，选择石料振实密度最大的级配组合。当无试验资料时，可按表 2-25 选取。

表 2-25　石子级配初选

级配	石子最大粒径(mm)	卵石(小:中:大)	碎石(小:中:大)
二	40	40:60:—	40:60:—
三	80	30:40:30	30:40:30

注：表中比例为质量比。

(7)碾压混凝土配合比的计算方法和步骤除应遵守的规定外，尚应符合以下规定：

1)碾压混凝土拌合物的设计坍落度(VC 值)，可选用 5~12 s。

2)大体积永久建筑物碾压混凝土的胶凝材料用量不宜低于 130 kg/m^3。

3)碾压混凝土易产生离析，其粗骨料宜采用连续级配。

4)由用水量、水泥用量、掺合料用量以及引入的气体所组成的浆体必须填满砂的所有空隙，并包裹所有的砂。灰浆/砂浆体积比宜为 0. 38~0. 46。

2. 2. 10　海水环境混凝土配合比设计

(1)海水环境混凝土所用原材料应符合下列规定：

1)配制混凝土所用的水泥宜采用硅酸盐水泥、普通硅酸盐水泥和矿渣硅酸盐水泥。受冻地区的混凝土宜采用硅酸盐水泥和普通硅酸盐水泥，不受冻地区的浪溅区混凝土宜采用矿渣硅酸盐水泥。普通硅酸盐水泥和硅酸盐水泥熟料中的铝酸三钙含量宜在 6%~12%范围内。

2)粉煤灰质量应满足Ⅱ级以上粉煤灰的要求，粉煤灰取代水泥质量的最大限量应符合下列规定：①用硅酸盐水泥拌制的混凝土不宜大于 25%；②用普通硅酸盐水泥拌制的混凝土不宜大于 20%；③用矿渣硅酸盐水泥拌制的混凝土不宜大于 10%；④经试验论证，最大掺量可不受以上限制。

3)粒化高炉矿渣的粉磨细度不宜小于 400 m^2/kg，其掺量宜通过试验确定。用硅酸盐水泥拌制的混凝土，其掺量不宜小于胶凝材料质量的 50%；用普通硅酸盐水泥拌制的混凝土，其掺量不宜小于胶凝材料质量的 40%。

4)必要时，掺磨细粒化高炉矿渣或粉煤灰的混凝土，可同时掺 3%~5%的硅灰，其掺量应通过试验确定。

5)细骨料不宜采用海砂。当受条件限制不得不采用海砂时，海砂带入浪溅区或水位变动区混凝土的氯离子量，对钢筋混凝土，不宜大于水泥质量的 0. 07%；对预应力混凝土，不宜大于 0. 03%。当超过上述限值时，应通过淋洗降低到小于此限值；当淋洗确有困难时，可在拌制的混凝土中掺入适量亚硝酸钙或其他经过论证的阻锈剂。

6)不得采用可能发生碱-骨料反应的活性骨料。

7)外加剂对混凝土的性能应无不利影响,其氯离子含量不宜大于水泥质量的 0.02%。

8)拌和用水的氯离子含量不大于 200 mg/L。

(2)海水环境混凝土配合比设计应满足设计强度和耐久性要求,并做到经济合理。混凝土配制强度应同时满足设计强度和耐久性要求所决定的强度。

1)设计强度确定的配制强度按公式计算,混凝土龄期为 28 d,强度保证率为 95%,$t=1.645$。

2)耐久性确定的配制强度是指达到耐久性要求的混凝土水灰比所决定的强度。

注:海水混凝土抗冻性试验龄期为 28 d。

3)混凝土中的氯离子最高限值应符合表 2-26 的规定。

表 2-26　混凝土拌合物中氯离子的最高限值　(%)

预应力混凝土	钢筋混凝土	混凝土
0.06	0.10	1.30

注:按水泥质量百分率计。

4)南方海港工程浪溅区混凝土的抗氯离子渗透性不应大于 2 000C。

注:抗氯离子渗透性按混凝土抗氯离子渗透性标准试验规定的方法测定。抗氯离子渗透性试验的混凝土试件应在标准条件下养护 28 d,试验应在 35 d 内完成。对掺加粉煤灰或粒化高炉矿渣混凝土,可按 90 d 龄期的试验结果评定。

(3)不同暴露部位混凝土拌合物水灰比最大允许值应符合表 2-27 的规定。

表 2-27　海水环境混凝土的水灰比最大允许值

<table>
<tr><td colspan="3" rowspan="2">环境条件</td><td colspan="2">钢筋混凝土、预应力混凝土</td></tr>
<tr><td>北方</td><td>南方</td></tr>
<tr><td colspan="3">大气区</td><td>0.55</td><td>0.50</td></tr>
<tr><td colspan="3">浪溅区</td><td>0.50</td><td>0.40</td></tr>
<tr><td colspan="2" rowspan="4">水位变动区</td><td>严寒地区</td><td>0.45</td><td></td></tr>
<tr><td>寒冷地区</td><td>0.50</td><td></td></tr>
<tr><td>微冻地区</td><td>0.55</td><td></td></tr>
<tr><td>温和地区</td><td></td><td>0.50</td></tr>
<tr><td rowspan="4">水下区</td><td>不受水头作用</td><td></td><td>0.60</td><td>0.60</td></tr>
<tr><td rowspan="3">受水头作用</td><td>最大作用水头与混凝土壁厚之比小于 5</td><td>0.60</td><td></td></tr>
<tr><td>最大作用水头与混凝土壁厚之比为 5~10</td><td>0.55</td><td></td></tr>
<tr><td>最大作用水头与混凝土壁厚之比大于 10</td><td>0.50</td><td></td></tr>
</table>

注:(1)除全日潮型区域外,有抗冻要求的细薄构件,混凝土水灰比最大允许值宜减小。

(2)对抗冻要求高的混凝土,浪溅区内下部 1 m 应随同水位变动区按抗冻性要求确定其水灰比。

(3)位于南方海水环境浪溅区的钢筋混凝土宜掺用高效减水剂。

（4）不同暴露部位混凝土拌合物的最低水泥用量应符合表 2-28 的规定。

表 2-28　海水环境混凝土的最低水泥用量　（单位：kg/m^3）

环境条件		钢筋混凝土、预应力混凝土	
		北方	南方
大气区		300	360
浪溅区		360	400
水位变动区	>F300	395	360
	F300	360	
	F250	330	
	F200	300	
水下区		300	300

注：（1）有耐久性要求的大体积混凝土，水泥用量应按混凝土的耐久性和降低水泥水化热要求综合考虑。

（2）掺加掺合料时，水泥用量可相应减少，但应符合规定。

（3）掺外加剂时，南方地区水泥用量可适当减少，但不得降低混凝土密实性，可采用混凝土抗渗性或渗水高度检验。

（4）有抗冻要求的混凝土，浪溅区范围内下部 1 m 应随同水位变动区按抗冻性要求确定其水泥用量。

（5）抗冻试验使用的水质，应与建筑物实际接触的水质相同。

（5）混凝土用水量应根据骨料最大粒径、坍落度、外加剂、掺合料及适宜的砂率通过试拌确定。初选用水量可按表 2-20 选取。

（6）确定最优砂率，按选定的水灰比、用水量和胶材用量，选取数个不同砂率，在用水量和其他条件相同的情况下，拌制混凝土拌合物，测定其坍落度，其中坍落度最大的一种拌合物所用的砂率，即为最优砂率。初选砂率时可参照表 2-22 选取。坍落度大于 60 mm 时，按坍落度每增大 20 mm 砂率增大 1%幅度调整。

（7）海水环境混凝土配合比的计算方法和步骤按 2.5、2.6 节规定进行。

2.2.11　水工砂浆配合比设计方法

2.2.11.1　砂浆配合比设计的基本原则

（1）砂浆的技术指标要求应与其接触的混凝土的设计指标相适应。

（2）砂浆所使用的原材料应与其接触的混凝土所使用的原材料相同。

（3）砂浆应与其接触的混凝土所使用的掺合料品种、掺量相同，减水剂的掺量为混凝土掺量的 70%左右；当掺引气剂时，其掺量应通过试验确定，以含气量达到 7%～9%时的掺量为宜。

（4）采用体积法计算每立方米砂浆各项材料用量。

2.2.11.2　砂浆配制强度的确定

（1）砂浆设计抗压强度是指按照标准方法制作和养护的边长为 70.7 mm 的立方体试件，在设计龄期用标准试验方法测得的具有设计保证率的抗压强度，以 MPa 计。

(2)砂浆配制抗压强度按下式计算：

$$f_{m,0} = f_{m,k} + t\sigma$$

式中　$f_{m,0}$——砂浆配制抗压强度,MPa；

$f_{m,k}$——砂浆设计龄期的立方体抗压强度标准值,MPa；

t——概率度系数,由给定的保证率 P 选定,其值按表 2-16 选用；

σ——砂浆立方体抗压强度标准差,MPa。

(3)砂浆抗压强度标准差,宜按同品种砂浆抗压强度统计资料确定。

1)统计时,砂浆抗压强度试件总数应不少于 25 组。

2)根据近期相同抗压强度、生产工艺和配合比基本相同的砂浆抗压强度资料,砂浆抗压强度标准差按以下公式计算：

$$\sigma = \sqrt{\frac{\sum_{i=1}^{n} f_{m,i}^2 - n m_{f_m}^2}{n - 1}}$$

式中　σ——砂浆抗压强度标准差；

$f_{m,i}$——第 i 组试件的抗压强度,MPa；

m_{f_m}——n 组试件的抗压强度平均值,MPa；

n——试件组数。

3)当无近期同品种砂浆抗压强度统计资料时,可按表 2-29 取用。施工中应根据现场施工时段抗压强度的统计结果调整。

表 2-29　标准差 σ 选用值　(单位:MPa)

设计龄期砂浆抗压强度标准值	≤10	15	≥20
砂浆抗压强度标准差	3.5	4.0	4.5

2.2.11.3　砂浆配合比计算

(1)可选择与其接触混凝土的水胶比作为砂浆的初选水胶比。

(2)砂浆配合比设计时用水量可按表 2-30 确定。

表 2-30　砂浆用水量参考表(稠度 40~60 mm)

水泥品种	砂子细度	用水量(kg/m³)
普通硅酸盐水泥	粗砂	270
	中砂	280
	细砂	310
矿渣硅酸盐水泥	粗砂	275
	中砂	285
	细砂	315
稠度±10 mm	用水量±(8~10) kg/m³	

(3)砂浆的胶凝材料用量(m_c+m_p)、水泥用量 m_c 和掺合料用量 m_p 按下列公式计算:

$$m_c + m_p = \frac{m_w}{w/(c + p)}$$

$$m_c = (1 - P_m)(m_c + m_p)$$

$$m_p = P_m(m_c + m_p)$$

式中 m_c——砂浆水泥用量,kg/m^3;

m_p——砂浆掺合料用量,kg/m^3;

m_w——砂浆用水量,kg/m^3;

$w/(c+p)$——水胶比;

P_m——掺合料掺量。

(4)砂子用量由已确定的用水量和胶凝材料用量,根据体积法计算。

$$V_s = 1 - (\frac{m_w}{\rho_w} + \frac{m_c}{\rho_c} + \frac{m_p}{\rho_p} + \alpha)$$

$$m_s = \rho_s V_s$$

式中 V_s——砂的绝对体积,m^3;

m_w——砂浆用水量,kg/m^3;

m_c——砂浆水泥用量,kg/m^3;

m_p——砂浆掺合料用量,kg/m^3;

α——含气量,一般为 7%~9%;

ρ_w——水的密度,kg/m^3;

ρ_c——水泥密度,kg/m^3;

ρ_p——掺合料密度,kg/m^3;

ρ_s——砂子饱和面干表观密度,kg/m^3;

m_s——砂浆砂料用量,kg/m^3。

(5)列出砂浆各组成材料的计算用量和比例。

2.2.11.4 砂浆配合比的试配、调整和确定

(1)按计算出的配合比的各项材料用量进行试拌,固定水胶比,调整用水量直至达到设计要求的稠度。由调整后的用水量得出砂浆抗压强度试验配合比。

(2)砂浆抗压强度试验至少应采用 3 个不同的配合比,其中一个应为确定的配合比,其他配合比的用水量不变,水胶比依次增减,变化幅度为 0.05。当不同水胶比的砂浆稠度不能满足设计要求时,可通过增、减用水量进行调整。

(3)测定满足设计要求的稠度时每立方米砂浆的质量、含气量及抗压强度,根据 28 d 龄期抗压强度试验结果,绘出抗压强度与水胶比关系曲线,用作图法或计算法求出与砂浆配制强度 $f_{m,0}$ 相对应的水胶比。

(4)计算出每立方米砂浆中各组成材料用量及比例,并经试拌确定最终配合比。

2.3 水利工程混凝土配合比设计实施

水利工程混凝土配合比试验一般根据试验内容、试验要求和提交报告的日期和试验

室的资源情况等对试验项目进行研究、分解，做出合理的进度计划，对各阶段工作内容、投入的试验人数、仪器设备情况做合理安排，以保证按时高质量完成试验任务。为了使混凝土配合比试验工作科学、规范、合理、有序地进行，水利工程配合比设计试验工作流程一般按图 2-1 所示的流程进行。

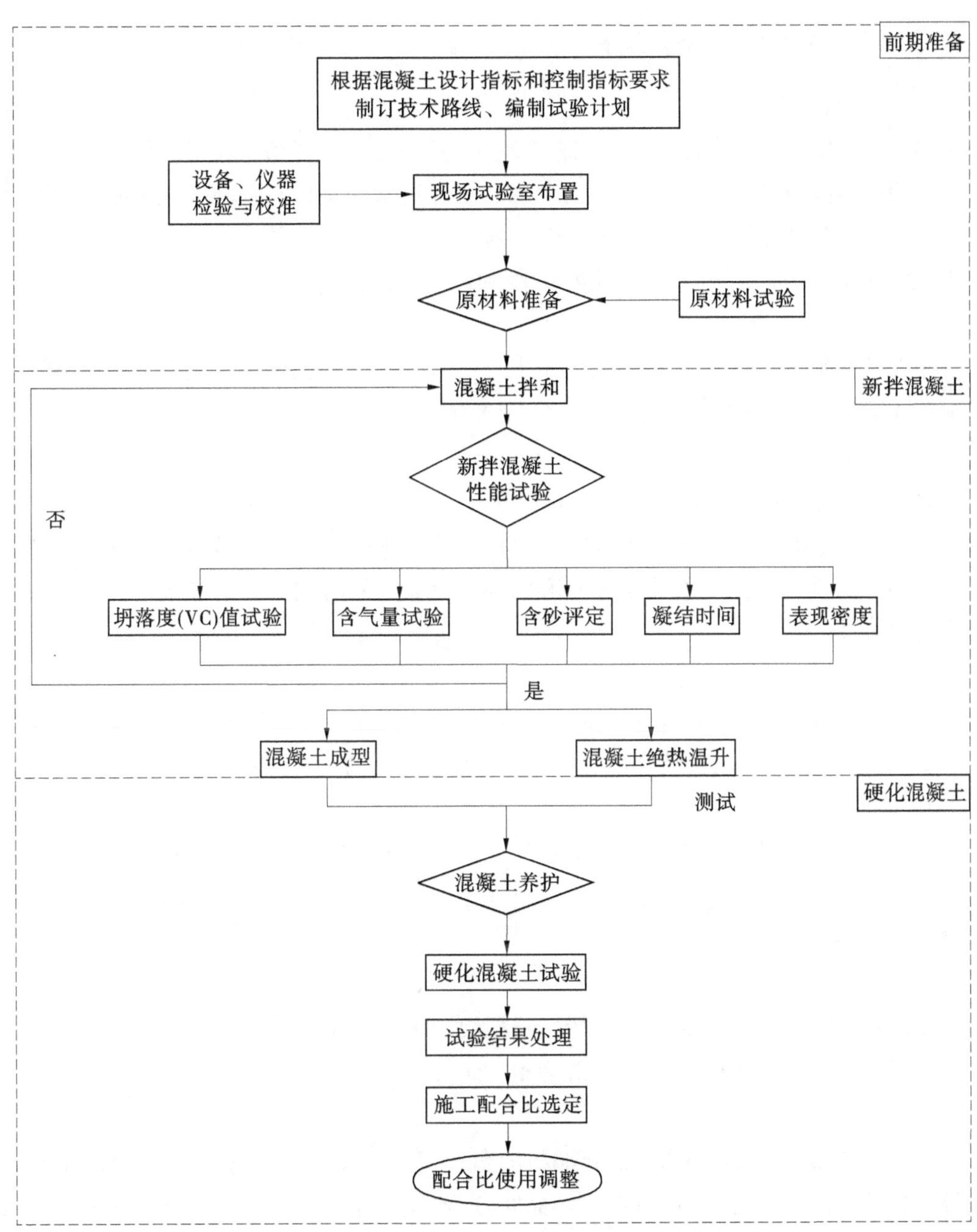

图 2-1　水利工程混凝土配合比试验工作流程

2.3.1　编制试验计划

根据混凝土设计指标和控制指标要求,按照不同工程地域、气候条件、施工条件、原材料特性情况,制定合理的技术路线,编制科学的水工混凝土配合比试验计划。

2.3.2　试验室及仪器设备配备

2.3.2.1　试验室设置要求

由于水工混凝土配合比试验是在施工现场进行的,所以现场试验室是保证混凝土配合比试验的首要条件,应根据试验项目和现有条件科学合理地布置现场试验室。拌和间是水工混凝土配合比试验最重要的工作间,应高度重视拌和间的布置。一般试验拌和间应有 50~80 m^2 的面积,用于布置搅拌机、拌和钢板、振动台、水池、料仓、工作台等。

1. 搅拌机

搅拌机必须有足够的拌和容量,对于水工大体积大粒径混凝土,一般采用 100~150 L 的自落式搅拌机,强制式搅拌机一般为 60~100 L。

2. 拌和钢板

钢板尺寸应满足长×宽×厚=(2 000~2 500)mm×(1 500~2 000)mm×(8~10)mm 的要求。钢板一般纵向垂直对齐搅拌机出料口,水平摆放且比地面低 50 mm,或在钢板周边焊接∠50 mm 角铁,这样方便混凝土拌和的连续试验。同时钢板侧面应布置有排水的集水沉淀池。

3. 振动台

振动台台面尺寸一般为(1 000±10)mm×(1 000±10)mm,表面平整光洁,频率在(50±3)Hz,振幅(0.5±0.02)mm,安装在不妨碍其他试验和操作的位置,要求台面水平。

4. 料仓

一般在拌和间端部靠墙布置 4~5 个高 90~110 cm 的料仓,分别堆放试验用的饱和面干砂料和粗骨料,其中砂料仓应足够大。料仓上部可预制搭建工作台,放置水泥、粉煤灰等材料及工器具。

5. 养护室

养护室严格按温度、湿度要求布置。根据混凝土工程量、取样频率、养护龄期以及施工高峰期等因素,确定养护室面积一般为 40~80 m^2。

6. 力学间

力学间的面积应保证各种材料试验机的布置、安装、维护、检修和试验人员的正常操作等不受影响,面积一般为 40~60 m^2。根据力学试验内容,一般配置 100 kN 和 1 000 kN 万能材料试验机、2 000 kN 压力试验机及相关的附件等。

7. 耐久性试验间

对于大型水利工程项目或者对耐久性试验要求较高的水利工程项目,应当设置耐久性试验间，并配置混凝土快速冻融机和抗渗试验仪。对于中小型水利工程项目或对抗冻、抗渗试验频次要求不高的试验室可以进行委托试验。

8. 干缩室

干缩室必须安装空调，确保恒温干燥条件，试验采用卧式测长仪，门上应留有玻璃观察窗，防止试验时发生意外。

2.3.2.2　试验仪器设备配置

水利工程混凝土配合比试验所需主要仪器设备如表 2-31 所示。

表 2-31　水利工程混凝土配合比试验所需主要仪器设备（以中国水电四局某试验室为例）

序号	设备名称	规格型号	单位	数量	用途
1	胶砂搅拌机	JJ-5	台	1	水泥、掺合料、外加剂、骨料物理试验
2	胶砂振实台	ZS-15	台	1	
3	高温炉	SX2-4-1300	台	1	
4	水泥胶砂流动度测定仪	NLD-2	台	1	
5	净浆标准稠度凝结时间测定仪	(ISO)	台	1	
6	雷式夹膨胀测定仪	LD-50	台	1	
7	水泥比表面积测定仪	DBT-127	台	1	
8	水泥标准养护箱	40 超声加湿	台	1	
9	电热鼓风干燥箱	101-2	台	1	
10	水泥雷式沸煮箱	FZ-31	台	1	
11	水泥负压筛析仪	FYS-150B	台	1	
12	水泥电动抗折机	5000	台	1	
13	水泥压力试验机	YAW-300B	台	1	
14	水泥净浆搅拌机	160B	台	1	
15	恒温水浴锅	HHS-6	台	1	水泥、掺合料、外加剂、骨料、水等化学试验
16	火焰光度计	6400A	台	1	
17	分析天平	万分之一、千分之一	台	2	
18	酸度计	PHS-3C	台	1	
19	黏度计	NDJ-1	台	1	
20	电动沉淀离心机	LDZ-4-8	台	1	
21	分光光度计	7230G	台	1	

续表 2-31

序号	设备名称	规格型号	单位	数量	用途
22	自落式混凝土搅拌机	100~150	台	1	混凝土拌合物性能试验
23	强制混凝土搅拌机	60~100	台	1	
24	拌和钢板		块	1	
25	骨料筛	方孔孔径 40 mm、30 mm	套	1	
26	表观密度筒	20~80 L(壁厚 3 mm)	套	1	
27	坍落度筒		只	5	
28	维勃工作度仪	HGC-1	台	2	
29	混凝土含气量测定仪	H-2783	台	2	
30	混凝土振动台	1 m^2	台	1	
31	混凝土贯入阻力仪	HT-80	台	1	
32	恒温恒湿自控仪	全自动	台	1	
33	压力试验机	YE-2000	台	1	硬化混凝土试验
34	万能材料试验机	WE-1000B	台	1	
35	万能材料试验机	WE100~300	台	1	
36	极限拉伸仪	YJ-26	台	1	
37	弹性模量测定仪		台	1	
38	混凝土快速冻融机	风冷式 CDR-2	台	1	
39	动弹测定仪(抗冻试验)	QL-101	台	1	
40	抗渗仪	HP-40 型	台	1	
41	混凝土卧式测长仪	SP-540	台	1	
42	绝热温升仪		台	1	热学试验

2.3.3 混凝土原材料的准备

为了保证试验结果的一致性、准确性、连续性以及成果分析,混凝土配合比试验原材料准备工作十分重要。一般水利工程混凝土配合比试验所需主要材料见表 2-32,各种原材料(水泥、掺合料、骨料、外加剂等)的试验样品必须按材料用量计划备足同一批次的、具有代表性的工程实际使用样品,尽量避免二次取样,防止原材料波动导致试验结果的差异,这是保证高质量配合比试验的前提。各种材料应根据计划提前检测,掌握配合比试验所需原材料的品质和性能。

2.3.3.1 胶凝材料

水泥、掺合料等胶凝材料保存应避免受潮,一般采用塑料薄膜等防潮材料密封包裹。

试验拌和时,应把胶凝材料拆包分别装入带盖的塑料大桶容器,盛料应使用专门的器具,每次盛完料后应及时加盖,保持胶凝材料原状。

2.3.3.2　骨料

骨料需要提前一天堆放到室内料仓,宜满足饱和面干状态,表面覆盖湿麻袋保持湿润。每天拌和前,对室内料仓存放的骨料翻拌均匀,并检测骨料含水率,为配合比计算提供依据。

2.3.3.3　外加剂

外加剂溶液需要提前一天进行配制,且足量。一般减水剂浓度为 10%~20%,引气剂浓度为 1%~2%。同时应对外加剂配制难易程度、是否沉淀进行观察评定,为拌和楼外加剂溶液配制和控制提供依据。

表 2-32　水利工程混凝土配合比试验主要材料

序号	名称		品种	原则	作用
1	水泥		中热硅酸盐水泥、低热硅酸盐水泥、低热矿渣硅酸盐水泥、硅酸盐水泥、普通硅酸盐水泥、抗硫酸盐硅酸盐水泥等	根据工程部位、技术要求和环境条件	满足混凝土配合比各项性能要求,降低混凝土发热量,抵抗环境侵蚀
2	掺合料		粉煤灰、火山灰、矿渣微粉、硅粉、粒化电炉磷渣、氧化镁等	根据工程技术要求、掺合料品质和资源条件,通过试验论证	改善混凝土性能、提高混凝土质量,降低混凝土水化热,抑制碱骨料反应,节约水泥,降低成本
3	骨料	细骨料	天然砂、人工砂	质地坚硬、洁净、级配良好	保证混凝土和易性和工作性能,提高混凝土密实性能等
4		粗骨料	卵石、碎石	优质、经济、就地取材	保证混凝土质量,决定混凝土强度和耐久性等
5	外加剂		高效减水剂、缓凝高效减水剂、高温缓凝剂、引气剂	根据工程混凝土设计指标要求	改善混凝土和易性、节约材料、调整施工性能、提高强度和耐久性等
6	水		饮用水	符合国家标准	水泥水化胶结和混凝土流动性作用

2.3.4　试验人员配备

混凝土配合比试验一般需 12 人,其中混凝土拌和人员 10 人,可穿插作业,见表 2-33。

表 2-33　配合比试验人员安排(以中国水电四局某试验室为例)

项目		人数	工作范围
试验计划编制		1	根据混凝土设计指标和控制指标要求,编制详细、具体的混凝土配合比试验计划
组织实施		1	混凝土配合比试验人、材料、设备等资源合理布置
资料		2	对试验数据整理、分析
混凝土拌和	配料单	2	配料单计算、校核
	原材料计量、投料	6	按配料单对胶凝材料、骨料、外加剂、水进行称量,按规定顺序将材料投到搅拌机
	拌合物性能试验	4	坍落度(VC 值)、含气量、凝结时间、表观密度测试
混凝土成型、养护		4	成型、抹面、编号、拆模、养护等
热学试验		2	绝热温升等试验
硬化混凝土	物理力学试验	3	抗压、劈拉强度(抗剪)等试验
	耐久性试验	3	抗冻、抗渗等试验
	变形试验	4	极拉、弹模、干缩等试验

2.3.5　试验研究内容

水利工程混凝土配合比试验研究一般从分析混凝土设计指标及原材料的组成、结构、物理化学特性混凝土相关性入手,紧密结合工程所处的地域环境、气候条件和施工条件,并在此基础上进行混凝土配合比参数与性能关系试验研究,从而选择确定关键性能最佳或综合性能优良的混凝土配合比,并能在工程现场的应用中不断得到改进和完善。具体研究内容为:

(1)混凝土原材料选择与试验研究。内容包括水泥、粗细骨料、粉煤灰、高炉矿渣微粉、硅粉以及高效减水剂、引气剂等材料性能及选择试验。

(2)混凝土配合比参数选择试验。试验内容包括不同用水量、砂率、水胶比对混凝土和易性、含气量、凝结时间的影响,抗压强度、劈拉强度与水胶比的关系。

(3)硬化混凝土性能试验研究。水利工程混凝土试验内容包括混凝土抗压强度、劈拉强度、弹模、极限拉伸、干缩、圆环抗裂、抗冻、抗渗和抑制碱骨料反应试验研究。

(4)混凝土配合比设计。针对水利工程混凝土特点,配合比设计主要考虑混凝土力学性能、耐久性、变形性能和热学性能等,并在综合分析各性能和试验验证复核的基础上提出满足设计要求和施工要求的混凝土配合比。

2.3.6　试验要求

2.3.6.1　混凝土拌和

混凝土拌和试验是水利工程配合比试验的重点,拌和间室内温度保持在 15~25 ℃。

混凝土拌制前，一般采用与配合比相近的砂浆或小级配混凝土进行搅拌机搅拌挂浆，出机用于拌和钢板挂浆。第一罐新拌混凝土一般仅用于初步评判，不用于正式成型。

1. 拌和容量

考虑拌和条件边界效应的影响，混凝土拌和最小容量一般不宜少于搅拌机容量的1/3，以保证拌合物的均匀性、稳定性。

2. 投料顺序

投料顺序应通过试验确定。自落式搅拌机投料顺序一般为粗骨料、胶凝材料、水和外加剂混合溶液、细骨料；强制式搅拌机投料顺序一般为细骨料，胶凝材料、水和外加剂混合溶液、粗骨料。其中，应在计算好的水中盛出少量水以备冲洗盛外加剂的容器，然后将外加剂溶液倒入剩余水中。

3. 拌和卸料

按规定时间搅拌好的混凝土卸料后，应用镘刀将罐内的浆体尽量刮净，然后将搅拌机恢复到原位，及时遮盖湿麻袋或加盖，防止搅拌机内干燥，以备连续拌和。刮出的浆体和出机的新拌混凝土混合翻拌3遍，观察评定混凝土外观和匀质性。用于成型的新拌混凝土，应及时用湿麻袋覆盖，避免坍落度损失过快影响试验结果。

2.3.6.2　和易性试验

大量试验发现，新拌混凝土表面水分蒸发、水泥水化等原因造成新拌混凝土的坍落度、含气量经时损失不可避免。因此，对设计的混凝土配合比要进行大量反复的试拌，掌握混凝土拌合物的稳定性和规律性，这是配合比试验的关键。试验时，仪器和工具与新拌混凝土接触部分应提前润湿或挂浆。

1. 过湿筛

对出机的新拌混凝土进行拌合物性能试验时，若骨料粒径大于40 mm，应采用湿筛法剔除粒径大于40 mm的骨料，筛前应用喷雾器或湿拖把对方孔筛润湿。过湿筛后的拌合物，需两人采用小方铁锹对翻3遍。

2. 温度测试

将温度计插入出机后的混凝土中50~100 mm，温度测试完备后方可拔出温度计，同时记录室温。

3. 坍落度(VC值)

一般两人同时在钢板上平行进行坍落度试验，以减小人为误差；碾压混凝土坍落度(VC值)一般测试两次。同时，需要进行坍落度(VC值)的经时损失试验，为施工提供依据。

4. 含气量

对抗冻等级要求高的水工混凝土，含气量测试采用精密含气仪。装料时严禁工具碰撞含气仪量钵沿口，试验后应及时对含气仪气阀保护清洗。同时，要进行含气量与坍落度(VC值)经时损失的关系试验，为拌和楼质控、施工浇筑及混凝土耐久性提供依据。

5. 含砂评定

含砂情况对混凝土性能有很大影响，一般采用三种方法评定：一是用镘刀抹混凝土拌合物表面，二是通过振动台振实过程中测试试模内混凝土泛浆情况，三是在仓面观测振捣器振捣时混凝土泛浆情况。

6. 表观密度试验

表观密度试验采用原级配混凝土，四分法装料，用振动台试验。常态混凝土一次性装料，碾压混凝土分层装料，以混凝土振实泛浆为准。

7. 凝结时间

对新拌混凝土拌合物过 5 mm 湿筛，将砂浆装入凝结时间试模。常态混凝土临近初凝、终凝时应加密试验，碾压混凝土按等时段（每隔 1~2 h）进行试验。对试验数据进行相关处理。

2.3.6.3　混凝土成型

1. 成型粒径

采用标准试模进行成型时，混凝土拌合物的骨料最大粒径不得超过试模最小断面尺寸的 1/3，用于成型强度、弹模、抗渗、抗剪、抗折等试验的混凝土过 40 mm 湿筛；用于成型极限拉伸、抗冻、干缩、湿胀等试验的新拌混凝土过 30 mm 湿筛；过筛后拌合物必须翻拌均匀。全级配试验采用 450 mm×450 mm×450 mm 和 ϕ 450 mm×900 mm 试模。

2. 试模装料

成型前，试模内壁应均匀刷油，以不浸纸为宜；成型时，应将同型号试模放在混凝土拌合物旁摆放整齐，采用小方铁锹按试模对角线正反方向均匀装料，避免骨料集中。碾压混凝土、全级配混凝土成型时需注意分层装料。

3. 混凝土振捣

混凝土成型时需用振动台机械振实。振实过程中，可用抹刀光面贴试模内壁插数下，以排除气泡空隙及使骨料表面布浆。碾压混凝土振动成型以泛浆为准。全级配混凝土成型宜采用软轴振捣棒进行振捣。

4. 抹面编号

成型后试件摆放位置要做好标识，及时抹面编号，编号一般分 3 行编写，3 行分别为试验编号、龄期、试验日期。

5. 试件拆模

试件编号后宜及时放入养护室养护，也可采用薄膜覆盖并加盖湿麻袋保湿。拆模时间视混凝土强度等级、粉煤灰掺量、凝结时间以及气候条件决定。拆模后的试件应及时送入养护室养护。

2.3.6.4　混凝土养护

养护是保证硬化混凝土性能、试验结果精度十分重要的必要条件。

1. 养护室条件

必须满足温度（20±3）℃、湿度大于 95%的保湿保温条件，应安装恒温恒湿自动控制仪、喷雾设施和空调等措施。

2. 养护室安全

养护室内应配制 36 V 的低压安全灯，进出养护室应配置自动切断电源装置或醒目警示标志。

3. 养护架

一般采用∟50 mm 角钢(或Φ 32 mm 钢筋)以及Φ 10 mm~Φ 14 mm 的钢筋制作养护架,一般养护架尺寸长×宽×高为(1 500~2 000)mm×(500~600)mm×(1 400~1 600)mm,每层高度宜为250~300 mm,分为5~6层。

4. 试件摆放

混凝土试件摆放间距为10~20 mm,试件按试验日期摆放在规定月份的养护架上,方便试验和检查。

2.3.6.5　硬化混凝土试验

硬化混凝土试验必须符合规程规范的要求。试验时,混凝土试件从养护室取出后要注意保湿,及时进行试验。

1. 物理力学试验

强度、弹模、抗弯等试验一般采用1 000~2 000 kN 的试验机,极限拉伸一般采用100~300 kN 的试验机。若进行全级配混凝土试验,根据强度等级,一般采用5 000~10 000 kN 的试验机。

2. 抗冻试验

宜采用微机自动控制的风冷式快速冻融机。试验前,抗冻试件至少在养护室标准温度的水中浸泡4 d;试验时,擦去试件表面水分,测试试件的初始质量和自振频率,基准值一定要测试准确。

3. 抗渗试验

采用混凝土抗渗试验仪进行试验。试件到龄期后,从养护室取出试件,待表面晾干后,在试件侧面采用水泥黄油腻子密封,其比例为:水泥:黄油=3:1~4:1。在试件侧面将配制好的密封材料用三角刀均匀刮涂1~2 mm 厚,然后将试件套入抗渗试模中,在试验机上用100~200 kN 的力将试件压入套模中。试验结束后,及时将试件在试验机上退出、劈开、标记,测量渗水高度。

4. 干缩试验

干缩室必须安装空调,确保恒温干燥条件,试验采用卧式测长仪,门上应留有玻璃观察窗,防止试验时发生意外。

2.3.6.6　绝热温升试验

在绝热条件下,测定混凝土胶凝材料(包括水泥、掺合料等)在水化过程中的温度变化及最高温升值,为混凝土温度应力计算提供依据。混凝土绝热温升试验采用绝热温升测定仪,仪器置于(20±5)℃的清洁、无腐蚀气体的绝热温升室内进行。由于绝热温升试件体积大、比较笨重,人工装卸困难,所以在绝热温升室内安装起吊设施,一般采用横梁和倒链。

混凝土绝热温升试验采用原级配。试验前24 h 应将混凝土原材料放在(20±5)℃的室内,使其温度与室温一致;试验时按照提供的混凝土配合比进行拌和试验,拌合物满足和易性要求后,方可进行绝热温升试验。制作试件的容器内壁应均匀涂刷一层黄油或其他脱模剂,便于脱模,成型时将拌制好的原级配混凝土拌合物分两层装入容器中,每层均用捣棒插捣密实,在试件的中心部位安装一只紫铜测温管或者玻璃管,管内盛少量变压器油,插入中心温度计,用棉纱或橡皮泥封闭测温管管口,以防混凝土或浆液落入管内,然后盖上容器上盖,全部封闭。用倒链把装入好的混凝土绝热温升试件连同容器放入绝热室内,启动仪器开始试验,直到规定的试验龄期,并做好试验记录。其中混凝土从拌和、成型到开始测读温度,应在 30 min 内完成。

试验结束后,打开绝热室的密封盖,取出中心温度计,用倒链把混凝土绝热温试件连同容器从绝热室内提出,小心脱模,防止脱模过程中弄坏容器。

2.3.6.7 施工配合比选定

根据混凝土设计指标、施工要求以及现场复核试验结果,并进行技术经济分析比较,确定科学合理的混凝土施工配合比。

2.3.6.8 施工配合比调整

混凝土配合比在使用中,应根据施工现场的条件变化和原材料的波动情况,及时对配合比进行调整。但关键参数,如水胶比、单位用水量、粉煤灰掺量一般不允许调整;一般根据现场砂子细度模数、粗骨料超逊径、气温和含气量变化,对砂率、级配、外加剂掺量等按配合比参数关系规律进行调整。

2.3.6.9 施工配合比调整

关于规程规范的实施,由于长期以来受我国政治体制和经济体制的影响,将规范的具体规定和要求等同于法律条文来对待。技术规范或规程与各种技术条例、技术要求、工法、指南等技术文件一样都是技术标准,本身不具有法律作用,只有当工程各方 (业主、设计、施工企业)认同作为设计与施工的依据并在契约的基础上,才能作为法律仲裁的依据。将技术问题法制化并强制执行,不利于技术进步和创造性的发挥,反而容易成为推卸责任的借口。水利工程有着强烈的个性,需要工程技术人员针对具体特点去解决设计与施工问题,把规程规范作为技术标准宜强调其指导性而不是强制性。所以,在依据这些规程规范进行混凝土配合比设计和试验过程中, 就要着重强调这些规程规范的指导性作用,在具体实施过程中,就要结合这些工程所处的地域环境、气候条件和施工条件,认真分析混凝土设计指标及原材料的组成、结构、物理化学特性,并在此基础上进行混凝土配合比参数与性能关系试验研究,确定综合性能优良的混凝土配合比。

2.4 水利工程混凝土配合比设计典型案例

2.4.1 三河口水利枢纽工程

2.4.1.1 工程概况

陕西省引汉济渭工程等别为Ⅰ等工程,工程规模为大(1)型,三河口水利枢纽为引汉济渭工程的两个水源之一,工程枢纽位于子午河佛坪县大河坝乡上游约 3.8 km 处的子午河峡谷下游段,枢纽水库总库容为 7.1 亿 m^3,调节库容 6.5 亿 m^3,主要由大坝、坝身泄洪放空系统、坝后引水系统、抽水发电厂房和连接洞等组成。其中拦河大坝等级按规范提高 1 级,按 1 级建筑物设计,但大坝洪水设计标准不予提高。抽水电站建筑物级别为 2 级,泄水消能防冲建筑物为 2 级,枢纽其他次要建筑物级别均为 3 级,临时建筑物按 4 级设计。

三河口水利枢纽混凝土大坝主要建筑物按 500 年一遇洪水标准设计,2000 年一遇洪水标准校核;坝后抽水和发电厂房及连接洞均按 50 年一遇洪水标准设计,200 年一遇洪水标准校核;泄水建筑物下游消能防冲按 50 年一遇洪水设计,200 年一遇洪水进行校核。水库设计最大引水(送入秦岭输水隧洞)流量 70 m^3/s,下游生态放水流量 2.71 m^3/s。抽水流量 18 m^3/s,发电引水设计流量 72.71 m^3/s,抽水采用 2 台可逆式机组,发电除采用 2 台常规水轮发电机组外,还与抽水共用 2 台可逆式机组。发电总装机容量为 60 MW,其中常规水轮发电机组 40 MW,可逆式机组 20 MW。

枢纽主要由大坝、坝身泄洪放空系统、坝后供水系统和连接洞等组成。

2.4.1.2　常态混凝土配合比

1. 设计要求

根据《陕西省引汉济渭工程三河口水利枢纽大坝工程施工招标文件》(招标编号:TGT-YHJW/SG201507D)和设计图纸的内容,大坝常态混凝土强度等级及主要技术指标见表 2-34。

表 2-34　常态混凝土材料分区及其主要性能要求

设计技术指标	坝体部位			
	基础垫层 坝基断层处理等	支绞大梁等	坝体非过流面常态混凝土、闸井、电梯井、消力塘等	—
设计强度等级	$C_{28}25$	$C_{28}30$	$C_{28}25$	$C_{28}40$
强度保证率(%)	95	95	95	95
抗渗等级	W8	W6	W6	W6
抗冻等级	F150	F150	F150	F150
最大水胶比	≤0.55	≤0.4	≤0.45	≤0.4
级配	三	二	二	二

2. 原材料试验

三河口水利枢纽大坝工程混凝土配合比试验选用发包人主供的尧柏普通硅酸盐 P·O 42.5 水泥和陕西华西电力有限公司 F 类分选Ⅱ级粉煤灰;承包人自购的主供山西康力 KLN-3 萘系高效减水剂,辅供云南宸磊 HLNOF-2 萘系高效减水剂;主供山西康力 KLAE 引气剂,辅供云南宸磊 HLAE 引气剂,以及花岗岩人工骨料等各材料组合性能试验。

(1)水泥。

混凝土配合比试验选用陕西尧柏水泥有限公司供应的普通硅酸盐 P·O 42.5 水泥,其物理力学性能、化学检测结果见表 2-35、表 2-36。检测结果表明,水泥各检测指标符合《通用硅酸盐水泥》(GB 175)及《陕西省引汉济渭工程建设有限公司大河坝分公司关于三河口水利枢纽工程水泥技术指标协商会议纪要》(〔2016〕第一次)的要求。

表 2-35 水泥物理力学性能试验结果

水泥品种	密度（kg/cm^3）	比表面积（m^2/kg）	标准稠度（%）	安定性	凝结时间（min）		抗压强度（MPa）		抗折强度（MPa）	
					初凝	终凝	3 d	28 d	3 d	28 d
尧柏普硅 P·O 42.5 水泥	3.10	307	26.9	合格	283	336	19.4	50.6	4.6	8.2
GB 175—2007	—	≥300	—	合格	≥45	≤600	≥17.0	≥42.5	≥3.5	≥6.5
业主指标	—	280~320	—	合格	—	—	>12.0	48±3	>4.0	>8.0

表 2-36 化学检测结果

项目	碱含量（%）	MgO（%）	烧失量（%）	SO_3（%）	水化热（kJ/kg）	
					3 d	7 d
尧柏普硅 P·O 42.5 水泥	0.55	2.35	3.20	2.33	240	278
GB 175—2007	≤0.6	≤5.0	≤3.5	≤3.5	—	—
业主指标	—	—	—	—	<251	<293

（2）粉煤灰。

粉煤灰采用陕西华西电力有限公司供应的分选Ⅱ级粉煤灰，其品质检测结果、化学检测结果见表 2-37、表 2-38。检测结果表明，粉煤灰检测结果符合《用于水泥和混凝土中的粉煤灰》（GB 1596）的要求。

表 2-37 粉煤灰品质检测结果

品种	密度（g/cm^3）	含水率（%）	细度（%）	需水量比（%）	烧失量（%）
陕西华西电力Ⅱ级	2.20	0.1	14.7	99	4.8
GB/T 1596—2005		≤1.0	≤25	≤105	≤8

表 2-38 化学检测结果

项目	碱含量（%）	游离 CaO（%）	SO_3（%）
陕西华西电力Ⅱ级	0.78	0.23	2.5
GB/T 1596—2005	≤1.5	≤1.0	≤3.0

粉煤灰特性不同、掺量不同，对水泥胶砂强度的影响也不同，为了了解和掌握粉煤灰对混凝土强度的影响，进行了掺粉煤灰胶砂性能对比试验，试验按照《水泥胶砂强度检验方法》（GB/T 17671）进行。

试验材料:尧柏 P·O 42.5 水泥,陕西华西电力分选Ⅱ级粉煤灰和标准砂。

试验参数:水胶比 0.50,水泥加煤灰 450 g,标准砂 1 350 g,水 225 mL。

不同粉煤灰掺量水泥胶砂力学性能试验结果见表 2-39。

表 2-39　粉煤灰胶砂力学性能试验结果

粉煤灰掺量(%)	胶凝材料(g)	水泥(g)	粉煤灰(g)	标准砂(g)	水(mL)	抗压强度(MPa)/抗压强度比(%)			抗折强度(MPa)/抗折强度比(%)		
						7 d	28 d	90 d	7 d	28 d	90 d
0	450	450	0	1 350	225	29.8/100	50.6/100	57.2/100	6.9/100	8.2/100	9.3/100
20	450	360	90	1 350	225	24.6/82.6	44.5/87.9	56.6/99.0	6.4/92.8	7.8/95.1	8.9/95.7
30	450	315	135	1 350	225	19.2/64.4	38.3/75.7	52.6/92.0	5.3/76.8	7.2/87.8	8.4/90.3
40	450	270	180	1 350	225	15.7/52.7	32.8/64.8	44.7/78.1	4.9/71.0	6.3/76.8	8.1/87.1
50	450	225	225	1 350	225	11.3/37.9	24.2/47.8	36.4/63.6	3.6/52.2	5.8/70.7	7.2/77.4
60	450	180	270	1 350	225	8.6/28.9	19.8/39.1	29.9/52.3	2.8/40.6	5.1/62.2	6.4/68.8

从不同龄期、不同粉煤灰掺量条件下水泥胶砂力学性能试验结果可以看出,以各龄期不掺粉煤灰的胶砂抗压强度或抗折强度为基准,在相同龄期内各个不同煤灰掺量条件下胶砂强度与基准胶砂强度进行比较,随着粉煤灰掺量提高,早期的水泥胶砂抗压强度和抗折强度逐渐降低。而抗压强度比与抗折强度比相比,在相同龄期和相同粉煤灰掺量条件下,抗压强度比小于抗折强度比。

(3)骨料。

1)细骨料。

细骨料采用加工的花岗岩人工砂,试验按照《水工混凝土试验规程》(SL 352)进行相应的检测,人工砂品质检测结果见表 2-40。

表 2-40　人工砂品质检测结果

砂品种	细度模数	表观密度(kg/m^3)	饱和面干吸水率(%)	堆积密度(kg/m^3)	紧密密度(kg/m^3)	泥块含量(%)	石粉含量(%)	0.08 mm 以下含量(%)
人工砂	2.78	2 680	1.0	1 640	1 840	0	11.2	5.2
SL 677—2014	2.4~2.8	≥2 500	—	—	—	0	6~18	—

因加工后的人工砂石粉含量较低,为满足碾压混凝土配合比试验的需要,对已加工生产的人工砂采取外掺原状砂石粉与原状砂混合的方法,使人工砂石粉含量分别为 17.6%和 13.5%。石粉含量为 17.6%时,对碾压混凝土可碾性影响较大的 0.08 mm 以下的微粉

含量达到了 8.3%,可显著提高碾压混凝土浆砂比值;石粉含量为 13.5%时,采用粉煤灰代砂 4%进行碾压混凝土试验。试验按照《水工混凝土试验规程》(SL 352)对细骨料进行相应的检测,人工砂检测结果见表 2-41。

表 2-41　人工砂品质检测结果

砂品种	细度模数	表观密度（kg/m³）	饱和面干吸水率（%）	堆积密度（kg/m³）	紧密密度（kg/m³）	泥块含量（%）	石粉含量（%）	0.08 mm 以下含量（%）
人工砂	2.73	2 680	1.3	1 650	1 840	0	13.5	6.2
外掺原状砂石粉后砂样	2.63	2 690	1.6	1 650	1 850	0	17.6	8.3
SL 677—2014	2.4~2.8	≥2 500	—	—	—	0	6~18	—

2)粗骨料。

粗骨料采用加工的花岗岩人工碎石,在配合比试验前,对骨料进行了筛分,超逊径均以零计算。为了更接近成品骨料含泥量的真实值,对粗骨料进行冲洗,使含泥量满足规范要求。粗骨料各项性能检测结果均满足《水工混凝土施工规范》(SL 677)的要求,品质检测结果见表 2-42。

表 2-42　人工碎石品质检测结果

骨料粒径（mm）	表观密度（kg/m³）	堆积密度（kg/m³）	紧密密度（kg/m³）	饱和面干吸水率（%）	针片状（%）	压碎指标（%）	含泥量（%）	泥块含量（%）
5~20	2 700	1 410	1 600	0.63	8	7.2	0.2	0
20~40	2 710	1 400	1 560	0.48	5	—	0.1	0
40~80	2 720	1 350	1 490	0.36	2	—	0.1	0
SL 677—2014	≥2 550	—	—	≤2.5	≤15	≤13	D_{20}、D_{40} 粒径级≤1 D_{80} 粒径级≤0.5	0

3)粗骨料级配试验。

不同比例的骨料级配与紧密密度有直接关系,不同粒径良好的骨料级配组合,能达到减小骨料空隙率,增大混凝土密实性,降低水泥用量,从而降低混凝土温升。一般密度越大,空隙率越小,在混凝土中所需填充包裹砂浆越少,所以常把紧密密度最大的骨料级配和最小空隙率作为最优级配。实际在选定混凝土配合比级配时,要考虑现场的施工工艺和施工条件以及料场骨料粒径的组成情况,可根据不同的混凝土对拌合物和易性要求等情况综合考虑。粗骨料级配试验采用最大密度法,级配密度最大或空隙率最小的组合为最优级配。粗骨料级配与紧密密度关系试验结果见表 2-43。

表 2-43　粗骨料级配与紧密密度关系试验结果

骨料级配	组合数	级配组合(%)			紧密密度(kg/m^3)	级配评定
		小石(5~20 mm)	中石(20~40 mm)	大石(40~80 mm)		
二级配	1	40	60	—	1 680	
	2	45	55	—	1 710	最优
	3	50	50	—	1 670	
	4	60	40	—	1 690	
三级配	1	30	30	40	1 730	最优
	2	30	35	35	1 710	
	3	30	40	30	1 720	
	4	40	30	30	1 710	

从表 2-43 中可以看出,二级配最优级配为小石:中石=45:55,三级配最优级配为小石:中石:大石=30:30:40。

(4)外加剂。

外加剂质量的好坏、与水泥品种的适应性直接影响到混凝土质量、性能、施工和易性、耐久性以及经济性,三河口水利枢纽大坝混凝土配合比试验采用的外加剂为山西康力的 KLN-3 缓凝高效减水剂、KLAE 引气剂,云南宸磊 HLNOF-2 缓凝高效减水剂、HLAE 引气剂;对外加剂主要进行掺外加剂的混凝土性能试验。掺外加剂混凝土性能试验按照《混凝土外加剂》(GB 8076)标准要求进行。

试验材料:采用尧柏 P·O 42.5 水泥;花岗岩人工骨料;山西康力 KLN-3 缓凝高效减水剂、山西康力 KLAE 引气剂;云南宸磊 HLNOF-2 缓凝高效减水剂、云南宸磊 HLAE 引气剂。

外加剂化学指标检测结果、掺外加剂混凝土性能试验结果见表 2-44、表 2-45,试验结果表明:缓凝高效减水剂及引气剂性能均满足标准要求。

表 2-44　外加剂均质性检测结果

项目	pH	碱含量(%)	硫酸钠(%)
山西康力 KLN-3	8.6	3.6	6.1
山西康力 KLAE	7.4	6.3	13.2
云南宸磊 HLNOF-2	8.9	2.6	4.5
云南宸磊 HLAE	7.1	5.7	12.8

表 2-45 掺外加剂混凝土性能试验结果

外加剂		坍落度	减水率	含气量	泌水率比	凝结时间差(min)		抗压强度(MPa)/抗压强度比(%)		
品种	掺量(%)	(mm)	(%)	(%)	(%)	初凝	终凝	3 d	7 d	28 d
基准	—	82	—	1.1	100	—	—	15.0/100	21.5/100	27.8/100
山西康力 KLN-3	0.6	75	20.5	1.2	64	+210	+235	22.8/152	31.2/145	36.7/132
山西康力 KLAE	0.008	76	6.8	5.3	25	−15	−45	14.6/97	20.5/95	25.6/92
云南宸磊 HLNOF-2	0.6	82	21.2	1.1	74	+202	+310	23.7/158	31.3/146	37.6/135
云南宸磊 HLAE	0.008	78	7.1	5.1	21	−20	−30	14.5/97	20.6/96	25.7/92
GB 8076—2008	缓凝高效减水剂	70~90	≥14	<4.5	≤100	>+90	—	—	≥125	≥120
	引气剂	70~90	≥6	>3.0	≤70	−90~+120	−90~+120	≥95	≥95	≥90

(5)氧化镁。

选用武汉三源特种建材有限责任公司生产的 MgO 作为止水槽及止水坑微膨胀混凝土的膨胀剂,所检项目结果均满足《水工混凝土掺用氧化镁技术规范》(DL/T 5296)的技术要求。检测结果见表 2-46。

表 2-46 氧化镁品质检测结果

生产厂家	品种	MgO 含量(%)	烧失量(%)	游离氧化钙(%)	细度(%)
武汉三源	MgO	92.0	3.2	0.9	4.0
DL/T 5296—2013		≥85.0	≤4.0	≤2.0	≤10.0

(6)拌和水。

引汉济渭三河口水利枢纽大坝混凝土配合比试验拌和用水采用枫桐沟施工营地水池水,水质分析按照《水工混凝土水质分析试验规程》(DL/T 5152)进行检验,检测结果符合《混凝土用水标准》(JGJ 63),水质分析试验结果见表 2-47。

表 2-47 水质分析试验结果

分析指标	单位	指标要求			分析结果
		预应力混凝土	钢筋混凝土	素混凝土	
不溶物	mg/L	≤2 000	≤2 000	≤5 000	12
可溶物	mg/L	≤2 000	≤5 000	≤10 000	183
硫酸盐(以 SO_4^{2-} 计)	mg/L	≤600	≤2 000	≤2 700	78
氯化物(以 Cl^- 计)	mg/L	≤500	≤2 000	≤2 700	22
碱含量	mg/L	≤1 500	≤1 500	≤1 500	20
pH	—	≥5.0	≥4.5	≥4.5	6.7

3. 常态混凝土配合比参数选择试验

水胶比、砂率、单位用水量以及粉煤灰掺量是混凝土配合比设计的关键参数,这些关键参数与混凝土的各项性能之间有着密切的关系。合理地确定这些参数,使混凝土满足强度、耐久性、变形性能等设计要求和施工和易性需要。

(1)粗骨料级配。

根据级配试验确定的最佳粗骨料级配为:

二级配,小石:中石=45:55;

三级配,小石:中石:大石=30:30:40。

(2)常态混凝土最佳砂率选择试验。

砂率的大小对混凝土的和易性和用水量有很大的影响。砂率过大,砂子的比表面积增大,相对减弱了起润滑骨料作用的水泥浆层厚度,拌合物就会显得干稠,流动性减小;否则,在保持相对流动性的条件下,则需增加水泥浆用量,也即增加水和水泥的用量,从而提高了成本。砂率过小,则骨料空隙中砂浆数量就会不足,造成混凝土流动性差,特别是黏聚性和保水性变差,影响混凝土强度、耐久性以及其他一些性能,所以应选择最佳砂率。

最佳砂率是指在满足混凝土和易性要求时,用水量最小时所采用的砂率。混凝土和易性包括流动性、黏聚性及保水性,一般对坍落度试验后的混凝土锥体进行综合评定,要求坍落度控制在设计范围内。

常态混凝土最佳砂率选择试验采用固定水胶比、煤灰掺量和单位用水量,通过调整砂率,对出机混凝土拌合物的和易性、坍落度等性能进行比较,选择和易性好、坍落度较大的混凝土所对应的砂率作为最优砂率。常态混凝土最佳砂率选择试验结果见表2-48,通过对各种级配混凝土拌合物的坍落度及和易性综合评定,当水胶比为0.50时,各级配的最佳砂率分别是:二级配最佳砂率为35%,三级配最佳砂率为30%。

表2-48　混凝土最佳砂率选择试验结果

试验编号	级配	水胶比	粉煤灰(%)	砂率(%)	用水量(kg/m³)	HLNOF-2(%)	HLAE(%)	出机坍落度(mm)	棍度	黏聚性	含砂	析水
CS-1	二	0.50	20	37	130	0.7	0.014	73	上	好	多	无
CS-2	二	0.50	20	35	130	0.7	0.014	88	中	较好	中	无
CS-3	二	0.50	20	33	130	0.7	0.014	68	下	差	少	少
CS-4	三	0.50	20	32	115	0.7	0.016	65	上	好	多	无
CS-5	三	0.50	20	30	115	0.7	0.016	79	中	较好	中	无
CS-6	三	0.50	20	28	115	0.7	0.016	62	下	差	少	少

(3)混凝土单位用水量与坍落度关系试验。

单位用水量对混凝土坍落度有直接影响,《水工混凝土施工规范》(SL 677—2014)中规定:混凝土坍落度是指浇筑地点的坍落度,大量试验表明新拌混凝土坍落度测定以出机15 min时测值控制较好。混凝土用水量与坍落度关系试验采用固定水胶比、煤灰掺量和砂率，通过对单位用水量的调整，分析用水量变化时对坍落度的影响关系，为混凝土坍落度调整和质量控制提供科学依据。用水量与坍落度关系试验结果见表 2-49。试验结果表明，混凝土坍落度随着单位用水量的增加而有规律地增大，坍落度每增减 10 mm，混凝土单位用水量增减约 2.5 kg/m³。

表 2-49　混凝土用水量与坍落度关系试验结果

序号	级配	水胶比	粉煤灰（%）	砂率（%）	用水量（kg/m³）	HLNOF-2（%）	HLAE（%）	出机坍落度（mm）
1	二	0.50	20	35	120	0.7	0.014	51
2	二	0.50	20	35	125	0.7	0.014	74
3	二	0.50	20	35	130	0.7	0.014	93
4	二	0.50	20	35	135	0.7	0.014	110
5	三	0.50	20	30	105	0.7	0.016	52
6	三	0.50	20	30	110	0.7	0.016	71
7	三	0.50	20	30	115	0.7	0.016	82
8	三	0.50	20	30	120	0.7	0.016	102

（4）常态混凝土水胶比与抗压强度关系试验。

依据上述配合比参数选择试验结果，确定最优配比组合，在这些组合确定以后，混凝土配合比设计的关键就是确定混凝土的水胶比，水胶比的确定主要根据水胶比与抗压强度及其他力学性能的关系来进行，同时要兼顾混凝土耐久性指标和抗裂性能指标要求，以便实现和达到混凝土配合比最优化设计。

1）试验材料。

水泥：尧柏普通硅酸盐 42.5 水泥；

粉煤灰：陕西华西电力有限公司 F 类分选Ⅱ级粉煤灰；

外加剂：减水剂云南宸磊 HLNOF-2，引气剂 HLAE；

骨料：花岗岩人工骨料。

2）试验参数。

二级配（最大粒径 40 mm）：水胶比 0.35、0.40、0.45、0.50，粉煤灰掺量 20%、30%；

三级配（最大粒径 80 mm）：水胶比 0.40、0.45、0.50、0.55，粉煤灰掺量 20%、30%；

缓凝高效减水剂：掺量 0.7%～1.0%；

引气剂：根据含气情况（已修正）；

坍落度：二级配 50～70 mm，三级配 30～50 mm；

用水量：二级配（130±5）kg/m³，三级配（110±5）kg/m³；

抗压强度：7 d、28 d、90 d。

（5）常态混凝土水胶比与抗压强度关系试验。

水胶比与抗压强度关系试验参数见表 2-50，试验结果见表 2-51。

表 2-50　水胶比与抗压强度关系试验参数

试验编号	级配	水胶比	粉煤灰(%)	砂率(%)	用水量(kg/m³)	HLNOF-2(%)	HLAE(%)	坍落度(mm)	设计密度(kg/m³)
C2-1	二	0.35	20	32	135	0.7	0.02	50~70	2 410
C2-2	二	0.40	20	33	130	0.7	0.02	50~70	2 410
C2-3	二	0.45	20	34	130	0.7	0.02	50~70	2 410
C2-4	二	0.50	20	35	130	0.7	0.02	50~70	2 410
C2-5	二	0.35	30	32	135	0.7	0.02	50~70	2 410
C2-6	二	0.40	30	33	130	0.7	0.02	50~70	2 410
C2-7	二	0.45	30	34	130	0.7	0.02	50~70	2 410
C2-8	二	0.50	30	35	130	0.7	0.02	50~70	2 410
C3-1	三	0.40	20	28	110	0.7	0.02	30~50	2 430
C3-2	三	0.45	20	29	110	0.7	0.02	30~50	2 430
C3-3	三	0.50	20	30	110	0.7	0.02	30~50	2 430
C3-4	三	0.55	20	31	110	0.7	0.02	30~50	2 430
C3-5	三	0.40	30	28	110	0.7	0.02	30~50	2 430
C3-6	三	0.45	30	29	110	0.7	0.02	30~50	2 430
C3-7	三	0.50	30	30	110	0.7	0.02	30~50	2 430
C3-8	三	0.55	30	31	110	0.7	0.02	30~50	2 430

表 2-51　常态混凝土水胶比与抗压强度试验结果

试验编号	级配	水胶比	坍落度(mm)	坍落度(mm)	含气量(%)	凝结时间(h:min)		实测密度(kg/m³)	抗压强度(MPa)		设计密度(kg/m³)
						初凝	终凝		7 d	28 d	
C2-1	二	0.35	50~70	63	5.1	—	—	2 400	34.9	44.7	2 410
C2-2	二	0.40	50~70	71	4.8	—	—	2 390	31.1	40.2	2 410
C2-3	二	0.45	50~70	65	4.7	17:45	21:32	2 420	25.7	34.8	2 410
C2-4	二	0.50	50~70	64	4.7	—	—	2 410	20.9	29.1	2 410
C2-5	二	0.35	50~70	66	4.9	—	—	2 410	31.3	42.7	2 410
C2-6	二	0.40	50~70	72	4.6	—	—	2 410	26.8	36.8	2 410
C2-7	二	0.45	50~70	70	4.5	18:26	22:00	2 400	22.9	31.2	2 410
C2-8	二	0.50	50~70	68	4.6	—	—	2 420	19.8	26.9	2 410
C3-1	三	0.40	30~50	48	4.8	—	—	2 420	30.9	41.3	2 430
C3-2	三	0.45	30~50	45	4.6	—	—	2 430	26.9	35.6	2 430
C3-3	三	0.50	30~50	51	4.5	16:00	20:36	2 430	23.7	31.2	2 430
C3-4	三	0.55	30~50	42	4.2	—	—	2 430	19.6	27.5	2 430
C3-5	三	0.40	30~50	44	4.3	—	—	2 420	27.9	38.8	2 430
C3-6	三	0.45	30~50	52	4.2	—	—	2 430	23.2	34.3	2 430
C3-7	三	0.50	30~50	48	4.0	17:25	21:28	2 440	20.6	30.1	2 430
C3-8	三	0.55	30~50	40	4.1	—	—	2 440	17.8	26.8	2 430

(6)常态混凝土龄期与抗压强度发展系数。

根据常态混凝土水胶比与抗压强度关系试验结果来看,混凝土强度与龄期有着密切的相关关系。在相同的养护条件下,混凝土强度随龄期的增长而增长。对常态混凝土龄期与抗压强度发展系数进行统计,统计结果见表 2-52。统计结果表明,粉煤灰掺量不同,相同龄期的混凝土抗压强度发展系数存在差异。以 28 d 龄期混凝土抗压强度为基准值,不同龄期及不同粉煤灰掺量的混凝土强度与 28 d 龄期抗压强度相比,7 d 龄期发展系数为 66%~78%(见表 2-53)。

表 2-52　常态混凝土龄期与抗压强度发展系数

试验编号	级配	水胶比	粉煤灰(%)	各龄期与 28 d 龄期抗压强度发展系数(%)	
				7 d	28 d
C2-1	二	0.35	20	78	100
C2-2	二	0.40	20	77	100
C2-3	二	0.45	20	74	100
C2-4	二	0.50	20	72	100
C2-5	二	0.35	30	73	100
C2-6	二	0.40	30	73	100
C2-7	二	0.45	30	73	100
C2-8	二	0.50	30	74	100
C3-1	三	0.40	20	75	100
C3-2	三	0.45	20	76	100
C3-3	三	0.50	20	76	100
C3-4	三	0.55	20	71	100
C3-5	三	0.40	30	72	100
C3-6	三	0.45	30	68	100
C3-7	三	0.50	30	66	100
C3-8	三	0.55	30	66	100

表 2-53　常态混凝土龄期与抗压强度发展系数综合结果

级配	各龄期与 28 d 龄期抗压强度发展系数(%)	
	7 d	28 d
二	72~78	100
三	66~76	100

4. 常态混凝土配合比设计

(1)常态混凝土配制强度。

根据《水工混凝土施工规范》(SL 677—2014)的要求,引汉济渭三河口水利枢纽大坝工程常态混凝土的配制强度按下式计算,保证率和概率度系数关系、混凝土强度标准差、配制强度分别见表 2-54～表 2-56。

$$f_{cu,0} = f_{cu,k} + t\sigma$$

式中　$f_{cu,0}$——混凝土配制强度,MPa;

$f_{cu,k}$——混凝土设计强度等级,MPa;

t——概率度系数,依据保证率 P 选定;

σ——混凝土强度标准差,MPa。

表 2-54　保证率和概率度系数关系

保证率 P(%)	80.0	82.9	85.0	90.0	93.3	95.0	97.7	99.9
概率度系数 t	0.84	0.95	1.04	1.28	1.50	1.65	2.0	3.0

表 2-55　标准差 σ 值

混凝土强度标准值 $f_{cu,k}$	≤15	20、25	30、35	40、45	≥50
σ(MPa)	3.5	4.0	4.5	5.0	5.5

表 2-56　混凝土配制强度计算

序号	混凝土种类	混凝土强度等级	保证率 P(%)	标准差 σ(MPa)	概率度系数 t	配制强度(MPa)
1	常态	$C_{28}25$	80	4.0	0.84	28.4
2	常态	$C_{28}25$	95	4.0	1.65	31.6
3	常态	$C_{28}30$	95	4.5	1.65	37.4
4	常态	$C_{28}40$	95	5.0	1.65	48.2

(2)常态混凝土配合比试验设计参数。

根据常态混凝土设计指标、配制强度、水胶比与抗压强度关系试验结果,以及原材料的特性,经计算分析,常态混凝土试验配合比设计参数如下。

用水量:二级配为 130～140 kg/m³,三级配为 110 kg/m³。

砂率:二级配为 32%、33%、34%、35%,三级配为 29%。

坍落度:二级配、三级配分别为 50～70 mm、30～50 mm。

粉煤灰:掺量 20%～30%。

骨料级配:二级配,小石:中石=45:55;三级配,小石:中石:大石=30:30:40。

密度:二级配、三级配分别为 2 410 kg/m³ 和 2 430 kg/m³。

大坝常态混凝土配合比试验设计参数分别见表 2-57、表 2-58。

表 2-57　常态混凝土配合比试验设计参数(云南宸磊外加剂)

试验编号	设计指标 工程部位	级配	水胶比	粉煤灰(%)	砂率(%)	用水量(kg/m³)	HLNOF-2(%)	HLAE(%)	氧化镁(%)	设计密度(kg/m³)
CT-1	C_{28}25W8F150 基础垫层 坝基断层处理等	三	0.45	25	29	110	0.7	0.02	—	2 430
CT-2		三	0.45	30	29	110	0.7	0.02	—	2 430
CT-3	C_{28}25W6F150 非过流面、闸井、 电梯井、消力塘等	二	0.45	20	34	130	0.7	0.02	—	2 410
CT-4		二	0.45	30	34	130	0.7	0.02	—	2 410
CT-5	C_{28}30W6F150 支绞大梁等	二	0.40	20	33	130	0.7	0.02	—	2 410
CT-6		二	0.40	30	33	130	0.7	0.02	—	2 410
CT-7	C_{28}40W6F150	二	0.33	15	32	135	0.9	0.02	—	2 410
CT-8		二	0.37	15	32	135	0.9	0.02	—	2 410
CT-9	C25 微膨胀 止水槽、止水坑	二	0.43	25	34	140	0.7	—	4.0	2 430
CT-10		二	0.47	25	35	140	0.7	—	4.0	2 430

注:尧柏 42.5 普通硅酸盐水泥、云南宸磊 HLNOF-2 缓凝高效减水剂、云南宸磊 HLAE 引气剂、陕西华西电力分选Ⅱ级粉煤灰。

表 2-58　常态混凝土配合比试验设计参数(山西康力外加剂)

试验编号	设计指标 工程部位	级配	水胶比	粉煤灰(%)	砂率(%)	用水量(kg/m³)	KLN-3(%)	KLAE(%)	氧化镁(%)	设计密度(kg/m³)
CT-1-K	C_{28}25W8F150 基础垫层 坝基断层处理等	三	0.45	25	29	110	0.7	0.02	—	2 430
CT-2-K		三	0.45	30	29	110	0.7	0.02	—	2 430
CT-3-K	C_{28}25W6F150 非过流面、闸井、 电梯井、消力塘等	二	0.45	20	34	130	0.7	0.02	—	2 410
CT-4-K		二	0.45	30	34	130	0.7	0.02	—	2 410
CT-5-K	C_{28}30W6F150 支绞大梁等	二	0.40	20	33	130	0.7	0.02	—	2 410
CT-6-K		二	0.40	30	33	130	0.7	0.02	—	2 410
CT-7-K	C_{28}40W6F150	二	0.33	15	32	135	0.9	0.02	—	2 410
CT-8-K		二	0.37	15	32	135	0.9	0.02	—	2 410
CT-9-K	C25 微膨胀 止水槽、止水坑	二	0.43	25	34	140	0.7	—	4.0	2 430
CT-10-K		二	0.47	25	35	140	0.7	—	4.0	2 430

注:尧柏 42.5 普通硅酸盐水泥、山西康力 KLN-3 缓凝高效减水剂、山西康力 KLNE 引气剂、陕西华西电力分选Ⅱ级粉煤灰。

5. 常态混凝土配合比试验

(1)新拌混凝土拌合物性能试验。

新拌混凝土拌合物性能试验包括新拌混凝土和易性、坍落度、含气量、凝结时间、密度等性能试验。新拌混凝土性能优劣直接关系到大坝混凝土的施工进度和质量,是混凝土浇筑质量控制的关键环节,必须高度重视。为此,新拌混凝土拌合物性能试验结果应与施工现场保持一致,以满足施工浇筑质量要求。

试验方法:混凝土拌合物性能试验按照《水工混凝土试验规程》(SL 352—2006)进行,混凝土配合比计算采用质量法,拌和采用型号100L强制式搅拌机,投料顺序为粗骨料、胶凝材料、细骨料、水(外加剂先溶于水并搅拌均匀),拌和容量不少于40 L,开动搅拌机搅拌2~3 min。人工翻拌2~3次,使之均匀,进行新拌混凝土的拌合物性能检测,新拌混凝土符合要求后,再成型所需试验项目的相应试件。

混凝土和易性包括流动性、黏聚性及保水性,一般用坍落度试验评定混凝土和易性,要求坍落度控制在设计范围之内。由于新拌混凝土受水泥的水化反应、外加剂机制、自然条件、拌和运输、入仓振捣等多方面的因素影响,新拌混凝土的坍落度损失是不可避免的。《水工混凝土施工规范》(SL 677—2014)中规定:混凝土坍落度是指浇筑地点的坍落度,因此新拌混凝土坍落度测定以出机15 min后测值为准。云南宸磊外加剂常态混凝土拌合物性能试验结果、山西康力外加剂常态混凝土拌合物性能试验结果见表2-59、表2-60。

结果表明,新拌混凝土拌合物容易插捣,黏聚性较好,无石子离析情况,混凝土表面也无明显析水现象。掺云南宸磊外加剂混凝土初凝时间在14 h 35 min~17 h 45 min范围,终凝时间在19 h 16 min~22 h 34 min范围,掺山西康力外加剂混凝土初凝时间在13 h 40 min~16 h 44 min范围,终凝时间在19 h 26 min~21 h 40 min范围,掺两种外加剂混凝土凝结时间基本接近。

含气量是混凝土耐久性的重要指标,混凝土的含气量试验是在新拌混凝土出机后采用湿筛法将粒径大于40 mm的骨料剔除,然后人工翻拌2~3次,使之均匀,进行混凝土含气量的试验;通过检测数据得出,二级配含气量、三级配混凝土修正后含气量测值均在4.0%~5.0%。

经室内试验,常态混凝土拌合物性能可以满足施工和设计要求。

(2)混凝土力学性能试验。

混凝土抗压强度是混凝土极为重要的性能指标,结构物主要利用其抗压强度承受荷载,并常以抗压强度为混凝土主要设计参数,且抗压强度与混凝土的其他性能有良好的相关关系,抗压强度试验比其他试验方法易于实施,所以常用抗压强度作为控制和评定混凝土的主要指标。云南宸磊外加剂常态混凝土力学性能试验结果、山西康力外加剂常态混凝土力学性能试验结果见表2-61、表2-62,试验结果表明:

1)设计指标C_{28}25W8F150三级配,当水胶比为0.45、粉煤灰掺量为25%和30%时,掺云南宸磊和山西康力外加剂的28 d混凝土抗压强度均大于配置强度。

2)设计指标C_{28}25W6F150二级配,当水胶比为0.45、粉煤灰掺量为20%和30%时,掺云南宸磊和山西康力外加剂的28 d混凝土抗压强度均大于配置强度。

表 2-59　常态混凝土拌合物性能试验结果（云南宸磊）

试验编号	设计指标及工程部位	级配	水胶比	粉煤灰（%）	砂率（%）	用水量（kg/m³）	HLNOF-2（%）	HLAE（%）	氧化镁（%）	坍落度（mm）	含气量（%）	和易性				室温/混凝土温（℃）	凝结时间（h:min）		密度（kg/m³）
												棍度	含砂	黏聚性	析水		初凝	终凝	
CT-1	C_{28}25W8F150 基础垫层 坝基断层处理等	三	0.45	25	29	110	0.7	0.02	—	45	4.6	中	中	较好	无	18/18	16:32	20:25	2 430
CT-2		三	0.45	30	29	110	0.7	0.02	—	48	4.4	中	中	较好	无	19/18	—	—	2 430
CT-3	C_{28}25W6F150 非过流面、闸井、电梯井、消力塘等	二	0.45	20	34	130	0.7	0.02	—	67	4.8	中	中	较好	无	21/21	16:35	20:22	2 410
CT-4		二	0.45	30	34	130	0.7	0.02	—	65	4.6	中	中	较好	无	21/21	—	—	2 410
CT-5	C_{28}30W6F150 支绞大梁等	二	0.40	20	33	130	0.7	0.02	—	68	4.7	中	中	较好	无	20/20	17:45	22:25	2 410
CT-6		二	0.40	30	33	130	0.7	0.02	—	68	4.5	中	中	较好	无	21/20	—	—	2 410
CT-7	C_{28}40W6F150	二	0.33	15	32	135	0.9	0.02	—	58	4.6	中	中	较好	无	17/16	17:42	22:10	2 410
CT-8		二	0.37	15	32	135	0.9	0.02	—	60	4.7	中	中	较好	无	17/17	17:33	22:34	2 410
CT-9	C25 微膨胀 止水槽、止水坑	二	0.43	25	34	140	0.7	—	4.0	64	—	中	中	较好	无	18/18	15:25	19:16	2 430
CT-10		二	0.47	25	35	140	0.7	—	4.0	67	—	中	中	较好	无	18/18	14:35	19:42	2 430

表 2-60　常态混凝土拌合物性能试验结果(山西康力)

试验编号	设计指标及工程部位	级配	水胶比	粉煤灰(%)	砂率(%)	用水量(kg/m³)	KLN-3(%)	KLAE(%)	坍落度(mm)	含气量(%)	和易性				室温/混凝土温(℃)	凝结时间(h:min)		密度(kg/m³)
											棍度	含砂	黏聚性	析水		初凝	终凝	
CT-1-K	C_{28}25W8F150 基础垫层 坝基断层处理等	三	0.45	25	29	110	0.7	0.02	48	4.3	中	中	好	无	19/20	15:45	19:32	2 430
CT-2-K		三	0.45	30	29	110	0.7	0.02	47	4.2	中	中	好	无	19/19	—	—	2 430
CT-3-K	C_{28}25W6F150 非过流面、闸井、电梯井、消力塘等	二	0.45	20	34	130	0.7	0.02	57	4.9	中	中	好	无	20/20	15:35	19:22	2 410
CT-4-K		二	0.45	30	34	130	0.7	0.02	58	4.5	中	中	好	无	21/21	—	—	2 410
CT-5-K	C_{28}30W6F150 支绞大梁等	二	0.40	20	33	130	0.7	0.02	68	4.9	中	中	较好	无	20/20	16:38	21:11	2 410
CT-6-K		二	0.40	30	33	130	0.7	0.02	67	4.6	中	中	较好	无	21/20	—	—	2 410
CT-7-K	C_{28}40W6F150	二	0.33	15	32	135	0.9	0.02	58	4.4	中	中	较好	无	17/16	16:22	21:10	2 410
CT-8-K		二	0.37	15	32	135	0.9	0.02	61	4.6	中	中	较好	无	17/17	16:44	21:40	2 410
CT-9-K	C25 微膨胀 止水槽、止水坑	二	0.43	25	34	140	0.7	4.0	64	—	中	中	较好	无	19/18	14:25	19:26	2 430
CT-10-K		二	0.47	25	35	140	0.7	4.0	67	—	中	中	较好	无	19/18	13:40	18:38	2 430

表 2-61　常态混凝土力学性能试验结果(云南宸磊)

试验编号	设计指标及工程部位	级配	水胶比	粉煤灰(%)	砂率(%)	用水量(kg/m³)	HLNOF-2(%)	HLAE(%)	氧化镁(%)	抗压强度(MPa)		劈拉强度(MPa)
										7 d	28 d	28 d
CT-1	C_{28}25W8F150 基础垫层 坝基断层处理等	三	0.45	25	29	110	0.7	0.02	—	23.8	34.2	2.64
CT-2		三	0.45	30	29	110	0.7	0.02	—	22.6	32.1	2.63
CT-3	C_{28}25W6F150 非过流面、闸井、电梯井、消力塘等	二	0.45	20	34	130	0.7	0.02	—	24.6	34.7	2.57
CT-4		二	0.45	30	34	130	0.7	0.02	—	21.0	31.9	2.58
CT-5	C_{28}30W6F150 支绞大梁等	二	0.40	20	33	130	0.7	0.02	—	30.0	41.2	3.21
CT-6		二	0.40	30	33	130	0.7	0.02	—	25.8	37.0	3.08
CT-7	C_{28}40W6F150	二	0.33	15	32	135	0.9	0.02	—	38.5	49.4	3.85
CT-8		二	0.37	15	32	135	0.9	0.02	—	34.1	43.9	3.47
CT-9	C25 微膨胀 止水槽、止水坑	二	0.43	25	34	140	0.7	—	4.0	25.5	36.6	2.74
CT-10		二	0.47	25	35	140	0.7	—	4.0	23.1	33.8	2.58

表 2-62　常态混凝土力学性能试验结果(山西康力)

试验编号	设计指标及工程部位	级配	水胶比	粉煤灰(%)	砂率(%)	用水量(kg/m^3)	KLN-3(%)	KLAE(%)	氧化镁(%)	抗压强度(MPa)		劈拉强度(MPa)
										7 d	28 d	28 d
CT-1-K	C_{28}25W8F150 基础垫层 坝基断层处理等	三	0.45	25	29	110	0.7	0.02	—	23.2	33.3	2.68
CT-2-K		三	0.45	30	29	110	0.7	0.02	—	22.7	32.0	2.53
CT-3-K	C_{28}25W6F150 非过流面、闸井、电梯井、消力塘等	二	0.45	20	34	130	0.7	0.02	—	23.8	33.7	2.69
CT-4-K		二	0.45	30	34	130	0.7	0.02	—	21.5	31.8	2.49
CT-5-K	C_{28}30W6F150 支绞大梁等	二	0.40	20	33	130	0.7	0.02	—	31.0	42.8	3.27
CT-6-K		二	0.40	30	33	130	0.7	0.02	—	26.5	36.7	3.14
CT-7-K	C_{28}40W6F150	二	0.33	15	32	135	0.9	0.02	—	38.6	50.0	3.82
CT-8-K		二	0.37	15	32	135	0.9	0.02	—	35.6	44.8	3.49
CT-9-K	C25 微膨胀 止水槽、止水坑	二	0.43	25	34	140	0.7	—	4.0	24.5	35.8	2.69
CT-10-K		二	0.47	25	35	140	0.7	—	4.0	23.7	32.9	2.54

3)设计指标 C_{28}30W6F150 二级配,当水胶比 0.40、粉煤灰掺量 20%时,掺云南宸磊和山西康力外加剂的 28 d 混凝土抗压强度均大于配置强度。

4)设计指标 C_{28}40W6F150 二级配,当水胶比 0.33、粉煤灰掺量 15%时,掺云南宸磊和山西康力外加剂的 28 d 混凝土抗压强度均大于配置强度。

(3)混凝土变形性能试验。

混凝土的极限拉伸值和静力抗压弹性模量主要反映混凝土的变形性能,也是衡量混凝土抗裂性能的重要指标。一般为提高混凝土的抗裂性能,要求混凝土具有较高的极限拉伸值和较低的弹性模量。常态混凝土配合比试验极限拉伸值和静力抗压弹性模量试验结果见表 2-63、表 2-64。

1)C_{28}25W8F150 二级配混凝土, 28 d 龄期轴拉强度试验结果为 2.91~3.12 MPa,极限拉伸试验结果为(0.90~0.94)$\times10^{-4}$,静力抗压弹模试验结果为 36.0~37.4 GPa。

2)C_{28}25W6F150 三级配混凝土,28 d 龄期轴拉强度试验结果为 2.81~2.98 MPa,极限拉伸试验结果为(0.88~0.92)$\times10^{-4}$,静力抗压弹模试验结果为 33.4~35.7 GPa。

3)C_{28}30W6F150 二级配混凝土, 28 d 龄期轴拉强度试验结果为 3.25~3.44 MPa,极限拉伸试验结果为(0.95~0.97)$\times10^{-4}$,静力抗压弹模试验结果为 37.4~39.9 GPa。

4)C_{28}40W6F150 二级配混凝土,28 d 龄期轴拉强度试验结果为 3.81~4.12 MPa,极限拉伸试验结果为(1.00~1.05)$\times10^{-4}$,静力抗压弹模试验结果为 40.5~43.4 GPa。

(4)混凝土耐久性能试验。

混凝土抗冻性和抗渗性是评价耐久性的重要技术指标,引汉济渭三河口水利枢纽大坝常态混凝土抗冻等级设计均为 F150,抗冻等级均按设计龄期进行试验。抗冻按照《水工混凝土试验规程》(SL 352—2006)进行。试验采用混凝土冻融试验机,混凝土中心冻融温度为(-17±2)℃~(8±2)℃,一个冻融循环过程耗时 2.5~4.0 h。抗冻指标以相对动弹模数和质量损失两项指标评定,以混凝土试件的相对动弹模数低于 60%或质量损失率超过 5%时,即可认为试件已达到破坏。常态混凝土配合比抗冻性能试验结果见表 2-65、表 2-66,试验结果表明:

1)C_{28}25W8F150 三级配混凝土,28 d 龄期试件经过 150 次冻融循环后,当粉煤灰掺量为 25%时,质量损失为 4.3%~4.5%,相对动弹模为 78.1%~78.3%,抗冻等级大于 F150,满足抗冻指标要求;当粉煤灰掺量为 30%时,质量损失为 5.3%~5.4%,相对动弹模为 71.3%~71.6%,抗冻等级小于 F150,不满足抗冻指标要求。

2)C_{28}25W6F150 二级配混凝土,28 d 龄期试件经过 150 次冻融循环后,当粉煤灰掺量为 20%时,质量损失为 4.0%~4.7%,相对动弹模为 76.4%~78.8%,抗冻等级大于 F150,满足抗冻指标要求;当粉煤灰掺量为 30%时,质量损失为 5.3%~5.5%,相对动弹模为 71.4%~72.7%,抗冻等级小于 F150,不满足抗冻指标要求。

3)C_{28}30W6F150 二级配混凝土,28 d 龄期试件经过 150 次冻融循环后,当粉煤灰掺量为 20%时,质量损失为 3.7%~3.8%,相对动弹模为 81.8%~88.4%,抗冻等级大于 F150,满足抗冻指标要求;当粉煤灰掺量为 30%时,质量损失为 4.0%~4.3%,相对动弹模为 80.3%~85.3%,抗冻等级大于 F150,满足抗冻指标要求。

表 2-63　常态混凝土变形性能试验结果（云南宸磊）

试验编号	设计指标及工程部位	级配	水胶比	粉煤灰（%）	砂率（%）	用水量（kg/m^3）	HLNOF-2（%）	HLAE（%）	轴拉强度（MPa）	极限拉伸（$\times10^{-4}$）	静力抗压弹性模量（GPa）
									28 d	28 d	28 d
CT-1	C_{28}25W8F150 基础垫层坝基断层处理等	三	0.45	25	29	110	0.7	0.02	3.12	0.94	37.4
CT-2		三	0.45	30	29	110	0.7	0.02	2.91	0.90	36.1
CT-3	C_{28}25W6F150 非过流面、闸井、电梯井、消力塘等	二	0.45	20	34	130	0.7	0.02	2.98	0.92	35.7
CT-4		二	0.45	30	34	130	0.7	0.02	2.81	0.88	34.2
CT-5	C_{28}30W6F150 支绞大梁等	二	0.40	20	33	130	0.7	0.02	3.44	0.97	38.9
CT-6		二	0.40	30	33	130	0.7	0.02	3.25	0.95	37.9
CT-7	C_{28}40W6F150	二	0.33	15	32	135	0.9	0.02	4.12	1.05	42.3
CT-8		二	0.37	15	32	135	0.9	0.02	3.89	1.03	40.5

表 2-64　常态混凝土变形性能试验结果（山西康力）

试验编号	设计指标及工程部位	级配	水胶比	粉煤灰（%）	砂率（%）	用水量（kg/m^3）	KLN-3（%）	KLAE（%）	轴拉强度（MPa）	极限拉伸（$\times10^{-4}$）	静力抗压弹性模量（GPa）
									28 d	28 d	28 d
CT-1-K	C_{28}25W8F150 基础垫层坝基断层处理等	三	0.45	25	29	110	0.7	0.02	3.08	0.93	36.8
CT-2-K		三	0.45	30	29	110	0.7	0.02	2.92	0.91	36.0
CT-3-K	C_{28}25W6F150 非过流面、闸井、电梯井、消力塘等	二	0.45	20	34	130	0.7	0.02	2.98	0.92	34.7
CT-4-K		二	0.45	30	34	130	0.7	0.02	2.84	0.89	33.4
CT-5-K	C_{28}30W6F150 支绞大梁等	二	0.40	20	33	130	0.7	0.02	3.39	0.96	39.9
CT-6-K		二	0.40	30	33	130	0.7	0.02	3.27	0.95	37.4
CT-7-K	C_{28}40W6F150	二	0.33	15	32	135	0.9	0.02	4.08	1.03	43.4
CT-8-K		二	0.37	15	32	135	0.9	0.02	3.81	1.00	41.2

表 2-65　常态混凝土耐久性性能试验结果(云南宸磊)

试验编号	设计指标及工程部位	级配	水胶比	粉煤灰(%)	砂率(%)	用水量(kg/m^3)	HLNOF-2(%)	HLAE(%)	质量损失率(%)			相对动弹模量(%)			抗冻等级	抗渗等级
									50 次	100 次	150 次	50 次	100 次	150 次		
CT-1	C_{28}25W8F150 基础垫层坝基断层处理等	三	0.45	25	29	110	0.7	0.02	1.6	2.9	4.3	95.2	89.5	78.3	F>150	>8
CT-2		三	0.45	30	29	110	0.7	0.02	1.9	3.6	5.4	93.1	82.3	71.3	F<150	>8
CT-3	C_{28}25W6F150 非过流面、闸井、电梯井、消力塘等	二	0.45	20	34	130	0.7	0.02	1.5	2.5	4.0	96.5	89.4	78.8	F>150	>6
CT-4		二	0.45	30	34	130	0.7	0.02	2.0	3.3	5.3	90.1	83.3	72.7	F<150	>6
CT-5	C_{28}30W6F150 支绞大梁等	二	0.40	20	33	130	0.7	0.02	1.7	2.6	3.8	96.4	90.2	81.4	F>150	>6
CT-6		二	0.40	30	33	130	0.7	0.02	1.7	2.9	4.3	94.7	91.3	80.3	F>150	>6
CT-7	C_{28}40W6F150	二	0.33	15	32	135	0.9	0.02	0.9	1.7	2.6	98.7	95.9	89.2	F>150	>6
CT-8		二	0.37	15	32	135	0.9	0.02	1.2	1.6	3.0	96.6	92.1	87.7	F>150	>6

表 2-66　常态混凝土耐久性性能试验结果(山西康力)

试验编号	设计指标及工程部位	级配	水胶比	粉煤灰(%)	砂率(%)	用水量(kg/m^3)	KLN-3(%)	KLAE(%)	质量损失率(%)			相对动弹模量(%)			抗冻等级	抗渗等级
									50 次	100 次	150 次	50 次	100 次	150 次		
CT-1-K	C_{28}25W8F150 基础垫层坝基断层处理等	三	0.45	20	29	110	0.7	0.02	1.5	3.0	4.5	94.1	88.3	78.1	F>150	>8
CT-2-K		三	0.45	30	29	110	0.7	0.02	2.0	3.7	5.3	92.2	80.1	71.6	F<150	>8
CT-3-K	C_{28}25W6F150 非过流面、闸井、电梯井、消力塘等	二	0.45	25	34	130	0.7	0.02	1.4	2.6	4.7	94.5	87.7	76.4	F>150	>6
CT-4-K		二	0.45	30	34	130	0.7	0.02	2.3	3.9	5.5	90.2	81.6	71.4	F<150	>6
CT-5-K	C_{28}30W6F150 支绞大梁等	二	0.40	20	33	130	0.7	0.02	1.5	2.2	3.7	97.5	90.8	88.4	F>150	>6
CT-6-K		二	0.40	30	33	130	0.7	0.02	1.8	2.7	4.0	95.5	91.9	85.3	F>150	>6
CT-7-K	C_{28}40W6F150	二	0.33	15	32	135	0.9	0.02	1.0	2.7	3.1	95.7	92.3	85.1	F>150	>6
CT-8-K		二	0.37	15	32	135	0.9	0.02	1.1	2.6	3.6	94.6	90.2	84.4	F>150	>6

4) C_{28}40W6F150 二级配混凝土,28 d 龄期试件经过 150 次冻融循环后,当水胶比为 0.33、粉煤灰掺量为 15%时,质量损失为 2.6%~3.1%,相对动弹模为 85.1%~89.2%,抗冻等级大于 F150,满足抗冻指标要求;当水胶比为 0.37、粉煤灰掺量为 15%时,质量损失为 3.0%~3.6%,相对动弹模为 84.4%~87.7%,抗冻等级大于 F150,满足抗冻指标要求。

通过抗冻试验结果综合分析,混凝土抗冻性能随着水胶比的增大、粉煤灰掺量的增加,混凝土抗冻性能相应降低。本次配合比设计采用低掺粉煤灰、联掺引气剂的技术路线,以满足混凝土抗冻设计技术指标。

引汉济渭三河口水利枢纽大坝 C_{28}25W8F150 三级配常态混凝土抗渗等级设计为 W8,其余强度等级的常态混凝土的抗渗等级均为 W6。混凝土抗渗性试验结果评定标准,以每组 6 个试件经逐级加压至设计要求的抗渗等级水压力 8 h 后,表面出现渗水的试件少于 3 个,表明该混凝土抗渗等级等于或大于设计指标。混凝土抗渗性试验按照《水工混凝土试验规程》(SL 352—2006)的有关要求进行,试验结果见表 2-65、表 2-66。从各配合比抗渗性试验结果可以看出,各配合比混凝土的抗渗性能均达到了设计提出的相应抗渗等级,满足设计要求。

6. 泵送混凝土配合比试验

(1)泵送混凝土配合比参数试验。

1)泵送混凝土骨料级配试验。

根据骨料级配试验结果,从泵送混凝土的抗分离性和施工性考虑,泵送混凝土二级配骨料比例选为:小石:中石=50:50。

2)泵送混凝土最优砂率选择试验。

泵送混凝土砂率选择试验采用固定水胶比 0.50,粉煤灰掺量 20%,粗骨料选择最优级配,含气量按照 3.5%~5.0%控制,坍落度按 140~160 mm 控制。具体试验成果见表 2-67。从试验成果看,泵送混凝土二级配的最优砂率为 42%。

表 2-67　泵送混凝土最佳砂率选择试验结果

试验编号	级配	水胶比	粉煤灰(%)	砂率(%)	用水量(kg/m^3)	HLNOF-2(%)	HLAE(%)	出机坍落度(mm)	棍度	黏聚性	含砂	析水
B-1	二	0.50	20	40	155	0.7	0.01	157	上	好	多	无
B-1	二	0.50	20	42	155	0.7	0.01	164	中	较好	中	无
B-1	二	0.50	20	44	155	0.7	0.01	154	下	差	少	少

(2)泵送混凝土配合比设计。

1)泵送混凝土配置强度。

根据《水工混凝土施工规范》(SL 677—2014)的要求,引汉济渭三河口水利枢纽大坝工程泵送混凝土的配制强度按下式计算,保证率和概率度系数关系、混凝土强度标准差、配制强度见表 2-68~表 2-70。

$$f_{cu,0}=f_{cu,k}+t\sigma$$

式中　$f_{cu,0}$——混凝土配制强度，MPa；

$f_{cu,k}$——混凝土设计强度等级，MPa；

t——概率度系数，依据保证率 P 选定；

σ——混凝土强度标准差，MPa。

表 2-68　保证率和概率度系数关系

保证率 P(%)	80.0	82.9	85.0	90.0	93.3	95.0	97.7	99.9
概率度系数 t	0.84	0.95	1.04	1.28	1.50	1.65	2.0	3.0

表 2-69　标准差 σ 值

混凝土强度标准值 $f_{cu,k}$	≤15	20、25	30、35	40、45	≥50
σ(MPa)	3.5	4.0	4.5	5.0	5.5

表 2-70　混凝土配制强度计算

序号	混凝土种类	混凝土强度等级	保证率 P(%)	标准差 σ(MPa)	概率度系数 t	配制强度(MPa)
1	泵送	$C_{28}25$	95	4.0	1.65	31.6
2	泵送	$C_{28}30$	95	4.5	1.65	37.4

2)泵送混凝土配合比设计。

根据混凝土设计指标、配制强度、水胶比与抗压强度关系试验结果，以及原材料的特性，泵送混凝土试验配合比设计参数见表 2-71。

表 2-71　泵送混凝土试验配合比设计参数

序号	混凝土设计指标	级配	坍落度(cm)	用水量(kg/m³)	水胶比	煤灰掺量(%)	砂率(%)	KLN-3(%)	KLNE(%)
1	$C_{28}25W6F150$	二	14~16	155	0.43	20	42	0.7	0.01
2	$C_{28}30W6F150$	二	14~16	155	0.38	20	41	0.7	0.01

(3)泵送混凝土配合比性能试验。

泵送混凝土试验配合比设计参数，对泵送混凝土进行室内设计试验，主要检测项目有混凝土的拌和性能、力学性能、变形性能、耐久性性能。

1)泵送混凝土拌合物性能试验。

泵送混凝土拌合物的试验方法与常态混凝土的试验方法一致。混凝土拌合物性能试验结果见表 2-72。从试验结果看，混凝土拌合物初凝时间在 18 h 15 min~18 h 35 min，终凝时间在 22 h 58 min~23 h 10 min，混凝土拌合物性能试验结果满足要求。

表 2-72　泵送混凝土拌合物性能试验结果

序号	气温 (℃)	混凝土温度 (℃)	黏聚性	棍度	含砂	析水	实测坍落度 (cm)	实测含气量 (%)	实测容重 (kg/m³)	凝结时间(h:min)	
										初凝	终凝
1	22	21	较好	中	中	少	16.7	5.0	2 390	18:15	23:10
2	23	21	较好	中	中	少	15.9	4.0	2 400	18:35	22:58

2)泵送混凝土力学性能试验。

泵送混凝土的力学性能试验方法与常态混凝土的试验方法一致。泵送混凝土力学性能试验结果见表 2-73。从试验结果看, 28 d 龄期混凝土抗压强度均满足设计要求。

表 2-73　泵送混凝土力学性能试验结果

序号	设计指标	级配	水胶比	用水量 (kg/m³)	粉煤灰 (%)	砂率 (%)	抗压强度/劈拉强度(MPa)	
							7 d	28 d
1	C_{28}25W6F150	二	0.43	155	20	42	26.5/2.11	34.7/2.87
2	C_{28}30W6F150	二	0.38	155	20	41	30.7/2.37	39.4/3.16

3)泵送混凝土变形性能试验。

混凝土的极限拉伸值和静力抗压弹性模量主要反映混凝土的变形性能。泵送混凝土变形性能试验结果见表 2-74。从试验结果看, 28 d 龄期混凝土抗压强度均满足设计要求。

表 2-74　泵送混凝土变形性能试验结果

序号	设计指标	级配	水胶比	用水量 (kg/m³)	粉煤灰 (%)	砂率 (%)	轴拉强度 (MPa)	极限拉伸 ($\times10^{-4}$)	静力抗压弹性模量(GPa)
							28 d	28 d	28 d
1	C_{28}25W6F150	二	0.43	155	20	42	2.97	0.93	35.5
2	C_{28}30W6F150	二	0.38	155	20	41	3.51	0.98	38.6

4)泵送混凝土耐久性性能试验。

泵送混凝土抗冻性和抗渗性是评价耐久性的重要指标。试验方法与常态混凝土的试验方法一致。泵送混凝土耐久性性能试验结果见表 2-75,试验结果表明,泵送混凝土试验配合比设计龄期耐久性性能满足设计要求。

7. 层间铺筑砂浆试验

根据水工混凝土施工规范要求,基岩面的浇筑仓和老混凝土面或接缝层,在浇筑第一层或上一层混凝土前,须铺筑一层 2~3 cm 厚的砂浆。砂浆的强度等级不低于结构物混凝土的强度。层间铺筑砂浆试验原材料采用尧柏 P·O 42.5 水泥,陕西华西电力分选Ⅱ级粉煤灰,外加剂使用云南宸磊 HLNOF-2 缓凝高效减水剂、山西康力 KLN-3 缓凝高效减水剂,掺量为 0.7%,砂浆稠度 9~11 cm,设计密度 2 200 kg/m³。混凝土层间铺筑砂浆配合比试验参数及结果见表 2-76、表 2-77。

表 2-75　泵送混凝土耐久性性能试验结果

序号	设计指标	级配	水胶比	粉煤灰(%)	质量损失(%)			相对动弹模数(%)			抗冻性能(设计龄期)	抗渗性能(设计龄期)
					50 次	100 次	150 次	50 次	100 次	150 次		
1	C_{28}25W6F150	二	0.43	20	1.3	2.2	3.4	94.6	89.7	78.5	F>150	>W6
2	C_{28}30W6F150	二	0.38	20	1.1	1.9	2.8	95.3	91.1	88.7	F>150	>W6

表 2-76　混凝土层间铺筑砂浆配合比

试验编号	砂浆等级	水胶比	粉煤灰(%)	用水量(kg/m^3)	HLNOF-2(%)	稠度(mm)		实测密度(kg/m^3)	抗压强度(MPa)		密度(kg/m^3)
						设计	实测		7 d	28 d	
SC-1	M_{28}25	0.42	20	260	0.7	9~11	99	2 190	19.2	33.9	2 200
SC-2			25	260	0.7	9~11	98	2 210	18.9	32.6	
SC-3	M_{28}30	0.37	20	270	0.7	9~11	110	2 200	26.6	38.2	
SC-4			30	270	0.7	9~11	97	2 190	24.2	34.3	
SC-5	M_{28}40	0.30	15	280	0.8	9~11	96	2 220	39.7	50.3	

表 2-77　混凝土层间铺筑砂浆配合比

试验编号	砂浆等级	水胶比	粉煤灰(%)	用水量(kg/m^3)	KLN-3(%)	稠度(mm)		实测密度(kg/m^3)	抗压强度(MPa)		密度(kg/m^3)
						设计	实测		7 d	28 d	
SC-6	M_{28}25	0.42	20	260	0.7	9~11	100	2 180	19.4	33.7	2 200
SC-7			25	260	0.7	9~11	99	2 200	18.6	32.9	
SC-8	M_{28}30	0.37	20	270	0.7	9~11	103	2 220	26.4	38.6	
SC-9			30	270	0.7	9~11	89	2 190	24.1	35.7	
SC-10	M_{28}40	0.30	15	280	0.8	9~11	86	2 210	40.2	52.6	

8. 常态混凝土施工推荐配合比

根据原材料试验、混凝土拌合物性能试验、力学及变形性能试验，掺山西康力外加剂与掺云南宸磊外加剂的混凝土各项性能基本接近，为方便工程后期使用，两种外加剂在施工过程中可相互替代。

三河口水利枢纽大坝工程新拌混凝土质量控制：常态混凝土坍落度每增减 1 cm，用水量相应增减 2.5 kg/m^3；砂细度模数 FM 每增减 0.2，砂率相应增减 1%。

三河口水利枢纽大坝混凝土配合比经过大量的试验，试验数据可靠，结果表明，推荐的混凝土施工配合比各项性能均满足设计和施工要求。

三河口水利枢纽工程大坝常态混凝土施工配合比分别见表 2-78、表 2-79。

表 2-78　三河口水利枢纽大坝工程常态混凝土施工配合比

编号	工程部位	设计指标	级配	水胶比	砂率(%)	粉煤灰(%)	减水剂(%)	引气剂(%)	氧化镁(%)	坍落度/稠度(cm)	材料用量(kg/m³)										密度(kg/m³)	混凝土碱含量(kg/m³)
											用水量	水泥	粉煤灰	砂	粗骨料(mm)			外加剂		氧化镁		
															5~20	20~40	40~80	减水剂	引气剂			
SHKCT-01	基础垫层坝基断层处理等	$C_{28}25$ W8F150	三	0.45	29	25	0.7	0.02	—	3~5	110	184	61	601	442	442	589	1.71	0.049	—	2 430	1.17
			砂浆	0.42	100	25	0.7	—	—	9~11	260	464	155	1 317	—	—	—	4.33	—	—	2 200	—
SHKCT-02	非过流面、闸井、电梯井、消力塘等	$C_{28}25$ W6F150	二	0.45	34	20	0.7	0.02	—	5~7	130	231	58	676	591	722	—	2.02	0.058	—	2 410	1.43
			砂浆	0.42	100	20	0.7	—	—	9~11	260	495	124	1 317	—	—	—	4.33	—	—	2 200	—
SHKCT-03	支绞大梁等	$C_{28}30$ W6F150	二	0.40	33	20	0.7	0.02	—	5~7	130	260	65	644	589	720	—	2.27	0.065	—	2 410	1.61
			砂浆	0.37	100	20	0.7	—	—	9~11	260	563	140	1 232	—	—	—	4.92	—	—	2 200	—
SHKCT-04	—	$C_{28}40$ W6F150	二	0.33	32	15	0.9	0.02	—	5~7	135	348	61	596	570	697	—	3.68	0.082	—	2 410	2.13
			砂浆	0.30	100	15	0.8	—	—	9~11	280	793	140	980	—	—	—	7.47	—	—	2 200	—
SHKCT-05	止水槽、止水坑	C25(微膨胀)	二	0.43	34	25	0.7	—	4.0	5~7	140	245	81	662	579	708	—	2.28	—	13.0	2 430	1.55

注:(1)水泥为尧柏 P·O 42.5,陕西华西电力Ⅱ级粉煤灰,花岗岩人工骨料 FM=2.78,石粉含量 11.2%,山西康力 KLN-3 缓凝高效减水剂、KLAE 引气剂;云南宸磊 HLNOF-2 缓凝高效减水剂、HLAE 引气剂。

(2)级配:二级配,小石∶中石=45∶55;三级配,小石∶中石∶大石=30∶30∶40。

(3)坍落度:二级配按 5~7 cm,三级配按 3~5 cm 控制,以出机 15 min 测值为准,坍落度每增减 1 cm,用水量相应增减 2.5 kg/m³;砂细度模数 FM 每增减 0.2,砂率相应增减 1%。含气量控制:3.5%~5.0%,生产中引气剂实际掺量以混凝土含气量为准。

表 2-79　三河口水利枢纽大坝工程泵送混凝土施工配合比

编号	设计指标	级配	水胶比	砂率(%)	粉煤灰(%)	减水剂(%)	引气剂(%)	坍落度(cm)	材料用量(kg/m^3)									密度(kg/m^3)	混凝土碱含量(kg/m^3)
									用水量	水泥	粉煤灰	砂	粗骨料(mm)			外加剂			
													5~20	20~40	40~80	减水剂	引气剂		
SHKCT-06	C_{28}25W6F150	二	0.43	42	20	0.7	0.01	14~16	155	288	72	791	546	546	—	2.52	0.036	2 400	1.78
SHKCT-07	C_{28}30W6F150	二	0.38	41	20	0.7	0.01	14~16	155	326	82	753	540	540	—	2.86	0.041	2 400	2.02

注:(1)水泥为尧柏 P·O42.5,陕西华西电力Ⅱ级粉煤灰,花岗岩人工骨料 FM=2.78,石粉含量 11.2%,山西康力 KLN-3 缓凝高效减水剂、KLAE 引气剂;云南宸磊 HLNOF-2 缓凝高效减水剂、HLAE 引气剂。

(2)级配:二级配,小石:中石=50:50。

(3)坍落度:二级配按 14~16 cm 控制,以出机 15 min 测值为准,坍落度每增减 1 cm,用水量相应增减 2.5 kg/m^3;砂细度模数 FM 每增减 0.2,砂率相应增减 1%。含气量控制:3.5%~5.0%,生产中引气剂实际掺量以混凝土含气量为准。

2.4.1.3　碾压混凝土配合比

1. 设计要求

根据《陕西省引汉济渭工程三河口水利枢纽大坝工程施工招标文件》(招标编号：TGT-YHJW/SG201507D)和设计图纸的内容，大坝碾压混凝土强度等级及主要设计指标见表 2-80。

表 2-80　主要碾压混凝土设计指标

混凝土强度等级	级配	强度保证率(%)	抗渗等级	抗冻等级	抗拉强度(MPa)	90 d 极限拉伸值($\geq 10^{-4}$)	立方体抗压强度标准值(MPa)
$C_{90}25$	三级配	80	W6	F100	2.5	0.85	25
$C_{90}25$	二级配	80	W8	F150	2.5	0.85	25
$C_{90}25$	二/三级配	80	W8	F200	2.5	0.85	25

2. 碾压混凝土配合比参数选择试验

水胶比、砂率、单位用水量以及粉煤灰掺量是混凝土配合比设计的关键参数，这些关键参数与混凝土的各项性能之间有着密切的关系。合理地确定这些参数，使混凝土满足强度、耐久性、变形性能等设计要求和施工和易性需要。

(1)粗骨料级配。

从碾压混凝土的抗分离性和均匀性综合考虑，碾压混凝土配合比试验粗骨料级配组合采用：

二级配，小石∶中石 = 45∶55；

三级配，小石∶中石∶大石 = 30∶40∶30。

(2)碾压混凝土最佳砂率选择试验。

混凝土砂率直接影响混凝土单位用水量的高低，以及拌合物的和易性、硬化后的混凝土的各项性能，因此须通过砂率选择试验。最佳砂率为碾压混凝土拌合物液化泛浆好、骨料挂浆充分、单位用水量最小时的砂率。

最佳砂率选择试验采用固定水胶比、粉煤灰掺量和单位用水量，通过砂率的变化，对碾压混凝土拌合物和 VC 值进行综合评定确定最优砂率。

1)试验材料。

水泥：尧柏普通硅酸盐 42.5；

粉煤灰：陕西华西电力分选Ⅱ级粉煤灰；

外加剂：山西康力 KLN-3、引气剂 KLAE；

骨料：花岗岩人工骨料。

2)试验参数。

二级配：水胶比 0.45、粉煤灰掺量 50%；

三级配：水胶比 0.45、粉煤灰掺量 55%；

KLN-3:掺量 1.0%;

KLAE:二级配掺 0.15%、三级配掺 0.12%;

用水量:二级配 97 kg,三级配 86 kg。

碾压混凝土最佳砂率选择试验结果见表 2-81。试验结果表明,当水胶比为 0.45,碾压混凝土三级配砂率在 33%时,出机 VC 值最小;二级配砂率在 37%时,出机 VC 值最小。

表 2-81　碾压混凝土最佳砂率选择试验结果

试验编号	级配	水胶比	粉煤灰(%)	砂率(%)	用水量(kg/m³)	KLN-3(%)	KLAE(%)	拌合物性能	
								VC 值(s)	含气量(%)
NYSL3-1	三	0.45	55	31	86	1.0	0.15	5.1	3.3
NYSL3-2				33				3.1	4.0
NYSL3-3				35				5.5	3.2
NYSL2-1	二	0.45	50	35	97	1.0	0.12	5.6	3.8
NYSL2-2				37				3.3	4.2
NYSL2-3				39				5.2	3.5

(3)VC 值与单位用水量关系试验。

碾压混凝土单位用水量与 VC 值之间存在关联关系,随着单位用水量的增加,混凝土 VC 值随之减小。碾压混凝土 VC 值与单位用水量关系试验采用固定的水胶比、粉煤灰掺量和砂率,通过调整单位用水量,测试 VC 值的变化情况。

1)试验材料。

水泥:尧柏普通硅酸盐 42.5;

粉煤灰:陕西华西电力分选Ⅱ级粉煤灰;

外加剂:减水剂 KLN-3、引气剂 KLAE;

骨料:花岗岩人工骨料。

2)试验参数。

二级配:水胶比 0.45、粉煤灰掺量 50%;

三级配:水胶比 0.45、粉煤灰掺量 55%;

砂率:采用最优砂率;

KLN-3: 掺量 1.0%;

KLAE:二级配掺 0.15%、三级配掺 0.12%。

碾压混凝土 VC 值与单位用水量关系试验结果见表 2-82。试验结果表明,在碾压混凝土水胶比、砂率、级配一定的条件下,混凝土 VC 值随着单位用水量的增加而有规律地减小,VC 值每增减 1 s,用水量相应减增 1.5~2.0 kg/m³。

表 2-82　碾压混凝土 VC 值与单位用水量关系试验结果

试验编号	级配	水胶比	粉煤灰(%)	砂率(%)	用水量(kg/m^3)	KLN-3(%)	KLAE(%)	VC 值(s)	含气量(%)
NYYS3-1	三	0.45	55	33	83	1.0	0.15	4.9	4.1
NYYS3-2					86			2.9	4.0
NYYS3-3					89			2.3	4.4
NYYS2-1	二	0.45	50	37	94	1.0	0.12	5.0	4.3
NYYS2-2					97			3.2	4.2
NYYS2-3					100			2.7	4.4

(4)碾压混凝土水胶比与抗压强度关系试验。

根据以上对碾压混凝土单位用水量、砂率选择试验所取得的试验结果,选择合适的水胶比和不同的粉煤灰掺量进行水胶比与抗压强度关系试验,为配合比设计提供依据。

1)试验材料。

水泥:尧柏普通硅酸盐 42.5;

粉煤灰:陕西华西电力分选Ⅱ级粉煤灰;

外加剂:减水剂 KLN-3、引气剂 KLAE;

骨料:花岗岩人工骨料。

2)试验参数。

二级配(最大粒径 40 mm):水胶比 0.40、0.45、0.50,粉煤灰掺量 50%、55%、60%;

三级配(最大粒径 80 mm):水胶比 0.40、0.45、0.50,粉煤灰掺量 50%、55%、60%;

高效缓凝减水剂:1.0%;

引气剂:根据含气量确定;

VC 值:3~5 s;

用水量:二级配 86 kg、三级配 97 kg;

抗压强度:7 d、28 d、90 d、180 d。

碾压混凝土水胶比与抗压强度关系试验参数、试验结果见表 2-83、表 2-84。试验结果表明,对于不同水胶比和粉煤灰掺量的条件下,碾压混凝土胶水比与抗压强度有较好的相关性。

(5)碾压混凝土龄期与抗压强度发展系数。

根据碾压混凝土水胶比与抗压强度关系试验结果,对碾压混凝土龄期与抗压强度发展系数进行统计,统计结果见表 2-85、表 2-86,结果表明,随着粉煤灰掺量的不同,同龄期的混凝土抗压强度发展系数存在差异。以 28 d 龄期混凝土抗压强度为基准值,不同龄期的混凝土强度与 28 d 龄期抗压强度相比,发展系数 7 d 龄期为 49%~60%,90 d 龄期为 120%~141%。

表 2-83　碾压混凝土水胶比与抗压强度关系试验参数

试验编号	级配	水胶比	粉煤灰(%)	砂率(%)	用水量(kg/m^3)	KLN-3(%)	KLAE(%)	设计密度(kg/m^3)
NYS-1	二	0.40	50	36	97	1.0	0.15	2 420
NYS-2	二	0.40	55	36	97	1.0	0.15	2 420
NYS-3	二	0.40	60	36	97	1.0	0.15	2 420
NYS-4	二	0.45	50	37	97	1.0	0.15	2 420
NYS-5	二	0.45	55	37	97	1.0	0.15	2 420
NYS-6	二	0.45	60	37	97	1.0	0.15	2 420
NYS-7	二	0.50	50	38	97	1.0	0.15	2 420
NYS-8	二	0.50	55	38	97	1.0	0.15	2 420
NYS-9	二	0.50	60	38	97	1.0	0.15	2 420
NYS-10	三	0.40	50	32	86	1.0	0.12	2 450
NYS-11	三	0.40	55	32	86	1.0	0.12	2 450
NYS-12	三	0.40	60	32	86	1.0	0.12	2 450
NYS-13	三	0.45	50	33	86	1.0	0.12	2 450
NYS-14	三	0.45	55	33	86	1.0	0.12	2 450
NYS-15	三	0.45	60	33	86	1.0	0.12	2 450
NYS-16	三	0.50	50	34	86	1.0	0.12	2 450
NYS-17	三	0.50	55	34	86	1.0	0.12	2 450
NYS-18	三	0.50	60	34	86	1.0	0.12	2 450

(6)最佳石粉含量选择试验。

人工砂中石粉含量的高低直接影响碾压混凝土的工作性和施工质量。选择合适的石粉含量对碾压混凝土的抗分离性、均匀性、易密性和可碾性等都有极大的改善作用。最佳石粉含量选择试验采用固定碾压混凝土水胶比、粉煤灰掺量和砂率,控制 VC 值,通过石粉含量的变化对碾压混凝土拌合物的和易性及 VC 值进行比较,从而确定最佳石粉含量。石粉含量的变化主要采取外掺花岗岩石粉替代部分人工砂来实现。

表 2-84　碾压混凝土水胶比与抗压强度关系试验结果

试验编号	级配	水胶比	粉煤灰(%)	砂率(%)	用水量(kg/m^3)	KLN-3(%)	KLAE(%)	VC 值(s)	含气量(%)	室温/混凝土温度(℃)	凝结时间(h:min)		实测密度(kg/m^3)	抗压强度(MPa)				设计密度(kg/m^3)
											初凝	终凝		7 d	28 d	90 d	180 d	
NYS-1	二	0.40	50	36	97	1.0	0.15	3.6	4.8	13/15	—	—	2 423	16.0	27.3	35.4	—	2 420
NYS-2	二	0.40	55	36	97	1.0	0.15	3.4	4.6	12/15	15:34	22:23	2 418	13.3	24.5	32.6	—	2 420
NYS-3	二	0.40	60	36	97	1.0	0.15	3.5	4.3	12/15	—	—	2 416	11.8	22.4	29.7	—	2 420
NYS-4	二	0.45	50	37	97	1.0	0.15	3.2	4.4	11/12	—	—	2 423	14.9	25.1	33.5	—	2 420
NYS-5	二	0.45	55	37	97	1.0	0.15	4.0	4.3	11/12	16:07	23:35	2 419	12.6	22.7	29.8	—	2 420
NYS-6	二	0.45	60	37	97	1.0	0.15	4.0	4.1	11/11	—	—	2 424	10.5	20.8	27.2	—	2 420
NYS-7	二	0.50	50	38	97	1.0	0.15	3.0	4.7	12/12	—	—	2 419	12.8	21.4	29.7	—	2 420
NYS-8	二	0.50	55	38	97	1.0	0.15	4.2	4.5	12/12	16:42	24:10	2 431	11.2	20.1	25.5	—	2 420
NYS-9	二	0.50	60	38	97	1.0	0.15	3.5	4.2	12/11	—	—	2 412	9.8	18.9	23.7	—	2 420
NYS-10	三	0.40	50	32	86	1.0	0.12	3.4	4.4	17/17	—	—	2 447	15.9	28.4	36.9	—	2 450
NYS-11	三	0.40	55	32	86	1.0	0.12	3.0	3.9	17/18	15:46	22:25	2 449	13.8	26.1	33.1	—	2 450
NYS-12	三	0.40	60	32	86	1.0	0.12	3.2	3.8	17/18	—	—	2 453	13.0	23.8	31.0	—	2 450
NYS-13	三	0.45	50	33	86	1.0	0.12	4.0	4.2	17/17	—	—	2 456	13.8	25.0	35.2	—	2 450
NYS-14	三	0.45	55	33	86	1.0	0.12	3.0	3.7	11/12	16:13	24:25	2 450	12.7	24.1	30.7	—	2 450
NYS-15	三	0.45	60	33	86	1.0	0.12	2.9	3.5	10/11	—	—	2 443	12.0	22.0	28.9	—	2 450
NYS-16	三	0.50	50	34	86	1.0	0.12	3.1	4.3	18/18	—	—	2 459	11.6	23.2	31.3	—	2 450
NYS-17	三	0.50	55	34	86	1.0	0.12	3.4	3.7	18/18	17:05	24:12	2 447	10.6	21.7	27.6	—	2 450
NYS-18	三	0.50	60	34	86	1.0	0.12	2.9	3.6	18/18	—	—	2 445	10.1	19.3	24.7	—	2 450

表 2-85　碾压混凝土龄期与抗压强度发展系数

试验编号	级配	水胶比	粉煤灰(%)	各龄期与28 d龄期抗压强度发展系数(%)			
				7 d	28 d	90 d	180 d
NYS-1	二	0.40	50	59	100	130	—
NYS-2	二	0.40	55	54	100	133	—
NYS-3	二	0.40	60	53	100	133	—
NYS-4	二	0.45	50	59	100	133	—
NYS-5	二	0.45	55	56	100	136	—
NYS-6	二	0.45	60	50	100	136	—
NYS-7	二	0.50	50	60	100	139	—
NYS-8	二	0.50	55	56	100	127	—
NYS-9	二	0.50	60	52	100	120	—
NYS-10	三	0.40	50	56	100	130	—
NYS-11	三	0.40	55	53	100	127	—
NYS-12	三	0.40	60	55	100	130	—
NYS-13	三	0.45	50	55	100	141	—
NYS-14	三	0.45	55	53	100	132	—
NYS-15	三	0.45	60	55	100	131	—
NYS-16	三	0.50	50	50	100	135	—
NYS-17	三	0.50	55	49	100	123	—
NYS-18	三	0.50	60	52	100	120	—

表 2-86　碾压混凝土龄期与抗压强度发展系数综合结果

级配	各龄期与28 d龄期抗压强度发展系数(%)			
	7 d	28 d	90 d	180 d
二	50~60	100	120~139	—
三	49~56	100	120~141	—

1)试验材料。

水泥:尧柏42.5普硅;

粉煤灰:陕西华西电力分选Ⅱ级粉煤灰;

外加剂:减水剂KLN-3、引气剂KLAE;

骨料:花岗岩人工骨料;

石粉:从人工砂中筛分取得。

2)试验参数。

二级配:水胶比 0.45、粉煤灰掺量 50%;

KLN-3:掺量 1.0%;

KLAE:掺量 0.15%;

砂率:选择最优砂率 37%;

VC 值:控制在 3~5 s 范围内;

石粉含量:12%~20%;

用水量:根据 VC 值调整。

碾压混凝土最佳石粉含量选择试验结果见表 2-87。试验结果表明,当人工砂石粉含量增加到 18%时,碾压混凝土拌合物的外观和骨料包裹情况逐渐变好。将 VC 值测试完成的混凝土从容量筒中倒出,拌合物试体表面逐渐变得密实、光滑,浆体也变得充足,石粉含量继续增加,拌合物黏聚性增强。随着人工砂石粉含量的增高,碾压混凝土中材料的总表面积相应增大,用水量呈规律性的增加,即人工砂石粉含量每增加 1%,碾压混凝土用水量相应增加约 1 kg/m³。石粉含量在 16%时的抗压强度最高,但和易性较差;石粉含量在 18%时,抗压强度比石粉含量在 16%时的抗压强度稍低一点,但碾压混凝土拌合物性能较好,综合评定:碾压混凝土人工砂石粉含量宜控制在 16%~18%。

表 2-87　碾压混凝土最佳石粉含量选择试验结果

试验编号	级配	水胶比	粉煤灰(%)	砂率(%)	石粉含量(%)	用水量(kg/m³)	KLN-3(%)	KLAE(%)	VC 值(s)	含气量(%)	拌合物性能	抗压强度(MPa)		
												7 d	28 d	90 d
SF-1	二	0.45	50	37	12	91	1.0	0.15	4.5	4.5	骨料包裹差、试体表面粗涩	13.8	23.6	31.8
SF-2	二	0.45	50	37	14	93	1.0	0.15	4.2	4.3	骨料包裹差、试体表面粗涩	14.0	24.4	32.6
SF-3	二	0.45	50	37	16	95	1.0	0.15	3.8	4.1	骨料包裹一般、试体表面较粗涩	14.4	25.4	33.4
SF-4	二	0.45	50	37	18	97	1.0	0.15	3.4	4.3	骨料包裹较好、试体表面较密实	14.3	25.0	31.6
SF-5	二	0.45	50	37	20	100	1.0	0.15	3.1	3.8	骨料包裹较好、试体表面光滑、密实	12.9	23.6	31.3

3. 碾压混凝土配合比设计

(1)碾压混凝土配制强度。

根据碾压混凝土设计指标,依据《水工混凝土施工规范》(SL 677—2014)规定,大坝碾压混凝土配制强度按以下公式计算:

$$f_{cu,0} = f_{cu,k} + t\sigma$$

式中　$f_{cu,0}$——混凝土配制强度,MPa;

$f_{cu,k}$——混凝土设计强度等级,MPa;

t——概率度系数,依据保证率 P 选定;

σ——混凝土强度标准差,MPa。

保证率和概率度系数、混凝土强度标准差、碾压混凝土配制强度见表 2-88 ~ 表 2-90。

表 2-88　保证率和概率度系数关系

保证率 P(%)	75.8	78.8	80.0	82.9	85.0	90.0	93.3	95.0	97.7	99.9
概率度系数 t	0.70	0.80	0.84	0.95	1.04	1.28	1.50	1.65	2.00	3.00

表 2-89　标准差 σ 值

混凝土强度标准值 $f_{cu,k}$	≤15	20、25	30、35	40、45	≥50
σ(MPa)	3.5	4.0	4.5	5.0	5.5

表 2-90　混凝土配制强度

混凝土种类	混凝土强度等级	保证率 P (%)	标准差 σ (MPa)	概率度系数 t	配制强度 (MPa)
碾压	$C_{90}25$	80	4.0	0.84	28.4

(2)碾压混凝土配合比试验设计参数。

因加工的花岗岩人工砂石粉含量较低,采用以粉煤灰代砂和以原状砂外掺石粉两种方案进行碾压混凝土配合比试验,碾压混凝土配合比试验设计参数见表 2-91 ~ 表 2-94。

根据碾压混凝土设计指标、配制强度、参数选择、水胶比与抗压强度关系试验结果,以及原材料的特性,经室内试拌及计算分析,碾压混凝土配合比试验设计参数如下:

二级配(最大粒径 40 mm):水胶比 0.45,粉煤灰掺量 50%、55%、60%;

三级配(最大粒径 80 mm):水胶比 0.45、0.48,粉煤灰掺量 50%、55%、60%;

缓凝高效减水剂:1.0%;

引气剂:根据含气量确定;

VC 值:3 ~ 5 s;

用水量:二级配 97 kg、95 kg,三级配 86 kg、84 kg;

抗压强度:7 d、28 d、90 d、180 d。

表 2-91　碾压混凝土配合比试验设计参数(一)

试验编号	设计指标	级配	水胶比	粉煤灰(%)	砂率(%)	用水量(kg/m^3)	KLN-3(%)	KLAE(%)	设计密度(kg/m^3)
NK2-1	C_{90}25W8F150	二	0.45	50	37	97	1.0	0.15	2 420
NK2-2				55					2 420
NK2-3				60					2 420
NK3-1	C_{90}25W6F100	三	0.45	50	33	86	1.0	0.12	2 450
NK3-2				55					2 450
NK3-3				60					2 450
NK3-4			0.48	50	33	86	1.0	0.12	2 450
NK3-5				55					2 450
NK3-6				60					2 450

注:通过原状砂外加石粉使砂石粉含量达 17.6%;外加剂为山西康力 KLN-3 缓凝高效减水剂、KLAE 引气剂。

表 2-92　碾压混凝土配合比试验设计参数(二)

试验编号	设计指标	级配	水胶比	粉煤灰(%)	砂率(%)	用水量(kg/m^3)	KLN-3(%)	KLAE(%)	设计密度(kg/m^3)
NKD2-1	C_{90}25W8F150	二	0.45	50	37	97	1.0	0.15	2 420
NKD2-2				55					2 420
NKD2-3				60					2 420
NKD3-1	C_{90}25W6F100	三	0.45	50	33	86	1.0	0.12	2 450
NKD3-2				55					2 450
NKD3-3				60					2 450
NKD3-4			0.48	50	33	86	1.0	0.12	2 450
NKD3-5				55					2 450
NKD3-6				60					2 450

注:原状砂石粉含量约为 14%,粉煤灰代砂 4%;外加剂为山西康力 KLN-3 缓凝高效减水剂、KLAE 引气剂。

4. 碾压混凝土配合比试验

根据确定的碾压混凝土配合比试验设计参数,分别进行了碾压混凝土拌合物性能、力学性能、变形性能、耐久性能等试验。

(1)碾压混凝土拌合物性能试验。

表 2-93　碾压混凝土配合比试验设计参数(三)

试验编号	设计指标	级配	水胶比	粉煤灰(%)	砂率(%)	用水量(kg/m^3)	HLNOF-2(%)	HLAE(%)	设计密度(kg/m^3)
NC2-1	C_{90}25W8F150	二	0.45	50	37	95	1.0	0.15	2 420
NC2-2				55					2 420
NC2-3				60					2 420
NC3-1	C_{90}25W6F100	三	0.45	50	33	84	1.0	0.12	2 450
NC3-2				55					2 450
NC3-3				60					2 450
NC3-4			0.48	50	33	84	1.0	0.12	2 450
NC3-5				55					2 450
NC3-6				60					2 450

注:通过原状砂外加石粉使砂石粉含量达 17.6%;外加剂为云南宸磊 HLNOF-2 缓凝高效减水剂、HLAE 引气剂。

表 2-94　碾压混凝土配合比试验设计参数(四)

试验编号	设计指标	级配	水胶比	粉煤灰(%)	砂率(%)	用水量(kg/m^3)	HLNOF-2(%)	HLAE(%)	设计密度(kg/m^3)
NCD2-1	C_{90}25W8F150	二	0.45	50	37	95	1.0	0.15	2 420
NCD2-2				55					2 420
NCD2-3				60					2 420
NCD3-1	C_{90}25W6F100	三	0.45	50	33	84	1.0	0.12	2 450
NCD3-2				55					2 450
NCD3-3				60					2 450
NCD3-4			0.48	50	33	84	1.0	0.12	2 450
NCD3-5				55					2 450
NCD3-6				60					2 450

注:原状砂石粉含量约为 14%,粉煤灰代砂 4%;外加剂为云南宸磊 HLNOF-2 缓凝高效减水剂、HLAE 引气剂。

碾压混凝土配合比试验按照《水工混凝土试验规程》(SL 352—2006)进行。混凝土配合比计算采用质量法,试验所用砂石骨料均采用饱合面干状态,混凝土拌和采用 100 L 强制式搅拌机,拌和前用少量的同种混凝土将搅拌机润湿挂浆,以减小拌和差异。拌和投料顺序为:大石、中石、小石、胶凝材、砂子,干拌 15 s 后,再把配制好的外加剂溶液同水一起加入到搅拌机中搅拌,将搅拌好的料倒在钢板上人工翻拌 3 次,使之均匀,然后按照试验规程检测评定。对碾压混凝土拌合物外观、骨料包裹情况、塑性、振实后的密实度等进行检测,并测试 VC 值、含气量、密度、凝结时间等性能。

碾压混凝土的工作度即 VC 值是碾压混凝土拌合物性能极为重要的一项指标,大量的施工实践证明,由于采用小的 VC 值,极大地改善了碾压混凝土拌合物的黏聚性、骨料分离、凝结时间、液化泛浆和可碾性,加快了施工进度,解决了碾压混凝土在高温、干燥等气候条件下对其产生的各种不利影响,提高了层间结合、抗渗性能和整体性能。试验时考虑到三河口水利枢纽工程所处的气候条件、施工条件等因素的影响,为保证碾压混凝土拌合物质量,采用 VC 值控制,机口 VC 值为 3~5 s。碾压混凝土 VC 值即工作度采用 TCS-1 型维勃稠度仪测定,VC 值的测定以振动开始到圆压板周边全部出现水泥浆所需的时间为碾压混凝土 VC 值,单位以秒(s)计。碾压混凝土的含气量用进口直读式含气仪测定。

碾压混凝土拌合物性能试验结果见表 2-95、表 2-96。结果表明:

当碾压混凝土用山西康力外加剂,采用原状砂外掺石粉时,碾压混凝土出机 VC 值为 3.0~3.5 s,含气量为 3.7%~4.5%,初凝历时为 16 h 34 min~17 h 25 min,终凝历时为 21 h 38 min~22 h 56 min;采用粉煤灰代砂时,碾压混凝土出机 VC 值为 3.2~3.7 s,含气量为 3.3%~4.4%,初凝历时为 17 h 11 min~18 h 9 min,终凝历时为 22 h 23 min~23 h 35 min。

当碾压混凝土用云南宸磊外加剂,采用原状砂外掺石粉时,碾压混凝土出机 VC 值为 3.0~3.6 s,含气量为 3.7%~4.8%,初凝历时为 15 h 39 min~17 h 22 min,终凝历时为 21 h 35 min~22 h 34 min;采用粉煤灰代砂时,碾压混凝土出机 VC 值为 3.2~3.6 s,含气量为 3.4%~4.5%,初凝历时为 16 h 22 min~17 h 47 min,终凝历时为 21 h 56 min~23 h 48 min。

(2)碾压混凝土力学性能试验。

碾压混凝土的力学性能主要是指抗压强度和劈拉强度。碾压混凝土强度试验是将拌合物分两层装入边长为 150 mm 的标准立方体试模中,每层插捣 25 次,并在拌合物表面压上 4 900 Pa 的配重块,在振动台上以 VC 值的 2~3 倍时间进行振实,以表面泛浆为准,抹平表面,48 h 后拆模,在标准养护室养护至龄期进行加荷试验。除强度指标外,硬化碾压混凝土性能还包括极限拉伸值、静力抗压弹性模量、抗渗性和抗冻性等,成型方法与抗压强度原理相同。

碾压混凝土力学性能试验结果见表 2-97、表 2-98。试验结果表明:

当碾压混凝土用山西康力外加剂,采用原状砂外掺石粉时,二级配碾压混凝土水胶比为 0.45,粉煤灰掺量为 50%、55%的 90 d 龄期抗压强度满足配置强度的要求;三级配碾压混凝土水胶比为 0.45 和 0.48,粉煤灰掺量为 50%、55%、60%的 90 d 龄期抗压强度满足配置强度的要求。采用粉煤灰代砂时,二级配碾压混凝土当水胶比为 0.45,粉煤灰掺量为 50%、55%的 90 d 龄期抗压强度满足配置强度的要求;三级配碾压混凝土当水胶比为 0.45 和 0.48,粉煤灰掺量为 50%、55%的 90 d 龄期抗压强度满足配置强度的要求。

当碾压混凝土用云南宸磊外加剂,采用原状砂外掺石粉时,二级配碾压混凝土水胶比

表 2-95　碾压混凝土拌合物性能试验结果(山西康力)

试验编号	设计指标	级配	水胶比	粉煤灰(%)	砂率(%)	用水量(kg/m^3)	KLN-3(%)	KLAE(%)	VC 值(s)	含气量(%)	室温/混凝土温度(℃)	凝结时间(h:min) 初凝	凝结时间(h:min) 终凝	实测密度(kg/m^3)	设计密度(kg/m^3)	说明
NK2-1	C_{90}25W8F150	二	0.45	50	37	97	1.0	0.15	3.3	4.5	14/17	16:34	21:38	2 430	2 420	外掺石粉
NK2-2				55					3.0	4.3	14/17	16:58	22:00	2 425	2 420	
NK2-3				60					3.4	4.3	15/17	—	—	2 418	2 420	
NK3-1	C_{90}25W6F100	三	0.45	50	33	86	1.0	0.12	3.5	4.1	15/16	17:00	21:51	2 445	2 450	
NK3-2				55					3.1	3.9	15/16	17:25	22:35	2 440	2 450	
NK3-3				60					3.2	3.7	16/17	—	—	2 443	2 450	
NK3-4			0.48	50	33	86	1.0	0.12	3.5	4.2	16/16	16:46	22:32	2 445	2 450	
NK3-5				55					3.3	4.0	16/17	17:11	22:56	2 442	2 450	
NK3-6				60					3.1	3.7	17/16	—	—	2 440	2 450	
NKD2-1	C_{90}25W8F150	二	0.45	50	37	97	1.0	0.15	3.4	4.4	17/17	17:11	22:23	2 415	2 420	粉煤灰代砂(4%)
NKD2-2				55					3.5	4.3	18/17	17:25	22:48	2 418	2 420	
NKD2-3				60					3.7	4.1	18/17	—	—	2 420	2 420	
NKD3-1	C_{90}25W6F100	三	0.45	50	33	86	1.0	0.12	3.5	4.0	17/18	17:45	22:30	2 440	2 450	
NKD3-2				55					3.5	3.9	17/18	18:05	23:35	2 435	2 450	
NKD3-3				60					3.7	3.3	17/17	—	—	2 440	2 450	
NKD3-4			0.48	50	33	86	1.0	0.12	3.4	4.1	17/17	17:23	22:31	2 441	2 450	
NKD3-5				55					3.2	3.8	18/18	18:09	22:52	2438	2 450	
NKD3-6				60					3.2	3.7	17/18	—	—	2 440	2 450	

表 2-96　碾压混凝土拌合物性能试验结果(云南宸磊)

试验编号	设计指标	级配	水胶比	粉煤灰(%)	砂率(%)	用水量(kg/m^3)	HLN OF-2(%)	HLAE(%)	VC 值(s)	含气量(%)	室温/混凝土温度(℃)	凝结时间(h:min) 初凝	凝结时间(h:min) 终凝	实测密度(kg/m^3)	设计密度(kg/m^3)	说明
NC2-1	C_{90}25W8F150	二	0.45	50	37	95	1.0	0.15	3.4	4.8	15/17	15:39	22:25	2 430	2 420	外掺石粉
NC2-2				55					3.2	4.5	15/17	16:22	22:20	2 425	2 420	
NC2-3				60					3.5	4.3	15/17	—	—	2 418	2 420	
NC3-1	C_{90}25W6F100	三	0.45	50	33	84	1.0	0.12	3.4	4.2	16/16	16:32	21:51	2 445	2 450	
NC3-2				55					3.0	3.9	16/16	16:50	21:35	2 440	2 450	
NC3-3				60					3.2	3.7	17/18	—	—	2 443	2 450	
NC3-4			0.48	50	33	84	1.0	0.12	3.6	4.5	17/17	16:31	22:12	2 447	2 450	
NC3-5				55					3.5	4.2	18/18	17:22	22:34	2 442	2 450	
NC3-6				60					3.5	4.0	18/18	—	—	2 439	2 450	
NCD2-1	C_{90}25W8F150	二	0.45	50	37	95	1.0	0.15	3.4	4.5	17/18	16:22	22:45	2 415	2 420	粉煤灰代砂(4%)
NCD2-2				55					3.3	4.2	18/17	16:52	23:48	2 418	2 420	
NCD2-3				60					3.6	4.1	18/17	—	—	2 420	2 420	
NCD3-1	C_{90}25W6F100	三	0.45	50	33	84	1.0	0.12	3.5	4.0	16/17	16:50	22:30	2 440	2 450	
NCD3-2				55					3.5	3.8	16/17	17:42	23:35	2 435	2 450	
NCD3-3				60					3.4	3.5	17/17	—	—	2 440	2 450	
NCD3-4			0.48	50	33	84	1.0	0.12	3.6	3.9	18/17	17:06	21:56	2 446	2 450	
NCD3-5				55					3.5	3.7	18/17	17:47	22:32	2 441	2 450	
NCD3-6				60					3.2	3.4	18/18	—	—	2 437	2 450	

表 2-97　碾压混凝土力学性能试验结果（山西康力）

试验编号	设计指标	级配	水胶比	粉煤灰（%）	砂率（%）	用水量（kg/m^3）	KLN-3（%）	KLAE（%）	抗压强度（MPa）				劈拉强度（MPa）			说明
									7 d	28 d	90 d	180 d	28 d	90 d	180 d	
NK2-1				50					15.2	25.7	33.2	—	2.07	2.76	—	
NK2-2	C_{90}25W8F150	二	0.45	55	37	97	1.0	0.15	12.8	23.4	30.7	—	1.77	2.52	—	
NK2-3				60					11.1	20.1	27.8	—	1.71	2.48	—	
NK3-1				50					15.9	26.1	34.5	—	2.06	2.78	—	
NK3-2			0.45	55	33	86	1.0	0.12	13.1	24.4	33.4	—	1.71	2.45	—	外掺石粉
NK3-3	C_{90}25W6F100	三		60					12.2	21.7	29.2	—	1.67	2.43	—	
NK3-4				50					14.5	23.5	32.8	—	2.04	2.73	—	
NK3-5			0.48	55	33	86	1.0	0.12	12.3	22.8	30.3	—	1.70	2.51	—	
NK3-6				60					10.7	20.4	28.4	—	1.68	2.44	—	
NKD2-1				50					14.6	25.3	31.4	—	2.07	2.75	—	
NKD2-2	C_{90}25W8F150	二	0.45	55	37	97	1.0	0.15	12.4	22.7	30.7	—	1.82	2.66	—	
NKD2-3				60					10.4	19.7	27.8	—	1.75	2.50	—	
NKD3-1				50					14.8	25.3	32.6	—	2.11	2.78	—	
NKD3-2			0.45	55	33	86	1.0	0.12	12.1	22.7	30.9	—	1.82	2.64	—	粉煤灰代砂（4%）
NKD3-3	C_{90}25W6F100	三		60					10.5	20.1	28.2	—	1.74	2.49	—	
NKD3-4				50					14.1	22.1	30.5	—	2.08	2.77	—	
NKD3-5			0.48	55	33	86	1.0	0.12	11.8	20.7	29.4	—	1.91	2.63	—	
NKD3-6				60					9.8	19.7	27.4	—	1.82	2.51	—	

表 2-98　碾压混凝土力学性能试验结果(云南宸磊)

试验编号	设计指标	级配	水胶比	粉煤灰(%)	砂率(%)	用水量(kg/m³)	HLNOF-2(%)	HLAE(%)	抗压强度(MPa)				劈拉强度(MPa)			说明
									7 d	28 d	90 d	180 d	28 d	90 d	180 d	
NC2-1	C_{90}25W8F150	二	0.45	50	37	95	1.0	0.15	13.6	24.6	32.3	—	2.04	2.71	—	外掺石粉
NC2-2				55					12.9	22.2	29.9	—	1.75	2.48	—	
NC2-3				60					11.3	18.6	26.6	—	1.62	2.44	—	
NC3-1	C_{90}25W6F100	三	0.45	50	33	84	1.0	0.12	13.9	25.8	33.7	—	2.11	2.70	—	
NC3-2				55					13.4	22.6	30.4	—	1.85	2.65	—	
NC3-3				60					11.7	20.5	28.4	—	1.65	2.49	—	
NC3-4			0.48	50	33	84	1.0	0.12	12.7	22.9	31.6	—	2.07	2.73	—	
NC3-5				55					11.6	22.5	30.2	—	1.88	2.58	—	
NC3-6				60					10.6	20.2	28.1	—	1.71	2.46	—	
NCD2-1	C_{90}25W8F150	二	0.45	50	37	95	1.0	0.15	13.4	24.2	32.1	—	2.00	2.70	—	粉煤灰代砂(4%)
NCD2-2				55					12.6	21.9	29.7	—	1.71	2.43	—	
NCD2-3				60					11.8	18.9	26.4	—	1.67	2.47	—	
NCD3-1	C_{90}25W6F100	三	0.45	50	33	84	1.0	0.12	13.7	25.9	33.0	—	2.04	2.73	—	
NCD3-2				55					12.6	21.8	29.8	—	1.73	2.44	—	
NCD3-3				60					11.9	20.1	28.0	—	1.63	2.49	—	
NCD3-4			0.48	50	33	84	1.0	0.12	13.2	22.8	31.0	—	2.00	2.69	—	
NCD3-5				55					11.5	20.8	28.9	—	1.81	2.33	—	
NCD3-6				60					10.3	19.2	27.1	—	1.70	2.32	—	

为 0.45，粉煤灰掺量为 50%、55%的 90 d 龄期抗压强度满足配置强度的要求；三级配碾压混凝土水胶比为 0.45，粉煤灰掺量为 50%、55%、60%的 90 d 龄期抗压强度满足配置强度的要求；三级配碾压混凝土水胶比为 0.48，粉煤灰掺量为 50%、55%的 90 d 龄期抗压强度满足配置强度的要求。采用粉煤灰代砂时二级配碾压混凝土水胶比为 0.45，粉煤灰掺量为 50%、55%的 90 d 龄期抗压强度满足配置强度的要求；三级配碾压混凝土水胶比为 0.45、0.48 时，粉煤灰掺量为 50%、55%的 90 d 龄期抗压强度满足配置强度的要求。

(3) 碾压混凝土变形性能试验。

碾压混凝土的变形性能试验主要进行混凝土的极限拉伸值和静力抗压弹性模量试验。碾压混凝土配合比试验极限拉伸值和静力抗压弹性模量试验结果见表 2-99、表 2-100。试验结果表明：

当碾压混凝土用山西康力外加剂，采用原状砂外掺石粉时，二级配碾压混凝土水胶比为 0.45，煤灰掺量 50%、55%的 90 d 龄期极限拉伸值满足设计要求；三级配碾压混凝土水胶比为 0.45，煤灰掺量 50%、55%的 90 d 龄期极限拉伸值满足设计要求；水胶比为 0.48，煤灰掺量 50%、55%的 90 d 龄期极限拉伸值满足设计要求；采用粉煤灰代砂时，二级配碾压混凝土水胶比为 0.45，煤灰掺量 50%、55%的 90 d 龄期极限拉伸值满足设计要求；三级配碾压混凝土水胶比为 0.45，煤灰掺量 50%、55%的 90 d 龄期极限拉伸值满足设计要求；水胶比为 0.48，煤灰掺量 50%、55%时 90 d 龄期极限拉伸值满足设计要求。

当碾压混凝土用云南宸磊外加剂，采用原状砂外掺石粉时，二级配碾压混凝土水胶比为 0.45，煤灰掺量 50%、55%的 90 d 龄期极限拉伸值满足设计要求；三级配碾压混凝土水胶比为 0.45，煤灰掺量 50%、55%的 90 d 龄期极限拉伸值满足设计要求；水胶比为 0.48，煤灰掺量 50%、55%的 90 d 龄期极限拉伸值满足设计要求；采用粉煤灰代砂时二级配碾压混凝土水胶比为 0.45，煤灰掺量 50%、55%的 90 d 龄期极限拉伸值满足设计要求；三级配碾压混凝土水胶比为 0.45，煤灰掺量 50%、55%的 90 d 龄期极限拉伸值满足设计要求；水胶比为 0.48，煤灰掺量 50%、55%的 90 d 龄期极限拉伸值满足设计要求。

(4) 碾压混凝土耐久性能试验。

混凝土抗冻性和抗渗性是评价耐久性的重要技术指标，三河口水利枢纽大坝碾压混凝土抗冻等级设计分 F100、F150 两种，抗渗等级设计分 W6、W8 两种。抗冻按照《水工混凝土试验规程》(SL 352—2006) 进行。试验采用混凝土冻融试验机，混凝土中心冻融温度为 (−17±2) ℃ ~ (8±2) ℃，一个冻融循环过程耗时 2.5~4.0 h。抗冻指标根据相对动弹模数和质量损失两项指标评定，以混凝土试件的相对动弹模数低于 60%或质量损失率超过 5%时，即可认为试件已达到破坏。碾压混凝土配合比耐久性能试验结果见表 2-101、表 2-102，试验结果表明：

C_{90}25W8F150 二级配混凝土，90 d 龄期试件经过 150 次冻融循环后，水胶比为 0.45，当粉煤灰掺量为 50%时，质量损失为 3.5%~4.0%，相对动弹性模量为 78.7%~82.2%；当粉煤灰掺量为 55%时，质量损失为 4.1%~4.6%，相对动弹性模量为 68.7%~72.7%；当粉煤灰掺量为 60%时，质量损失为 4.6%~4.8%，相对动弹性模量为 60.4%~68.3%；抗冻性能均大于设计指标。随着粉煤灰掺量的提高，混凝土抗冻性能逐渐降低，当粉煤灰掺量达到 60%时，几乎接近临界值。

表 2-99　碾压混凝土变形性能试验结果（山西康力）

试验编号	设计指标	级配	水胶比	粉煤灰（%）	砂率（%）	用水量（kg/m³）	KLN-3（%）	KLAE（%）	轴拉强度（MPa）		极限拉伸值（×10⁻⁴）		静力抗压弹性模量（GPa）		说明
									28 d	90 d	28 d	90 d	28 d	90 d	
NK2-1	C_{90}25W8F150	二	0.45	50	37	97	1.0	0.15	2.45	3.26	0.79	0.91	35.1	39.2	外掺石粉
NK2-2				55					2.23	3.08	0.75	0.88	32.0	36.9	
NK2-3				60					1.95	2.79	0.70	0.80	29.8	34.5	
NK3-1	C_{90}25W6F100	三	0.45	50	33	86	1.0	0.12	2.43	3.33	0.80	0.93	36.2	38.8	
NK3-2				55					2.24	3.15	0.76	0.88	32.1	36.5	
NK3-3				60					2.05	2.94	0.73	0.84	29.4	33.8	
NK3-4			0.48	50	33	86	1.0	0.12	2.43	3.30	0.82	0.91	36.8	38.2	
NK3-5				55					2.22	3.08	0.75	0.86	34.4	32.4	
NK3-6				60					2.02	2.91	0.73	0.80	28.6	32.3	
NKD2-1	C_{90}25W8F150	二	0.45	50	37	97	1.0	0.15	2.32	3.21	0.78	0.89	33.2	37.8	粉煤灰代砂（4%）
NKD2-2				55					2.19	3.03	0.74	0.86	31.7	36.5	
NKD2-3				60					2.06	2.91	0.73	0.84	28.9	33.1	
NKD3-1	C_{90}25W6F100	三	0.45	50	33	86	1.0	0.12	2.47	3.35	0.80	0.91	35.0	39.8	
NKD3-2				55					2.10	2.99	0.76	0.87	31.9	36.5	
NKD3-3				60					2.00	2.89	0.72	0.82	28.4	32.5	
NKD3-4			0.48	50	33	86	1.0	0.12	2.46	3.36	0.79	0.88	34.1	37.6	
NKD3-5				55					2.10	2.82	0.76	0.86	32.5	35.3	
NKD3-6				60					1.97	2.79	0.70	0.80	29.3	30.4	

表 2-100　碾压混凝土变形性能试验结果(云南宸磊)

试验编号	设计指标	级配	水胶比	粉煤灰(%)	砂率(%)	用水量(kg/m^3)	HLNOF-2(%)	HLAE(%)	轴拉强度(MPa)		极限拉伸值($\times10^{-4}$)		静力抗压弹性模量(GPa)		说明
									28 d	90 d	28 d	90 d	28 d	90 d	
NC2-1	C_{90}25W8F150	二	0.45	50	37	95	1.0	0.15	2.48	3.34	0.78	0.90	34.6	38.4	外掺石粉
NC2-2				55					2.21	3.08	0.74	0.85	32.8	36.2	
NC2-3				60					1.96	2.85	0.71	0.83	30.9	35.2	
NC3-1	C_{90}25W6F100	三	0.45	50	33	84	1.0	0.12	2.46	3.32	0.80	0.91	35.4	38.9	
NC3-2				55					2.18	3.01	0.76	0.87	31.7	35.1	
NC3-3				60					2.00	2.84	0.74	0.84	28.4	32.6	
NC3-4			0.48	50	33	84	1.0	0.12	2.47	3.29	0.79	0.89	35.1	36.7	
NC3-5				55					2.21	3.00	0.77	0.86	31.2	35.7	
NC3-6				60					1.97	2.78	0.71	0.83	29.2	31.9	
NCD2-1	C_{90}25W8F150	二	0.45	50	37	95	1.0	0.15	2.38	3.26	0.79	0.92	33.9	38.8	粉煤灰代砂(4%)
NCD2-2				55					2.22	3.11	0.75	0.89	32.2	36.3	
NCD2-3				60					2.04	2.89	0.72	0.84	29.8	33.9	
NCD3-1	C_{90}25W6F100	三	0.45	50	33	84	1.0	0.12	2.50	3.34	0.81	0.90	34.7	36.6	
NCD3-2				55					2.12	2.95	0.77	0.88	32.1	36.4	
NCD3-3				60					1.98	2.84	0.74	0.84	29.1	32.1	
NCD3-4			0.48	50	33	84	1.0	0.12	2.47	3.31	0.80	0.90	33.1	35.5	
NCD3-5				55					2.20	2.96	0.74	0.87	32.6	34.8	
NCD3-6				60					2.14	2.82	0.70	0.84	29.4	31.7	

表 2-101　碾压混凝土耐久性能试验结果（山西康力）

试验编号	设计指标	级配	水胶比	粉煤灰(%)	砂率(%)	用水量(kg/m^3)	KLN-3(%)	KLAE(%)	质量损失率(%)			相对动弹性模量(%)			抗冻等级	抗渗等级
									50 次	100 次	150 次	50 次	100 次	150 次		
NK2-1				50					1.2	1.8	3.8	94.3	90.1	82.2	>150	>8
NK2-2	C_{90}25W8F150	二	0.45	55	37	97	1.0	0.15	1.3	2.0	4.4	92.1	84.5	69.4	>150	>8
NK2-3				60					1.3	2.4	4.7	91.1	74.3	60.4	>150	>8
NK3-1				50					1.4	2.6	—	94.6	85.6	—	>100	>6
NK3-2			0.45	55	33	86	1.0	0.12	1.5	2.9	—	90.8	80.3	—	>100	>6
NK3-3	C_{90}25W6F100	三		60					2.2	3.6	—	88.5	78.2	—	>100	>6
NK3-4				50					1.3	2.7	—	93.4	82.1	—	>100	>6
NK3-5			0.48	55	33	86	1.0	0.12	1.6	3.1	—	91.2	79.6	—	>100	>6
NK3-6				60					1.5	3.9	—	89.4	76.7	—	>100	>6
NKD2-1				50					1.3	2.0	3.8	95.4	89.9	80.2	>150	>8
NKD2-2	C_{90}25W8F150	二	0.45	55	37	97	1.0	0.15	1.3	2.6	4.6	90.7	82.6	68.7	>150	>8
NKD2-3				60					1.5	3.0	4.8	92.3	80.6	67.3	>150	>8
NKD3-1				50					1.6	3.3	—	93.3	84.1	—	>100	>6
NKD3-2			0.45	55	33	86	1.0	0.12	1.9	3.5	—	89.9	79.6	—	>100	>6
NKD3-3	C_{90}25W6F100	三		60					1.6	3.4	—	88.8	78.7	—	>100	>6
NKD3-4				50					1.6	3.4	—	92.7	83.1	—	>100	>6
NKD3-5			0.48	55	33	86	1.0	0.12	2.1	3.5	—	88.6	77.3	—	>100	>6
NKD3-6				60					2.4	4.3	—	86.4	74.5	—	>100	>6

表 2-102　碾压混凝土耐久性能试验结果（云南宸磊）

试验编号	设计指标	级配	水胶比	粉煤灰（%）	砂率（%）	用水量（kg/m^3）	KLN-3（%）	KLAE（%）	质量损失率（%）			相对动弹性模量（%）			抗冻等级	抗渗等级
									50 次	100 次	150 次	50 次	100 次	150 次		
NC2-1	C_{90}25W8F150	二	0.45	50	37	95	1.0	0.15	1.1	1.8	3.5	93.4	90.2	80.2	>150	>8
NC2-2				55					1.3	2.2	4.1	92.1	83.3	71.5	>150	>8
NC2-3				60					1.2	2.4	4.6	92.3	71.2	66.4	>150	>8
NC3-1	C_{90}25W6F100	三	0.45	50	33	84	1.0	0.12	1.3	2.4	—	95.6	86.7	—	>100	>6
NC3-2				55					1.3	2.8	—	91.7	81.2	—	>100	>6
NC3-3				60					2.1	3.2	—	89.5	79.4	—	>100	>6
NC3-4			0.48	50	33	84	1.0	0.12	1.2	2.6	—	94.3	84.6	—	>100	>6
NC3-5				55					1.9	3.2	—	90.1	78.5	—	>100	>6
NC3-6				60					2.2	3.9	—	88.6	74.3	—	>100	>6
NCD2-1	C_{90}25W8F150	二	0.45	50	37	95	1.0	0.15	1.4	2.1	4.0	94.4	88.2	78.7	>150	>8
NCD2-2				55					1.4	2.5	4.2	92.6	85.6	72.7	>150	>8
NCD2-3				60					1.5	3.4	4.6	90.3	80.1	68.3	>150	>8
NCD3-1	C_{90}25W6F100	三	0.45	50	33	84	1.0	0.12	1.5	3.5	—	91.1	82.1	—	>100	>6
NCD3-2				55					1.6	3.6	—	90.9	78.3	—	>100	>6
NCD3-3				60					1.7	3.8	—	89.9	75.3	—	>100	>6
NCD3-4			0.48	50	33	84	1.0	0.12	1.6	3.6	—	92.4	81.9	—	>100	>6
NCD3-5				55					1.5	3.8	—	91.6	77.7	—	>100	>6
NCD3-6				60					1.5	4.8	—	88.8	72.7	—	>100	>6

C_{90}25W6F100 三级配混凝土,90 d 龄期试件经过 100 次冻融循环后,水胶比为 0.45,当粉煤灰掺量为 50%时,质量损失为 2.4%~3.5%,相对动弹性模量为 82.1%~86.7%;当粉煤灰掺量为 55%时,质量损失为 2.8%~3.6%,相对动弹性模量为 78.3%~81.2%;当粉煤灰掺量为 60%时,质量损失为 3.2%~3.8%,相对动弹性模量为 75.3%~79.4%;抗冻性能均大于 F100 的设计要求。

C_{90}25W6F100 三级配混凝土,90 d 龄期试件经过 100 次冻融循环后,水胶比为 0.48 时,当粉煤灰掺量为 50%时,质量损失为 2.6%~3.6%,相对动弹性模量为 81.9%~84.6%;当粉煤灰掺量为 55%时,质量损失为 3.1%~3.8%,相对动弹性模量为 77.3%~79.6%;当粉煤灰掺量为 60%时,质量损失为 3.9%~4.8%,相对动弹性模量在 72.7%~76.7%;抗冻性能均大于 F100 的设计要求。

三河口水利枢纽大坝碾压混凝土二级配抗渗等级为 W8,三级配为 W6。混凝土抗渗性试验结果评定标准,以每组 6 个试件经逐级加压至设计要求的抗渗等级水压力 8 h 后,表面出现渗水的试件少于 3 个,表明该混凝土抗渗等级等于或大于设计指标。混凝土抗渗性试验按照《水工混凝土试验规程》(SL 352—2006)的有关要求进行,试验结果见表 2-101、表 2-102。从各配合比抗渗性试验结果可以看出,各配合比混凝土的抗渗性能均达到了设计提出的相应抗渗等级,满足设计要求。

5. 变态混凝土配合比试验

变态混凝土是由碾压混凝土掺加水泥、粉煤灰、外加剂、水按一定比例组合而成的灰浆,形成具有坍落度的特殊混凝土。变态混凝土经济、实用、浇筑工艺简便,在碾压混凝土中普遍使用,具有常态混凝土的坍落度、流动性,正常振捣即可泛浆,一般作为碾压混凝土边界、建筑物表面和防渗性混凝土,使坝体表面光洁、平整、美观,具有较好的结合及抗渗性能。

(1)变态混凝土配合比试验参数。

变态混凝土所用灰浆的水胶比宜不大于同种碾压混凝土的水胶比,实际使用中也不宜过于黏稠,为方便现场施工,所有碾压混凝土中均掺入同一种灰浆。在碾压混凝土中掺入其体积 4%~6%的灰浆,使碾压混凝土变成具有 2~4 cm 坍落度的变态混凝土,并且具有良好的和易性。变态混凝土灰浆配合比试验参数、变态混凝土的试验参数见表 2-103~表 2-105。

表 2-103　变态混凝土灰浆配合比试验参数

试验编号	设计指标	级配	水胶比	粉煤灰(%)	用水量(kg/m³)	减水剂(%)	水泥(kg/m³)	粉煤灰(kg/m³)	减水剂(kg/m³)	比重	设计密度(kg/m³)
HJ-1	C_{90}25W8F200	灰浆	0.45	50	575	0.60	639	639	7.67	1.65	1 861
HJ-2	C_{90}25W8F200	灰浆	0.45	50	575	0.60	639	639	7.67	1.66	1 861

注:(1)HJ-1 减水剂为山西康力 KLN-3 缓凝高效减水剂。

(2)HJ-2 减水剂为云南宸磊 HLNOF-2 缓凝高效减水剂。

表 2-104　变态混凝土配合比试验参数(山西康力)

试验编号	设计指标	级配	水胶比	粉煤灰(%)	砂率(%)	用水量(kg/m³)	KLN-3(%)	KLAE(%)	加灰浆量(%)	设计密度(kg/m³)
BTK-1	C_{90}25W8F200	二	0.45	50	37	97	1.0	0.15	加入 RCC 体积 5% 浆液	2 420
BTK-2				55						2 420
BTK-3				60						2 420
BTK-4	C_{90}25W8F200	三	0.45	50	33	86	1.0	0.12	加入 RCC 体积 5% 浆液	2 450
BTK-5				55						2 450
BTK-6				60						2 450
BTK-7			0.48	50	33	86	1.0	0.12	加入 RCC 体积 5% 浆液	2 450
BTK-8				55						2 450
BTK-9				60						2 450

表 2-105　变态混凝土配合比试验参数(云南宸磊)

试验编号	设计指标	级配	水胶比	粉煤灰(%)	砂率(%)	用水量(kg/m³)	HLNOF-2(%)	HLAE(%)	加灰浆量(%)	设计密度(kg/m³)
BTC-1	C_{90}25W8F200	二	0.45	50	37	95	1.0	0.15	加入 RCC 体积 5% 浆液	2 420
BTC-2				55						2 420
BTC-3				60						2 420
BTC-4	C_{90}25W8F200	三	0.45	50	33	84	1.0	0.12	加入 RCC 体积 5% 浆液	2 450
BTC-5				55						2 450
BTC-6				60						2 450
BTC-7			0.48	50	33	84	1.0	0.12	加入 RCC 体积 5% 浆液	2 450
BTC-8				55						2 450
BTC-9				60						2 450

(2)变态混凝土拌合物性能试验。

变态混凝土拌合物性能试验结果见表 2-106、表 2-107,试验结果表明,变态混凝土拌合物性能可满足施工要求。

(3)硬化变态混凝土性能试验。

硬化变态混凝土性能主要是指力学性能、变形性能和耐久性能等。试验包括抗压强度、劈拉强度、极限拉伸值、静力抗压弹性模量、抗渗性和抗冻性等。变态混凝土力学性能试验结果、变态混凝土变形性能试验结果、变态混凝土耐久性性能试验结果见表 2-108～表 2-113。试验结果表明:

表 2-106　变态混凝土拌合物性能试验结果(山西康力)

试验编号	设计指标	级配	水胶比	粉煤灰(%)	砂率(%)	用水量(kg/m³)	KLN-3(%)	KLAE(%)	坍落度(mm)	含气量(%)	室温/混凝土温度(℃)	凝结时间(h:min)		密度(kg/m³)
												初凝	终凝	
VK-1	C_{90}25W8F200 大坝上游变态	二	0.45	50	37	97	1.0	0.15	33	4.5	18/18	—	—	2 427
VK-2				55					31	4.3	18/19	22:38	27:16	2 421
VK-3				60					28	4.0	18/19	—	—	2 418
VK-4	C_{90}25W8F200 大坝下游变态	三	0.45	50	33	86	1.0	0.12	31	4.7	19/18	—	—	2 448
VK-5				55					27	4.4	19/18	22:38	26:56	2 449
VK-6				60					28	4.0	18/18	—	—	2 445
VK-7			0.48	50	33	86	1.0	0.12	30	4.5	19/19	—	—	2 448
VK-8				55					27	4.3	19/18	22:20	26:31	2 448
VK-9				60					28	4.1	18/19	—	—	2 446

表 2-107　变态混凝土拌合物性能试验结果(云南宸磊)

试验编号	设计指标	级配	水胶比	粉煤灰(%)	砂率(%)	用水量(kg/m³)	HLNOF-2(%)	HLAE(%)	坍落度(mm)	含气量(%)	室温/混凝土温度(℃)	凝结时间(h:min)		密度(kg/m³)
												初凝	终凝	
VC-1	C_{90}25W8F200 大坝上游变态	二	0.45	50	37	95	1.0	0.15	31	5.0	18/18	—	—	2 430
VC-2				55					25	5.1	19/18	23:14	26:14	2 428
VC-3				60					22	4.4	19/18	—	—	2 416
VC-4	C_{90}25W8F200 大坝下游变态	三	0.45	50	33	84	1.0	0.12	27	4.9	18/18	—	—	2 445
VC-5				55					25	4.5	18/19	23:24	26:16	2 447
VC-6				60					22	4.0	19/19	—	—	2 440
VC-7			0.48	50	33	84	1.0	0.12	27	4.6	19/18	—	—	2 448
VC-8				55					26	4.4	19/19	23:20	26:27	2 446
VC-9				60					24	4.1	18/19	—	—	2 442

表 2-108　变态混凝土力学性能试验结果（山西康力）

试验编号	设计指标	级配	水胶比	粉煤灰（%）	砂率（%）	用水量（kg/m^3）	KLN-3（%）	KLAE（%）	抗压强度（MPa）			劈拉强度（MPa）		设计密度（kg/m^3）
									7 d	28 d	90 d	28 d	90 d	
VK-1	C_{90}25W8F200 大坝上游变态	二	0.45	50	37	97	1.0	0.15	16.2	26.1	33.9	2.28	3.03	2 420
VK-2				55					14.8	23.9	30.8	2.07	2.86	2 420
VK-3				60					12.9	21.2	28.4	1.98	2.75	2 420
VK-4	C_{90}25W8F200 大坝下游变态	三	0.45	50	33	86	1.0	0.12	15.8	26.9	34.8	2.10	2.88	2 450
VK-5				55					14.7	24.0	31.7	1.85	2.63	2 450
VK-6				60					12.6	22.2	29.2	1.63	2.39	2 450
VK-7			0.48	50	33	86	1.0	0.12	14.6	24.7	32.6	2.14	2.89	2 450
VK-8				55					13.7	23.4	30.8	1.94	2.61	2 450
VK-9				60					11.3	21.9	28.3	1.66	2.38	2 450

表 2-109　变态混凝土力学性能试验结果（云南宸磊）

试验编号	设计指标	级配	水胶比	粉煤灰（%）	砂率（%）	用水量（kg/m^3）	HLNOF-2（%）	HLAE（%）	抗压强度（MPa）			劈拉强度（MPa）		设计密度（kg/m^3）
									7 d	28 d	90 d	28 d	90 d	
VC-1	C_{90}25W8F200 大坝上游变态	二	0.45	50	37	95	1.0	0.15	14.9	25.5	32.4	2.27	3.11	2 420
VC-2				55					13.5	22.8	30.2	2.05	2.88	2 420
VC-3				60					11.8	20.9	28.7	1.96	2.77	2 420
VC-4	C_{90}25W8F200 大坝下游变态	三	0.45	50	33	84	1.0	0.12	14.0	25.1	33.0	2.05	2.92	2 450
VC-5				55					13.9	23.4	31.0	1.88	2.74	2 450
VC-6				60					12.0	20.8	28.3	1.74	2.59	2 450
VC-7			0.48	50	33	84	1.0	0.12	13.8	23.9	32.2	2.02	2.88	2 450
VC-8				55					12.5	22.3	30.6	1.95	2.60	2 450
VC-9				60					11.1	19.6	27.7	1.65	2.34	2 450

表 2-110　变态混凝土变形性能试验结果(山西康力)

试验编号	设计指标	级配	水胶比	粉煤灰(%)	砂率(%)	用水量(kg/m^3)	KLN-3(%)	KLAE(%)	轴拉强度(MPa)		极限拉伸值($\times10^{-6}$)		弹性模量(GPa)		设计密度(kg/m^3)
									28 d	90 d	28 d	90 d	28 d	90 d	
VK-1	C_{90}25W8F200 大坝上游变态	二	0.45	50	37	97	1.0	0.15	2.51	3.41	0.81	0.97	35.3	40.4	2 420
VK-2				55					2.32	3.24	0.77	0.92	32.4	37.2	2 420
VK-3				60					2.02	2.91	0.73	0.89	30.6	36.2	2 420
VK-4	C_{90}25W8F200 大坝下游变态	三	0.45	50	33	86	1.0	0.12	2.53	3.41	0.82	0.98	35.9	41.2	2 450
VK-5				55					2.41	3.29	0.77	0.93	33.5	38.9	2 450
VK-6				60					2.10	3.00	0.74	0.90	30.2	35.1	2 450
VK-7			0.48	50	33	86	1.0	0.12	2.47	3.37	0.79	0.95	34.6	39.7	2 450
VK-8				55					2.33	3.31	0.74	0.92	33.5	37.8	2 450
VK-9				60					2.11	2.12	0.71	0.87	31.1	36.2	2 450

表 2-111　变态混凝土变形性能试验结果(云南宸磊)

试验编号	设计指标	级配	水胶比	粉煤灰(%)	砂率(%)	用水量(kg/m^3)	HLNOF-2(%)	HLAE(%)	轴拉强度(MPa)		极限拉伸值($\times10^{-6}$)		弹性模量(GPa)		设计密度(kg/m^3)
									28 d	90 d	28 d	90 d	28 d	90 d	
VC-1	C_{90}25W8F200 大坝上游变态	二	0.45	50	37	95	1.0	0.15	2.48	3.44	0.82	0.97	34.8	40.0	2 420
VC-2				55					2.30	3.22	0.76	0.92	33.2	38.3	2 420
VC-3				60					2.07	3.01	0.74	0.89	30.5	35.3	2 420
VC-4	C_{90}25W8F200 大坝下游变态	三	0.45	50	33	84	1.0	0.12	2.50	3.37	0.81	0.96	33.7	39.2	2 450
VC-5				55					2.42	3.33	0.78	0.94	33.1	38.7	2 450
VC-6				60					2.21	3.15	0.73	0.91	29.8	34.3	2 450
VC-7			0.48	50	33	84	1.0	0.12	2.45	3.31	0.79	0.94	31.1	38.9	2 450
VC-8				55					2.34	3.28	0.73	0.90	28.4	37.7	2 450
VC-9				60					2.08	3.04	0.70	0.86	28.9	34.2	2 450

表 2-112　变态混凝土耐久性性能试验结果（山西康力）

试验编号	设计指标	级配	水胶比	粉煤灰（%）	砂率（%）	用水量（kg/m^3）	KLN-3（%）	KLAE（%）	质量损失率（%）				相对动弹性模量（%）				抗冻等级	抗渗等级
									50 次	100 次	150 次	200 次	50 次	100 次	150 次	200 次		
VK-1	C_{90}25W8F200 大坝上游变态	二	0.45	50	37	97	1.0	0.15	1.1	1.6	3.3	4.4	99.3	96.1	90.2	80.2	>200	>8
VK-2				55					1.2	1.8	3.6	4.7	96.3	91.5	87.4	77.4	>200	>8
VK-3				60					1.2	1.9	3.8	5.1	95.5	92.3	75.5	61.2	<200	>8
VK-4	C_{90}25W8F200 大坝下游变态	三	0.45	50	33	86	1.0	0.12	1.3	1.7	3.3	4.2	98.6	95.9	90.2	77.6	>200	>8
VK-5				55					1.2	1.9	3.6	4.5	97.5	92.1	88.8	74.4	>200	>8
VK-6				60					1.3	2.1	3.9	5.3	96.4	89.7	79.5	60.1	<200	>8
VK-7			0.48	50	33	86	1.0	0.12	1.4	1.6	3.5	4.4	97.3	93.8	88.6	74.3	>200	>8
VK-8				55					1.3	1.8	3.7	4.7	96.2	91.2	85.2	71.5	>200	>8
VK-9				60					1.5	1.8	4.1	5.5	94.8	85.6	74.2	57.6	<200	>8

表 2-113　变态混凝土耐久性性能试验结果（云南宸磊）

试验编号	设计指标	级配	水胶比	粉煤灰（%）	砂率（%）	用水量（kg/m^3）	KLN-3（%）	KLAE（%）	质量损失率（%）				相对动弹性模量（%）				抗冻等级	抗渗等级
									50 次	100 次	150 次	200 次	50 次	100 次	150 次	200 次		
VC-1	C_{90}25W8F200 大坝上游变态	二	0.45	50	37	95	1.0	0.15	1.3	1.7	3.4	4.6	97.3	93.1	90.2	78.3	>200	>8
VC-2				55					1.2	1.8	3.5	4.8	96.3	91.2	88.5	75.5	>200	>8
VC-3				60					1.2	1.8	3.5	5.2	92.3	89.7	77.4	60.2	<200	>8
VC-4	C_{90}25W8F200 大坝下游变态	三	0.45	50	33	84	1.0	0.12	1.4	1.7	3.2	4.6	96.6	93.4	89.1	78.6	>200	>8
VC-5				55					1.3	1.7	3.4	4.7	94.5	90.3	85.8	72.4	>200	>8
VC-6				60					1.3	2.0	3.7	5.4	91.4	86.7	73.5	58.2	<200	>8
VC-7			0.48	50	33	84	1.0	0.12	1.5	1.6	3.3	4.6	94.4	90.9	86.5	77.3	>200	>8
VC-8				55					1.5	1.8	3.4	4.8	92.1	87.4	83.3	70.2	>200	>8
VC-9				60					1.4	1.8	3.4	5.7	88.6	83.9	71.7	56.6	<200	>8

当掺用山西康力外加剂时，二级配变态混凝土水胶比为 0.45，粉煤灰掺量 50%、55%、60%的 90 d 龄期抗压强度均满足配置强度要求；三级配变态混凝土水胶比为 0.45，粉煤灰掺量 50%、55%、60%的 90 d 龄期抗压强度均满足配置强度要求；三级配变态混凝土水胶比为 0.48，粉煤灰掺量 50%、55%的 90 d 龄期抗压强度均满足配置强度要求；当掺用云南宸磊外加剂时，二级配变态混凝土水胶比为 0.45，粉煤灰掺量 50%、55%、60%的 90 d 龄期抗压强度均满足配置强度要求；三级配变态混凝土水胶比为 0.45 和 0.48，粉煤灰掺量 50%、55%的 90 d 龄期抗压强度均满足配置强度要求。

二级配、三级配变态混凝土 90 d 龄期极限拉伸值均满足设计要求。

变态混凝土随着粉煤灰掺量的提高，混凝土抗冻性能逐渐降低，当粉煤灰掺量达到 55%时，二级配、三级配碾压混凝土抗冻性能已接近临界值。当粉煤灰掺量达到 60%时，掺两种外加剂的二级配、三级配混凝土抗冻性能均小于 F200。

变态混凝土二级配、三级配抗渗指标均大于 W8 的设计指标要求。

6. 层间铺筑砂浆试验

根据水工混凝土施工规范要求，基岩面的浇筑仓和老混凝土面或接缝层，在浇筑第一层或上一层混凝土前，须铺筑一层 2~3 cm 厚的砂浆。砂浆的强度等级不低于结构物混凝土的强度。层间铺筑砂浆试验原材料采用汉中尧柏 P·O 42.5 水泥；陕西华西电力分选Ⅱ级粉煤灰，外加剂使用云南宸磊 HLNOF-2 缓凝高效减水剂、山西康力 KLN-3 缓凝高效减水剂，掺量为 0.7%，砂浆稠度 9~11 cm，设计密度 2 200 kg/m^3。混凝土层间铺筑砂浆配合比试验参数及结果见表 2-114、表 2-115。

表 2-114　混凝土层间铺筑砂浆配合比

试验编号	砂浆等级	水胶比	粉煤灰(%)	用水量(kg/m^3)	HLNOF-2(%)	稠度(cm)		实测密度(kg/m^3)	抗压强度(MPa)			设计密度(kg/m^3)
						设计	实测		7 d	28 d	90 d	
SR-1	$M_{90}30$	0.43	50	250	0.7	9~11	103	2 223	19.0	28.2	37.1	2 200
SR-2			55	250	0.7	9~11	97	2 216	17.1	26.4	35.3	
SR-3			60	250	0.7	9~11	99	2 202	14.7	23.3	32.1	
SR-4		0.45	50	250	0.7	9~11	101	2 220	18.3	27.7	37.2	
SR-5			55	250	0.7	9~11	98	2 218	16.7	26.1	35.0	
SR-6			60	250	0.7	9~11	100	2 200	13.3	22.8	31.8	

7. 碾压混凝土施工推荐配合比

碾压混凝土配合比设计采用的技术路线：选定适宜的水胶比和较小的 VC 值，较高的粉煤灰掺量，联掺缓凝高效减水剂及引气剂的技术方案，利用掺粉煤灰混凝土后期强度增长幅度较大的优势，提高混凝土含气量，改善和易性，从而达到有效降低混凝土温升，满足碾压混凝土可碾性、抗骨料分离、层间结合、抗渗性、抗裂性以及耐久性等要求。

表 2-115　混凝土层间铺筑砂浆配合比

试验编号	砂浆等级	水胶比	粉煤灰(%)	用水量(kg/m³)	KLN-3(%)	稠度(cm)		实测密度(kg/m³)	抗压强度(MPa)			设计密度(kg/m³)
						设计	实测		7 d	28 d	90 d	
SR1-1	$M_{90}30$	0.43	50	255	0.7	9~11	99	2 220	19.6	29.6	38.2	2 200
SR1-2			55	255	0.7	9~11	97	2 213	18.1	27.7	36.3	
SR1-3			60	255	0.7	9~11	91	2 200	15.7	24.5	33.0	
SR1-4		0.45	50	255	0.7	9~11	100	2 222	19.4	28.8	37.9	
SR1-5			55	255	0.7	9~11	98	2 210	18.6	26.7	35.2	
SR1-6			60	255	0.7	9~11	96	2 200	15.2	25.1	32.6	

碾压混凝土推荐施工配合比主要参数：

三级配 C_{90}25W6F100，水胶比为 0.48，掺粉煤灰 55%；

二级配 C_{90}25W8F150，水胶比为 0.45，掺粉煤灰 50%。

出机 VC 值按 3~5 s 动态控制，以满足仓面可碾性、液化泛浆及层间结合的设计和施工要求。

引汉济渭三河口水利枢纽大坝碾压混凝土、大坝变态混凝土施工配合比分别见表 2-116~表 2-119。

根据近些年来的国内工程实践和试验，以及碾压混凝土方面的专家建议：浆砂比在 0.42~0.48 范围内时碾压混凝土具有很好的可碾性，《水工混凝土试验规程》(SL 352—2006)建议浆砂比在 0.38~0.46 范围内。

根据灰浆与砂浆体积比计算浆砂比，计算时碾压砂微石粉含量按 8.3%、三级配混凝土含气量按 3.5%、二级配混凝土含气量按 4.0%，推荐施工配合比的各碾压混凝土浆砂比计算结果如下：

掺山西康力外加剂的 C_{90}25W6F100 三级配碾压混凝土配合比采用 0.48 水胶比、55% 粉煤灰的浆砂比为 0.45。

掺山西康力外加剂的 C_{90}25W8F150 二级配碾压混凝土配合比采用 0.45 水胶比、50% 粉煤灰的浆砂比为 0.46。

掺云南宸磊外加剂的 C_{90}25W6F100 三级配碾压混凝土配合比采用 0.48 水胶比、55% 粉煤灰的浆砂比为 0.45。

掺云南宸磊外加剂的 C_{90}25W8F150 二级配碾压混凝土配合比采用 0.45 水胶比、50% 粉煤灰的浆砂比为 0.46。

根据浆砂比计算结果，四个碾压混凝土配合比浆砂比在 0.45~0.46 范围内。

表 2-116　引汉济渭三河口水利枢纽大坝工程碾压混凝土施工配合比(一)

编号	设计指标	级配	水胶比	砂率(%)	粉煤灰(%)	KLN-3(%)	KLAE(%)	VC 值(s)	稠度(cm)	材料用量(kg/m³)									密度(kg/m³)	混凝土碱含量(kg/m³)
										用水量	水泥	粉煤灰	砂	粗骨料(mm)			外加剂			
														5~20	20~40	40~80	KLN-3	KLAE		
SHKN Y-01	$C_{90}25$ W6F100	三	0.48	33	55	1.0	0.12	3~5	—	86	81	99	720	439	585	439	1.79	0.215	2 450	0.68
		砂浆	0.45	100	55	0.7	—	—	9~11	255	255	312	1 374	—	—	—	3.97	—	2 200	—
SHKN Y-02	$C_{90}25$ W8F150	二	0.45	37	50	1.0	0.15	3~5	—	97	108	108	779	596	729	—	2.16	0.323	2 420	0.83
		砂浆	0.43	100	50	0.7	—	—	9~11	255	297	297	1 347	—	—	—	4.15	—	2 200	—

注:(1)水泥为汉中尧柏 P · O 42.5,陕西华西电力分选Ⅱ级粉煤灰,花岗岩人工骨料 FM=2.63,石粉含量 17.6%,山西康力 KLN-3 缓凝高效减水剂、KLAE 引气剂。

(2)级配:二级配,小石∶中石=45∶55;三级配,小石∶中石∶大石=30∶40∶30。

(3)VC 值:按 3~5 s 控制。含气量:二级配按 4.0%~5.0%,三级配按 3.5%~4.5%,生产中引气剂实际掺量以混凝土含气量为准。

(4)当砂石粉含量不足 16%~18%时,采用粉煤灰代砂方案,以此提高石粉含量。

(5)VC 值每增减 1 s,用水量相应减增 2 kg/m³;砂细度模数每增减 0.2,砂率相应增减 1%。

表 2-117　引汉济渭三河口水利枢纽大坝工程碾压混凝土施工配合比(二)

编号	设计指标	级配	水胶比	砂率(%)	粉煤灰(%)	HLNOF-2(%)	HLAE(%)	VC 值(s)	稠度(cm)	材料用量(kg/m^3)									密度(kg/m^3)	混凝土碱含量(kg/m^3)
										用水量	水泥	粉煤灰	砂	粗骨料(mm)			外加剂			
														5~20	20~40	40~80	HLNOF-2	HLAE		
SHKNY-03	$C_{90}25$ W6F100	三	0.48	33	55	1.0	0.12	3~5	—	84	79	96	722	440	587	440	1.75	0.210	2 450	0.64
		砂浆	0.45	100	55	0.7	—	—	9~11	250	250	306	1 390	—	—	—	3.89	—	2 200	—
SHKNY-04	$C_{90}25$ W8F150	二	0.45	37	50	1.0	0.15	3~5	—	95	105	106	781	599	732	—	2.11	0.316	2 420	0.83
		砂浆	0.43	100	50	0.7	—	—	9~11	250	291	291	1 364	—	—	—	4.07	—	2 200	—

注:(1)水泥为汉中尧柏 P·O 42.5,陕西华西电力分选Ⅱ级粉煤灰,花岗岩人工骨料 FM=2.63,石粉含量 17.6%,云南宸磊 HLNOF-2 缓凝高效减水剂、HLAE 引气剂。

(2)级配:二级配,小石:中石=45:55;三级配,小石:中石:大石=30:40:30。

(3)VC 值:按 3~5 s 控制。含气量:二级配按 4.0%~5.0%,三级配按 3.5%~4.5%,生产中引气剂实际掺量以混凝土含气量为准。

(4)当砂石粉含量不足 16%~18%时,采用粉煤灰代砂方案,以此提高石粉含量。

(5)VC 值每增减 1 s,用水量相应减增 2 kg/m^3;砂细度模数每增减 0.2,砂率相应增减 1%。

表 2-118　引汉济渭三河口水利枢纽大坝工程变态混凝土施工配合比(三)

编号	设计指标	级配	水胶比	砂率(%)	粉煤灰(%)	KLN-3(%)	KLAE(%)	VC值(s)	坍落度(cm)	材料用量(kg/m³)									密度(kg/m³)	比重(g/cm³)	混凝土碱含量(kg/m³)
										用水量	水泥	粉煤灰	砂	粗骨料(mm)			外加剂				
														5~20	20~40	40~80	KLN-3	KLAE			
SHKBT-01	$C_{90}25$ W8F200	三	0.48	33	55	1.0	0.12	3~5	—	86	81	99	720	439	585	439	1.79	0.215	2 450	—	0.88
		浆液	0.45	—	50	0.6	按照碾压混凝土体积 4%~6%掺入			575	639	639	—	—	—	—	7.67	—	1 861	1.65	
		机制变态	0.48	33	55	0.9	0.09	—	2~4	109	108	125	685	417	556	417	2.09	0.205	2 420	—	0.88
SHKBT-02	$C_{90}25$ W8F200	二	0.45	37	50	1.0	0.15	3~5	—	97	108	108	779	596	729	—	2.16	0.323	2 420	—	1.10
		浆液	0.45	—	50	0.6	按照碾压混凝土体积 4%~6%掺入			575	639	639	—	—	—	—	7.67	—	1 861	1.65	
		机制变态	0.45	37	50	0.9	0.12	—	2~4	120	133	134	744	570	696	—	2.40	0.320	2 400	—	1.05

注:(1)水泥为汉中尧柏 P · O 42.5,陕西华西电力分选Ⅱ级粉煤灰,花岗岩人工骨料 FM=2.63,石粉含量 17.6%,山西康力 KLN-3 缓凝高效减水剂、KLAE 引气剂。

(2)级配:二级配,小石:中石=45:5;三级配,小石:中石:大石=30:40:30。

(3)坍落度:按 2~4 cm 控制,坍落度每增减 1 cm,用水量相应增减 2~3 kg/m³。

(4)含气量:二级配控制在 4.0%~5.0%,三级配控制在 3.5%~4.5%,生产中引气剂实际掺量以混凝土含气量为准。

表 2-119　引汉济渭三河口水利枢纽大坝工程变态混凝土施工配合比(四)

编号	设计指标	级配	水胶比	砂率(%)	粉煤灰(%)	HLNOF-2(%)	HLAE(%)	VC值(s)	坍落度(cm)	材料用量(kg/m³)									密度(kg/m³)	比重(g/cm³)	混凝土碱含量(kg/m³)
										用水量	水泥	粉煤灰	砂	粗骨料(mm)			外加剂				
														5~20	20~40	40~80	HLNOF-2	HLAE			
SHKBT-03	$C_{90}25$ W8F200	三	0.48	33	55	1.0	0.12	3~5	—	84	79	96	722	440	587	440	1.75	0.210	2 450	—	0.83
		浆液	0.45	—	50	0.6	按照碾压混凝土体积4%~6%掺入			575	639	639	—	—	—	—	7.67	—	1 861	1.66	
		机制变态	0.48	33	55	0.9	0.09	—	2~4	107	106	122	687	419	558	419	2.03	0.200	2 420	—	0.84
SHKBT-04	$C_{90}25$ W8F200	二	0.45	37	50	1.0	0.15	3~5	—	95	105	106	781	599	732	—	2.11	0.316	2 420	—	1.10
		浆液	0.45	—	50	0.6	按照碾压混凝土体积4%~6%掺入			575	639	639	—	—	—	—	7.67	—	1 861	1.66	
		机制变态	0.45	37	50	0.9	0.12	—	2~4	118	131	131	746	572	700	—	2.37	0.314	2 400	—	1.01

注:(1)水泥为汉中尧柏 P·O 42.5,陕西华西电力分选Ⅱ级粉煤灰,花岗岩人工骨料 FM=2.63,石粉含量 17.6%,云南宸磊 HLNOF-2 缓凝高效减水剂、HLAE 引气剂。

(2)级配:二级配,小石:中石=45:55;三级配,小石:中石:大石=30:40:30。

(3)坍落度:按 2~4 cm 控制,坍落度每增减 1 cm,用水量相应增减 2~3 kg/m^3。

(4)含气量:二级配控制在 4.0%~5.0%,三级配控制在 3.5%~4.5%,生产中引气剂实际掺量以混凝土含气量为准。

2.4.2　南水北调中线总干渠漕河渡槽段

2.4.2.1　工程概述

南水北调中线总干渠漕河渡槽段是南水北调中线京石段应急供水工程的重要组成部分,工程位于河北省保定市满城区境内,距保定市约 30 km。该段工程起点坐标 x = 4 316 737.766,y=610 787.809,干渠桩号 371+122.5;终点坐标 x=4 324 218.490,y=614 016.853,干渠桩号 380+202。线路总长 9 319.7 m。

漕河渡槽段设计流量 125 m^3/s,加大流量 150 m^3/s。

漕河渡槽段工程由吴庄隧洞、漕河渡槽、岗头隧洞、吴庄隧洞与漕河渡槽间的土渠、漕河渡槽与岗头隧洞间的石渠及位于土渠段上的大楼西南沟排水涵洞和大楼西沟排水涵洞、位于石渠段上的退水闸等组成。

本标段是漕河渡槽段工程的第Ⅱ标段,本段工程起点为渡槽进口渐变段起点,终点为渡槽 20 m 跨槽身段。干渠桩号 375+357~376+370.4,全长 1 013.4 m,由进口段、进口连接段、槽身段(包括落地矩形槽段、20 m 跨多侧墙槽段)组成。

漕河渡槽主要建筑物布置及结构形式如下:

进口段由进口渐变段和进口检修闸室段组成。进口渐变段长 45 m,两侧为钢筋混凝土直线扭曲面结构,其始端与总干渠相接,底宽 19.5 m,边坡系数 2.5;末端与闸室相接,底宽 20.4 m。进口检修闸室段长 10 m,闸室为 3 孔,单孔净宽 6 m,坐落在弱风化白云岩基础上,底板采用分离式钢筋混凝土结构。闸室平台左侧布置电气设备和观测用房,右侧布置地下门库。另在闸室两侧布置检修集水井。

进口连接段长 8.4 m,是进口闸室段与槽身的连接部分,本段结构形式为三槽一联钢筋混凝土落地矩形槽,单槽过水断面尺寸 6.0 m×5.4 m。边墙、中墙顶设人行道板。槽身设侧肋(边墙)和拉杆。槽身纵坡 1/3 900。

落地矩形槽段长 240 m,共 24 节,每节长 10 m。本段断面尺寸同进口连接段,单槽过水断面尺寸 6.0 m×5.4 m,边墙、中墙顶设人行道板。槽身设侧肋(边墙)和拉杆。槽身纵坡 1/3 900。

20 m 跨多侧墙渡槽段长 710 m。共 35 跨,为三槽一联简支预应力混凝土结构。中心线长 399.85 m 的范围为弯道段,转弯半径第一段为 530.946 m,中心角 21.574°;第二段为 482.897 m,中心角 3.721°。由于跨越铁路的需要,第 34 跨(槽墩编号 34~35 号)布置为 30 m 跨度的多侧墙渡槽。单槽断面尺寸 6.0 m×5.4 m,边墙、中墙厚度以及人行道板均与落地矩形槽段尺寸相同。槽身加设侧肋及底肋,墙顶设拉杆,本段下部结构为墩台式,墩帽宽度为 4.0 m。墩帽长度为 22.60 m。槽墩为空心重力墩,墩高 1.8~11.3 m,墩身外坡比为 6:1。基础形式 28、30、33 号为摩擦桩,1、17、24、31 号为扩大基础,其余为端承桩,端承桩承台尺寸为 26.2 m×7.5 m×2.0 m(长×宽×厚),设 8 根桩基。

2.4.2.2　混凝土主要设计指标

漕河渡槽普通混凝土设计指标见表 2-120。

表 2-120　漕河渡槽普通混凝土设计指标

序号	混凝土部位	混凝土设计强度等级	龄期(d)	骨料级配	骨料最大粒径(mm)	配合比试验建议取值范围	
						水胶比	粉煤灰及其他添加料掺量(%)
1	连接段、落地槽	C35W6F200	28	二	40	0.45~0.50	10~25
2	承台、墩身、墩帽	C25F150	28	三	80	0.45~0.55	10~30
3	桩等地下结构	C25F50	28	二	40	0.55~0.60	10~30
4	进出口闸等	C25W4F150	28	二	40	0.45~0.50	10~30
5	进出口渐变段	C20W4F150	28	二	40	0.45~0.50	10~30
6	上部结构	C30F150	28	二	40	0.50~0.55	10~25
7	素混凝土垫层	C10	28	二	40	0.60~0.65	10~30
8	喷射混凝土	C25F50	28	小石	15	0.40~0.50	10~30
强度保证率(%)			85~95				
密度(kg/m³)			普通混凝土:2 380~2 420;喷射混凝土:≥2 200				
坍落度(cm)			普通混凝土:4~8;泵送混凝土加泵送剂后:10~18				
初凝时间/终凝时间			非喷射混凝土:≥6 h/≤24 h;喷射混凝土:≤5 min/10 min				

2.4.2.3　**原材料**

1. 水泥

水泥是混凝土的主要成分,水泥与水拌和形成水泥浆,包裹在混凝土中的骨料并填充空隙,在新拌混凝土拌合物中,水泥浆起润滑、黏聚作用,赋予混凝土拌合物良好的和易性和一定的流动性,水泥浆硬化后,则将骨料黏结成具有一定强度和耐久性的硬化混凝土,以保证工程的结构和应力要求。

漕河渡槽混凝土使用的水泥,第一阶段选用保定太行和益水泥有限公司生产的 P·O 42.5 水泥。根据业主建议,第二阶段选用河北太行水泥股份有限公司生产的 P·O 42.5R 和 P·O 32.5R 水泥。水泥物理性能试验结果、水泥化学分析试验结果见表 2-121~表 2-124。

表 2-121　P·O42.5 水泥物理性能试验结果

水泥品种等级	密度(kg/m³)	细度(%)	标稠(%)	凝结时间(h:min)		安定性	抗压强度(MPa)		抗折强度(MPa)	
				初凝	终凝		3 d	28 d	3 d	28 d
P·O 42.5	3 080	1.0	28.3	3:45	5:00	合格	31.2	50.2	5.9	9.9
GB 175—99 42.5		≤10	—	≥0:45	≤10:00	合格	≥16.0	≥42.5	≥3.5	≥6.5

表 2-122　P·O42.5R 水泥物理性能试验结果

水泥品种等级	密度(kg/m^3)	细度(%)	标稠(%)	凝结时间(h:min)		安定性	抗压强度(MPa)		抗折强度(MPa)	
				初凝	终凝		3 d	28 d	3 d	28 d
P·O 42.5R	3 050	1.0	27.6	2:50	3:40	合格	33.5	50.5	5.9	9.2
GB 175—99 42.5R		≤10	—	≥0:45	≤10:00	合格	≥21.0	≥42.5	≥4.0	≥6.5

表 2-123　P·O 32.5R 水泥物理性能试验结果

水泥品种等级	密度(kg/m^3)	细度(%)	标稠(%)	凝结时间(h:min)		安定性	抗压强度(MPa)		抗折强度(MPa)	
				初凝	终凝		3 d	28 d	3 d	28 d
P·O 32.5R	3 060	1.4	26.7	2:55	3:45	合格	28.1	46.0	5.1	8.6
GB 175—99 32.5R		≤10	—	≥0:45	≤10:00	合格	≥16.0	≥32.5	≥3.5	≥5.5

表 2-124　水泥化学分析试验结果

序号	水泥品种等级	CaO(%)	MgO(%)	SO_3(%)	SiO_2(%)	Al_2O_3(%)	Fe_2O_3(%)	烧失量(%)	碱含量(%)
1	P·O 42.5	60.71	3.17	2.61	21.37	5.87	3.49	1.06	0.53
2	P·O 42.5R	56.80	1.87	2.82	22.75	7.03	3.19	3.00	0.48
3	P·O 32.5R	57.35	2.72	2.43	23.30	7.47	2.81	1.83	0.51
GB 175—99		—	≤5	≤3.5	—	—	—	≤5	≤0.6

试验结果表明,河北太行水泥股份有限公司生产的 P·O 42.5R 和 P·O 32.5R 水泥比保定太行和益水泥有限公司生产的 P·O 42.5 水泥:碱含量低,对使用活性骨料比较有利;凝结时间提前 1 h 左右;MgO 含量低,不利于混凝土抗裂;强度富裕量都比较大。初步确定选用河北太行水泥股份有限公司生产的 P·O 42.5R 和 P·O 32.5R 水泥,进行配合比试验。

2. 粉煤灰

混凝土中粉煤灰属于活性掺合料,其活性来源于火山灰作用,粉煤灰的化学成分中 SiO_2 和 Al_2O_3 含量越高,其活性越好;含碳量越低、细度越细,其质量越好。

混凝土中掺入优质的粉煤灰可以改善混凝土的和易性,增大密实性,减少混凝土的泌水性、增强耐久性能、提高混凝土抗硫酸盐侵蚀性,大幅度降低水化热温升,抑制碱骨料反应,有利于防止温度裂缝。实践证明,Ⅰ级粉煤灰具有明显的减水增强作用,从而有利于减少混凝土的干缩变形。

漕河渡槽混凝土使用的粉煤灰,第一阶段选用保定开达热电有限责任公司的Ⅱ级粉煤灰,粉煤灰品质试验结果、粉煤灰化学分析检测结果见表 2-125、表 2-126。第二阶段选用河北微水电厂的Ⅰ级粉煤灰,粉煤灰品质试验结果、粉煤灰化学分析检测结果见表 2-127、表 2-128。

表 2-125 粉煤灰品质试验结果

序号	厂家	细度(%)	烧失量(%)	需水量比(%)	SO_3(%)	含水量(%)	等级评定	密度(kg/m^3)
1	保定开达热电有限责任公司	17.8	7.79	103	0.71	0.1	Ⅱ	2 090
标准	DL/T 5055—96	≤20	≤8	≤105	≤3	≤1.0	Ⅱ	—

表 2-126 粉煤灰化学分析检测结果 (%)

序号	厂家	等级评定	烧失量	Al_2O_3	CaO	SO_3	SiO_2	Fe_2O_3	MgO	碱含量
1	保定开达热电有限责任公司	Ⅱ	7.79	31.03	2.32	0.71	48.45	5.36	0.62	1.00
标准	DL/T 5055—96	Ⅱ	≤8	—	—	≤3	—	—	—	—

表 2-127 粉煤灰品质试验结果

序号	厂家	细度(%)	烧失量(%)	需水量比(%)	SO_3(%)	含水量(%)	等级评定	密度(kg/m^3)
1	河北微水电厂	10.6	4.82	95	0.26	0.1	Ⅰ	2 090
标准	DL/T 5055—96	≤12	≤5	≤95	≤3	≤1.0	Ⅰ	—

表 2-128 粉煤灰化学分析检测结果 (%)

序号	厂家	等级评定	烧失量	Al_2O_3	CaO	SO_3	SiO_2	Fe_2O_3	MgO	碱含量
1	河北微水电厂	Ⅰ	4.82	33.26	2.12	0.26	50.36	4.40	0.96	0.86
标准	DL/T 5055—96	Ⅰ	≤5	—	—	≤3	—	—	—	—

从试验结果看,河北微水电厂的I级粉煤灰指标能满足I级粉煤灰的要求。因此,初步确定选用河北微水电厂的I级粉煤灰进行配合比试验。

3. 骨料

骨料是混凝土的主要组成部分,在混凝土中起骨架支撑作用,骨料的存在从技术上使混凝土比单纯的水泥石具有更高的体积稳定性和更好的耐久性;从经济上来讲,骨料以85%左右的体积取代了水泥浆,是混凝土中廉价的填充材料,具有良好的经济效果。但骨料中有害物质的存在及骨料的机械物理性能很大程度上影响混凝土的性能及质量。骨料的级配对混凝土的和易性以及混凝土是否经济合理具有比较大的影响;骨料针片状含量较多时,对混凝土的和易性、强度和耐久性均有很大影响。本工程初步选用曲阳大沙河的天然砂、北淇料场的人工碎石进行配合比试验。

(1)细骨料。

混凝土用砂应清洁致密、级配良好、细度适中、有害物质含量低,砂颗粒级配应处于Ⅱ

区，砂子过粗或过细对混凝土都有一定影响。砂颗粒级配及品质检验结果见表 2-129、表 2-130。

表 2-129　砂颗粒级配检验结果

筛孔尺寸 (mm)	筛余量 (g)		分计筛余百分率(%)		累计筛余百分率(%)		砂颗粒级配曲线图	
	1	2	1	2	1	2		
5.0	15	14	3.0	2.8	3.0	2.8		
2.50	33	34	6.6	6.8	9.6	9.6		
1.25	67	66	13.4	13.2	23.0	22.8		
0.63	112	113	22.4	22.6	45.4	45.4		
0.315	219	218	43.8	43.6	89.2	89.0		
0.16	36	35	7.2	7.0	96.4	96.0		
筛底	18	20	3.6	4.0	100	100		
合计	500	500						
细度模数	FM = 2.56						级配区属	中砂区

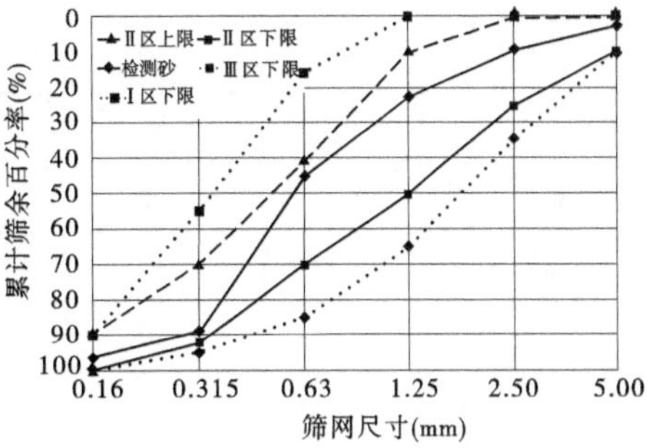

表 2-130　砂品质检验结果

项目	细度模数	含泥量(%)	吸水率(%)	坚固性(%)	表观密度(kg/m^3)	堆积密度(kg/m^3)	SO_3(%)	有机质含量	云母含量(%)
测值	2.56	0.4	1.3	7	2 630	1 580	0.41	浅于标准色	0.4
DL/T 5144—2001	2.2~3.0	≤3	—	≤8	≥2 500	—	≤1	浅于标准色	≤2

根据表中检测结果，砂颗粒级配基本合理，属中砂。

(2)粗骨料。

粗骨料为葛洲坝集团公司生产加工的人工碎石，粗骨料品质检验结果见表 2-131。

表 2-131　粗骨料质量检验结果

粒径(mm)	表观密度(kg/m^3)	堆积密度(kg/m^3)	紧密密度(kg/m^3)	空隙率(%)	针片状(%)	吸水率(%)	超径(%)	逊径(%)	有机质含量	坚固性(%)	SO_3(%)
5~20	2 720	1 500	1 560	43	6	0.25	0	0	浅于标准色	2	0.23
20~40	2 710	1 440	1 540	43	4	0.25	0	0			
40~80	2 700	1 400	1 500	45	6	0.25	0	0			
DL/T 5144—2001	≥2 550	—	—	—	≤15	≤2.5	<5	<10	浅于标准色	≤5	≤0.5

根据设计要求,普通混凝土采用二级配和三级配,良好的骨料级配,可以减小空隙率,增强密实性,节约胶凝材料用量。骨料级配试验按不同比例配合均匀后检测振实密度,从中选择密度较大、空隙率较小的最优级配。骨料级配检验结果见表 2-132。

表 2-132　骨料级配检验结果

级配	小石	中石	大石	振实密度(kg/m^3)	空隙率(%)	最优级配
二级配	35	65	—	1 773	34.8	
	40	60	—	1 790	34.2	△
	45	55	—	1 782	34.5	
三级配	25	30	45	1 855	31.8	
	30	30	40	1 901	30.1	△
	30	40	30	1 879	30.9	

根据表 2-132 中检测结果,二级配比例为小石:中石=40:60,三级配比例为小石:中石:大石=30:30:40 为最优级配。

4. 外加剂

在混凝土中加入适量的外加剂,能提高混凝土质量,改善混凝土性能,减少单位用水量,节约水泥,降低成本,加快施工进度。在水工混凝土中,外加剂已成为除水泥、骨料、掺合料和水以外的第五种必备材料,掺外加剂是混凝土配合比优化设计的一项重要措施。

当代水工混凝土尤其是大体积混凝土,外加剂主要采用高效减水剂。高效减水剂对水泥有强烈分散作用,可大大提高水泥拌合物的流动度,在混凝土坍落度相同时,能大幅降低用水量,并显著提高混凝土各龄期强度,进而降低胶凝材料用量,节约成本。在强度恒定时,采用较低的外加剂掺量就可以节约水泥用量,有效地降低混凝土内部温升。

由于水泥硬化所需水量一般只为水泥质量的 20%左右,混凝土拌和水中其余水量在蒸发散失过程中极易形成连通的毛细孔道,造成混凝土缺陷。采用减水剂降低拌和用水,对改善混凝土微观结构,提高强度、抗渗、抗冻、抗裂等多种性能作用显著。

因此,优先选择品质优良、减水率高的减水剂有利于保证工程质量。为保证工程的耐久性,在混凝土中还必须掺入引气剂以引入结构合理的气泡,使混凝土达到合适的含气量,因此还应选用品质优良的引气剂。

(1)掺高效减水剂混凝土性能比对试验。

掺外加剂混凝土性能试验按照《水工混凝土外加剂技术规程》(DL/T 5100—1999)进行,试验采用原材料水泥、砂、石为前面所选最优,然后根据外加剂掺量调整用水量,使混凝土坍落度控制在 7~9 cm 范围之内,然后进行减水率、泌水率比、含气量、凝结时间差、抗压强度、和易性等试验。

参加掺外加剂混凝土性能比对试验的高效减水剂有江苏博特新材料有限公司的 JM-Ⅱ、河北省石家庄市长安育才建材有限公司的 GK-5A、浙江五龙化工股份有限公司的 ZWL-V、河北省混凝土外加剂厂的 DH3G、石家庄市清华铁圆新型建材厂的 FSS-Ⅴ、江西武冠新材料股份有限公司的 WG-FDN、石家庄市新星建筑防水材料厂的 HF-1。试验结果见表 2-133。

表 2-133　掺高效减水剂混凝土性能比对试验结果

试验编号	外加剂型号	掺量(%)	水胶比	减水率(%)	坍落度(mm)	泌水率比(%)	含气量(%)	凝结时间差(min)		抗压强度(MPa)/抗压强度比(%)		
								初凝	终凝	3 d	7 d	28 d
W-0	基准	—	0.61	—	86	100	1.6	—	—	14.1/100	23.5/100	34.4/100
W-1	HF-1	1.2	0.49	20	90	28	2.4	-38	-50	32.6/231	43.1/183	55.9/163
W-2	GK-5A	0.7	0.49	20	88	70	3.1	+250	+159	35.4/251	46.6/198	49.6/144
W-3	DH3G	0.7	0.49	20	90	89	3.3	+113	+61	35.6/252	47.3/201	51.7/150
W-4	WG-FDN	1.0	0.49	20	87	39	2.6	+13	-45	33.1/235	47.6/203	54.9/160
W-5	JM-Ⅱ	0.5	0.49	20	86	30	3.1	+392	+502	32.9/233	45.5/191	51.8/151
W-6	FSS-V	0.7	0.49	20	84	16	2.7	+110	+45	27.2/193	37.8/161	51.3/149
W-7	ZWL-V	1.0	0.49	19	52	42	3.1	+12	+5	27.9/211	41.8/178	55.9/163
DL/T 5100—1999				≥15	80±10	≤95	<3.0	-60~+90		≥130	≥125	≥120

试验结果表明,减水率 20%、掺量在 1.0%以上的高效减水剂抗压强度比比较高,增强效果明显,凝结时间接近基准混凝土的凝结时间,没有缓凝成分,属一个类型;掺量在 0.5%~0.7%的高效减水剂抗压强度比相对低一些,凝结时间比基准混凝土的凝结时间都延长了,掺有缓凝成分,属一个类型。

(2)掺引气剂混凝土性能比对试验。

引气剂选用河北省石家庄市长安育才建材有限公司的 GK-9A 和江苏博特新材料有限公司的 JM-2000 进行试验,GK-9A 为胶状体,JM-2000 为粉剂,掺引气剂混凝土性能试验结果见表 2-134。原则上高效减水剂和引气剂使用同一厂家的产品。

(3)外加剂匀质性试验。

河北省石家庄市长安育才建材有限公司的 GK-5A、GK-9A 比江苏博特新材料有限公司的 JM-Ⅱ、JM-2000 总碱量低,外加剂匀质性检测结果见表 2-135。

表 2-134 掺引气剂混凝土性能试验结果

试验编号	外加剂型号	掺量 $(\times 10^{-4})$	水胶比	减水率(%)	坍落度(mm)	泌水率比(%)	含气量(%)	凝结时间差(min)		抗压强度(MPa)/抗压强度比(%)		
								初凝	终凝	初凝	终凝	初凝
W-0	基准	—	0.61	—	86	100	1.6	—	—	14.1/100	23.5/100	34.4/100
Y-1	JM-2000	0.7	0.57	6	90	28	4.9	+55	+80	14.2/101	22.8/97	31.0/90
Y-2	GK-5A	0.7	0.56	7	88	31	5.2	+30	+50	13.9/99	23.0/98	30.3/88
DL/T 5100—1999				≥6	80±10	≤70	4.5~5.5	-90~+120		≥90	≥90	≥85

表 2-135 外加剂匀质性检测结果

品种	含固量(%)	pH 值	表面张力(MN/m)	细度(%)	总碱量(%)	氯离子含量(%)	水泥净浆流动度(mm)
GK-5A	95.5	8.5	68.5	10	6.35	0.022	250
GK-9A	45.5	8.0	37.5	—	3.32	0.020	—
JM-Ⅱ	96.4	6.86	66.5	1.7	8.62	0.02	260
JM-2000	96.8	7.26	—	0.6	9.56	0.01	—

根据上述试验结果，高效减水剂初步选用河北省石家庄市长安育才建材有限公司的 GK-5A 和江苏博特新材料有限公司的 JM-Ⅱ，引气剂初步选用 GK-9A 和 JM-2000 进行配合比试验。

5. 水

根据本工程的实际情况，适于饮用的水均可拌制和养护混凝土。

2.4.2.4 混凝土配合比设计

1. 混凝土配制强度

为满足混凝土主要设计指标，混凝土施工强度保证率、匀质性指标和施工和易性，在进行配合比设计时，应使混凝土配制强度有一定的富裕量。混凝土配制强度计算公式如下：

$$f_{cu,0} = f_{cu,k} + t\sigma$$

式中 $f_{cu,0}$——混凝土的配制强度，MPa；

$f_{cu,k}$——混凝土设计龄期的强度标准值，MPa；

t——概率度系数，依据保证率 P 选定；

σ——混凝土强度标准差，MPa。

表 2-136、表 2-137 摘自《水工混凝土施工规范》(DL/T 5144—2001)，漕河渡槽工程普通混凝土配制强度计算见表 2-138。

表 2-136　保证率和概率度系数关系

保证率 P(%)	65.5	69.2	72.5	75.8	78.8	80.0	82.9	85.0	90.0	93.3	95.0	97.7	99.9
概率度系数 t	0.40	0.50	0.60	0.70	0.80	0.84	0.95	1.04	1.28	1.50	1.65	2.0	3.0

表 2-137　标准差 σ 值

混凝土强度标准值	≤C_{90}15	C_{90}20~C_{90}25	C_{90}30~C_{90}35	C_{90}40~C_{90}45	≥C_{90}50
σ(90 d)(MPa)	3.5	4.0	4.5	5.0	5.5

表 2-138　配制强度计算

序号	工程部位	强度等级	标准差(MPa)	保证率 P	概率度系数 t	配制强度(MPa)
1	连接段、落地槽	C35W6F200	4.5	95	1.65	42.4
2	承台、墩身、墩帽	C25F150	4	90	1.28	30.1
3	桩等地下结构	C25F50	4	85	1.04	29.2
4	进出口闸等	C25W4F150	4	90	1.28	30.1
5	进出口渐变段	C20W4F150	4	90	1.28	25.1
6	上部结构	C30F150	4.5	95	1.65	37.4
7	垫层	C10	3.5	85	1.04	13.6

2. 混凝土配合比设计参数

配合比设计采用“两低三掺”技术路线，即较低水胶比和用水量，掺优质级粉煤灰和高效减水剂及引气剂。配合比设计计算采用密度法，粉煤灰等量替代水泥，泵送混凝土胶凝材用量不少于 300 kg。F200 含气量控制在(5.0±0.5)%，F150 含气量控制在(4.5±0.5)%。除桩基混凝土采用河北太行水泥股份有限公司生产的 P · O 32.5R 水泥外，其他混凝土采用河北太行水泥股份有限公司生产的 P · O 42.5R。混凝土配合比设计参数见表 2-139。

3. 水胶比与强度关系

混凝土强度与水胶比的倒数成直线关系，试验选用二级配，用水量 125 kg，粉煤灰掺量 25%，高效减水剂 GK-5A 掺量 0.8%，水胶比选用 0.40、0.45、0.50 三种，水胶比与混凝土抗压强度试验配合比参数、水胶比与混凝土抗压强度试验结果见表 2-140、表 2-141。

表 2-139　混凝土配合比设计参数

序号	混凝土等级	级配	水灰比	坍落度(cm)	砂率(%)	粉煤灰掺量(%)	减水剂掺量(%)	引气剂掺量(%)	含气量(%)	用水量(kg/cm^3)	密度(kg/cm^3)
1	C35W6F200	二	0.38	6~8	33	20	0.7	0.006	5	122	2 420
2	C25F150	三	0.45	4~6	30	25	0.7	0.005	4.5	108	2 460
3	C25F150	二	0.45	12~18	40	30	0.7	0.005	4.5	140	2 380
4	C25F50	二	0.42	12~18	41	30	0.7	0.003		150	2 380
5	C25W4F150	二	0.45	6~8	34	25	0.7	0.005	4.5	122	2 420
6	C20W4F150	二	0.52	6~8	35	30	0.7	0.005	4.5	122	2 420
7	C30F150	二	0.42	6~8	33	20	0.7	0.005	4.5	122	2 420
8	C10	二	0.65	6~8	35	35	0.7			128	2 420

表 2-140　水胶比与混凝土抗压强度试验配合比参数

编号	级配	水胶比	用水量(kg)	P·O 42.5R 水泥掺量(%)	Ⅰ级粉煤灰掺量(%)	砂率(%)	外加剂掺量(%)		密度(kg/m^3)
							GK-5A	GK-9A	
SK-1	二	0.40	125	75	25	34	0.8	0.005	2 420
SK-2		0.45	125	75	25	35	0.8	0.005	2 420
SK-3		0.50	125	75	25	36	0.8	0.005	2 420

表 2-141　水胶比与混凝土抗压强度试验结果

编号	坍落度(cm)		含气量(%)	和易性				抗压强度(MPa)		
	要求	实测		黏聚性	棍度	含砂	析水	7 d	14 d	28 d
SK-1	6~8	9.5	4.7	好	上	中	无	26.2	34.1	39.6
SK-2	6~8	9.1	4.9	好	上	中	无	22.4	29.4	33.9
SK-3	6~8	9.2	4.9	好	上	中	无	17.8	23.7	28.7

4. 胶水比与抗压强度一元线性回归方程式

回归分析是处理数据的一种常用方法,胶水比与混凝土抗压强度的一元线性回归方程公式为:

$$R_{推} = A \times \frac{C + F}{W} + B$$

式中　$R_{推}$——不同胶水比混凝土强度推算值；

A、B——线性回归系数。

根据一元线性回归方程可以较精确地推断混凝土抗压强度与胶水比的关系，根据设计要求选择满足于配制强度的水胶比。回归方程中的相关系数 r 是表示混凝土强度与胶水比线形相关的密实程度。胶水比与混凝土抗压强度一元线性回归方程见表 2-142。

表 2-142　胶水比与混凝土抗压强度一元回归方程

混凝土类别	编号	级配	龄期(d)	一元线性回归方程	相关系数 r	不同水胶比抗压强度(MPa)		
						0.40	0.45	0.50
粉煤灰 25%	SK-1~3	二	7	$y=16.6721x-15.2246$	0.992 9	26.2	22.4	17.8
			14	$y=20.6410x-17.1844$	0.992 9	34.1	29.4	23.7
			28	$y=21.7475x-14.6639$	0.999 3	39.6	33.9	28.7

5. 混凝土强度与龄期的发展关系

混凝土强度与龄期有着密切相关的关系，在相同的条件下，混凝土强度随龄期的增长而增长，初期混凝土强度增长较快，后期逐渐缓慢。不同龄期混凝土强度发展关系见表 2-143。

表 2-143　不同龄期混凝土强度发展关系　(单位：MPa)

混凝土类别	级配	水胶比 0.40			水胶比 0.45			水胶比 0.50		
		7 d	14 d	28 d	7 d	14 d	28 d	7 d	14 d	28 d
粉煤灰 25%	二	26.2	34.1	39.6	22.4	29.4	33.9	17.8	23.7	28.7
百分率(%)		0.70	0.90	1.00	0.68	0.89	1.00	0.62	0.90	1.00

2.4.2.5　混凝土配合比试验

本工程混凝土配合比包括常态混凝土和泵送混凝土。根据混凝土设计等级和技术指标，参考胶水比与混凝土抗压强度关系的试验结果，对本工程混凝土配合比设计参数进行优化试验。泵送混凝土配合比，除必须满足混凝土设计强度和耐久性的要求外，尚应使混凝土满足可泵性要求。泵送混凝土的水泥和矿物掺合料的总量不宜小于 300 kg/m^3。

试验条件：

水泥：CHG-4 和 CHJ-4 配合比采用河北太行水泥股份有限公司 P·O 32.5R 水泥，其他配合比均采用河北太行水泥股份有限公司 P·O 42.5R 水泥。

粉煤灰：河北微水电厂Ⅰ级粉煤灰。

骨料：曲阳大沙河的天然砂、北淇料场的人工碎石。

外加剂：河北省石家庄市长安育才建材有限公司的 GK-5A、GK-9A，江苏博特新材料有限公司的 JM-Ⅱ、JM-2000。

骨料级配：二级配，小石∶中石＝40∶60；三级配，小石∶中石∶大石＝30∶30∶40；泵送混凝土级配，小石∶中石＝60∶40。

试验内容主要有混凝土拌合物性能、混凝土物理力学性能、耐久性能试验等。本工程普通混凝土试验配合比参数见表 2-144、表 2-145。

表 2-144 普通混凝土试验配合比参数(GK 系列外加剂)

编号	工程部位	设计指标	级配	水灰比	坍落度(cm)	砂率(%)	粉煤灰(%)	外加剂(%)		密度(kg/m³)	原材料用量(kg/m³)				
								GK-5A	GK-9A		水	胶材用量	水泥	粉煤灰	总碱量
CHG-1	连接段、落地槽	C35W6 F200	二	0.38	6~8	33	20	0.8	0.006	2 420	122	321	257	64	1.507
CHG-2	承台、墩身、墩帽	C25F150	三	0.45	4~6	30	25	0.8	0.005	2 460	108	240	180	60	1.090
CHG-3	承台、墩身、墩帽	C25F150	二	0.45	12~18	40	30	0.8	0.005	2 380	140	311	218	93	1.364
CHG-4	桩等地下结构	C25F50	二	0.42	12~18	41	30	0.8	0.003	2 380	150	357	250	107	1.641
CHG-5	进出口闸等	C25W4 F150	二	0.45	6~8	34	25	0.8	0.005	2 420	122	271	203	68	1.231
CHG-6	进出口渐变段	C20W4 F150	二	0.52	6~8	35	30	0.8	0.005	2 420	122	235	164	70	1.029
CHG-7	上部结构	C30F150	二	0.42	6~8	33	20	0.8	0.005	2 420	122	290	232	58	1.363
CHG-8	垫层	C10	二	0.65	6~8	35	35	0.8		2 400	128	197	128	69	0.833

表 2-145　普通混凝土试验配合比参数(JM 系列外加剂)

编号	工程部位	设计指标	级配	水灰比	坍落度(cm)	砂率(%)	粉煤灰(%)	外加剂(%)		密度(kg/m³)	原材料用量(kg/m³)				
								JM-Ⅱ	JM-2000		水	胶材用量	水泥	粉煤灰	总碱量
CHJ-1	连接段、落地槽	C35W6 F200	二	0.38	6~8	33	20	0.6	0.006	2 420	122	321	257	64	1.511
CHJ-2	承台、墩身、墩帽	C25F150	三	0.45	4~6	30	25	0.6	0.005	2 460	108	240	180	60	1.092
CHJ-3	承台、墩身、墩帽	C25F150	二	0.45	12~18	40	30	0.6	0.005	2 380	140	311	218	93	1.368
CHJ-4	桩等地下结构	C25F50	二	0.42	12~18	41	30	0.6	0.003	2 380	150	357	250	107	1.645
CHJ-5	进出口闸等	C25W4 F150	二	0.45	6~8	34	25	0.6	0.005	2 420	122	271	203	68	1.234
CHJ-6	进出口渐变段	C20W4 F150	二	0.52	6~8	35	30	0.6	0.005	2 420	122	235	164	70	1.032
CHJ-7	上部结构	C30F150	二	0.42	6~8	33	20	0.6	0.005	2 420	122	290	232	58	1.367
CHJ-8	垫层	C10	二	0.65	6~8	35	35	0.6		2 400	128	197	128	69	0.835

1. 混凝土拌合物性能试验

混凝土拌合物性能试验遵照《水工混凝土试验规程》(DL/T 5150—2001)进行。拌和采用型号 60 L 自落式混凝土搅拌机,最大拌和容量 45 L。拌和前先将搅拌机冲洗干净,并预拌少量同种混凝土拌合物,使搅拌机内壁挂浆。原材料用量以质量计,且砂石骨料为饱和面干状态,外加剂称好后加入胶凝材料中,搅拌均匀,引气剂溶液配制浓度为 1%。将称好的石料、水泥、砂、水和外加剂一并加入,投料顺序为粗骨料、胶凝材料、细骨料、水(溶液外加剂先溶于水并搅拌均匀),搅拌时间 180 s,将拌制好的拌合物倒出,卸在钢板上,刮出黏结在搅拌机内壁上的拌合物,人工翻拌 3 次,使之均匀,然后进行新拌混凝土的坍落度、和易性、温度、含气量、凝结时间、密度等试验,对于三级配混凝土,先检测密度,然后采用湿筛法将大于 40 mm 骨料剔除,再进行新拌混凝土的和易性、坍落度、温度、含气量、凝结时间等试验，符合要求后，再人工翻拌 3 次后成型所需要进行试验项目的相应试件。

混凝土和易性，包括流动性、黏聚性及保水性，一般用坍落度试验评定混凝土和易性，要求坍落度控制在设计范围之内，新拌混凝土坍落度测定以出机 15 min 测值为准。《水工混凝土试验规程》(DL/T 5150—2001)中规定，混凝土坍落度是指浇筑地点的坍落度。由于新拌混凝土水泥的水化反应硬化过程、外加剂机制、自然条件、施工运输、浇筑手段等诸多方面的因素，新拌混凝土的坍落度损失是必然的。大量的施工经验证明，坍落度以出机 15 min 测值为准，可以保证混凝土的入仓浇筑，使室内试验新拌坍落度测值能更好地指导现场施工。在测试坍落度的同时，观察捣棒插捣的难易程度，石子是否发生离析现象，以及水从拌合物中析出的情况等，从这些现象综合评定混凝土的黏聚性和保水性。混凝土拌合物性能和强度检测结果见表 2-146、表 2-147，试验结果表明，混凝土拌合物性能满足施工和设计要求。

表 2-146　混凝土拌合物性能和强度检测结果(GK 系列外加剂)

编号	设计指标	拌合物性能								强度(MPa)			
		实测坍落度(cm)	含气量(%)	实测密度(kg/m^3)	混凝土温度(℃)	室温(℃)	含砂	和易性	析水	7 d	14 d	28 d	28 d 劈拉
CHG-1	C35W6F200	9.2	4.8	2 411	26	28	中	好	无	33.4	39.4	44.3	3.33
CHG-2	C25F150	8.1	5.5	2 440	25	26	中	好	无	25.5	30.6	33.1	3.02
CHG-3	C25F150	15.1	4.6	2 382	24	32	上	较好	微	23.6	26.3	32.6	2.69
CHG-4	C25F50	19.6	2.8	2 360	24	29	上	较好	微	22.9	27.4	31.1	2.43
CHG-5	C25W4F150	9.2	4.6	2 425	24	26	中	好	无	26.2	30.2	32.8	2.55
CHG-6	C20W4F150	7.7	5.2	2 441	24	26	中	好	无	19.1	22.8	27.3	2.07
CHG-7	C30F150	7.5	4.7	2 411	26	27	中	好	无	26.8	32.9	38.8	2.88
CHG-8	C10	8.5	3.3	2 417	26	28	上	较好	少	8.4	11.9	15.7	1.24

2. 混凝土力学性能试验

混凝土抗压强度是混凝土极为重要的性能指标，结构物主要利用其抗压强度承受荷载，并常以抗压强度为混凝土主要设计参数，且抗压强度与混凝土的其他性能有良好的相关关系，抗压强度的试验方法对比其他方法易于实施，所以常用抗压强度作为控制和评定混凝土的主要指标。

混凝土抗压强度的试验方法是将混凝土拌合物中粒径大于 40 mm 的骨料用湿筛法剔除，成型混凝土抗压强度试件，振动时间为 30 s，养护间温度为(20±3)℃，湿度大于 95%。将养护至设计龄期的试件放在试验机中间，加压方向应与试件的捣实方向垂直，并使试件受压均匀，以每秒 0.3~0.5 MPa 的速度连续而均匀地加荷(不得冲击)，直至试件破坏。试验结果表明，试验配合比的强度均满足设计指标。

表2-147　混凝土拌合物性能和强度检测结果(JM系列外加剂)

编号	设计指标	拌合物性能								强度(MPa)			
		实测坍落度(cm)	含气量(%)	实测密度(kg/m³)	混凝土温度(℃)	室温(℃)	含砂	和易性	析水	7 d	14 d	28 d	28 d劈拉
CHJ-1	C35W6F200	7.8	5.3	2 404	25	26	中	好	无	32.4	39.6	42.8	3.21
CHJ-2	C25F150	9.9	5.0	2 464	25	26	中	好	无	24.8	29.2	32.5	2.88
CHJ-3	C25F150	14.6	4.5	2 385	23	27	中	较好	微	23.4	27.8	32.3	2.71
CHJ-4	C25F50	19.2	3.7	2 370	26	31	上	较好	少	23.3	28.1	33.0	2.38
CHJ-5	C25W4F150	8.1	4.6	2 431	25	25	中	好	无	24.1	30.1	33.6	2.22
CHJ-6	C20W4F150	8.6	5.2	2 433	23	26	中	好	无	17.2	21.3	27.7	1.98
CHJ-7	C30F150	7.8	4.7	2 422	23	27	中	好	无	26.8	33.3	39.4	2.87
CHJ-8	C10	8.6	3.3	2 396	26	31	上	好	少	7.3	11.4	15.3	1.12

3. 混凝土极限拉伸和弹性模量试验

极限拉伸值是评价混凝土抗裂性能的重要指标。混凝土试件轴心拉伸时,试件断裂前或将产生裂缝前的最大拉应变值即为极限拉伸值。相同条件下,极限拉伸值越大,混凝土抗裂性能越强。漕河渡槽工程普通混凝土极限拉伸采用面积100 mm×100 mm×550 mm的试件进行试验。

抗压弹性模量(静力状态)是指ϕ 150 mmm×300 mm的圆柱体标准试件受压应力达到破坏应力50%时的压应力与压应变的比值。过高的抗压弹性模量对混凝土结构的抗震防裂是不利的。

试验配合比极限拉伸和弹性模量试验结果见表2-148、表2-149,试验结果表明,试验配合比极限拉伸值满足设计要求,弹性模量适中。

4. 混凝土抗冻性能和抗渗性能试验

混凝土抗冻性能是指混凝土在水饱和状态下能经受多次冻融作用而不破坏,同时也不严重降低强度的性能。混凝土抗冻性用抗冻等级表示。抗冻等级是以设计龄期的混凝土标准试件,在水饱和状态下所能承受的冻融循环次数来决定的。试验采用快速冻融法,试件尺寸为100 mm×100 mm×400 mm的棱柱体。在混凝土配合比设计试验时,先对混凝土的含气量进行控制。混凝土的抗冻指标以相对动弹模数和重量损失两项指标评定,当混凝土试件的相对动弹模数低于60%或重量损失率超过5%时即可认为试件已达破坏。

混凝土抗渗性能是指混凝土抵抗压力水渗透的能力。它关系到混凝土挡水及防水作用外,还直接影响到混凝土的抗冻性和抗侵蚀性。混凝土抗渗性能试验采用逐级加压法,试验时,水压从0.1 MPa开始,以后每隔8 h加压0.1 MPa。

混凝土抗冻性能和抗渗性能试验结果见表2-148、表2-149,试验结果表明,试验配合比抗冻性能和抗渗性能指标均满足设计要求。

表 2-148 混凝土其他性能试验结果(GK 系列外加剂)

编号	设计指标	级配	水灰比	粉煤灰(%)	外加剂(%)		极限拉伸值($\times10^{-4}$)	弹性模量(GPa)	抗冻等级	抗渗等级
					GK-5A	GK-9A				
CHG-1	C35W6F200	二	0.38	20	0.8	0.006	1.12	39.5	>F200	>W6
CHG-2	C25F150	三	0.45	25	0.8	0.005	0.97	34.2	>F150	
CHG-3	C25F150	二	0.45	30	0.8	0.005	0.91	35.1	>F150	
CHG-4	C25F50	二	0.42	30	0.8	0.003	1.03	33.4	>F50	
CHG-5	C25W4F150	二	0.45	25	0.8	0.005	0.95	36.5	>F150	>W4
CHG-6	C20W4F150	二	0.52	30	0.8	0.005	0.95	32.5	>F150	>W4
CHG-7	C30F150	二	0.42	20	0.8	0.005	0.97	39.4	>F150	
CHG-8	C10	二	0.65	35	0.8		0.86	25.7		

表 2-149 混凝土其他性能试验结果(JM 系列外加剂)

编号	设计指标	级配	水灰比	粉煤灰(%)	外加剂(%)		极限拉伸值($\times10^{-4}$)	弹性模量(GPa)	抗冻等级	抗渗等级
					JM-Ⅱ	JM-2000				
CHJ-1	C35W6F200	二	0.38	20	0.6	0.006	1.04	38.5	>F200	>W6
CHJ-2	C25F150	三	0.45	25	0.6	0.005	0.92	33.7	>F150	
CHJ-3	C25F150	二	0.45	30	0.6	0.005	0.89	35.6	>F150	
CHJ-4	C25F50	二	0.42	30	0.6	0.003	0.96	35.9	>F50	
CHJ-5	C25W4F150	二	0.45	25	0.6	0.005	0.93	35.8	>F150	>W4
CHJ-6	C20W4F150	二	0.52	30	0.6	0.005	0.90	32.7	>F150	>W4
CHJ-7	C30F150	二	0.42	20	0.6	0.005	0.92	38.1	>F150	
CHJ-8	C10	二	0.65	35	0.6		0.88	24.3		

2.4.2.6 混凝土施工配合比

1. 普通混凝土配合比

根据以上试验结果,漕河渡槽工程普通混凝土施工配合比见表 2-150、表 2-151。混凝土配合比在施工应用中,应根据现场实际原材料的使用情况,特别是砂子的细度模数变化

表 2-150　南水北调中线京石段应急供水工程漕河渡槽混凝土施工配合比(GK 系列外加剂)

编号	工程部位	设计标号	级配	水灰比	坍落度(cm)	砂率(%)	粉煤灰(%)	外加剂(%)		密度(kg/m³)	原材料用量(kg/m³)										
								GK-5A	GK-9A		水	胶材	水泥	粉煤灰	砂	小石	中石	大石	GK-5A	GK-9A	总碱量
CHG-1	连接段、落地槽	C35W6F200	二	0.38	6~8	33	20	0.8	0.006	2 420	122	321	257	64	652	529	794		2.568	0.019	1.507
CHG-2	承台、墩身、墩帽	C25F150	三	0.45	4~6	30	25	0.8	0.005	2 460	108	240	180	60	633	443	443	591	1.920	0.012	1.090
CHG-3	承台、墩身、墩帽	C25F150	二	0.45	12~18	40	30	0.8	0.005	2 380	140	311	218	93	771	693	462		2.489	0.016	1.364
CHG-4	桩等地下结构	C25F50	二	0.42	12~18	41	30	0.8	0.003	2 380	150	357	250	107	767	662	441		2.857	0.011	1.641
CHG-5	进出口闸等	C25W4F150	二	0.45	6~8	34	25	0.8	0.005	2 420	122	271	203	68	688	535	802		2.169	0.014	1.231
CHG-6	进出口渐变段	C20W4F150	二	0.52	6~8	35	30	0.8	0.005	2 420	122	235	164	70	722	536	804		1.877	0.012	1.029
CHG-7	上部结构	C30F150	二	0.42	6~8	33	20	0.8	0.005	2 420	122	290	232	58	662	537	806		2.324	0.015	1.363
CHG-8	垫层	C10	二	0.65	6~8	35	35	0.8		2 420	128	197	128	69	733	544	816		1.575	0.000	0.833

注:(1)除 CHG-4 配合比采用 P·O 32.5R 水泥外,其他配合比均采用 P·O 42.5 水泥。

(2)粉煤灰为 I 级粉煤灰。

(3)骨料为天然砂和人工碎石。

(4)外加剂采用河北省石家庄市长安育才建材有限公司生产的 GK 系列外加剂。

(5)骨料级配:混凝土二级配,小石:中石=40:60;三级配,小石:中石:大石=30:30:40;泵送混凝土级配,小石:中石=60:40。

(6)砂细度模数按 2.6±0.2 控制,细度模数每增减 0.2,配合比砂率相应增减 1%。

表 2-151　南水北调中线京石段应急供水工程漕河渡槽混凝土施工配合比(JM 系列外加剂)

编号	工程部位	设计标号	级配	水灰比	坍落度(cm)	砂率(%)	粉煤灰(%)	外加剂(%)		密度(kg/m³)	原材料用量(kg/m³)										
								JM-Ⅱ	JM-2000		水	胶材	水泥	粉煤灰	砂	小石	中石	大石	JM-Ⅱ	JM-2000	总碱量
CHJ-1	连接段、落地槽	C35W6F200	二	0.38	6~8	33	20	0.6	0.006	2 420	122	321	257	64	652	529	794		1.926	0.019	1.511
CHJ-2	承台、墩身、墩帽	C25F150	三	0.45	4~6	30	25	0.6	0.005	2 460	108	240	180	60	633	443	443	591	1.440	0.012	1.092
CHJ-3	承台、墩身、墩帽	C25F150	二	0.45	12~18	40	30	0.6	0.005	2 380	140	311	218	93	771	694	462		1.867	0.016	1.368
CHJ-4	桩等地下结构	C25F50	二	0.42	12~18	41	30	0.6	0.003	2 380	150	357	250	107	767	662	441		2.143	0.011	1.645
CHJ-5	进出口闸等	C25W4F150	二	0.45	6~8	34	25	0.6	0.005	2 420	122	271	203	68	689	535	802		1.627	0.014	1.234
CHJ-6	进出口渐变段	C20W4F150	二	0.52	6~8	35	30	0.6	0.005	2 420	122	235	164	70	722	536	804		1.408	0.012	1.032
CHJ-7	上部结构	C30F150	二	0.42	6~8	33	20	0.6	0.005	2 420	122	290	232	58	662	538	806		1.743	0.015	1.367
CHJ-8	垫层	C10	二	0.65	6~8	35	35	0.6		2 420	128	197	128	69	733	544	817		1.182	0.000	0.835

注:(1)除 CHJ-4 配合比采用 P·O 32.5R 水泥外,其他配合比均采用 P·O 42.5 水泥。
(2)粉煤灰为Ⅰ级粉煤灰。
(3)骨料为天然砂和人工碎石。
(4)外加剂采用江苏博特新材料有限公司生产的 JM 系列外加剂。
(5)骨料级配:混凝土二级配,小石:中石=40:60;三级配,小石:中石:大石=30:30:40;泵送混凝土级配,小石:中石=60:40。
(6)砂细度模数按 2.6±0.2 控制,细度模数每增减 0.2,配合比砂率相应增减 1%。

情况进行适当调整；根据混凝土含气量大小适当调整引气剂掺量。为此，现场试验室根据工程实际情况需要进行复合试验调整，以满足设计和施工要求。

2. 喷射混凝土配合比

喷射混凝土配合比及试验结果见表 2-152，试验结果表明，喷射混凝土配合比满足设计要求。

表 2-152　喷射混凝土配合比

试验编号	设计指标	水灰比	砂率（%）	密度（kg/m³）	单位材料用量（kg/m³）						抗压强度（MPa）	
					水	水泥	砂	小石	速凝剂	减水剂	7 d	28 d
P-1	C25F50	0.42	58	2 300	220	524	890	645	20.952		25.2	36.7
P-2	C25F50	0.42	58	2 300	200	476	931	674	19.048	2.381	28.5	40.3

注：选用 32.5R 普通硅酸盐水泥，采用中粗河砂，小石粒径为 5～15 mm。

3. 铺筑砂浆配合比

基岩面和新老混凝土施工缝面在浇筑第一层混凝土前，需铺水泥砂浆，保证新混凝土与基岩面或新老混凝土施工缝面结合良好。砂浆的设计稠度为 9～11 cm，铺筑砂浆配合比及试验结果见表 2-153，试验结果表明，铺筑砂浆配合比满足设计要求。

表 2-153　铺筑砂浆配合比及试验结果

序号	砂浆等级	水灰比	粉煤灰（%）	减水剂（%）	引气剂（%）	材料用量（kg/m³）						密度（kg/m³）	强度（MPa）		
						水	水泥	粉煤灰	砂	减水剂	引气剂		3 d	7 d	28 d
1	M35	0.39	20	0.8	0.005	245	503	126	1 322	5.026	0.031	2 200	31.1	39.0	43.2
2	M25	0.44	25	0.8	0.004	245	418	139	1 394	4.455	0.022	2 200	23.3	27.9	31.1
3	M25	0.42	30	0.8		250	417	179	1 330	4.762	0	2 180	25.2	28.4	33.4
4	M20	0.51	30	0.8	0.004	245	336	144	1 471	3.843	0.019	2 200	19.2	23.5	29.0
5	M30	0.42	20	0.8	0.004	245	467	117	1 367	4.667	0.023	2 200	27.3	33.0	38.8
6	M10	0.62	40			280	271	181	1 448	0	0	2 180	9.0	13.4	17.7

注：3 号砂浆配合比采用 P·O 32.5R 水泥，其他砂浆配合比采用 P·O 42.5R 水泥，天然砂，GK 系列外加剂，若改为 JM 系列外加剂，减水剂掺量降为 0.6%即可。

2.4.2.7　槽身 C50 混凝土配合比试验报告

高性能混凝土设计指标见表 2-154。

表 2-154　高性能混凝土设计指标

项目	漕河渡槽工程 C50 混凝土设计要求的指标	本课题所研究混凝土预期达到的目标
强度保证率	95%	—
强度等级	C50	≥59.1 MPa
抗冻等级	F200	≥F200
抗渗等级	W6	≥W8
弹性模量(MPa)	$\geq 3.45\times10^{4}$	$\geq 3.45\times10^{4}$
轴压强度(MPa)	≥32.0	≥32.0
轴心抗拉强度(MPa)	≥2.75	≥3.5
极限拉伸值	—	$\geq 1.0\times10^{4}$
干缩变形	—	$\leq 350\times10^{-6}$

1. 原材料试验

(1)水泥

高性能混凝土试验采用的水泥为河北太行水泥股份有限公司 P · O 42.5 水泥,水泥物理力学性能试验和化学成分分析检测结果见表 2-155、表 2-156。

表 2-155　水泥物理力学性能检测结果

样品名称	细度(%)	安定性	标稠(%)	密度(g/cm^3)	凝结时间(h:min)		比表面积(m^2/kg)	抗压强度(MPa)		抗折强度(MPa)		水化热(kJ/kg)	
					初凝	终凝		3 d	28 d	3 d	28 d	3 d	7 d
太行普硅 42.5	0.9	合格	28.0	3.15	2:27	3:22	371	27.1	55.8	5.3	8.5	272	314
GB 175—1999	≤10.0	合格	—	—	>45 min	<10 h	—	≥16.0	≥42.5	≥3.5	≥6.5	—	—

表 2-156　水泥化学成分分析检测结果　(%)

样品名称	Fe_2O_3	Al_2O_3	CaO	MgO	SiO_2	烧失量	碱含量	f-CaO	SO_3
太行普硅 42.5	3.44	6.45	59.34	2.67	22.50	2.36	0.37	1.27	2.51
GB 175—1999	—	—	—	≤5.0	—	≤5.0	≤0.6	—	≤3.5

结果表明,水泥的物理力学性能和化学成分均符合 GB 175—1999 的要求。同时表明,河北太行 P · O 42.5 水泥的细度很小(小于 1.0%),比表面积大,胶砂强度高;相应的

需水量比较大。从化学检测结果可以看出,河北太行 P · O 42.5 水泥碱含量低,这对抑制骨料碱活性有利。

(2)粉煤灰。

试验采用河北微水粉煤灰,对物理力学性能和化学成分进行了检测,检测结果见表 2-157、表 2-158。

表 2-157　粉煤灰物理力学性能检验结果

样品名称	细度(%)	需水比(%)	比重(g/cm^3)
微水粉煤灰	7.5	93.8	2.11
DL/T 5055—1996　Ⅰ级灰	≤12	≤95	—

表 2-158　粉煤灰化学成分检验结果　(%)

样品名称	Fe_2O_3	Al_2O_3	CaO	MgO	SiO_2	烧失量	碱含量	f-CaO
微水粉煤灰	3.97	35.75	2.30	0.38	49.92	2.95	0.79	0.32
DL/T 5055—1996　Ⅰ级灰	—	—	—	—	—	≤5.0	—	≤3.0

结果表明,微水粉煤灰符合 DL/T 5055—1996 中Ⅰ级粉煤灰的要求。河北微水粉煤灰碱含量较低,这对抑制骨料碱活性较为有利。

(3)硅粉。

试验采用青海省山川铁合金股份有限公司生产的“山川”牌硅粉,硅粉化学成分按照《水泥化学分析方法》(GB/T 176—1996)进行检测,硅粉活性指数试验结果和化学成分检测结果见表 2-159、表 2-160。结果表明,硅粉满足《水工混凝土硅粉品质标准暂行规定》(水规科〔1991〕10 号)要求。

(4)矿渣微粉。

试验采用山东济南鲁新新型建材有限公司的粒化高炉矿渣粉,粒化高炉矿渣粉化学成分及物理性能按照《水泥化学分析方法》(GB /T 176—1996) 和《水工混凝土掺用粉煤灰技术规范》(DL/T 5055—1996)进行检测,检测结果见表 2-161、表 2-162。结果表明,山东济南鲁新粒化高炉矿渣粉满足《用于水泥和混凝土中的粒化高炉矿渣粉》(GB/T 18046—2000)要求。

(5)骨料。

试验采用漕河工程现场岭东料场的天然砂和葛洲坝集团生产的槽身人工碎石。砂石料按照《水工混凝土砂石骨料试验规程》(DL/T 5151—2001)进行检测,检测结果分别见表 2-163、表 2-164,结果表明,漕河槽身骨料满足《水工混凝土施工规范》(DL/T 5144—2001)要求。

为了优选最佳级配,对渡槽槽身骨料进行了粗骨料不同级配组合试验,试验结果见表 2-165,结果表明,粒径 5~10 mm∶粒径10~25 mm=30∶70 为经济级配,考虑泵送性能等因素,最佳施工试验级配选取粒径 5~10 mm∶粒径10~25 mm=35∶65。

表 2-159　硅粉活性指数试验结果

样品名称	颜色	密度 (g/cm^3)	粒度 (μm)	掺量 (%)	用水量 (kg/m^3)	水胶比	流动度 (cm)	抗压活性指数(%)			抗折活性指数(%)			活性指数 (%)
								3 d	7 d	28 d	3 d	7 d	28 d	
山川硅粉	灰白白度大于 50	2.27	0.2~0.4	10	220	0.407	120	110	126	128	108	120	120	≥90

表 2-160　硅粉化学成分检验结果　(%)

样品名称	SO_3	SiO_2	烧失量	碱含量	Fe_2O_3	Al_2O_3	CaO	MgO
山川硅粉	1.28	85.50	2.20	2.20	1.51	0.90	1.32	4.38
水工混凝土硅粉品质标准暂行规定	—	>85	≤6	—	—	—	—	—

表 2-161　粒化高炉矿渣粉性能检验结果

样品名称	需水量比 (%)	密度 (g/cm^3)	比表面积 (m^2/kg)	抗压活性指数(%)		抗折活性指数(%)		活性指数 (%)
				7 d	28 d	7 d	28 d	
山东济南矿渣微粉	100	2.87	442	78.0	100.7	80.3	92.8	≥70

表 2-162　粒化高炉矿渣粉化学成分检验结果　(%)

样品名称	SO_3	SiO_2	烧失量	碱含量	Fe_2O_3	Al_2O_3	CaO	MgO
山东济南矿渣微粉	0.27	32.06	-0.58	0.79	1.0	15.34	38.85	9.54

表 2-163　砂料品质检测结果

骨料类别	含泥量(%)	泥块含量(%)	细度模数	堆积密度(kg/m^3)	表观密度(kg/m^3)	饱和面干表观密度(kg/m^3)	饱和面干吸水率(%)	坚固性(%)	云母含量(%)	有机质含量	SO_3 含量(%)	轻物质含量(%)
漕河天然砂	0.9	0	2.73	1 560	2 700	2 660	1.1	5	0.3	合格	0.02	0.3

表 2-164　石料品质检测结果

骨料粒径(mm)	含泥量(%)	泥块含量(%)	堆积密度(kg/m^3)	紧密密度(kg/m^3)	表观密度(kg/m^3)	饱和面干表观密度(kg/m^3)	饱和面干吸水率(%)	超径(%)	逊径(%)	针片状(%)	坚固性(%)	有机质含量	SO_3 含量(%)	压碎指标(%)
5~10	0.9	0	1 480	1 760	2 710	2 690	0.58	1.7	25.7	0	2.0	合格	0.11	6.9
10~25	0.5	0	1 440	1 720	2 720	2 700	0.46	5.0	9.6	1.2		合格	0.14	—

表 2-165 粗骨料不同级配组合试验结果

项目	序号	粒径 5~10 mm（%）	粒径 10~25 mm（%）	振实密度（kg/m³）	空隙率（%）
二级配（25 mm）	1	20	80	1 730	36.3
	2	25	75	1 740	35.9
	3	30	70	1 750	35.5
	4	35	65	1 730	36.3
	5	40	60	1 720	36.6

（6）外加剂。

根据《漕河渡槽 C50 混凝土配合比试验大纲》和《对〈关于Ⅱ标段渡槽 C50 混凝土配合比的报告〉的批复意见》（ZSJL〔2005〕NSBDCHD-批复Ⅱ-043 号文）要求，选用的外加剂有石家庄长安育才建材有限公司的 GK 系列外加剂和江苏博特公司 JM 系列外加剂；根据高性能混凝土特点，另选用碱含量低且具有抗裂性能的上海淘正化工有限公司生产的 SP-1 型第三代聚羧酸高效减水剂和河北外加剂厂生产的 DH9 及石家庄市中伟建材有限公司生产的 DH9A 引气剂。

1）外加剂匀质性。

外加剂匀质性试验结果见表 2-166。

表 2-166 外加剂匀质性试验结果

试验项目	SP-1	GK-5A	JM-Ⅱ	DH9	GK-9A	JM-2000（C）
品种	高效减水剂	高效减水剂	缓凝、泵送混凝土高效增强剂	引气剂	引气剂	引气剂
状态	液体	粉状	粉状	液体	液体	粉状
密度（g/mL）	1.085 8	1.002 3	1.002 7	0.999 2	0.999 8	1.002 5
细度（%）	—	1.88	1.68	—	—	0.6
固体含量（%）	31.0	93.57	94.0	45.38	45.48	95.0
氯离子含量（%）	0.01	0.022	0.023	0.059	0.020	0.01
硫酸盐含量（%）	0.76	—	4.38	0.64	—	—
碱含量（%）	1.62	6.36	11.72	3.04	3.32	9.56
pH 值	6.60	8.5	8.98	8.82	8.0	7.26
表面张力（MN/m）	—	68.5	66.5	—	37.5	—

2）掺外加剂混凝土性能试验。

试验参数：水泥：330 kg/m³；

砂率：掺引气剂为 38%，掺减水剂为 40%；

外加剂掺量：根据推荐掺量选取；

用水量：应使坍落度范围在 70~90 mm。

掺外加剂混凝土性能试验结果见表 2-167，结果表明，各种高效减水剂和引气剂性能均满足《水工混凝土外加剂技术规程》（DL/T 5100—1999）的要求。

表 2-167　掺外加剂混凝土性能试验结果

序号	外加剂		用水量 (kg/m³)	坍落度 (mm)	和易性	减水率 (%)	含气量 (%)	泌水率比 (%)	凝结时间 (h:min)		抗压强度(MPa)/抗压强度比(%)		
	品种	掺量 (%)							初凝	终凝	3 d	7 d	28 d
1	基准	—	185	86	较好	—	1.6	100	8:52	12:35	9.8/100	16.5/100	29.0/100
2	SP-1	0.8	140	85	好	24.3	1.8	8.4	9:55	13:48	14.5/148	23.5/142	39.8/137
3		1.0	132	88	好	28.6	1.9	12.2	10:30	14:25	16.6/169	26.8/162	44.2/152
4	JM-Ⅱ	0.5	148	78	好	20.0	2.0	35.4	11:05	15:15	12.8/131	21.4/130	36.8/127
5		0.7	141	89	较好，微泌水	23.8	2.3	60.8	12:45	16:28	14.4/147	25.6/155	42.6/147
6	GK-5A	0.5	147	83	较好，微泌水	20.5	1.9	41.2	9:30	13:08	13.2/135	22.8/138	38.8/134
7		0.7	139	90	较好，少量泌水	24.9	2.0	69.5	10:45	14:18	13.8/141	25.7/156	44.2/152
8	GK-9A	0.007	172	83	好	7.0	5.2	38.7	9:08	12:58	9.4/96	16.1/98	27.2/94
9	DH9	0.007	172	78	好	7.0	5.3	36.6	9:00	12:45	10.0/102	16.5/100	27.0/93
10	JM-2000	0.007	173	82	较好	6.5	4.8	40.3	9:20	13:28	9.5/97	15.8/96	26.8/92
11	DH9A	0.007	169	83	好	8.6	6.7	35.2	9:05	13:02	10.2/104	16.6/101	27.4/94

根据试验结果,第三代聚羧酸高效减水剂上海的 SP-1 减水率较高,掺 SP-1 混凝土和易性很好,新拌混凝土表面没有带气孔、泡沫的浆体,硬化混凝土表面大气孔可得到有效降低;同时掺 SP-1 混凝土抗压强度比较高,可以大幅降低高性能混凝土胶材用量和水化热,这对高性能混凝土抗裂性能非常有利。DH9 和 GK-9A 引气剂性能相近,引气效果均较好,而 DH9A 为 DH9 型引气剂发明人的调整改进型产品,引气效果进一步提高,建议在高性能混凝土中推广应用。

3)减缩剂。

混凝土水化过程中,失水是造成干燥收缩的主要原因。干燥理论中,毛细管张力理论较有说服力。该理论认为:混凝土水化物干燥时,毛细管内水分首先蒸发。当混凝土内部湿度下降时,大小为 2.5~50 nm 的毛细管内部随着水分的蒸发,水面下降弯月面的曲率变大,在水的表面张力作用下产生毛细管收缩力,造成混凝土的力学变形——干缩,而当毛细孔大于 50 nm 时,所产生的毛细孔张力可以忽略。

混凝土减缩剂一般不含膨胀组分,是利用化学方法减少混凝土的干缩。掺加减缩剂混凝土内部的毛细管水分,由于是溶解了表面活性剂的水溶液,其表面张力显著降低,混凝土干缩也相应降低。

高性能混凝土抗裂研究选用江苏博特新材料有限公司生产的 JM-SRA 型混凝土减缩剂进行研究。JM-SRA 型混凝土减缩剂性能见表 2-168。

表 2-168　JM-SRA 型混凝土减缩剂性能

检测项目	表面张力(Pa)	胶砂干缩减少率(%)	含气量(%)
结果	26.8	31	3.0

(7)纤维。

为提高混凝土结构抗拉、抗裂、抗冲击性能,实现混凝土高阻裂要求,在混凝土中再掺入聚丙烯纤维,可阻止混凝土塑性开裂和早期微裂纹的产生。千万根纤维分布于混凝土中,可以明显增大混凝土极限拉伸值,增强混凝土抗裂能力,故有“次钢筋”之称。

目前,混凝土使用的纤维品种较多,常见的有钢纤维和聚丙烯纤维、聚丙烯腈纤维等。玄武岩增强纤维是以玄武岩为原料,经高温熔融提炼、抽丝及表面处理制成的无机矿物纤维,具有优越的耐久性、安全性、耐温变性、耐磨损性、耐酸碱腐蚀性、耐老化性等,被材料学家称为“21 世纪的新型环保材料”。四川中大新型材料有限公司经销的玄武岩增强纤维,是由玄武岩在 1 450~1 500 ℃高温条件下熔融后提炼得到的,目前在我国已进入推广使用阶段。由于其具有近似钢纤维的高弹模、高抗拉性能,对混凝土抗裂十分有利;玄武岩纤维是一种新型无机环保绿色高性能纤维材料,不仅强度高,而且具有电绝缘、耐腐蚀、耐高温等多种优异性能,故高性能混凝土采用玄武岩增强纤维与聚丙烯纤维、聚丙烯腈纤维进行比较优选试验。各类纤维性能对比情况见表 2-169、玄武岩纤维(BF)的主要化学成分见表 2-170。

表 2-169　各类纤维性能对比

项目	路威 2002-Ⅲ型 聚丙烯腈纤维	华神聚丙烯纤维	中大玄武岩纤维
标称直径(μm)	12.7	18~65	12~20
长度(mm)	18	19	19
截面形状	圆形或肾形	圆形	圆形
密度($\times10^3$ kg/m^3)	1.18	0.91	2.56~3.05
抗拉强度(MPa)	700~900	560~770	1 500
弹性模量(GPa)	10~20	3.5	40
断裂伸长率(%)	10~13	15~18	2~5
纤维数量(根/kg)	5.6亿	—	—
熔点(℃)	240	160~170	1 500
燃点(℃)	—	590	—
热传导性能(W/km)	—	低	0.031~0.038
耐碱性	—	—	强

表 2-170　玄武岩纤维(BF)的主要化学成分

名称	SiO_2	Al_2O_3	CaO	MgO	Na_2O+K_2O	TiO_2	Fe_2O_3+FeO	其他
含量(wt%)	50.0~52.4	14.6~18.3	5.9~9.4	3.0~5.3	3.6~5.2	0.8~2.25	9.0~14.0	0.09~0.13

2. 高性能混凝土性能试验研究

(1)高性能混凝土试验参数。

2005年10月,漕河渡槽槽身混凝土主要原材料确定以后,及时把试验所需的原材料运到西宁,试验中心立即对原材料品质进行了检验。随后采用漕河现场材料,根据第一阶段天然骨料高性能混凝土研究成果,进行了第二阶段薄壁结构高性能混凝土抗裂性能试验研究。试验情况如下:

试验条件:太行P·O 42.5水泥,河北微水Ⅰ级粉煤灰,青海山川铁合金厂硅粉,山东济南鲁新新型建材有限公司粒化高炉矿渣粉,漕河工程现场天然砂,人工碎石,最大粒径25 mm,上海淘正化工有限公司(马贝)第三代聚羧酸高效减水剂SP-1,河北外加剂厂DH9型引气剂,江苏建科院的减缩剂JM-SRA,四川华神股份有限公司聚丙烯纤维和玄武岩纤维。

试验参数:水胶比0.28、0.30、0.33、0.35四种,砂率39%~46%,用水量为150 kg/m^3,粉煤灰掺量10%、15%、20%、25%,硅粉掺量0%、5%、7%、8%,矿渣微粉掺量0%、10%、15%、20%,聚羧酸高效减水剂SP-1掺量1.0%,引气剂DH9掺量0.015%,均掺聚丙烯纤维或玄武岩纤维0.9 kg/m^{3}以及减缩剂JM-SRA 0.8%,控制坍落度120~180 mm,含气量控制在2.5%~4.0%。高性能混凝土共进行了16组多元复合材料不同组合的性能试验,试验参数见表2-171。

表 2-171　漕河现场材料高性能混凝土多元复合材料配合比试验参数

试验编号	配合比试验参数													
	水胶比	砂率（%）	用水量（kg/m³）	SP-1 减水剂掺量（%）	DH9 引气剂（%）	JM-SAR 减缩剂（%）	硅粉掺量（%）	粉煤灰掺量（%）	矿渣微粉掺量（%）	纤维（kg/m³）		混凝土容重（kg/m³）	坍落度（cm）	含气量（%）
										品种	掺量			
BBCH1-1	0.28	39	150	1.0	0.015	0.8	8	10	20	聚丙烯	0.9	2 420	14~18	2.5~4.0
BBCH1-2	0.28	42	150	1.0	0.015	0.8	7	15	15	玄武岩	0.9	2 420	14~18	2.5~4.0
BBCH1-3	0.28	44	150	1.0	0.015	0.8	5	20	10	聚丙烯	0.9	2 420	14~18	2.5~4.0
BBCH1-4	0.28	46	150	1.0	0.015	0.8	0	25	0	玄武岩	0.9	2 420	14~18	2.5~4.0
BBCH1-5	0.30	39	150	1.0	0.015	0.8	7	20	0	聚丙烯	0.9	2 420	14~18	2.5~4.0
BBCH1-6	0.30	42	150	1.0	0.015	0.8	8	25	10	玄武岩	0.9	2 420	14~18	2.5~4.0
BBCH1-7	0.30	44	150	1.0	0.015	0.8	0	10	15	聚丙烯	0.9	2 420	14~18	2.5~4.0
BBCH1-8	0.30	46	150	1.0	0.015	0.8	5	15	20	玄武岩	0.9	2 420	14~18	2.5~4.0
BBCH1-9	0.33	39	150	1.0	0.015	0.8	5	25	15	聚丙烯	0.9	2 420	14~18	2.5~4.0
BBCH1-10	0.33	42	150	1.0	0.015	0.8	0	20	20	玄武岩	0.9	2 420	14~18	2.5~4.0
BBCH1-11	0.33	44	150	1.0	0.015	0.8	8	15	0	聚丙烯	0.9	2 420	14~18	2.5~4.0
BBCH1-12	0.33	46	150	1.0	0.015	0.8	7	10	10	玄武岩	0.9	2 420	14~18	2.5~4.0
BBCH1-13	0.35	39	150	1.0	0.015	0.8	0	15	10	聚丙烯	0.9	2 420	14~18	2.5~4.0
BBCH1-14	0.35	42	150	1.0	0.015	0.8	5	10	0	玄武岩	0.9	2 420	14~18	2.5~4.0
BBCH1-15	0.35	44	150	1.0	0.015	0.8	7	25	20	聚丙烯	0.9	2 420	14~18	2.5~4.0
BBCH1-16	0.35	46	150	1.0	0.015	0.8	8	20	15	玄武岩	0.9	2 420	14~18	2.5~4.0

(2)新拌高性能混凝土性能。

采用漕河现场的原材料,高性能混凝土多元复合材料的拌合物性能试验结果见表 2-172,结果表明,硅粉、矿渣微粉对拌合物影响为:最大粒径 25 mm 的人工碎石骨料多元复合材料的不同组合,掺加硅粉、矿渣微粉组合的新拌混凝土和易性很好,流动度大,没有泌水,坍落度损失小。混凝土拌合物和易性表明,在采用相同水胶比、单位用水量的条件下,随硅粉掺量、矿渣微粉掺量的增加,最优砂率呈现下降趋势,即砂率从 46%降至 39%,直接反映了硅粉、矿渣颗粒十分细小,具有很大的比表面积,详见编号 BBCH1-1、BBCH1-2、BBCH1-5、BBCH1-6、BBCH1-8、BBCH1-9 、BBCH1-11、BBCH1-12、BBCH1-15 、BBCH1-16。粉煤灰对拌合物影响为:只掺用粉煤灰时拌合物和易性较差,表现为由于粉煤灰密度小产生飘溢,骨料下沉,混凝土极易粘地板,表面出现较多的泌浆泌水。其他材料对拌合物的影响为:掺减缩剂后,含气量降低显著,需较大幅度提高引气剂用量;结果表明引气剂掺 0.015%时,新拌混凝土含气量在 2.0%~3.9%范围,密度在 2 360~2 480 kg/m^3 范围。

(3)高性能混凝土力学性能。

1)抗压、劈拉强度。混凝土抗压强度是混凝土极为重要的性能指标,结构物主要利用其抗压强度承受荷载,并常以抗压强度为混凝土主要设计参数,且抗压强度与混凝土的其他性能有良好的相关关系,抗压强度的试验方法对比其他方法易于实施,所以常用抗压强度作为控制和评定混凝土的主要指标。漕河渡槽槽身高性能混凝土设计要求 28 d 抗压强度≥59.1 MPa, 28 d 抗拉强度≥3.5 MPa。

漕河现场材料高性能混凝土多元复合材料力学性能试验结果见表 2-173。结果表明,掺硅粉、矿渣微粉混凝土强度很高,28 d 抗压强度达到 60.8~77.0 MPa,劈拉强度达到 3.87~5.02 MPa,轴拉强度 4.33~5.18 MPa,随水胶比增大,强度呈下降趋势。由于采用漕河工程现场人工碎石,且太行 P · O 42.5 及鼎新 P · O 42.5 水泥强度高,除水胶比 0.36 不掺硅粉组合混凝土的强度偏低外,水胶比 0.28~0.36 时混凝土强度均满足设计要求,且多数组合超强显著,掺硅粉混凝土增强效果十分明显。

2)弹性模量。混凝土抗压弹性模量(静力状态)是指 ϕ 150 mm×300 mm 的圆柱体标准试件受压应力达到破坏应力 50%时的压应力与压应变的比值。过高的抗压弹性模量对混凝土结构的抗震防裂是不利的。弹性模量试验结果见表 2-173,试验结果表明,混凝土的静力抗压弹性模量 28 d 龄期在 34~40 GPa。由于高性能混凝土掺多元复合材料,虽然设计强度大于 60 MPa,但相应的弹性模量并不十分高。

(4)高性能混凝土变形性能。

1)极限拉伸值。极限拉伸值是衡量混凝土抗裂性能的重要指标。混凝土试件轴心拉伸时,试件断裂前或将产生裂缝前的最大拉应变值即为极限拉伸值。极限拉伸值的大小直接表示了混凝土抗裂能力,从提高混凝土抗裂考虑,希望混凝土的极限拉伸大些,弹性模量低些。极限拉伸值的提高,是防止混凝土开裂的一项重要措施。高性能混凝土极限拉伸试验结果见表 2-173。结果表明,混凝土极限拉伸值平均在 110×10^{-6}~140×10^{-6},掺玄武岩纤维混凝土比聚丙烯纤维混凝土极限拉伸值大约 10×10^{-6};多元复合材料高性能混凝土的强度较高,混凝土极限拉伸值较大;掺纤维对提高混凝土极限拉伸值作用明显。

表 2-172　漕河现场材料高性能混凝土多元复合材料拌合物性能及强度试验结果

试验编号	拌合物性能										力学性能					
	气温（℃）	混凝土温度（℃）	密度（kg/m³）	含气量（%）	出机坍落度（cm）	15 min坍落度（cm）	棍度	黏聚性	含砂	泌水	抗压强度（MPa）			劈拉强度（MPa）		
											7 d	14 d	28 d	7 d	14 d	28 d
BBCH1-1	16	18	2 414	2.1	17.5	17.0	中	好，轻微扒地，骨料下沉	少	无	53.2	64.7	72.3	3.12	4.44	4.83
BBCH1-2	16	18	2 429	2.0	20.0	19.5	中	好，骨料下沉，黏	中少	无	51.3	65.4	74.1	2.95	4.45	4.83
BBCH1-3	15	17	2 386	2.1	20.8	20.0	中下	好，亮	中	少量	50.5	65.1	75.6	3.05	3.84	3.91
BBCH1-4	15	17	2 414	1.1	19.0	17.5	下	好，板结，光亮，大气泡，高流平，骨料下沉	中	多量	49.6	58.3	63.7	2.83	3.51	3.57
BBCH1-5	18	18	2 380	3.6	20.7	19.2	上	较好，黏稠	少	无	46.1	62.0	67.8	3.30	4.22	4.39
BBCH1-6	18	18	2 380	2.8	21.8	21.7	中	好，较黏，流动性好	中	无	45.8	60.0	64.3	3.04	3.60	4.81
BBCH1-7	18	18	2 460	2.4	22.2	19.3		沉，扒地严重，流动性好，泌水		多量	51.8	63.0	68.4	3.20	3.97	4.06
BBCH1-8	18	18	2 420	2.0	20.7	21.5	上	好，较黏，流动性好	多	无	43.6	63.6	66.0	3.24	4.28	4.29
BBCH1-9	18	18	2 420	2.8	16.5	15.5	上	好，黏稠，稍沉重	中	无	39.6	53.7	60.8	2.75	3.62	4.02
BBCH1-10	18	18	2 440	2.0	19.5	22.5	下	不好，流动性大，泌水，沉，粘地板	中	多量	40.2	54.5	61.2	2.64	2.91	4.20
BBCH1-11	18	18	2 450	2.7	11.5	11.6	上	好，黏稠，沉重	中	无	51.7	63.2	71.1	3.44	4.27	4.52
BBCH1-12	18	18	2 440	2.0	19.0	20.3	上	较好，流动度较大	多	无	54.3	62.7	77.0	3.51	4.37	5.02
BBCH1-13	18	18	2 460	3.9	13.7	11.3	下	不好，流动性不好，泌水，干涩	少	少量	37.1	49.8	57.4	2.50	3.10	3.04
BBCH1-14	18	18	2 480	2.8	13.1	13.5	中	较好，流动性较好，稍黏	中	无	48.6	60.6	71.7	3.23	3.93	4.54
BBCH1-15	18	18	2 460	2.6	12.2	12.3	上	好，流动性大，黏稠	中	无	35.6	53.1	61.2	2.68	3.48	4.09
BBCH1-16	18	18	2 360	2.6	18.9	19.3	上	好，流动性大	多	无	36.5	53.1	63.2	2.26	3.52	3.87

表 2-173　漕河现场材料高性能混凝土多元复合材料力学、变形及开裂性能试验结果

试验编号	力学性能						变形及开裂情况									
	轴压强度（MPa）	抗压弹性模量（GPa）	轴拉强度（MPa）		抗拉弹性模量（GPa）		极限拉伸值（$\times10^{-6}$）		干缩率（$\times10^{-6}$）					开裂		
	28 d	28 d	7 d	28 d	7 d	28 d	7 d	28 d	3 d	7 d	14 d	28 d	60 d	初始（d）	龄期（d）	裂缝开度（mm）
BBCH1-1	52.7	38.3	4.04	4.97	35.2	43.4	124	122	-19	-58	-115	-115	-192	16	30	0.485
BBCH1-2	55.9	39.7	4.13	5.11	34.9	43.8	128	123	-19	-48	-115	-115	-202	16	30	1.281
BBCH1-3	50.7	36.5	4.00	5.05	37.4	41.7	112	128	-19	-29	-77	-77	-134	22	30	0.470
BBCH1-4	40.6	36.5	3.25	4.23	33.0	43.8	101	111	-10	-29	-77	-77	-153	未裂	30	0.000
BBCH1-5	36.4	36.8	3.76	5.18	34.8	41.0	116	134	-19	-48	-58	-106	-154	22	30	0.341
BBCH1-6	47.0	38.7	3.70	5.15	35.0	42.2	114	134	-29	-58	-77	-77	-173	17	30	0.450
BBCH1-7	39.9	39.5	3.57	4.85	37.0	43.9	109	116	-19	-39	-58	-115	-173	32	30	0.000
BBCH1-8	47.3	38.6	3.77	5.12	34.2	41.4	120	133	-19	-58	-77	-125	-193	23	30	0.325
BBCH1-9	38.0	35.1	3.67	4.83	33.4	40.4	116	126	-10	-77	-106	-135	-183	24	30	0.205
BBCH1-10	34.2	36.2	2.86	4.08	35.3	44.6	85	106	-29	-77	-106	-135	-193	未裂	30	0.000
BBCH1-11	47.8	36.1	4.45	4.98	34.4	42.8	137	124	-19	-58	-106	-126	-203	20	30	0.235
BBCH1-12	53.7	38.0	4.54	5.18	35.8	39.0	138	140	-39	-106	-154	-183	-231	15	30	1.021
BBCH1-13	32.9	34.3	2.99	4.14	33.6	42.4	106	108	-19	-19	-29	-116	-203			
BBCH1-14	43.8	39.7	3.81	4.85	36.3	42.4	115	120	-39	-49	-77	-135	-193			
BBCH1-15	33.0	34.4	3.33	4.76	33.6	39.8	109	131	-48	-68	-77	-145	-212			
BBCH1-16	43.5	36.5	3.25	4.83	33.6	41.4	114	128	-48	-87	-96	-173	-221			

2）干缩。混凝土干缩变形是混凝土中水分散失引起的，一般以干缩率表示。混凝土表面的水分散失很快，会形成表面拉应力，引起混凝土开裂，对混凝土危害很大。施工中一般以铺盖湿麻袋、洒水养护、控制脱模时间等多种工艺进行抑制。高性能混凝土干缩率试验结果见表 2-173。结果表明，混凝土干缩率值平均在 $140\times10^{-6}\sim220\times10^{-6}$。经统计，随硅粉和粒化高炉矿渣粉掺用量的提高，高性能混凝土干缩率增大；随水胶比增大，混凝土干缩率也增大。

3）圆环抗裂。为更好地比较混凝土的抗裂性能，采用较直观的圆环抗裂法进行了 12 组试验。圆环抗裂试验的试模为内径 275 mm、外径 375 mm、高 148 mm 的环状试模，成型时，从新拌高性能混凝土中筛取砂浆（过 5 mm 筛）。试验结果见表 2-175，结果表明，单掺煤灰混凝土泌水较大，和易性较差，骨料下沉，粘地板，但开裂较小或不裂，试验编号 BBCH1-4、BBCH1-7、BBCH1-10 圆环抗裂 30 d 龄期还未开裂；粉煤灰掺 20%～25%对预防开裂有利，试验编号 BBCH1-5、BBCH1-9 圆环抗裂 30 d 龄期裂缝开度分别达到 0.341 mm 和 0.205 mm；高掺矿渣粉和硅粉对混凝土抗裂不利，试验编号 BBCH1-1、BBCH1-12 圆环抗裂 30 d 龄期裂缝开度分别达到 0.485 mm 和 1.021 mm；采用低砂率和较大水胶比时，混凝土开裂有减小趋势。

（5）高性能混凝土耐久性。

1）抗冻性。漕河渡槽混凝土抗冻等级设计指标为 F200，设计试验龄期为 28 d。试验按照《水工混凝土试验规程》（DL/T 5150—2001）进行。试验采用 DR2 型混凝土冻融试验机，混凝土中心冻融温度为（-17±2）℃～（8±2）℃，一个冻融循环过程耗时为 2.5～4 h。抗冻指标以相对动弹性模量和重量损失两项指标评定，以混凝土试件的相对动弹模数低于 60%或重量损失率超过 5%时即可认为试件已达破坏。

多元复合材料高性能混凝土进行了 8 组抗冻试验，试验结果见表 2-174。结果表明，F200 抗冻试验结果相对动弹模数都在 90%以上，重量损失率小于 1.1%。

表 2-174　多元复合材料高性能混凝土抗冻试验结果（快速冻融法）

编号	设计等级	最大粒径（mm）	水灰比	含气量（%）	*N* 次相对动弹性模量（%）/重量损失（%）				抗冻等级
					50	100	150	200	
BBCH1-5	C50F200W8	25	0.30	3.6	98.8/0.04	98.4/0.07	97.1/0.10	95.5/0.18	>F200
BBCH1-6	C50F200W8	25	0.30	2.8	98.6/0.06	98.3/0.08	97.0/0.13	96.1/0.19	>F200
BBCH1-7	C50F200W8	25	0.30	2.4	98.7/0.04	98.0/0.06	97.0/0.09	94.2/0.16	>F200
BBCH1-8	C50F200W8	25	0.30	2.0	98.9/0.03	97.9/0.05	97.1/0.08	95.6/0.20	>F200
BBCH1-9	C50F200W8	25	0.33	2.8	99.6/0.01	98.2/0.04	97.4/0.08	92.0/0.32	>F200
BBCH1-10	C50F200W8	25	0.33	2.0	99.1/0.05	98.5/0.09	97.3/0.14	94.6/0.66	>F200
BBCH1-11	C50F200W8	25	0.33	2.7	98.9/0.04	98.1/0.08	96.6/0.16	92.8/0.45	>F200
BBCH1-12	C50F200W8	25	0.33	2.0	97.9/0.09	97.1/0.10	96.2/0.15	94.6/0.70	>F200

2)抗渗性。漕河渡槽混凝土抗渗设计指标为 W8,设计试验龄期为 28 d。试验按照《水工混凝土试验规程》(DL/T 5150—2001)中规定的逐级加压法进行。混凝土抗渗性能是指混凝土抵抗压力水渗透的能力。试验时,水压从 0.1 MPa 开始,以后每隔 8 h 加压 0.1 MPa,试验达到预定水压力后,卸下试件劈开,测量渗水高度,取 6 个试件渗水高度的平均值。

多元复合材料高性能混凝土共进行了 8 组配合比的混凝土抗渗试验,试验结果见表 2-175。结果表明,混凝土在经历 1.1 MPa 逐级水压后的最大渗水高度为 0.8 cm,说明在进行的试验混凝土抗渗性能具有较高储备,完全满足混凝土 W8 抗渗的设计要求,也能充分保障大坝混凝土的抗渗能力。

表 2-175　多元复合材料高性能混凝土抗渗试验结果

试验编号	设计等级	最大粒径(mm)	水灰比	含气量(%)	坍落度(mm)	最大水压力(MPa)	渗水高度(cm)	抗渗等级
BBCH1-5	C50F200W8	25	0.30	3.6	19.2	0.9	0.7	>W8
BBCH1-6	C50F200W8	25	0.30	2.8	21.7	0.9	0.4	>W8
BBCH1-7	C50F200W8	25	0.30	2.4	19.3	0.9	0.6	>W8
BBCH1-8	C50F200W8	25	0.30	2.0	21.5	0.9	0.5	>W8
BBCH1-9	C50F200W8	25	0.33	2.8	15.5	0.9	0.8	>W8
BBCH1-10	C50F200W8	25	0.33	2.0	22.5	0.9	0.5	>W8
BBCH1-11	C50F200W8	25	0.33	2.7	11.6	0.9	0.7	>W8
BBCH1-12	C50F200W8	25	0.33	2.0	20.3	0.9	0.6	>W8

(6)小结。

根据高性能混凝土研究以及前期青海就近材料基础参数研究结果,可以得出以下结论:

1)粉煤灰对降低高性能混凝土干缩、抑制开裂有利;根据国内研究资料,粉煤灰掺量 20%以上时,对抑制骨料碱活性作用明显;考虑漕河 C50 混凝土预应力性质,为防止徐变过大,粉煤灰掺量以 20%为宜。

2)硅粉增强作用明显,在较低水胶比时即可达到较高强度;漕河工程Ⅱ标水泥、粉煤灰细度很小,新拌混凝土性能很差,掺加硅粉混凝土和易性改善明显,可解决施工浇筑难题。

3)粒化高炉矿渣粉在混凝土中的强度等性能与水泥相近,但干缩效应明显,同时考虑受采购、运输、控制等因素,不拟采用。

4)掺加硅粉的高性能混凝土在水胶比 0.27~0.35 时,抗压强度均满足 59.1 MPa 的配制强度;根据试验结果,在单掺 20%粉煤灰时 C50 高性能混凝土水胶比选用 0.30 为宜。

5)试验结果说明,当 FM=2.6~2.8 时,砂率 42%,C50 高性能混凝土(最大粒径 25 mm)和易性较好。

6)由于采用 SP-1 型第三代聚羧酸高效减水剂,C50 高性能混凝土单位用水量 145 kg/m³ 即可满足 120~180 mm 坍落度和和易性要求。

3. 漕河 C50 高性能混凝土配合比方案研究

根据高性能混凝土性能试验研究结果,初步拟订了漕河渡槽 C50F200W6 高性能混凝土三种方案,做进一步试验论证。

(1)第一种方案。

原材料:采用漕河太行 P · O 42.5 水泥,微水粉煤灰,天然砂和人工碎石,最大骨料粒径 25 mm。编号 CHS-5 坍落度 7~9 cm,其余均为 12~18 cm。

配合比参数:水胶比 0.32,砂率 42%,用水量 145 kg/m³,掺粉煤灰、硅粉分别为 20% 和 5%,掺减缩剂 0%和 0.8%,分别掺聚丙烯纤维或玄武岩纤维 0.9 kg/m³。

漕河渡槽 C50 高性能混凝土配合比试验参数及拌合物性能试验结果见表 2-176,漕河渡槽 C50 高性能混凝土力学、变形及抗裂复核试验结果见表 2-177。结果表明:

经前期优选,复核试验配合比新拌混凝土和易性良好。混凝土经翻拌,坍落度有增大现象;坍落度在 18~20 cm 时,坍落度损失较小;坍落度在 15 cm 以下时,坍落度损失较大。

掺减缩剂后,引气剂掺量成倍增加,但含气量不大;掺减缩剂后,坍落度降低。

DH9A 引气剂与漕河工程原材料有很好的适应性。不掺减缩剂条件下,掺 0.003%的 DH9A 时,含气量为 5%~6%;而掺 0.006%的 DH9 时,含气量为 3%~4%。

凝结时间:初凝 12~13 h,终凝 15~16 h,满足施工要求。

强度:复核试验 28 d 抗压强度 62.0~73.0 MPa,劈拉强度 4.11~5.38 MPa。

弹性模量:复核试验 28 d 弹性模量为 36.5~46.6 GPa,与强度规律相符。

极限拉伸值:复核试验 28 d 极限拉伸值为$(113\sim146)\times10^{-6}$。

干缩率:复核试验 28 d 干缩率为$(154\sim241)\times10^{-6}$,掺减缩剂后,干缩率有降低趋势。

掺玄武岩纤维与聚丙烯纤维混凝土性能均满足要求;前期试验结果表明,掺玄武岩纤维的混凝土极限拉伸值比掺聚丙烯纤维大10×10^{-6}左右。

(2)第二种方案。

根据第一种方案的试验结果,对配合比参数进行了优选,水胶比 0.33,砂率 42%,用水量 145 kg/m³,掺粉煤灰、硅粉分别为 20%和 5%,不掺减缩剂,纤维为聚丙烯纤维和玄武岩纤维,掺量分别为 0 kg/m³、0.6 kg/m³、0.9 kg/m³。经计算,胶材为 439 kg/m³,其中水泥 329 kg/m³、粉煤灰 88 kg/m³、硅粉 22 kg/m³,C50 高性能混凝土整体胶材用量较低,这与第三代聚羧酸高效减水剂的高减水率、高增强效果及水泥较高的富余强度是分不开的。漕河渡槽 C50 高性能混凝土配合比优选参数及拌合物性能试验结果见表 2-178,优选后的高性能混凝土力学、变形及抗裂复核试验结果见表 2-179,结果表明:

新拌混凝土和易性很好。

强度:28 d 抗压强度为 59. 2~62. 5 MPa,劈拉强度为 3. 59~4. 75 MPa。

弹性模量:28 d 抗压弹性模量为 35. 4~36. 9 GPa,与强度规律相符。

极限拉伸值:28 d 极限拉伸值为($119 \sim 142) \times 10^{-6}$,随着纤维掺量的增加,混凝土极限拉伸值呈增大趋势,两种纤维作用区别不大。

干缩率:28 d 干缩率为($164 \sim 288) \times 10^{-6}$,干缩率较小。

轴压强度:28 d 轴压强度为 34. 1~43. 0 MPa。

轴拉强度:28 d 轴拉强度为 3. 97~4. 52 MPa。

(3)第三种方案。

根据高性能混凝土圆环抗裂试验结果,单掺粉煤灰高性能混凝土抗裂性能最佳。为此,进行单掺粉煤灰 C50 高性能混凝土配合比试验。试验参数为:水胶比 0. 30,砂率 42%,用水量 145 kg/m^3。经计算,胶材为 483 kg/m^3,其中水泥 386 kg/m^3、粉煤灰 97 kg/m^3。单掺粉煤灰 C50 高性能混凝土试验参数及拌合物性能试验结果见表 2-180,单掺粉煤灰 C50 高性能混凝土力学、变形及抗裂复核试验结果见表 2-181。结果表明:

单掺粉煤灰高性能混凝土,在不掺硅粉情况下,拌合物性能较差,表现为拌和物板结,粘地板,流动性大,易泌水泌浆,粉煤灰上浮飘溢,骨料下沉,不利施工。

4. 高性能混凝土施工配合比现场验证试验

漕河渡槽槽身为大体积薄壁结构,多侧墙段为三槽一联简支结构预应力混凝土,具有跨度大、结构薄、级配小、等级高的特点,最大单跨长度 30 m,底板厚 50 cm,混凝土等级为 C_{28}50F200W6,最大骨料粒径 25 mm,槽身钢筋密;且砂料有可能发生碱骨料反应。因此,中国水电四局对漕河渡槽槽身 C50 混凝土高度重视,对“大体积薄壁结构高性能混凝土抗裂研究”进行了科研立项。通过对水泥、煤灰、硅粉、粒化高炉矿渣、聚羧酸类第三代高效减水剂、减缩剂、纤维等多元材料组合试验研究,优选出 C50 高性能混凝土施工配合比。根据提交的配合比,采用单掺粉煤灰方案、掺 3%硅粉方案进行了验证。

试验条件:采用太行 P · O 42. 5 水泥,微水粉煤灰,青海山川硅粉,漕河工程现场天然砂和人工碎石,上海淘正化工有限公司 SP-1 聚羧酸高效减水剂。最大粒径 25 mm 骨料,坍落度 120~180 mm,密度 2 400 kg/m^3。

配合比参数:单掺粉煤灰方案水胶比 0. 30,砂率 42%,用水量 145 kg/m^3,掺粉煤灰 20%;掺硅粉方案水胶比 0. 33,砂率 42%,用水量 145 kg/m^3,掺粉煤灰 20%,掺硅粉 3%。根据聚羧酸外加剂 SP-1 减水情况,现场采用 1. 1%掺量。

结果表明(见表 2-182),单掺粉煤灰 C50 高性能配合比坍落度、强度等各项指标与研究结果吻合,满足设计要求。

经硅粉不同掺量对比试验,发现硅粉掺量 3%是拐点,可明显改善混凝土和易性,同时满足设计施工要求。

表 2-176　漕河渡槽 C50 高性能混凝土配合比试验参数及拌合物性能试验结果(方案一)

编号	水胶比	粉煤灰(%)	硅粉(%)	砂率(%)	SP-1(%)	DH9A(%)	减缩剂(%)	纤维(kg/m³)	密度(kg/m³)	胶材(kg/m³)	用水量(kg/m³)	混凝土温度(℃)	出机坍落度(mm)	15 min坍落度(mm)	含气量(%)	密度(kg/m³)	初凝(h:min)	终凝(h:min)	泌水率(%)	棍度	含砂	黏聚性	析水情况	外观
CHS-1	0.32	20	5	42	0.9	0.015	0.8	0.9 海川聚丙烯	2 400	453	145	14	180	181	3.6	2 371	12:45	15:52	0.10	中下	中	较好	少量泌浆	较好
CHS-2	0.32	20	5	42	0.9	0.004	0	0.9 海川聚丙烯	2 400	453	145	14	190	203	6.1	2 357	12:30	15:28	0.18	中	中	好	无	较好
CHS-3	0.32	20	5	42	0.9	0.015	0.8	0.9 玄武岩	2 400	453	145	15	135	121	3.7	2 357	13:05	15:40	0.10	中	中	好	无	较好
CHS-4	0.32	20	5	42	0.9	0.004	0	0.9 玄武岩	2 400	453	145	15	167	150	5.4	2 329	12:15	15:32	0.16	中	中	好	无	较好
CHS-5	0.32	20	5	38	0.9	0.015	0.8	0.9 海川聚丙烯	2 420	406	130	15	81	57	4.8	2 343	—	—	—	中	中	好	无	好

表 2-177　漕河渡槽 C50 高性能混凝土力学、变形及抗裂复核试验结果(方案一)

编号	抗压强度(MPa)			劈拉强度(MPa)			轴拉强度(MPa)		抗拉弹性模量(GPa)		极限拉伸值($\times10^{-6}$)		轴压强度(MPa)	抗压弹性模量(GPa)	干缩率($\times10^{-5}$)				开裂		
	7 d	14 d	28 d	7 d	14 d	28 d	7 d	28 d	7 d	28 d	7 d	28 d	28 d	28 d	3 d	7 d	14 d	28 d	初始(d)	龄期(d)	裂缝开度(mm)
CHS-1	50.6	62.2	65.3	3.05	3.84	4.36	3.72	4.64	32.8	38.1	118	128	44.2	35.4	0	-78	-164	-241	12	28	1.195
CHS-2	49.8	58.4	70.2	3.43	3.72	4.55	4.09	5.24	36.0	45.4	126	130	53.8	37.6	-10	-39	-116	-183	16	28	1.050
CHS-3	46.2	69.3	73.0	3.37	4.49	5.24	3.98	5.28	35.7	46.6	118	122	39.5	41.8	-19	-39	-96	-154	16	28	0.760
CHS-4	40.1	56.1	62.0	2.67	3.19	4.11	3.35	4.92	30.2	36.5	116	146	36.6	35.0	-19	-58	-183	-241	15	28	0.761
CHS-5	47.4	61.1	65.3	3.4	3.91	4.69	3.56	4.66	34.0	41.2	110	113	46.9	37.0	-19	-48	-154	-202	12	28	0.790

表 2-178　漕河渡槽 C50 高性能混凝土配合比优选参数及拌合物性能试验结果（方案二）

编号	水胶比	粉煤灰（%）	硅粉（%）	砂率（%）	SP-1（%）	DH9A（%）	纤维（kg/m^3）	用水量（kg/m^3）	密度（kg/m^3）	坍落度（mm）	混凝土温度（℃）	出机坍落度（mm）	15 min坍落度（mm）	含气量（%）	密度（kg/m^3）	初凝（h:min）	终凝（h:min）	泌水率（%）	棍度	含砂	黏聚性	析水情况	外观
CHK-1	0.33	20	5	42	0.9	0.003	0	145	2 400	120~180	15	223	211	4.6	2 350	9:58	14:28	0.4	中	中	一般	一定量泌浆	较差，泌浆，骨料下沉
CHK-2	0.33	20	5	42	0.9	0.003	0.6 聚	145	2 400	120~180	15	183	203	6.5	2 307	14:10	17:42	0	中	中	好	无	好
CHK-3	0.33	20	5	42	0.9	0.003	0.9 聚	145	2 400	120~180	15	180	124	6.3	2 321	13:56	17:22	0	中	中	好	无	好
CHK-4	0.33	20	5	42	0.9	0.003	0.6 玄	145	2 400	120~180	15	196	178	3.7	2 371	—	—	0	中	中	好	无	好
CHK-5	0.33	20	5	42	0.9	0.003	0.9 玄	145	2 400	120~180	16	199	200	6.4	2 343	14:10	18:15	0	中	中	好	无	好

表 2-179　参数优选漕河渡槽高性能混凝土 C50 力学、变形及抗裂复核试验结果（方案二）

编号	抗压强度（MPa）			劈拉强度（MPa）			轴拉强度（MPa）		抗拉弹性模量（GPa）		极限拉伸值（$\times10^{-6}$）		轴压强度（MPa）		抗压弹性模量（GPa）		干缩率（$\times10^{-5}$）			
	3	7	28	3	7	28	7	28	7	28	7	28	7	28	7	28	3	7	14	28
CHK-1	28.4	42.2	62.2	2.05	2.72	4.25	3.56	4.52	28.3	39.2	102	119	28.2	38.4	31.5	36.9	-58	-96	-135	-173
CHK-2	25.1	42.6	59.2	1.92	2.91	3.96	3.24	4.43	30.5	35.1	114	138	25.6	43.0	29.6	35.4	-38	-173	-249	-288
CHK-3	26.9	42.1	61.1	2.02	2.97	4.75	3.34	4.08	29.7	37.2	115	140	25.0	42.2	28.4	35.5	-58	-96	-153	-173
CHK-4	28.4	42.8	61.9	1.81	2.11	3.79	3.34	4.25	31.0	36.5	113	135	23.4	42.7	30.0	35.8	-19	-58	-108	-164
CHK-5	26.8	42.7	62.5	2.09	2.95	3.59	3.28	3.97	31.5	35.4	117	142	24.9	34.1	30.6	36.3	-38	-77	-134	-173

表 2-180　单掺粉煤灰高性能混凝土试验参数及拌合物性能试验结果(方案三)

编号	水胶比	粉煤灰(%)	砂率(%)	SP-1(%)	DH9A(%)	纤维(kg/m³)	用水量(kg/m³)	密度(kg/m³)	坍落度(mm)	混凝土温度(℃)	出机坍落度(mm)	15 min坍落度(mm)	含气量(%)	密度(kg/m³)	初凝(h:min)	终凝(h:min)	泌水率(%)	棍度	含砂	黏聚性	析水情况	外观
CHF-1	0.3	20	42	0.9	0.003	0	145	2 400	120~180	16	198	223	2.2	2 336	12:00	15:45	0.75	下	中	好	泌浆严重	骨料下沉干涩,大流动性,粘地板
CHF-2	0.3	20	42	0.9	0.003	0.9 聚	145	2 400	120~180	16	156	169	2.7	2 407	6:18	13:15	3.38	下	中	好	一定量泌浆	骨料下沉干涩,大流动性,粘地板
CHF-3	0.3	20	42	0.9	0.003	0.9 玄	145	2 400	120~180	16	204	192	1.8	2 436	7:00	12:56	2.15	下	中	好	一定量泌浆	骨料下沉干涩,大流动性,粘地板

表 2-181　单掺粉煤灰高性能混凝土力学、变形及抗裂复核试验结果(方案三)

编号	抗压强度(MPa)			劈拉强度(MPa)			轴拉强度(MPa)		抗拉弹性模量(GPa)		极限拉伸值($\times10^{-6}$)		轴压强度(MPa)		抗压弹性模量(GPa)		干缩率($\times10^{-5}$)			
	3 d	7 d	28 d	3 d	7 d	28 d	7 d	28 d	7 d	28 d	7 d	28 d	7 d	28 d	7 d	28 d	3 d	7 d	14 d	28 d
CHF-1	37.1	50.4	60.0	2.89	3.28	4.87	4.02	4.56	41.2	44.0	111	114	35.8	36.2	32.4	40.8	-39	-77	-116	-155
CHF-2	37.7	52.1	67.3	2.72	3.57	4.27	3.24	4.34	39.8	41.2	95	122	28.6	36.6	37.0	36.4	-58	-96	-154	-212
CHF-3	36.9	51.7	67.2	2.46	3.40	3.71	3.54	3.97	39.5	40.8	101	110	34.4	34.0	37.4	39.5	-77	-96	-135	-193

表 2-182　漕河渡槽 C50 混凝土现场验证试验结果

编号	水胶比	粉煤灰(%)	硅粉(%)	砂率(%)	减水剂		用水量(kg/m³)	密度(kg/m³)	15 min 坍落度(mm)	含气量(%)	抗压强度(MPa)		劈拉强度(MPa)	
					品种	掺量(%)					7 d	28 d	7 d	28 d
S-1	0.30	20		42	淘正 SP-1	1.1	145	2 400	195	2.3	44.3			
S-2	0.33	20	3	42	淘正 SP-1	1.1	145	2 400	167	2.6	42.4			

根据验证试验情况,在验收组的建议下,同时采用葛洲坝试验段使用的上海马贝 SP-1 聚羧酸、北京冶金院的 JG-2H 聚羧酸、石家庄育才有限公司的 YH-21S 聚羧酸等高效减水剂与科研优选使用的上海淘正化工材料有限公司 SP-1 聚羧酸外加剂进行对比试验,试验采用单掺粉煤灰方案,试验结果见表 2-183。结果表明,单掺粉煤灰时,科研优选使用的 SP-1 聚羧酸高效减水剂减水率高,拌制的施工配合比和易性相对较好,坍落度、含气量等指标满足设计要求。

表 2-183　单掺粉煤灰 C50 混凝土聚羧酸外加剂对比试验结果

编号	水胶比	粉煤灰(%)	砂率(%)	减水剂		DH9A(%)	用水量(kg/m³)	出机坍落度(mm)	15 min 坍落度(mm)	含气量(%)	棍度	含砂	黏聚性	析水情况	外观
				品种	掺量(%)										
S-3	0.3	20	42	马贝 SP-1	1.1	0.003	145	200	189	4.9	下	中	好	少量泌浆	骨料下沉干涩,板结,粘地板
S-4	0.3	20	42	冶金 JG-2H	1.1	0.003	145	164	158	4.3	下	中	好	少量泌浆	骨料下沉干涩,板结,黏结成团
S-5	0.3	20	42	育材 YH-21S	1.1	0.003	145	50	32	3.2	下	中	好	无	成团饼状,较干
S-6	0.3	20	42	淘正 SP-1	1.1	0.003	145	202	200	4.4	上	中	好	微量	黏稠,骨料下沉

根据试验研究结果,南水北调中线京石段应急供水工程漕河渡槽Ⅱ标槽身 C50F200W6 混凝土施工配合比首选单掺粉煤灰方案;备用方案为掺粉煤灰 20%、硅粉 3% 配合比。

2.5　水利工程混凝土配合比数据库建立

为了更好地进行交流,总结经验和教训,推广或推动新技术、新材料、新工艺的应用和创新,对中国水电四局长期从事水利行业的不同工程项目,采用不同品种的水泥、骨料、掺合料、外加剂等原材料及不同品种的混凝土施工配合比技术资源进行整合,建立了水利工程混凝土配合比数据库,见表 2-184。

表 2-184　各水利工程混凝土配合比汇总

序号	混凝土设计指标	级配	坍落度(cm)	水胶比	用水量(kg/m^3)	粉煤灰(%)	减水剂(%)	引气剂(%)	砂率(%)	粗骨料比例	混凝土密度(kg/m^3)	应用工程名称
1	C_{28}25W8F150	三	3~5	0.45	110	25	0.7	0.02	29	30:30:40	2 430	引汉济渭三河口水利枢纽大坝工程
2	C_{28}25W6F150	二	5~7	0.45	130	20	0.7	0.02	34	45:55	2 410	
3	C_{28}30W6F150	二	5~7	0.40	130	20	0.7	0.02	33	45:55	2 410	
4	C_{28}40W6F150	二	5~7	0.33	135	15	0.9	0.02	32	45:55	2 410	
5	C25(微膨胀)	二	5~7	0.43	140	25	0.7		34	45:55	2 430	

注:(1)水泥为尧柏 P·O 42.5,密度为 3.1 g/cm^3。
(2)陕西华西电力Ⅱ级粉煤灰,密度为 2.2 g/cm^3。
(3)花岗岩人工骨料 FM=2.78,石粉含量 11.2%,砂表观密度为 2.68 g/cm^3。
(4)小石表观密度为 2.70 g/cm^3,中石表观密度为 2.71 g/cm^3,大石表观密度为 2.72 g/cm^3。
(5)山西康力 KLN-3 缓凝高效减水剂、KLAE 引气剂,云南宸磊 HLNOF-2 缓凝高效减水剂、HLAE 引气剂。

序号	混凝土设计指标	级配	坍落度(cm)	水胶比	用水量(kg/m^3)	粉煤灰(%)	减水剂(%)	引气剂(%)	砂率(%)	粗骨料比例	混凝土密度(kg/m^3)	应用工程名称
1	C_{28}25W6F150	二	14~16	0.43	155	20	0.7	0.01	42	50:50	2 400	引汉济渭三河口水利枢纽大坝工程
2	C_{28}30W6F150	二	14~16	0.38	155	20	0.7	0.01	41	50:50	2 400	
3	C_{90}25W6F100	三	3~5	0.48	86	55	1	0.12	33	30:40:30	2 450	
4	C_{90}25W8F150	二	3~5	0.45	97	50	1	0.15	37	45:55	2 420	

注:(1)水泥为尧柏 P·O 42.5,密度为 3.1 g/cm^3。
(2)陕西华西电力Ⅱ级粉煤灰,密度为 2.2 g/cm^3。
(3)花岗岩人工骨料 FM=2.63,石粉含量 17.6%,砂表观密度为 2.69 g/cm^3。
(4)小石表观密度为 2.70 g/cm^3,中石表观密度为 2.71 g/cm^3,大石表观密度为 2.72 g/cm^3。
(5)山西康力 KLN-3 缓凝高效减水剂、KLAE 引气剂。

续表 2-184

序号	混凝土设计指标	级配	坍落度 (cm)	水胶比	用水量 (kg/m³)	粉煤灰 (%)	减水剂 (%)	引气剂 (%)	砂率 (%)	粗骨料比例	混凝土密度 (kg/m³)	应用工程名称
1	C_{90}25W6F100	三	3~5	0.48	84	55	1	0.12	33	30:40:30	2 450	引汉济渭三河口水利枢纽大坝工程
2	C_{90}25W8F150	二	3~5	0.45	95	50	1	0.15	37	45:55	2 420	

注：(1)水泥为尧柏 P·O 42.5，密度为 3.1 g/cm³。

(2)陕西华西电力Ⅱ级粉煤灰，密度为 2.2 g/cm³。

(3)花岗岩人工骨料 FM=2.63，石粉含量 17.6%，砂表观密度为 2.69 g/cm³。

(4)小石表观密度为 2.70 g/cm³，中石表观密度为 2.71 g/cm³，大石表观密度为 2.72 g/cm³。

(5)云南宸磊 HLNOF-2 缓凝高效减水剂、HLAE 引气剂。

序号	混凝土设计指标	级配	坍落度 (cm)	水胶比	用水量 (kg/m³)	粉煤灰 (%)	减水剂 (%)	引气剂 (%)	砂率 (%)	粗骨料比例	混凝土密度 (kg/m³)	应用工程名称
1	C15		120~140	0.57	150	35	1.2		40	45:55	2 270	引江济淮工程
2			160~180	0.55	165	35	1.3		43	45:55	2 260	
3	C20		120~140	0.52	150	30	1.3		39	45:55	2 280	
4			160~180	0.52	158	30	1.3		42	45:55	2 270	
5	C25		120~140	0.46	150	25	1.3		39	45:55	2 300	
6	C25W4F100		160~180	0.46	158	25	1.4		41	45:55	2 290	
7	C30		120~140	0.42	150	25	1.3		38	45:55	2 310	
8	C30W4F100		160~180	0.42	158	25	1.4		40	45:55	2 300	
9	C40		120~140	0.35	150	20	1.3		37	45:55	2 330	
10			160~180	0.35	158	20	1.4		39	45:55	2 320	
11	C50		160~180	0.31	160	15	1.5		38	45:55	2 330	
12	M5		90~110	0.86	290				100		1 990	
13	M10		90~110	0.73	298				100		1 980	
14	M15		90~110	0.68	302				100		1 980	

注：(1)水泥为淮南海螺水泥有限责任公司生产的 P·O 42.5 水泥，密度为 2.98 g/cm³。

(2)粉煤灰为皖能合肥发电有限公司生产的Ⅱ级粉煤灰，密度为 2.04 g/cm³。

(3)细骨料为霍山银河新型材料科技有限公司生产的河砂，密度为 2.58 g/cm³。

(4)粗骨料为安徽省六兴矿业有限公司生产的碎石，小石表观密度为 2.69 g/cm³，中石表观密度为 2.66 g/cm³。

(5)减水剂为徐州市鑫固建材科技有限公司供应的 ZM-4B 型聚羧酸高性能减水剂。

(6)水为拌和站地下水。

续表 2-184

序号	混凝土设计指标	级配	坍落度（cm）	水胶比	用水量（kg/m^3）	粉煤灰（%）	减水剂（%）	引气剂（%）	砂率（%）	粗骨料比例	混凝土密度（kg/m^3）	应用工程名称
1	C30F300(7 d)	常态	130~160	0.29	125	25	1	0.025	37	45:55	2 380	精河二级枢纽工程
2	C25W6F300	常态	120~140	0.44	120	20	0.8	0.025	39	45:55	2 360	
3	C25W6F300	泵送	160~180	0.45	130	20	0.8	0.025	44	45:55	2 350	
4	C25W6F150	常态	120~140	0.44	120	20	0.8	0.023	39	45:55	2 390	
5	C25W6F150	泵送	160~180	0.45	130	20	0.8	0.023	44	45:55	2 380	

注：(1)沙湾天山水泥厂生产的普通硅酸盐水泥 P·O 42.5 水泥和 P. HSR42.5 高抗硫酸盐硅酸盐水泥。

(2)新疆玛纳斯发电有限责任公司生产的 F 类粉煤灰。

(3)五家渠格辉化工有限责任公司生产的 FDN 高效减水剂和 GH-AE 引气剂。

(4)冬特京料场石料生产的人工砂。

(5)小石和中石均采用冬特京料场石料生产的人工碎石。

序号	混凝土设计指标	级配	坍落度（cm）	水胶比	用水量（kg/m^3）	粉煤灰（%）	减水剂（%）	引气剂（%）	砂率（%）	粗骨料比例	混凝土密度（kg/m^3）	应用工程名称
1	C10	二	130~150	0.65	170	30	1.5		46	45:55	2 430	引大济湟西干渠工程
2	C15	二	130~150	0.57	170	30	1.6		46	45:55	2 430	
3	C20	二	130~150	0.50	173	25	1.8		45	45:55	2 420	
4	C20F200	二	130~150	0.50	173	25	1.8		45	45:55	2 420	
5	C25	二	130~150	0.45	173	20	1.9		44	45:55	2 420	
6	C25W6	二	130~150	0.45	173	20	1.9		44	45:55	2 420	
7	C25F200	二	130~150	0.45	173	20	1.9		44	45:55	2 420	
8	C25W4F200	二	130~150	0.45	173	20	1.9		44	45:55	2 420	
9	C25W6F200	二	130~150	0.45	173	20	1.9		44	45:55	2 420	
10	C30	二	130~150	0.39	175	20	2		44	45:55	2 420	
11	C30F200	二	130~150	0.39	175	20	2		44	45:55	2 420	

续表 2-184

序号	混凝土设计指标	级配	坍落度（cm）	水胶比	用水量（kg/m³）	粉煤灰（%）	减水剂（%）	引气剂（%）	砂率（%）	粗骨料比例	混凝土密度（kg/m³）	应用工程名称
12	C30F250	二	130~150	0.39	175	20	2		44	45:55	2 420	引大济湟西干渠工程
13	C30F300	二	130~150	0.39	175	20	2		44	45:55	2 420	
14	C30W6F200	二	130~150	0.39	175	20	2		44	45:55	2 420	
15	C30W6F300	二	130~150	0.39	175	20	2		44	45:55	2 420	
16	C50	二	130~150	0.31	185	—	2.4		39	45:55	2 420	
17	C20F200	二	170~190	0.49	185	25	1.9		49	45:55	2 410	
18	C25W6F200	二	170~190	0.44	187	20	2		49	45:55	2 410	
19	C30W6F300	二	170~190	0.38	188	20	2.1		48	45:55	2 410	

注：(1)水泥为青海祁连山水泥有限公司的 P · O 42.5 水泥。
(2)青海大通兆顺废弃物再生利用有限公司生产的Ⅱ级粉煤灰。
(3)减水剂为西宁不冻泉建材化工有限公司生产的聚羧酸引气高效减水剂。
(4)细骨料为青海贵德砂石料厂河砂，砂 FM=3.14。
(5)粗骨料为青海贵德砂石料厂破碎石。

序号	混凝土设计指标	级配	坍落度（cm）	水胶比	用水量（kg/m³）	粉煤灰（%）	减水剂（%）	引气剂（%）	砂率（%）	粗骨料比例	混凝土密度（kg/m³）	应用工程名称
1	C50W8F100	Ⅱ		0.30	139	10	1		37	50:50	2 420	兰州市水源地建设工程
2	C50W8F100	Ⅱ		0.30	139	10	1		37	50:50	2 420	

注：(1)水泥为永登祁连山水泥有限公司 P · O 42.5，密度为 3.08 g/cm³。
(2)粉煤灰为景泰电厂Ⅰ级灰(C50W8F100 掺量 10%)，密度为 2.33 g/cm³。
(3)砂为永靖县红泉沟洗砂有限责任公司天然砂，密度为 2.62 g/cm³。
(4)人工碎石为磊鑫矿业 5~10 mm 小石、10~20 mm 小石、20~40 mm 中石(比例为 20:30:50)，小石密度为 2.70 g/cm³，中石密度为 2.73 g/cm³。

续表 2-184

序号	混凝土设计指标	级配	坍落度（cm）	水胶比	用水量（kg/m^3）	粉煤灰（%）	减水剂（%）	引气剂（%）	砂率（%）	粗骨料比例	混凝土密度（kg/m^3）	应用工程名称
1	C_{90}25W8F50	Ⅳ	3~5	0.50	87	25	0.7	0.003	21	20:20:30:30	2 470	龙江水电站枢纽工程
2		Ⅲ	3~5	0.50	99	25	0.7	0.003	25	30:30:40	2 450	
3		Ⅲ（溜槽）	9~11	0.50	116	25	0.7	0.003	25	30:30:40	2 450	
4		Ⅲ（富浆）	5~7	0.47	110	25	0.7	0.003	29	30:30:40	2 450	
5		Ⅱ	5~7	0.50	118	25	0.7	0.003	29	40:60	2 430	
6		Ⅱ（富浆）	7~9	0.47	130	25	0.7	0.003	33	40:60	2 430	
7		Ⅰ	5~7	0.50	138	25	0.7	0.003	33	100	2 410	
8		Ⅰ（富浆）	7~9	0.47	151	25	0.7	0.003	37	100	2 410	
9		砂浆	9~11	0.47	235	25	0.7	0.003	100	—	2 200	
10	C_{90}30W8F50	Ⅳ	3~5	0.46	87	25	0.7	0.003	21	20:20:30:30	2 470	
11		Ⅲ	3~5	0.46	99	25	0.7	0.003	25	30:30:40	2 450	
12		Ⅲ（溜槽）	9~11	0.46	116	25	0.7	0.003	25	30:30:40	2 450	
13		Ⅲ（富浆）	5~7	0.43	110	25	0.7	0.003	29	30:30:40	2 450	
14		Ⅱ	5~7	0.46	118	25	0.7	0.003	29	40:60	2 430	
15		Ⅱ（富浆）	7~9	0.43	130	25	0.7	0.003	33	40:60	2 430	
16		Ⅰ	5~7	0.46	138	25	0.7	0.003	33	100	2 410	
17		Ⅰ（富浆）	7~9	0.43	151	25	0.7	0.003	37	100	2 410	
18		砂浆	9~11	0.43	235	25	0.7	0.003	100	—	2 200	

注：（1）水泥为上登 42.5 中热水泥。

（2）掺合料为江腾火山灰。

（3）外加剂为 SFG、YM-8、SH-2 缓凝高效减水剂，SH-C 引气剂。

（4）骨料为龙江天然骨料。

续表 2-184

序号	混凝土设计指标	级配	坍落度(cm)	水胶比	用水量(kg/m^3)	粉煤灰(%)	减水剂(%)	引气剂(%)	砂率(%)	粗骨料比例	混凝土密度(kg/m^3)	应用工程名称
1	C30W8F50	Ⅲ	3~5	0.43	99	25	0.7	0.003	25	30:30:40	2 450	龙江水电站枢纽工程
2		Ⅱ	5~7	0.43	118	25	0.7	0.003	29	40:60	2 430	
3		Ⅰ	5~7	0.43	138	25	0.7	0.003	33	100	2 410	
4		砂浆	9~11	0.40	235	25	0.7	0.003	100	—	2 200	
5	C35W8F50	Ⅲ	3~5	0.38	109	10	0.7	0.003	24	30:30:40	2 450	
6		Ⅱ	5~7	0.38	131	10	0.7	0.003	28	40:60	2 430	
7		Ⅰ	5~7	0.38	151	10	0.7	0.003	32	100	2 410	
8		砂浆	9~11	0.35	235	10	0.7	0.003	100	—	2 200	
9	C30F50	Ⅲ	3~5	0.45	103	—	0.7	—	26	30:30:40	2 450	
10		Ⅱ	5~7	0.45	122	—	0.7	—	30	40:60	2 430	
11		Ⅰ	5~7	0.45	142	—	0.7	—	34	100	2 410	
12		砂浆	9~11	0.42	235	—	0.7	—	100	—	2 200	
13	C30W8	Ⅰ	5~7	0.46	138	—	0.7	0.003	35	100	2 410	
14		砂浆	9~11	0.43	235	—	0.7	0.003	100	—	2 200	
15	C25F50	Ⅲ	3~5	0.50	103	—	0.7	—	26	30:30:40	2 450	
16		Ⅱ	5~7	0.50	122	—	0.7	—	30	40:60	2 430	
17		Ⅰ	5~7	0.50	142	—	0.7	—	34	100	2 410	
18		砂浆	9~11	0.47	235	—	0.7	—	100	—	2 200	
19	C25F50	Ⅲ	3~5	0.46	102	25	0.7	0.003	25	30:30:40	2 450	
20		Ⅱ	5~7	0.46	121	25	0.7	0.003	29	40:60	2 430	
21		Ⅰ	5~7	0.46	142	25	0.7	0.003	33	100	2 410	
22		砂浆	9~11	0.43	235	25	0.7	0.003	100	—	2 200	

续表 2-184

序号	混凝土设计指标	级配	坍落度（cm）	水胶比	用水量（kg/m³）	粉煤灰（%）	减水剂（%）	引气剂（%）	砂率（%）	粗骨料比例	混凝土密度（kg/m³）	应用工程名称
23	C20W8	Ⅱ	13~15	0.48	142	25	0.7	0.003	36	60:40:00	2 430	龙江水电站枢纽工程
24		Ⅰ	13~15	0.48	162	25	0.7	0.003	40	100	2 410	
25		砂浆	9~11	0.45	235	25	0.7	0.003	100	—	2 200	
26	C25F50	Ⅲ	3~5	0.46	102	25	0.7	0.003	25	30:30:40	2 450	
27		Ⅱ	5~7	0.46	121	25	0.7	0.003	29	40:60	2 430	
28		Ⅰ	5~7	0.46	142	25	0.7	0.003	33	100	2 410	
29		砂浆	9~11	0.43	235	25	0.7	0.003	100	—	2 200	
30	C20	Ⅱ	5~7	0.50	135	—	0.6	—	32	40:60	2 430	
31		Ⅰ（喷）	—	0.48	240	—	速凝剂:4%		50	100	2 410	
32		砂浆	9~11	0.43	235	—	0.6	—	100	—	2 200	

注：(1)水泥为上登 42.5 普通水泥。
(2)掺合料为江腾火山灰。
(3)外加剂为 SFG、YM-8、SH-2 缓凝高效减水剂，SH-C 引气剂。
(4)骨料为龙江天然骨料。

1	C_{90}15W4F50	三	90~110	0.55	125	35	0.8	0.04	30	25:35:40	2 430	三岔河水库工程
2	C_{90}20W8F100	三	50~70	0.52	112	30	0.8	0.04	30	25:35:40	2 430	
3		富浆三	50~70	0.52	117	30	0.8	0.04	33	25:35:40	2 420	
4		二	70~90	0.52	135	30	0.8	0.04	32	40:60	2 410	
5		砂浆	90~110	0.49	250	30	0.8	0.04	100		2 150	

续表 2-184

序号	混凝土设计指标	级配	坍落度(cm)	水胶比	用水量(kg/m³)	粉煤灰(%)	减水剂(%)	引气剂(%)	砂率(%)	粗骨料比例	混凝土密度(kg/m³)	应用工程名称
6	C9025W8F100	三	50~70	0.48	115	30	0.8	0.04	30	25:35:40	2 430	三岔河水库工程
7		富浆三	50~70	0.48	120	30	0.8	0.04	33	25:35:40	2 420	
8		二	70~90	0.48	135	30	0.8	0.04	32	40:60	2 400	
9		砂浆	90~110	0.45	250	30	0.8	0.04	100		2 150	
10	C9030W8F100	三	50~70	0.40	120	30	0.8	0.04	29	25:35:40	2 430	
11		砂浆	90~110	0.37	260	20	0.8	0.04	100		2 150	
12	C30W6F100	二	70~90	0.40	140	20	0.8	0.04	31	40:60	2 400	
13		砂浆	90~110	0.35	260	20	0.8	0.04	100		2 150	
14	C20	二	70~90	0.50	135	20	0.8	0.03	32	40:60	2 400	
15	C25	二(泵送)	130~150	0.45	150	20	0.8	0.03	38	45:55	2 390	
16		砂浆	90~110	0.42	270	20	0.8	0.03	100		2 150	

注:(1)水泥为紫江 P. O 42.5 普通水泥。

(2)掺合料为黔西利源Ⅱ级粉煤灰。

(3)外加剂为金凯奇萘系高效减水剂,金凯奇 JM-AE 型引气剂。

(4)骨料为人工灰岩粗、细骨料。

序号	混凝土设计指标	级配	坍落度(cm)	水胶比	用水量(kg/m³)	粉煤灰(%)	减水剂(%)	引气剂(%)	砂率(%)	粗骨料比例	混凝土密度(kg/m³)	应用工程名称
1	C40W4F200	Ⅰ	180±30	0.35	160	10+15	3.4	0.08	38	100	2 260	沧州市渤海新区板堂河
2	C40W4F200	Ⅱ	180±30	0.35	155	10+15	3.4	0.08	38	55:45	2 270	
3	C20F150	Ⅰ	180±30	0.50	165	10+15	3.4	0.08	41	100	2 280	
4	C15	Ⅰ	180±30	0.55	165	10+15	3.4	0.08	41	100	2 280	
5	C15	Ⅱ	180±30	0.55	160	10+15	3.4	0.08	41	55:45	2 300	

注:(1)天然砂细度模数为 2.2~3.0。

(2)二级配粗骨料 5~20 mm、20~40 mm。

(3)C40W4F200 一级配、二级配混凝土配合比均可使用河北金隅鼎鑫水泥有限公司生产的 P. HSR42.5 水泥和 P·O 42.5 水泥。

续表 2-184

序号	混凝土设计指标	级配	坍落度(cm)	水胶比	用水量(kg/m³)	粉煤灰(%)	减水剂(%)	引气剂(%)	砂率(%)	粗骨料比例	混凝土密度(kg/m³)	应用工程名称
1	C25F50W8	Ⅱ	0.48	15~18	155	20	0.5		41	60:40	2 420	
2	C25F50W8	Ⅱ	0.48	15~18	155	20	0.5		41	60:40	2 420	

注:(1)水泥采用昆明水泥厂生产的 P · O 42.5 水泥。

(2)粉煤灰采用云南恒威公司粉煤灰分公司生产的二级灰。

(3)外加剂采用江苏博特新材料有限公司生产的 JM-Ⅱ、四川宜宾齐力化工建材厂生产的 QL5-6Ⅱ和贵阳高新筑林混凝土外加剂厂生产的 ZL-B 三种粉态泵送剂。

(4)砂石料为业主指定生产料场、花坡沟云南路桥公司五处生产。拌和用水采用中国水电四局掌鸠河项目部生活饮用水。

1	C15	一	70~90	0.57	145	30	0.7	—	42	100		那棱格勒河三级水电站
2	C15	二	50~70	0.57	120	30	0.7	—	39	40:60		
3	C15	二	70~90	0.57	125	30	0.7	—	40	40:60		
4	C15	三	50~70	0.57	100	30	0.7	—	33	30:30:40		
5	C20	一	70~90	0.51	145	30	0.8	—	41	100		
6	C20	二	70~90	0.51	125	30	0.8	—	39	40:60		
7	C20	二	130~150	0.51	150	20	0.8	—	46	60:40		
8	C20	三	50~70	0.51	100	20	0.8	—	32	30:30:40		
9	C20W6F300	一	70~90	0.50	145	25	0.8	0.5	41	100		
10	C20W6F300	二	70~90	0.50	125	25	0.8	0.5	39	40:60		
11	C20W6F300	二	130~150	0.50	150	20	0.8	0.5	46	60:40		
12	C25	二	70~90	0.46	125	20	0.8	—	37	40:60		
13	C25	三	50~70	0.46	102	20	0.8	—	32	30:30:40		
14	C25W4F300	二	70~90	0.44	125	20	0.8	0.5	37	40:60		

续表 2-184

序号	混凝土设计指标	级配	坍落度(cm)	水胶比	用水量(kg/m^3)	粉煤灰(%)	减水剂(%)	引气剂(%)	砂率(%)	粗骨料比例	混凝土密度(kg/m^3)	应用工程名称
15	C25W4F300	二	130~150	0.44	150	15	0.8	0.5	45	60:40		那棱格勒河三级水电站
16	C25W4F300	三	50~70	0.44	102	20	0.8	0.5	32	30:30:40		
17	C25W6F300	一	70~90	0.44	145	20	0.8	0.5	41	40:60		
18	C25W6F300	二	70~90	0.44	125	20	0.8	0.5	37	40:60		
19	C25W6F300	二	130~150	0.44	150	15	0.8	0.5	45	60:40		
20	C25W6F300	三	50~70	0.44	102	20	0.8	0.5	32	40:60		
21	C40	二	70~90	0.35	150	10	0.9	0.4	34	40:60		
22	C40	三	50~70	0.35	125	10	0.9	0.4	30	40:60		
23	M20	—	90~110	0.50	275	20	0.6	—	100			
24	M25	—	90~110	0.45	275	20	0.6	—	100			
25	M10	—	30~50	0.80	295	—	—	—	100			
26	M7.5	—	50~70	0.92	300	—	—	—	100			

注：(1)采用绝对体积法进行计算，材料密度：水泥为 3.1 g/cm^3、粉煤灰为 2.4 g/cm^3、砂子为 2.7 g/cm^3、小石为 2.8 g/cm^3、中石为 2.8 g/cm^3、大石为 2.82 g/cm^3；生产使用时以进场材料检测密度进行计算。

(2)C40 混凝土硅粉掺量按照胶凝材料总量减掉粉煤灰质量后 5%计算。

(3)砂宜控制在 FM=2.6~3.0。

(4)骨料级配：常态二级配混凝土，小石:中石=40:60；泵送混凝土，小石:中石=60:40；三级配混凝土，小石:中石:大石=30:30:40。

续表 2-184

序号	混凝土设计指标	级配	坍落度(cm)	水胶比	用水量(kg/m³)	粉煤灰(%)	减水剂(%)	引气剂(%)	砂率(%)	粗骨料比例	混凝土密度(kg/m³)	应用工程名称
1	C35W6F200	二	6~8	0.38	122	20	0.8	0.006	33	40:60	2 420	南水北调中线总干渠漕河渡槽段
2	C25F150	三	4~6	0.45	108	25	0.8	0.005	30	30:30:40	2 460	
3	C25F150	二	12~18	0.45	140	30	0.8	0.005	40	60:40	2 380	
4	C25F50	二	12~18	0.42	150	30	0.8	0.003	41	60:40	2 380	
5	C25W4F150	二	6~8	0.45	122	25	0.8	0.005	34	40:60	2 420	
6	C20W4F150	二	6~8	0.52	122	30	0.8	0.005	35	40:60	2 420	
7	C30F150	二	6~8	0.42	122	20	0.8	0.005	33	40:60	2 420	
8	C10	二	6~8	0.65	128	35	0.8		35	40:60	2 420	

注:(1)除 CHG-4 配合比采用 P·O 32.5R 水泥外,其他配合比均采用 P·O 42.5 水泥。

(2)粉煤灰为Ⅰ级粉煤灰。

(3)骨料为天然砂和人工碎石。

(4)外加剂采用河北省石家庄市长安育才建材有限公司生产的 GK 系列外加剂。

(5)骨料级配:混凝土二级配,小石:中石=40:60,三级配,小石:中石:大石=30:30:40;泵送混凝土级配,小石:中石=6:40。

序号	混凝土设计指标	级配	坍落度(cm)	水胶比	用水量(kg/m³)	粉煤灰(%)	减水剂(%)	引气剂(%)	砂率(%)	粗骨料比例	混凝土密度(kg/m³)	应用工程名称
1	C50F200W6	二	120~180	0.30	145	20	1.1	0.003	42		2 400	南水北调中线总干渠漕河渡槽段
2		二	70~90	0.30	130	20	1.1	0.003	38		2 400	
3		二	120~180	0.33	145	20	1.1	0.003	42		2 400	
4		二	70~90	0.33	130	20	1.1	0.003	38		2 400	

注:(1)首选方案为单掺粉煤灰方案(1、2 号配合比);备用方案为掺粉煤灰 20%、硅粉 3%配合比(3、4 号配合比)。

(2)原材料为太行 P·O 42.5 水泥,微水或衡水Ⅰ级粉煤灰,硅粉,上海淘正化工有限公司 SP-1 聚羧酸高效减水剂。

(3)骨料为漕河渡槽槽身骨料,天然砂 FM=2.6~2.8。

(4)粗骨料为人工碎石,最大粒径 25 mm;骨料级配为 5~10 mm:10~25 mm=35:65。

续表 2-184

序号	混凝土设计指标	级配	坍落度(cm)	水胶比	用水量(kg/m³)	粉煤灰(%)	减水剂(%)	引气剂(%)	砂率(%)	粗骨料比例	混凝土密度(kg/m³)	应用工程名称
1	C10	Ⅰ	16~20	0.60	158	40	1.3		100	100	2 320	双洎河
2		Ⅱ	5~7	0.60	136	40	1.3		60	60:40	2 350	
3		Ⅱ泵送	15~17	0.60	153	40	1.3		60	60:40	2 350	
4	C30F200	Ⅱ	7~9	0.43	140	15	1.3		60	60:40	2 350	
5		Ⅱ泵送	15~17	0.43	154	15	1.3		60	60:40	2 350	
6	C30F150	Ⅰ	7~9	0.43	145	20	1.3		100	100	2 320	
7		Ⅱ	7~9	0.43	140	20	1.3		60	60:40	2 350	
8		Ⅱ泵送	15~17	0.43	154	20	1.3		60	60:40	2 350	
9	C30W6F150	Ⅱ	18~22	0.43	168	20	1.3		60	60:40	2 350	
10	C25F150	Ⅱ	7~9	0.48	140	25	1.3		60	60:40	2 350	
11	C50F200	Ⅰ	11~13	0.30	145	15	1.3		100	100	2 350	
12	C50F200	Ⅰ泵送	18~22	0.30	153	15	1.3		100	100	2 350	
13	C15F150	Ⅱ	7~9	0.58	140	30	1.3		60	60:40	2 350	
14	C15	Ⅰ	7~9	0.58	145	30	1.3		100	60:40	2 320	
15	C30W6F150	Ⅱ	7~9	0.42	142	20	1.3		60	60:40	2 350	

注：(1)天瑞集团郑州水泥有限公司 P. O 42.5 普硅水泥、贾峪福存石料厂。

(2)河南省郑州民安粉煤灰利用科技有限公司Ⅰ、Ⅱ级粉煤灰，C50 采用Ⅰ级粉煤灰，其余采用Ⅱ级粉煤灰。

(3)山西黄腾化工有限公司 HT-HPC 减水剂，山西黄腾化工有限公司生产的 HT-U 型膨胀剂。

(4)贾峪福存石料厂人工砂石骨料，人工砂 FM=2.4~2.8；骨料级配：小石：中石=60:40。

续表 2-184

序号	混凝土设计指标	级配	坍落度（cm）	水胶比	用水量（kg/m³）	粉煤灰（%）	减水剂（%）	引气剂（%）	砂率（%）	粗骨料比例	混凝土密度（kg/m³）	应用工程名称
1	C20F150W6	Ⅰ	90~110	0.5	145	20	1.2	0.05	44	100	2 310	鲁山
2	C20F150	Ⅱ	90~110	0.5	135	20	1.2	0.05	42	45:55	2 330	
3	C20F150W6	Ⅱ	130~150	0.5	145	20	1.2	0.05	44	45:55	2 310	
4	C25F150W6	Ⅱ	130~150	0.45	145	20	1.2	0.05	44	45:55	2 310	
5	C25F150W6	Ⅱ	130~150	0.45	145	20	1.2	0.05	44	45:55	2 310	
6	C25F200W8	Ⅱ	130~150	0.45	145	20	1.2	0.05	44	45:55	2 310	
7	C25F100W8	Ⅰ	90~110	0.45	145	20	1.2	0.05	44	100	2 310	
8	C30F150W6	Ⅱ	130~150	0.4	145	20	1.2	0.05	44	45:55	2 320	
9	C30F200W8	Ⅰ	130~150	0.4	150	20	1.4	0.05	45	100	2 300	
10	C30F150W6	Ⅰ	130~150	0.4	150	20	1.4	0.05	45	100	2 300	
11	C35F200W8	Ⅱ	130~150	0.38	145	20	1.2	0.05	44	45:55	2 320	
12	C10	Ⅱ	90~110	0.6	135	20	1.2	—	40	45:55	2 330	

注：(1)水泥采用天瑞集团南召水泥有限公司生产的 P·O 42.5 低碱水泥。

(2)粉煤灰为平顶山姚孟粉煤灰有限公司生产的Ⅰ级粉煤灰。

(3)外加剂选用山西凯迪有限公司生产的 KDPCA 型聚羧酸高性能减水剂(液体)、KDSF 引气剂(液体)。

(4)粗骨料采用鲁山县塔坡石料场生产的 5~20 mm、20~40 mm 碎石。

(5)细骨料采用鲁山高岸头天然砂。

2.6　水利工程混凝土配合比现场应用及相关问题

2.6.1　易发生的问题及原因分析

2.6.1.1　混凝土坍落度损失的原因及补救措施

1. 混凝土坍落度损失的原因

(1)混凝土外加剂与水泥适应性不好引起混凝土坍落度损失快。

(2)混凝土外加剂掺量不够,缓凝、保塑效果不理想。

(3)天气炎热,某些外加剂在高温下失效;水分蒸发快;气泡外溢造成新拌混凝土坍落度损失快。

(4)初始混凝土坍落度太小,单位用水量太少,造成水泥水化时的石膏溶解度不够;一般,$s_{10} \geq 20$ cm 的混凝土坍落度损失慢;反之,则快。

(5)一般坍落度损失快慢次序为:高铝水泥>硅酸盐水泥>普通硅酸盐水泥>矿渣硅酸盐水泥>掺合料的水泥。

(6)工地与搅拌站协调不好,压车、塞车时间太长,导致混凝土坍落度损失过大。

2. 混凝土坍落度损失的补救措施

(1)调整混凝土外加剂配方,使其与水泥相适应。施工前,务必做混凝土外加剂与水泥适应性试验。

(2)调整混凝土配合比,提高砂率、用水量,将混凝土初始坍落度调整到 20 cm 以上。

(3)掺加适量粉煤灰,代替部分水泥。

(4)适量加大混凝土外加剂掺量(尤其在气温比平常高得多时)。

(5)防止水分蒸发过快、气泡外溢过快。

(6)选用矿渣水泥或火山灰质水泥。

(7)改善混凝土运输车的保水、降温装置。

2.6.1.2　混凝土易出现泌水、离析问题的原因及解决方法

1. 混凝土易出现泌水、离析问题的原因

(1)水泥细度大时易泌水,水泥中 C3A 含量低易泌水,水泥标准稠度用水量小易泌水,矿渣比普硅易泌水,火山灰质硅酸盐水泥易泌水,掺Ⅰ级粉煤灰易泌水,掺非亲水性混合材的水泥易泌水。

(2)水泥用量小易泌水。

(3)强度等级低的水泥比强度等级高的水泥混凝土易泌水(同掺量)。

(4)配同等级混凝土,强度等级高的水泥混凝土比强度等级低的水泥混凝土更易泌水。

(5)单位用水量偏大的混凝土易泌水、离析。

(6)强度等级低的混凝土易出现泌水(一般)。

(7)砂率小的混凝土易出现泌水、离析现象。

(8)连续粒径碎石比单粒径碎石的混凝土泌水小。

(9)混凝土外加剂的保水性、增稠性、引气性差的混凝土易出现泌水。

(10)超掺混凝土外加剂的混凝土易出现泌水、离析。

2. 混凝土易出现泌水、离析问题的解决办法

(1)根本途径是减少单位用水量。

(2)增大砂率,选择合理的砂率。

(3)增大水、水泥用量或掺适量的Ⅱ、Ⅲ级粉煤灰。

(4)采用连续级配的碎石,且针片状含量小。

(5)改善混凝土外加剂性能,使其具有更好的保水、增稠性,或适量降低混凝土外加剂掺量(仅限现场),搅拌站若降低混凝土外加剂掺量,又可能出现混凝土坍落度损失快的新问题。

2.6.1.3 混凝土蜂窝麻面形成原因以及处理方法

1. 混凝土蜂窝麻面形成原因

(1)蜂窝。蜂窝是指混凝土结构局部出现酥松,砂浆少、石子多,石子之间形成空隙类似蜂窝状的窟窿。其产生原因如下:

1)混凝土配合比不当,石子、水泥材料加水不准造成砂浆少,石子多。

2)混凝土搅拌时间不够,未拌均匀,和易性差,振捣不密实。

3)下料不当或下料过高,未设串筒使石子集中,造成石子、砂浆离析。

4)混凝土未分层下料,振捣不实,或漏振,或振捣时间不够。

5)模板缝隙不严密,水泥浆流失。

6)钢筋较密,使用石子粒径过大或坍落度过大。

7)基础、柱子、墙根部位未稍加间歇就继续灌上层混凝土。

(2)麻面。麻面是指混凝土局部表面出现缺浆和许多小凹坑、麻点,形成粗糙面,但无钢筋外露现象。其产生的原因如下:

1)模板表面粗糙或黏附水泥浆渣等杂物未清理干净,拆模板时混凝土表面被粘坏。

2)模板未浇水湿润或湿润不够,构件表面混凝土的水分被吸去,使混凝土失水过多出现麻面。

3)模板拼缝不严密,局部漏浆。

4)模板隔离剂涂刷不匀,或局部漏刷或失效,混凝土表面与模板黏结造成麻面。

5)混凝土振捣不实,气泡未排出,停在模式板表面,形成麻点。

(3)空洞。空洞是指混凝土结构内部有尺寸较大的空隙,局部没有混凝土或蜂窝特别大,钢筋局部或全部裸露。其产生的原因如下:

1)在钢筋较密的部位或预留洞和埋设件处,混凝土下料被搁住,未振捣就继续浇筑上层混凝土。

2)混凝土离析,砂浆分离、石子成堆、严重跑浆,又未进行振捣。

3)混凝土内掉入工具、木块、泥块等杂物,混凝土被卡住。

(4)露筋。露筋是指混凝土内部主筋、架立筋、箍筋局部裸露在结构构件表面。其产生原因如下:

1)灌筑混凝土时钢筋保护层垫块位移,或垫块太少或漏放,致使钢筋紧贴模板外露。

2)结构构件截面小,钢筋过密,石子卡在钢筋上,使水泥砂浆不能充满钢筋周围,造成露筋。

3)混凝土配合比不当,产生离析,靠模板部位缺浆或模板漏浆。

4)混凝土保护层太小,或保护处漏振或振捣不实,或振捣棒撞击钢筋或踩踏钢筋,使钢筋移动造成露筋。

5)木模板未浇水湿润,吸水黏结或脱模过早,拆模时缺棱、掉角,导致露筋。

2. 混凝土蜂窝麻面的防治措施

(1)蜂窝防治。

1)认真设计,严格控制混凝土配合比,经常检查,做到计量准确。

2)混凝土拌和均匀,坍落度适合(大体积混凝土坍落度为 12~18,地下室等层高较高部位为 18~22,楼层为 16~20)。

3)混凝土下料高度超过 2 m 应设串筒或溜槽,浇灌应分层下料,分层捣固(每层浇筑高度不超过 600 mm),防止漏振。

4)模板应堵塞严密,基础、柱子、墙根部位应在下部浇完,间隔 1~1.5 h,沉实后再浇灌上部混凝土,避免出现“烂脖子”。

(2)麻面防治。

1)模板表面要清理干净,不得粘有干硬水泥砂浆等杂物。

2)浇灌混凝土前,模板缝应浇水充分湿润。

3)模板缝隙应用包装胶带纸或腻子等堵严,模板隔离剂应选用长效的涂刷均匀,不得漏刷。

4)混凝土分层均匀振捣密实,并用木锤敲打模板外侧,使气泡排出为止。

(3)孔洞防治。

1)在钢筋密集处及复杂部位如柱的节点处,应采用细石混凝土浇灌,使其在模板内充满。

2)认真分层振捣密实或配人工捣固。

3)预留洞口应两侧同时下料,侧面加开浇灌口,严防漏振。

4)砂石中混有的黏土块、模板工具等杂物掉入混凝土内,应及时清除干净。

(4)露筋防治。

1)浇灌混凝土时,应保证钢筋位置和保护层厚度正确,并加强检查。

2)钢筋密集时,应选用适当粒径的石子,保证混凝土配合比准确和良好的和易性。

3)浇灌高度超过 2 m,应用串筒或溜槽进行下料,以防止离析。

4)模板应充分湿润并认真堵好缝隙;混凝土振捣严禁撞击钢筋,在钢筋密集处,可采用刀片或振捣棒进行振捣。

5)操作时,避免踩踏钢筋,如有踩弯或脱扣等,及时调直修正。

6)保护层混凝土要振捣密实。

7)正确掌握脱模时间,防止过早拆模,碰坏棱角。

3. 处理方法

(1)蜂窝处理方法。

1)小蜂窝。洗刷干净后,用1:2或1:2:5水泥砂浆抹平压实。

2)较大的蜂窝。先凿去蜂窝处薄弱松散颗粒,刷洗净后,支模用高一级的细石混凝土仔细填塞捣实,较深的蜂窝如清除困难,可埋压浆管、排气管,表面抹砂浆或灌筑混凝土封闭后进行水泥压浆处理。

(2)麻面处理方法。

表面作粉刷的可不处理,表面未作粉刷的,就在麻面局部浇水充分湿润后,用原混凝土配合比去石子砂浆,将麻面抹平压光。

2.6.1.4 混凝土外加剂在混凝土中的影响

(1)能显著改善混凝土的性能。掺入减水剂,可以改善混凝土拌合物的流动性;掺入缓凝剂,可以推迟混凝土拌合物的凝结时间,更有利于施工;掺入防水剂,可以改善混凝土的耐久性;掺入膨胀剂,可以使混凝土具有微膨胀性能,使混凝土在硬化过程中产生适度膨胀,可以减少或消除混凝土干缩和冷缩裂缝。

(2)用量少,简单、经济。例如,为了缩短工期,加快进度,可以使用混凝土早强剂。

(3)使一些对施工工艺有特殊要求的混凝土工程得以顺利施工。

(4)在混凝土中加入减水剂,在保持强度和坍落度不变的情况下,可节约水泥10%以上,是节约水泥的良好途径,同时不会对混凝土工程质量造成影响。

(5)只需加入少量外加剂,就可以改善混凝土特性,从而可以代替多个水泥品种,节约成本。

2.6.1.5 水利工程混凝土施工存在的问题及技术对策

水工混凝土工程主要包括混凝土的配料、拌制、运输、浇筑、养护、拆模等施工过程,其工艺流程均相互联系和相互影响,在施工中任一过程处理不当都会影响到混凝土工程的最终质量。

1. 水工混凝土在施工过程中存在的主要问题

(1)钢筋的锈蚀与混凝土裂缝。

由于钢筋的氧化锈蚀伴随体积膨胀,致使混凝土沿主筋或箍筋方向产生裂缝。水泥的安定性不良,混凝土的水灰比太大,早期强度低,失水太快,也会引起开裂。

(2)结构疏散与水分转移缝。

结构疏散的混凝土,以表面呈冰晶、土黄色,砂浆骨料结合脆弱,声音空哑等为特征。同时由于混凝土内部压力、温差、湿度差,水分自边缘向中心移动造成空隙。

(3)表面起灰。

以砂浆和粗骨料相脱离、表面起灰、骨料裸露为特征。主要是由于混凝土混合物水灰比太大,离析,泌水严重,黏聚性、保水性差,加上养护温度低,水泥水化趋于停止,混凝土水分迅速外离,导致表面起灰。

(4)结晶腐蚀。

混凝土表面返霜,混凝土硬化后,某种外加剂溶液通过毛细管的作用渗到混凝土表面,而混凝土表面的水分则逐渐蒸干,此种情况还将影响混凝土与饰面层的结合。

2. 水利混凝土施工技术对策

(1)水利混凝土选料对策。

组成混凝土的材料是胶结料(水泥)、细骨料、粗骨料及水,施工时应根据结构设计所要求的混凝土强度等级,选择施工地区常用的配合比或经实验室提供的配合比,同时,在进行混凝土的选料时,还要注意以下环节:

1)水工混凝土水泥的优选。水工混凝土常用的水泥有硅酸盐水泥、普通硅酸盐水泥、矿渣硅酸盐水泥、大坝水泥、火山灰质硅酸盐水泥及粉煤灰硅酸盐水泥,其质量均应符合国家标准的规定。常用水泥的主要技术标准有细度、凝结时间、安定性和强度,均要满足要求。

2)水利混凝土中砂的优选。水利混凝土中用砂应根据优质经济、就地取材的原则进行选择。砂料应质地坚硬、清洁、级配良好,使用山砂、特细砂,应经过试验论证。砂在运输和储存时不得混入影响混凝土正常凝结与硬化的有害杂质,应该注意清扫运输工具,勿混入有害杂质。另外,砂的堆放场地应平整、排水通畅,宜铺筑混凝土地面。

3)水利混凝土中石的优选。选用卵石或碎石作为混凝土的粗骨料,必须根据具体情况,考虑是否就地取材、是否经济适用。卵石、碎石的最大粒径不应超过钢筋净间距的 2/3 及构件断面的最小边长的 1/4。对少筋或无筋结构,应选用较大的粗骨料粒径。

(2)水利混凝土搅拌对策。

拌制混凝土有多种方法,一般都是用搅拌机拌制混凝土。在搅拌混凝土时,当混凝土搅拌完毕或预计停歇 1 h 以上时,除将余料出净外,应将石子和清水放入搅拌机筒内,开动一段时间将粘在料筒上的砂浆冲洗干净后全部卸出,搅拌筒内不得有积水,以防止筒身和叶片生锈,同时还应清理搅拌筒外积灰,使机械保持清洁完好。进行现场混凝土的搅拌时,搅拌站最好能靠近垂直运输机械服务半径的范围内,以便将混凝土直接卸于吊装斗中。

3. 水利混凝土的运输与浇筑

混凝土的运输设备应根据结构特点、混凝土工程量的大小、每天或每小时混凝土浇筑量、水平及垂直运输距离、道路条件、气候条件等各种因素综合考虑后确定。混凝土在运输过程中要求做到以下几点:①保持混凝土的均匀性,不产生严重的离析现象,否则浇筑后容易形成蜂窝或麻面。②运输时间,应保证混凝土在初凝前浇筑,尽量减少混凝土的转运次数,当使用快硬性水泥或有促凝剂的混凝土时,其运输时间应由试验进行确定。

4. 水利混凝土的养护

混凝土浇筑捣实后逐渐凝固硬化,这个过程主要是水泥的水化作用来实现的,而水化作用必须在适当的温度和湿度条件下才能完成,可以改变常规做法,晚间浇筑混凝土,抓紧时间进行现场人工振浆和初抹面两遍,压砂整平后盖上保温层,待白天气温升高到 0 ℃之上时再进行最后一道抹面和压纹。混凝土铺筑后,采用蓄热法保温养护混凝土四边,一定要加厚盖好,减少空气对流。使用抗冻剂的混凝土工程,外露表面要采用彩胶布加草袋进行覆盖,严禁浇水养护。

5. 水利混凝土强度的控制

水利混凝土的极限抗压强度的龄期应与设计龄期一致,混凝土施工质量控制应以标准条件养护的试件抗压强度为准。混凝土不同龄期的抗压强度比值应由试验确定。现场混凝土质量检验以抗压强度为主,取样数量应符合规范要求。

2.6.2 混凝土施工过程中配合比调整优化实例

因为配合比的经济优化必须对应同一个地区、原材料的来源、不同项目的混凝土生产控制水平、施工季节的不同,混凝土生产、运输、浇筑浇捣、养护方式等不同,所以配合比的优化只能从理论上从配合比设计、配合比在生产中的优化等方面进行分析,重在施工过程中的控制。控制的重点在于原材料的选择和材料进厂的验收与检验及严格控制拌和生产管理的各个环节。

2.6.2.1 配合比理论设计

1. 正确选择材料

混凝土使用的材料种类较多,我们根据材料标准、使用说明书及实际经验,将混凝土常用的材料进行归纳整理,了解其特性,如水泥的凝结时间、保水性、强度富余系数、抗腐蚀能力,砂子的细度模数、级配区、含泥量、泥块含量,碎石的颗粒级配、含泥量、泥块含量、压碎值、针片状含量,外加剂的掺量、减水效果、对凝结时间和强度的影响程度,材料间的相容性,也就是什么样的水泥与什么样的外加剂适应, 确保材料选择最优、最经济。

原材料可行性分析如下:

(1)水泥。

检验采用国际上通用的《水泥胶砂强度检验方法》(ISO 法),比任何代用法都更具有科学性。而且在多年的使用过程中,发现大厂水泥和小厂水泥有着质量上的区别:大厂水泥比较稳定,但强度富余系数没有小厂的大;水泥进场温度直接影响混凝土拌合物性能及其质量,生产企业对水泥仓储温度的控制越好,混凝土质量越好。

(2)细集(骨)料。

随着基础建设的增加,优质优良的河沙越来越少,河道私挖乱采也破坏了生态平衡,质量良莠不齐,经调查发现,拥有大型的采砂设备,且河道宽阔、水流不太急的厂家,根据季节变化,在生产过程中如果能二次将生产出来的河沙堆码存放后再出厂,河沙质量最好,且质量均匀稳定。

地域的不同造成有些地方缺少河沙,优质的机制砂也是混凝土生产选择原材料的首选之一,机制砂的生产要有专用的生产设备,仅采用破碎山石剩余的<4.75 mm 颗粒是不可取的,机制砂的生产有条件的经过水洗,质量比河沙还要好。

(3)粗集(骨)料。

粗集料的选择也和地域有很大关系,但选择粗集料的关键在于母岩的品种、形成、结构,但生产设备、厂家的生产管理水平也决定着碎石成品的品质,在检验过程中发现碎石的粒型、颗粒级配、含泥量为影响混凝土品质的主要因素,故在选择碎石厂家时,不仅要对母岩进行判断,而且要对生产厂家的生产过程、生产能力、质量控制方法要有所了解。

(4)外加剂。

随着建筑技术的发展,各种各样的外加剂不断涌现,特别是聚羧酸减水剂的大量应用,不仅改变了混凝土的各种性能,而且为混凝土施工工艺的发展和混凝土新品种的发展创造了良好的条件,但供应商之间的不公平竞争导致质量的下降十分严重,甚至有的 1% 掺量减水率低于 16%,不如其他系列的高效减水剂,致使现场混凝土拌合物质量难以控制,且大大增加成本,增加试验室现场监控工作和试验检测强度。

(5)矿物掺合料。

粉煤灰、矿粉近年来成为工地上最常见的矿物掺合料,粉煤灰中含有大量球形颗粒,可以改善粉煤灰混凝土拌合物的泵送性能和在振动外力作用下密实成型的性能。粉煤灰原本是一种工业废渣,价格低廉,但在基础建设增加的现状下,大家争先使用,导致粉煤灰价格上涨,常会出现供不应求的局面,导致假粉煤灰、劣质粉煤灰常出现在工地,因此加强矿物掺合料的进场检测工作刻不容缓。

2. 混凝土理论配合比设计

配合比设计是根据现场施工特点,在混凝土最大密实度理论的基础上,考虑集料比表面积对起润滑作用的浆体数量的影响(浆骨比),根据工艺特点,使填满集料孔隙外提供混凝土工作性的过剩浆体量最佳、性能最优的过程。配比设计应根据拌和设备及现场管理水平优先采用合理的标准差确定合适的适配强度。对于配合比设计方法,《普通混凝土配合比设计规程》(JGJ 55)、《水工混凝土配合比设计规程》(DL/T 5330)已有详细规定,但不论采用假定容重法、体积法还是经验法,主要有以下几个过程:

(1)根据施工要求确定混凝土配制强度和施工坍落度。配合比设计应保证混凝土在浇筑时达到要求的性能,这就要求设计初始工作性能高于浇筑工作性,应考虑运输、密实等过程对工作性的要求及经此过程引起的工作性损失问题。在室内试配设计时,可先设计低坍落度混凝土,然后通过掺入推荐掺量外加剂或增加水泥浆量来调整至设计坍落度。配制强度的富裕(标准差)应与施工控制水平相一致,考虑到经济和安全因素,一般现场配比设计标准差不宜低于 5. 0 MPa,现场配比设计 28 d 强度富裕宜控制在 8~10 MPa。

(2)确定单位用水量,选择水灰比。根据集料粒型、级配和外加剂的性能来综合确定用水量。由于水灰比决定着水泥浆体的空隙率,对于给定的材料,混凝土强度只取决于水灰比,因此应尽量找到选定材料水灰比和强度之间的关系,以确定合适的水灰比。在没有经验资料前,应依照鲍罗米公式,根据水泥强度和设计强度来计算水灰比,但无论何时,水灰比均应同时满足强度和耐久性要求。

(3)确定混凝土砂率,计算单位混凝土粗、细集料用量。砂率根据混凝土类型、坍落度及砂的细度模数和超粒径颗粒含量、碎石级配情况、颗粒粒型等综合因素确定。按照密实度理论,在配比设计时,应使单位体积混凝土中尽量拥有较大体积的集料,以减少水泥浆体量,而单位体积混凝土中粗骨料体积与最大粒径和砂的细度模数相关。因此,砂率设计应根据施工工艺和结构特点,尽量采用较大粒径的级配碎石和级配中粗砂,并应尽量满足集料整体密实度,以使混凝土性能处于最佳集料组合状态。当在配合比设计时发现混凝土黏聚性欠佳,可采用提高砂率、用较细砂替代部分粗砂和增大水泥浆量等措施来加以调整。

(4)外加剂和掺合料的类型及掺量的选择确定。外加剂优选应贯彻性能价格比最优原则。首先应进行不少于 3 种外加剂的混凝土性能现场优化比对(外加剂可现场优化调整),根据外加剂标准要求和工程对混凝土的要求,选用具有最优指标的外加剂,对单位混凝土的减水剂价格进行经济性比对,然后确定一种外加剂供现场使用,并同时备用一种供应急采用。

当掺入掺合料是为改善混凝土和易性时,采用较低掺量，对粉煤灰一般控制在15%~20%；当掺和料掺入是为降低水泥量时，粉煤灰一般可掺入20%~30%，矿渣可掺入20%~60%，具体掺量应经试配检验并综合各性能指标来确定。

(5)对理论基准配合比设计的结果进行试拌调整并确定试验室配合比。由于在理论计算中运用了一些假设和经验参数，因此有必要对试拌结果进行相应调整，检查实际工作性及相应的技术指标，根据混凝土工作性和强度确定最合适的参数。

3. 配合比优化设计应注意的问题

(1)在进行混凝土配合比优化设计时，关键要考虑的是水泥的价格比集料的价格贵得多，因而所有可能采取的步骤首先应该是用以减少混凝土拌合物中的水泥用量，并满足工艺性和工程技术性能；或者用价格更便宜的矿物掺合料(如粉煤灰、矿渣等）替代部分水泥用量并保证混凝土拌合物的主要性能特征，以此来提高混凝土性能，降低混凝土造价。

(2)从结构的安全角度出发，强度等级应作为最低强度。由于材料、拌和方法、运输、灌注以及混凝土试样的制作、养护和测试等各方面发生的波动,为保证达到工程设计强度的概率满足规范规定要求，混凝土设计强度必须有一定的富裕，该富裕值应与混凝土的生产控制水平相联系，即等于1.645×标准差。

技术上要求的工作性与现场结构类型、运输及密实方式相关，要想优化混凝土配合比,就必须与现场施工工艺控制水平相联系。在配比设计计算中，配制强度应是试拌或施工平均强度，因此控制材料稳定、计量精密、拌和规范是优化混凝土配合比的前提和基础。

(3)工作性是混凝土的重要性质，混凝土拌合物的工作性通常用新拌混凝土的黏聚性、保水性和坍落度、扩展度变化来衡量。

当集料棱角减少、切面较多,表面粗糙颗粒减少时，混凝土的工作性会有所提高；混凝土中微气泡含量适量增加时，混凝土流动性会有所提高，但含气量对强度影响较大，故严格控制拌合物的含气量,按规范要求在2%~5%为宜。

黏聚性与施工时的振捣易密性和实体及外观质量密切相关，设计拌合物工作性的重要依据是混凝土的坍落度(稠度）不应超出运输、浇灌、捣实和抹面的需要。混凝土流动性在运输或灌注时间较长或气温较高时，必须事先确定经时损失能满足要求的配合比。工作性差的混凝土，易产生离析、泌水、坍损快等有害现象，不仅使施工难于灌注和捣实，增加施工费用，而且使混凝土强度、耐久性和外观质量变差。

密实性首先要考虑混凝土的骨料级配，在相同条件下，良好的骨料级配其孔隙率最小，拌制的混凝土在一定坍落度下所需的用水量最少。用水量少的水胶比不变的情况下,水泥用量也最少,成本相应降低。

2.6.2.2 优化混凝土配合比在施工生产中应注意的问题

材料稳定、计量精密、拌和规范是优化混凝土配合比的前提和基础。

(1)配料计量。为保证施工投料配比与室内理论配比相一致，现场材料计量应准确，各种材料用量都应以重量计量，严禁采用体积或时间(水、液体外加剂）计量。

影响混凝土强度的因素比较多，对于一定的材料而言，一般将材料含泥量、针片状含量、母材强度(压碎值)、水灰比、含气量作为影响强度的主要因素，因此严格控制原材料质量、拌合物含气量稳定、控制集料含水量以保证混凝土水灰比的稳定，是现场施工控制的一个重要方面。现场应采取措施对砂石料的含水量进行控制，例如用铲车经常翻拌集料来保证生产中配料的均一稳定性。

(2)随着季节和材料变化，混凝土配合比应适时调整。由于混凝土温度不同，水泥水化速度不一样,而且减水剂的减水率也不一样。因此，随着季节改变，配合比应及时试拌调整，优化配比,外加剂也随季节的变化适当地增减缓凝成分,降低坍落度经时损失,提高减水剂与水泥的适应性，优化混凝土性能。

(3)施工中，细集料变化若导致细度模数波动大,碎石颗粒级配变化也需调整配合比，以满足施工要求。

(4)对已施工混凝土各技术参数，如细度模数、颗粒级配、坍落度、强度、含气量等应定期进行统计分析，并根据分析结果及时要求生产厂家排查生产过程,确保原材料变化波动最小,控制质量,并在此阶段调整、优化当前的配合比。

一般设计混凝土配合比以混凝土龄期强度和工艺施工性能为其主要指标，耐久性指标往往考虑不多，实际上耐久性好的混凝土往往是采用了多种磨细掺合料和高性能减水剂，常常是相对经济的，与优化混凝土配合比设计并不矛盾。高性能混凝土与普通混凝土的区别在于掺入了粉煤灰、高炉矿渣、微硅粉中的两种或三种，并且往往采用低碱、高性能减水剂，水灰比较普通混凝土配合比设计偏低，坍落度一般在 160 mm 以上。由于以矿物掺合料置换部分水泥，一方面降低混凝土成本;另一方面由于掺合料的表面效应、填充效应和火山灰活性等优化了混凝土工作性能，增加黏聚性，降低大流动度下的泌水率，而且经时损失小。对成型混凝土，后期强度提高大，抗冻融、抗渗性、抗氯离子渗透和抗化学侵蚀性强等，还可降低干燥收缩、降低水化热、抵抗水及离子渗透性能高等，能显著提高混凝土性能。

综上所述,配合比设计,优化的前提是原材料质量和品质,所以开工前对原材料的调查成为重中之重,加以设计、优化后的现场生产严格控制,才能体现配合比设计和优化的意义。

配比的优化涉及混凝土原材料、混凝土生产、混凝土运输、混凝土振捣密实度、混凝土养护等多重环节和多种作业类型，只有保证各环节的精密协调，才能为配比的优化调整提供一个实现的依据，一个好的配合比才能落实到工程实践中去。

2.7　小　结

混凝土配合比设计研究的实质就是通过一定的技术手段对混凝土原材料进行最优组合。水利工程有着强烈的个性,需要工程技术人员针对具体特点去解决设计与施工问题,把规程规范作为技术标准宜强调其指导性而不是强制性。所以,在依据这些规程规范进行混凝土配合比设计和试验过程中，就要着重强调这些规程规范的指导性作用,在具体实施过程中就要结合这些工程所处的地域环境、气候条件和施工条件,认真分析混凝土设计指标及原材料的组成、结构、物理化学特性，并在此基础上进行混凝土配合比参数与性能关系试验研究，确定综合性能优良的混凝土配合比。例如，在依据上述规程、规范进行水利工程混凝土配合比设计时，对于同种类的水泥、粉煤灰、外加剂等原材料至少选择2个生产厂商，以防施工过程中原材料供应方面发生不测；在水位变化区外部、溢流面及经常受水流冲刷、有抗冻要求的部位，宜选用中热硅酸盐水泥或低热硅酸盐水泥，也可选用硅酸盐水泥和普通硅酸盐水泥；对于内部混凝土、水下混凝土和基础混凝土，宜选用中热硅酸盐水泥、低热硅酸盐水泥和普通硅酸盐水泥，也可选用低热微膨胀水泥、低热矿渣硅酸盐水泥、矿渣硅酸盐水泥、火山灰质硅酸盐水泥、粉煤灰质硅酸盐水泥；当环境水对混凝土有硫酸盐侵蚀性时，宜选用抗硫酸盐硅酸盐水泥；受海水、盐雾作用的混凝土，宜选用矿渣硅酸盐水泥。对于骨料的选用，应遵循优质、经济、就地取材的原则，可选用天然骨料、人工骨料，或两者互为补充；选用人工骨料时，宜优先选用石灰岩质的料源。掺合料可选用粉煤灰、矿渣粉、磷渣粉、硅粉、石灰石粉、火山灰等，可单掺也可复掺，其品种和掺量应根据工程的技术要求、掺合料品质和料源条件，经试验确定；对于粉煤灰，宜选用Ⅰ级灰或Ⅱ级灰。外加剂可单掺也可复掺，其品种和掺量应根据工程的技术要求、环境条件，经试验确定。

关于混凝土配合比设计，应根据工程要求、结构形式、设计指标、施工条件和原材料状况，通过试验确定各组成材料的用量。受海水、盐雾或侵蚀性介质影响的钢筋混凝土面层，骨料最大粒径不宜大于钢筋保护层厚度。混凝土的坍落度，应根据建筑物的结构断面、钢筋间距、运输距离和方式、浇筑方法、振捣能力以及气候环境等条件确定，并宜采用较小坍落度。采用碱活性骨料时，应采取抑制措施并专门论证，混凝土总碱含量最大允许值不应超过3.0 kg/m^3。混凝土施工配合比选择应经综合分析比较，合理降低水泥用量，室内试验确定的配合比，还应根据现场情况进行必要的调整。

第 3 章　水电工程混凝土配合比研究与应用

3.1　水电工程混凝土施工特点

水电工程泛指利用水能发电的建筑工程，目前国内的水电工程基本上以高坝大库作为蓄水建筑物，利用山体、坝体灵活布置泄水建筑物，其中还包括引水建筑物、坝后或地下厂房等兴利建筑物等。就工程重要性而言，大坝在水电枢纽工程建筑物中处于最重要的位置，是工程等级最高的建筑物，其质量安全、长期耐久性尤为重要，一旦发生溃坝，会给人民的生命和财产带来巨大的破坏。《水利水电工程等级划分及洪水标准》(SL 252—2017)规定：水利水电工程的等别，应根据工程规模、效益及在经济社会中的重要性，按照标准确定；永久性水工建筑物的级别，应根据其所在工程的等别及建筑物的重要性，按照“永久性水工建筑物级别”指标确定，当水库大坝永久性建筑物的坝高超过一定高度时，确定“水库大坝提级指标”。这些规定充分说明了大坝在水工建筑物中的重要性。

水工混凝土是水工建筑物重要的建筑材料，其作用是其他材料无法替代的。举世瞩目的三峡水利枢纽工程开创了中国乃至世界水利水电工程的许多第一，是大坝与水工混凝土新技术发展的里程碑。

大坝混凝土是水工大体积混凝土的典型代表，水工混凝土具有长龄期、大级配、低坍落度、掺掺合料和外加剂、低水化热、温控防裂要求严、施工强度高等特点，与普通混凝土、公路混凝土、港工混凝土、铁路混凝土等明显不同。水工混凝土工作环境复杂，需要长期在水的浸泡下、高水头压力下、高速水流冲蚀下以及高低温环境等恶劣的气候和地质环境下工作，为此，水工混凝土耐久性能(主要以抗冻和抗渗等级表示)比其他混凝土要求更高。不论在温和、炎热、严寒、冰冻等恶劣环境下，其可塑性、使用方便、经久耐用、适应性强、安全可靠等优势是其他材料无法替代的。

3.1.1　工程量大、浇筑强度高

中大型的水电工程的混凝土通常在几十万到几百万立方米，从基础混凝土到工程建设蓄水或第一台机组发电，一般经历 3~5 年的时间完成。如三峡水利枢纽工程大坝全长 2 309.5 m，最大坝高 181 m，混凝土总量达到 1 600 万 m^3，从 1998 年开始浇筑混凝土，1999~2001 年连续 3 年浇筑量在 400 万 m^3 以上，其中 2000 年浇筑强度 548 万 m^3，月浇筑强度 55.35 万 m^3，日浇筑强度 2.2 万 m^3。小湾水电站坝体混凝土总量 870 万 m^3，2007 年浇筑混凝土 235 万 m^3，月最高强度 23 万 m^3，日强度 1 万 m^3。白鹤滩水电站工程坝体混凝土总量 810 万 m^3，2019 年浇筑混凝土 265 万 m^3，月最高强度 26 万 m^3，日最高强度 1.1 万 m^3。为了保证混凝土的质量和加快施工进度，采用了综合机械化施工手段，合理

分块、分区、分层，在满足坯层结合质量的前提下，选择技术先进、经济合理的施工方案。

3.1.2 施工条件困难

水工混凝土施工多为大范围、露天高空作业，且多位于高山峡谷地区，其施工运输、机械设备布置受工程所处位置的地形、地质、水文气象等自然条件限制，施工条件差，施工困难。如在建白鹤滩水电站工程地处干热河谷，最高气温达 45 ℃，全年大风天气达 250 d，其中 10 级以上大风 150 d 以上，给工程施工及设备运行带来严峻挑战。

3.1.3 施工季节性强

水工混凝土施工，由于受气温、降水、导流和度汛等因素的影响制约，有时不能连续施工，有时为了达到挡水拦洪、安全度汛目标，汛前必须达到一定的工程形象面貌，因此施工的季节性强，施工强度不均衡。

3.1.4 施工工期较长

主要受严格施工工序、混凝土龄期、混凝土后期强度增长等影响，混凝土浇筑比较占用工程直线工期。

3.1.5 温度控制较严格

水工混凝土多为大体积混凝土，为防止混凝土特别是基础约束区的混凝土产生温度裂缝，通常需对坝体分区、分块、分层浇筑。同时根据当地条件对混凝土采取综合的温控措施，降低出机口混凝土温度，通水冷却降低硬化混凝土最高温度，采取优化配合比降低胶凝材料用量和采用低水化热水泥进行全方位的温控。

3.1.6 施工技术复杂、干扰大

水工建筑物因用途和工作条件不同，一般体型复杂，采用多种强度等级和坍落度的混凝土。另外，混凝土浇筑与基础开挖、帷幕灌浆、金属结构和机电设备安装交叉作业，施工干扰大。

3.1.7 混凝土设计指标多

大坝混凝土迎水面一般采用抗冻抗渗混凝土，分层接合面采用富浆混凝土，坝体内部采用低水化热、大级配混凝土，高速水流部位采用抗冲磨混凝土，应力较大部位采用极限拉伸值较大的混凝土，抗侵蚀混凝土、碾压混凝土周边采用变态加浆混凝土，坝上交通及排架柱等细部构造采用泵送混凝土等。

3.2 水电工程混凝土配合比设计依据

水电工程大坝混凝土设计指标是水工混凝土原材料选择和配合比设计的依据，通过

对大坝混凝土配合比设计、试验研究,使新拌混凝土拌合物性能在满足施工要求的前提下,保证大坝混凝土强度、耐久性、变形、温度控制等性能满足设计要求。国内水利水电工程大坝混凝土材料及分区设计呈现过于复杂的状况,分区和设计指标过细过多反而对大坝的整体性不利,也不利于大坝快速施工。在大坝混凝土设计龄期上,如果采取不同的水利(SL)或电力(DL)标准,混凝土的设计龄期则完全不同。比如碾压混凝土抗压强度,采用水利设计标准,抗压强度采用 180 d 设计龄期。而采用电力设计标准,抗压强度采用 90 d 龄期。大坝混凝土设计龄期采用 90 d 或 180 d 不是一个单纯的选用问题,设计需要针对大坝混凝土水泥用量少、掺合料用量大、水化温升缓慢、早期强度低等特点,应充分利用水工混凝土后期强度,可以有效简化温度控制措施,有利于大坝温控防裂。

水工混凝土原材料优选,直接关系到水工建筑物的强度、耐久性、整体性和使用寿命。低热水泥、Ⅰ级粉煤灰、组合骨料、石粉含量、高性能外加剂及 PVA 纤维等原材料新技术在大坝混凝土中的研究与应用,对提高水工混凝土施工质量和温控防裂是一次质的飞跃。

3.2.1　设计理念

(1)水工混凝土配合比设计,应满足设计与施工要求,确保混凝土工程质量且经济合理。

(2)混凝土配合比设计要求做到以下几点:

1)应根据工程要求、结构形式、施工条件和原材料状况,配制出既满足工作性、强度及耐久性等要求,又经济合理的混凝土,确定各组成材料的用量。

2)在满足工作性要求的前提下,宜选用较小的用水量。

3)在满足强度、耐久性及其他要求的前提下,选用合适的水胶比。

4)宜选取最优砂率,即在保证混凝土拌合物具有良好的黏聚性并达到要求的工作性时用水量最小的砂率。

5)宜选用最大粒径较大的骨料及最佳级配。

(3)混凝土配合比设计的主要步骤如下:

1)根据设计要求的强度和耐久性选定水胶比。

2)根据施工要求的工作度和石子最大粒径等选定用水量和砂率,用水量除以选定的水胶比计算出水泥用量。

3)根据体积法或质量法计算砂、石用量。

4)通过试验和必要的调整,确定每立方米混凝土材料用量和配合比。

(4)进行混凝土配合比设计时,应收集有关原材料的资料,并按有关标准对水泥、掺合料、外加剂、砂石骨料等的性能进行试验。

1)水泥的品种、品质、强度等级、密度等。

2)石料岩性、种类、级配、表观密度、吸水率等。

3)砂料岩性、种类、级配、表观密度、细度模数、吸水率等。

4)外加剂种类、品质等。

5)掺合料的品种、品质等。

6)拌和用水品质。

(5)进行混凝土配合比设计时,应收集相关工程设计资料,明确设计要求:

1)混凝土强度及保证率。

2)混凝土的抗渗等级、抗冻等级等。

3)混凝土的工作性。

4)骨料最大粒径。

(6)进行混凝土配合比设计时,应根据原材料的性能及混凝土的技术要求进行配合比计算,并通过试验室试配、调整后确定。室内试验确定的配合比尚应根据现场生产性试验情况进行必要的调整。

(7)进行混凝土配合比设计时,应符合国家现行有关标准的规定。

3.2.2 原材料

3.2.2.1 水泥

水位变化区的外部混凝土、有抗冲耐磨要求以及有抗冻要求的混凝土,要优先选用中硅酸盐水泥、硅酸盐水泥或普通硅酸盐水泥。内部混凝土、位于水下的混凝土和基础混凝土,可选用中热或低热硅酸盐水泥、低热矿渣硅酸盐水泥和火山灰质硅酸盐水泥。

当环境水对混凝土有硫酸盐侵蚀时,要选用抗硫酸盐水泥。由于水泥强度等级愈高,抗冻性及耐磨性愈好,为了保证混凝土的耐久性,对于建筑物外部水位变化区、溢流面和经常受水流冲刷以及受冰冻作用的混凝土,其水泥强度等级不宜低于 42.5 MPa。对于大型水利水电工程,优先考虑使用中热硅酸盐水泥或低热硅酸盐水泥。中热硅酸盐水泥的硅酸三钙的含量约在 50%,7 d 龄期的水化热低于 293 kJ/kg (标准规定);低热硅酸盐矿物组成的特点是硅酸二钙的含量大于 40%,7 d 龄期的水化热低于 260 kJ/kg (标准规定)。中热或低热水泥早期强度低,但后期强度增长率大,对降低混凝土的水化热的效果十分显著,有利于大体积混凝土的温控防裂。

近年来,中国建筑材料研究总院水泥研究院经过多年的研究,成功研发了高贝利特水泥(High Belite Cement,HBC),即 P · LH 42.5 低热硅酸盐水泥(简称低热水泥),在国内大坝建设中逐步得到推广使用。采用低热水泥能够极大地降低混凝土内部最高温升,降低混凝土产生裂缝的概率,十分有利于大坝混凝土温控防裂,已经使用过低热水泥的工程主要有三峡、瀑布沟、深溪沟、向家坝、溪洛渡、泸定、猴子岩、枕头坝等水电站,均取得了良好的应用效果。在上述工程成功应用低热水泥的基础上,白鹤滩、乌东德水电站工程为更好地解决超高拱坝混凝土温控防裂和耐久性难题,全工程大坝、地下发电厂房系统、泄洪洞及尾水等部位混凝土全部采用低热水泥,实现了水工混凝土质的飞越。

1. 通用硅酸盐水泥

(1)通用硅酸盐水泥的定义。

根据《通用硅酸盐水泥》(GB 175—2007),通用硅酸盐水泥定义为:以硅酸盐水泥熟料和适量的石膏及规定的混合材料制成的水硬性胶凝材料,简称普通水泥。

(2)通用硅酸盐水泥分类。

通用硅酸盐水泥按混合材料的品种和掺量分为硅酸盐水泥、普通硅酸盐水泥、矿渣硅酸盐水泥、火山灰质硅酸盐水泥、粉煤灰硅酸盐水泥和复合硅酸盐水泥。

(3)强度等级。

1)硅酸盐水泥的强度等级分为 42.5、42.5R、52.5、52.5R、62.5、62.5R 六个等级。

2)普通硅酸盐水泥的强度等级分为 42.5、42.5R、52.5、52.5R 四个等级。

3)矿渣硅酸盐水泥、火山灰质硅酸盐水泥、粉煤灰硅酸盐水泥的强度等级分为 32.5、32.5R、42.5、42.5R、52.5、52.5R 六个等级。

4)复合硅酸盐水泥的强度等级分为 42.5、42.5R、52.5、52.5R 四个等级。

(4)通用硅酸盐水泥技术要求。

水泥的密度是混凝土配合比设计中常用到的参数,普通硅酸盐水泥密度一般为 3.0~3.2 g/cm^3。

通用硅酸盐水泥的主要性能取决于水泥熟料,其混合材料掺量较少,只起辅助作用,因此通用硅酸盐水泥的各种性能与硅酸盐水泥没有根本区别。但普通水泥毕竟掺入了少量的混合材料,与硅酸盐水泥相比整体性能趋势有一定的差异。由于普通水泥中混合材料的掺量有限,没有较大程度地改变硅酸盐水泥性能,因此这种水泥适应性强,非常受用户的欢迎,可广泛应用于各种工业、民用建筑及水利水电工程。根据《通用硅酸盐水泥》(GB 175—2007),通用硅酸盐水泥的技术指标要求见表 3-1,强度等级见表 3-2。

表 3-1　通用硅酸盐水泥的技术指标要求

品种	代号	烧失量(质量分数,%)	三氧化硫(质量分数,%)	氧化镁(质量分数,%)	比表面积(m^2/kg)	氯离子(质量分数,%)	凝结时间(min)	
							初凝	终凝
硅酸盐水泥	P·Ⅰ	≤3.0	≤3.0	≤5.0[a]	≥300	≤0.06[c]	>45	<390
	P·Ⅱ	≤3.5	≤3.0	≤5.0[a]	≥300		>45	<390
普通硅酸盐水泥	P·O	≤5.0	≤3.0	≤5.0[a]	≥300		>45	<600
矿渣硅酸盐水泥	P·S·A	—	≤4.0	≤6.0[b]			>45	<600
	P·S·B	—	≤4.0	—			>45	<600
火山灰质硅酸盐水泥	P·P	—	≤3.5	≤6.0[b]			>45	<600
粉煤灰硅酸盐水泥	P·F	—	≤3.5	≤6.0[b]			>45	<600
复合硅酸盐水泥	P·C	—	≤3.5	≤6.0[b]			>45	<600

注:a. 如果水泥压蒸试验合格,则水泥中氧化镁的含量(质量分数)允许放宽到 6.0%。

b. 如果水泥中氧化镁的含量(质量分数)大于 6.0%,需进行水泥压蒸安定性试验并合格。

c. 当有更低要求时,该指标由买卖双方协商确定。

表 3-2　通用硅酸盐水泥强度等级

品种	等级	抗压强度(MPa)			抗折强度(MPa)		
		3 d	7 d	28 d	3 d	7 d	28 d
硅酸盐水泥	42.5	≥17.0	—	≥42.5	≥3.5	—	≥6.5
	42.5R	≥22.0			≥4.0		
	52.5	≥23.0	—	≥52.5	≥4.0	—	≥7.0
	52.5R	≥27.0			≥5.0		
	62.5	≥28.0	—	≥62.5	≥5.0	—	≥8.0
	62.5R	≥32.0			≥5.5		
普通硅酸盐水泥	42.5	≥17.0	—	≥42.5	≥3.5	—	≥6.5
	42.5R	≥22.0			≥4.0		
	52.5	≥23.0	—	≥52.5	≥4.0	—	≥7.0
	52.5R	≥27.0			≥5.0		
矿渣硅酸盐水泥 火山灰质硅酸盐水泥 粉煤灰硅酸盐水泥	32.5	≥10.0	—	≥32.5	≥2.5	—	≥5.5
	32.5R	≥15.0			≥3.5		
	42.5	≥15.0	—	≥42.5	≥3.5	—	≥6.5
	42.5R	≥19.0			≥4.0	—	
	52.5	≥21.0	—	≥52.5	≥4.0	—	≥7.0
	52.5R	≥23.0			≥4.5		
中抗硫酸盐硅酸盐水泥 高抗硫酸盐硅酸盐水泥	42.5	≥10.0	—	≥32.5	≥2.5	—	≥6.0
	32.5	≥15.0	—	≥42.5	≥3.0	—	≥6.5

2. 中热硅酸盐水泥、低热硅酸盐水泥

(1)水泥的定义。

根据国家标准《中热硅酸盐水泥、低热硅酸盐水泥)(GB/T 200—2017)，这两种水泥的定义如下：

1)中热硅酸盐水泥。以适当成分的硅酸盐水泥熟料,加入适量石膏,磨细制成的具有中等水化热的水硬性胶凝材料,称为中热硅酸盐水泥(简称中热水泥),代号 P · MH。

2)低热硅酸盐水泥。以适当成分的硅酸盐水泥熟料,加入适量石膏,磨细制成的具有低水化热的水硬性胶凝材料,称为低热硅酸盐水泥(简称低热水泥),代号 P · LH。

(2)水泥技术的指标。

根据《中热硅酸盐水泥、低热硅酸盐水泥》(GB/T 200—2017),中热水泥、低热水泥主要技术指标见表 3-3,强度等级见表 3-4。

表 3-3　中热水泥、低热水泥技术指标要求

品种	熟料矿物限量(%)	氧化镁(%)	碱含量(%)	三氧化硫(%)	烧失量(%)	比表面积(m^2/kg)	凝结时间(min)	
							初凝	终凝
中热水泥	C_3S≤55 C_3A≤6.0 f-CaO≤1	≤5.0	≤0.6	≤3.5	≤3.0	≥250	≥60	≤720
低热水泥	C_2S≥40 C_3A≤6.0 f-CaO≤1	≤5.0	≤0.6	≤3.5	≤3.0	≥250	≥60	≤720

注:(1)如果水泥经过压蒸安定性合格,则水泥中氧化镁含量允许放宽到6.0%。

(2)碱含量按 NaO+0.658K_2O 计算值表示。

(3)使用活性骨料,用户要求提供低碱水泥时,水泥中的碱含量应不大于0.60%或由供需双方协商确定。

表 3-4　中热水泥及低热水泥强度等级及水化热指标

品种	抗压强度(MPa)			抗折强度(MPa)			水化热(kJ/kg)	
	3 d	7 d	28 d	3 d	7 d	28 d	3 d	7 d
中热水泥	≥12.0	≥22.0	≥42.5	≥3.0	≥4.5	≥6.5	≤251	≤293
低热水泥	—	≥13.0	≥42.5	—	≥3.5	≥6.5	≤230	≤260

3.2.2.2　骨料

骨料分为天然骨料和人工骨料两类。天然骨料外形圆滑、质地坚硬、生产费用低,但岩石种类多、级配分配不均匀,可能含有有害成分;人工骨料岩性单一、级配控制方便、表面粗糙、与水泥胶结性好,目前在大型水电工程中广泛采用,缺点是孔隙率和比表面积大,用水量和胶凝材料偏高,料场爆破开采对环境影响较大。

骨料是混凝土的主要原材料,大坝混凝土骨料最大粒径150 mm,采用四级配,砂石骨料质量占总混凝土质量的85%~90%,骨料的品质、产量直接关系到混凝土施工的质量和进度,故对其有严格的质量要求。石粉已成为水工混凝土中必不可少的组成材料之一,《水工混凝土施工规范》(SL 677—2014 或 DL/T 5144—2015)和《水工碾压混凝土施工规范》(DL/T 5112—2021)规定:人工砂石粉含量常态混凝土控制在6%~18%,碾压混凝土控制在10%~22%。粗骨料粒形和级配对大坝混凝土的性能影响很大,直接关系到混凝土的和易性和经济性。良好的骨料粒形和颗粒级配可以明显使骨料间的空隙率和总表面积减少,降低混凝土单位用水量和胶凝材料用量,改善新拌混凝土施工和易性,提高混凝土密实度、强度和耐久性,且可获得良好的经济性。

混凝土应首选无碱活性的骨料。混凝土骨料的强度取决于其矿物组成、结构致密性、质地均匀性、物化性能稳定性,骨料的品质对混凝土的强度等性能影响很大,优质骨料是配制优质混凝土的重要条件。骨料的强度一般都要高于混凝土设计强度,根据《水利水电工程天然建筑材料勘察规程》(SL 251—2015)的要求,配制水工混凝土骨料所用岩石的饱和抗压强度一般应不低于40 MPa,高强度等级或有特殊要求的混凝土应按设计要求确定,水化热大于2.4 kJ/kg,干密度大于2.4 g/cm^3。骨料石质坚硬密实,强度高、密度

大、吸水率小,其坚固性就越好;骨料的石质结晶颗粒越粗大,结构越疏松,构造不均匀,节理发育,其坚固性就越差。对有抗冻要求的混凝土,《水工混凝土施工规范》(DL/T 5144—2015)规定,骨料的坚固性要求小于5%,如混凝土无抗冻要求,骨料的坚固性要求小于12%。混凝土的线膨胀数、比热和导热系数在很大程度上受到骨料的影响。

对于有碱活性的骨料,应进行碱-骨料反应抑制作用的研究。有关规范和工程研究结果表明,通过采用碱含量小于0.6%的低碱水泥、加大粉煤灰掺量不小于30%,控制混凝土中的总碱量小于3.0 kg/m^3,可以有效地抑制碱-骨料活性反应。三峡工程规定花岗岩人工骨料混凝土的总碱量不超过2.5 kg/m^3。

骨料的质量和数量决定工程能否顺利施工及工程的经济性。因此,必须通过严密的勘探调查、系统的物理力学性能试验及经济比较,正确地选择料场。大坝混凝土浇筑强度大,骨料的需求量大而集中,骨料选择失当或调研不够,都将导致工程施工的被动局面,切忌在骨料选择上出现任何差错,这方面的经验教训是很多的。

(1)细骨料的品质要求应符合下列规定:

1)细骨料应质地坚硬、清洁、级配良好;人工砂的细度模数宜在2.4~2.8范围内,天然砂的细度模数宜在2.2~3.0范围内。使用山砂、海砂及粗砂、特细砂应经过试验论证。

2)细骨料的表面含水率不宜超过6%,并保持稳定,必要时应采取加速脱水措施。

3)细骨料的其他品质要求应符合表3-5的规定。

表3-5　细骨料的品质要求

项目		指标	
		天然砂	人工砂
表观密度(kg/m^3)		≥2 500	
细度模数		2.2~3.0	2.4~2.8
石粉含量(%)		—	6~18
表面含水率(%)		≤6	
含泥量(%)	设计龄期强度等级≥30 MPa和有抗冻要求的混凝土	≤3	—
	设计龄期强度等级<30 MPa	≤5	
坚固性(%)	有抗冻和抗侵蚀要求的混凝土	≤8	
	无抗冻要求的混凝土	≤10	
泥块含量		不允许	
硫化物及硫酸盐含量(%)		≤1	
云母含量(%)		≤2	
轻物质含量(%)		≤1	—
有机质含量		浅于标准色	不允许

(2)粗骨料的品质要求应符合下列规定:

1)骨料应质地坚硬、清洁、级配良好,如有裹粉、裹泥或污染等应清除。

2)粗骨料的分级。粗骨料宜分为小石、中石、大石和特大石四级,粒径分别为 5～20 mm、20～40 mm、40～80 mm 和 80～150(120)mm,用符号分别表示为 D20、D40、D80、D150(D120)。

3)应控制各级骨料的超径、逊径含量。以原孔筛检验时,其控制标准为:超径不大于 5%,逊径不大于 10%。当以超、逊径筛(方孔)检验时,其控制标准为:超径为零,逊径不大于 2%。

4)各级骨料应避免分离。D20、D40、D80、D150(D120)分别采用孔径为 10 mm、30 mm、60 mm 和 115(100)mm 的中径筛(方孔)检验,中径筛余率宜在 40%～70%范围内。

5)粗骨料的压碎值指标应符合表 3-6 的规定。粗骨料的其他品质要求应符合表 3-7 的规定。

表 3-6　粗骨料的压碎值指标

<table>
<tr><th colspan="2" rowspan="2">骨料类别</th><th colspan="2">设计龄期混凝土抗压强度等级(%)</th></tr>
<tr><th>≥30 MPa</th><th><30 MPa</th></tr>
<tr><td rowspan="3">碎石</td><td>沉积岩</td><td>≤10</td><td>≤16</td></tr>
<tr><td>变质岩</td><td>≤12</td><td>≤20</td></tr>
<tr><td>岩浆岩</td><td>≤13</td><td>≤30</td></tr>
<tr><td colspan="2">卵石</td><td>≤12</td><td>≤16</td></tr>
</table>

表 3-7　粗骨料的品质要求

<table>
<tr><th colspan="2">项目</th><th>指标</th></tr>
<tr><td colspan="2">表观密度(kg/m^3)</td><td>≥2 500</td></tr>
<tr><td rowspan="2">吸水率(%)</td><td>有抗冻和抗侵蚀要求的混凝土</td><td>≤1.5</td></tr>
<tr><td>无抗冻要求的混凝土</td><td>≤2.5</td></tr>
<tr><td rowspan="2">含泥量(%)</td><td>D20、D40 粒径级</td><td>≤1</td></tr>
<tr><td>D80、D150(D120)粒径级</td><td>≤0.5</td></tr>
<tr><td rowspan="2">坚固性(%)</td><td>有抗冻和抗侵蚀要求的混凝土</td><td>≤5</td></tr>
<tr><td>无抗冻要求的混凝土</td><td>≤12</td></tr>
<tr><td rowspan="2">软弱颗粒含量(%)</td><td>设计龄期强度等级≥30 MPa 和有抗冻要求的混凝土</td><td>≤5</td></tr>
<tr><td>设计龄期强度等级<30 MPa</td><td>≤10</td></tr>
<tr><td rowspan="2">针片状颗粒含量(%)</td><td>设计龄期强度等级≥30 MPa 和有抗冻要求的混凝土</td><td>≤15</td></tr>
<tr><td>设计龄期强度等级<30 MPa</td><td>≤25</td></tr>
<tr><td colspan="2">泥块含量</td><td>不允许</td></tr>
<tr><td colspan="2">硫化物及硫酸盐含量(%)</td><td>≤0.5</td></tr>
<tr><td colspan="2">有机质含量</td><td>浅于标准色</td></tr>
</table>

(3)骨料的运输和堆存应遵守下列规定：

1)堆存场地应有良好的排水设施,宜设遮阳防雨棚。

2)各级骨料仓之间应采取设置隔墙等措施,不应混料和混入泥土等杂物。

3)储料仓应有足够的容积,堆料厚度不宜小于 6 m。细骨料仓的数量和容积应满足脱水要求。

4)减少转运次数。粒径大于 40 mm 骨料的卸料自由落差大于 3 m 时,应设置缓降设施。

5)在粗骨料成品堆场取料时,同一级料在料堆不同部位同时取料。

3.2.2.3　掺合料

掺合料是水工混凝土胶凝材料重要的组成部分,混凝土掺入掺合料后,可以降低水化热,改善混凝土和易性,抑制碱-骨料反应,节约水泥,降低成本,综合效益十分显著。大中型水利水电工程已普遍掺用粉煤灰,随着掺合料技术的不断发展,掺合料种类已经发展到粉煤灰、硅粉、粒化高炉矿渣、磷矿渣、火山灰、凝灰岩、石灰石粉、铜镍矿渣、氧化镁等磨细粉。为此,水利水电工程先后制定颁发了有关掺合料技术标准。粉煤灰作为掺合料在水工混凝土中始终占主导地位,粉煤灰在水工混凝土中的应用研究是成熟的,粉煤灰不但掺量大、应用广泛,其性能也是掺合料中最优的。粉煤灰要优先选用火电厂燃煤高炉烟囱静电收集的粉煤灰。由于粉煤灰品质不断提高,特别是Ⅰ级粉煤灰作为大坝混凝土功能材料的大量使用,有效改善了大坝混凝土性能。混凝土中掺入粉煤灰可延长混凝土的凝结时间,改善施工和易性,有效降低水泥水化热和混凝土绝热温升,抑制碱活性骨料反应(碱硅反应)等(见表 3-8)。

目前,混凝土中掺入粉煤灰、抗冲磨部位掺入硅粉已大量采用,高炉矿渣微粉已开始应用,也有选用其他品种掺合料的,如漫湾水电站工程掺用凝灰岩粉,大朝山水电站工程掺用磷渣粉加凝灰岩粉,景洪水电站工程掺用的双掺料中一半是石灰石粉,龙江水电站工程采用火山灰等。因此,将石灰石粉和火山灰列入掺合料品种。选用何种掺合料,应遵循就近取材、技术可靠、经济合理的原则。为改善混凝土抗裂性能,也可掺入钢纤维、化学纤维、天然纤维等材料。目前,应用最广泛的是钢纤维混凝土、玻璃纤维混凝土和聚丙烯纤维混凝土。纤维混凝土对于限制在外力作用下混凝土裂缝的扩展,与普通混凝土相比,具有抗拉强度高、极限延伸率大、抗碱性好、韧性提高幅度大等优点,可以克服普通混凝土抗拉强度低、极限延伸率小、性脆等缺点。溪洛渡水电站工程大坝混凝土中掺加的是聚乙烯醇改性纤维,一般称“PVA 纤维”。

3.2.2.4　外加剂

外加剂已成为现代混凝土不可缺少的重要组成部分之一,具有某些特殊功能的高效减水剂和引气剂等优质外加剂的广泛应用,不仅降低了混凝土的单位用水量,减少了水泥用量,降低了混凝土的温升,而且混凝土的抗裂性和耐久性得以大幅度提高(见表 3-9)。

从 20 世纪 50 年代的塑化剂和 70 年代后期的糖蜜类减水剂,到近年来的萘系减水剂以及目前的第三代羧酸类高性能减水剂的应用,表明外加剂技术发展较快,对提高混凝土的工作度、强度、耐久性等起到了重要的作用。

表 3-8　拌制混凝土和砂浆用粉煤灰技术要求

<table>
<tr><th rowspan="2">项目</th><th rowspan="2">粉煤灰种类</th><th colspan="3">GB/T 1596 技术要求</th><th colspan="3">DL/T 5055 技术要求</th></tr>
<tr><th>Ⅰ级</th><th>Ⅱ级</th><th>Ⅲ级</th><th>Ⅰ级</th><th>Ⅱ级</th><th>Ⅲ级</th></tr>
<tr><td rowspan="2">细度(45 μm 方孔筛筛余)(%),不大于</td><td>F 类</td><td rowspan="2">12.0</td><td rowspan="2">30.0</td><td rowspan="2">45.0</td><td rowspan="2">12.0</td><td rowspan="2">25.0</td><td rowspan="2">45.0</td></tr>
<tr><td>C 类</td></tr>
<tr><td rowspan="2">需水量比(%),不大于</td><td>F 类</td><td rowspan="2">95</td><td rowspan="2">105</td><td rowspan="2">115</td><td rowspan="2">95</td><td rowspan="2">105</td><td rowspan="2">115</td></tr>
<tr><td>C 类</td></tr>
<tr><td rowspan="2">烧失量(%),不大于</td><td>F 类</td><td rowspan="2">5.0</td><td rowspan="2">8.0</td><td rowspan="2">10</td><td rowspan="2">5.0</td><td rowspan="2">8.0</td><td rowspan="2">15.0</td></tr>
<tr><td>C 类</td></tr>
<tr><td rowspan="2">含水量(%),不大于</td><td>F 类</td><td colspan="3" rowspan="2">1.0</td><td colspan="3" rowspan="2">1.0</td></tr>
<tr><td>C 类</td></tr>
<tr><td rowspan="2">三氧化硫质量分数(%),不大于</td><td>F 类</td><td colspan="3" rowspan="2">3.0</td><td colspan="3" rowspan="2">3.0</td></tr>
<tr><td>C 类</td></tr>
<tr><td rowspan="2">游离氧化钙质量分数(%),不大于</td><td>F 类</td><td colspan="3">1.0</td><td colspan="3">1.0</td></tr>
<tr><td>C 类</td><td colspan="3">4.0</td><td colspan="3">4.0</td></tr>
<tr><td rowspan="2">安定性,雷氏夹沸煮后增加距离(mm),不大于</td><td>F 类</td><td colspan="3">—</td><td colspan="3" rowspan="2">合格</td></tr>
<tr><td>C 类</td><td colspan="3">5.0</td></tr>
<tr><td rowspan="2">碱含量</td><td>F 类</td><td colspan="3" rowspan="2">Na_2O+0.658K_2O 计</td><td colspan="3" rowspan="2">Na_2O+0.658K_2O 计</td></tr>
<tr><td>C 类</td></tr>
<tr><td rowspan="2">活性指数(%),不小于</td><td>F 类</td><td colspan="3" rowspan="2">70.0</td><td colspan="3" rowspan="2">—</td></tr>
<tr><td>C 类</td></tr>
<tr><td rowspan="2">均匀性</td><td>F 类</td><td colspan="3" rowspan="2">单一样品的细度不应超过前 10 个样品细度平均值的最大偏差</td><td colspan="3" rowspan="2">可用需水量比或细度作为考核依据</td></tr>
<tr><td>C 类</td></tr>
<tr><td rowspan="2">放射性</td><td>F 类</td><td colspan="3" rowspan="2">合格</td><td colspan="3" rowspan="2">合格</td></tr>
<tr><td>C 类</td></tr>
<tr><td rowspan="2">二氧化硅、三氧化二铝和三氧化二铁总质量分数(%),不小于</td><td>F 类</td><td colspan="3">70.0</td><td colspan="3" rowspan="5">—</td></tr>
<tr><td>C 类</td><td colspan="3">50.0</td></tr>
<tr><td rowspan="2">密度(g/cm³),不大于</td><td>F 类</td><td colspan="3" rowspan="2">2.6</td></tr>
<tr><td>C 类</td></tr>
<tr><td>半水亚硫酸钙含量(%),不大于</td><td>F 类</td><td colspan="3">3.0</td></tr>
</table>

表 3-9　受检混凝土性能指标

项目		外加剂品种												
		高性能减水剂 HPWR			高效减水剂 HWR		普通减水剂 WR			引气减水剂 AEWR	泵送剂 PA	早强剂 Ac	缓凝剂 Re	引气剂 AE
		早强型 HPWR-A	标准型 HPWR-S	缓凝型 HPWR-R	标准型 HWR-S	缓凝型 HWR-R	早强型 WR-A	标准型 WR-S	缓凝型 WR-R					
减水率(%)，不小于		25	25	25	14	14	8	8	8	10	12	—	—	6
泌水率比(%)，不大于		50	60	70	90	100	95	100	100	70	70	100	100	70
含气量(%)		≤6.0	≤6.0	≤6.0	≤3.0	≤4.5	≤4.0	≤4.0	≤5.5	≥3.0	≤5.5	—	—	≥3.0
凝结时间之差(min)	初凝	-90～+90	-90～+120	>+90	-90～+120	>+90	-90～+90	90～+120	>+90	-90～+120	—	-90～+90	>+90	-90～+120
	终凝			—		—			—			—	—	
1 h经时变化量	坍落度(mm)	—	≤80	≤60	—	—	—	—	—	—	≤80	—	—	—
	含气量(%)	—	—	—						-1.5～+1.5	—			-1.5～+1.5
抗压强度比(%)，不小于	1 d	180	170	—	140	—	135	—	—	—	—	135	—	—
	3 d	170	160	—	130	—	130	115	—	115	—	130	—	95
	7 d	145	150	140	125	125	110	115	110	110	115	110	100	95
	28 d	130	140	130	120	120	100	110	110	100	110	100	100	90

续表 3-9

项目		外加剂品种												
		高性能减水剂 HPWR			高效减水剂 HWR		普通减水剂 WR			引气减水剂 AEWR	泵送剂 PA	早强剂 Ac	缓凝剂 Re	引气剂 AE
		早强型 HPWR-A	标准型 HPWR-S	缓凝型 HPWR-R	标准型 HWR-S	缓凝型 HWR-R	早强型 WR-A	标准型 WR-S	缓凝型 WR-R					
收缩率比(%),不大于	28 d	110	110	110	135	135	135	135	135	135	135	135	135	135
相对耐久性(200 次)(%),不小于		—	—	—	—	—	—	—	—	80	—	—	—	80

注:(1)表中抗压强度比、收缩率比、相对耐久性为强制性指标,其余为推荐性指标。

(2)除含气量和相对耐久性外,表中所列数据为掺外加剂混凝土与基准混凝土的差值或比值。

(3)凝结时间之差性能指标中的“-”号表示提前,“+”号表示延缓。

(4)相对耐久性(200 次)性能指标中的“≥80”表示将 28 d 龄期的受检混凝土试件快速冻融循环 200 次后,动弹性模量保留值≥80%。

(5)含气量经时变化量指标中的“-”号表示含气量增加,“+”号表示含气量减少。

(6)其他品种的外加剂是否需要测定相对耐久性指标,由供、需双方协商确定。

(7)当用户对泵送剂等产品有特殊要求时,需要进行的补充试验项目、试验方法及指标,由供需双方协商决定。

目前第三代羧酸类高性能减水剂对减水率、泌水率、含气量、凝结时间差、经时变化量、抗压强度比等指标提出了更高的要求，相对其他原材料而言，外加剂掺量虽然较少，但对混凝土质量至关重要。混凝土中掺入引气剂，搅拌过程能引入大量分布均匀的、稳定、封闭微小气泡，能显著提升混凝土的抗冻性和抗渗性，气泡还可以使混凝土的弹性模量有所降低，减少混凝土的脆性，提高混凝土的抗裂性能，改善混凝土的热学力学性能。产品匀质性指标见表 3-10。

表 3-10　匀质性指标

试验项目	指标
氯离子含量(%)	不超过生产厂控制值
总碱量(%)	不超过生产厂控制值
含固量(%)	$S>25\%$时，应控制在 $0.95S\sim1.05S$； $S\leqslant25\%$时，应控制在 $0.90S\sim1.10S$
含水率(%)	$W>5\%$时，应控制在 $0.90W\sim1.10W$； $W\leqslant5\%$时，应控制在 $0.80W\sim1.20W$
密度(g/cm^3)	$D>1.1\ g/cm^3$ 时，应控制在 $D\pm0.03\ g/cm^3$； $D\leqslant1.1\ g/cm^3$ 时，应控制在 $D\pm0.02\ g/cm^3$
细度	应在生产厂控制范围内
pH	应在生产厂控制范围内
硫酸钠含量(%)	不超过生产厂控制值

注：(1)生产厂应在相关的技术资料中明示产品匀质性指标的控制值。
(2)对相同和不同批次之间的匀质性和等效性的其他要求，可由供需双方商定。
(3)表中的 S、W 和 D 分别为含固量、含水率和密度的生产厂控制值。

有抗冻性要求的混凝土，应掺用引气剂，掺量应根据混凝土的含气量要求通过试验确定。大中型水利水电工程，混凝土的最小含气量应通过试验确定；没有试验资料时，混凝土的含气量可参照表 3-11 选用。混凝土的含气量不宜超过 7%。

表 3-11　抗冻混凝土的适宜含气量

骨料最大粒径(mm)		20	40	80	150(120)
抗冻等级	≥F200	6.0%±1.0%	5.5%±1.0%	4.5%±1.0%	4.0%±1.0%
	≤F150	5.0%±1.0%	4.5%±1.0%	3.5%±1.0%	3.0%±1.0%

注：如含气量试验需湿筛，按湿筛后骨料最大粒径选用相应的含气量。

外加剂宜配成水溶液使用，并搅拌均匀。当外加剂复合使用时，应通过试验论证，并应分别配制使用。在南方高温高湿天气下，外加剂溶液极易发生变质发臭现象，使用前应特别注意减水率和含气量的检测。

同厂家和不同品种的外加剂应储存到有明显标志的储罐或仓库中，不应混装。粉状外加剂在运输和储存过程中应防水防潮。外加剂储存时间过长，对其品质有怀疑时，使用前应重新检验。

3.2.2.5　拌和用水

符合国家标准的生活饮用水均可用于拌制混凝土。未经处理的工业污水和生活污水不能用于拌制混凝土，地表水、地下水和其他类型水在首次拌制混凝土时，应检验合格后方可使用。

检验项目和标准应同时符合下列要求：

(1)混凝土拌和用水与饮用水样进行水泥凝结时间对比试验。对比试验的水泥初凝时间差及终凝时间差均不应大于 30 min，且初凝和终凝时间应符合 GB 175—2007 的规定。

(2)混凝土拌和用水与饮用水样进行水泥胶砂强度对比试验。被检验水样配制的水泥砂浆 3 d 和 28 d 龄期强度不得低于饮用水配制的水泥砂浆 3 d 和 28 d 龄期强度的 90%。

混凝土拌和用水应符合表 3-12 的规定。

表 3-12　拌和与养护混凝土用水的指标要求

项目	钢筋混凝土	素混凝土
pH	≥4.5	≥4.5
不溶物（mg/L）	≤2 000	≤5 000
可溶物（mg/L）	≤5 000	≤10 000
氯化物，以 Cl^- 计（mg/L）	≤1 200	≤3 500
硫酸盐，以 SO_4^{2-} 计（mg/L）	≤2 700	≤2 700
碱含量（mg/L）	≤1 500	≤1 500

注：碱含量按 $Na_2O+0.658K_2O$ 计算值来表示。采用非碱活性骨料时，可不检验碱含量。

3.2.3　混凝土配合比设计

(1)混凝土配合比设计，应根据工程要求、结构形式、设计指标、施工条件和原材料状况，通过试验确定各组成材料的用量。混凝土施工配合比选择应经综合分析比较，合理降低水泥用量。室内试验确定的配合比还应根据现场情况进行必要的调整。混凝土配合比应经批准后使用。

(2)混凝土强度等级和保证率应符合设计规定。

(3)骨料最大粒径不应超过钢筋最小净间距的 2/3、构件断面最小尺寸的 1/4、素混凝土板厚的 1/2。对少筋或无筋混凝土，应选用较大的骨料最大粒径。受海水、盐雾或侵蚀性介质影响的钢筋混凝土面层，骨料最大粒径不宜大于钢筋保护层厚度。

(4)粗骨料级配及砂率选择，应根据混凝土施工性能要求通过试验确定。粗骨料宜采用连续级配。当采用胶带机输送混凝土拌合物时，可适当增加砂率。

(5)混凝土的坍落度，应根据建筑物的结构断面、钢筋间距、运输距离和方式、浇筑方法、振捣能力以及气候环境等条件确定，并宜采用较小的坍落度。混凝土在浇筑时的坍落度可参照表 3-13 选用。

表 3-13　混凝土在浇筑时的坍落度　（单位：mm）

混凝土类别	坍落度
素混凝土	10~40
配筋率不超过 1%的钢筋混凝土	30~60
配筋率超过 1%的钢筋混凝土	50~90
泵送混凝土	140~220

注：在有温度控制要求或高、低温季节浇筑混凝土时，其坍落度可根据实际情况酌量增减。

（6）大体积内部常态混凝土的胶凝材料用量不宜低于 140 kg/m^3，水泥熟料含量不宜低于 70 kg/m^3。

（7）混凝土的水胶比应根据设计对混凝土性能的要求，经试验确定，且不应超过表 3-14 的规定。

表 3-14　水胶比最大允许值

部位	严寒地区	寒冷地区	温和地区
上、下游水位以上（坝体外部）	0.50	0.55	0.60
上、下游水位变化区（坝体外部）	0.45	0.50	0.55
上、下游最低水位以下（坝体外部）	0.50	0.55	0.60
基础	0.50	0.55	0.60
内部	0.60	0.65	0.65
受水流冲刷部位	0.45	0.50	0.50

注：（1）在有环境水侵蚀情况下，水位变化区外部及水下混凝土最大允许水胶比减小 0.05。

（2）表中规定的水胶比最大允许值，已考虑了掺用减水剂和引气剂的情况，否则酌情减小 0.05。

（8）用碱活性骨料时，应采取抑制措施并专门论证，混凝土总碱含量最大允许值不应超过 3.0 kg/m^3。

1）混凝土各组成材料中的碱按含量大小依次为总碱、可溶性碱和有效碱。总碱量并不能说明它对 SiO_2 的活性，而有效碱量则可作为对 SiO_2 的一个比较好的活性指标。但由于有效碱随可溶性碱量的不确定变化较大，目前还没有能准确测试有效碱的方法，一般将可溶性碱视同为有效碱。

2）基于安全考虑，通常将水泥、外加剂、拌和水中的总碱均视为有效碱。掺合料中的有效碱，根据各国研究人员的大量试验研究，国际上通常取粉煤灰总碱量的 1/6~1/5 作为其有效碱量，取矿渣或硅粉总碱量的 1/2 作为其有效碱量。

3）一些研究人员认为以上关于有效碱取值的粉煤灰“1/6 规则”和矿渣“1/2 规则”不够科学。英国建筑研究协会标准（BRE Digest 330，2004 Edition）根据掺合料掺量的不同分别考虑其有效碱量。对矿渣，当掺量低于 25%时，以全部碱作为有效碱；当掺量为 25%~39%时，以全部碱的 1/2 作为有效碱；当掺量达 40%以上时，则忽略不计。对粉煤灰，当掺量低于 20%时，以全部碱作为有效碱；当掺量为 20%~24%时，以全部碱的 1/5 作为有效碱；当掺量大于25%时，则忽略不计。

(9)混凝土设计抗压强度是指按照标准方法制作和养护的边长为150 mm的立方体试件，在设计龄期用标准试验方法测得的具有设计保证率的抗压强度，以MPa计。

混凝土配制强度计算公式：

$$f_{cu,0} = f_{cu,k} + t\sigma$$

式中　$f_{cu,0}$——混凝土配制强度，MPa；

$f_{cu,k}$——混凝土设计龄期的抗压强度标准值，MPa；

σ——混凝土配制强度，MPa；

t——概率度系数，由给定的保证率 P 选定，见表3-5。

表3-15　保证率和概率度系数关系

保证率 P(%)	70.0	75.0	80.0	84.1	85.0	90.0	95.0	97.7	99.9
概率度系数 t	0.525	0.675	0.840	1.000	1.040	1.280	1.645	2.000	3.000

(10)混凝土抗压强度标准差(σ)，宜按同品种混凝土抗压强度统计资料确定。统计时，混凝土抗压强度试件总数应不少于30组。

根据近期相同材料、生产工艺和配合比基本相同的混凝土抗压强度资料，混凝土抗压强度标准差(σ)应按下式计算：

$$\sigma = \sqrt{\frac{\sum_{i=1}^{n} f_{cu,i}^{2} - nm_{f_{cu}}^{2}}{n-1}}$$

式中　$f_{cu,i}$——第 i 组试件抗压强度，MPa；

$m_{f_{cu}}$——n 组试件的抗压强度平均值，MPa；

n——试件组数。

当混凝土设计龄期立方体抗压强度标准值不大于25 MPa，其抗压强度标准差(σ)计算值小于2.5 MPa时，计算配制强度用的标准差应取不小于2.5 MPa；当混凝土设计龄期立方体抗压强度标准值不小于30 MPa，其抗压强度标准差计算值小于3.0 MPa时，计算配制强度用的标准差应取不小于3.0 MPa。

(11)当无近期同品种混凝土抗压强度统计资料时，σ 值可按表3-16选用。施工中应根据现场施工时段强度的统计结果调整 σ 值。

表3-16　标准差 σ 选用值

设计龄期混凝土抗压强度标准值 $f_{cu,k}$(MPa)	≤15	20~25	30~35	40~45	≥50
混凝土抗压强度标准差 σ(MPa)	3.5	4.0	4.5	5.0	5.5

3.2.4　混凝土配合比的计算

(1)混凝土配合比计算应以饱和面干状态骨料为基准。

(2)选定水胶比(水灰比)。计算配制强度 $f_{cu,0}$，求出相应的水胶比，并根据混凝土抗渗、抗冻等级和其他性能要求和允许的最大水胶比(水灰比)限值选定水胶比(或水灰比)。

根据混凝土配制强度选择水胶比。在适宜范围内,可选择 3~5 个水胶比,在一定条件下通过试验,建立设计龄期的强度与胶水比的回归方程式或图表,按强度与胶水比关系式,选择相应于配制强度的水胶比。

$$f_{cu,0} = A \cdot f_{ce}\left(\frac{c+p}{w} - B\right)$$

$$w/(c+p) = \frac{Af_{ce}}{f_{cu,0} + ABf_{ce}}$$

式中 $f_{cu,0}$——混凝土的配制强度,MPa;

f_{ce}——水泥 28 d 龄期抗压强度实测值,MPa;

$(c+p)/w$——胶水比;

A、B——回归系数,应根据工程使用的水泥、掺合料、骨料、外加剂等,通过试验由建立的水胶比与混凝土强度关系式确定,当选择水灰比时,$p=0$。

(3)选取混凝土的用水量。应根据骨料最大粒径、坍落度、外加剂、掺合料及适宜的砂率通过试验确定。

(4)选取最优砂率。最优砂率应根据骨料品种、品质、粒径、水胶比和砂的细度模数等通过试验选取。

(5)混凝土的胶凝材料用量(m_c+m_p)、水泥用量 m_c 和掺合料用量 m_p 计算:

$$m_c+m_p = \frac{m_w}{W/(c+p)}$$

$$m_c = (1-P_m)(m_c+m_p)$$

$$m_p = P_m(m_c+m_p)$$

式中 m_c——混凝土水泥用量,kg/m^3;

m_p——混凝土掺合料用量,kg/m^3;

m_w——混凝土用水量,kg/m^3;

P_m——掺合料掺量;

$w/(c+p)$——水胶比。

当不掺加掺合料时,p、P_m、m_p 均为 0。

(6)砂、石料用量由已确定的用水量、水泥(胶凝材料)用量和砂率,根据“绝对体积法”计算。

每立方米混凝土中砂、石采用绝对体积法按下式计算:

$$V_{s,g} = 1 - \left[\frac{m_w}{\rho_w} + \frac{m_c}{\rho_c} + \frac{m_p}{\rho_p} + \alpha\right]$$

$$m_s = V_{s,g} S_v \rho_s$$

$$m_g = V_{s,g}(1 - S_v)\rho_g$$

式中 $V_{s,g}$——砂、石的绝对体积,m^3;

m_w——混凝土用水量,kg/m^3;

m_c——混凝土水泥用量，kg/m³；

m_p——混凝土掺合料用量，kg/m³；

m_s——混凝土砂料用量，kg/m³；

m_g——混凝土石料用量，kg/m³；

α——混凝土含气量(%)；

S_v——体积砂率(%)；

ρ_w——水的密度，kg/m³；

ρ_c——水泥密度，kg/m³；

ρ_p——掺合料密度；kg/m³；

ρ_s——砂料饱和面干表观密度，kg/m³；

ρ_g——石料饱和面干表观密度，kg/m³。

各级石料用量按选定的级配比例计算。

(7)列出混凝土各组成材料的计算用量和比例。

3.2.5　混凝土配合比的试配、调整和确定

3.2.5.1　试配

(1)在混凝土配合比试配时，应采用工程中实际使用的原材料。

(2)在混凝土试配时，每盘混凝土的最小拌和量应符合表 3-17 的规定，当采用机械拌和时，其拌和量不宜小于拌和机额定拌和量的 1/4。

表 3-17　混凝土试配的最小拌和量

骨料最大粒径(mm)	拌合物数量(L)
20	15
40	25
≥80	40

(3)按计算的配合比进行试拌，根据坍落度、含气量、泌水、离析等情况判断混凝土拌合物的工作性，对初步确定的用水量、砂率、外加剂掺量等进行适当调整。用选定的水胶比和用水量，混凝土用水量增减 4~5 kg/m³ 时，砂率增减 1%~2%进行试拌，坍落度最大时的砂率即为最优砂率。用最优砂率试拌，调整用水量至混凝土拌和物满足工作性要求。然后提出混凝土抗压强度试验用的配合比。

(4)混凝土强度试验至少应采用 3 个不同水胶比的配合比，其中一个应为确定的配合比，其他配合比的用水量不变，水胶比依次增减，变化幅度为 0.05，砂率可相应增减 1%。当不同水胶比的混凝土拌合物坍落度与要求值的差超过允许偏差时，可通过增、减用水量进行调整。

(5)根据试配的配合比成型混凝土立方体抗压强度试件，标准养护到规定龄期进行抗压强度试验。根据试验得出混凝土抗压强度与其对应的水胶比关系，用作图法或计算法求出与混凝土配制强度($f_{cu,0}$)相对应的水胶比。计算出的水胶比若超出最大水胶比限

制，则应选用限制的最大水胶比开展后续试验。

3.2.5.2　**调整**

（1）按试配结果，计算混凝土各组成材料用量和比例。

（2）按下列步骤进行调整：

1）按确定的材料用量按公式计算每立方米混凝土拌合物的质量：

$$m_{c,c} = m_w + m_c + m_p + m_s + m_g$$

2）按公式计算混凝土配合比校正系数：

$$\delta = \frac{m_{c,t}}{m_{c,c}}$$

式中　δ——配合比校正系数；

$m_{c,c}$——混凝土拌合物的质量计算值，kg/m^3；

$m_{c,t}$——混凝土拌合物的质量实测值，kg/m^3；

m_w——混凝土用水量，kg/m^3；

m_c——混凝土水泥用量，kg/m^3；

m_p——混凝土掺合料用量，kg/m^3；

m_s——混凝土砂子用量，kg/m^3；

m_g——混凝土石子用量，kg/m^3。

（3）按校正系数对配合比中每项材料用量进行调整，即为调整的设计配合比。

3.2.5.3　**确定**

（1）当混凝土有抗渗、抗冻等其他技术指标要求时，应用满足抗压强度要求的设计配合比，进行相关性能试验。如不满足要求，应对配合比进行适当调整，直到满足设计要求。

（2）当使用过程中遇下列情况之一时，应调整或重新进行配合比设计：①对混凝土性能指标要求有变化时；②混凝土原材料品种、质量有明显变化时。

3.2.6　常态混凝土配合比设计的基本参数

（1）混凝土的水胶比应根据设计对混凝土性能的要求，通过试验确定，并不超过表 3-18 的规定。

表 3-18　混凝土的水胶比最大允许值

部位	严寒地区	寒冷地区	温和地区
上、下游水位以上（坝体外部）	0.50	0.55	0.60
上、下游水位变化区（坝体外部）	0.45	0.50	0.55
上、下游最低水位以下（坝体外部）	0.50	0.55	0.60
基础	0.50	0.55	0.60
内部	0.60	0.65	0.65
受水流冲刷部位	0.45	0.50	0.50

注：在有环境水侵蚀情况下，水位变化区外部及水下混凝土最大允许水胶比应减小 0.05。

（2）混凝土用水量，应通过试拌确定。

1）水胶比在 0.40~0.70 范围，当无试验资料时，其初选用水量可按表 3-19 选取。

表 3-19　常态混凝土初选用水量　（单位：kg/m³）

混凝土坍落度（mm）	卵石最大粒径（mm）				碎石最大粒径（mm）			
	20	40	80	150	20	40	80	150
10~30	160	140	120	105	175	155	135	120
30~50	165	145	125	110	180	160	140	125
50~70	170	150	130	115	185	165	145	130
70~90	175	155	135	120	190	170	150	135

注：（1）本表适用于细度模数为 2.6~2.8 的天然中砂。当使用细砂或粗砂时，用水量需增加或减少 3~5 kg/m³。

（2）采用人工砂，用水量增加 5~10 kg/m³。

（3）掺入火山灰质掺合料时，用水量需增加 10~20 kg/m³；采用Ⅰ级粉煤灰时，用水量可减少 5~10 kg/m³。

（4）采用外加剂时，用水量应根据外加剂的减水率做适当调整，外加剂的减水率应通过试验确定。

（5）本表适用于骨料含水状态为饱和面干状态。

2）水胶比小于 0.40 的混凝土以及采用特殊成型工艺的混凝土用水量应通过试验确定。

（3）石子按粒径依次分为 5~20 mm、20~40 mm、40~80 mm、80~150 mm（120 mm）4 个粒级。水工大体积混凝土宜尽量使用最大粒径较大的骨料，石子最佳级配（或组合比）应通过试验确定，一般以紧密堆积密度较大、用水量较小时的级配为宜。当无试验资料时，可按表 3-20 选取。

表 3-20　石子级配比初选

级配	石子最大粒径（mm）	卵石（小:中:大:特大）	碎石（小:中:大:特大）
二	40	40:60:—:— 45:55:—:—	40:60:—:— 45:55:—:—
三	80	30:30:40:—	30:30:40:—
四	150	20:20:30:30	25:25:20:30 20:20:30:30

注：表中比例为质量比。

（4）混凝土配合比宜选取最优砂率。最优砂率应通过试验选取。当无试验资料时，砂率可按以下原则确定：混凝土坍落度小于 10 mm 时，砂率应通过试验确定。混凝土坍落度为 10~60 mm 时，砂率可按表 3-21 初选并通过试验最后确定。混凝土坍落度大于 60 mm 时，砂率可通过试验确定，也可在表 3-21 的基础上按坍落度每增大 20 mm，砂率增大 1%的幅度予以调整。

表 3-21　常态混凝土砂率初选　(%)

骨料最大粒径 (mm)	水胶比			
	0.40	0.50	0.60	0.70
20	36~38	38~40	40~42	42~44
40	30~32	32~34	34~36	36~38
80	24~26	26~28	28~30	30~32
150	20~22	22~24	24~26	26~28

注:(1)本表适用于卵石、细度模数为 2.6~2.8 的天然中砂拌制的混凝土。

(2)砂的细度模数每增减 0.1,砂率相应增减 0.5%~1.0%。

(3)使用碎石时,砂率需增加 3%~5%。

(4)使用人工砂时,砂率需增加 2%~3%。

(5)掺用引气剂时,砂率可减小 2%~3%;掺用粉煤灰时,砂率可减小 1%~2%。

(5)外加剂掺量按胶凝材料质量的百分比计,应通过试验确定,并应符合国家和行业现行有关标准的规定。

(6)掺合料的掺量按胶凝材料质量的百分比计,应通过试验确定,并应符合国家和行业现行有关标准的规定。

(7)大体积内部混凝土的胶凝材料用量不宜低于 140 kg/m^3。

(8)有抗冻要求的混凝土,必须掺用引气剂,其掺量应根据混凝土的含气量要求通过试验确定。对大中型水电水利工程,混凝土的最小含气量应通过试验确定;当没有试验资料时,混凝土的最小含气量应符合《水工建筑物抗冰冻设计规范》(SL 211)的规定。混凝土的含气量不宜超过 7%。

3.2.7　水工砂浆配合比设计方法

3.2.7.1　砂浆配合比设计的基本原则

(1)砂浆的技术指标要求应与其接触的混凝土的设计指标相适应。

(2)砂浆所使用的原材料应与其接触的混凝土所使用的原材料相同。

(3)砂浆应与其接触的混凝土所使用的掺合料品种、掺量相同,减水剂的掺量为混凝土掺量的 70%左右;当掺引气剂时,其掺量应通过试验确定,以含气量达到 7%~9%时的掺量为宜。

(4)采用体积法计算每立方米砂浆各项材料用量。

3.2.7.2　砂浆配制强度的确定

(1)砂浆设计抗压强度是指按照标准方法制作和养护的边长为 70.7 mm 的立方体试件,在设计龄期用标准试验方法测得的具有设计保证率的抗压强度,以 MPa 计。

(2)砂浆配制抗压强度按下式计算:

$$f_{m,0} = f_{m,k} + t\sigma$$

式中　$f_{m,0}$——砂浆配制抗压强度,MPa;

$f_{m,k}$——砂浆设计龄期的立方体抗压强度标准值,MPa;

t——概率度系数,由给定的保证率 P 选定;

σ——砂浆立方体抗压强度标准差,MPa。

(3)砂浆抗压强度标准差宜按同品种砂浆抗压强度统计资料确定。

1)统计时,砂浆抗压强度试件总数应不少于25组。

2)根据近期相同抗压强度、生产工艺和配合比基本相同的砂浆抗压强度资料,砂浆抗压强度标准差按公式计算:

$$\sigma = \sqrt{\frac{\sum_{i=1}^{n} f_{m,i}^{2} - n m_{f_m}^{2}}{n-1}}$$

式中　σ——砂浆抗压强度标准差;

$f_{m,i}$——第 i 组试件抗压强度,MPa;

m_{f_m}——n 组试件的抗压强度平均值,MPa;

n——试件组数。

3)当无近期同品种砂浆抗压强度统计资料时,σ 值可按表3-22取用。施工中应根据现场施工时段抗压强度的统计结果调整 σ 值。

表3-22　标准差 σ 选用值　(单位:MPa)

设计龄期砂浆抗压强度标准值	≤10	15	≥20
砂浆抗压强度标准差	3.5	4.0	4.5

3.2.7.3　砂浆配合比计算

(1)可选择与其接触混凝土的水胶比作为砂浆的初选水胶比。

(2)砂浆配合比设计时用水量可按表3-23确定。

表3-23　砂浆用水量参考表(稠度40~60 mm)

水泥品种	砂子细度	用水量(kg/m³)
普通硅酸盐水泥	粗砂	270
	中砂	280
	细砂	310
矿渣硅酸盐水泥	粗砂	275
	中砂	285
	细砂	315
稠度±10 mm	用水量±(8~10)kg/m³	

(3)砂浆的胶凝材料用量(m_c+m_p)、水泥用量 m_c 和掺合料用量 m_p 按下列公式计算:

$$m_c + m_p = \frac{m_w}{w/(c+p)}$$

$$m_c = (1 - P_m)(m_c + m_p)$$

$$m_p = P_m(m_c + m_p)$$

式中　m_c——砂浆水泥用量,kg/m³;

m_p——砂浆掺合料用量,kg/m³;

m_w——砂浆用水量,kg/m³;

$w/(c+p)$——水胶比;

P_m——掺合料掺量。

(4)砂子用量由已确定的用水量和胶凝材料用量,根据体积法计算。

$$V_s = 1 - \left(\frac{m_w}{\rho_w} + \frac{m_c}{\rho_c} + \frac{m_p}{\rho_p} + \alpha\right)$$

$$m_s = \rho_s V_s$$

式中　V_s——砂的绝对体积,m³;

m_w——砂浆用水量,kg/m³;

m_c——砂浆水泥用量,kg/m³;

m_p——砂浆掺合料用量,kg/m³;

α——含气量,一般为7%~9%;

ρ_w——水的密度, kg/m³;

ρ_c——水泥密度, kg/m³;

ρ_p——掺合料密度, kg/m³;

ρ_s——砂子饱和面干表观密度, kg/m³;

m_s——砂浆砂料用量,kg/m³。

(5)列出砂浆各组成材料的计算用量和比例。

3.2.7.4　砂浆配合比的试配、调整和确定

(1)按计算出的配合比的各项材料用量进行试拌,固定水胶比,调整用水量直至达到设计要求的稠度。由调整后的用水量得出砂浆抗压强度试验配合比。

(2)砂浆抗压强度试验至少应采用3个不同的配合比,其中一个应为确定的配合比,其他配合比的用水量不变,水胶比依次增减,变化幅度为0.05。当不同水胶比的砂浆稠度不能满足设计要求时,可通过增、减用水量进行调整。

(3)测定满足设计要求的稠度时每立方米砂浆的质量、含气量及抗压强度,根据28 d龄期抗压强度试验结果,绘出抗压强度与水胶比关系曲线,用作图法或计算法求出与砂浆配制强度$f_{m,0}$相对应的水胶比。

(4)计算出每立方米砂浆中各组成材料用量及比例,并经试拌确定最终配合比。

3.2.8　碾压混凝土配合比设计

(1)碾压混凝土所用原材料应符合下列规定:

1)宜选用硅酸盐水泥、普通硅酸盐水泥、中热硅酸盐水泥、低热硅酸盐水泥和低热矿渣硅酸盐水泥,水泥的强度等级不宜低于32.5级。

2)应优先选用优质粉煤灰作为掺合料;掺量超过65%,应通过试验论证。

3)石料最大粒径一般不宜超过80 mm。

4)当采用人工骨料时,人工砂的石粉(小于0.16 mm颗粒)含量宜控制在10%~

22%，最优石粉含量应通过试验确定。

5）应掺用外加剂，以满足可碾性、缓凝性、引气性及其他性能要求。

（2）碾压混凝土配合比设计应满足设计强度和耐久性要求，并做到经济合理。配置强度应按公式计算，设计龄期选用 90 d 或 180 d，设计抗压强度保证率为 80%，$t=0.842$。

（3）碾压混凝土的水胶比应根据设计对碾压混凝土性能的要求，通过试验确定。

（4）碾压混凝土中满足工作度（VC 值）要求的用水量，主要与最大骨料粒径、岩性、砂料用量和品质有关，应通过试验确定。当无试验资料时，其初选用水量可按表 3-24 选取。

表 3-24　碾压混凝土初选用水量　（单位：kg/m³）

碾压混凝土 VC 值 (s)	卵石最大粒径(mm)		碎石最大粒径(mm)	
	40	80	40	80
5~10	115	100	130	110
10~20	110	95	120	105

注：(1）本表适用于细度模数为 2.6~2.8 的天然中砂，当使用细砂或粗砂时，用水量需增加或减少 5~10 kg/m³。
（2）采用人工砂，用水量增加 5~10 kg/m³。
（3）掺入火山灰质掺合料时，用水量需增加 10~20 kg/m³；采用Ⅰ级粉煤灰时，用水量可减少 5~10 kg/m³。
（4）采用外加剂时，用水量应根据外加剂的减水率做适当调整，外加剂的减水率应通过试验确定。
（5）本表适用于骨料含水状态为饱和面干状态。

（5）碾压混凝土砂率。

碾压混凝土的砂率可按表 3-25 初选并通过试验最后确定。

表 3-25　碾压混凝土砂率初选表　（%）

骨料最大粒径 (mm)	水胶比			
	0.40	0.50	0.60	0.70
40	32~34	34~36	36~38	38~40
80	27~29	29~32	32~34	34~36

注：(1）本表适用于卵石、细度模数为 2.6~2.8 的天然中砂拌制的 VC 值为 5~12 s 的碾压混凝土。
（2）砂的细度模数每增减 0.1，砂率相应增减 0.5%~1.0%。
（3）使用碎石时，砂率需增加 3%~5%。
（4）使用人工砂时，砂率需增加 2%~3%。
（5）掺用引气剂时，砂率可减小 2%~3%；掺用粉煤灰时，砂率可减小 1%~2%。

在满足碾压混凝土施工工艺要求的前提下，选择最佳砂率。最佳砂率的评定标准为：骨料分离少；在固定水胶比及用水量条件下，拌合物 VC 值小，混凝土密度大、强度高。

（6）石料合理级配主要由骨料堆积密度、颗粒表面积和粒形等因素确定。将不同粒径的石料按不同的比例组合，选择使石料振实密度最大的级配组合。当无试验资料时，可按表 3-26 选取。

表 3-26　石子级配初选

级配	石子最大粒径(mm)	卵石(小:中:大)	碎石(小:中:大)
二	40	40:60:—	40:60:—
三	80	30:40:30	30:40:30

注：表中比例为质量比。

(7)碾压混凝土配合比的计算方法和步骤除应遵守的规定外,尚应符合以下规定:

1)碾压混凝土拌和物的设计工作度(VC 值),可选用 5~12 s。

2)大体积永久建筑物碾压混凝土的胶凝材料用量不宜低于 130 kg/m^3。

3)碾压混凝土易产生离析,其粗骨料宜采用连续级配。

4)由用水量、水泥用量、掺合料用量以及引入的气体所组成的浆体必须填满砂的所有空隙,并包裹所有的砂。灰浆/砂浆体积比宜为 0.38~0.46。

3.2.9　配合比试验主要参考规程规范

3.2.9.1　水泥

《通用硅酸盐水泥》(GB 175);

《中热硅酸盐水泥、低热硅酸盐水泥》(GB/T 200);

《抗硫酸盐硅酸盐水泥》(GB 748);

《低热微膨胀水泥》(GB 2938);

《砌筑水泥》(GB/T 3183);

《道路硅酸盐水泥》(GB/T 13693);

《石灰石硅酸盐水泥》(JC/T 600);

《水泥取样方法》(GB/T 12573);

《水泥标准稠度用水量、凝结时间、安定性检验方法》(GB/T 1346);

《水泥比表面积测定方法 勃氏法》(GB/T 8074);

《水泥细度检验方法 筛析法》(GB/T 1345);

《水泥胶砂流动度测定方法》(GB/T 2419);

《水泥密度测定方法》(GB/T 208);

《水泥胶砂强度检验方法(ISO 法)》(GB/T 17671);

《水泥化学分析方法》(GB/T 176);

《水泥水化热测定方法》(GB/T 12959);

《水泥抗硫酸盐侵蚀试验方法》(GB/T 749);

《水泥压蒸安定性试验方法》(GB/T 750);

《水泥胶砂干缩试验方法》(JC/T 603);

《水泥胶砂耐磨性试验方法》(JC/T 421);

《自应力水泥物理检验方法》(JC/T 453);

《硅酸盐水泥熟料》(GB/T 21372)。

3.2.9.2　粉煤灰

《用于水泥和混凝土中的粉煤灰》(GB/T 1596);

《水工混凝土掺用粉煤灰技术规范》(DL/T 5055);

《粉煤灰混凝土应用技术规范》(GB/T 50146)。

3.2.9.3　水

《混凝土用水标准》(JGJ 63);

《水工混凝土水质分析试验规程》(DL/T 5152);

《水质 氯化物的测定 硝酸银滴定法》(GB 11896)；
《水质 硫酸盐的测定 重量法》(GB 11899)；
《水质 悬浮物的测定 重量法》(GB 11901)；
《水质 pH 值的测定 玻璃电极法》(GB 6920)；
《生活饮用水卫生标准》(GB 5749)；
《水工混凝土施工规范》(DL/T 5144)；
《水工碾压混凝土施工规范》(DL/T 5112)。

3.2.9.4　**外加剂**

《混凝土外加剂》(GB 8076)；
《水工混凝土外加剂技术规程》(DL/T 5100)；
《混凝土外加剂应用技术规范》(GB/T 50119)；
《聚羧酸系高性能减水剂》(JG/T 223)；
《砂浆、混凝土防水剂》(JC 474)；
《混凝土防冻剂》(JC 475)；
《喷射混凝土用速凝剂》(GB/T 35159)；
《混凝土膨胀剂》(GB/T 23439)；
《水工混凝土试验规程》(SL/T 352)。

3.2.9.5　**砂**

《建设用砂》(GB/T 14684)；
《普通混凝土用砂、石质量及检验方法标准》(JGJ 52)；
《水工混凝土砂石骨料试验规程》(DL/T 5151)；
《水工混凝土施工规范》(SL 677)；
《水工沥青混凝土试验规程》(DL/T 5362)；
《混凝土结构工程施工质量验收规范》(GB 50204)。

3.2.9.6　**石**

《建设用卵石、碎石》(GB/T 14685)。

3.2.9.7　**混凝土配合比**

《水工混凝土配合比设计规程》(DL/T 5330)；
《普通混凝土配合比设计规程》(JGJ 55)；
《水下不分散混凝土试验规程》(DL/T 5117)；
《水工自密实混凝土技术规程》(DL/T 5720)；
《自密实混凝土设计与施工指南》(CCES 02)；
《水电水利工程喷锚支护施工规范》(DL/T 5181)；
《水工混凝土结构设计规范》(DL/T 5057)；
《水工建筑物抗冲磨防空蚀混凝土技术规范》(DL/T 5027)；
《砌筑砂浆配合比设计规程》(JGJ/T 98)；
《建筑砂浆基本性能试验方法标准》(JGJ/T 70)。

关于这些规程规范实施过程，由于长期以来受我国政治体制和经济体制的影响，将规范的具体规定和要求等同于法律条文来对待。技术规范或规程与各种技术条例、技术要求、工法、指南等技术文件一样,都是技术标准,本身不具有法律作用,只有当工程各方(业主、设计、施工企业)认同作为设计与施工的依据并签订了契约的基础上,才能作为法律仲裁的依据。将技术问题法制化并强制执行,不利于技术进步和创造性的发挥,反而容易成为推卸责任的借口。水利工程有着强烈的个性,需要工程技术人员针对具体特点去解决设计与施工问题,把规程规范作为技术标准宜强调其指导性而不是强制性。所以,在依据这些规程规范进行混凝土配合比设计和试验过程中,就要着重强调这些规程规范的指导性作用,在具体实施过程中就要结合这些工程所处的地域环境、气候条件和施工条件,认真分析混凝土设计指标及原材料的组成、结构、物理化学特性,并在此基础上进行混凝土配合比参数与性能关系试验研究,确定综合性能优良的混凝土配合比。

3.3 水电工程混凝土配合比设计典型案例

3.3.1 黄登水电工程

3.3.1.1 概述

黄登水电站位于云南省兰坪县境内,采用堤坝式开发,是澜沧江上游曲孜卡至苗尾河段水电梯级开发方案的第六级水电站,以发电为主。上游与托巴水电站、下游与大华桥水电站相衔接,坝址位于营盘镇上游,电站对外交通十分便利。电站装机容量 1 900 MW,保证出力 515.52 MW,年发电量 85.78 亿 kW · h。拦河大坝为混凝土重力坝,最大坝高 203 m。工程枢纽主要由碾压混凝土重力坝、坝身表孔、泄洪放空底孔、左岸折线坝身进水口及地下引水发电系统组成。碾压混凝土重力坝坝顶高程 1 625 m,建基面最低高程 1 422 m,最大坝高 203 m,坝顶长度 464 m。

本工程已于 2013 年 11 月大江截流,于 2015 年 3 月开始大坝混凝土浇筑,2018 年 5 月底大坝混凝土浇筑完成,2018 年 5 月底首台机组投产发电,2019 年 5 月底工程完工。黄登工程拟建的 203 m 碾压混凝土重力坝是高山峡谷区高碾压混凝土重力坝的代表性工程,工程位于高地震区,壅水建筑物水平地震峰值加速度代表值为 0.251g,为国内碾压混凝土重力坝地震设防烈度较高的大坝之一。

黄登水电站工程枢纽主要由碾压混凝土重力坝、坝身泄洪建筑物、左岸地下引水发电系统等组成,混凝土总量约 463.4 万 m^3,其中大坝约 366.8 万 m^3,水垫塘约 26.8 万 m^3,引水发电系统约 69.8 万 m^3。在大坝混凝土中,常态混凝土约 91.5 万 m^3,碾压混凝土约 275.3 万 m^3。针对黄登水电站坝体高、混凝土方量大的实际状况,需要通过科学、合理、严格的大坝混凝土配合比设计试验,配制出各项性能满足设计及施工技术要求,技术经济效益突出的混凝土,保证工程建设需要。

3.3.1.2 混凝土配合比设计要求

1. 原材料要求

本工程采用质量稳定的 42.5 级中热硅酸盐水泥,中热硅酸盐水泥除满足《中热硅酸盐水泥、低热硅酸盐水泥、低热矿渣硅酸盐水泥》(GB 200—2003)中的要求外,其品质还应满足:28 d 抗压强度(48±3.5)MPa,比表面积 250~340 m^2/kg,MgO 含量 3.5%~4.5%;掺合料采用 F 类粉煤灰,其质量指标应符合《水工混凝土掺用粉煤灰应用技术规范》(DL/T 5055—2007)及《用于水泥和混凝土中的粉煤灰》(GB/T 1596—2005)等标准的有关规定;混凝土骨料采用大格拉石料场灰岩加工的人工骨料,除满足《水工碾压混凝土施工规范》(DL/T 5112—2009)中的要求外,同时要求砂料细度模数 FM 在 2.6±0.2 范围内;对于碾压混凝土,要求砂中石粉含量干筛在 18%~22%,水洗法在 23%~27%,粗骨料针片状含量按≤10%控制。考虑到大格拉石料场灰岩骨料具有潜在活性,要求水泥碱含量≤0.6%,粉煤灰碱含量≤1.5%。用于混凝土中的外加剂品质应符合《混凝土外加剂》(GB 8076—2008)及《水工混凝土外加剂技术规程》(DL/T 5100—2014)的有关规定。混凝土拌和及养护用水应符合《混凝土用水标准》(JGJ 63—2006)的有关规定。

2. 混凝土配合比设计要求

依据中国电建集团昆明勘察设计研究院有限公司下发文件《澜沧江上游河段黄登水电站施工详图设计阶段大坝混凝土施工技术要求(A 版)》(2014 年 9 月)、设计通知单《大坝混凝土施工技术要求调整》(大坝总第 021 号)文件及《黄登水电站大坝标第三阶段及水垫塘抗冲耐磨混凝土配合比复核试验 7 天中间成果评审会会议纪要》(西咨黄登综施〔2016〕63 号文件)要求,碾压混凝土主要性能指标如表 3-27 所示。

表 3-27　碾压混凝土材料分区及主要性能指标

设计指标		大坝中部及颈部 RⅡ	大坝上部 RⅢ	上游面防渗 RⅤ	上游面变态混凝土 CbⅡ
强度指标(MPa)(90 d,保证率 80%)		20	15	20	20
抗渗等级(90 d)		W6	W6	W10	W10
抗冻等级(90 d)		F50	F50	F150	F150
极限拉伸值(ε_p)(90 d)		0.70×10^{-4}	0.70×10^{-4}	0.70×10^{-4}	0.70×10^{-4}
VC 值(s)		3~5	3~5	3~5	坍落度 1~2
最大水胶比		≤0.45	<0.50	<0.45	<0.45
设计更改水胶比		0.47~0.50	0.50~0.53	—	—
级配		三	三	二	二
层面原位抗剪断强度(180 d、保证率 80%)	f'	≥1.0	≥1.0	≥1.1	≥1.1
	C'(MPa)	≥1.4	≥1.2	≥1.8	≥1.8

注:混凝土中最大含碱量不超过 2.5 kg/m^3。

3. 试验目的

依据设计通知单《大坝混凝土施工技术要求调整》(大坝总第 021 号文件)、《黄登水电站大坝标第三阶段及水垫塘抗冲耐磨混凝土配合比复核试验 7 天中间成果评审会会议纪要》(西咨黄登综施〔2016〕63 号文件)及《黄登水电站大坝标第三阶段碾压混凝土配合比二次优化试验 7 天中间成果评审会会议纪要》(西咨黄登综施〔2016〕83 号文件)要求,中国水电四局开展了大坝混凝土第三阶段配合比二次优化试验工作,对第二阶段配合比进行优化设计,在配合比各项指标满足设计要求的前提下,更加经济合理,以满足黄登水电站大坝混凝土施工的需要。

4. 试验依据

本配合比试验依据和参考的技术文件、规程规范主要有:

《澜沧江黄登水电站大坝土建及金属结构安装工程施工招标文件》;

《澜沧江上游河段黄登水电站施工详图设计阶段大坝混凝土施工技术要求(A 版)》(2014 年 9 月);

《澜沧江上游河段黄登水电站施工详图设计阶段大坝混凝土原材料及温度控制施工技术要求(B 版)》;

黄登水电站设计代表处设计通知单《调整大坝混凝土砂石骨料部分质量技术指标要求》(大坝总第〔2015〕001 号);

昆明院下发设计通知单(大坝总第 021 号文件);

黄登水电站设计代表处设计通知单《细骨料石粉含量控制指标》(大坝总第〔2016〕004 号);

《水工碾压混凝土施工规范》(DL/T 5112);

《水工混凝土配合比设计规程》(DL/T 5330);

《水工混凝土试验规程》(DL/T 5150);

《水工碾压混凝土试验规程》(DL/T 5433);

《水工混凝土砂石骨料试验规程》(DL/T 5151);

《水工混凝土水质分析试验规程》(DL/T 5152);

《水工混凝土掺用粉煤灰技术规范》(DL/T 5055);

《水工混凝土外加剂技术规程》(DL/T 5100);

《混凝土外加剂匀质性试验方法》(GB/T 8077);

《水泥取样方法》(GB 12573);

《中热硅酸盐水泥、低热硅酸盐水泥、低热矿渣硅酸盐水泥》(GB 200);

《水泥化学分析方法》(GB/T 176);

《用于水泥和混凝土中的粉煤灰》(GB/T 1596);

《混凝土用水标准》(JGJ 63);

《混凝土外加剂》(GB 8076)。

5. 试验概况

本次第三阶段二次优化试验在黄登大坝试验室进行。黄登水电站大坝混凝土配合比试验水泥采用祥云建材(集团)有限公司生产的中热 P · MH42.5 水泥(主供厂家)和云南红塔滇西水泥股份有限公司生产的中热P·MH42.5水泥(备供厂家);粉煤灰为宣威发电粉煤灰开发有限责任公司生产的Ⅱ级粉煤灰、贵州黔桂发电有限责任公司生产的Ⅱ级粉煤灰和曲靖电厂生产的Ⅱ级粉煤灰;减水剂为江苏苏博特新材料股份有限公司生产的SBTJM-Ⅱ缓凝高效减水剂(主供厂家)和石家庄育才化工有限公司生产的GK-4A缓凝高效减水剂(备供厂家);引气剂为云南宸磊建材有限公司生产的HLAE型引气剂和江苏苏博特新材料股份有限公司生产的GYQ引气剂,骨料为水电八局大格拉料场生产的灰岩骨料。在不考虑对引气剂进行组合的情况下,配合比组合共有12种,见表3-28。

表3-28　黄登水电站第三阶段配合比二次优化试验各种材料组合

组合序号	水泥	粉煤灰	减水剂	引气剂
1	祥云 P·MH42.5	贵州黔桂Ⅱ级粉煤灰	江苏SBTJM-Ⅱ减水剂	云南宸磊HLAE引气剂 江苏苏博特GYQ引气剂
2	祥云 P·MH42.5	贵州黔桂Ⅱ级粉煤灰	育才GK-4A减水剂	云南宸磊HLAE引气剂 江苏苏博特GYQ引气剂
3	祥云 P·MH42.5	宣威发电Ⅱ级粉煤灰	江苏SBTJM-Ⅱ减水剂	云南宸磊HLAE引气剂 江苏苏博特GYQ引气剂
4	祥云 P·MH42.5	宣威发电Ⅱ级粉煤灰	育才GK-4A减水剂	云南宸磊HLAE引气剂 江苏苏博特GYQ引气剂
5	红塔 P·MH42.5	贵州黔桂Ⅱ级粉煤灰	江苏SBTJM-Ⅱ减水剂	云南宸磊HLAE引气剂 江苏苏博特GYQ引气剂
6	红塔 P·MH42.5	贵州黔桂Ⅱ级粉煤灰	育才GK-4A减水剂	云南宸磊HLAE引气剂 江苏苏博特GYQ引气剂
7	红塔 P·MH42.5	宣威发电Ⅱ级粉煤灰	江苏SBTJM-Ⅱ减水剂	云南宸磊HLAE引气剂 江苏苏博特GYQ引气剂
8	红塔 P·MH42.5	宣威发电Ⅱ级粉煤灰	育才GK-4A减水剂	云南宸磊HLAE引气剂 江苏苏博特GYQ引气剂
9	祥云 P·MH42.5	曲靖方园Ⅱ级粉煤灰	江苏SBTJM-Ⅱ减水剂	云南宸磊HLAE引气剂 江苏苏博特GYQ引气剂
10	祥云 P·MH42.5	曲靖方园Ⅱ级粉煤灰	育才GK-4A减水剂	云南宸磊HLAE引气剂 江苏苏博特GYQ引气剂
11	红塔 P·MH42.5	曲靖方园Ⅱ级粉煤灰	江苏SBTJM-Ⅱ减水剂	云南宸磊HLAE引气剂 江苏苏博特GYQ引气剂
12	红塔 P·MH42.5	曲靖方园Ⅱ级粉煤灰	育才GK-4A减水剂	云南宸磊HLAE引气剂 江苏苏博特GYQ引气剂

3.3.1.3 原材料试验

1. 水泥

水泥是混凝土中的主要胶凝材料，也是决定混凝土强度及其他各项性能指标的主要因素。根据中国水电顾问集团昆明勘测设计研究院编制的《澜沧江上游河段黄登水电站施工详图设计阶段大坝混凝土施工技术要求（A 版）》（2014 年 9 月）要求，本工程采用的中热水泥除满足《中热硅酸盐水泥、低热硅酸盐水泥、低热矿渣硅酸盐水泥》（GB 200—2003）中的要求外，其品质还应满足：28 d 抗压强度（48±3.5）MPa，比表面积 250～340 m^2/kg，MgO 含量 3.5%～4.5%；考虑到大格拉石料场灰岩骨料具有潜在活性，要求水泥碱含量≤0.6%；施工配合比采用的水泥由业主统供，采用祥云建材（集团）有限责任公司提供的 P · MH42.5 中热硅酸盐水泥及云南红塔滇西水泥股份有限公司生产的 P · MH42.5 中热硅酸盐水泥。水泥样品到货后，均进行了物理力学性能检测和化学成分分析试验，试验结果分别见表 3-29、表 3-30。

从水泥试验检测结果可以看出，两种水泥的物理力学指标及化学成分指标均满足有关规范要求及本工程要求。从两种水泥化学成分分析结果来看，指标较好，其中 MgO 含量均在 4%～4.5%，对简化混凝土温控措施、减少中后期混凝土温度裂缝具有重要意义；碱含量 R_2O 较低，均在 0.5%以内，对防止混凝土发生碱-骨料反应十分有利；水泥安定性检测合格，游离氧化钙 f-CaO 含量很低，对维持混凝土体积安定性有利。

2. 粉煤灰

混凝土中掺入优质粉煤灰可以改善混凝土和易性，减少泌水，提高密实性、耐久性及抗硫酸盐侵蚀性能，减少混凝土的干缩变形，大幅度降低水化热温升，有利于防止和减少混凝土温度裂缝。黄登水电站工程大坝配合比试验粉煤灰选用宣威发电粉煤灰开发有限责任公司生产的宣威Ⅱ级粉煤灰、贵州黔桂发电有限责任公司生产的Ⅱ级粉煤灰和曲靖电厂生产的Ⅱ级粉煤灰。为了保证工程的安全运行和使用寿命，用于黄登水电站工程大坝混凝土的粉煤灰必须满足《水工混凝土掺用粉煤灰应用技术规范》（DL/T 5055—2007）、《用于水泥和混凝土中的粉煤灰》（GB/T 1596—2005）及《澜沧江上游河段黄登水电站施工详图设计阶段大坝混凝土施工技术要求（A 版）》（2014 年 9 月）中的各项要求。

粉煤灰品质试验检验按照《水工混凝土掺用粉煤灰应用技术规范》（DL/T 5055—2007）及《用于水泥和混凝土中的粉煤灰》（GB/T 1596—2005）的有关规定进行，化学成分分析按照《水泥化学分析方法》（GB/T 176—2008）有关要求进行。对粉煤灰进行的品质检验和化学成分分析结果分别见表 3-31、表 3-32。

从试验检测结果可以看出，三种粉煤灰其 45 μm 方孔筛筛余量、需水量比、烧失量、三氧化硫含量、游离氧化钙、碱含量和含水量均满足规范要求。

表 3-29　水泥物理力学性能试验结果

试验项目	产地、品种及等级	密度 (g/cm^3)	比表面积 (m^2/kg)	标稠 (%)	凝结时间(min)		安定性	抗压强度(MPa)			抗折强度(MPa)			水化热(kJ/kg)	
					初凝	终凝		3 d	7 d	28 d	3 d	7 d	28 d	3 d	7 d
试验结果	祥云 P · MH42.5	3.20	328	25.0	163	215	合格	22.6	30.4	48.5	6.0	7.7	9.8	242	280
	红塔 P · MH42.5	3.19	334	26.8	203	237	合格	20.2	29.5	48.2	6.5	7.3	9.4	236	278
GB 200—2003 对 P · MH42.5 水泥技术要求		—	≥250	—	≥60	≤720	合格	≥12.0	≥22.0	≥42.5	≥3.0	≥4.5	≥6.5	≤251	≤293
《澜沧江上游河段黄登水电站施工详图设计阶段大坝混凝土施工技术要求(A 版)》(2014 年 9 月)要求		—	250~340	—	≥60	≤720	合格	≥12.0	≥22.0	48±3.5	≥3.0	≥4.5	≥6.5	≤251	≤293

表 3-30　水泥化学成分试验结果

项目	化学成分(%)											矿物成分(%)			
	LOSS	IR	SO_3	SiO_2	Al_2O_3	Fe_2O_3	CaO	MgO	R_2O	f-CaO	Cl^-	C_2S	C_3S	C_3A	C_4AF
祥云 P · MH42.5	1.22	—	2.30	20.98	4.16	4.51	61.66	4.16	0.54	0.28	—	22.30	50.55	3.38	15.32
红塔 P · MH42.5	1.15	—	2.25	21.07	4.03	4.32	61.24	4.02	0.56	0.23	—	22.96	49.82	3.35	14.67
GB 200—2003 对 P · MH42.5 水泥技术要求	≤3.0	—	≤3.5	—	—	—	—	≤5.0	由供需双方商定	≤1.0	—	—	≤55	≤6.0	—
《澜沧江上游河段黄登水电站施工详图设计阶段大坝混凝土施工技术要求(A 版)》(2014 年 9 月)	≤3.0	—	≤3.5	—	—	—	—	3.5~4.5	≤0.6	≤1.0	—	—	≤55	≤6.0	—

表 3-31　粉煤灰品质检测结果

检测项目	密度 (g/cm³)	45 μm方孔筛筛余量(%)	需水量比(%)	活性指数(%)		三氧化硫(%)	烧失量(%)	含水量(%)	等级评定
				抗压	抗折				
宣威Ⅱ级粉煤灰	2.32	15.2	101	73	78	0.34	6.12	0.2	Ⅱ级灰
贵州黔桂Ⅱ级粉煤灰	2.31	16.6	100	73	79	0.27	6.01	0.2	Ⅱ级灰
曲靖电厂Ⅱ级粉煤灰	2.31	17.0	100	74	80	0.65	5.89	0.1	Ⅱ级灰
《澜沧江上游河段黄登水电站施工详图设计阶段大坝混凝土施工技术要求(A版)》(2014年9月)	—	≤25	≤105	≥70	—	≤3	≤8	≤1.0	—

表 3-32　粉煤灰化学成分分析结果　(%)

粉煤灰品种	SiO_2	Al_2O_3	Fe_2O_3	CaO	f-CaO	MgO	Na_2O	K_2O	R_2O
宣威Ⅱ级粉煤灰	56.03	21.45	8.45	4.05	0.18	1.41	0.16	1.32	1.03
贵州黔桂Ⅱ级粉煤灰	54.67	20.78	9.34	4.86	0.22	1.50	0.13	1.28	0.97
曲靖电厂Ⅱ级粉煤灰	53.30	19.60	8.55	3.89	0.40	1.65	0.23	1.16	0.99
《澜沧江上游河段黄登水电站施工详图设计阶段大坝混凝土施工技术要求(A版)》(2014年9月)	—	—	—	—	≤1.0	—	—	—	≤1.5

3. 骨料

配合比试验采用大格拉石料场灰岩加工的人工骨料。混凝土骨料除了满足《水工碾压混凝土施工规范》(DL/T 5112—2009)中的要求外,同时要求砂料细度模数 FM 在 2.6±0.2 范围内,对于碾压混凝土,要求砂中石粉含量干筛在 18%~22%,水洗在 23%~27%,粗骨料针片状含量按≤10%控制。

(1)细骨料。

细骨料检测按照《水工混凝土砂石骨料试验规程》(DL/T 5151—2014)相关要求进行,检测结果分别见表 3-33、图 3-1、表 3-34,可以看出,人工砂品质符合规范要求,碾压混凝土人工砂 0.08 mm 以下的微粉含量干筛法达到 12.2%,水洗法 16.8%,可显著提高碾压混凝土浆砂比值。

表 3-33　砂料颗粒级配试验结果

砂料用途	各级筛孔(mm)的累计筛余量(%)								细度模数 FM
	10.0	5.0	2.5	1.25	0.63	0.315	0.16	<0.16	
碾压砂	0	0.5	19.1	35.4	53.9	69.7	80.1	100	2.58

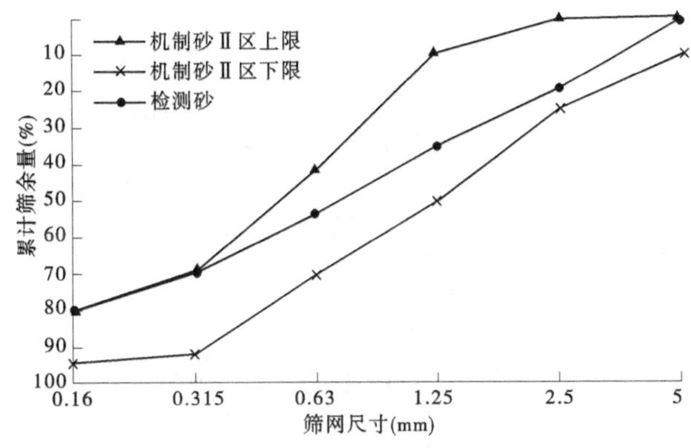

图 3-1　碾压砂级配

(2)粗骨料。

和细骨料一样,黄登水电站主坝工程粗骨料采用灰岩石料经破碎机械破碎筛分加工而成。试验检测按照《水工混凝土砂石骨料试验规程》(DL/T 5151—2014)的有关要求进行,检测结果见表 3-35。检测结果表明,所检指标满足规范及本工程的要求。

(3)粗骨料级配及紧密容重试验。

粗骨料级配及紧密容重试验按照不同比例粗骨料混合均匀后测定其紧密密度,从中选出密度较大、空隙率较小的骨料级配进行混凝土和易性试验,确定混凝土粗骨料级配,力求配制的混凝土胶材用量最少,具有良好的施工和易性和工作度,满足设计及施工要求。粗骨料级配及容重试验结果见表 3-36,可以看出,二级配最优级配为小石∶中石=45∶55,三级配最优级配为小石∶中石∶大石=30∶30∶40。

4. 外加剂

黄登水电站大坝工程混凝土配合比试验采用的外加剂有减水剂和引气剂,减水剂主供产品为江苏苏博特新材料股份有限公司生产的 SBTJM-Ⅱ缓凝高效减水剂,备供产品为石家庄育才化工有限公司生产的 GK-4A 缓凝高效减水剂;引气剂为云南宸磊建材有限公司生产的 HLAE 型引气剂和江苏苏博特新材料股份有限公司生产的 GYQ 型引气剂。

表 3-34　人工砂品质指标及物理性能检测结果

检测项目	细度模数	干筛	水洗	干筛	水洗	松散密度 (kg/m³)	紧密密度 (kg/m³)	表观密度 (kg/m³)	饱和面干表观密度 (kg/m³)	泥块含量 (%)	吸水率 (%)	云母含量 (%)	轻物质含量 (%)	硫化物 SO_3 (%)	坚固性 (%)	有机质含量
		石粉(%)		微粒（%）												
检测结果　碾压砂	2.58	19.9	23.2	12.2	16.8	1 550	1 820	2 710	2 690	0	2.0	0.03	0.05	0.12	3.4	合格
DL/T 5112—2009 要求	2.2~2.9	10~22		≥5		—	—	≥2 500	—	不允许	—	≤2	—	≤1.0	≤8	浅于标准色
《澜沧江上游河段黄登水电站施工详图设计阶段大坝混凝土施工技术要求(A版)》(2014年9月)	2.6±0.2	18~22	23~27	碾压≥5		—	—	≥2 500	—	不允许	—	≤2	—	≤1.0	≤8	浅于标准色

表 3-35　人工碎石品质指标及物理性能检测结果

骨料粒径 (mm)	堆积密度 (kg/m³)	紧密密度 (kg/m³)	饱和面干表观密度 (kg/m³)	饱和面干吸水率 (%)	超径 (%)	逊径 (%)	中径筛余量 (%)	针片状 (%)	石粉 (<0.08 mm) (%)	泥块含量 (%)	轻物质含量 (%)	硫化物 SO_3 (%)	压碎指标 (%)	坚固性 (%)	有机质含量
5~20	1 610	1 850	2 700	0.60	2	6	50	4	0.9	0	0.10	0.35	8.2	2.1	合格
20~40	1 580	1 780	2 700	0.45	1	8	48	0	0.6	0	0	0.15	—	1.6	合格
40~80	1 470	1 710	2 710	0.35	0	4	42	0	0.4	0	0	0.08	—	0.9	合格
DL/T 5144—2015 要求	—	—	≥2 550	≤2.5	<5 (原孔筛)	<10 (原孔筛)	40~70	≤15	—	不允许	—	≤0.5	≤16	≤5	浅于标准色
DL/T 5112—2009 要求	—	—	≥2 550	≤2.5	<5 (原孔筛)	<10 (原孔筛)	40~70	≤15	—	不允许	—	≤0.5	≤16	≤5	浅于标准色
《澜沧江上游河段黄登水电站施工详图设计阶段大坝混凝土施工技术要求(A版)》(2014年9月)	—	—	≥2 550	≤2.5	<5 (原孔筛)	<10 (原孔筛)	40~70	≤10	—	不允许	—	≤0.5	≤12	≤5	浅于标准色

表 3-36　粗骨料级配及容重试验结果

最大粒径(mm)及级配	序号	小石	中石	大石	振实密度(kg/m³)	振实空隙率(%)	最优密度	级配评定
40 二级配	1	30	70	—	1 680	38.4		
	2	35	65	—	1 705	37.7		
	3	40	60	—	1 710	37.4		
	4	45	55	—	1 720	37.3	√	最优
	5	50	50	—	1 670	38.8		
80 三级配	1	20	30	50	1 730	36.4		
	2	25	35	40	1 750	35.8		
	3	25	40	35	1 755	35.5		
	4	25	45	30	1 760	35.3		
	5	30	30	40	1 770	35.0	√	最优
	6	30	35	35	1 740	36.1		
	7	30	40	30	1 765	35.2		次优
	8	40	30	30	1 745	35.9		
	9	35	40	25	1 720	37.0		

(1)外加剂匀质性检测。

为了检测外加剂品质及匀质性指标是否符合规范要求,对各种外加剂进行了匀质性项目检测,试验结果见表 3-37。

表 3-37　外加剂匀质性项目试验结果

检测项目	SBTJM-Ⅱ 缓凝高效减水剂	GK-4A 缓凝高效减水剂	HLAE 型 引气剂	GYQ 型 引气剂
外观形态	粉状	粉状	液体	液体
细度(%)	5.4	5.8	—	—
固体含量(%)	96.43	95.34	59.5	47.60
氯离子含量(%)	0.03	0.02	0.01	0.02
硫酸盐含量(%)	8.23	8.56	5.73	5.24
碱含量(%)	5.94	6.32	1.87	2.27
pH	7.22	7.40	7.42	8.04

从表 3-37 外加剂匀质性项目试验结果可以看出,萘系减水剂均为粉剂,含固量均在95%以上,两种引气剂为黏稠状液体,由于组成不同,含固量差异较大。从氯离子含量、硫酸盐含量、碱含量等检测结果来看,萘系减水剂均稍高一些,引气剂相对稍低。综合比较其质量均较好。

(2)掺外加剂混凝土性能指标对比试验。

为了检测各种外加剂性能指标,对 SBTJM-Ⅱ、GK-4A、HLAE 型引气剂和 GYQ 型引气剂等进行了掺外加剂混凝土性能指标对比试验。试验依据《水工混凝土外加剂技术规程》(DL/T 5100—2014)的有关要求进行,各种外加剂掺量按照厂家推荐的掺量。掺外加剂混凝土性能试验结果见表 3-38。

表 3-38　掺外加剂混凝土性能试验结果

试验类别	外加剂		水泥用量(kg/m³)	砂率(%)	用水量(kg/m³)	坍落度(cm)			含气量(%)		减水率(%)	泌水率比(%)	凝结时间(min)		凝结时间差(min)		抗压强度(MPa)/抗压强度比(%)		
	品种	掺量(%)				设计	实测	1 h变化	实测	1 h变化			初凝	终凝	初凝	终凝	3 d	7 d	28 d
基准混凝土	—		330	40	206	80±10	82	—	0.8	—	—	—	340	476	—	—	15.1/100	22.5/100	30.1/100
掺缓凝高效减水剂	SBTJM-Ⅱ	0.60	330	40	161	80±10	80	—	1.6	—	21.8	65	675	881	+335	+405	22.2/147	32.4/144	42.1/140
	GK-4A	0.60	330	40	161	80±10	76	—	1.4	—	21.8	70	615	806	+320	+420	22.0/146	32.6/145	42.7/142
掺引气剂	GYQ 型	0.01	330	38	190	80±10	83	—	5.0	-1.3	7.8	23	356	520	+15	+45	15.1/100	22.0/98	28.9/96
	HLAE 型	0.01	330	38	190	80±10	79	—	4.9	-1.4	7.8	27	384	561	+45	+85	14.9/99	21.8/97	28.6/95
缓凝高效减水剂	DL/T 5100—2014要求		330	36~40	—	80±10	—	—	<3.0	—	≥15	≤100	—	—	≥120		≥125	≥125	≥120
引气剂	DL/T 5100—2014要求		330	36~40	—	80±10	—	—	4.5~5.5	-1.5~+1.5	≥6	≤70	—	—	-90~+120		≥90	≥90	≥85

注：(1)试验采用祥云 P·MH42.5 中热硅酸盐水泥；

(2)八局大格拉料场灰岩人工粗、细骨料，粗骨料级配 5~10 mm：10~20 mm=45：55。

从外加剂性能检测结果来看，SBTJM-Ⅱ、GK-4A 两种减水剂和 HLAE 型、GYQ 型两种引气剂减水率、含气量、泌水率比、凝结时间差、抗压强度比均满足规范要求。

从外加剂性能试验结果还可以看出，萘系高效缓凝减水剂减水效果差别不大，抗压强度比也比较接近。

两种引气剂可能由于成分不同，产品含固量差别较大，但在相同掺量条件下引气效果及其他各项性能指标极为相近，在混凝土生产过程中可以相互替代。另外，引气剂在混凝土中掺量一般以保证混凝土实际含气量为准，与拌和用水量一样，在混凝土拌和生产过程中需要动态控制。在第三阶段配合比二次优化试验以江苏苏博特新材料股份有限公司 GYQ 引气剂为主，以减轻第三阶段配合比二次优化试验材料组合数量较多，配合比试验工作量大与配合比试验完成时间紧的矛盾。

5. 拌和水

黄登水电站主坝工程混凝土配合比试验拌和采用经净化处理的澜沧江水，水样检测分析按照《水工混凝土水质分析试验规程》（DL/T 5152—2001）的有关要求进行，分析结果见表 3-39。可以看出，水质分析所检各项指标符合混凝土拌和水质量标准，可以用来拌制各种类型混凝土。

表 3-39　黄登水电站澜沧江江水水质分析试验结果

分析指标	单位	指标要求			分析结果
		预应力混凝土	钢筋混凝土	素混凝土	
不溶物	mg/L	≤2 000	≤2 000	≤5 000	18
可溶物	mg/L	≤2 000	≤5 000	≤10 000	290
硫酸盐（以 SO_4^{2-} 计）	mg/L	≤600	≤2 000	≤2 700	91
氯化物（以 Cl^- 计）	mg/L	≤500	≤1 000	≤3 500	22
pH	—	≥5.0	≥4.5	≥4.5	7.6
总碱含量	mg/L	≤1 500	≤1 500	≤1 500	27

3.3.1.4　碾压混凝土配合比试验

依据《黄登水电站大坝标第三阶段及水垫塘抗冲耐磨混凝土配合比复核试验 7 天中间成果评审会会议纪要》（西咨黄登综施〔2016〕63 号文）及《黄登水电站大坝标第三阶段碾压混凝土配合比二次优化试验 7 天中间成果评审会会议纪要》（西咨黄登综施〔2016〕82 号文）要求，$RCCC_{90}20W6F50$（三）碾压混凝土水泥用量不能低于 67 kg/m^3，胶凝材料用量不能低于 160 kg/m^3，中国水电四局联合试验中心、监理中心对配合比进行了优化设计，开展了大坝中部及颈部 $RCCC_{90}20W6F50$（三）混凝土、大坝上部 $RCCC_{90}15W6F50$（三）混凝土和上游面防渗区 $RCCC_{90}20W10F150$（二）混凝土及对应的变态混凝土的试验工作。

1. 碾压混凝土骨料级配选择

根据现阶段骨料的实际情况，第三阶段配合比二次优化确定的粗骨料级配分别为：二级配,小石:中石=45:55;三级配,小石:中石:大石=30:30:40。但对于碾压混凝土,为了防止或减少混凝土在运输或施工过程中出现大小骨料分离的现象,提高混凝土施工质量的均匀性,三级配碾压混凝土采用小石:中石:大石=30:40:30的骨料级配,由于受到中国水电八局大格拉料场骨料生产能力的限制,中石供应紧张的情况下,三级配混凝土备用级配为小石:中石:大石=30:35:35。

2. 水胶比及粉煤灰掺量

根据2016年4月4日评审会要求,中国水电四局在第二阶段配合比及4月4日评审会的基础上,开展了配合比的进一步优化工作,由于前期工作较多,水胶比0.45、0.50、0.57都进行过配合比试验,混凝土各项性能指标均满足设计要求,为此,评审会确定配合比C_{90}20水胶比在0.47~0.50选择,C_{90}15水胶比在0.50~0.53选择,为此,中国水电四局联合试验中心及监理中心对配合比进行了精细化设计,C_{90}20(三)水胶比优化确定为0.48,根据《黄登水电站大坝标第三阶段碾压混凝土配合比二次优化试验7天中间成果评审会会议纪要》(西咨黄登综施〔2016〕82号文)要求,C_{90}20(三)增做0.50的水胶比试验,C_{90}15(三)水胶比确定为0.53,C_{90}20(二)水胶比确定为0.44,对选定的水胶比进行配合比试验。

3. 砂率及单位用水量优化试验

综上所述,各级配碾压混凝土粗骨料最优级配和各部位不同设计等级混凝土水胶比已确定,作为混凝土配合比另外两个主要参数,砂率和单位用水量也是碾压混凝土配合比参数选择工作的主要内容,这些参数调整和确定通过室内试拌试验分别进行。

最优砂率选择试验,砂率选择试验采用固定水胶比、用水量和外加剂掺量的方法,选择不同砂率进行碾压混凝土拌合物性能对比试验,根据碾压混凝土VC值和泛浆情况等拌合物性能确定最优砂率。试验条件如下:

水泥:祥云P·MH42.5中热硅酸盐水泥;

粉煤灰:贵州黔桂Ⅱ级粉煤灰;

骨料:大格拉料场生产的人工灰岩粗、细骨料;

减水剂:SBTJM-Ⅱ缓凝高效减水剂,掺量0.80%;

引气剂:江苏苏博特新GYQ型引气剂,掺量暂以含气量3%~5%确定;

级配:二级配,小石:中石=45:55,三级配,小石:中石:大石=30:40:30;

用水量:二级配94 kg/m^3,三级配80 kg/m^3;

水胶比:根据配合比确定的水胶比。

碾压混凝土砂率选择试验结果见表3-40、表3-41,可以看出,各配合比在固定用水量和外加剂掺量后,最优砂率和水胶比有关,三级配碾压混凝土C_{90}20W6F50、C_{90}15W6F50水胶比分别为0.48、0.53,对应的最优砂率分别为34%、35%;二级配碾压混凝土C_{90}20W10F150水胶比为0.44,对应的最优砂率为37%。

表 3-40　三级配碾压混凝土砂率选择试验结果

设计要求	水胶比 $w/(c+p)$	用水量 (kg/m³)	砂率 (%)	粉煤灰 (%)	减水剂 (%)	引气剂 (%)	设计密度 (kg/m³)	VC 值 (s)	含气量 (%)	最优砂率	试验曲线
$C_{90}20W6F50$	0.48	80	33	60	0.80	0.18	2 440	4.5	4.0	34	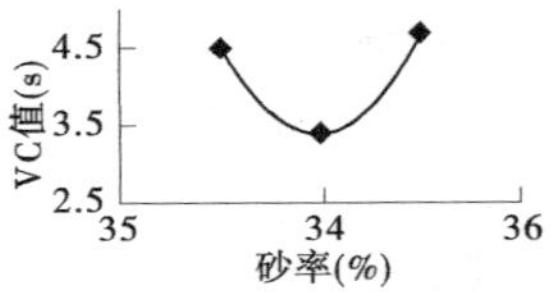
	0.48	80	34	60	0.80	0.18	2 440	3.4	4.2		
	0.48	80	35	60	0.80	0.18	2 440	4.7	3.8		
$C_{90}15W6F50$	0.53	80	34	60	0.80	0.18	2 440	4.3	3.7	35	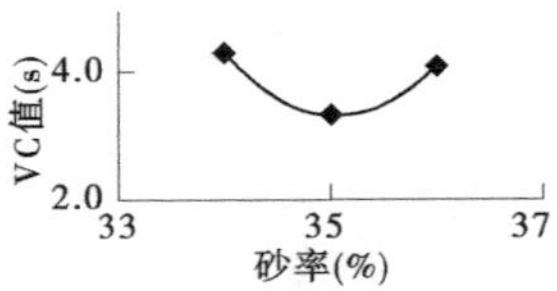
	0.53	80	35	60	0.80	0.18	2 440	3.3	4.2		
	0.53	80	36	60	0.80	0.18	2 440	4.1	3.9		

表 3-41　二级配碾压混凝土砂率选择试验结果

设计要求	水胶比 $w/(c+p)$	用水量 (kg/m³)	砂率 (%)	粉煤灰 (%)	减水剂 (%)	引气剂 (%)	设计密度 (kg/m³)	VC 值 (s)	含气量 (%)	最优砂率	试验曲线
$C_{90}20W10F150$	0.44	94	36	55	0.80	0.20	2 410	4.3	3.7	37	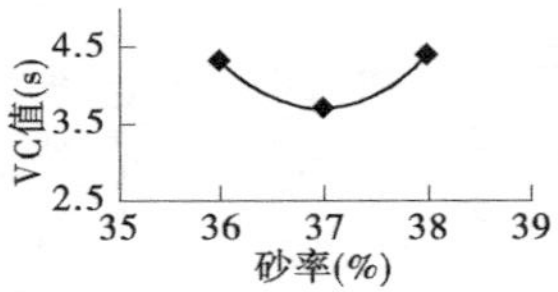
	0.44	94	37	55	0.80	0.20	2 410	3.7	4.5		
	0.44	94	38	55	0.80	0.20	2 410	4.4	4.1		

4. 碾压混凝土配制强度

根据主坝混凝土设计指标，按照《黄登水电站大坝主体混凝土施工技术要求(A 版)》规定，黄登水电站主坝混凝土的配制强度按下式计算，保证率和概率度系数关系见表 3-42，混凝土强度标准差按表 3-43 取值，经计算，配制强度见表 3-44。

$$f_{cu,0} = f_{cu,k} + t \times \sigma$$

式中 $f_{cu,0}$——混凝土配制强度，MPa；

$f_{cu,k}$——混凝土设计强度等级，MPa；

t——概率度系数，依据保证率 P 选定；

σ——混凝土强度标准差，MPa。

表 3-42　保证率和概率度系数关系

保证率 P(%)	80.0	82.9	85.0	90.0	93.3	95.0	97.7	99.9
概率度系数 t	0.84	0.95	1.04	1.28	1.50	1.65	2.0	3.0

表 3-43　标准差 σ 值

混凝土强度标准值	≤$C_{90}15$	$C_{90}20$~$C_{90}25$	$C_{90}30$~$C_{90}35$	$C_{90}40$~$C_{90}45$	≥$C_{90}50$
σ(MPa)	3.5	4.0	4.5	5.0	5.5

表 3-44　混凝土配制强度计算

序号	混凝土种类	混凝土强度等级	保证率 P (%)	标准差 σ (MPa)	概率度系数 t	配制强度 (MPa)
1	碾压	$C_{90}20$	80	4.0	0.84	23.4
2	碾压	$C_{90}15$	80	3.5	0.84	17.9

5. 碾压混凝土配合比参数

依据《黄登水电站大坝标第三阶段及水垫塘抗冲耐磨混凝土配合比复核试验 7 天中间成果评审会会议纪要》(西咨黄登综施〔2016〕63 号文)及《黄登水电站大坝标第三阶段碾压混凝土配合比二次优化试验 7 天中间成果评审会会议纪要》(西咨黄登综施〔2016〕83 号文)要求，碾压混凝土试验配合比设计参数如下：

用水量：二级配为 94 kg/m^3，三级配为 80 kg/m^3；

砂率：二级配为 37%，三级配为 34%和 35%；

VC 值：3~5 s；

粉煤灰：掺量 55%、58%、60%；

水胶比：0.44、0.48、0.50、0.53；

骨料级配：二级配，小石：中石 = 45:55，三级配，小石：中石：大石 = 30:40:30；

密度：二级配、三级配分别为 2 410 kg/m^3 和 2 440 kg/m^3。

第三阶段配合比二次优化试验参数见表 3-45，并以确定的配合比参数对各种材料组合进行各项性能试验。

表 3-45　碾压混凝土配合比试验参数

序号	混凝土设计要求	级配	VC 值(s)	水胶比	砂率(%)	粉煤灰(%)	减水剂(%)	引气剂(%)	用水量(kg/m³)	密度(kg/m³)
4N0	大坝中部及颈部 C_{90}20W6F50	三	3~5	0.48	34	60	0.80	0.18	80	2 440
4N1				0.50	34	58	0.80	0.18	80	2 440
4N2	大坝上部 C_{90}15W6F50	三	3~5	0.53	35	60	0.80	0.18	80	2 440
4N3	上游面防渗 C_{90}20W10F150	二	3~5	0.44	37	55	0.80	0.20	94	2 410

6. 碾压混凝土性能试验

碾压混凝土性能试验主要有拌合物性能、力学性能、变形性能及耐久性性能等试验。

混凝土拌合物性能试验主要进行新拌混凝土 VC 值、含气量、凝结时间、容重等试验。力学性能试验主要进行立方体抗压强度、劈裂强度、轴心抗拉强度及极限拉伸值、轴心抗压强度及弹性模量等试验；混凝土耐久性试验主要进行抗冻性和抗渗性试验。

按照表 3-46 碾压混凝土配合比参数分别对 12 种原材料组合进行各项性能试验。

试验条件如下：

水泥：采用祥云 P · MH42.5 水泥和红塔 P · MH42.5 水泥；

粉煤灰：贵州黔桂Ⅱ级粉煤灰、宣威Ⅱ级粉煤灰和曲靖电厂Ⅱ级粉煤灰；

骨料：大格拉料场生产的人工灰岩粗、细骨料；

减水剂：SBTJM－Ⅱ缓凝高效减水剂或 GK－4A 缓凝高效减水剂，掺量按表 3-44 计算；

引气剂：江苏苏博特 GYQ 型引气剂，掺量按表 3-44 计算；

级配：二级配，小石 : 中石 = 45 : 55，三级配，小石 : 中石 : 大石 = 30 : 40 : 30；

水胶比：按表 3-44。

试验方法主要按照《水工碾压混凝土试验规程》(DL/T 5433—2009)的有关要求进行。下面对试验结果进行汇总分析。

(1)拌合物性能试验。

对表 3-45 选定的碾压混凝土配合比参数进行拌合物性能试验。试验按照《水工碾压混凝土试验规程》(DL/T 5433—2009)的要求，主要进行了混凝土 VC 值、含气量、凝结时间、容重等试验。

试验结果见表 3-46~表 3-51。从不同材料组合碾压混凝土拌合物性能试验结果统计情况看，混凝土出机 VC 值均在 3.0~5.0 s；三级配混凝土含气量均在 3.0%~4.5%范围内，二级配混凝土气量均在 3.5%~5.0%范围内。在混凝土密度方面，三级配混凝土密度为 2 430~2 450 kg/m³，平均 2 440 kg/m³，二级配混凝土密度为 2 400~2 420 kg/m³，平均 2 410 kg/m³；凝结时间方面，掺 SBTJM－Ⅱ减水剂的碾压混凝土，初凝时间为 12~15 h，终凝时间在 19~21 h；掺 GK－4A 减水剂的碾压混凝土，初凝时间为 11~15 h，终凝时间为 18~20 h。

表 3-46　碾压混凝土拌合物性能试验结果(一)

编号	混凝土设计要求	级配	材料组合	水胶比	VC 值(s)	砂率(%)	用水量(kg/m^3)	粉煤灰(%)	减水剂(%)	引气剂(%)	设计密度(kg/m^3)	实测VC值(s)	含气量(%)	凝结时间(h:min)		实测密度(kg/m^3)
														初凝	终凝	
4N01	大坝中部及颈部 RⅡ C_{90}20W6F50	三	祥云中热水泥 黔桂Ⅱ级粉煤灰 SBTJM-Ⅱ减水剂	0.48	3~5	34	80	60	0.80	0.18	2 440	3.5	3.6	—	—	2 450
4N11				0.50	3~5	34	80	58	0.80	0.18	2 440	3.4	4.2	12:23	19:02	2 440
4N21	大坝上部 RⅢ C_{90}15W6F50	三		0.53	3~5	35	80	60	0.80	0.18	2 440	3.3	4.0	—	—	2 440
4N31	上游面防渗 RV C_{90}20W10F150	二		0.44	3~5	37	94	55	0.80	0.20	2 410	3.8	4.3	—	—	2 410
4N02	大坝中部及颈部 RⅡ C_{90}20W6F50	三	祥云中热水泥 黔桂Ⅱ级粉煤灰 育才 GK-4A 减水剂	0.48	3~5	34	80	60	0.80	0.18	2 440	3.7	3.9	—	—	2 440
4N12				0.50	3~5	34	80	58	0.80	0.18	2 440	3.3	4.3	—	—	2 440
4N22	大坝上部 RⅢ C_{90}15W6F50	三		0.53	3~5	35	80	60	0.80	0.18	2 440	3.4	3.8	13:01	18:25	2 450
4N32	上游面防渗 RV C_{90}20W10F150	二		0.44	3~5	37	94	55	0.80	0.20	2 410	3.5	4.1	—	—	2 420

表 3-47　碾压混凝土拌合物性能试验结果(二)

编号	混凝土设计要求	级配	材料组合	水胶比	VC 值(s)	砂率(%)	用水量(kg/m³)	粉煤灰(%)	减水剂(%)	引气剂(%)	设计密度(kg/m³)	实测 VC 值(s)	含气量(%)	凝结时间(h:min)		实测密度(kg/m³)
														初凝	终凝	
4N03	大坝中部及颈部 R Ⅱ C_{90}20W6F50	三	祥云中热水泥 宣威Ⅱ级粉煤灰 SBTJM-Ⅱ减水剂	0. 48	3~5	34	80	60	0. 80	0. 18	2 440	3. 2	4. 0	—	—	2 440
4N13				0. 50	3~5	34	80	58	0. 80	0. 18	2 440	3. 4	4. 2	—	—	2 430
4N23	大坝上部 R Ⅲ C_{90}15W6F50	三		0. 53	3~5	35	80	60	0. 80	0. 18	2 440	3. 1	4. 1	14:50	20:54	2 440
4N33	上游面防渗 R Ⅴ C_{90}20W10F150	二		0. 44	3~5	37	94	55	0. 80	0. 20	2 410	3. 4	3. 9	—	—	2 410
4N04	大坝中部及颈部 R Ⅱ C_{90}20W6F50		祥云中热水泥 宣威Ⅱ级粉煤灰 育才 GK-4A 减水剂	0. 48	3~5	34	80	60	0. 80	0. 18	2 440	3. 3	4. 2	—	—	2 440
4N14		三		0. 50	3~5	34	80	58	0. 80	0. 18	2 440	3. 5	3. 7	—	—	2 430
4N24	大坝上部 R Ⅲ C_{90}15W6F50	三		0. 53	3~5	35	80	60	0. 80	0. 18	2 440	3. 2	4. 0	14:10	19:07	2 440
4N34	上游面防渗 R Ⅴ C_{90}20W10F150	二		0. 44	3~5	37	94	55	0. 80	0. 20	2 410	3. 4	4. 0	—	—	2 400

表 3-48　碾压混凝土拌合物性能试验结果(三)

编号	混凝土设计要求	级配	材料组合	水胶比	VC 值(s)	砂率(%)	用水量(kg/m^3)	粉煤灰(%)	减水剂(%)	引气剂(%)	设计密度(kg/m^3)	实测 VC 值(s)	含气量(%)	凝结时间(h:min)		实测密度(kg/m^3)
														初凝	终凝	
4N05	大坝中部及颈部 RⅡ $C_{90}20W6F50$	三	红塔中热水泥 黔桂Ⅱ级粉煤灰 SBTJM-Ⅱ减水剂	0.48	3~5	34	80	60	0.80	0.18	2 440	3.3	4.1	—	—	2 440
4N15				0.50	3~5	34	80	58	0.80	0.18	2 440	3.4	4.2	13:03	19:45	2 430
4N25	大坝上部 RⅢ $C_{90}15W6F50$	三		0.53	3~5	35	80	60	0.80	0.18	2 440	3.1	4.0	—	—	2 430
4N35	上游面防渗 RV $C_{90}20W10F150$	二		0.44	3~5	37	94	55	0.80	0.20	2 410	3.3	4.3	—	—	2 410
4N06	大坝中部及颈部 RⅡ $C_{90}20W6F50$	三	红塔中热水泥 黔桂Ⅱ级粉煤灰 育才 GK-4A 减水剂	0.48	3~5	34	80	60	0.80	0.18	2 440	3.4	3.9	—	—	2 440
4N16				0.50	3~5	34	80	58	0.80	0.18	2 440	3.2	4.0	—	—	2 440
4N26	大坝上部 RⅢ $C_{90}15W6F50$	三		0.53	3~5	35	80	60	0.80	0.18	2 440	3.4	4.1	12:15	18:53	2 440
4N36	上游面防渗 RV $C_{90}20W10F150$	二		0.44	3~5	37	94	55	0.80	0.20	2 410	3.0	4.4	—	—	2 410

表 3-49 碾压混凝土拌合物性能试验结果(四)

编号	混凝土设计要求	级配	材料组合	水胶比	VC 值(s)	砂率(%)	用水量(kg/m^3)	粉煤灰(%)	减水剂(%)	引气剂(%)	设计密度(kg/m^3)	实测 VC 值(s)	含气量(%)	凝结时间(h:min)		实测密度(kg/m^3)
														初凝	终凝	
4N07	大坝中部及颈部 RⅡ C_{90}20W6F50	三	红塔中热水泥 宣威Ⅱ级粉煤灰 SBTJM-Ⅱ减水剂	0.48	3~5	34	80	60	0.80	0.18	2 440	3.4	4.1	—	—	2 440
4N17				0.50	3~5	34	80	58	0.80	0.18	2 440	3.8	3.8	—	—	2 440
4N27	大坝上部 RⅢ C_{90}15W6F50	三		0.53	3~5	35	80	60	0.80	0.18	2 440	3.1	4.1	12:43	20:34	2 440
4N37	上游面防渗 RⅤ C_{90}20W10F150	二		0.44	3~5	37	94	55	0.80	0.20	2 410	3.4	3.9	—	—	2 410
4N08	大坝中部及颈部 RⅡ C_{90}20W6F50	三	红塔中热水泥 宣威Ⅱ级粉煤灰 育才 GK-4A 减水剂	0.48	3~5	34	80	60	0.80	0.18	2 440	3.2	3.8	—	—	2 440
4N18				0.50	3~5	34	80	58	0.80	0.18	2 440	3.4	4.0	—	—	2 440
4N28	大坝上部 RⅢ C_{90}15W6F50	三		0.53	3~5	35	80	60	0.80	0.18	2 440	3.1	4.1	—	—	2 430
4N38	上游面防渗 RⅤ C_{90}20W10F150	二		0.44	3~5	37	94	55	0.80	0.20	2 410	3.5	4.2	11:42	18:06	2 400

表 3-50　碾压混凝土拌合物性能试验结果(五)

编号	混凝土设计要求	级配	材料组合	水胶比	VC 值(s)	砂率(%)	用水量(kg/m³)	粉煤灰(%)	减水剂(%)	引气剂(%)	设计密度(kg/m³)	实测 VC 值(s)	含气量(%)	凝结时间(h:min)		实测密度(kg/m³)
														初凝	终凝	
4N09	大坝中部及颈部 RⅡ C_{90}20W6F50	三	祥云中热水泥 曲靖Ⅱ级粉煤灰 SBTJM-Ⅱ减水剂	0.48	3~5	34	80	60	0.80	0.18	2 440	3.0	4.0	—	—	2 440
4N19				0.50	3~5	34	80	58	0.80	0.18	2 440	3.4	3.9	13:50	19:04	2 440
4N29	大坝上部 RⅢ C_{90}15W6F50	三		0.53	3~5	35	80	60	0.80	0.18	2 440	3.5	4.2	—	—	2 440
4N39	上游面防渗 RⅤ C_{90}20W10F150	二		0.44	3~5	37	94	55	0.80	0.20	2 410	3.2	3.8	—	—	2 410
4N010	大坝中部及颈部 RⅡ C_{90}20W6F50	三	祥云中热水泥 曲靖Ⅱ级粉煤灰 育才 GK-4A 减水剂	0.48	3~5	34	80	60	0.80	0.18	2 440	3.4	3.7	—	—	2 440
4N110				0.50	3~5	34	80	58	0.80	0.18	2 440	3.5	4.2	—	—	2 440
4N210	大坝上部 RⅢ C_{90}15W6F50	三		0.53	3~5	35	80	60	0.80	0.18	2 440	3.2	4.0	12:15	19:39	2 440
4N310	上游面防渗 RⅤ C_{90}20W10F150	二		0.44	3~5	37	94	55	0.80	0.20	2 410	3.4	4.1	—	—	2 420

表 3-51　碾压混凝土拌合物性能试验结果(六)

编号	混凝土设计要求	级配	材料组合	水胶比	VC 值(s)	砂率(%)	用水量(kg/m³)	粉煤灰(%)	减水剂(%)	引气剂(%)	设计密度(kg/m³)	实测 VC 值(s)	含气量(%)	凝结时间(h:min)		实测密度(kg/m³)
														初凝	终凝	
4N011	大坝中部及颈部 RⅡ C_{90}20W6F50	三	红塔中热水泥 曲靖Ⅱ级粉煤灰 SBTJM-Ⅱ减水剂	0.48	3~5	34	80	60	0.80	0.18	2 440	3.4	4.1	—	—	2 430
4N111				0.50	3~5	34	80	58	0.80	0.18	2 440	3.8	3.8	—	—	2 440
4N211	大坝上部 RⅢ C_{90}15W6F50	三		0.53	3~5	35	80	60	0.80	0.18	2 440	3.1	4.1	13:10	20:06	2 440
4N311	上游面防渗 RⅤ C_{90}20W10F150	二		0.44	3~5	37	94	55	0.80	0.20	2 410	3.4	3.9	—	—	2 410
4N012	大坝中部及颈部 RⅡ C_{90}20W6F50	三	红塔中热水泥 曲靖Ⅱ级粉煤灰 育才 GK-4A 减水剂	0.48	3~5	34	80	60	0.80	0.18	2 440	3.2	3.8	—	—	2 440
4N112				0.50	3~5	34	80	58	0.80	0.18	2 440	3.4	4.0	—	—	2 440
4N212	大坝上部 RⅢ C_{90}15W6F50	三		0.53	3~5	35	80	60	0.80	0.18	2 440	3.1	4.1	—	—	2 440
4N312	上游面防渗 RⅤ C_{90}20W10F150	二		0.44	3~5	37	94	55	0.80	0.20	2 410	3.5	4.2	14:09	21:24	2 400

(2)力学性能试验。

黄登水电站大坝碾压混凝土力学性能试验主要进行不同龄期抗压强度、劈拉强度、极限拉伸、弹性模量等试验。试验按照《水工碾压混凝土试验规程》(DL/T 5433—2009)的有关要求进行。

1)抗压强度及劈拉强度试验。

碾压混凝土设计龄期均为 90 d,配合比试验过程中成型了 7 d、28 d、90 d 抗压强度试件和 28 d、90 d 劈拉强度试件,试验结果见表 3-52~表 3-57。

从不同材料组合、不同设计要求的碾压配合比强度试验结果可以看出:

①大坝中部及颈部 C_{90}20W6F50 三级配碾压混凝土,设计保证率为 80%,配制强度为 23.4 MPa,0.48 的水胶比,掺加 60%粉煤灰 90 d 试验结果:抗压强度为 23.8~28.0 MPa,劈拉强度为 2.32~2.62 MPa,强度指标均满足设计要求;0.50 的水胶比,掺加 58%粉煤灰 90 d 试验结果:抗压强度为 21.8~25.5 MPa,劈拉强度为 2.16~2.45 MPa,其中个别强度指标不满足混凝土配制强度要求。

②大坝上部 C_{90}15W6F50 三级配碾压混凝土,设计保证率为 80%,配制强度为 17.9 MPa,掺加 60%粉煤灰 90 d 试验结果:抗压强度为 18.2~21.5 MPa,劈拉强度为 1.75~2.40 MPa,强度指标均满足设计要求。

③大坝上游面防渗 C_{90}20W10F150 二级配碾压混凝土,设计保证率为 80%,配制强度为 23.4 MPa,掺加 55%粉煤灰 90 d 试验结果:抗压强度为 26.2~30.5 MPa,劈拉强度为 2.59~3.01 MPa,强度指标均满足设计要求。

通过试验结果还可以看出,混凝土高掺粉煤灰后,早期强度增长缓慢,但是后期强度增长较快。

2)极限拉伸及弹性模量试验。

不同材料组合、不同设计要求碾压混凝土配合比极限拉伸试验及弹性模量试验结果见表 3-58~表 3-63。试验龄期为 28 d 和 90 d。从试验结果可以看出:

①大坝中部及颈部 C_{90}20W6F50 三级配碾压混凝土,0.48 的水胶比,掺加 60%粉煤灰 90 d 试验结果:轴拉强度为 2.51~2.80 MPa,极限拉伸值为$(0.74\sim0.82)\times10^{-4}$,弹性模量为 38.4~42.6 GPa,极限拉伸值满足设计要求;0.50 的水胶比,掺加 58%粉煤灰 28 d 试验结果:轴拉强度为 1.67~1.96 MPa,极限拉伸值为$(0.63\sim0.68)\times10^{-4}$,弹性模量为 30.5~34.4 GPa,由于其 90 d 龄期个别抗压强度不满足混凝土配制强度的要求,鉴于此,后续 90 d 极限拉伸、弹性模量试验未开展。

②大坝上部 C_{90}15W6F50 三级配碾压混凝土,0.53 的水胶比,掺加 60%粉煤灰 90 d 试验结果:轴拉强度为 2.17~2.56 MPa,极限拉伸值为$(0.71\sim0.76)\times10^{-4}$,弹性模量为 35.8~38.4 GPa,极限拉伸值满足设计要求。

③大坝上游面防渗 C_{90}20W10F150 二级配碾压混凝土,0.44 的水胶比,掺加 55%粉煤灰 90 d 试验结果:轴拉强度为 2.78~3.15 MPa,极限拉伸值为$(0.82\sim0.90)\times10^{-4}$,弹性模量为 41.0~43.2 GPa,极限拉伸值满足设计要求。

表 3-52　碾压混凝土抗压强度及劈拉强度试验结果(一)

编号	混凝土设计要求	级配	材料组合	水胶比	VC 值(s)	砂率(%)	用水量(kg/m^3)	粉煤灰(%)	减水剂(%)	引气剂(%)	设计密度(kg/m^3)	抗压强度(MPa)			劈拉强度(MPa)	
												7 d	28 d	90 d	28 d	90 d
4N01	大坝中部及颈部 RⅡ C_{90}20W6F50	三	祥云中热水泥 黔桂Ⅱ级粉煤灰 SBTJM－Ⅱ减水剂	0.48	3~5	34	80	60	0.80	0.18	2 440	8.5	15.2	25.8	1.66	2.43
4N11				0.50	3~5	34	80	58	0.80	0.18	2 440	8.4	13.4	23.0	1.52	2.30
4N21	大坝上部 RⅢ C_{90}15W6F50	三		0.53	3~5	35	80	60	0.80	0.18	2 440	7.0	11.6	20.1	1.45	1.86
4N31	上游面防渗 RⅤ C_{90}20W10F150	二		0.44	3~5	37	94	55	0.80	0.20	2 410	10.6	17.5	26.2	1.98	2.85
4N02	大坝中部及颈部 RⅡ C_{90}20W6F50	三	祥云中热水泥 黔桂Ⅱ级粉煤灰 育才 GK-4A 减水剂	0.48	3~5	34	80	60	0.80	0.18	2 440	8.1	16.6	23.8	1.72	2.32
4N12				0.50	3~5	34	80	58	0.80	0.18	2 440	7.9	14.1	21.9	1.60	2.19
4N22	大坝上部 RⅢ C_{90}15W6F50	三		0.53	3~5	35	80	60	0.80	0.18	2 440	7.3	12.5	18.4	1.51	1.75
4N32	上游面防渗 RⅤ C_{90}20W10F150	二		0.44	3~5	37	94	55	0.80	0.20	2 410	11.2	18.2	27.0	2.06	2.70

表 3-53　碾压混凝土抗压强度及劈拉强度试验结果(二)

编号	混凝土设计要求	级配	材料组合	水胶比	VC 值(s)	砂率(%)	用水量(kg/m^3)	粉煤灰(%)	减水剂(%)	引气剂(%)	设计密度(kg/m^3)	抗压强度(MPa)			劈拉强度(MPa)	
												7 d	28 d	90 d	28 d	90 d
4N03	大坝中部及颈部 RⅡ C_{90}20W6F50	三	祥云中热水泥 宣威Ⅱ级粉煤灰 SBTJM-Ⅱ减水剂	0.48	3~5	34	80	60	0.80	0.18	2 440	8.9	14.9	24.0	1.61	2.37
4N13				0.50	3~5	34	80	58	0.80	0.18	2 440	8.4	14.4	22.1	1.49	2.16
4N23	大坝上部 RⅢ C_{90}15W6F50	三		0.53	3~5	35	80	60	0.80	0.18	2 440	7.4	13.5	19.2	1.38	1.78
4N33	上游面防渗 RⅤ C_{90}20W10F150	二		0.44	3~5	37	94	55	0.80	0.20	2 410	10.1	18.2	26.7	2.12	2.87
4N04	大坝中部及颈部 RⅡ C_{90}20W6F50	三	祥云中热水泥 宣威Ⅱ级粉煤灰 育才 GK-4A 减水剂	0.48	3~5	34	80	60	0.80	0.18	2 440	9.2	15.8	25.2	1.70	2.51
4N14				0.50	3~5	34	80	58	0.80	0.18	2 440	8.1	14.8	24.1	1.61	2.42
4N24	大坝上部 RⅢ C_{90}15W6F50	三		0.53	3~5	35	80	60	0.80	0.18	2 440	7.2	13.1	19.2	1.45	2.30
4N34	上游面防渗 RⅤ C_{90}20W10F150	二		0.44	3~5	37	94	55	0.80	0.20	2 410	11.6	17.8	27.7	2.01	2.79

表 3-54　碾压混凝土抗压强度及劈拉强度试验结果(三)

编号	混凝土设计要求	级配	材料组合	水胶比	VC 值(s)	砂率(%)	用水量(kg/m³)	粉煤灰(%)	减水剂(%)	引气剂(%)	设计密度(kg/m³)	抗压强度(MPa)			劈拉强度(MPa)	
												7 d	28 d	90 d	28 d	90 d
4N05	大坝中部及颈部 R Ⅱ C_{90}20W6F50	三	红塔中热水泥 黔桂 Ⅱ 级粉煤灰 SBTJM－Ⅱ减水剂	0. 48	3～5	34	80	60	0. 80	0. 18	2 440	8. 1	16. 1	26. 8	1. 60	2. 45
4N15				0. 50	3～5	34	80	58	0. 80	0. 18	2 440	7. 3	15. 0	25. 5	1. 49	2. 20
4N25	大坝上部 R Ⅲ C_{90}15W6F50	三		0. 53	3～5	35	80	60	0. 80	0. 18	2 440	7. 0	12. 7	18. 6	1. 41	2. 21
4N35	上游面防渗 R Ⅴ C_{90}20W10F150	二		0. 44	3～5	37	94	55	0. 80	0. 20	2 410	9. 8	19. 0	29. 4	1. 95	2. 87
4N06	大坝中部及颈部 R Ⅱ C_{90}20W6F50	三	红塔中热水泥 黔桂 Ⅱ 级粉煤灰 育才 GK-4A 减水剂	0. 48	3～5	34	80	60	0. 80	0. 18	2 440	9. 0	15. 0	24. 6	1. 72	2. 62
4N16				0. 50	3～5	34	80	58	0. 80	0. 18	2 440	8. 1	13. 5	22. 7	1. 65	2. 45
4N26	大坝上部 R Ⅲ C_{90}15W6F50	三		0. 53	3～5	35	80	60	0. 80	0. 18	2 440	7. 5	11. 9	18. 2	1. 54	2. 40
4N36	上游面防渗 R Ⅴ C_{90}20W10F150	二		0. 44	3～5	37	94	55	0. 80	0. 20	2 410	10. 5	18. 4	27. 5	2. 07	2. 75

表 3-55　碾压混凝土抗压强度及劈拉强度试验结果(四)

编号	混凝土设计要求	级配	材料组合	水胶比	VC 值(s)	砂率(%)	用水量(kg/m^3)	粉煤灰(%)	减水剂(%)	引气剂(%)	设计密度(kg/m^3)	抗压强度(MPa)			劈拉强度(MPa)	
												7 d	28 d	90 d	28 d	90 d
4N07	大坝中部及颈部 R Ⅱ C_{90}20W6F50	三	红塔中热水泥 宣威Ⅱ级粉煤灰 SBTJM-Ⅱ减水剂	0.48	3~5	34	80	60	0.80	0.18	2 440	8.4	15.1	27.8	1.75	2.56
4N17				0.50	3~5	34	80	58	0.80	0.18	2 440	7.8	13.9	24.6	1.67	2.43
4N27	大坝上部 R Ⅲ C_{90}15W6F50	三		0.53	3~5	35	80	60	0.80	0.18	2 440	7.5	13.6	21.5	1.57	2.30
4N37	上游面防渗 R Ⅴ C_{90}20W10F150	二		0.44	3~5	37	94	55	0.80	0.20	2 410	10.0	17.9	30.2	1.90	3.01
4N08	大坝中部及颈部 R Ⅱ C_{90}20W6F50	三	红塔中热水泥 宣威Ⅱ级粉煤灰 育才 GK-4A 减水剂	0.48	3~5	34	80	60	0.80	0.18	2 440	9.2	17.1	28.0	1.66	2.43
4N18				0.50	3~5	34	80	58	0.80	0.18	2 440	8.1	15.6	25.2	1.59	2.32
4N28	大坝上部 R Ⅲ C_{90}15W6F50	三		0.53	3~5	35	80	60	0.80	0.18	2 440	6.9	13.0	21.2	1.45	2.18
4N38	上游面防渗 R Ⅴ C_{90}20W10F150	二		0.44	3~5	37	94	55	0.80	0.20	2 410	10.9	19.7	29.6	1.91	2.92

表 3-56　碾压混凝土抗压强度及劈拉强度试验结果(五)

编号	混凝土设计要求	级配	材料组合	水胶比	VC 值(s)	砂率(%)	用水量(kg/m^3)	粉煤灰(%)	减水剂(%)	引气剂(%)	设计密度(kg/m^3)	抗压强度(MPa)			劈拉强度(MPa)	
												7 d	28 d	90 d	28 d	90 d
4N09	大坝中部及颈部 RⅡ C_{90}20W6F50	三	祥云中热水泥 曲靖Ⅱ级粉煤灰 SBTJM-Ⅱ减水剂	0.48	3~5	34	80	60	0.80	0.18	2 440	9.5	17.6	24.9	1.55	2.43
4N19				0.50	3~5	34	80	58	0.80	0.18	2 440	8.6	15.4	23.0	1.32	2.18
4N29	大坝上部 RⅢ C_{90}15W6F50	三		0.53	3~5	35	80	60	0.80	0.18	2 440	8.0	14.3	19.5	1.27	2.09
4N39	上游面防渗 RⅤ C_{90}20W10F150	二		0.44	3~5	37	94	55	0.80	0.20	2 410	12.2	18.8	27.7	1.87	2.61
4N010	大坝中部及颈部 RⅡ C_{90}20W6F50	三	祥云中热水泥 曲靖Ⅱ级粉煤灰 育才 GK-4A 减水剂	0.48	3~5	34	80	60	0.80	0.18	2 440	9.0	16.7	25.2	1.67	2.46
4N110				0.50	3~5	34	80	58	0.80	0.18	2 440	7.9	15.0	22.8	1.56	2.40
4N210	大坝上部 RⅢ C_{90}15W6F50	三		0.53	3~5	35	80	60	0.80	0.18	2 440	7.5	13.6	19.2	1.50	2.28
4N310	上游面防渗 RⅤ C_{90}20W10F150	二		0.44	3~5	37	94	55	0.80	0.20	2 410	11.8	18.0	28.9	1.78	2.59

表 3-57　碾压混凝土抗压强度及劈拉强度试验结果(六)

编号	混凝土设计要求	级配	材料组合	水胶比	VC 值(s)	砂率(%)	用水量(kg/m^3)	粉煤灰(%)	减水剂(%)	引气剂(%)	设计密度(kg/m^3)	抗压强度(MPa)			劈拉强度(MPa)	
												7 d	28 d	90 d	28 d	90 d
4N011	大坝中部及颈部 RⅡ C_{90}20W6F50	三	红塔中热水泥 曲靖Ⅱ级粉煤灰 SBTJM－Ⅱ减水剂	0.48	3~5	34	80	60	0.80	0.18	2 440	8.9	16.3	25.0	1.69	2.40
4N111				0.50	3~5	34	80	58	0.80	0.18	2 440	8.0	14.2	21.8	1.50	2.31
4N211	大坝上部 RⅢ C_{90}15W6F50	三		0.53	3~5	35	80	60	0.80	0.18	2 440	7.3	13.5	20.6	1.44	2.25
4N311	上游面防渗 RⅤ C_{90}20W10F150	二		0.44	3~5	37	94	55	0.80	0.20	2 410	10.8	19.3	30.5	1.79	2.61
4N012	大坝中部及颈部 RⅡ C_{90}20W6F50	三	红塔中热水泥 曲靖Ⅱ级粉煤灰 育才 GK-4A 减水剂	0.48	3~5	34	80	60	0.80	0.18	2 440	8.6	16.9	26.8	1.65	2.37
4N112				0.50	3~5	34	80	58	0.80	0.18	2 440	8.0	14.7	23.5	1.45	2.34
4N212	大坝上部 RⅢ C_{90}15W6F50	三		0.53	3~5	35	80	60	0.80	0.18	2 440	7.5	13.0	20.7	1.44	2.25
4N312	上游面防渗 RⅤ C_{90}20W10F150	二		0.44	3~5	37	94	55	0.80	0.20	2 410	9.9	17.8	28.5	1.89	2.70

表 3-58 碾压混凝土极限拉伸及弹性模量试验结果(一)

编号	混凝土设计要求	级配	材料组合	水胶比	坍落度(cm)	砂率(%)	用水量(kg/m³)	粉煤灰(%)	减水剂(%)	引气剂(%)	设计密度(kg/m³)	极限拉伸				弹性模量			
												轴拉强度(MPa)		极限拉伸值($\times10^{-4}$)		轴压强度(MPa)		弹性模量(GPa)	
												28 d	90 d	28 d	90 d	28 d	90 d	28 d	90 d
4N01	大坝中部及颈部 RⅡ C_{90}20W6F50	三	祥云中热水泥 黔桂Ⅱ级粉煤灰 SBTJM-Ⅱ减水剂	0.48	3~5	34	80	60	0.80	0.18	2 440	1.95	2.60	0.69	0.80	13.4	22.1	32.7	39.6
4N11				0.50	3~5	34	80	58	0.80	0.18	2 440	1.73	—	0.64	—	10.8	—	31.6	—
4N21	大坝上部 RⅢ C_{90}15W6F50	三		0.53	3~5	35	80	60	0.80	0.18	2 440	1.61	2.17	0.62	0.71	9.4	15.8	30.5	37.2
4N31	上游面防渗 RV C_{90}20W10F150	二		0.44	3~5	37	94	55	0.80	0.20	2 410	2.18	2.88	0.72	0.84	15.3	23.5	34.4	40.6
4N02	大坝中部及颈部 RⅡ C_{90}20W6F50	三	祥云中热水泥 黔桂Ⅱ级粉煤灰 育才 GK-4A 减水剂	0.48	3~5	34	80	60	0.80	0.18	2 440	1.86	2.51	0.65	0.74	14.2	20.6	34.9	40.1
4N12				0.50	3~5	34	80	58	0.80	0.18	2 440	1.71	—	0.65	—	11.1	—	32.7	—
4N22	大坝上部 RⅢ C_{90}15W6F50	三		0.53	3~5	35	80	60	0.80	0.18	2 440	1.59	2.32	0.62	0.73	9.0	15.5	29.5	38.0
4N32	上游面防渗 RV C_{90}20W10F150	二		0.44	3~5	37	94	55	0.80	0.20	2 410	2.10	2.75	0.74	0.86	13.9	21.7	36.2	41.2

表 3-59　碾压混凝土极限拉伸及弹性模量试验结果(二)

编号	混凝土设计要求	级配	材料组合	水胶比	坍落度(cm)	砂率(%)	用水量(kg/m³)	粉煤灰(%)	减水剂(%)	引气剂(%)	设计密度(kg/m³)	极限拉伸 轴拉强度(MPa)		极限拉伸 极限拉伸值(×10⁻⁴)		弹性模量 轴压强度(MPa)		弹性模量 弹性模量(GPa)	
												28 d	90 d	28 d	90 d	28 d	90 d	28 d	90 d
4N03	大坝中部及颈部 RⅡ C_{90}20W6F50	三	祥云中热水泥 宣威Ⅱ级粉煤灰 SBTJM-Ⅱ减水剂	0.48	3~5	34	80	60	0.80	0.18	2 440	2.04	2.78	0.70	0.81	13.2	22.0	35.2	40.2
4N13				0.50	3~5	34	80	58	0.80	0.18	2 440	1.96	—	0.67	—	12.5	—	32.0	—
4N23	大坝上部 RⅢ C_{90}15W6F50	三		0.53	3~5	35	80	60	0.80	0.18	2 440	1.78	2.54	0.66	0.74	9.8	17.2	30.7	36.7
4N33	上游面防渗 RV C_{90}20W10F150	二		0.44	3~5	37	94	55	0.80	0.20	2 410	2.23	2.90	0.78	0.86	14.2	25.1	36.6	41.5
4N04	大坝中部及颈部 RⅡ C_{90}20W6F50	三	祥云中热水泥 宣威Ⅱ级粉煤灰 育才 GK-4A 减水剂	0.48	3~5	34	80	60	0.80	0.18	2 440	1.82	2.68	0.67	0.78	14.6	20.1	31.8	38.5
4N14				0.50	3~5	34	80	58	0.80	0.18	2 440	1.76	—	0.64	—	12.1	—	30.7	—
4N24	大坝上部 RⅢ C_{90}15W6F50	三		0.53	3~5	35	80	60	0.80	0.18	2 440	1.69	2.40	0.63	0.72	10.6	16.0	29.8	35.4
3N34	上游面防渗 RV C_{90}20W10F150	二		0.44	3~5	37	94	55	0.80	0.20	2 410	1.99	2.78	0.79	0.83	15.4	22.6	35.0	42.8

表 3-60　碾压混凝土极限拉伸及弹性模量试验结果(三)

编号	混凝土设计要求	级配	材料组合	水胶比	坍落度（cm）	砂率（%）	用水量（kg/m^3）	粉煤灰（%）	减水剂（%）	引气剂（%）	设计密度（kg/m^3）	极限拉伸				弹性模量			
												轴拉强度（MPa）		极限拉伸值（$\times10^{-4}$）		轴压强度（MPa）		弹性模量（GPa）	
												28 d	90 d	28 d	90 d	28 d	90 d	28 d	90 d
4N05	大坝中部及颈部 RⅡ C_{90}20W6F50	三	红塔中热水泥 黔桂Ⅱ级粉煤灰 SBTJM－Ⅱ减水剂	0. 48	3～5	34	80	60	0. 80	0. 18	2 440	1. 78	2. 65	0. 72	0. 81	13. 2	21. 8	34. 5	40. 6
4N15				0. 50	3～5	34	80	58	0. 80	0. 18	2 440	1. 69	—	0. 65	—	11. 7	—	32. 7	—
4N25	大坝上部 RⅢ C_{90}15W6F50	三		0. 53	3～5	35	80	60	0. 80	0. 18	2 440	1. 54	2. 25	0. 63	0. 74	10. 5	16. 8	31. 6	36. 0
4N35	上游面防渗 RV C_{90}20W10F150	二		0. 44	3～5	37	94	55	0. 80	0. 20	2 410	1. 95	2. 86	0. 80	0. 92	15. 2	24. 0	34. 8	42. 8
4N06	大坝中部及颈部 RⅡ C_{90}20W6F50	三	红塔中热水泥 黔桂Ⅱ级粉煤灰 育才 GK－4A 减水剂	0. 48	3～5	34	80	60	0. 80	0. 18	2 440	1. 85	2. 54	0. 68	0. 79	13. 6	21. 1	33. 8	40. 1
4N16				0. 50	3～5	34	80	58	0. 80	0. 18	2 440	1. 77	—	0. 63	—	11. 2	—	32. 0	—
4N26	大坝上部 RⅢ C_{90}15W6F50	三		0. 53	3～5	35	80	60	0. 80	0. 18	2 440	1. 60	2. 34	0. 64	0. 72	8. 7	15. 1	30. 4	36. 2
4N36	上游面防渗 RV C_{90}20W10F150	二		0. 44	3～5	37	94	55	0. 80	0. 20	2 410	2. 13	3. 00	0. 73	0. 84	14. 5	23. 0	37. 2	41. 7

表 3-61　碾压混凝土极限拉伸及弹性模量试验结果(四)

编号	混凝土设计要求	级配	材料组合	水胶比	坍落度(cm)	砂率(%)	用水量(kg/m³)	粉煤灰(%)	减水剂(%)	引气剂(%)	设计密度(kg/m³)	极限拉伸				弹性模量			
												轴拉强度(MPa)		极限拉伸值(×10⁻⁴)		轴压强度(MPa)		弹性模量(GPa)	
												28 d	90 d	28 d	90 d	28 d	90 d	28 d	90 d
4N07	大坝中部及颈部 RⅡ C_{90}20W6F50	三	红塔中热水泥 宣威Ⅱ级粉煤灰 SBTJM-Ⅱ减水剂	0.48	3~5	34	80	60	0.80	0.18	2 440	1.95	2.71	0.72	0.80	15.2	22.1	35.2	42.6
4N17				0.50	3~5	34	80	58	0.80	0.18	2 440	1.76	—	0.68	—	13.8	—	32.7	—
4N27	大坝上部 RⅢ C_{90}15W6F50	三		0.53	3~5	35	80	60	0.80	0.18	2 440	1.65	2.38	0.66	0.75	12.0	17.3	30.9	38.4
4N37	上游面防渗 RⅤ C_{90}20W10F150	二		0.44	3~5	37	94	55	0.80	0.20	2 410	2.30	2.95	0.79	0.90	14.8	25.2	36.0	43.2
4N08	大坝中部及颈部 RⅡ C_{90}20W6F50	三	红塔中热水泥 宣威Ⅱ级粉煤灰 育才 GK-4A 减水剂	0.48	3~5	34	80	60	0.80	0.18	2 440	1.88	2.64	0.68	0.76	14.2	20.4	33.5	39.7
4N18				0.50	3~5	34	80	58	0.80	0.18	2 440	1.80	—	0.66	—	12.6	—	30.5	—
4N28	大坝上部 RⅢ C_{90}15W6F50	三		0.53	3~5	35	80	60	0.80	0.18	2 440	1.56	2.18	0.64	0.73	11.2	16.1	31.7	36.8
4N38	上游面防渗 RⅤ C_{90}20W10F150	二		0.44	3~5	37	94	55	0.80	0.20	2 410	2.27	3.04	0.77	0.86	15.5	24.3	36.3	41.5

表 3-62 碾压混凝土极限拉伸及弹性模量试验结果(五)

编号	混凝土设计要求	级配	材料组合	水胶比	坍落度(cm)	砂率(%)	用水量(kg/m³)	粉煤灰(%)	减水剂(%)	引气剂(%)	设计密度(kg/m³)	极限拉伸				弹性模量			
												轴拉强度(MPa)		极限拉伸值(×10⁻⁴)		轴压强度(MPa)		弹性模量(GPa)	
												28 d	90 d	28 d	90 d	28 d	90 d	28 d	90 d
4N09	大坝中部及颈部 RⅡ C_{90}20W6F50	三	祥云中热水泥 曲靖Ⅱ级粉煤灰 SBTJM-Ⅱ减水剂	0.48	3~5	34	80	60	0.80	0.18	2 440	1.80	2.65	0.70	0.81	13.0	21.8	34.0	38.4
4N19				0.50	3~5	34	80	58	0.80	0.18	2 440	1.67	—	0.67	—	10.6	—	31.7	—
4N29	大坝上部 RⅢ C_{90}15W6F50	三		0.53	3~5	35	80	60	0.80	0.18	2 440	1.60	2.31	0.64	0.74	9.7	16.6	31.0	36.2
4N39	上游面防渗 RⅤ C_{90}20W10F150	二		0.44	3~5	37	94	55	0.80	0.20	2 410	2.05	2.78	0.78	0.87	13.7	24.0	36.4	41.0
4N010	大坝中部及颈部 RⅡ C_{90}20W6F50	三	祥云中热水泥 曲靖Ⅱ级粉煤灰 育才 GK-4A 减水剂	0.48	3~5	34	80	60	0.80	0.18	2 440	1.91	2.76	0.68	0.78	15.0	21.4	35.6	40.2
4N110				0.50	3~5	34	80	58	0.80	0.18	2 440	1.87	—	0.67	—	12.9	—	34.4	—
4N210	大坝上部 RⅢ C_{90}15W6F50	三		0.53	3~5	35	80	60	0.80	0.18	2 440	1.70	2.45	0.65	0.75	9.8	17.5	33.1	37.5
4N310	上游面防渗 RⅤ C_{90}20W10F150	二		0.44	3~5	37	94	55	0.80	0.20	2 410	2.10	3.05	0.77	0.85	14.4	22.1	36.7	42.2

表 3-63　碾压混凝土极限拉伸及弹性模量试验结果(六)

编号	混凝土设计要求	级配	材料组合	水胶比	坍落度(cm)	砂率(%)	用水量(kg/m³)	粉煤灰(%)	减水剂(%)	引气剂(%)	设计密度(kg/m³)	极限拉伸				弹性模量			
												轴拉强度(MPa)		极限拉伸值($\times10^{-4}$)		轴压强度(MPa)		弹性模量(GPa)	
												28 d	90 d	28 d	90 d	28 d	90 d	28 d	90 d
4N011	大坝中部及颈部 RⅡ C_{90}20W6F50	三	红塔中热水泥 曲靖Ⅱ级粉煤灰 SBTJM-Ⅱ减水剂	0.48	3~5	34	80	60	0.80	0.18	2 440	1.85	2.72	0.71	0.79	13.5	21.0	35.8	41.2
4N111				0.50	3~5	34	80	58	0.80	0.18	2 440	1.72	—	0.66	—	12.0	—	33.9	—
4N211	大坝上部 RⅢ C_{90}15W6F50	三		0.53	3~5	35	80	60	0.80	0.18	2 440	1.59	2.33	0.65	0.71	8.7	15.0	32.3	37.4
4N311	上游面防渗 RV C_{90}20W10F150	二		0.44	3~5	37	94	55	0.80	0.20	2 410	2.24	2.97	0.76	0.82	15.4	23.2	35.8	42.8
4N012	大坝中部及颈部 RⅡ C_{90}20W6F50	三	红塔中热水泥 曲靖Ⅱ级粉煤灰 育才 GK-4A 减水剂	0.48	3~5	34	80	60	0.80	0.18	2 440	1.90	2.80	0.69	0.82	15.1	23.0	35.0	40.9
4N112				0.50	3~5	34	80	58	0.80	0.18	2 440	1.83	—	0.67	—	12.6	—	33.2	—
4N212	大坝上部 RⅢ C_{90}15W6F50	三		0.53	3~5	35	80	60	0.80	0.18	2 440	1.75	2.56	0.65	0.76	9.6	15.8	29.5	35.8
4N312	上游面防渗 RV C_{90}20W10F150	二		0.44	3~5	37	94	55	0.80	0.20	2 410	2.31	3.15	0.79	0.90	14.0	24.1	37.3	41.7

(3)耐久性试验。

黄登水电站大坝碾压混凝土第三阶段配合比二次优化试验抗冻性能和抗渗性能试验按照表 3-45 碾压混凝土配合比试验参数进行。

1)混凝土抗冻性试验。

提高混凝土的抗冻性最有效的途径是掺入引气剂,在混凝土中引入不连通的微小气泡,改善混凝土的孔隙结构。混凝土的抗冻性除与含气量及气孔结构有关外,还与水泥品种、混凝土强度等级、水胶比、粉煤灰掺量及混凝土龄期等因素有关。

碾压混凝土抗冻性评定标准,以抗冻试件相对动弹模量下降至初始值的 60%,或质量损失率超过 5%时认为混凝土试件已被冻坏。由于原材料组合种类较多,二次优化配合比抗冻性试验选取有代表性的试件进行了抗冻试验,选取的原则是:最大水胶比和最大粉煤灰掺量原则。当最大水胶比、最大粉煤灰掺量的混凝土抗冻性能满足设计要求,则可以断定小水胶比、低粉煤灰掺量的混凝土抗冻性必然满足要求,通过试验看出:

①大坝上部 C_{90}15W6F50(三)混凝土经过 50 次的冻融循环,质量损失率均小于 5%,相对动弹性模量均大于 60%,满足设计要求。

②大坝中部 C_{90}20W6F50(三)混凝土,经过 50 次的冻融循环,质量损失率均小于 5%,相对动弹性模量均大于 60%,满足设计要求。

③上游面防渗 C_{90}20W10F150(二)混凝土,经过 150 次的冻融循环,质量损失率均小于 5%,相对动弹性模量均大于 60%,满足设计要求。

具体试验结果见表 3-64~表 3-69。

2)混凝土抗渗性试验。

混凝土的抗渗性能主要取决于水胶比的大小和密实性。抗渗试验根据规程规定,采用逐级加压法进行,试件为尺寸 175 mm ×185 mm ×150 mm 的截头圆锥体。抗渗性的评定指标为:每组 6 个试件经逐级加压至抗渗等级对应水压提高 0.1 MPa 时,其中至少 4 个试件仍未出现渗水,则表明该混凝土达到了设计抗渗等级的要求,与抗冻试验一样,由于原材料组合种类较多,二次优化配合比抗渗试验选取有代表性的试件进行了试验,选取的原则是:最大水胶比和最大粉煤灰掺量原则。当最大水胶比、最大粉煤灰掺量的混凝土抗渗性能满足设计要求,则可以断定小水胶比、低粉煤灰掺量的混凝土抗渗性能必然满足要求。碾压混凝土抗渗性能试验结果见表 3-70~表 3-75。从各种原材料组合条件下各配合比抗渗性试验结果可以看出,各配合比混凝土的抗渗性能均达到设计提出的相应的抗渗等级,满足设计要求。

3.3.1.5　变态混凝土配合比试验

1. 变态混凝土配合比参数

变态混凝土是在碾压混凝土拌合物中加入适量的水泥和掺合料灰浆使其具有可振性,再用插入式振捣器振动密实的混凝土。变态混凝土配合比参数主要有灰浆配合比参数和灰浆在碾压混凝土中的掺加比例等。变态混凝土灰浆配合比参数主要是掺合料掺量和水胶比,而掺合料掺量和水胶比主要根据对应的碾压混凝土掺合料掺量和水胶比来确定。对于变态混凝土灰浆,其掺合料掺量不宜大于对应的碾压混凝土掺合料掺量,其水胶比不宜大于对应碾压混凝土的水胶比。灰浆掺加比例主要以保证变态混凝土坍落度在 1~2 cm 为基准来控制。

表 3-64 碾压混凝土抗冻性能试验结果(一)

编号	混凝土设计要求	级配	材料组合	水胶比	VC 值(s)	砂率(%)	用水量(kg/m^3)	粉煤灰(%)	减水剂(%)	引气剂(%)	设计密度(kg/m^3)	质量损失(%)			相对动弹性模量(%)		
												50 次	100 次	150 次	50 次	100 次	150 次
4N01	大坝中部及颈部 RⅡ C_{90}20W6F50	三	祥云中热水泥	0.48	3~5	34	80	60	0.80	0.18	2 440	0.67	—	—	89	—	—
4N11				0.50	3~5	34	80	58	0.80	0.18	2 440	—	—	—	—	—	—
4N21	大坝上部 RⅢ C_{90}15W6F50	三	黔桂Ⅱ级粉煤灰	0.53	3~5	35	80	60	0.80	0.18	2 440	1.21	—	—	80	—	—
4N31	上游面防渗 RV C_{90}20W10F150	二	SBTJM-Ⅱ减水剂	0.44	3~5	37	94	55	0.80	0.20	2 410	0.34	0.66	1.35	97	91	86
4N02	大坝中部及颈部 RⅡ C_{90}20W6F50	三	祥云中热水泥	0.48	3~5	34	80	60	0.80	0.18	2 440	—	—	—	—	—	—
4N12				0.50	3~5	34	80	58	0.80	0.18	2 440	—	—	—	—	—	—
4N22	大坝上部 RⅢ C_{90}15W6F50	三	黔桂Ⅱ级粉煤灰	0.53	3~5	35	80	60	0.80	0.18	2 440	0.93	—	—	88	—	—
4N32	上游面防渗 RV C_{90}20W10F150	二	育才 GK-4A 减水剂	0.44	3~5	37	94	55	0.80	0.20	2 410	—	—	—	—	—	—

表 3-65　碾压混凝土抗冻性能试验结果(二)

编号	混凝土设计要求	级配	材料组合	水胶比	VC 值(s)	砂率(%)	用水量(kg/m^3)	粉煤灰(%)	减水剂(%)	引气剂(%)	设计密度(kg/m^3)	质量损失(%)			相对动弹性模量(%)		
												50 次	100 次	150 次	50 次	100 次	150 次
4N03	大坝中部及颈部 RⅡ C_{90}20W6F50	三	祥云中热水泥 宣威Ⅱ级粉煤灰 SBTJM-Ⅱ减水剂	0.48	3~5	34	80	60	0.80	0.18	2 440	0.87	—	—	90	—	—
4N13				0.50	3~5	34	80	58	0.80	0.18	2 440	—	—	—	—	—	—
4N23	大坝上部 RⅢ C_{90}15W6F50	三		0.53	3~5	35	80	60	0.80	0.18	2 440	1.45	—	—	81	—	—
4N33	上游面防渗 RⅤ C_{90}20W10F150	二		0.44	3~5	37	94	55	0.80	0.20	2 410	0.27	0.83	1.76	96	93	85
4N04	大坝中部及颈部 RⅡ C_{90}20W6F50	三	祥云中热水泥 宣威Ⅱ级粉煤灰 育才 GK-4A减水剂	0.48	3~5	34	80	60	0.80	0.18	2 440	—	—	—	—	—	—
4N14				0.50	3~5	34	80	58	0.80	0.18	2 440	—	—	—	—	—	—
4N24	大坝上部 RⅢ C_{90}15W6F50	三		0.53	3~5	35	80	60	0.80	0.18	2 440	1.09	—	—	84	—	—
4N34	上游面防渗 RⅤ C_{90}20W10F150	二		0.44	3~5	37	94	55	0.80	0.20	2 410	—	—	—	—	—	—

表 3-66　碾压混凝土抗冻性能试验结果(三)

编号	混凝土设计要求	级配	材料组合	水胶比	VC 值(s)	砂率(%)	用水量(kg/m³)	粉煤灰(%)	减水剂(%)	引气剂(%)	设计密度(kg/m³)	质量损失(%)			相对动弹性模量(%)		
												50 次	100 次	150 次	50 次	100 次	150 次
4N05	大坝中部及颈部 RⅡ C_{90}20W6F50	三	红塔中热水泥	0.48	3~5	34	80	60	0.80	0.18	2 440	—	—	—	—	—	—
4N15				0.50	3~5	34	80	58	0.80	0.18	2 440	—	—	—	—	—	—
4N25	大坝上部 RⅢ C_{90}15W6F50	三	黔桂Ⅱ级粉煤灰	0.53	3~5	35	80	60	0.80	0.18	2 440	1.65	—	—	86	—	—
4N35	上游面防渗 RⅤ C_{90}20W10F150	二	SBTJM-Ⅱ减水剂	0.44	3~5	37	94	55	0.80	0.20	2 410	0.21	0.67	1.78	98	94	87
4N06	大坝中部及颈部 RⅡ C_{90}20W6F50	三	红塔中热水泥	0.48	3~5	34	80	60	0.80	0.18	2 440	—	—	—	—	—	—
4N16				0.50	3~5	34	80	58	0.80	0.18	2 440	—	—	—	—	—	—
4N26	大坝上部 RⅢ C_{90}15W6F50	三	黔桂Ⅱ级粉煤灰	0.53	3~5	35	80	60	0.80	0.18	2 440	2.08	—	—	79	—	—
4N36	上游面防渗 RⅤ C_{90}20W10F150	二	育才 GK-4A 减水剂	0.44	3~5	37	94	55	0.80	0.20	2 410	—	—	—	—	—	—

表 3-67　碾压混凝土抗冻性能试验结果(四)

编号	混凝土设计要求	级配	材料组合	水胶比	VC值(s)	砂率(%)	用水量(kg/m^3)	粉煤灰(%)	减水剂(%)	引气剂(%)	设计密度(kg/m^3)	质量损失(%)			相对动弹性模量(%)		
												50次	100次	150次	50次	100次	150次
4N07	大坝中部及颈部RⅡ C_{90}20W6F50	三	红塔中热水泥	0.48	3~5	34	80	60	0.80	0.18	2 440	0.96	—	—	86	—	—
4N17				0.50	3~5	34	80	58	0.80	0.18	2 440	—	—	—	—	—	—
4N27	大坝上部RⅢ C_{90}15W6F50	三	宣威Ⅱ级粉煤灰	0.53	3~5	35	80	60	0.80	0.18	2 440	1.85	—	—	82	—	—
4N37	上游面防渗RⅤ C_{90}20W10F150	二	SBTJM-Ⅱ减水剂	0.44	3~5	37	94	55	0.80	0.20	2 410	—	—	—	—	—	—
4N08	大坝中部及颈部RⅡ C_{90}20W6F50	三	红塔中热水泥	0.48	3~5	34	80	60	0.80	0.18	2 440	—	—	—	—	—	—
4N18				0.50	3~5	34	80	58	0.80	0.18	2 440	—	—	—	—	—	—
4N28	大坝上部RⅢ C_{90}15W6F50	三	宣威Ⅱ级粉煤灰	0.53	3~5	35	80	60	0.80	0.18	2 440	—	—	—	—	—	—
4N38	上游面防渗RⅤ C_{90}20W10F150	二	育才GK-4A减水剂	0.44	3~5	37	94	55	0.80	0.20	2 410	0.50	0.87	1.45	95	89	81

表 3-68　碾压混凝土抗冻性能试验结果(五)

编号	混凝土设计要求	级配	材料组合	水胶比	VC 值(s)	砂率(%)	用水量(kg/m^3)	粉煤灰(%)	减水剂(%)	引气剂(%)	设计密度(kg/m^3)	质量损失(%)			相对动弹性模量(%)		
												50 次	100 次	150 次	50 次	100 次	150 次
4N09	大坝中部及颈部 RⅡ C_{90}20W6F50	三	祥云中热水泥 曲靖Ⅱ级粉煤灰 SBTJM-Ⅱ减水剂	0.48	3~5	34	80	60	0.80	0.18	2 440	—	—	—	—	—	—
4N19				0.50	3~5	34	80	58	0.80	0.18	2 440	—	—	—	—	—	—
4N29	大坝上部 RⅢ C_{90}15W6F50	三		0.53	3~5	35	80	60	0.80	0.18	2 440	1.90	—	—	86	—	—
4N39	上游面防渗 RⅤ C_{90}20W10F150	二		0.44	3~5	37	94	55	0.80	0.20	2 410	0.21	0.87	1.45	96	92	84
4N010	大坝中部及颈部 RⅡ C_{90}20W6F50	三	祥云中热水泥 曲靖Ⅱ级粉煤灰 育才 GK-4A减水剂	0.48	3~5	34	80	60	0.80	0.18	2 440	—	—	—	—	—	—
4N110				0.50	3~5	34	80	58	0.80	0.18	2 440	—	—	—	—	—	—
4N210	大坝上部 RⅢ C_{90}15W6F50	三		0.53	3~5	35	80	60	0.80	0.18	2 440	2.56	—	—	82	—	—
4N310	上游面防渗 RⅤ C_{90}20W10F150	二		0.44	3~5	37	94	55	0.80	0.20	2 410	—	—	—	—	—	—

表 3-69　碾压混凝土抗冻性能试验结果(六)

编号	混凝土设计要求	级配	材料组合	水胶比	VC 值(s)	砂率(%)	用水量(kg/m^3)	粉煤灰(%)	减水剂(%)	引气剂(%)	设计密度(kg/m^3)	质量损失(%)			相对动弹性模量(%)		
												50 次	100 次	150 次	50 次	100 次	150 次
4N011	大坝中部及颈部 RⅡ C_{90}20W6F50	三	红塔中热水泥 曲靖Ⅱ级粉煤灰 SBTJM-Ⅱ减水剂	0.48	3~5	34	80	60	0.80	0.18	2 440	—	—	—	—	—	—
4N111				0.50	3~5	34	80	58	0.80	0.18	2 440	—	—	—	—	—	—
4N211	大坝上部 RⅢ C_{90}15W6F50	三		0.53	3~5	35	80	60	0.80	0.18	2 440	0.78	—	—	91	—	—
4N311	上游面防渗 RⅤ C_{90}20W10F150	二		0.44	3~5	37	94	55	0.80	0.20	2 410	—	—	—	—	—	—
4N012	大坝中部及颈部 RⅡ C_{90}20W6F50	三	红塔中热水泥 曲靖Ⅱ级粉煤灰 育才 GK-4A 减水剂	0.48	3~5	34	80	60	0.80	0.18	2 440	—	—	—	—	—	—
4N112				0.50	3~5	34	80	58	0.80	0.18	2 440	—	—	—	—	—	—
4N212	大坝上部 RⅢ C_{90}15W6F50	三		0.53	3~5	35	80	60	0.80	0.18	2 440	1.50	—	—	87	—	—
4N312	上游面防渗 RⅤ C_{90}20W10F150	二		0.44	3~5	37	94	55	0.80	0.20	2 410	0.12	0.45	1.07	93	87	85

表 3-70　碾压混凝土抗渗性能试验结果(一)

编号	混凝土设计要求	级配	材料组合	水胶比	VC 值(s)	砂率(%)	用水量(kg/m^3)	粉煤灰(%)	减水剂(%)	引气剂(%)	设计密度(kg/m^3)	最大加水压力(MPa)	外观描述	抗渗等级
4N01	大坝中部及颈部 RⅡ C_{90}20W6F50	三	祥云中热水泥	0. 48	3～5	34	80	60	0. 80	0. 18	2 440	0. 7	所有试件表面均无渗水	≥W6
4N11				0. 50	3～5	34	80	58	0. 80	0. 18	2 440	—	—	—
4N21	大坝上部 RⅢ C_{90}15W6F50	三	黔桂Ⅱ级粉煤灰	0. 53	3～5	35	80	60	0. 80	0. 18	2 440	0. 7	所有试件表面均无渗水	≥W6
4N31	上游面防渗 RⅤ C_{90}20W10F150	二	SBTJM－Ⅱ减水剂	0. 44	3～5	37	94	55	0. 80	0. 20	2 410	1. 1	所有试件表面均无渗水	≥W10
4N02	大坝中部及颈部 RⅡ C_{90}20W6F50	三	祥云中热水泥	0. 48	3～5	34	80	60	0. 80	0. 18	2 440	—	—	—
4N12				0. 50	3～5	34	80	58	0. 80	0. 18	2 440	—	—	—
4N22	大坝上部 RⅢ C_{90}15W6F50	三	黔桂Ⅱ级粉煤灰	0. 53	3～5	35	80	60	0. 80	0. 18	2 440	0. 7	所有试件表面均无渗水	≥W6
4N32	上游面防渗 RⅤ C_{90}20W10F150	二	育才 GK－4A 减水剂	0. 44	3～5	37	94	55	0. 80	0. 20	2 410	—	—	—

表 3-71　碾压混凝土抗渗性能试验结果(二)

编号	混凝土设计要求	级配	材料组合	水胶比	VC 值(s)	砂率(%)	用水量(kg/m³)	粉煤灰(%)	减水剂(%)	引气剂(%)	设计密度(kg/m³)	最大加水压力(MPa)	外观描述	抗渗等级
4N03	大坝中部及颈部 RⅡ C_{90}20W6F50	三	祥云中热水泥 宣威Ⅱ级粉煤灰 SBTJM-Ⅱ减水剂	0. 48	3~5	34	80	60	0. 80	0. 18	2 440	0. 7	所有试件表面均无渗水	≥W6
4N13				0. 50	3~5	34	80	58	0. 80	0. 18	2 440	—	—	—
4N23	大坝上部 RⅢ C_{90}15W6F50	三		0. 53	3~5	35	80	60	0. 80	0. 18	2 440	0. 7	所有试件表面均无渗水	≥W6
4N33	上游面防渗 RⅤ C_{90}20W10F150	二		0. 44	3~5	37	94	55	0. 80	0. 20	2 410	1. 1	所有试件表面均无渗水	≥W10
4N04	大坝中部及颈部 RⅡ C_{90}20W6F50	三	祥云中热水泥 宣威Ⅱ级粉煤灰 育才 GK-4A 减水剂	0. 48	3~5	34	80	60	0. 80	0. 18	2 440	—	—	—
4N14				0. 50	3~5	34	80	58	0. 80	0. 18	2 440	—	—	—
4N24	大坝上部 RⅢ C_{90}15W6F50	三		0. 53	3~5	35	80	60	0. 80	0. 18	2 440	0. 7	所有试件表面均无渗水	≥W6
4N34	上游面防渗 RⅤ C_{90}20W10F150	二		0. 44	3~5	37	94	55	0. 80	0. 20	2 410	—	—	—

表 3-72　碾压混凝土抗渗性能试验结果(三)

编号	混凝土设计要求	级配	材料组合	水胶比	VC 值(s)	砂率(%)	用水量(kg/m³)	粉煤灰(%)	减水剂(%)	引气剂(%)	设计密度(kg/m³)	最大加水压力(MPa)	外观描述	抗渗等级
4N05	大坝中部及颈部 RⅡ C_{90}20W6F50	三	红塔中热水泥 黔桂Ⅱ级粉煤灰 SBTJM-Ⅱ减水剂	0.48	3~5	34	80	60	0.80	0.18	2 440	—	—	—
4N15				0.50	3~5	34	80	58	0.80	0.18	2 440	—	—	—
4N25	大坝上部 RⅢ C_{90}15W6F50	三		0.53	3~5	35	80	60	0.80	0.18	2 440	0.7	所有试件表面均无渗水	≥W6
4N35	上游面防渗 RⅤ C_{90}20W10F150	二		0.44	3~5	37	94	55	0.80	0.20	2 410	1.1	所有试件表面均无渗水	≥W10
4N06	大坝中部及颈部 RⅡ C_{90}20W6F50	三	红塔中热水泥 黔桂Ⅱ级粉煤灰 育才 GK-4A减水剂	0.48	3~5	34	80	60	0.80	0.18	2 440	—	—	—
4N16				0.50	3~5	34	80	58	0.80	0.18	2 440	—	—	—
4N26	大坝上部 RⅢ C_{90}15W6F50	三		0.53	3~5	35	80	60	0.80	0.18	2 440	0.7	所有试件表面均无渗水	≥W6
4N36	上游面防渗 RⅤ C_{90}20W10F150	二		0.44	3~5	37	94	55	0.80	0.20	2 410	—	—	—

表 3-73　**碾压混凝土抗渗性能试验结果(四)**

编号	混凝土设计要求	级配	材料组合	水胶比	VC值(s)	砂率(%)	用水量(kg/m³)	粉煤灰(%)	减水剂(%)	引气剂(%)	设计密度(kg/m³)	最大加水压力(MPa)	外观描述	抗渗等级
4N07	大坝中部及颈部RⅡ C_{90}20W6F50	三	红塔中热水泥 宣威Ⅱ级粉煤灰 SBTJM-Ⅱ减水剂	0.48	3~5	34	80	60	0.80	0.18	2 440	—	—	—
4N17				0.50	3~5	34	80	58	0.80	0.18	2 440	—	—	—
4N27	大坝上部RⅢ C_{90}15W6F50	三		0.53	3~5	35	80	60	0.80	0.18	2 440	0.7	所有试件表面均无渗水	≥W6
4N37	上游面防渗RⅤ C_{90}20W10F150	二		0.44	3~5	37	94	55	0.80	0.20	2 410	—	—	—
4N08	大坝中部及颈部RⅡ C_{90}20W6F50	三	红塔中热水泥 宣威Ⅱ级粉煤灰 育才GK-4A减水剂	0.48	3~5	34	80	60	0.80	0.18	2 440	0.7	所有试件表面均无渗水	≥W6
4N18				0.50	3~5	34	80	58	0.80	0.18	2 440	—	—	—
4N28	大坝上部RⅢ C_{90}15W6F50	三		0.53	3~5	35	80	60	0.80	0.18	2 440	0.7	所有试件表面均无渗水	≥W6
4N38	上游面防渗RⅤ C_{90}20W10F150	二		0.44	3~5	37	94	55	0.80	0.20	2 410	1.1	所有试件表面均无渗水	≥W10

表 3-74 碾压混凝土抗渗性能试验结果(五)

编号	混凝土设计要求	级配	材料组合	水胶比	VC 值(s)	砂率(%)	用水量(kg/m^3)	粉煤灰(%)	减水剂(%)	引气剂(%)	设计密度(kg/m^3)	最大加水压力(MPa)	外观描述	抗渗等级
4N09	大坝中部及颈部 RⅡ C_{90}20W6F50	三	祥云中热水泥 曲靖Ⅱ级粉煤灰 SBTJM-Ⅱ减水剂	0. 48	3~5	34	80	60	0. 80	0. 18	2 440	—	—	—
4N19				0. 50	3~5	34	80	58	0. 80	0. 18	2 440	—	—	—
4N29	大坝上部 RⅢ C_{90}15W6F50	三		0. 53	3~5	35	80	60	0. 80	0. 18	2 440	0. 7	所有试件表面均无渗水	≥W6
4N39	上游面防渗 RⅤ C_{90}20W10F150	二		0. 44	3~5	37	94	55	0. 80	0. 20	2 410	1. 1	所有试件表面均无渗水	≥W10
4N010	大坝中部及颈部 RⅡ C_{90}20W6F50	三	祥云中热水泥 曲靖Ⅱ级粉煤灰 育才 GK-4A 减水剂	0. 48	3~5	34	80	60	0. 80	0. 18	2 440	0. 7	所有试件表面均无渗水	≥W6
4N110				0. 50	3~5	34	80	58	0. 80	0. 18	2 440	—	—	—
4N210	大坝上部 RⅢ C_{90}15W6F50	三		0. 53	3~5	35	80	60	0. 80	0. 18	2 440	0. 7	所有试件表面均无渗水	≥W6
4N310	上游面防渗 RⅤ C_{90}20W10F150	二		0. 44	3~5	37	94	55	0. 80	0. 20	2 410	1. 1	所有试件表面均无渗水	≥W10

表 3-75　碾压混凝土抗渗性能试验结果(六)

编号	混凝土设计要求	级配	材料组合	水胶比	VC 值 (s)	砂率 (%)	用水量 (kg/m³)	粉煤灰 (%)	减水剂 (%)	引气剂 (%)	设计密度 (kg/m³)	最大加水压力 (MPa)	外观描述	抗渗等级
4N011	大坝中部及颈部 R Ⅱ C_{90}20W6F50	三	红塔中热水泥	0.48	3~5	34	80	60	0.80	0.18	2440	—	—	—
4N111				0.50	3~5	34	80	58	0.80	0.18	2 440	—	—	—
4N211	大坝上部 R Ⅲ C_{90}15W6F50	三	曲靖Ⅱ级粉煤灰	0.53	3~5	35	80	60	0.80	0.18	2 440	0.7	所有试件表面均无渗水	≥W6
4N311	上游面防渗 R Ⅴ C_{90}20W10F150	二	SBTJM-Ⅱ减水剂	0.44	3~5	37	94	55	0.80	0.20	2 410	1.1	所有试件表面均无渗水	≥W10
4N012	大坝中部及颈部 R Ⅱ C_{90}20W6F50	三	红塔中热水泥	0.48	3~5	34	80	60	0.80	0.18	2 440	—	—	—
4N112				0.50	3~5	34	80	58	0.80	0.18	2 440	—	—	—
4N212	大坝上部 R Ⅲ C_{90}15W6F50	三	曲靖Ⅱ级粉煤灰	0.53	3~5	35	80	60	0.80	0.18	2 440	0.7	所有试件表面均无渗水	≥W6
4N312	上游面防渗 R Ⅴ C_{90}20W10F150	二	育才 GK-4A 减水剂	0.44	3~5	37	94	55	0.80	0.20	2 410	—	—	—

第三阶段配合比二次优化确定的变态混凝土配合比参数见表 3-76，以确定的配合比参数对主要材料组合进行性能试验。

表 3-76　变态混凝土配合比试验参数

序号 变态	碾压/灰浆	混凝土设计要求	级配	VC 值（s）	水胶比	砂率（%）	粉煤灰（%）	减水剂（%）	引气剂（%）	用水量（kg/m^3）	密度（kg/m^3）	灰浆掺加比例（%）
4B1	4N0	大坝中部及颈部 R Ⅱ C_{90}20W6F50	三	3～5	0.48	34	60	0.80	0.18	80	2440	
	4N1				0.50	34	58	0.80	0.18	80	2 440	
	4H1		灰浆	—	0.48	—	55	0.80	—	517	1 603	4～6
4B2	4N2	大坝上部 R Ⅲ C_{90}15W6F50	三	3～5	0.53	35	60	0.80	0.18	80	2 440	
	4H2		灰浆	—	0.53	—	55	0.80	—	540	1 567	4～6
4B3	4N3	上游面变态混凝土 Cb Ⅱ	二	3～5	0.44	37	55	0.80	0.20	94	2 410	
	4H3		灰浆	—	0.44	—	50	0.80	—	492	1 619	4～6

2. 变态混凝土性能试验

变态混凝土性能试验是配合比试验的重要内容之一。通过对变态混凝土性能试验可以验证设计的变态混凝土配合比参数是否满足设计和施工要求。与常态混凝土一样，变态混凝土性能试验主要包括拌合物性能、力学性能及耐久性性能等试验。

变态混凝土拌合物性能试验主要进行混凝土坍落度、含气量、凝结时间、容重等试验。力学性能试验主要进行立方体抗压强度、劈裂强度、轴心抗拉强度及极限拉伸值、轴心抗压强度及弹性模量等试验；混凝土耐久性试验主要进行抗冻性试验和抗渗性试验。

按照表 3-76 变态混凝土配合比试验参数分别对各种原材料组合进行各项性能试验。

试验条件如下：

水泥：采用祥云 P · MH42.5 水泥或红塔 P · MH42.5 水泥；

粉煤灰：贵州黔桂Ⅱ级粉煤灰、宣威发电Ⅱ级粉煤灰和曲靖电厂Ⅱ级粉煤灰；

骨料：大格拉料场生产的人工灰岩粗、细骨料；

减水剂：SBTJM－Ⅱ缓凝高效减水剂型或 GK－4A 缓凝高效减水剂，掺量按表 3-76；

引气剂：江苏苏博特 GYQ 型引气剂，掺量按表 3-75；

级配：二级配，小石∶中石＝45∶55，三级配，小石∶中石∶大石＝30∶40∶30；

水胶比：按表 3-76；

灰浆掺加比例：以变态混凝土坍落度在 1～2 cm 为准。

试验按照《水工碾压混凝土试验规程》（DL/T 5433—2009）的要求进行变态混凝土拌制和各项性能试验。下面对试验结果进行汇总分析。

由于两种减水剂与水泥、煤灰、骨料等原材料适应性均良好，第三阶段配合比变态混凝土二次优化试验选用两种水泥、三种粉煤灰和一种主供厂家减水剂进行组合试验。

（1）拌合物性能试验。

对表 3-76 选定的变态混凝土配合比参数进行变态混凝土拌制和拌合物性能试验，拌制过程控制变态混凝土坍落度在 1～2 cm 范围内。拌合物性能试验主要包括灰浆容重、混凝土坍落度、含气量、凝结时间、容重等试验。试验结果见表 3-77～表 3-82。

根据表 3-77～表 3-79,不同组合的变态混凝土配合比灰浆容重测试情况统计如下:

1) C_{90}20W6F50 三级配变态混凝土灰浆粉煤灰掺量 55%,水胶比 0. 48,灰浆容重 1 590～1 600 kg/m^3,平均约 1 600 g/m^3。

2) C_{90}15W6F50 三级配变态混凝土灰浆粉煤灰掺量 55%,水胶比 0. 53,灰浆容重 1 550～1 570 kg/m^3,平均约 1 560 kg/m^3。

3) C_{90}20W10F150 二级配变态混凝土灰浆粉煤灰掺量 50%,水胶比 0. 44,灰浆容重 1 600～1 620 kg/m^3,平均约 1 620 kg/m^3。

从表 3-77～表 3-81 不同材料组合变态混凝土拌合物性能试验结果统计情况看,按照碾压混凝土体积的 5%掺入灰浆后,坍落度在 1～2 cm 范围内,混凝土含气量测试结果在 3%～5%范围内。

三级配变态混凝土容重为 2 400～2 420 kg/m^3,平均约 2 410 kg/m^3,二级配变态混凝土容重为 2370～2 390 kg/m^3,平均约 2 380 kg/m^3。

凝结时间方面,掺 SBTJM－Ⅱ碾压型减水剂的变态混凝土,初凝时间为 12～15 h,终凝时间为 18～23 h。

(2)抗压强度及劈拉强度试验。

与碾压混凝土试验龄期一致,变态混凝土设计龄期均为 90 d。在配合比试验过程中成型了 7 d、28 d、90 d 抗压强度试件和 28 d、90 d 劈拉强度试件,试验结果见表 3-83～表 3-88。

从不同材料组合、不同设计要求的变态混凝土强度试验结果可以看出:

1)大坝中部及颈部 C_{90}20W6F50 三级配变态混凝土,设计保证率为 80%,配制强度为 23.4 MPa,0.48 的水胶比,掺加 60%粉煤灰 90 d 试验结果:抗压强度为 24.6～27.9 MPa,劈拉强度为 2. 25～2. 70 MPa,满足设计强度等级要求;0. 50 的水胶比,掺加 58%粉煤灰 90 d 试验结果:抗压强度为 21. 9～24. 5 MPa,劈拉强度为 2. 32～2. 54 MPa,其中个别强度不满足配制强度要求。

2)大坝上部 C_{90}15W6F50 三级配变态混凝土,设计保证率为 80%,配制强度为 17. 9 MPa,掺加 60%粉煤灰 90 d 试验结果:抗压强度在 18. 2～20. 4 MPa,劈拉强度为 2. 12～2. 45 MPa。

3)上游面 C_{90}20W10F150 二级配变态混凝土,设计保证率为 80%,配制强度为 23. 4 MPa,掺加 55%粉煤灰 90 d 试验结果:抗压强度为 27. 5～30. 2 MPa,劈拉强度为 2. 76～3. 21 MPa。

(3)极限拉伸及弹性模量试验。

各部位变态混凝土设计指标与对应的碾压混凝土指标一致,成型的不同材料组合、不同设计要求变态混凝土极限拉伸试验及弹性模量试验结果见表 3-89～表 3-94。试验龄期为 28 d 和 90 d。从试验结果可以看出:

1)大坝中部及颈部 C_{90}20W6F50 三级配变态混凝土,设计保证率为 80%,0. 48 的水胶

表 3-77　变态混凝土拌合物性能试验结果(一)

编号(变态)	编号(碾压/灰浆)	混凝土设计要求	级配	材料组合	VC值(s)	水胶比	砂率(%)	粉煤灰(%)	减水剂(%)	引气剂(%)	用水量(kg/m³)	设计密度(kg/m³)	灰浆实测密度(kg/m³)	灰浆掺加比例(%)	坍落度(cm)	含气量(%)	凝结时间(h:min) 初凝	凝结时间(h:min) 终凝	实测密度(kg/m³)
4B11	4N0	大坝中部及颈部 R Ⅱ C_{90}20W6F50	三	祥云中热水泥	3～5	0.48	34	60	0.80	0.18	80	2 440	—		1.9	4.0	—	—	2 410
	4N1		三		3～5	0.50	34	58	0.80	0.18	80	2 440	—		2.0	4.1	—	—	2 400
	4H1		灰浆	贵州黔桂Ⅱ级粉煤灰	—	0.48	—	55	0.80	—	517	1 603	1 590	5.0	—	—	—	—	—
4B21	4N2	大坝上部 RⅢ C_{90}15W6F50	三		3～5	0.53	35	60	0.80	0.18	80	2 440	—		1.6	3.9	—	—	2 410
	4H2		灰浆		—	0.53	—	55	0.80	—	540	1 567	1 560	5.0					
4B31	4N3	上游面变态混凝土 Cb Ⅱ C_{90}20W10F150	二	SBTJM-Ⅱ减水剂	3～5	0.44	37	55	0.80	0.20	94	2 410	—		1.9	4.6	12:05	18:39	2 380
	4H3		灰浆		—	0.44	—	50	0.80	—	492	1 619	1 620	5.0					

表 3-78　变态混凝土拌合物性能试验结果(二)

编号(变态)	编号(碾压/灰浆)	混凝土设计要求	级配	材料组合	VC值(s)	水胶比	砂率(%)	粉煤灰(%)	减水剂(%)	引气剂(%)	用水量(kg/m³)	设计密度(kg/m³)	灰浆实测密度(kg/m³)	灰浆掺加比例(%)	坍落度(cm)	含气量(%)	凝结时间(h:min) 初凝	凝结时间(h:min) 终凝	实测密度(kg/m³)
4B12	4N0	大坝中部及颈部 R Ⅱ C_{90}20W6F50	三	祥云中热水泥	3～5	0.48	34	60	0.80	0.18	80	2 440	—		2.0	4.1	—	—	2 410
	4N1		三		3～5	0.50	34	58	0.80	0.18	80	2 440	—		1.9	3.9	13:45	20:00	2 420
	4H1		灰浆	宣威Ⅱ级粉煤灰	—	0.48	—	55	0.80	—	517	1 603	1 600	5.0	—	—	—	—	—
4B22	4N2	大坝上部 RⅢ C_{90}15W6F50	三		3～5	0.53	35	60	0.80	0.18	80	2 440	—		1.9	4.3	—	—	2 410
	4H2		灰浆		—	0.53	—	55	0.80	—	540	1 567	1 550	5.0					
4B32	4N3	上游面变态混凝土 Cb Ⅱ C_{90}20W10F150	二	SBTJM-Ⅱ减水剂	3～5	0.44	37	55	0.80	0.20	94	2 410	—		1.8	4.1	—	—	2 390
	3H3		灰浆		—	0.44	—	50	0.80	—	492	1 619	1 600	5.0					

表3-79　变态混凝土拌合物性能试验结果(三)

编号(变态)	编号(碾压/灰浆)	混凝土设计要求	级配	材料组合	VC值(s)	水胶比	砂率(%)	粉煤灰(%)	减水剂(%)	引气剂(%)	用水量(kg/m³)	设计密度(kg/m³)	灰浆实测密度(kg/m³)	灰浆掺加比例(%)	坍落度(cm)	含气量(%)	凝结时间(h:min) 初凝	凝结时间(h:min) 终凝	实测密度(kg/m³)
4B13	4N0	大坝中部	三	红塔中热水泥	3~5	0.48	34	60	0.80	0.18	80	2 440	—		1.8	4.4	—	—	2 400
	4N1	及颈部 RⅡ			3~5	0.50	34	58	0.80	0.18	80	2 440	—		1.6	4.2	—	—	2 410
	4H1	C_{90}20W6F50	灰浆	黔桂Ⅱ级	—	0.48	—	55	0.80	—	517	1 603	1 600	5.0	—	—	—	—	—
4B23	4N2	大坝上部 RⅢ	三	粉煤灰	3~5	0.53	35	60	0.80	0.18	80	2 440	—		1.9	4.4	14:23	21:32	2 410
	4H2	C_{90}15W6F50	灰浆		—	0.53	—	55	0.80	—	540	1 567	1 560	5.0					
4B33	4N3	上游面变态	二	SBTJM-Ⅱ	3~5	0.44	37	55	0.80	0.20	94	2 410	—		1.9	4.2	—	—	2 380
	4H3	混凝土 CbⅡ C_{90}20W10F150	灰浆	减水剂	—	0.44	—	50	0.80	—	492	1 619	1 610	5.0					

表3-80　变态混凝土拌合物性能试验结果(四)

编号(变态)	编号(碾压/灰浆)	混凝土设计要求	级配	材料组合	VC值(s)	水胶比	砂率(%)	粉煤灰(%)	减水剂(%)	引气剂(%)	用水量(kg/m³)	设计密度(kg/m³)	灰浆实测密度(kg/m³)	灰浆掺加比例(%)	坍落度(cm)	含气量(%)	凝结时间(h:min) 初凝	凝结时间(h:min) 终凝	实测密度(kg/m³)
4B14	4N0	大坝中部	三	红塔中热水泥	3~5	0.48	34	60	0.80	0.18	80	2 440	—		1.9	4.1	—	—	2 410
	4N1	及颈部 RⅡ			3~5	0.50	34	58	0.80	0.18	80	2 440	—		2.0	3.8	12:12	19:00	2 410
	4H1	C_{90}20W6F50	灰浆	宣威Ⅱ级	—	0.48	—	55	0.80	—	517	1 603	1 600	5.0	—	—	—	—	—
4B24	4N2	大坝上部 RⅢ	三	粉煤灰	3~5	0.53	35	60	0.80	0.18	80	2 440	—		1.8	4.4	—	—	2 410
	4H2	C_{90}15W6F50	灰浆		—	0.53	—	55	0.80	—	540	1 567	1 560	5.0					
4B34	4N3	上游面变态	二	SBTJM-Ⅱ	3~5	0.44	37	55	0.80	0.20	94	2 410	—		1.8	4.2	—	—	2 370
	4H3	混凝土 CbⅡ C_{90}20W10F150	灰浆	减水剂	—	0.44	—	50	0.80	—	492	1 619	1 610	5.0					

表 3-81　变态混凝土拌合物性能试验结果(五)

编号(变态)	编号(碾压/灰浆)	混凝土设计要求	级配	材料组合	VC值(s)	水胶比	砂率(%)	粉煤灰(%)	减水剂(%)	引气剂(%)	用水量(kg/m³)	设计密度(kg/m³)	灰浆实测密度(kg/m³)	灰浆掺加比例(%)	坍落度(cm)	含气量(%)	凝结时间(h:min) 初凝	凝结时间(h:min) 终凝	实测密度(kg/m³)
4B15	4N0	大坝中部	三	祥云中热水泥	3~5	0.48	34	60	0.80	0.18	80	2 440	—		1.9	3.7	—	—	2 410
	4N1	及颈部 R Ⅱ			3~5	0.50	34	58	0.80	0.18	80	2 440	—		1.8	4.0	—	—	2 410
	4H1	C_{90}20W6F50	灰浆	曲靖Ⅱ级粉煤灰	—	0.48	—	55	0.80	—	517	1 603	1 600	5.0	—	—	—	—	—
4B25	4N2	大坝上部 RⅢ	三		3~5	0.53	35	60	0.80	0.18	80	2 440	—		1.7	4.3	15:00	22:56	2 410
	4H2	C_{90}15W6F50	灰浆		—	0.53	—	55	0.80	—	540	1 567	1 570	5.0					
4B35	4N3	上游面变态	二	SBTJM-Ⅱ减水剂	3~5	0.44	37	55	0.80	0.20	94	2 410	—		2.0	4.0	—	—	2 380
	4H3	混凝土 Cb Ⅱ C_{90}20W10F150	灰浆		—	0.44	—	50	0.80	—	492	1 619	1 620	5.0					

表 3-82　变态混凝土拌合物性能试验结果(六)

编号(变态)	编号(碾压/灰浆)	混凝土设计要求	级配	材料组合	VC值(s)	水胶比	砂率(%)	粉煤灰(%)	减水剂(%)	引气剂(%)	用水量(kg/m³)	设计密度(kg/m³)	灰浆实测密度(kg/m³)	灰浆掺加比例(%)	坍落度(cm)	含气量(%)	凝结时间(h:min) 初凝	凝结时间(h:min) 终凝	实测密度(kg/m³)
4B16	4N0	大坝中部	三	红塔中热水泥	3~5	0.48	34	60	0.80	0.18	80	2 440	—		1.9	3.9	—	—	2 410
	4N1	及颈部 R Ⅱ			3~5	0.50	34	58	0.80	0.18	80	2 440	—		2.0	3.8	14:25	21:09	2 400
	4H1	C_{90}20W6F50	灰浆	曲靖Ⅱ级粉煤灰	—	0.48	—	55	0.80	—	517	1 603	1 600	5.0	—	—	—	—	—
4B26	4N2	大坝上部 RⅢ	三		3~5	0.53	35	60	0.80	0.18	80	2 440	—		1.8	4.4	—	—	2 410
	4H2	C_{90}15W6F50	灰浆		—	0.53	—	55	0.80	—	540	1 567	1 560	5.0					
4B36	4N3	上游面变态	二	SBTJM-Ⅱ减水剂	3~5	0.44	37	55	0.80	0.20	94	2 410	—		1.8	4.2	—	—	2 380
	4H3	混凝土 Cb Ⅱ C_{90}20W10F150	灰浆		—	0.44	—	50	0.80	—	492	1 619	1 610	5.0					

表 3-83　变态混凝土抗压强度及劈拉强度试验结果(一)

编号 变态	编号 碾压/灰浆	混凝土设计要求	级配	材料组合	VC 值(s)	水胶比	砂率(%)	粉煤灰(%)	减水剂(%)	引气剂(%)	用水量(kg/m^3)	设计密度(kg/m^3)	灰浆掺加比例(%)	抗压强度(MPa) 7 d	抗压强度(MPa) 28 d	抗压强度(MPa) 90 d	劈拉强度(MPa) 28 d	劈拉强度(MPa) 90 d
4B11	4N0	大坝中部及颈部 R Ⅱ	三	祥云中热水泥	3~5	0.48	34	60	0.80	0.18	80	2 440	—	8.9	16.5	27.5	1.76	2.65
	4N1				3~5	0.50	34	58	0.80	0.18	80	2 440	—	8.1	15.8	24.0	1.56	2.43
	4H1	C_{90}20W6F50	灰浆	贵州黔桂Ⅱ级粉煤灰	—	0.48	—	55	0.80	—	517	1 603	5.0	—	—	—	—	—
4B21	4N2	大坝上部 R Ⅲ	三		3~5	0.53	35	60	0.80	0.18	80	2 440	—	7.5	12.2	19.0	1.49	2.12
	4H2	C_{90}15W6F50	灰浆		—	0.53	—	55	0.80	—	540	1 567	5.0					
4B31	4N3	上游面变态混凝土 Cb Ⅱ C_{90}20W10F150	二	SBTJM-Ⅱ减水剂	3~5	0.44	37	55	0.80	0.20	94	2 410	—	10.1	17.7	30.2	1.95	3.03
	4H3		灰浆		—	0.44	—	50	0.80	—	492	1 620	5.0					

表 3-84　变态混凝土抗压强度及劈拉强度试验结果(二)

编号 变态	编号 碾压/灰浆	混凝土设计要求	级配	材料组合	VC 值(s)	水胶比	砂率(%)	粉煤灰(%)	减水剂(%)	引气剂(%)	用水量(kg/m^3)	设计密度(kg/m^3)	灰浆掺加比例(%)	抗压强度(MPa) 7 d	抗压强度(MPa) 28 d	抗压强度(MPa) 90 d	劈拉强度(MPa) 28 d	劈拉强度(MPa) 90 d
4B12	4N0	大坝中部及颈部 R Ⅱ	三	祥云中热水泥	3~5	0.48	34	60	0.80	0.18	80	2 440	—	9.2	15.1	26.4	1.65	2.50
	4N1				3~5	0.50	34	58	0.80	0.18	80	2 440	—	7.9	14.0	23.2	1.50	2.32
	4H1	C_{90}20W6F50	灰浆	宣威Ⅱ级粉煤灰	—	0.48	—	55	0.80	—	517	1 603	5.0	—	—	—	—	—
4B22	4N2	大坝上部 R Ⅲ	三		3~5	0.53	35	60	0.80	0.18	80	2 440	—	6.8	11.6	18.6	1.42	2.27
	4H2	C_{90}15W6F50	灰浆		—	0.53	—	55	0.80	—	540	1 567	5.0					
4B32	4N3	上游面变态混凝土 Cb Ⅱ C_{90}20W10F150	二	SBTJM-Ⅱ减水剂	3~5	0.44	37	55	0.80	0.20	94	2 410	—	11.5	18.8	29.0	2.11	2.96
	4H3		灰浆		—	0.44	—	50	0.80	—	492	1 620	5.0					

表 3-85　变态混凝土抗压强度及劈拉强度试验结果(三)

编号(变态)	编号(碾压/灰浆)	混凝土设计要求	级配	材料组合	VC值(s)	水胶比	砂率(%)	粉煤灰(%)	减水剂(%)	引气剂(%)	用水量(kg/m³)	设计密度(kg/m³)	灰浆掺加比例(%)	抗压强度(MPa)			劈拉强度(MPa)	
														7 d	28 d	90 d	28 d	90 d
4B13	4N0	大坝中部及颈部 R Ⅱ C_{90}20W6F50	三	红塔中热水泥 贵州黔桂Ⅱ级粉煤灰 SBTJM-Ⅱ减水剂	3~5	0.48	34	60	0.80	0.18	80	2 440	—	9.0	16.5	26.0	1.80	2.70
	4N1		三		3~5	0.50	34	58	0.80	0.18	80	2 440	—	8.2	14.7	24.5	1.71	2.54
	4H1		灰浆		—	0.48	—	55	0.80	—	517	1 603	5.0	—	—	—	—	—
4B23	4N2	大坝上部 R Ⅲ	三		3~5	0.53	35	60	0.80	0.18	80	2 440	—	7.7	13.0	19.5	1.52	2.45
	4H2	C_{90}15W6F50	灰浆		—	0.53	—	55	0.80	—	540	1 567	5.0					
4B33	4N3	上游面变态混凝土 Cb Ⅱ C_{90}20W10F150	二		3~5	0.44	37	55	0.80	0.20	94	2 410	—	12.6	18.2	28.5	2.01	3.13
	4H3		灰浆		—	0.44	—	50	0.80	—	492	1 620	5.0					

表 3-86　变态混凝土抗压强度及劈拉强度试验结果(四)

编号(变态)	编号(碾压/灰浆)	混凝土设计要求	级配	材料组合	VC值(s)	水胶比	砂率(%)	粉煤灰(%)	减水剂(%)	引气剂(%)	用水量(kg/m³)	设计密度(kg/m³)	灰浆掺加比例(%)	抗压强度(MPa)			劈拉强度(MPa)	
														7 d	28 d	90 d	28 d	90 d
4B14	4N0	大坝中部及颈部 R Ⅱ C_{90}20W6F50	三	红塔中热水泥 宣威Ⅱ级粉煤灰 SBTJM-Ⅱ减水剂	3~5	0.48	34	60	0.80	0.18	80	2 440	—	7.8	15.2	24.6	1.58	2.25
	4N1		三		3~5	0.50	34	58	0.80	0.18	80	2 440	—	7.5	13.0	22.5	1.42	2.34
	4H1		灰浆		—	0.48	—	55	0.80	—	517	1 603	5.0	—	—	—	—	—
4B24	4N2	大坝上部 R Ⅲ	三		3~5	0.53	35	60	0.80	0.18	80	2 440	—	6.4	11.2	18.2	1.38	2.17
	4H2	C_{90}15W6F50	灰浆		—	0.53	—	55	0.80	—	540	1 567	5.0					
4B34	4N3	上游面变态混凝土 Cb Ⅱ C_{90}20W10F150	二		3~5	0.44	37	55	0.80	0.20	94	2 410	—	10.9	16.5	27.5	1.87	2.76
	4H3		灰浆		—	0.44	—	50	0.80	—	492	1 620	5.0					

表 3-87　变态混凝土抗压强度及劈拉强度试验结果(五)

编号 变态	编号 碾压/灰浆	混凝土设计要求	级配	材料组合	VC值(s)	水胶比	砂率(%)	粉煤灰(%)	减水剂(%)	引气剂(%)	用水量(kg/m³)	设计密度(kg/m³)	灰浆掺加比例(%)	抗压强度(MPa) 7 d	抗压强度(MPa) 28 d	抗压强度(MPa) 90 d	劈拉强度(MPa) 28 d	劈拉强度(MPa) 90 d
4B15	4N0	大坝中部	三	祥云中热水泥	3~5	0.48	34	60	0.80	0.18	80	2 440	—	9.7	16.5	27.9	1.87	2.65
	4N1	及颈部 RⅡ	灰浆		3~5	0.50	34	58	0.80	0.18	80	2 440	—	8.6	15.0	24.2	1.65	2.51
	4H1	C_{90}20W6F50	三	曲靖Ⅱ级	—	0.48	—	55	0.80	—	517	1 603	5.0	—	—	—	—	—
4B25	4N2	大坝上部 RⅢ	灰浆	粉煤灰	3~5	0.53	35	60	0.80	0.18	80	2 440	—	8.3	14.1	20.4	1.59	2.44
	4H2	C_{90}15W6F50	二		—	0.53	—	55	0.80	—	540	1 567	5.0					
4B35	4N3	上游面变态	灰浆	SBTJM-Ⅱ	3~5	0.44	37	55	0.80	0.20	94	2 410	—	12.2	18.9	29.0	2.10	3.21
	4H3	混凝土 CbⅡ C_{90}20W10F150		减水剂	—	0.44	—	50	0.80	—	492	1 620	5.0					

表 3-88　变态混凝土抗压强度及劈拉强度试验结果(六)

编号 变态	编号 碾压/灰浆	混凝土设计要求	级配	材料组合	VC值(s)	水胶比	砂率(%)	粉煤灰(%)	减水剂(%)	引气剂(%)	用水量(kg/m³)	设计密度(kg/m³)	灰浆掺加比例(%)	抗压强度(MPa) 7 d	抗压强度(MPa) 28 d	抗压强度(MPa) 90 d	劈拉强度(MPa) 28 d	劈拉强度(MPa) 90 d
4B16	4N0	大坝中部	三	红塔中热水泥	3~5	0.48	34	60	0.80	0.18	80	2 440	—	9.0	15.6	25.4	1.78	2.54
	4N1	及颈部 RⅡ			3~5	0.50	34	58	0.80	0.18	80	2 440	—	8.1	14.8	21.9	1.71	2.47
	4H1	C_{90}20W6F50	灰浆	曲靖Ⅱ级	—	0.48	—	55	0.80	—	517	1 603	5.0	—	—	—	—	—
4B26	4N2	大坝上部 RⅢ	三	粉煤灰	3~5	0.53	35	60	0.80	0.18	80	2 440	—	7.9	13.0	19.1	1.57	2.15
	4H2	C_{90}15W6F50	灰浆		—	0.53	—	55	0.80	—	540	1 567	5.0					
4B36	4N3	上游面变态	二	SBTJM-Ⅱ	3~5	0.44	37	55	0.80	0.20	94	2 410	—	10.5	17.9	28.2	1.98	2.86
	4H3	混凝土 CbⅡ C_{90}20W10F150	灰浆	减水剂	—	0.44	—	50	0.80	—	492	1 620	5.0					

表 3-89　变态混凝土极限拉伸及弹性模量试验结果(一)

编号 变态	编号 碾压/灰浆	混凝土设计要求	级配	材料组合	VC值(s)	水胶比	砂率(%)	粉煤灰(%)	减水剂(%)	引气剂(%)	用水量(kg/m³)	设计密度(kg/m³)	灰浆比例(%)	轴拉强度(MPa) 28 d	轴拉强度(MPa) 90 d	极限拉伸值(×10⁻⁴) 28 d	极限拉伸值(×10⁻⁴) 90 d	轴压强度(MPa) 28 d	轴压强度(MPa) 90 d	弹性模量(GPa) 28 d	弹性模量(GPa) 90 d
4B11	4N0	大坝中部及颈部 R Ⅱ	三	祥云中热水泥	3~5	0.48	34	60	0.80	0.18	80	2 440	—	1.87	2.65	0.73	0.83	12.2	23.0	36.5	41.8
	4N1				3~5	0.50	34	58	0.80	0.18	80	2 440	—	1.83	—	0.69	—	11.5	—	34.7	—
	4H1	C_{90}20W6F50	灰浆	贵州黔桂Ⅱ级粉煤灰	—	0.48	—	55	0.80	—	517	1 603	5.0	—	—	—	—	—	—	—	—
4B21	4N2	大坝上部 R Ⅲ	三		3~5	0.53	35	60	0.80	0.18	80	2 440	—	1.71	2.35	0.65	0.74	9.6	17.4	27.8	32.6
	4H2	C_{90}15W6F50	灰浆		—	0.53	—	55	0.80	—	540	1 567	5.0								
4B31	4N3	上游面变态混凝土 Cb Ⅱ	二	SBTJM-Ⅱ减水剂	3~5	0.44	37	55	0.80	0.20	94	2 410	—	2.17	2.89	0.77	0.92	13.7	24.5	38.5	42.6
	4H3	C_{90}20W10F150	灰浆		—	0.44	—	50	0.80	—	492	1 620	5.0								

表 3-90　变态混凝土极限拉伸及弹性模量试验结果(二)

编号 变态	编号 碾压/灰浆	混凝土设计要求	级配	材料组合	VC值(s)	水胶比	砂率(%)	粉煤灰(%)	减水剂(%)	引气剂(%)	用水量(kg/m³)	设计密度(kg/m³)	灰浆比例(%)	轴拉强度(MPa) 28 d	轴拉强度(MPa) 90 d	极限拉伸值(×10⁻⁴) 28 d	极限拉伸值(×10⁻⁴) 90 d	轴压强度(MPa) 28 d	轴压强度(MPa) 90 d	弹性模量(GPa) 28 d	弹性模量(GPa) 90 d
4B12	4N0	大坝中部及颈部 R Ⅱ	三	祥云中热水泥	3~5	0.48	34	60	0.80	0.18	80	2 440	—	1.82	2.45	0.71	0.80	13.2	23.2	34.4	39.2
	4N1				3~5	0.50	34	58	0.80	0.18	80	2 440	—	1.70	—	0.65	—	12.5	—	32.8	—
	4H1	C_{90}20W6F50	灰浆		—	0.48	—	55	0.80	—	517	1 603	5.0	—	—	—	—	—	—	—	—
4B22	4N2	大坝上部 R Ⅲ	三	宣威Ⅱ级粉煤灰	3~5	0.53	35	60	0.80	0.18	80	2 440	—	1.62	2.25	0.64	0.73	10.2	16.0	32.0	37.0
	4H2	C_{90}15W6F50	灰浆		—	0.53	—	55	0.80	—	540	1 567	5.0								
4B32	4N3	上游面变态混凝土 Cb Ⅱ	二	SBTJM-Ⅱ减水剂	3~5	0.44	37	55	0.80	0.20	94	2 410	—	2.08	2.89	0.73	0.84	14.8	22.5	36.5	43.4
	4H3	C_{90}20W10F150	灰浆		—	0.44	—	50	0.80	—	492	1 620	5.0								

表 3-91　变态混凝土极限拉伸及弹性模量试验结果(三)

<table>
<tr><th colspan="2">编号(变态 | 碾压/灰浆)</th><th rowspan="2">混凝土设计要求</th><th rowspan="2">级配</th><th rowspan="2">材料组合</th><th rowspan="2">VC值(s)</th><th rowspan="2">水胶比</th><th rowspan="2">砂率(%)</th><th rowspan="2">粉煤灰(%)</th><th rowspan="2">减水剂(%)</th><th rowspan="2">引气剂(%)</th><th rowspan="2">用水量(kg/m³)</th><th rowspan="2">设计密度(kg/m³)</th><th rowspan="2">灰浆比例(%)</th><th colspan="2">轴拉强度(MPa)</th><th colspan="2">极限拉伸值(×10⁻⁴)</th><th colspan="2">轴压强度(MPa)</th><th colspan="2">弹性模量(GPa)</th></tr>
<tr><th>变态</th><th>碾压/灰浆</th><th>28 d</th><th>90 d</th><th>28 d</th><th>90 d</th><th>28 d</th><th>90 d</th><th>28 d</th><th>90 d</th></tr>
<tr><td rowspan="3">4B13</td><td>4N0</td><td>大坝中部</td><td rowspan="2">三</td><td rowspan="2">红塔中热水泥</td><td>3~5</td><td>0.48</td><td>34</td><td>60</td><td>0.80</td><td>0.18</td><td>80</td><td>2 440</td><td>—</td><td>2.00</td><td>2.67</td><td>0.69</td><td>0.81</td><td>13.0</td><td>22.6</td><td>33.5</td><td>38.7</td></tr>
<tr><td>4N1</td><td>及颈部 RⅡ</td><td>3~5</td><td>0.50</td><td>34</td><td>58</td><td>0.80</td><td>0.18</td><td>80</td><td>2 440</td><td>—</td><td>1.91</td><td>—</td><td>0.63</td><td>—</td><td>11.7</td><td>—</td><td>31.8</td><td>—</td></tr>
<tr><td>4H1</td><td>C_{90}20W6F50</td><td>灰浆</td><td rowspan="3">贵州黔桂Ⅱ级粉煤灰</td><td>—</td><td>0.48</td><td>—</td><td>55</td><td>0.80</td><td>—</td><td>517</td><td>1 603</td><td>5.0</td><td>—</td><td>—</td><td>—</td><td>—</td><td>—</td><td>—</td><td>—</td><td>—</td></tr>
<tr><td rowspan="2">4B23</td><td>4N2</td><td>大坝上部 RⅢ</td><td>三</td><td>3~5</td><td>0.53</td><td>35</td><td>60</td><td>0.80</td><td>0.18</td><td>80</td><td>2 440</td><td>—</td><td rowspan="2">1.75</td><td rowspan="2">2.41</td><td rowspan="2">0.61</td><td rowspan="2">0.72</td><td rowspan="2">10.2</td><td rowspan="2">17.7</td><td rowspan="2">30.2</td><td rowspan="2">36.3</td></tr>
<tr><td>4H2</td><td>C_{90}15W6F50</td><td>灰浆</td><td>—</td><td>0.53</td><td>—</td><td>55</td><td>0.80</td><td>—</td><td>540</td><td>1 567</td><td>5.0</td></tr>
<tr><td rowspan="2">4B33</td><td>4N3</td><td>上游面变态混凝土 CbⅡ</td><td>二</td><td rowspan="2">SBTJM-Ⅱ减水剂</td><td>3~5</td><td>0.44</td><td>37</td><td>55</td><td>0.80</td><td>0.20</td><td>94</td><td>2 410</td><td>—</td><td rowspan="2">2.16</td><td rowspan="2">2.80</td><td rowspan="2">0.74</td><td rowspan="2">0.85</td><td rowspan="2">15.2</td><td rowspan="2">24.6</td><td rowspan="2">35.2</td><td rowspan="2">42.2</td></tr>
<tr><td>4H3</td><td>C_{90}20W10F150</td><td>灰浆</td><td>—</td><td>0.44</td><td>—</td><td>50</td><td>0.80</td><td>—</td><td>492</td><td>1 620</td><td>5.0</td></tr>
</table>

表 3-92　变态混凝土极限拉伸及弹性模量试验结果(四)

<table>
<tr><th colspan="2">编号(变态 | 碾压/灰浆)</th><th rowspan="2">混凝土设计要求</th><th rowspan="2">级配</th><th rowspan="2">材料组合</th><th rowspan="2">VC值(s)</th><th rowspan="2">水胶比</th><th rowspan="2">砂率(%)</th><th rowspan="2">粉煤灰(%)</th><th rowspan="2">减水剂(%)</th><th rowspan="2">引气剂(%)</th><th rowspan="2">用水量(kg/m³)</th><th rowspan="2">设计密度(kg/m³)</th><th rowspan="2">灰浆比例(%)</th><th colspan="2">轴拉强度(MPa)</th><th colspan="2">极限拉伸值(×10⁻⁴)</th><th colspan="2">轴压强度(MPa)</th><th colspan="2">弹性模量(GPa)</th></tr>
<tr><th>变态</th><th>碾压/灰浆</th><th>28 d</th><th>90 d</th><th>28 d</th><th>90 d</th><th>28 d</th><th>90 d</th><th>28 d</th><th>90 d</th></tr>
<tr><td rowspan="3">4B14</td><td>4N0</td><td>大坝中部</td><td rowspan="2">三</td><td rowspan="2">红塔中热水泥</td><td>3~5</td><td>0.48</td><td>34</td><td>60</td><td>0.80</td><td>0.18</td><td>80</td><td>2 440</td><td>—</td><td>1.69</td><td>2.45</td><td>0.72</td><td>0.85</td><td>13.4</td><td>21.9</td><td>32.0</td><td>39.4</td></tr>
<tr><td>4N1</td><td>及颈部 RⅡ</td><td>3~5</td><td>0.50</td><td>34</td><td>58</td><td>0.80</td><td>0.18</td><td>80</td><td>2 440</td><td>—</td><td>1.60</td><td>—</td><td>0.68</td><td>—</td><td>12.0</td><td>—</td><td>30.8</td><td>—</td></tr>
<tr><td>4H1</td><td>C_{90}20W6F50</td><td>灰浆</td><td rowspan="3">宣威Ⅱ级粉煤灰</td><td>—</td><td>0.48</td><td>—</td><td>55</td><td>0.80</td><td>—</td><td>517</td><td>1 603</td><td>5.0</td><td>—</td><td>—</td><td>—</td><td>—</td><td>—</td><td>—</td><td>—</td><td>—</td></tr>
<tr><td rowspan="2">4B24</td><td>4N2</td><td>大坝上部 RⅢ</td><td>三</td><td>3~5</td><td>0.53</td><td>35</td><td>60</td><td>0.80</td><td>0.18</td><td>80</td><td>2 440</td><td>—</td><td rowspan="2">1.62</td><td rowspan="2">2.20</td><td rowspan="2">0.67</td><td rowspan="2">0.76</td><td rowspan="2">8.9</td><td rowspan="2">16.5</td><td rowspan="2">29.6</td><td rowspan="2">37.5</td></tr>
<tr><td>4H2</td><td>C_{90}15W6F50</td><td>灰浆</td><td>—</td><td>0.53</td><td>—</td><td>55</td><td>0.80</td><td>—</td><td>540</td><td>1 567</td><td>5.0</td></tr>
<tr><td rowspan="2">4B34</td><td>4N3</td><td>上游面变态混凝土 CbⅡ</td><td>二</td><td rowspan="2">SBTJM-Ⅱ减水剂</td><td>3~5</td><td>0.44</td><td>37</td><td>55</td><td>0.80</td><td>0.20</td><td>94</td><td>2 410</td><td>—</td><td rowspan="2">1.98</td><td rowspan="2">2.70</td><td rowspan="2">0.76</td><td rowspan="2">0.82</td><td rowspan="2">14.6</td><td rowspan="2">23.2</td><td rowspan="2">34.8</td><td rowspan="2">41.2</td></tr>
<tr><td>4H3</td><td>C_{90}20W10F150</td><td>灰浆</td><td>—</td><td>0.44</td><td>—</td><td>50</td><td>0.80</td><td>—</td><td>492</td><td>1 620</td><td>5.0</td></tr>
</table>

表 3-93　变态混凝土极限拉伸及弹性模量试验结果(五)

编号 变态	编号 碾压/灰浆	混凝土设计要求	级配	材料组合	VC值(s)	水胶比	砂率(%)	粉煤灰(%)	减水剂(%)	引气剂(%)	用水量(kg/m³)	设计密度(kg/m³)	灰浆比例(%)	轴拉强度(MPa)		极限拉伸值(×10⁻⁴)		轴压强度(MPa)		弹性模量(GPa)	
														28 d	90 d	28 d	90 d	28 d	90 d	28 d	90 d
4B15	4N0	大坝中部	三	祥云中热水泥	3～5	0.48	34	60	0.80	0.18	80	2 440	—	1.95	2.66	0.69	0.78	12.8	24.0	34.5	40.8
	4N1	及颈部 RⅡ	三		3～5	0.50	34	58	0.80	0.18	80	2 440	—	1.80	—	0.66	—	10.6	—	32.5	—
	4H1	C_{90}20W6F50	灰浆		—	0.48	—	55	0.80	—	517	1 603	5.0	—	—	—	—	—	—	—	—
4B25	4N2	大坝上部 RⅢ	三	曲靖Ⅱ级粉煤灰	3～5	0.53	35	60	0.80	0.18	80	2 440	—	1.71	2.45	0.64	0.75	9.5	17.0	32.6	39.6
	4H2	C_{90}15W6F50	灰浆		—	0.53	—	55	0.80	—	540	1 567	5.0								
4B35	4N3	上游面变态混凝土 CbⅡ	二	SBTJM-Ⅱ减水剂	3～5	0.44	37	55	0.80	0.20	94	2 410	—	2.21	2.89	0.75	0.92	15.5	25.3	36.8	43.6
	4H3	C_{90}20W10F150	灰浆		—	0.44	—	50	0.80	—	492	1 620	5.0								

表 3-94　变态混凝土极限拉伸及弹性模量试验结果(六)

编号 变态	编号 碾压/灰浆	混凝土设计要求	级配	材料组合	VC值(s)	水胶比	砂率(%)	粉煤灰(%)	减水剂(%)	引气剂(%)	用水量(kg/m³)	设计密度(kg/m³)	灰浆比例(%)	轴拉强度(MPa)		极限拉伸值(×10⁻⁴)		轴压强度(MPa)		弹性模量(GPa)	
														28 d	90 d	28 d	90 d	28 d	90 d	28 d	90 d
4B16	4N0	大坝中部	三	红塔中热水泥	3～5	0.48	34	60	0.80	0.18	80	2 440	—	1.84	2.70	0.69	0.84	13.0	21.5	33.6	40.7
	4N1	及颈部 RⅡ	三		3～5	0.50	34	58	0.80	0.18	80	2 440	—	1.71	—	0.68	—	11.3	—	32.8	—
	4H1	C_{90}20W6F50	灰浆		—	0.48	—	55	0.80	—	517	1 603	5.0	—	—	—	—	—	—	—	—
4B26	4N2	大坝上部 RⅢ	三	曲靖Ⅱ级粉煤灰	3～5	0.53	35	60	0.80	0.18	80	2 440	—	1.67	2.48	0.65	0.73	10.2	17.2	32.0	37.5
	4H2	C_{90}15W6F50	灰浆		—	0.53	—	55	0.80	—	540	1 567	5.0								
4B36	4N3	上游面变态混凝土 CbⅡ	二	SBTJM-Ⅱ减水剂	3～5	0.44	37	55	0.80	0.20	94	2 410	—	2.15	2.90	0.71	0.85	15.0	23.7	35.0	42.5
	4H3	C_{90}20W10F150	灰浆		—	0.44	—	50	0.80	—	492	1 620	5.0								

比,掺加 60%粉煤灰 90 d 试验结果:轴拉强度为 2.45~2.70 MPa,极限拉伸值为(0.78~0.85)×10^{-4},弹性模量为 38.7~41.8 GPa,极限拉伸值满足设计要求;0.50 的水胶比,掺加 58%粉煤灰 28 d 试验结果:轴拉强度为 1.60~1.91 MPa,极限拉伸值为(0.63~0.69)×10^{-4},弹性模量为 30.8~34.7 GPa,由于其 90 d 龄期个别强度不满足配制强度要求,鉴于此,后续极限拉伸、弹性模量等试验未开展。

2)大坝上部 C_{90}15W6F50 三级配变态混凝土,设计保证率为 80%,0.53 的水胶比,掺加 60%粉煤灰 90 d 试验结果:轴拉强度为 2.20~2.48 MPa,极限拉伸值为(0.72~0.76)×10^{-4},弹性模量为 32.6~39.6 GPa,极限拉伸值满足设计要求。

3)大坝上游面防渗 C_{90}20W10F150 二级配变态混凝土,设计保证率为 80%,0.44 的水胶比,掺加 55%粉煤灰 90 d 试验结果:轴拉强度为 2.70~2.90 MPa,极限拉伸值为(0.82~0.92)×10^{-4},弹性模量为 41.6~43.6 GPa,极限拉伸值满足设计要求。

(4)混凝土抗冻性能试验。

提高混凝土的抗冻性能最有效的途径是掺入引气剂,在混凝土中引入不连通的微小气泡,改善混凝土的孔隙结构。混凝土的抗冻性能除与含气量及气孔结构有关外,还与水泥品种、混凝土强度等级、水胶比、粉煤灰掺量及混凝土龄期等因素有关,碾压混凝土抗冻性能评定标准:以抗冻试件相对动弹模量下降至初始值的 60%,或质量损失率超过 5%时认为混凝土试件已被冻坏。

由于原材料组合种类较多,二次优化配合比抗冻性能试验选取有代表性的试件进行了抗冻试验,选取的原则是:最大水胶比和最大粉煤灰掺量原则。当最大水胶比、最大粉煤灰掺量的混凝土抗冻性能满足设计要求,则可以断定小水胶比、低粉煤灰掺量的混凝土抗冻性能必然满足要求,通过试验看出:

1)C_{90}15W6F50(三)变态混凝土,经过 50 次的冻融循环,质量损失率均小于 5%,相对动弹模量均大于 60%,满足设计要求。

2)C_{90}20W6F50(三)变态混凝土,经过 50 次的冻融循环,质量损失率均小于 5%,相对动弹模量均大于 60%,满足设计要求。

3)C_{90}20W10F150(二)变态混凝土,经过 150 次的冻融循环,质量损失率均小于 5%,相对动弹模量均大于 60%,满足设计要求。

具体试验结果见表 3-95~表 3-100。

(5)混凝土抗渗性能试验。

混凝土的抗渗性能主要取决于水胶比的大小和密实性。抗渗试验根据规程规定,采用逐级加压法进行,试件为尺寸 175 mm ×185 mm ×150 mm 的截头圆锥体。抗渗性的评定指标为:每组 6 个试件经逐级加压至抗渗等级对应水压提高 0.1 MPa 时,其中至少 4 个试件仍未出现渗水,则表明该混凝土达到了设计抗渗等级的要求。与抗冻试验一样,由于原材料组合种类较多,二次优化配合比抗渗试验选取有代表性的试件进行了试验。选取的原则是:最大水胶比和最大粉煤灰掺量原则。当最大水胶比、最大粉煤灰掺量的混凝土抗渗性能满足设计要求,则可以断定小水胶比、低粉煤灰掺量的混凝土抗渗性能必然满足要求。变态混凝土抗渗性能试验结果见表 3-101~表 3-106。从各种原材料组合条件下各配合比抗渗性试验结果可以看出,各配合比混凝土的抗渗性能均达到设计提出的相应的抗渗等级,满足设计要求。

表 3-95　变态混凝土抗冻性能试验结果(一)

编号(变态)	编号(碾压/灰浆)	混凝土设计要求	级配	材料组合	VC值(s)	水胶比	砂率(%)	粉煤灰(%)	减水剂(%)	引气剂(%)	用水量(kg/m³)	设计密度(kg/m³)	灰浆比例(%)	质量损失率(%)			相对动弹性模量(%)		
														50 次	100 次	150 次	50 次	100 次	150 次
4B11	4N0	大坝中部及颈部 R Ⅱ C_{90}20W6F50	三	祥云中热水泥 贵州黔桂Ⅱ级粉煤灰 SBTJM-Ⅱ减水剂	3~5	0.48	34	60	0.80	0.18	80	2 440	—	1.37	—	—	89	—	—
	4N1				3~5	0.50	34	58	0.80	0.18	80	2 440	—	—	—	—	—	—	—
	4H1		灰浆		—	0.48	—	55	0.80	—	517	1 603	5.0	—	—	—	—	—	—
4B21	4N2	大坝上部 R Ⅲ C_{90}15W6F50	三		3~5	0.53	35	60	0.80	0.18	80	2 440	—	1.85	—	—	85	—	—
	4H2		灰浆		—	0.53	—	55	0.80	—	540	1 567	5.0						
4B31	4N3	上游面变态混凝土 Cb Ⅱ C_{90}20W10F150	二		3~5	0.44	37	55	0.80	0.20	94	2 410	—	0.23	0.65	1.45	96	90	87
	4H3		灰浆		—	0.44	—	50	0.80	—	492	1 620	5.0						

表 3-96　变态混凝土抗冻性能试验结果(二)

编号(变态)	编号(碾压/灰浆)	混凝土设计要求	级配	材料组合	VC值(s)	水胶比	砂率(%)	粉煤灰(%)	减水剂(%)	引气剂(%)	用水量(kg/m³)	设计密度(kg/m³)	灰浆比例(%)	质量损失率(%)			相对动弹性模量(%)		
														50 次	100 次	150 次	50 次	100 次	150 次
4B12	4N0	大坝中部及颈部 R Ⅱ C_{90}20W6F50	三	祥云中热水泥 宣威Ⅱ级粉煤灰 SBTJM-Ⅱ减水剂	3~5	0.48	34	60	0.80	0.18	80	2 440	—	—	—	—	—	—	—
	4N1				3~5	0.50	34	58	0.80	0.18	80	2 440	—	—	—	—	—	—	—
	4H1		灰浆		—	0.48	—	55	0.80	—	517	1 603	5.0	—	—	—	—	—	—
4B22	4N2	大坝上部 R Ⅲ C_{90}15W6F50	三		3~5	0.53	35	60	0.80	0.18	80	2 440	—	1.10	—	—	91	—	—
	4H2		灰浆		—	0.53	—	55	0.80	—	540	1 567	5.0						
4B32	4N3	上游面变态混凝土 Cb Ⅱ C_{90}20W10F150	二		3~5	0.44	37	55	0.80	0.20	94	2 410	—	0.45	0.87	1.24	96	92	85
	4H3		灰浆		—	0.44	—	50	0.80	—	492	1 620	5.0						

表 3-97　变态混凝土抗冻性能试验结果(三)

编号(变态)	编号(碾压/灰浆)	混凝土设计要求	级配	材料组合	VC值(s)	水胶比	砂率(%)	粉煤灰(%)	减水剂(%)	引气剂(%)	用水量(kg/m³)	设计密度(kg/m³)	灰浆比例(%)	质量损失率(%)			相对动弹性模量(%)		
														50 次	100 次	150 次	50 次	100 次	150 次
4B13	4N0	大坝中部及颈部 R Ⅱ C_{90}20W6F50	三	红塔中热水泥	3~5	0.48	34	60	0.80	0.18	80	2 440	—	—	—	—	—	—	—
	4N1		三		3~5	0.50	34	58	0.80	0.18	80	2 440	—	—	—	—	—	—	—
	4H1		灰浆		—	0.48	—	55	0.80	—	517	1 603	5.0	—	—	—	—	—	—
4B23	4N2	大坝上部 R Ⅲ C_{90}15W6F50	三	贵州黔桂Ⅱ级粉煤灰	3~5	0.53	35	60	0.80	0.18	80	2 440	—	1.90	—	—	82	—	—
	4H2		灰浆		—	0.53	—	55	0.80	—	540	1 567	5.0						
4B33	4N3	上游面变态混凝土 Cb Ⅱ C_{90}20W10F150	二	SBTJM-Ⅱ减水剂	3~5	0.44	37	55	0.80	0.20	94	2 410	—	—	—	—	—	—	—
	4H3		灰浆		—	0.44	—	50	0.80	—	492	1 620	5.0						

表 3-98　变态混凝土抗冻性能试验结果(四)

编号(变态)	编号(碾压/灰浆)	混凝土设计要求	级配	材料组合	VC值(s)	水胶比	砂率(%)	粉煤灰(%)	减水剂(%)	引气剂(%)	用水量(kg/m³)	设计密度(kg/m³)	灰浆比例(%)	质量损失率(%)			相对动弹性模量(%)		
														50 次	100 次	150 次	50 次	100 次	150 次
4B14	4N0	大坝中部及颈部 R Ⅱ C_{90}20W6F50	三	红塔中热水泥	3~5	0.48	34	60	0.80	0.18	80	2 440	—	—	—	—	—	—	—
	4N1		三		3~5	0.50	34	58	0.80	0.18	80	2 440	—	—	—	—	—	—	—
	4H1		灰浆		—	0.48	—	55	0.80	—	517	1 603	5.0	—	—	—	—	—	—
4B24	4N2	大坝上部 R Ⅲ C_{90}15W6F50	三	宣威Ⅱ级粉煤灰	3~5	0.53	35	60	0.80	0.18	80	2 440	—	1.34	—	—	90	—	—
	4H2		灰浆		—	0.53	—	55	0.80	—	540	1 567	5.0						
4B34	4N3	上游面变态混凝土 Cb Ⅱ C_{90}20W10F150	二	SBTJM-Ⅱ减水剂	3~5	0.44	37	55	0.80	0.20	94	2 410	—	0.12	0.45	0.84	97	95	90
	4H3		灰浆		—	0.44	—	50	0.80	—	492	1 620	5.0						

表 3-99　变态混凝土抗冻性能试验结果(五)

编号 变态	编号 碾压/灰浆	混凝土设计要求	级配	材料组合	VC值(s)	水胶比	砂率(%)	粉煤灰(%)	减水剂(%)	引气剂(%)	用水量(kg/m^3)	设计密度(kg/m^3)	灰浆比例(%)	质量损失率(%) 50次	质量损失率(%) 100次	质量损失率(%) 150次	相对动弹性模量(%) 50次	相对动弹性模量(%) 100次	相对动弹性模量(%) 150次
4B15	4N0	大坝中部及颈部 R Ⅱ C_{90}20W6F50	三	祥云中热水泥	3~5	0.48	34	60	0.80	0.18	80	2 440	—	1.50	—	—	86	—	—
	4N1		三		3~5	0.50	34	58	0.80	0.18	80	2 440	—	—	—	—	—	—	—
	4H1		灰浆		—	0.48	—	55	0.80	—	517	1 603	5.0	—	—	—	—	—	—
4B25	4N2	大坝上部 R Ⅲ C_{90}15W6F50	三	曲靖Ⅱ级粉煤灰	3~5	0.53	35	60	0.80	0.18	80	2 440	—	2.09	—	—	82	—	—
	4H2		灰浆		—	0.53	—	55	0.80	—	540	1 567	5.0						
4B35	4N3	上游面变态混凝土 Cb Ⅱ C_{90}20W10F150	二	SBTJM-Ⅱ减水剂	3~5	0.44	37	55	0.80	0.20	94	2 410	—	—	—	—	—	—	—
	4H3		灰浆		—	0.44	—	50	0.80	—	492	1 620	5.0						

表 3-100　变态混凝土抗冻性能试验结果(六)

编号 变态	编号 碾压/灰浆	混凝土设计要求	级配	材料组合	VC值(s)	水胶比	砂率(%)	粉煤灰(%)	减水剂(%)	引气剂(%)	用水量(kg/m^3)	设计密度(kg/m^3)	灰浆比例(%)	质量损失率(%) 50次	质量损失率(%) 100次	质量损失率(%) 150次	相对动弹性模量(%) 50次	相对动弹性模量(%) 100次	相对动弹性模量(%) 150次
4B16	4N0	大坝中部及颈部 R Ⅱ C_{90}20W6F50	三	红塔中热水泥	3~5	0.48	34	60	0.80	0.18	80	2 440	—	—	—	—	—	—	—
	4N1		三		3~5	0.50	34	58	0.80	0.18	80	2 440	—	—	—	—	—	—	—
	4H1		灰浆		—	0.48	—	55	0.80	—	517	1 603	5.0	—	—	—	—	—	—
4B26	4N2	大坝上部 R Ⅲ C_{90}15W6F50	三	曲靖Ⅱ级粉煤灰	3~5	0.53	35	60	0.80	0.18	80	2 440	—	1.36	—	—	89	—	—
	4H2		灰浆		—	0.53	—	55	0.80	—	540	1 567	5.0						
4B36	4N3	上游面变态混凝土 Cb Ⅱ C_{90}20W10F150	二	SBTJM-Ⅱ减水剂	3~5	0.44	37	55	0.80	0.20	94	2 410	—	0.24	0.78	1.54	95	90	87
	4H3		灰浆		—	0.44	—	50	0.80	—	492	1 620	5.0						

表 3-101　变态混凝土抗渗性能试验结果(一)

编号(变态)	编号(碾压/灰浆)	混凝土设计要求	级配	材料组合	VC值(s)	水胶比	砂率(%)	粉煤灰(%)	减水剂(%)	引气剂(%)	用水量(kg/m³)	设计密度(kg/m³)	灰浆比例(%)	最大加水压力(MPa)	外观描述	抗渗等级
4B11	4N0	大坝中部及颈部 R Ⅱ C_{90}20W6F50	三	祥云中热水泥	3~5	0.48	34	60	0.80	0.18	80	2 440	—	0.7	所有试件表面均无渗水	≥W6
	4N1		三	贵州黔桂Ⅱ级粉煤灰	3~5	0.50	34	58	0.80	0.18	80	2 440	—	—	—	—
	4H1		灰浆	SBTJM-Ⅱ减水剂	—	0.48	—	55	0.80	—	517	1 603	5.0	—	—	—
4B21	4N2	大坝上部 R Ⅲ C_{90}15W6F50	三		3~5	0.53	35	60	0.80	0.18	80	2 440	—	0.7	所有试件表面均无渗水	≥W6
	4H2		灰浆		—	0.53	—	55	0.80	—	540	1 567	5.0			
4B31	4N3	上游面变态混凝土 Cb Ⅱ C_{90}20W10F150	二		3~5	0.44	37	55	0.80	0.20	94	2 410	—	1.1	所有试件表面均无渗水	≥W10
	4H3		灰浆		—	0.44	—	50	0.80	—	492	1 620	5.0			

表 3-102　变态混凝土抗渗性能试验结果(二)

编号(变态)	编号(碾压/灰浆)	混凝土设计要求	级配	材料组合	VC值(s)	水胶比	砂率(%)	粉煤灰(%)	减水剂(%)	引气剂(%)	用水量(kg/m³)	设计密度(kg/m³)	灰浆比例(%)	最大加水压力(MPa)	外观描述	抗渗等级
4B12	4N0	大坝中部及颈部 R Ⅱ C_{90}20W6F50	三	祥云中热水泥	3~5	0.48	34	60	0.80	0.18	80	2 440	—	—	—	—
	4N1		三	宣威Ⅱ级粉煤灰	3~5	0.50	34	58	0.80	0.18	80	2 440	—	—	—	—
	4H1		灰浆	SBTJM-Ⅱ减水剂	—	0.48	—	55	0.80	—	517	1 603	5.0	—	—	—
4B22	4N2	大坝上部 R Ⅲ C_{90}15W6F50	三		3~5	0.53	35	60	0.80	0.18	80	2 440	—	0.7	所有试件表面均无渗水	≥W6
	4H2		灰浆		—	0.53	—	55	0.80	—	540	1 567	5.0			
4B32	4N3	上游面变态混凝土 Cb Ⅱ C_{90}20W10F150	二		3~5	0.44	37	55	0.80	0.20	94	2 410	—	1.1	所有试件表面均无渗水	≥W10
	4H3		灰浆		—	0.44	—	50	0.80	—	492	1 620	5.0			

表 3-103　变态混凝土抗渗性能试验结果(三)

编号(变态)	编号(碾压/灰浆)	混凝土设计要求	级配	材料组合	VC值(s)	水胶比	砂率(%)	粉煤灰(%)	减水剂(%)	引气剂(%)	用水量(kg/m³)	设计密度(kg/m³)	灰浆比例(%)	最大加水压力(MPa)	外观描述	抗渗等级
4B13	4N0	大坝中部及颈部 R Ⅱ C_{90}20W6F50	三	红塔中热水泥 贵州黔桂Ⅱ级粉煤灰 SBTJM-Ⅱ减水剂	3~5	0.48	34	60	0.80	0.18	80	2 440	—	0.7	所有试件表面均无渗水	≥W6
	4N1				3~5	0.50	34	58	0.80	0.18	80	2 440	—	—	—	—
	4H1		灰浆		—	0.48	—	55	0.80	—	517	1 603	5.0	—	—	—
4B23	4N2	大坝上部 R Ⅲ C_{90}15W6F50	三		3~5	0.53	35	60	0.80	0.18	80	2 440	—	0.7	所有试件表面均无渗水	≥W6
	4H2		灰浆		—	0.53	—	55	0.80	—	540	1 567	5.0			
4B33	4N3	上游面变态混凝土 Cb Ⅱ C_{90}20W10F150	二		3~5	0.44	37	55	0.80	0.20	94	2 410	—	—	—	—
	4H3		灰浆		—	0.44	—	50	0.80	—	492	1 620	5.0			

表 3-104　变态混凝土抗渗性能试验结果(四)

编号(变态)	编号(碾压/灰浆)	混凝土设计要求	级配	材料组合	VC值(s)	水胶比	砂率(%)	粉煤灰(%)	减水剂(%)	引气剂(%)	用水量(kg/m³)	设计密度(kg/m³)	灰浆比例(%)	最大加水压力(MPa)	外观描述	抗渗等级
4B14	4N0	大坝中部及颈部 R Ⅱ C_{90}20W6F50	三	红塔中热水泥 宣威Ⅱ级粉煤灰 SBTJM-Ⅱ减水剂	3~5	0.48	34	60	0.80	0.18	80	2 440	—	0.7	所有试件表面均无渗水	≥W6
	4N1				3~5	0.50	34	58	0.80	0.18	80	2 440	—	—	—	—
	4H1		灰浆		—	0.48	—	55	0.80	—	517	1 603	5.0	—	—	—
4B24	4N2	大坝上部 R Ⅲ C_{90}15W6F50	三		3~5	0.53	35	60	0.80	0.18	80	2 440	—	0.7	所有试件表面均无渗水	≥W6
	4H2		灰浆		—	0.53	—	55	0.80	—	540	1 567	5.0			
4B34	4N3	上游面变态混凝土 Cb Ⅱ C_{90}20W10F150	二		3~5	0.44	37	55	0.80	0.20	94	2 410	—	1.1	所有试件表面均无渗水	≥W10
	4H3		灰浆		—	0.44	—	50	0.80	—	492	1 620	5.0			

表 3-105　变态混凝土抗渗性能试验结果(五)

编号 变态	编号 碾压/灰浆	混凝土设计要求	级配	材料组合	VC值(s)	水胶比	砂率(%)	粉煤灰(%)	减水剂(%)	引气剂(%)	用水量(kg/m³)	设计密度(kg/m³)	灰浆比例(%)	最大加水压力(MPa)	外观描述	抗渗等级
4B15	4N0	大坝中部及颈部 R Ⅱ C_{90}20W6F50	三	祥云中热水泥	3~5	0.48	34	60	0.80	0.18	80	2 440	—	—	—	—
	4N1		三		3~5	0.50	34	58	0.80	0.18	80	2 440	—	—	—	—
	4H1		灰浆	曲靖Ⅱ级粉煤灰	—	0.48	—	55	0.80	—	517	1 603	5.0	—	—	—
4B25	4N2	大坝上部 R Ⅲ C_{90}15W6F50	三		3~5	0.53	35	60	0.80	0.18	80	2 440	—	0.7	所有试件表面均无渗水	≥W6
	4H2		灰浆		—	0.53	—	55	0.80	—	540	1 567	5.0			
4B35	4N3	上游面变态混凝土 Cb Ⅱ C_{90}20W10F150	二	SBTJM-Ⅱ减水剂	3~5	0.44	37	55	0.80	0.20	94	2 410	—	1.1	所有试件表面均无渗水	≥W10
	4H3		灰浆		—	0.44	—	50	0.80	—	492	1 620	5.0			

表 3-106　变态混凝土抗渗性能试验结果(六)

编号 变态	编号 碾压/灰浆	混凝土设计要求	级配	材料组合	VC值(s)	水胶比	砂率(%)	粉煤灰(%)	减水剂(%)	引气剂(%)	用水量(kg/m³)	设计密度(kg/m³)	灰浆比例(%)	最大加水压力(MPa)	外观描述	抗渗等级
4B16	4N0	大坝中部及颈部 R Ⅱ C_{90}20W6F50	三	红塔中热水泥	3~5	0.48	34	60	0.80	0.18	80	2 440	—	—	—	—
	4N1		三		3~5	0.50	34	58	0.80	0.18	80	2 440	—	—	—	—
	4H1		灰浆	曲靖Ⅱ级粉煤灰	—	0.48	—	55	0.80	—	517	1 603	5.0	—	—	—
4B26	4N2	大坝上部 R Ⅲ C_{90}15W6F50	三		3~5	0.53	35	60	0.80	0.18	80	2 440	—	0.7	所有试件表面均无渗水	≥W6
	4H2		灰浆		—	0.53	—	55	0.80	—	540	1 567	5.0			
4B36	4N3	上游面变态混凝土 Cb Ⅱ C_{90}20W10F150	二	SBTJM-Ⅱ减水剂	3~5	0.44	37	55	0.80	0.20	94	2 410	—	1.1	所有试件表面均无渗水	≥W10
	4H3		灰浆		—	0.44	—	50	0.80	—	492	1 620	5.0			

3.3.1.6 缝面、层间铺筑砂浆试验

根据《水工碾压混凝土施工规范》(DL/T 5112—2009)关于层、缝面的处理要求,在缝面处理完成并清洗干净,经验收合格后方可进行浇筑,浇筑时先铺筑垫层拌合物,然后铺筑上一层混凝土。垫层拌合物可使用与碾压混凝土相适应的灰浆、砂浆或小骨料混凝土,灰浆水胶比应与碾压混凝土相同,砂浆或小骨料混凝土的强度等级应提高一级,垫层拌合物应与碾压混凝土一样逐条带摊铺,其中砂浆的铺筑厚度为10~15 mm ,根据以上原则,第三阶段二次优化铺筑砂浆配合比参数见表3-107。

表3-107　铺筑砂浆配合比参数

序号	混凝土 设计要求	级配	砂浆强度等级	稠度 (cm)	水胶比	粉煤灰 (%)	减水剂 (%)	引气剂 (%)	用水量 (kg/m^3)	设计密度 (kg/m^3)
4SN1	大坝中部及颈部 RⅡ C_{90}20W6F50	三	M_{90}25	9~11	0.46	60	0.70	0.035	270	2 100
4SN2	大坝上部 RⅢ C_{90}15W6F50	三	M_{90}20	9~11	0.50	60	0.70	0.035	270	2 100
4SN3	上游面防渗 RⅤ C_{90}20W10F150	二	M_{90}25	9~11	0.41	55	0.70	0.040	270	2 100

由于铺筑砂浆的各项技术指标要与其接触的混凝土设计指标相适应,铺筑砂浆配合比参数是根据相接触的混凝土配合比参数来确定的,在砂浆强度提高一个等级条件下,其各项性能指标均可达到或高于混凝土设计指标,在此前提下,铺筑砂浆性能试验主要进行拌合物性能和抗压强度等试验,以确保铺筑砂浆的施工性能及其他各项性能指标满足设计要求。一般铺筑砂浆拌合物性能试验主要进行稠度、含气量、容重等试验。力学性能试验主要进行立方体抗压强度试验。

砂浆配合比性能试验按照表3-107配合比参数分别对各种种原材料组合进行试验。试验条件如下:

水泥:采用祥云P·MH42.5水泥或红塔P·MH42.5水泥;

粉煤灰:贵州黔桂Ⅱ级粉煤灰、宣威Ⅱ级粉煤灰和曲靖Ⅱ级粉煤灰;

骨料:大格拉料场生产的人工砂;

减水剂:SBTJM-Ⅱ缓凝高效减水剂掺量按表3-107;

引气剂:江苏苏博特GYQ型引气剂,掺量按表3-107,可调整,其掺量以砂浆含气量在7%~9%范围来控制;

水胶比:按表3-107;

用水量:按表3-107,按砂浆稠度在9~11 cm范围来控制。

由于缝面、层间铺筑砂浆各项性能指标主要取决于对应的混凝土性能,试验按照《水工混凝土试验规程》(DL/T 5150—2001)的要求进行砂浆拌制和强度试验,强度试件成型以70.7 mm×70.7 mm×70.7 mm立方体试件为准,设计龄期为90 d的混凝土铺筑砂浆成型龄期为7 d、28 d和90 d。拌合物性能和抗压强度试验结果见表3-108~表3-113。

表 3-108 铺筑砂浆拌合物性能及抗压强度试验结果(一)

序号	混凝土设计要求	级配	砂浆强度等级	原材料组合	稠度(cm)	水胶比	粉煤灰(%)	减水剂(%)	引气剂(%)	用水量(kg/m^3)	设计密度(kg/m^3)	实测稠度(cm)	含气量(%)	实测密度(kg/m^3)	抗压强度(MPa)			
															3 d	7 d	28 d	90 d
4SN11	C_{90}20W6F50 大坝中部及颈部 RⅡ	三	M_{90}25	祥云中热水泥 贵州黔桂Ⅱ级粉煤灰 SBTJM-Ⅱ减水剂	9~11	0.46	60	0.70	0.035	270	2 100	10.1	8.2	2 100	—	15.8	23.0	31.6
4SN21	C_{90}15W6F50 大坝上部 RⅢ	三	M_{90}20		9~11	0.50	60	0.70	0.035	270	2 100	9.7	7.7	2 090	—	9.8	17.2	26.4
4SN31	C_{90}20W10F150 上游面防渗 RⅤ	二	M_{90}25		9~11	0.41	55	0.70	0.04	270	2 100	10.9	8.8	2 100	—	18.6	26.4	36.0

表 3-109 铺筑砂浆拌合物性能及抗压强度试验结果(二)

序号	混凝土设计要求	级配	砂浆强度等级	原材料组合	稠度(cm)	水胶比	粉煤灰(%)	减水剂(%)	引气剂(%)	用水量(kg/m^3)	设计密度(kg/m^3)	实测稠度(cm)	含气量(%)	实测密度(kg/m^3)	抗压强度(MPa)			
															3 d	7 d	28 d	90 d
4SN12	C_{90}20W6F50 大坝中部及颈部 RⅡ	三	M_{90}25	祥云中热水泥 宣威Ⅱ级粉煤灰 SBTJM-Ⅱ减水剂	9~11	0.46	60	0.70	0.035	270	2 100	10.1	7.7	2 110	—	12.7	21.8	30.7
4SN22	C_{90}15W6F50 大坝上部 RⅢ	三	M_{90}20		9~11	0.50	60	0.70	0.035	270	2 100	10.8	7.8	2 100	—	10.1	16.4	25.6
4SN32	C_{90}20W10F150 上游面防渗 RⅤ	二	M_{90}25		9~11	0.41	55	0.70	0.04	270	2 100	10.7	8.5	2 100	—	15.2	25.8	35.1

表 3-110 铺筑砂浆拌合物性能及抗压强度试验结果(三)

序号	混凝土设计要求	级配	砂浆强度等级	原材料组合	稠度(cm)	水胶比	粉煤灰(%)	减水剂(%)	引气剂(%)	用水量(kg/m³)	设计密度(kg/m³)	实测稠度(cm)	含气量(%)	实测密度(kg/m³)	抗压强度(MPa)			
															3 d	7 d	28 d	90 d
4SN13	C_{90}20W6F50 大坝中部及颈部 RⅡ	三	M_{90}25	红塔中热水泥	9~11	0.46	60	0.70	0.035	270	2 100	10.0	7.8	2 100	—	14.0	22.5	33.6
4SN23	C_{90}15W6F50 大坝上部 RⅢ	三	M_{90}20	贵州黔桂Ⅱ级粉煤灰	9~11	0.50	60	0.70	0.035	270	2 100	10.5	7.9	2 110	—	10.8	18.3	27.5
4SN33	C_{90}20W10F150 上游面防渗 RⅤ	二	M_{90}25	SBTJM-Ⅱ减水剂	9~11	0.41	55	0.70	0.04	270	2 100	10.1	8.5	2 090	—	17.0	26.6	38.2

表 3-111 铺筑砂浆拌合物性能及抗压强度试验结果(四)

序号	混凝土设计要求	级配	砂浆强度等级	原材料组合	稠度(cm)	水胶比	粉煤灰(%)	减水剂(%)	引气剂(%)	用水量(kg/m³)	设计密度(kg/m³)	实测稠度(cm)	含气量(%)	实测密度(kg/m³)	抗压强度(MPa)			
															3 d	7 d	28 d	90 d
4SN14	C_{90}20W6F50 大坝中部及颈部 RⅡ	三	M_{90}25	红塔中热水泥	9~11	0.46	60	0.70	0.035	270	2 100	10.9	7.3	2 100	—	12.7	21.6	31.8
4SN24	C_{90}15W6F50 大坝上部 RⅢ	三	M_{90}20	宣威Ⅱ级粉煤灰	9~11	0.50	60	0.70	0.035	270	2 100	10.9	8.4	2 100	—	8.9	17.3	26.0
4SN34	C_{90}20W10F150 上游面防渗 RⅤ	二	M_{90}25	SBTJM-Ⅱ减水剂	9~11	0.41	55	0.70	0.04	270	2 100	10.1	8.6	2 100	—	15.6	25.1	36.8

表 3-112　铺筑砂浆拌合物性能及抗压强度试验结果(五)

序号	混凝土设计要求	级配	砂浆强度等级	原材料组合	稠度(cm)	水胶比	粉煤灰(%)	减水剂(%)	引气剂(%)	用水量(kg/m³)	设计密度(kg/m³)	实测稠度(cm)	含气量(%)	实测密度(kg/m³)	抗压强度(MPa)			
															3 d	7 d	28 d	90 d
4SN15	C_{90}20W6F50 大坝中部及颈部 RⅡ	三	M_{90}25	祥云中热水泥 曲靖Ⅱ级粉煤灰 SBTJM-Ⅱ减水剂	9~11	0.46	60	0.70	0.035	270	2 100	10.0	7.8	2 100	—	14.8	23.1	34.6
4SN25	C_{90}15W6F50 大坝上部 RⅢ	三	M_{90}20		9~11	0.50	60	0.70	0.035	270	2 100	10.5	7.9	2 110	—	12.1	19.0	27.5
4SN35	C_{90}20W10F150 上游面防渗 RⅤ	二	M_{90}25		9~11	0.41	55	0.70	0.04	270	2 100	10.1	8.5	2 100	—	17.4	26.9	36.0

表 3-113　铺筑砂浆拌合物性能及抗压强度试验结果(六)

序号	混凝土设计要求	级配	砂浆强度等级	原材料组合	稠度(cm)	水胶比	粉煤灰(%)	减水剂(%)	引气剂(%)	用水量(kg/m³)	设计密度(kg/m³)	实测稠度(cm)	含气量(%)	实测密度(kg/m³)	抗压强度(MPa)			
															3 d	7 d	28 d	90 d
4SN16	C_{90}20W6F50 大坝中部及颈部 RⅡ	三	M_{90}25	红塔中热水泥 曲靖Ⅱ级粉煤灰 SBTJM-Ⅱ减水剂	9~11	0.46	60	0.70	0.035	270	2 100	10.9	7.3	2 100	—	13.0	22.0	31.0
4SN26	C_{90}15W6F50 大坝上部 RⅢ	三	M_{90}20		9~11	0.50	60	0.70	0.035	270	2 100	10.9	8.4	2 110	—	9.8	18.3	27.5
4SN36	C_{90}20W10F150 上游面防渗 RⅤ	二	M_{90}25		9~11	0.41	55	0.70	0.04	270	2 100	10.1	8.6	2 100	—	17.8	27.0	34.7

从表 3-108～表 3-113 铺筑砂浆试验结果可以看出，按表 3-107 砂浆配合比参数拌制的砂浆，其拌合物稠度可以控制在 9～11 cm 范围内，砂浆含气量为 7%～9%，其中各部位配合比试验情况如下：

（1）大坝中部及颈部 C_{90}20W6F50 碾压混凝土铺垫砂浆拌合物容重为 2 100～2 110 kg/m^3，平均 2 100 kg/m^3；对应的砂浆 90 d 龄期抗压强度在 30.7～34.6 MPa。

（2）大坝上部 C_{90}15W6F50 碾压混凝土铺垫砂浆拌合物容重为 2 090～2 110 kg/m^3，平均 2 100 kg/m^3；对应的砂浆 90 d 龄期抗压强度为 25.6～27.5 MPa。

（3）上游面防渗 C_{90}20W10F150 碾压混凝土铺垫砂浆拌合物容重为 2 090～2 100 kg/m^3，平均 2 100 kg/m^3；对应的砂浆 90 d 龄期抗压强度为 34.7～38.2 MPa。

从强度试验结果可以看出，砂浆的抗压强度均比相对应的混凝土高一个强度等级，满足规范要求。

3.3.1.7　第三阶段配合比二次优化试验结果分析及汇总

第三阶段配合比二次优化试验结合工地现场原材料实际情况，进行了粗骨料级配、水胶比及各配合砂率选择试验，对试验选定的参数进行了各项试验，试验结果表明：C_{90}20W6F50（三）混凝土 0.48 的水胶比、60%粉煤灰掺量下，各项性能指标均满足设计要求，0.50 的水胶比、58%的粉煤灰掺量下，由于 90 d 龄期个别抗压强度不满足配制强度要求，故不推荐使用；C_{90}15W6F50（三）混凝土 0.53 的水胶比、60%粉煤灰掺量下，各项性能指标均满足设计要求；C_{90}20W10F150（二）混凝土 0.44 的水胶比、55%粉煤灰掺量下，各项性能指标均满足设计要求。

由于大格拉石料场灰岩骨料综合评定为具有潜在危害性碱-硅酸反应的活性骨料，为保证工程安全，应控制混凝土最大碱含量不超过 2.5 kg/m^3，碾压混凝土胶材用量较少，粉煤灰掺量又比较高，有效碱含量相对较低，一般不会超标。在本次配合比试验中，8 个组合中含碱量最大的原材料组合为红塔 P·MH42.5 水泥（含碱量 0.56%）、宣威Ⅱ级粉煤灰（含碱量 1.03%）、育才 GK-4A 缓凝高效减水剂（含碱量 6.32%）、GYQ 引气剂（含碱量 2.27%），按《水工混凝土施工规范》（DL/T 5144—2015）中含碱量的计算方法计算各配合比混凝土最大含碱量分别为：大坝中部及颈部 RCCC_{90}20W6F50（水胶比 0.48）混凝土最大含碱量为 0.67 kg/m^3，大坝上部 RCCC_{90}15W6F50 混凝土最大含碱量为 0.61 kg/m^3，上游面防渗区 RCCC_{90}20W10F150 混凝土最大含碱量为 0.90 kg/m^3。以上配合比均满足混凝土最高含碱量不超过 2.5 kg/m^3 的要求。

第三阶段配合比二次优化试验浆砂比计算时碾压石粉含量干筛按 12.2%，水洗石粉按 16.8%，各碾压混凝土配合比浆砂比计算结果如下：大坝中部及颈部 C_{90}20W6F50（水胶比 0.48）三级配碾压混凝土浆砂比：0.42（干筛）、0.45（水洗），大坝上部 C_{90}15W6F50 三级配碾压混凝土浆砂比：0.41（干筛）、0.44（水洗），上游面防渗 C_{90}20W10F150 二级配碾压混凝土浆砂比：0.45（干筛）、0.48（水洗）。

鉴于以上配合比试验情况，对碾压混凝土试验参数及单位材料用量进行汇总，具体配合比见表 3-114、表 3-115。

表 3-114 黄登水电站第三阶段二次优化施工推荐配合比(碾压)

编号	混凝土设计等级及工程部位	级配	VC值(s)/稠度(cm)	水胶比	砂率(%)	粉煤灰(%)	减水剂(%)	引气剂(%)	材料用量(kg/m³)									密度(kg/m³)	灰浆掺入比例(体积比)(%)
									用水量	水泥	粉煤灰	砂子	粗骨料 5~20 mm	粗骨料 20~40 mm	粗骨料 40~80 mm	减水剂	引气剂		
3N0	C_{90}20W6F50 大坝中部及颈部	三	3~5	0.48	34	60	0.80	0.18	80	67	100	745	434	579	434	1.33	0.300	2 440	—
3H1		灰浆	—	0.48	—	55	0.80	—	517	485	592	—	—	—	—	8.62	—	1 603	4~6
3SN1	M_{90}25	砂浆	9~11	0.46	100	60	0.70	0.035	270	235	352	1 239	—	—	—	4.11	0.205	2 100	—
3N2	C_{90}15W6F50 大坝上部	三	3~5	0.53	35	60	0.80	0.18	80	60	91	773	430	574	430	1.21	0.272	2 440	—
3H2		灰浆	—	0.53	—	55	0.80	—	540	458	560	—	—	—	—	8.15	—	1 567	4~6
3SN2	M_{90}20	砂浆	9~11	0.50	100	60	0.70	0.035	270	216	324	1 286	—	—	—	3.78	0.189	2 100	—
3N3	C_{90}20W10F150 上游面防渗混凝土	二	3~5	0.44	37	55	0.80	0.20	94	96	118	777	595	728	—	1.71	0.427	2 410	—
3H3		灰浆	—	0.44	—	50	0.80	—	492	559	559	—	—	—	—	8.95	—	1 620	4~6
3SN3	M_{90}25	砂浆	9~11	0.41	100	55	0.70	0.04	270	296	362	1 167	—	—	—	4.61	0.263	2 100	—

注:(1)采用祥云 P·MH42.5 或红塔 P·MH42.5 水泥、贵州黔桂Ⅱ级粉煤灰或宣威Ⅱ级粉煤灰或曲靖Ⅱ级粉煤灰、SBTJM-Ⅱ缓凝高效减水剂或 GK-4A 缓凝高效减水剂、GYQ 型或 HLAE 型引气剂;骨料为大格拉灰岩粗、细骨料,粗骨料级配:二级配,小石:中石=45:55,三级配,小石:中石:大石=30:40:30。

(2)VC 值每增减 1 s,用水量需相应减增 1.5~2.5 kg/m³;三级配混凝土含气量按 3%~4.5%控制,二级配混凝土含气量按 3.5%~5%控制,生产中引气剂实际掺量以混凝土含气量为准;砂细度模数每增减 0.2,砂率相应增减 1%。

(3)砂浆含气量按照 7%~9%控制。

表 3-115 黄登水电站第三阶段二次优化施工推荐配合比(机制变态)

编号	混凝土设计等级及工程部位	级配	VC 值(s)/坍落度(cm)	水胶比	砂率(%)	粉煤灰(%)	减水剂(%)	引气剂(%)	材料用量(kg/m^3)									密度(kg/m^3)	灰浆掺入比例(体积比)(%)
									用水量	水泥	粉煤灰	砂子	粗骨料 5~20 mm	粗骨料 20~40 mm	粗骨料 40~80 mm	减水剂	引气剂		
3N0	C_{90}20W6F50 大坝中部及颈部	三	3~5	0.48	34	60	0.80	0.18	80	67	100	745	434	579	434	1.33	0.300	2 440	—
3H1		灰浆	—	0.48	—	55	0.80	—	517	485	592	—	—	—	—	8.62	—	1 603	—
3B1		变态	1~2	—	—	—	—	—	101	87	124	712	415	554	415	1.68	0.287	2 410	5.0
3N2	C_{90}15W6F50 大坝上部	三	3~5	0.53	35	60	0.80	0.18	80	60	91	773	430	574	430	1.21	0.272	2 440	—
3H2		灰浆	—	0.53	—	55	0.80	—	540	458	560	—	—	—	—	8.15	—	1 567	—
3B2		变态	1~2	—	—	—	—	—	102	79	114	740	412	549	412	1.55	0.260	2 410	5.0
3N3	C_{90}20W10F150 上游面防渗	二	3~5	0.44	37	55	0.80	0.20	94	96	118	777	595	728	—	1.71	0.427	2 410	—
3H3		灰浆	—	0.44	—	50	0.80	—	492	559	559	—	—	—	—	8.95	—	1 620	—
3B3		变态	1~2	—	—	—	—	—	113	118	139	742	568	696	—	2.06	0.408	2 380	5.0

注:(1)采用祥云 P·MH42.5 或红塔 P·MH42.5 水泥、贵州黔桂Ⅱ级或宣威Ⅱ级粉煤灰或曲靖Ⅱ级粉煤灰、SBTJM-Ⅱ缓凝高效减水剂或 GK-4A 缓凝高效减水剂、GYQ 型或 HLAE 型引气剂;骨料为大格拉灰岩粗、细骨料,粗骨料级配:二级配,小石:中石=45:55,三级配,小石:中石:大石=30:40:30。

(2)碾压混凝土 VC 值每增减 1 s,用水量需相应减增 1.5~2.5 kg/m^3;三级配混凝土含气量按 3%~4.5%控制,二级配按 3.5%~5%控制,生产中引气剂实际掺量以混凝土含气量为准;砂细度模数每增减 0.2,砂率相应增减 1%。机制变态混凝土坍落度每增减 1 cm,用水量需相应增减 2.5~3 kg/m^3。

3.3.2 白鹤滩水电站工程

3.3.2.1 工程概况

白鹤滩水电站位于金沙江下游四川省宁南县和云南省巧家县境内,距巧家县城 45 km,上接乌东德梯级,下邻溪洛渡梯级,距离溪洛渡水电站 195 km,控制流域面积 43.03 万 km^2,占金沙江流域面积的 91.0%。坝址至昆明 260 km 左右,至重庆、成都、贵阳均在 400 km 左右。白鹤滩水电站是长江开发治理的控制性工程,工程以发电为主,兼顾防洪,并有拦沙、发展库区航运和改善下游通航条件等综合利用功能,是西电东送骨干电源点之一。

枢纽工程由拦河坝、泄洪消能建筑物和引水发电系统等组成。拦河坝为混凝土双曲拱坝,坝顶高程 834.0 m,最大坝高 289.0 m,坝下设水垫塘和二道坝。泄洪设施包括大坝的 6 个表孔、7 个深孔和左岸的 3 条泄洪隧洞。地下厂房系统采用首部开发方案,分别对称布置在左、右两岸,厂房内各安装 8 台水轮发电机组,电站装机容量约 16 000 MW。引水隧洞采用单机单管供水,尾水系统为 3 台机组和 2 台机组共用 1 条尾水隧洞的方式,左、右两岸各布置 3 条尾水隧洞,其中各岸有 2 条尾水隧洞与导流隧洞相结合。白鹤滩水电站水库总库容 191.45 亿 m^3,调节库容可达 100.32 亿 m^3,防洪库容 56.23 亿 m^3。

3.3.2.2 配合比复核试验情况简述

根据 2016 年 6 月 28 日《白鹤滩水电站大坝工程试验室建设与大坝混凝土配合比试验大纲预审专题会议纪要》和 2016 年 10 月 6 日二滩国际白鹤滩监理组织召开的《大坝混凝土配合比试验计划专题会》(编号:〔2016〕052)会议纪要要求,为加快混凝土配合比试验进度,缩短试验周期,会议最终确定白鹤滩水电站大坝混凝土施工配合比试验以《金沙江白鹤滩水电站大坝土建及金属结构安装工程》招标文件提供的大坝坝体混凝土参考配合比为基准,进行大坝混凝土配合比复核试验。

根据会议纪要内容和上报的混凝土配合比试验大纲,中国水电四局开展了大坝混凝土参考配合比的参数复核试验。依据试验计划,首先采用两种低热水泥分别配两种粉煤灰和两种外加剂进行平行试验,即嘉华水泥+曲靖煤灰+博特减水剂+龙游引气剂、华新水泥+盘南煤灰+龙游减水剂+博特引气剂,完成两套完整的大坝混凝土配合比复核试验。在此基础上,根据不同原材料的组合情况选择主要的混凝土配合比进行不同原材料的交叉组合试验。

在进行减水剂品质及适应性试验检测过程中发现:减水剂品质检测满足要求后,却不能满足三峡企业标准中有关外加剂适应性试验坍落度和含气量 1 h 经时变化量的要求。当适应性试验达标后,外加剂品质检测凝结时间偏长、泌水率偏大。通过厂家不断反复调整配方,满足了与嘉华水泥的品质检测和适应性要求,但无法同时满足与华新水泥的品质检测和适应性要求。为此根据《白鹤滩水电站大坝混凝土配合比复核试验工作促进专题会议纪要》(2016 年第 97 期)内容,要求外加剂厂家针对两种低热水泥不同成分,分别配制不同的外加剂配方,以满足混凝土配合比复核试验的要求。经过长时间的调整,使用华新低热水泥(批号:20160042)对两个厂家的减水剂进行检测,始终无法完全满足三峡企业标准要求。

针对华新低热水泥和减水剂存在的以上问题,通过向业主和监理汇报后,其明确表示大坝混凝土设计龄期较长为 180 d,时间紧迫,为保证 2017 年 3 月大坝混凝土的浇筑施工进度计划,在减水剂针对华新低热水泥调整满足适应性要求的基础上,试验室先进行混凝土配合比复核试验,外加剂厂家对品质检测的个别超标参数继续微调配方,以完全满足标准要求,两项工作同步进行。因砂石骨料等原材料提供较晚,中国水电四局于 2016 年 11 月 6 日完成了大坝混凝土配合比复核试验的全部成型工作。除强度试验外,混凝土的极限拉伸值、静力抗压弹性模量、抗冻和抗渗性能试验均有针对性地选择四级配混凝土进行,取得了大量的试验参数和数据。

根据混凝土配合比复核试验的阶段成果,已上报了《金沙江白鹤滩水电站大坝混凝土配合比复核试验报告》(28 d 和 90 d 成果),现根据配合比 180 d 龄期试验成果,提交白鹤滩水电站大坝混凝土配合比复核试验最终成果报告。

3.3.2.3　配合比试验依据

《金沙江白鹤滩水电站大坝土建及金属结构安装工程招标文件》第二卷技术条款;

《水工混凝土施工规范》(DL/T 5144);

《水工混凝土配合比设计规程》(DL/T 5330);

《水工混凝土试验规程》(DL/T 5150);

《水工混凝土砂石骨料试验规程》(DL/T 5151);

《中热硅酸盐水泥、低热硅酸盐水泥、低热矿渣硅酸盐水泥 》(GB 200);

《水泥化学分析方法》(GB/T 176);

《水工混凝土掺用粉煤灰技术规范》(DL/T 5055);

《用于水泥和混凝土中的粉煤灰》(GB/T 1596);

《水工混凝土水质分析试验规程》(DL/T 5152);

《混凝土用水标准》(JGJ 63);

《水工混凝土外加剂技术规程》(DL/T 5100);

《混凝土外加剂》(GB 8076);

《混凝土外加剂匀质性试验方法》(GB/T 8077);

《拱坝混凝土生产质量控制及检验》(Q/CTG 12—2015);

《拱坝混凝土用低热硅酸盐水泥技术要求及检验》(Q/CTG 13—2015);

《拱坝混凝土用中热硅酸盐水泥技术要求及检验》(Q/CTG 14—2015);

《拱坝混凝土用粉煤灰技术要求及检验》(Q/CTG 15—2015);

《拱坝混凝土用粗骨料技术要求及检验》(Q/CTG 16—2015);

《拱坝混凝土用细骨料技术要求及检验》(Q/CTG 17—2015);

《拱坝混凝土用外加剂技术要求及检验》(Q/CTG 18—2015);

《拱坝混凝土用改性 PVA 纤维技术要求及检验》(Q/CTG 19—2015)。

3.3.2.4　混凝土设计指标及参考配合比

1. 混凝土设计指标

根据华东勘测设计研究院有限公司提供的白鹤滩水电站工程设计(修改)通知单(编号:BHT/0666-[2016]-010,BHT/0667-[2016]-011)《关于明确大坝工程混凝土指标的设计(修改)的通知》文件要求,大坝混凝土设计指标主要有 $C_{180}40F_{90}300W_{90}15$、$C_{180}35F_{90}300W_{90}14$、$C_{180}30F_{90}250W_{90}13$、$C_{90}40F300W15$,级配有二级配、三级配、四级配和三级配富浆,混凝土类别为常态。白鹤滩水电站大坝混凝土设计指标见表 3-116。

表 3-116　白鹤滩水电站大坝混凝土设计指标

序号	强度等级	保证率(%)	级配	抗渗等级	抗冻等级	最大水灰比	最大掺合料掺量(%)	极限拉伸值(×10⁻⁴)		使用部位
								90 d	180 d	
1	$C_{180}40$	85	四	$W_{90}15$	$F_{90}300$	0.42	35	—	≥1.05	A 区混凝土
			三							
			二							
			三富浆							
2	$C_{180}35$	85	四	$W_{90}14$	$F_{90}300$	0.46	35	—	≥1.00	B 区混凝土
			三							
			二							
			三富浆							
3	$C_{180}30$	85	四	$W_{90}13$	$F_{90}250$	0.50	35	—	≥0.95	C 区、回填混凝土
			三							
			二							
			三富浆							
4	$C_{90}40$	85	三	W15	F300	0.40	35	≥1.05	—	孔口及闸墩抗冲磨混凝土、二期回填混凝土
			二							

2. 大坝混凝土参考配合比

根据《金沙江白鹤滩水电站大坝土建及金属结构安装工程》招标文件提供的大坝坝体混凝土参考配合比见表 3-117。其中说明包括:

(1)大坝混凝土配合比基于旱谷地灰岩骨料、42.5 低热水泥、Ⅰ级粉煤灰、萘系高效减水剂。

(2)混凝土含气量按 4.5%~5.5%控制。

(3)粗骨料级配为二级配,小石∶中石=50∶50;三级配,小石∶中石∶大石=30∶30∶40;四级配,小石∶中石∶大石∶特大石=20∶20∶30∶30。

(4)表 3-117 配合比参数基于室内试验最佳水胶比的基础上增加 5 kg/m³ 用水量,实际用水量及相应参数应根据不同部位的坍落度的使用要求,通过现场生产性试验微调,用水量降低值宜控制在 5 kg/m³ 以内。

表 3-117　白鹤滩水电站大坝坝体混凝土参考配合比

序号	混凝土设计指标	级配	仓面坍落度(cm)	水胶比	粉煤灰(%)	砂率(%)	用水量(kg/m^3)	减水剂(%)	引气剂(%)
1	$C_{180}40F_{90}300W_{90}15$	四	3~5	0.42	35	23	85	0.6	0.045
2		三	3~5	0.42	35	29	99	0.6	0.045
3		三富浆	5~7	0.42	35	31	104	0.6	0.045
4		二	3~5	0.42	35	34	117	0.6	0.045
5	$C_{180}35F_{90}300W_{90}14$	四	3~5	0.46	35	24	85	0.6	0.045
6		三	3~5	0.46	35	30	99	0.6	0.045
7		三富浆	5~7	0.46	35	32	104	0.6	0.045
8		二	3~5	0.46	35	35	117	0.6	0.045
9	$C_{180}30F_{90}250W_{90}13$	四	3~5	0.50	35	24	85	0.6	0.045
10		三	3~5	0.50	35	30	99	0.6	0.045
11		三富浆	5~7	0.50	35	32	103	0.6	0.045
12		二	3~5	0.50	35	36	117	0.6	0.045
13	$C_{90}40F300W15$	三	3~5	0.40	35	29	100	0.6	0.045
14		二	3~5	0.40	35	35	117	0.6	0.045

3. 原材料

根据《金沙江白鹤滩水电站大坝土建及金属结构安装工程》招标文件Ⅰ标段(BHT/0666)技术条款要求,大坝混凝土采用的水泥、粉煤灰、骨料和外加剂等主要原材料均由发包人提供,品种较多。

(1)水泥。

混凝土配合比复核试验分别采用华新水泥(昆明东川)有限公司生产的“堡垒”牌P·LH42.5水泥(批号:20160042)和四川嘉华锦屏特种水泥有限责任公司生产的“隆冠”牌P·LH42.5水泥,其物理力学性能和化学分析检测结果见表3-118、表3-119。

检测结果表明:两种水泥物理力学性能和化学分析结果均满足《中热硅酸盐水泥、低热硅酸盐水泥、低热矿渣硅酸盐水泥》(GB 200—2003)和《拱坝混凝土用低热硅酸盐水泥技术要求及检验》(Q/CTG 13—2015)相关标准要求。华新低热水泥早期强度高于嘉华低热水泥,但28 d和90 d抗压强度却略低于嘉华低热水泥。两种低热水泥抗折强度比较接近。

表 3-118　水泥物理力学性能检测结果

生产厂家及品种	凝结时间(min)		比表面积(m^2/kg)	标准稠度(%)	密度(g/cm^3)	安定性	抗压强度(MPa)				抗折强度(MPa)			
	初凝	终凝					3 d	7 d	28 d	90 d	3 d	7 d	28 d	90 d
华新 P·LH 42.5	231	304	328	25.0	3.28	合格	15.4	26.5	45.4	61.9	3.5	5.1	7.6	8.5
嘉华 P·LH 42.5	245	313	318	25.2	3.28	合格	13.3	19.1	48.2	66.5	3.1	5.0	7.1	8.8
GB 200—2003	≥60	≤720	≥250	—	—	合格	—	≥13.0	≥42.5	—	—	≥3.5	≥6.5	—
Q/CTG 13—2015	≥60	≤720	≤340	—	—	合格	—	≥13.0	47±3.5	—	—	≥3.5	≥7.0	—

表 3-119　水泥化学分析检测结果

生产厂家及品种	MgO (%)	SO_3 (%)	碱含量 (%)	3 d 水化热 (kJ/kg)	7 d 水化热 (kJ/kg)
华新 P·LH 42.5	4.90	2.04	0.42	202	239
嘉华 P·LH 42.5	4.11	2.27	0.39	190	230
GB 200—2003	≤5.0	≤3.5	≤0.60	≤230	≤260
Q/CTG 13—2015	4.0~5.0	≤3.5	≤0.55	≤220	≤250

(2)粉煤灰。

粉煤灰分别采用四川涛峰粉煤灰贸易有限责任公司出品的盘南电厂Ⅰ级粉煤灰、四川宜宾能顺环保科技有限公司出品的珙县电厂Ⅰ级粉煤灰、曲靖方园环保建材有限公司出品的Ⅰ级粉煤灰,三种粉煤灰品质检测结果见表 3-120。检测结果表明:三种粉煤灰各项品质均符合《水工混凝土掺用粉煤灰技术规范》(DL/T 5055—2007)和《拱坝混凝土用粉煤灰技术要求及检验》(Q/CTG 15—2015)对Ⅰ级粉煤灰的技术要求。

对三种粉煤灰分别采用华新 P·LH42.5 水泥和嘉华 P·LH42.5 水泥进行掺 35%粉煤灰的胶砂强度对比试验,试验结果见表 3-121、表 3-122。结果显示,三种粉煤灰胶砂抗压强度比较接近。

表 3-120 粉煤灰品质检测结果

生产厂家及品种	细度(%)	需水量比(%)	烧失量(%)	含水率(%)	密度(g/cm^3)	SO_3(%)	碱含量(%)
珙县Ⅰ级	6.0	93	1.93	0.2	2.48	0.67	1.27
曲靖Ⅰ级	6.8	92	4.10	0.2	2.35	0.58	0.90
盘南Ⅰ级	5.1	92	3.95	0.2	2.46	0.56	1.01
DL/T 5055—2007	≤12.0	≤95	≤5.0	≤1.0	—	≤3.0	—
Q/CTG 15—2015	≤12.0	≤95	≤5.0	≤1.0	—	≤3.0	≤2.7

表 3-121 华新 P·LH42.5 水泥掺 35%粉煤灰胶砂强度结果

水泥厂家及品种	粉煤灰厂家及品种	抗压强度(MPa)				抗折强度(MPa)			
		3 d	7 d	28 d	90 d	3 d	7 d	28 d	90 d
华新 P·LH42.5	基准	15.4	26.5	45.4	61.9	3.5	5.1	7.6	8.5
	珙县Ⅰ级	13.7	14.4	29.7	58.5	3.2	3.9	6.1	9.4
	曲靖Ⅰ级	10.1	17.0	28.5	61.5	2.6	4.2	6.3	8.7
	盘南Ⅰ级	10.8	15.0	27.7	58.0	2.8	3.4	6.0	9.3

表 3-122 嘉华 P·LH42.5 水泥掺 35%粉煤灰胶砂强度结果

水泥厂家及品种	粉煤灰厂家及品种	抗压强度(MPa)				抗折强度(MPa)			
		3 d	7 d	28 d	90 d	3 d	7 d	28 d	90 d
嘉华 P·LH42.5	基准	13.3	19.1	48.2	66.5	3.1	5.0	7.1	8.8
	珙县Ⅰ级	8.1	12.6	31.6	59.1	2.0	3.3	6.8	8.5
	曲靖Ⅰ级	7.9	12.0	29.5	63.0	2.1	3.0	6.1	8.8
	盘南Ⅰ级	8.0	11.2	26.8	60.1	2.0	2.9	5.9	9.2

(3)骨料。

1)细骨料。

大坝混凝土配合比用细骨料为旱谷地水电八局骨料加工系统生产的灰岩人工砂,检测结果见表 3-123。结果表明:灰岩人工砂品质符合《水工混凝土施工规范》(DL/T 5144—2015)和《拱坝混凝土用细骨料技术要求及检验》(Q/CTG 17—2015)的相关技术要求。

表 3-123　细骨料品质检测结果

品种及产地	细度模数	石粉含量(%)	小于0.08 mm含量(%)	堆积密度(kg/m^3)	表观密度(kg/m^3)	饱和面干表观密度(kg/m^3)	饱和面干吸水率(%)
旱谷地灰岩人工砂	2.68	13.2	7.6	1 620	2 710	2 670	1.2
DL/T 5144—2015	2.4~2.8	6~18	—	—	≥2 500	—	—
Q/CTG 17—2015	2.5~2.7	10~15	—	—	≥2 500	—	—

2)粗骨料。

粗骨料采用旱谷地水电八局骨料加工系统生产的灰岩人工碎石,检测结果见表 3-124。从试验结果可以看出,粗骨料各项指标均满足《水工混凝土施工规范》(DL/T 5144—2015)和《拱坝混凝土用粗骨料技术要求及检验》(Q/CTG 16—2015)的相关技术要求。

表 3-124　粗骨料品质检测结果

骨料粒径(mm)	超径含量(%)	逊径含量(%)	中径含量(%)	含泥量(%)		饱和面干表观密度(kg/m^3)	吸水率(%)	针片状含量(%)	压碎指标(%)
5~20	4	3	56	0.6	—	2 680	0.75	1	7.8
20~40	1	2	46	0.4	—	2 680	0.30	1	—
40~80	4	1	66	—	0.4	2 690	0.12	1	—
80~120	2	1	40	—	0.2	2 690	0.10	1	—
DL/T 5144—2015	<5	<10	40~70	≤1.0	≤0.5	≥2 550	≤2.5	≤15	≤10
Q/CTG 16—2015	<5	<10	40~70	≤1.0	≤0.5	≥2 550	≤1.5	≤10	≤10

(4)外加剂。

1)品质检测。

混凝土配合比试验分别采用浙江龙游五强外加剂有限责任公司生产的 ZB-1A 缓凝高效减水剂和 ZB-1G 引气剂、江苏苏博特新材料有限公司生产的 JM-Ⅱ缓凝高效减水剂和 GYQ-Ⅰ引气剂,对外加剂的品质检测主要进行掺外加剂的混凝土性能试验。掺外加剂混凝土性能试验采用两种低热水泥分别按照《混凝土外加剂》(GB 8076—2008)和《拱坝混凝土用外加剂技术要求及检验》(Q/CTG 18—2015)标准要求进行。

试验条件:采用嘉华 42.5 低热水泥和华新 42.5 低热水泥,旱谷地水电八局生产的灰岩人工骨料,浙江龙游 ZB-1A 缓凝高效减水剂和 ZB-1G 引气剂;江苏博特 JM-Ⅱ缓凝高效减水剂和 GYQ-Ⅰ引气剂。

试验参数：水泥 330 kg/m^3；砂率 40%（引气剂 38%）；减水剂掺量 0.6%；粗骨料最大粒径 20 mm，分两级，即 5～10 mm∶10～20 mm＝40∶60；单位用水量应使混凝土坍落度达到 70～90 mm。

减水剂品质检测结果见表 3-125，试验结果显示：

①采用嘉华低热水泥检测减水剂、江苏博特 JM－Ⅱ减水剂检测项目满足《混凝土外加剂》（GB 8076—2008）和《拱坝混凝土用外加剂技术要求及检验》（Q/CTG 18—2015）标准要求；浙江龙游 ZB－1A 减水剂检测项目满足《混凝土外加剂》（GB 8076—2008）标准要求，但初凝时间差偏长，不满足《拱坝混凝土用外加剂技术要求及检验》（Q/CTG 18—2015）企业标准要求。

②采用华新低热水泥检测减水剂、江苏博特 JM－Ⅱ和浙江龙游 ZB－1A 减水剂均满足《混凝土外加剂》（GB 8076—2008）标准要求，但江苏博特 JM－Ⅱ初凝时间差偏长，浙江龙游 ZB－1A 初凝时间差和泌水率比不满足三峡企业标准。

引气剂品质检测结果见表 3-126，表明采用华新低热水泥和嘉华低热水泥对浙江龙游 ZB－1G 和江苏博特 GYQ－Ⅰ引气剂分别进行品质检测，各项检测结果均满足《拱坝混凝土用外加剂技术要求及检验》（Q/CTG 18—2015）技术要求。

表 3-125　减水剂品质检测结果

水泥品种	生产厂家及型号	掺量（%）	减水率（%）	含气量（%）	泌水率比（%）	凝结时间差（min）		抗压强度比（%）		
						初凝	终凝	3 d	7 d	28 d
嘉华 P·LH42.5	龙游 ZB-1A	0.6	19.4	1.7	40	+560	+565	180	205	124
华新 P·LH42.5	龙游 ZB-1A	0.6	21.6	1.8	98	+865	+2 355	133	209	127
嘉华 P·LH42.5	博特 JM-Ⅱ	0.6	19.2	2.3	16	+472	+682	201	166	128
华新 P·LH42.5	博特 JM-Ⅱ	0.6	21.6	2.4	42	+522	+585	159	157	143
GB 8076—2008			≥14	≤4.5	≤100	≥+90	—	—	≥125	≥120
Q/CTG 18—2015 缓凝Ⅰ型			≥18	≤2.5	≤30	+120～+300	—	≥130	≥125	≥120
Q/CTG 18—2015 缓凝Ⅱ型			≥18	≤2.5	≤90	+240～+480	—	—	≥125	≥120

表 3-126　引气剂品质检测结果

水泥品种	生产厂家及型号	掺量($\times 10^{-4}$)	减水率(%)	含气量(%)	1 h经时含气量保留值(%)	泌水率比(%)	凝结时间差(min)		抗压强度比(%)		
							初凝	终凝	3 d	7 d	28 d
嘉华 P·LH42.5	龙游 ZB-1G	0.32	6.1	4.4	4.0	40	-35	-85	95	95	90
华新 P·LH42.5		0.40	6.6	4.3	3.9	34	+20	+118	96	95	90
嘉华 P·LH42.5	博特 GYQ-Ⅰ	0.35	6.1	4.0	3.5	41	-70	-54	95	104	91
华新 P·LH42.5		0.45	7.2	4.4	4.0	27	+6	+106	101	96	90
GB 8076—2008			≥6	≥3.0	-1.5~+1.5	≤70	-90~+120		≥95	≥95	≥90
Q/CTG 18—2015			≥6	3.5~4.5	>3	≤70	-90~+120		≥95	≥95	≥90

2)适应性试验。

外加剂适应性试验是根据《拱坝混凝土用外加剂技术要求及检验》(Q/CTG 18—2015)企业标准中关于外加剂适应性试验的相关要求进行的,适应性试验选用现场二级配混凝土施工配合比进行。

在进行适应性试验检测的过程中,两个外加剂厂家经过多次反复调整,均无法使一种减水剂同时满足对两种低热水泥的适应性要求。为此,每个减水剂厂家针对嘉华低热水泥和华新低热水泥采用不同的配方,以满足对两种水泥的适应性要求。

试验条件:采用嘉华42.5低热水泥和华新42.5低热水泥,四川盘南涛峰、宜宾珙县能顺、曲靖方园Ⅰ级粉煤灰,旱谷地水电八局生产的灰岩人工骨料,浙江龙游ZB-1A缓凝高效减水剂和ZB-1G引气剂,江苏博特JM-Ⅱ缓凝高效减水剂和GYQ-Ⅰ引气剂。

试验参数:水胶比0.41;粉煤灰掺量35%;砂率35%;减水剂掺量0.5%;引气剂掺量根据混凝土含量进行调整,使混凝土含气量控制在4.5%~5.5%;粗骨料级配,小石:中石=50:50;单位用水量应使混凝土坍落度达到70~90 mm。

减水剂适应性试验结果见表3-127、表3-128,试验结果表明:

①当使用浙江龙游减水剂时,嘉华42.5低热水泥和三种粉煤灰组合分别进行适应性试验,珙县Ⅰ级粉煤灰的组合满足《拱坝混凝土用外加剂技术要求及检验》(Q/CTG 18—2015)标准中的适应性要求;华新42.5低热水泥和三种粉煤灰组合的适应性试验,盘南Ⅰ级粉煤灰的组合满足标准要求。

②当使用江苏博特减水剂时,嘉华42.5低热水泥和华新42.5低热水泥与三种粉煤灰组合的适应性试验,全部满足《拱坝混凝土用外加剂技术要求及检验》(Q/CTG 18—2015)企业标准要求。

表 3-127　浙江龙游减水剂适应性试验结果

水泥品种	粉煤灰品种	减水剂(%)	引气剂($\times10^{-4}$)	水胶比	砂率(%)	粉煤灰(%)	用水量(kg/m^3)	坍落度(mm)	1 h坍落度损失率(%)	1 h含气量损失率(%)	凝结时间	
											初凝(min)	终凝(min)
嘉华低热42.5	曲靖	0.5	1.1	0.41	35	35	110	70~90	78.6	29.4	1 590	2 130
	珙县	0.5	1.1	0.41	35	35	107	70~90	69.0	34.8	1 265	2 010
	盘南	0.5	0.9	0.41	35	35	110	70~90	83.3	27.1	1 508	2 125
华新低热42.5	曲靖	0.5	1.9	0.41	35	35	110	70~90	62.1	51.9	—	—
	珙县	0.5	0.8	0.41	35	35	105	70~90	6.7	26.7	2 828	5 732
	盘南	0.5	1.1	0.41	35	35	106	70~90	66.3	16.9	1 392	1 806
《拱坝混凝土用外加剂技术要求及检验》(Q/CTG 18—2015)									<70	<35	960~1 560	与初凝时间之差不宜超过300 min
									1 h经时变化量			

表 3-128　江苏博特减水剂适应性试验结果

水泥品种	粉煤灰品种	减水剂(%)	引气剂($\times10^{-4}$)	水胶比	砂率(%)	粉煤灰(%)	用水量(kg/m^3)	坍落度(mm)	1 h坍落度损失率(%)	1 h含气量损失率(%)	凝结时间	
											初凝(min)	终凝(min)
嘉华低热42.5	曲靖	0.5	1.6	0.41	35	35	111	70~90	60.4	31.2	1 440	1 920
	珙县	0.5	0.85	0.41	35	35	107	70~90	43.5	28.6	1 170	1 500
	盘南	0.5	0.9	0.41	35	35	107	70~90	66.7	24.1	1 000	1 390
华新低热42.5	曲靖	0.5	3.3	0.41	35	35	108	70~90	50.0	23.1	1 504	1 908
	珙县	0.5	1.6	0.41	35	35	105	70~90	68.2	29.6	1 450	1 830
	盘南	0.5	1.3	0.41	35	35	107	70~90	65.9	31.1	1 476	1 776
《拱坝混凝土用外加剂技术要求及检验》(Q/CTG 18—2015)									<70	<35	960~1 560	与初凝时间之差不宜超过300 min
									1 h经时变化量			

(5)纤维。

大坝混凝土配合比复核试验纤维采用江苏能力科技有限公司生产的混凝土用改性聚乙烯醇 PVA 纤维，纤维品质检测结果见表 3-129。结果表明：纤维所检项目满足《拱坝混凝土用改性 PVA 纤维技术要求及检验》(Q/CTG 19—2015)标准要求。

表 3-129　纤维品质检测结果

品种	断裂强度（MPa）	初始模量（MPa）	断裂伸长率（%）	密度（g/cm^3）	耐碱性能（极限拉力保持率）（%）	分散性（级）
PVA 纤维	1 716	40 600	6.81	1.293	97.2	1
Q/CTG 19—2015	≥1 500	≥35 000	5~9	1.28~1.31	≥95	—

4.混凝土配合比复核试验参数及试验项目

（1）配合比复核试验参数。

根据《金沙江白鹤滩水电站大坝土建及金属结构安装工程》招标文件提供的大坝坝体混凝土参考配合比和监理工程师批准的《大坝混凝土配合比复核（适配性）试验计划》等内容要求，复核试验时招标文件提供的大坝混凝土参考配合比的水胶比和粉煤灰掺量等关键参数均不得调整，单位用水量根据监理工程师批准的坍落度进行调整。新增设计指标 $C_{180}40F_{90}300W_{90}15$ 和 $C_{180}35F_{90}300W_{90}14$ 纤维混凝土以招标文件参考配合比为基础，根据混凝土拌合物的和易性进行调整。

根据招标文件大坝坝体混凝土参考配合比试验参数，试验室采用两种低热水泥和多种粉煤灰通过室内多次试拌调整，最终确定的大坝混凝土配合比复核试验所采用的试验参数见表 3-130~表 3-131。

在混凝土试拌过程中发现，当采用大坝坝体混凝土参考配合比参数进行拌合物试验，混凝土坍落度整体偏大。随后采取降低单位用水量的办法来保证混凝土出机坍落度在控制范围内，但泌水较多且胶材用量偏低。为保证混凝土中的胶材用量和减小泌水率，将减水剂掺量由 0.6%下调至 0.5%，混凝土单位用水量仍低于大坝坝体混凝土参考配合比室内试验的用水量。最终混凝土配合比复核试验减水剂掺量选用 0.5%，纤维混凝土选用 0.55%，对设计指标为 $C_{180}40F_{90}300W_{90}15$ 混凝土配合比的水胶比由 0.42 降至 0.41。引气剂掺量根据新拌混凝土含气量进行调整，使混凝土含气量控制在 4.5%~5.5%。

通过试拌结果可以看出，三、四级配混凝土用水量比招标文件大坝坝体混凝土参考配合比低 7~9 kg/m^3，比参考配合比室内试验低 2~4 kg/m^3；二级配混凝土用水量比参考配合比低 8~10 kg/m^3，比参考配合比室内试验低 3~5 kg/m^3；三级配富浆混凝土用水量比参考配合比低 6~8 kg/m^3，比参考配合比室内试验低 1~3 kg/m^3。引气剂掺量比大坝坝体混凝土参考配合比低 0.02%~0.03%。

（2）配合比复核试验项目。

根据确定的大坝混凝土配合比复核试验参数，采用嘉华水泥+曲靖煤灰+博特减水剂+龙游引气剂的材料组合所进行的试验项目见表 3-132，采用华新水泥+盘南煤灰+龙游减水剂+博特引气剂的材料组合所进行的试验项目见表 3-133。

（3）配合比复核及适配性试验材料组合。

根据业主提供的两种低热水泥、三种粉煤灰、两种减水剂和两种引气剂等原材料进行混凝土不同原材料之间交叉组合适配性试验。适配性试验选择有代表性的配合比参数进行多种材料的组合试验，混凝土配合比复核试验及适配性试验材料组合见表 3-134。

表 3-130　混凝土配合比复核试验参数(嘉华水泥+曲靖煤灰+博特减水剂+龙游引气剂)

序号	试验编号	设计指标	级配	水胶比	砂率(%)	粉煤灰(%)	用水量(kg/m^3)	胶材量(kg/m^3)	减水剂		引气剂		坍落度(mm)
									品种	掺量(%)	品种	掺量($\times10^{-4}$)	
1	DBJQ-22	$C_{180}40$ $F_{90}300W_{90}15$	四	0.41	24	35	76	185	JM-Ⅱ	0.50	ZB-1G	1.6	20~40
2	DBJQ-5		四	0.41	24	35	78	190	JM-Ⅱ	0.50	ZB-1G	1.6	30~50
3	DBJQ-6		三	0.41	29	35	92	224	JM-Ⅱ	0.50	ZB-1G	1.4	50~70
4	DBJQ-7		三富浆	0.41	31	35	97	237	JM-Ⅱ	0.50	ZB-1G	1.2	50~70
5	DBJQ-1		二	0.41	35	35	109	266	JM-Ⅱ	0.50	ZB-1G	1.4	70~90
6	DBJQ-23	$C_{180}35$ $F_{90}300W_{90}14$	四	0.46	25	35	76	165	JM-Ⅱ	0.50	ZB-1G	1.6	20~40
7	DBJQ-10		四	0.46	25	35	78	170	JM-Ⅱ	0.50	ZB-1G	1.6	30~50
8	DBJQ-11		三	0.46	30	35	92	200	JM-Ⅱ	0.50	ZB-1G	1.4	50~70
9	DBJQ-12		三富浆	0.46	32	35	97	211	JM-Ⅱ	0.50	ZB-1G	1.2	50~70
10	DBJQ-2		二	0.46	36	35	109	237	JM-Ⅱ	0.50	ZB-1G	1.4	70~90
11	DBJQ-24	$C_{180}30$ $F_{90}250W_{90}13$	四	0.50	26	35	76	152	JM-Ⅱ	0.50	ZB-1G	1.6	20~40
12	DBJQ-13		四	0.50	26	35	78	156	JM-Ⅱ	0.50	ZB-1G	1.6	30~50
13	DBJQ-14		三	0.50	31	35	92	184	JM-Ⅱ	0.50	ZB-1G	1.4	50~70
14	DBJQ-15		三富浆	0.50	33	35	97	194	JM-Ⅱ	0.50	ZB-1G	1.2	50~70
15	DBJQ-3		二	0.50	37	35	109	218	JM-Ⅱ	0.50	ZB-1G	1.4	70~90
16	DBJQ-16	$C_{90}40$ F300W15	三	0.40	29	35	93	233	JM-Ⅱ	0.50	ZB-1G	1.4	50~70
17	DBJQ-4		二	0.40	35	35	109	273	JM-Ⅱ	0.50	ZB-1G	1.4	70~90
18	DBJQ-17		二	0.40	37	35	113	283	JM-Ⅱ	0.50	ZB-1G	1.2	100~120
19	DBJQ-21	$C_{180}40$ $F_{90}300W_{90}15$ (纤维)	四	0.42	24	35	81	193	JM-Ⅱ	0.55	ZB-1G	1.1	20~40
20	DBJQ-18		三富浆	0.42	30	35	100	238	JM-Ⅱ	0.55	ZB-1G	1.0	50~70
21	DBJQ-20	$C_{180}35$ $F_{90}300W_{90}14$ (纤维)	四	0.46	25	35	81	176	JM-Ⅱ	0.55	ZB-1G	1.1	20~40
22	DBJQ-19		三富浆	0.46	31	35	100	217	JM-Ⅱ	0.55	ZB-1G	1.0	50~70

表 3-131　混凝土配合比复核试验参数(华新水泥+盘南煤灰+龙游减水剂+博特引气剂)

序号	试验编号	设计指标	级配	水胶比	砂率(%)	粉煤灰(%)	用水量(kg/m^3)	胶材量(kg/m^3)	减水剂		引气剂		坍落度(mm)
									品种	掺量(%)	品种	掺量($\times10^{-4}$)	
1	DBHT-4	$C_{180}40$ $F_{90}300W_{90}15$	四	0.41	24	35	74	180	ZB-1A	0.50	GYQ-Ⅰ	1.8	20~40
2	DBHT-3		四	0.41	24	35	76	185	ZB-1A	0.50	GYQ-Ⅰ	1.8	30~50
3	DBHT-1		三	0.41	29	35	90	220	ZB-1A	0.50	GYQ-Ⅰ	1.8	50~70
4	DBHT-2		三富浆	0.41	31	35	95	232	ZB-1A	0.50	GYQ-Ⅰ	1.6	50~70
5	DBHT-5		二	0.41	35	35	107	261	ZB-1A	0.50	GYQ-Ⅰ	1.6	70~90
6	DBHT-19	$C_{180}35$ $F_{90}300W_{90}14$	四	0.46	25	35	74	161	ZB-1A	0.50	GYQ-Ⅰ	1.8	20~40
7	DBHT-18		四	0.46	25	35	76	165	ZB-1A	0.50	GYQ-Ⅰ	1.8	30~50
8	DBHT-9		三	0.46	30	35	90	196	ZB-1A	0.50	GYQ-Ⅰ	1.8	50~70
9	DBHT-10		三富浆	0.46	32	35	95	207	ZB-1A	0.50	GYQ-Ⅰ	1.6	50~70
10	DBHT-6		二	0.46	36	35	107	233	ZB-1A	0.50	GYQ-Ⅰ	1.6	70~90
11	DBHT-21	$C_{180}30$ $F_{90}250W_{90}13$	四	0.50	26	35	74	148	ZB-1A	0.50	GYQ-Ⅰ	1.8	20~40
12	DBHT-20		四	0.50	26	35	76	152	ZB-1A	0.50	GYQ-Ⅰ	1.8	30~50
13	DBHT-11		三	0.50	31	35	90	180	ZB-1A	0.50	GYQ-Ⅰ	1.8	50~70
14	DBHT-13		三富浆	0.50	33	35	95	190	ZB-1A	0.50	GYQ-Ⅰ	1.6	50~70
15	DBHT-7		二	0.50	37	35	107	214	ZB-1A	0.50	GYQ-Ⅰ	1.6	70~90
16	DBHT-12	$C_{90}40$ F300W15	三	0.40	29	35	91	228	ZB-1A	0.50	GYQ-Ⅰ	1.7	50~70
17	DBHT-8		二	0.40	37	35	111	278	ZB-1A	0.50	GYQ-Ⅰ	1.3	100~120
18	DBHT-16	$C_{180}40$ $F_{90}300W_{90}15$ (纤维)	四	0.42	24	35	79	188	ZB-1A	0.55	GYQ-Ⅰ	1.1	20~40
19	DBHT-14		三富浆	0.42	30	35	98	233	ZB-1A	0.55	GYQ-Ⅰ	1.0	50~70
20	DBHT-17	$C_{180}35$ $F_{90}300W_{90}14$ (纤维)	四	0.46	25	35	79	172	ZB-1A	0.55	GYQ-Ⅰ	1.1	20~40
21	DBHT-15		三富浆	0.46	31	35	98	213	ZB-1A	0.55	GYQ-Ⅰ	1.0	50~70

表 3-132　混凝土配合比复核试验项目(嘉华水泥+曲靖煤灰+博特减水剂+龙游引气剂)

序号	设计指标	级配	坍落度(mm)	水胶比	砂率(%)	粉煤灰(%)	拌合物性能				硬化混凝土性能														
							和易性	坍落度	含气量	凝结时间	抗压强度				劈拉强度			极限拉伸值			弹性模量		抗渗	抗冻
											7 d	28 d	90 d	180 d	28 d	90 d	180 d	28 d	90 d	180 d	90 d	180 d	90 d	90 d
1	$C_{180}40$ $F_{90}300W_{90}15$	四	20~40	0.41	24	35	√	√	√			√	√	√	√	√	√			√		√		
2		四	30~50	0.41	24	35	√	√	√			√	√	√	√	√	√	√	√	√		√	√	√
3		三	50~70	0.41	29	35	√	√	√			√	√	√	√	√	√			√		√		
4		三富浆	50~70	0.41	31	35	√	√	√			√	√	√	√	√	√			√		√		
5		二	70~90	0.41	35	35	√	√	√		√	√	√	√	√	√	√			√		√		
6	$C_{180}35$ $F_{90}300W_{90}14$	四	20~40	0.46	25	35	√	√	√			√	√	√	√	√	√			√		√		
7		四	30~50	0.46	25	35	√	√	√			√	√	√	√	√	√	√	√	√		√	√	√
8		三	50~70	0.46	30	35	√	√	√			√	√	√	√	√	√			√		√		
9		三富浆	50~70	0.46	32	35	√	√	√			√	√	√	√	√	√			√		√		
10		二	70~90	0.46	36	35	√	√	√		√	√	√	√	√	√	√			√		√		
11	$C_{180}30$ $F_{90}250W_{90}13$	四	20~40	0.50	26	35	√	√	√	√		√	√	√	√	√	√			√		√		
12		四	30~50	0.50	26	35	√	√	√			√	√	√	√	√	√	√	√	√		√	√	√
13		三	50~70	0.50	31	35	√	√	√			√	√	√	√	√	√			√		√		
14		三富浆	50~70	0.50	33	35	√	√	√			√	√	√	√	√	√			√		√		
15		二	70~90	0.50	37	35	√	√	√	√	√	√	√	√	√	√	√			√		√		
16	$C_{90}40$ F300W15	三	50~70	0.40	29	35	√	√	√			√	√	√	√	√	√		√		√			
17		二	70~90	0.40	35	35	√	√	√			√	√	√	√	√	√		√		√			
18		二	100~120	0.40	37	35	√	√	√		√	√	√	√	√	√	√		√		√			
19	$C_{180}40$ $F_{90}300W_{90}15$ (纤维)	四	20~40	0.42	24	35	√	√	√			√	√	√	√	√	√	√		√		√	√	√
20		三富浆	50~70	0.42	30	35	√	√	√	√		√	√	√	√	√	√	√	√	√		√	√	√
21	$C_{180}35$ $F_{90}300W_{90}14$ (纤维)	四	20~40	0.46	25	35	√	√	√			√	√	√	√	√	√	√		√		√	√	√
22		三富浆	50~70	0.46	31	35	√	√	√			√	√	√	√	√	√	√	√	√		√	√	√

表 3-133　混凝土配合比复核试验项目(华新水泥+盘南煤灰+龙游减水剂+博特引气剂)

序号	设计指标	级配	坍落度(mm)	水胶比	砂率(%)	粉煤灰(%)	拌合物性能				硬化混凝土性能														
							和易性	坍落度	含气量	凝结时间	抗压强度				劈拉强度			极限拉伸值			弹性模量		抗渗	抗冻
											7 d	28 d	90 d	180 d	28 d	90 d	180 d	28 d	90 d	180 d	90 d	180 d	90 d	90 d
1	$C_{180}40$ $F_{90}300W_{90}15$	四	20~40	0.41	24	35	√	√	√			√	√	√	√	√	√			√		√		
2		四	30~50	0.41	24	35	√	√	√		√	√	√	√	√	√	√	√	√	√		√	√	√
3		三	50~70	0.41	29	35	√	√	√	√		√	√	√	√	√	√			√		√		
4		三富浆	50~70	0.41	31	35	√	√	√			√	√	√	√	√	√			√		√		
5		二	70~90	0.41	35	35	√	√	√			√	√	√	√	√	√			√		√		
6	$C_{180}35$ $F_{90}300W_{90}14$	四	20~40	0.46	25	35	√	√	√			√	√	√	√	√	√			√		√		
7		四	30~50	0.46	25	35	√	√	√			√	√	√	√	√	√	√	√	√		√	√	√
8		三	50~70	0.46	30	35	√	√	√			√	√	√	√	√	√			√		√		
9		三富浆	50~70	0.46	32	35	√	√	√			√	√	√	√	√	√			√		√		
10		二	70~90	0.46	36	35	√	√	√	√		√	√	√	√	√	√			√		√		
11	$C_{180}30$ $F_{90}250W_{90}13$	四	20~40	0.50	26	35	√	√	√			√	√	√	√	√	√			√		√		
12		四	30~50	0.50	26	35	√	√	√			√	√	√	√	√	√	√	√	√		√	√	√
13		三	50~70	0.50	31	35	√	√	√			√	√	√	√	√	√			√		√		
14		三富浆	50~70	0.50	33	35	√	√	√			√	√	√	√	√	√			√		√		
15		二	70~90	0.50	37	35	√	√	√			√	√	√	√	√	√			√		√		
16	$C_{90}40$ F300W15	三	50~70	0.40	29	35	√	√	√			√	√	√	√	√	√		√		√			
17		二	100~120	0.40	37	35	√	√	√		√	√	√	√	√	√	√		√		√			
18	$C_{180}40$ $F_{90}300W_{90}15$ (纤维)	四	20~40	0.42	24	35	√	√	√			√	√	√	√	√	√	√		√		√	√	√
19		三	50~70	0.42	30	35	√	√	√			√	√	√	√	√	√	√		√		√	√	√
20	$C_{180}35$ $F_{90}300W_{90}14$ (纤维)	四	20~40	0.46	25	35	√	√	√			√	√	√	√	√	√	√		√		√	√	√
21		三富浆	50~70	0.46	31	35	√	√	√			√	√	√	√	√	√	√		√		√	√	√

表 3-134　混凝土配合比复核及适配性试验材料组合

序号	水泥品种	粉煤灰品种	减水剂厂家及型号	引气剂厂家及型号	设计指标	级配
1	嘉华低热	曲靖	博特 JM－Ⅱ	龙游 ZB－1G	$C_{180}40F_{90}300W_{90}15$	四、三、二
					$C_{180}35F_{90}300W_{90}14$	四、三、二
					$C_{180}30F_{90}250W_{90}13$	四、三、二
					$C_{90}40F300W15$	三、二
2	华新低热	盘南	龙游 ZB－1A	博特 GYQ－Ⅰ	$C_{180}40F_{90}300W_{90}15$	四、三、二
					$C_{180}35F_{90}300W_{90}14$	四、三、二
					$C_{180}30F_{90}250W_{90}13$	四、三、二
					$C_{90}40F300W15$	三、二
3	嘉华低热	曲靖、珙县、盘南	博特 JM－Ⅱ	博特 GYQ－Ⅰ	$C_{180}40F_{90}300W_{90}15$	四
4	华新低热	曲靖、珙县、盘南	龙游 ZB－1A	龙游 ZB－1G	$C_{180}40F_{90}300W_{90}15$	四
5	嘉华低热	盘南、珙县	博特 JM－Ⅱ	龙游 ZB－1G	$C_{180}40F_{90}300W_{90}15$	四、三、二
6	华新低热	曲靖、珙县	龙游 ZB－1A	博特 GYQ－Ⅰ	$C_{180}35F_{90}300W_{90}14$	四、三、二
7	嘉华低热	曲靖、珙县、盘南	龙游 ZB－1A	龙游 ZB－1G	$C_{180}40F_{90}300W_{90}15$	四
8	华新低热	曲靖、珙县、盘南	博特 JM－Ⅱ	博特 GYQ－Ⅰ	$C_{180}40F_{90}300W_{90}15$	四
9	华新低热	珙县、曲靖	博特 JM－Ⅱ	龙游 ZB－1G	$C_{180}40F_{90}300W_{90}15$	四、三、二
10	嘉华低热	珙县、盘南	龙游 ZB－1A	博特 GYQ－Ⅰ	$C_{180}35F_{90}300W_{90}14$	四、三、二

5. 混凝土配合比复核试验

(1)新拌混凝土拌合物性能试验。

新拌混凝土拌合物性能试验包括新拌混凝土和易性、坍落度、含气量、凝结时间、密度等性能试验。新拌混凝土性能优劣直接关系到大坝混凝土的施工进度和质量,是混凝土浇筑质量控制的关键环节,必须高度重视。为此,新拌混凝土拌合物性能试验结果应与施工现场保持一致,以满足施工浇筑质量要求。

试验方法:混凝土拌合物性能试验按照《水工混凝土试验规程》(DL/T 5150—2001)进行,混凝土配合比计算采用绝对体积法,拌和采用型号为 150 L 的自落式搅拌机,投料顺序为粗骨料、胶凝材料、细骨料、水(外加剂先溶于水并搅拌均匀),拌和容量不少于 40 L,搅拌时间为 150 s。混凝土出机后采用湿筛法将粒径大于 40 mm 的骨料剔除,然后人工翻拌 3 次，进行新拌混凝土的和易性、坍落度、温度、含气量、凝结时间、密度等试验，新拌混凝土符合要求后，再成型所需试验项目的相应试件。

混凝土拌合物性能试验结果见表 3-135、表 3-136，结果表明：新拌混凝土拌合物和易性较好，采用嘉华水泥材料组合的混凝土拌合物性能优于华新水泥的材料组合。检测的嘉华水泥材料组合三级配混凝土初凝时间为 17 h 20 min～23 h 42 min，终凝时间在 23 h 25 min～31 h 12 min；混凝土含气量测值为 4.6%～5.5%。华新水泥材料组合三级配混凝土初凝时间为 21 h 30 min～25 h 36 min，终凝时间为 29 h 00 min～33 h 24 min；混凝土含气量测值为 4.8%～5.5%。

(2)混凝土力学性能试验。

混凝土力学性能主要进行了抗压强度和劈拉强度试验。混凝土抗压强度是混凝土极为重要的性能指标，结构物主要利用其抗压强度承受荷载，并常以抗压强度为混凝土主要设计参数，且抗压强度与混凝土的其他性能有良好的相关关系，抗压强度试验比其他试验方法易于实施，所以常用抗压强度作为控制和评定混凝土的主要指标。混凝土配合比复核试验力学性能试验结果见表 3-137、表 3-138。试验结果表明，当采用嘉华低热水泥+曲靖煤灰+博特减水剂+龙游引气剂的材料组合时，设计指标为 $C_{180}40F_{90}300W_{90}15$ 的混凝土 180 d 抗压强度为 50.4～56.3 MPa，劈拉强度为 3.83～4.13 MPa；设计指标为 $C_{180}35F_{90}300W_{90}14$ 的混凝土 180 d 抗压强度为 47.1～52.6 MPa，劈拉强度为 3.64～4.06 MPa；设计指标为 $C_{180}30F_{90}250W_{90}13$ 的混凝土 180 d 抗压强度为 42.5～43.9 MPa，劈拉强度为 3.47～3.54 MPa；设计指标为 $C_{90}40F300W15$ 的混凝土 90 d 抗压强度为 48.7～51.5 MPa，劈拉强度为 3.80～4.02 MPa；设计指标为 $C_{180}40F_{90}300W_{90}15$ 的纤维混凝土 180 d 抗压强度为 55.1 MPa 和 50.4 MPa，劈拉强度为 4.01 MPa 和 3.84 MPa；设计指标为 $C_{180}35F_{90}300W_{90}14$ 的纤维混凝土 180 d 抗压强度为 49.6 MPa 和 48.9 MPa，劈拉强度为 3.81 MPa 和 3.72 MPa。

当采用华新低热水泥+盘南煤灰+龙游减水剂+博特引气剂的材料组合时，设计指标为 $C_{180}40F_{90}300W_{90}15$ 的混凝土 180 d 抗压强度为 51.8～53.9 MPa，劈拉强度为 3.95～4.06 MPa；设计指标为 $C_{180}35F_{90}300W_{90}14$ 的混凝土 180 d 抗压强度为 45.6～50.4 MPa，劈拉强度为 3.68～3.95 MPa；设计指标为 $C_{180}30F_{90}250W_{90}13$ 的混凝土 180 d 抗压强度为 42.3～46.3 MPa，劈拉强度为 3.38～3.68 MPa；设计指标为 $C_{90}40F300W15$ 的混凝土 90 d 抗压强度为 48.5 MPa 和 49.8 MPa，劈拉强度为 3.53 MPa 和 3.63 MPa；设计指标为 $C_{180}40F_{90}300W_{90}15$ 的纤维混凝土 180 d 抗压强度为 51.9 MPa 和 50.3 MPa，劈拉强度为 4.02 MPa 和 4.04 MPa；设计指标为 $C_{180}35F_{90}300W_{90}14$ 的纤维混凝土 180 d 抗压强度为 46.6 MPa 和 45.9 MPa，劈拉强度为 3.81 MPa 和 3.90 MPa。

通过以上数值可知，嘉华低热水泥材料组合和华新低热水泥材料组合的混凝土各设计龄期的抗压强度均满足设计要求，并且 180 d 龄期抗压强度均超出设计强度较多。采用嘉华低热水泥材料组合的混凝土配合比复核试验抗压强度整体上均高于采用华新低热水泥材料组合的混凝土配合比。

表 3-135　混凝土拌合物性能试验结果（嘉华低热水泥+曲靖煤灰+博特减水剂+龙游引气剂）

序号	试验编号	设计指标	级配	水胶比	砂率（%）	粉煤灰（%）	用水量（kg/m^3）	胶材量（kg/m^3）	减水剂（%）	引气剂（$\times10^{-4}$）	坍落度（mm）		含气量（%）		凝结时间（min）		和易性
											设计	实测	设计	实测	初凝	终凝	
1	DBJQ-22	$C_{180}40$ $F_{90}300W_{90}15$	四	0.41	24	35	76	185	0.50	1.6	20~40	40	4.5~5.5	4.6	—	—	好
2	DBJQ-5		四	0.41	24	35	78	190	0.50	1.6	30~50	49	4.5~5.5	5.1	—	—	好
3	DBJQ-6		三	0.41	29	35	92	224	0.50	1.4	50~70	58	4.5~5.5	5.1	—	—	好
4	DBJQ-7		三富浆	0.41	31	35	97	237	0.50	1.2	50~70	69	4.5~5.5	5.1	—	—	好
5	DBJQ-1		二	0.41	35	35	109	266	0.50	1.4	70~90	84	4.5~5.5	5.5	—	—	好
6	DBJQ-23	$C_{180}35$ $F_{90}300W_{90}14$	四	0.46	25	35	76	165	0.50	1.6	20~40	38	4.5~5.5	4.5	—	—	好
7	DBJQ-10		四	0.46	25	35	78	170	0.50	1.6	30~50	50	4.5~5.5	5.4	—	—	好
8	DBJQ-11		三	0.46	30	35	92	200	0.50	1.4	50~70	60	4.5~5.5	5.0	1 040	1 405	好
9	DBJQ-12		三富浆	0.46	32	35	97	211	0.50	1.2	50~70	70	4.5~5.5	5.0	—	—	好
10	DBJQ-2		二	0.46	36	35	109	237	0.50	1.4	70~90	84	4.5~5.5	5.5	—	—	好
11	DBJQ-24	$C_{180}30$ $F_{90}250W_{90}13$	四	0.50	26	35	76	152	0.50	1.6	20~40	38	4.5~5.5	5.0	—	—	好
12	DBJQ-13		四	0.50	26	35	78	156	0.50	1.6	30~50	44	4.5~5.5	5.1	—	—	好
13	DBJQ-14		三	0.50	31	35	92	184	0.50	1.4	50~70	58	4.5~5.5	4.8	—	—	好
14	DBJQ-15		三富浆	0.50	33	35	97	194	0.50	1.2	50~70	60	4.5~5.5	5.5	1 140	1 470	好
15	DBJQ-3		二	0.50	37	35	109	218	0.50	1.4	70~90	82	4.5~5.5	5.5	—	—	好
16	DBJQ-16	$C_{90}40$ F300W15	三	0.40	29	35	93	233	0.50	1.4	50~70	60	4.5~5.5	4.8	—	—	好
17	DBJQ-4		二	0.40	35	35	109	273	0.50	1.4	70~90	88	4.5~5.5	5.4	—	—	好
18	DBJQ-17		二	0.40	37	35	113	283	0.50	1.2	100~120	116	4.5~5.5	4.8	—	—	好
19	DBJQ-21	$C_{180}40$ $F_{90}300W_{90}15$（纤维）	四	0.42	24	35	81	193	0.55	1.1	20~40	36	4.5~5.5	4.8	—	—	好
20	DBJQ-18		三富浆	0.42	30	35	100	238	0.55	1.0	50~70	67	4.5~5.5	5.1	—	—	好
21	DBJQ-20	$C_{180}35$ $F_{90}300W_{90}14$（纤维）	四	0.46	25	35	81	176	0.55	1.1	20~40	38	4.5~5.5	5.0	1 056	1 512	好
22	DBJQ-19		三富浆	0.46	31	35	100	217	0.55	1.0	50~70	68	4.5~5.5	5.5	—	—	好

表 3-136　混凝土拌合物性能试验结果（华新低热水泥+盘南煤灰+龙游减水剂+博特引气剂）

序号	试验编号	设计指标	级配	水胶比	砂率（%）	粉煤灰（%）	用水量（kg/m^3）	胶材量（kg/m^3）	减水剂（%）	引气剂（$\times10^{-4}$）	坍落度（mm）		含气量（%）		凝结时间（min）		和易性
											设计	实测	设计	实测	初凝	终凝	
1	DBHT-4	$C_{180}40$ $F_{90}300W_{90}15$	四	0. 41	24	35	74	180	0. 50	1. 8	20~40	42	4. 5~5. 5	5. 1	—	—	较好
2	DBHT-3		四	0. 41	24	35	76	185	0. 50	1. 8	30~50	45	4. 5~5. 5	5. 5	—	—	较好
3	DBHT-1		三	0. 41	29	35	90	220	0. 50	1. 8	50~70	70	4. 5~5. 5	4. 8	1 290	1 740	较好
4	DBHT-2		三富浆	0. 41	31	35	95	232	0. 50	1. 6	50~70	68	4. 5~5. 5	4. 8	—	—	绞好
5	DBHT-5		二	0. 41	35	35	107	261	0. 50	1. 6	70~90	86	4. 5~5. 5	4. 9	—	—	较好
6	DBHT-19	$C_{180}35$ $F_{90}300W_{90}14$	四	0. 46	25	35	74	161	0. 50	1. 8	20~40	34	4. 5~5. 5	5. 4	—	—	较好
7	DBHT-18		四	0. 46	25	35	76	165	0. 50	1. 8	30~50	45	4. 5~5. 5	4. 8	—	—	较好
8	DBHT-9		三	0. 46	30	35	90	196	0. 50	1. 8	50~70	70	4. 5~5. 5	5. 3	—	—	较好
9	DBHT-10		三富浆	0. 46	32	35	95	207	0. 50	1. 6	50~70	68	4. 5~5. 5	5. 4	—	—	较好
10	DBHT-6		二	0. 46	36	35	107	233	0. 50	1. 6	70~90	78	4. 5~5. 5	5. 5	1 254	1 812	较好
11	DBHT-21	$C_{180}30$ $F_{90}250W_{90}13$	四	0. 50	26	35	74	148	0. 50	1. 8	20~40	35	4. 5~5. 5	5. 2	—	—	较好
12	DBHT-20		四	0. 50	26	35	76	152	0. 50	1. 8	30~50	50	4. 5~5. 5	4. 8	—	—	较好
13	DBHT-11		三	0. 50	31	35	90	180	0. 50	1. 8	50~70	61	4. 5~5. 5	5. 2	—	—	较好
14	DBHT-13		三富浆	0. 50	33	35	95	190	0. 50	1. 6	50~70	61	4. 5~5. 5	5. 1	—	—	较好
15	DBHT-7		二	0. 50	37	35	107	214	0. 50	1. 6	70~90	86	4. 5~5. 5	5. 0	—	—	较好
16	DBHT-12	$C_{90}40$ F300W15	三	0. 40	29	35	91	228	0. 50	1. 7	50~70	70	4. 5~5. 5	4. 8	—	—	较好
17	DBHT-8		二	0. 40	37	35	111	278	0. 50	1. 3	100~120	110	4. 5~5. 5	5. 0	—	—	较好
18	DBHT-16	$C_{180}40$ $F_{90}300W_{90}15$（纤维）	四	0. 42	24	35	79	188	0. 55	1. 1	20~40	34	4. 5~5. 5	5. 2	—	—	较好
19	DBHT-14		三富浆	0. 42	30	35	98	233	0. 55	1. 0	50~70	64	4. 5~5. 5	5. 2	—	—	较好
20	DBHT-17	$C_{180}35$ $F_{90}300W_{90}14$（纤维）	四	0. 46	25	35	79	172	0. 55	1. 1	20~40	36	4. 5~5. 5	5. 0	—	—	较好
21	DBHT-15		三富浆	0. 46	31	35	98	213	0. 55	1. 0	50~70	63	4. 5~5. 5	5. 3	—	—	较好

表 3-137　混凝土力学性能试验结果（嘉华低热水泥+曲靖煤灰+博特减水剂+龙游引气剂）

序号	试验编号	设计指标	级配	水胶比	砂率（%）	粉煤灰（%）	用水量（kg/m^3）	抗压强度（MPa）				劈拉强度（MPa）				拉压比（%）		
								7 d	28 d	90 d	180 d	7 d	28 d	90 d	180 d	28 d	90 d	180 d
1	DBJQ-22	$C_{180}40$ $F_{90}300W_{90}15$	四	0.41	24	35	76	—	37.4	52.7	55.4	—	2.41	3.98	4.01	6.4	7.5	7.2
2	DBJQ-5		四	0.41	24	35	78	—	35.3	49.3	56.0	—	2.56	3.59	4.13	7.3	7.3	7.4
3	DBJQ-6		三	0.41	29	35	92	—	36.7	49.4	54.9	—	2.62	3.65	3.96	7.1	7.3	7.2
4	DBJQ-7		三富浆	0.41	31	35	97	—	35.9	52.4	56.3	—	2.75	3.83	4.02	7.7	7.3	7.1
5	DBJQ-1		二	0.41	35	35	109	16.3	33.1	45.9	50.4	—	2.43	3.50	3.83	7.3	7.6	7.6
6	DBJQ-23	$C_{180}35$ $F_{90}300W_{90}14$	四	0.46	25	35	76	—	33.9	45.5	52.6	—	2.23	3.92	4.06	6.6	8.6	7.7
7	DBJQ-10		四	0.46	25	35	78	—	31.5	44.7	50.4	—	2.71	3.38	3.92	8.6	7.6	7.8
8	DBJQ-11		三	0.46	30	35	92	—	31.2	47.4	50.8	—	2.18	3.56	3.87	7.0	7.5	7.6
9	DBJQ-12		三富浆	0.46	32	35	97	14.7	32.7	48.6	51.3	—	2.12	3.48	3.73	6.5	7.2	7.3
10	DBJQ-2		二	0.46	36	35	109	15.1	29.5	42.3	47.1	—	2.40	3.38	3.64	8.1	8.0	7.7
11	DBJQ-24	$C_{180}30$ $F_{90}250W_{90}13$	四	0.50	26	35	76	—	27.1	38.9	42.8	—	1.81	3.00	3.47	6.7	7.7	8.1
12	DBJQ-13		四	0.50	26	35	78	—	25.3	37.5	43.8	—	2.15	3.16	3.54	8.5	8.9	8.1
13	DBJQ-14		三	0.50	31	35	92	11.3	25.4	38.6	42.5	—	1.90	3.34	3.52	7.5	8.7	8.3
14	DBJQ-15		三富浆	0.50	33	35	97	—	26.0	40.4	43.9	—	1.94	3.40	3.53	7.5	8.4	8.0
15	DBJQ-3		二	0.50	37	35	109	11.8	23.3	38.1	42.9	—	2.04	2.70	3.49	8.8	7.1	8.1
16	DBJQ-16	$C_{90}40$ F300W15	三	0.40	29	35	93	21.0	40.4	51.5	—	1.40	2.81	4.02	—	7.0	7.8	—
17	DBJQ-4		二	0.40	35	35	109	17.8	37.3	50.0	—	1.15	2.56	3.90	—	6.9	7.8	—
18	DBJQ-17		二	0.40	37	35	113	15.8	34.9	48.7	—	1.10	2.74	3.80	—	7.9	7.8	—
19	DBJQ-21	$C_{180}40$ $F_{90}300W_{90}15$（纤维）	四	0.42	24	35	81	16.3	32.4	48.8	55.1	—	2.52	3.81	4.01	7.8	7.9	7.3
20	DBJQ-18		三富浆	0.42	30	35	100	15.9	30.8	45.6	50.4	—	2.09	3.23	3.84	6.8	7.1	7.6
21	DBJQ-20	$C_{180}35$ $F_{90}300W_{90}14$（纤维）	四	0.46	25	35	81	—	30.4	44.6	49.6	—	2.20	3.51	3.81	7.2	7.9	7.7
22	DBJQ-19		三富浆	0.46	31	35	100	—	27.8	43.4	48.9	—	2.03	3.34	3.72	7.3	7.7	7.6

表 3-138　混凝土力学性能试验结果（华新低热水泥+盘南煤灰+龙游减水剂+博特引气剂）

序号	试验编号	设计指标	级配	水胶比	砂率(%)	粉煤灰(%)	用水量(kg/m^3)	抗压强度(MPa)				劈拉强度(MPa)				拉压比(%)		
								7 d	28 d	90 d	180 d	7 d	28 d	90 d	180 d	28 d	90 d	180 d
1	DBHT-4	$C_{180}40$ $F_{90}300W_{90}15$	四	0.41	24	35	74	—	35.7	51.5	53.6	—	2.27	3.44	3.97	6.4	6.7	7.4
2	DBHT-3		四	0.41	24	35	76	20.2	34.2	48.5	51.8	—	2.93	3.56	3.98	8.6	7.3	7.7
3	DBHT-1		三	0.41	29	35	90	—	36.1	49.9	53.3	—	2.44	3.86	4.06	6.8	7.7	7.6
4	DBHT-2		三富浆	0.41	31	35	95	—	37.3	50.1	53.8	—	2.58	3.73	3.95	6.9	7.4	7.3
5	DBHT-5		二	0.41	35	35	107	—	32.6	51.4	53.9	—	2.63	3.46	3.80	8.1	6.7	7.1
6	DBHT-19	$C_{180}35$ $F_{90}300W_{90}14$	四	0.46	25	35	74	—	26.9	43.6	50.4	—	2.22	3.40	3.95	8.3	7.8	7.8
7	DBHT-18		四	0.46	25	35	76	—	25.5	42.2	49.8	—	2.16	3.50	3.92	8.5	8.3	7.9
8	DBHT-9		三	0.46	30	35	90	—	27.2	41.4	47.8	—	1.99	3.07	3.68	7.3	7.4	7.7
9	DBHT-10		三富浆	0.46	32	35	95	—	25.6	39.2	45.6	—	1.89	3.48	3.78	7.4	8.9	8.3
10	DBHT-6		二	0.46	36	35	107	—	26.9	40.9	47.0	—	2.29	3.13	3.70	8.5	7.7	7.9
11	DBHT-21	$C_{180}30$ $F_{90}250W_{90}13$	四	0.50	26	35	74	—	24.8	37.8	46.3	—	2.11	3.46	3.68	7.3	9.2	7.9
12	DBHT-20		四	0.50	26	35	76	—	23.4	37.7	45.1	—	1.89	3.41	3.67	8.1	9.0	8.1
13	DBHT-11		三	0.50	31	35	90	—	21.8	35.6	43.3	—	1.64	3.04	3.64	7.5	8.5	8.4
14	DBHT-13		三富浆	0.50	33	35	95	—	25.5	36.1	42.3	—	2.05	2.88	3.38	8.0	8.0	8.3
15	DBHT-7		二	0.50	37	35	107	—	23.3	36.5	42.4	—	1.56	2.90	3.41	6.7	8.0	8.0
16	DBHT-12	$C_{90}40$ F300W15	三	0.40	29	35	91	18.0	33.2	48.5	—	—	2.70	3.63	—	8.1	7.5	—
17	DBHT-8		二	0.40	37	35	111	18.5	34.0	49.8	—	1.38	2.35	3.53	—	6.9	7.1	—
18	DBHT-16	$C_{180}40$ $F_{90}300W_{90}15$（纤维）	四	0.42	24	35	79	—	30.3	45.5	51.9	—	2.43	3.53	4.02	8.0	7.8	7.7
19	DBHT-14		三富浆	0.42	30	35	98	—	29.1	44.3	50.3	—	2.36	3.59	4.04	8.1	8.1	8.0
20	DBHT-17	$C_{180}35$ $F_{90}300W_{90}14$（纤维）	四	0.46	25	35	79	—	25.2	41.0	46.6	—	1.51	3.24	3.81	6.0	7.9	8.2
21	DBHT-15		三富浆	0.46	31	35	98	—	24.8	40.6	45.9	—	2.16	3.43	3.90	8.1	8.4	8.5

(3)混凝土龄期与抗压强度发展系数。

根据大坝混凝土配合比复核试验抗压强度试验结果,对混凝土龄期与抗压强度发展系数进行统计。嘉华水泥材料组合统计结果见表 3-139、表 3-140,华新水泥材料组合统计结果见表 3-141、表 3-142。

表 3-139　混凝土龄期与抗压强度发展系数(嘉华水泥)

试验编号	设计指标	级配	水胶比	粉煤灰(%)	各龄期与 28 d 龄期抗压强度发展系数(%)		
					28 d	90 d	180 d
DBJQ-22	$C_{180}40$ $F_{90}300W_{90}15$	四	0. 41	35	100	141	148
DBJQ-5		四			100	140	159
DBJQ-6		三			100	135	150
DBJQ-7		三富浆			100	146	157
DBJQ-1		二			100	139	152
DBJQ-23	$C_{180}35$ $F_{90}300W_{90}14$	四	0. 46	35	100	134	155
DBJQ-10		四			100	142	160
DBJQ-11		三			100	152	163
DBJQ-12		三富浆			100	149	157
DBJQ-2		二			100	143	160
DBJQ-24	$C_{180}30$ $F_{90}250W_{90}13$	四	0. 50	35	100	144	158
DBJQ-13		四			100	148	173
DBJQ-14		三			100	152	167
DBJQ-15		三富浆			100	155	169
DBJQ-3		二			100	164	184
DBJQ-21	$C_{180}40$ $F_{90}300W_{90}15$ (纤维)	四	0. 42	35	100	151	170
DBJQ-18		三富浆			100	148	164
DBJQ-20	$C_{180}35$ $F_{90}300W_{90}14$ (纤维)	四	0. 46	35	100	147	163
DBJQ-19		三富浆			100	156	176

表 3-140　混凝土龄期与抗压强度发展系数综合结果(嘉华水泥)

级配	各龄期与 28 d 龄期抗压强度发展系数(%)		
	28 d	90 d	180 d
二	100	139~164	152~184
三	100	135~156	150~176
四	100	134~151	148~173

统计结果显示:在相同粉煤灰掺量条件下,混凝土水胶比和级配不同,同龄期的混凝土抗压强度发展系数存在差异。以 28 d 龄期混凝土抗压强度为基准值,不同龄期的混凝

土强度与28 d龄期抗压强度相比,嘉华水泥发展系数,90 d龄期为134%~164%、180 d龄期为148%~184%。华新水泥发展系数,90 d龄期为134%~165%、180 d龄期为144%~199%。华新水泥混凝土后期强度增长趋势稍高于嘉华水泥。

表 3-141　混凝土龄期与抗压强度发展系数(华新水泥)

试验编号	设计指标	级配	水胶比	粉煤灰(%)	各龄期与28 d龄期抗压强度发展系数(%)		
					28 d	90 d	180 d
DBHT-4	$C_{180}40$ $F_{90}300W_{90}15$	四	0.41	35	100	144	150
DBHT-3		四			100	142	151
DBHT-1		三			100	138	148
DBHT-2		三富浆			100	134	144
DBHT-5		二			100	158	165
DBHT-19	$C_{180}35$ $F_{90}300W_{90}14$	四	0.46	35	100	162	187
DBHT-18		四			100	165	195
DBHT-9		三			100	152	176
DBHT-10		三富浆			100	153	178
DBHT-6		二			100	152	175
DBHT-21	$C_{180}30$ $F_{90}250W_{90}13$	四	0.50	35	100	152	187
DBHT-20		四			100	161	193
DBHT-11		三			100	163	199
DBHT-13		三富浆			100	142	166
DBHT-7		二			100	157	182
DBHT-16	$C_{180}40$ $F_{90}300W_{90}15$ (纤维)	四	0.42	35	100	150	171
DBHT-14		三富浆			100	152	173
DBHT-17	$C_{180}35$ $F_{90}300W_{90}14$ (纤维)	四	0.46	35	100	163	185
DBHT-15		三富浆			100	164	185

表 3-142　混凝土龄期与抗压强度发展系数综合结果(华新水泥)

级配	各龄期与28 d龄期抗压强度发展系数(%)		
	28 d	90 d	180 d
二	100	152~158	165~182
三	100	134~164	144~199
四	100	142~165	150~195

(4)混凝土变形性能试验。

混凝土的极限拉伸值和弹性模量主要反映混凝土的变形性能,也是衡量混凝土抗裂性能的重要指标。一般为提高混凝土的抗裂性能，要求混凝土具有较高的极限拉伸值和较低的弹性模量。嘉华低热水泥材料组合和华新低热水泥材料组合大坝混凝土配合比复核试验变形性能试验结果见表3-143、表3-144。试验结果显示，当采用嘉华低热水泥材料组合时，设计指标为 $C_{180}40F_{90}300W_{90}15$ 的混凝土 180 d 极限拉伸值为$(128\sim138)\times10^{-6}$，静力抗压弹性模量为 44.8~46.7 GPa；设计指标为 $C_{180}35F_{90}300W_{90}14$ 的混凝土 180 d 极限拉伸值为$(122\sim129)\times10^{-6}$，静力抗压弹性模量为 43.2~44.2 GPa；设计指标为 $C_{180}30F_{90}250W_{90}13$ 的混凝土 180 d 极限拉伸值为$(115\sim124)\times10^{-6}$，静力抗压弹性模量为 42.9~44.2 GPa；设计指标为 $C_{90}40F300W15$ 的混凝土 90 d 极限拉伸值为$(120\sim121)\times10^{-6}$，静力抗压弹性模量为 42.6~44.9 GPa；设计指标为 $C_{180}40F_{90}300W_{90}15$ 的纤维混凝土 180 d 极限拉伸值为 137×10^{-6} 和 139×10^{-6}，静力抗压弹性模量为 44.2 GPa 和 44.5 GPa；设计指标为 $C_{180}35F_{90}300W_{90}14$ 的纤维混凝土 180 d 极限拉伸值为 129×10^{-6} 和 129×10^{-6}，静力抗压弹性模量为 43.5 GPa 和 43.9 GPa。

当采用华新低热水泥材料组合时，设计指标为 $C_{180}40F_{90}300W_{90}15$ 的混凝土 180 d 极限拉伸值为$(129\sim137)\times10^{-6}$，静力抗压弹性模量为 44.9~46.3 GPa；设计指标为 $C_{180}35F_{90}300W_{90}14$ 的混凝土 180 d 极限拉伸值为$(124\sim131)\times10^{-6}$，静力抗压弹性模量为 43.1~44.4 GPa；设计指标为 $C_{180}30F_{90}250W_{90}13$ 的混凝土 180 d 极限拉伸值为$(118\sim126)\times10^{-6}$，静力抗压弹性模量为 42.4~43.0 GPa；设计指标为 $C_{90}40F300W15$ 的混凝土 90 d 极限拉伸值为 118×10^{-6} 和 119×10^{-6}，静力抗压弹性模量为 42.4 GPa 和 48.4 GPa；设计指标为 $C_{180}40F_{90}300W_{90}15$ 的纤维混凝土 180 d 极限拉伸值在$(136\sim139)\times10^{-6}$，静力抗压弹性模量在 44.3~44.6 GPa；设计指标为 $C_{180}35F_{90}300W_{90}14$ 的纤维混凝土 180 d 极限拉伸值在$(130\sim131)\times10^{-6}$，静力抗压弹性模量在 43.3~43.7 GPa。

以上试验结果表明，嘉华低热水泥材料组合和华新低热水泥材料组合各设计龄期的极限拉伸值均满足设计要求。180 d 龄期的混凝土极限拉伸值均在 115×10^{-6} 以上，对提高混凝土的抗裂性能有利，两种水泥材料组合的混凝土配合比复核试验其变形性能基本接近。

(5)混凝土耐久性能试验。

混凝土抗冻性和抗渗性是评价耐久性的重要技术指标，大坝混凝土配合比抗冻和抗渗等级均按 90 d 龄期进行设计。抗冻性能试验采用混凝土冻融试验机进行，达到相应的冻融循环后，以相对动弹模量和质量损失率两项指标评定抗冻等级，当混凝土试件的相对动弹模量低于60%或质量损失率超过5%时，即可认为试件已达到破坏。混凝土抗渗性能是指抵抗压力液体渗透作用的能力，抗渗性能试验采用逐级加压法进行。

为充分检验各设计等级混凝土耐久性能的极限状态，大坝混凝土配合比复核试验抗冻性能均进行至300次冻融循环，抗渗性能全部加压到 1.5 MPa 的水压力。嘉华低热水泥材料组合和华新低热水泥材料组合混凝土耐久性能试验结果见表3-145、表3-146。

试验结果表明：两种水泥材料组合的各设计等级混凝土配合比 90 d 龄期的抗冻性均满足 F300 的等级和设计要求，抗渗性均满足 W15 的等级和设计要求，并且各等级混凝土在冻融循环次数达到规定要求后，混凝土质量损失不大，相对动弹模量下降在 80.4% 以上。

表 3-143　混凝土变形性能试验结果(嘉华水泥+曲靖煤灰+博特减水剂+龙游引气剂)

序号	试验编号	设计指标	级配	水胶比	砂率(%)	粉煤灰(%)	用水量(kg/m^3)	减水剂 JM-Ⅱ(%)	引气剂 ZB-1G($\times10^{-4}$)	轴拉强度(MPa)			极限拉伸值($\times10^{-6}$)			静力抗压弹性模量(GPa)	
										28 d	90 d	180 d	28 d	90 d	180 d	90 d	180 d
1	DBJQ-22	$C_{180}40$ $F_{90}300W_{90}15$	四	0.41	24	35	76	0.50	1.6	—	—	4.93	—	—	138	—	45.4
2	DBJQ-5		四	0.41	24	35	78	0.50	1.6	3.45	4.10	4.84	110	120	132	—	46.7
3	DBJQ-6		三	0.41	29	35	92	0.50	1.4	—	—	4.83	—	—	129	—	45.3
4	DBJQ-7		三富浆	0.41	31	35	97	0.50	1.2	—	—	4.98	—	—	133	—	44.8
5	DBJQ-1		二	0.41	35	35	109	0.50	1.4	—	—	4.67	—	—	128	—	46.3
6	DBJQ-23	$C_{180}35$ $F_{90}300W_{90}14$	四	0.46	25	35	76	0.50	1.6	—	—	4.54	—	—	124	—	44.2
7	DBJQ-10		四	0.46	25	35	78	0.50	1.6	3.04	3.91	4.55	94	115	125	—	43.8
8	DBJQ-11		三	0.46	30	35	92	0.50	1.4	—	—	4.55	—	—	128	—	43.7
9	DBJQ-12		三富浆	0.46	32	35	97	0.50	1.2	—	—	4.58	—	—	129	—	43.2
10	DBJQ-2		二	0.46	36	35	109	0.50	1.4	—	—	4.43	—	—	122	—	43.6
11	DBJQ-24	$C_{180}30$ $F_{90}250W_{90}13$	四	0.50	26	35	76	0.50	1.6	—	—	4.29	—	—	122	—	42.9
12	DBJQ-13		四	0.50	26	35	78	0.50	1.6	2.79	3.66	4.15	84	107	120	—	43.1
13	DBJQ-14		三	0.50	31	35	92	0.50	1.4	—	—	4.25	—	—	122	—	43.1
14	DBJQ-15		三富浆	0.50	33	35	97	0.50	1.2	—	—	4.27	—	—	124	—	42.9
15	DBJQ-3		二	0.50	37	35	109	0.50	1.4	—	—	4.17	—	—	115	—	44.2
16	DBJQ-16	$C_{90}40$ F300W15	三	0.40	29	35	93	0.50	1.4	—	4.11	—	—	120	—	44.9	—
17	DBJQ-4		二	0.40	35	35	109	0.50	1.4	—	4.16	—	—	120	—	42.6	—
18	DBJQ-17		二	0.40	37	35	113	0.50	1.2	—	4.22	—	—	121	—	42.7	—
19	DBJQ-21	$C_{180}40$ $F_{90}300W_{90}15$(纤维)	四	0.42	24	35	81	0.55	1.1	3.40	4.25	4.90	109	122	139	—	44.5
20	DBJQ-18		三富浆	0.42	30	35	100	0.55	1.0	3.20	4.13	4.78	104	121	137	—	44.2
21	DBJQ-20	$C_{180}35$ $F_{90}300W_{90}14$(纤维)	四	0.46	25	35	81	0.55	1.1	3.15	3.97	4.56	98	115	129	—	43.5
22	DBJQ-19		三富浆	0.46	31	35	100	0.55	1.0	3.13	3.85	4.54	96	114	129	—	43.9

表 3-144 混凝土变形性能试验结果(华新水泥+盘南煤灰+龙游减水剂+博特引气剂)

序号	试验编号	设计指标	级配	水胶比	砂率(%)	粉煤灰(%)	用水量(kg/m^3)	减水剂 JM-Ⅱ(%)	引气剂 ZB-1G($\times10^{-4}$)	轴拉强度(MPa)			极限拉伸值($\times10^{-6}$)			静力抗压弹性模量(GPa)	
										28 d	90 d	180 d	28 d	90 d	180 d	90 d	180 d
1	DBHT-4	$C_{180}40$ $F_{90}300W_{90}15$	四	0.41	24	35	74	0.50	1.8	—	—	4.90	—	—	136	—	45.4
2	DBHT-3		四	0.41	24	35	76	0.50	1.8	3.33	4.08	4.85	109	119	134	—	45.2
3	DBHT-1		三	0.41	29	35	90	0.50	1.8	—	—	4.78	—	—	137	—	44.9
4	DBHT-2		三富浆	0.41	31	35	95	0.50	1.6	—	—	4.92	—	—	129	—	46.3
5	DBHT-5		二	0.41	35	35	107	0.50	1.6	—	—	4.67	—	—	130	—	46.0
6	DBHT-19	$C_{180}35$ $F_{90}300W_{90}14$	四	0.46	25	35	74	0.50	1.8	—	—	4.53	—	—	129	—	43.6
7	DBHT-18		四	0.46	25	35	76	0.50	1.8	3.02	3.72	4.50	94	110	129	—	43.9
8	DBHT-9		三	0.46	30	35	90	0.50	1.8	—	—	4.53	—	—	127	—	44.4
9	DBHT-10		三富浆	0.46	32	35	95	0.50	1.6	—	—	4.62	—	—	131	—	43.2
10	DBHT-6		二	0.46	36	35	107	0.50	1.6	—	—	4.50	—	—	124	—	43.1
11	DBHT-21	$C_{180}30$ $F_{90}250W_{90}13$	四	0.50	26	35	74	0.50	1.8	—	—	4.36	—	—	126	—	42.5
12	DBHT-20		四	0.50	26	35	76	0.50	1.8	2.74	3.59	4.22	83	104	119	—	42.9
13	DBHT-11		三	0.50	31	35	90	0.50	1.8	—	—	4.24	—	—	120	—	42.4
14	DBHT-13		三富浆	0.50	33	35	95	0.50	1.6	—	—	4.27	—	—	122	—	42.9
15	DBHT-7		二	0.50	37	35	107	0.50	1.6	—	—	4.27	—	—	118	—	43.0
16	DBHT-12	$C_{90}40$ F300W15	三	0.40	29	35	91	0.50	1.7	—	3.98	—	—	118	—	42.4	—
17	DBHT-8		二	0.40	37	35	111	0.50	1.3	—	4.07	—	—	119	—	48.4	—
18	DBHT-16	$C_{180}40$ $F_{90}300W_{90}15$(纤维)	四	0.42	24	35	79	0.55	1.1	3.24	4.06	5.15	104	119	139	—	44.6
19	DBHT-14		三富浆	0.42	30	35	98	0.55	1.0	3.22	4.03	5.02	103	118	136	—	44.3
20	DBHT-17	$C_{180}35$ $F_{90}300W_{90}14$(纤维)	四	0.46	25	35	79	0.55	1.1	3.05	3.95	4.67	95	112	131	—	43.7
21	DBHT-15		三富浆	0.46	31	35	98	0.55	1.0	3.10	3.88	4.62	96	113	130	—	43.3

表 3-145 混凝土耐久性能试验结果(嘉华水泥+曲靖煤灰+博特减水剂+龙游引气剂)

序号	试验编号	设计指标	级配	水胶比	砂率(%)	粉煤灰(%)	用水量(kg/m³)	减水剂JM-Ⅱ(%)	引气剂ZB-1G(×10⁻⁴)	质量损失率(%)				相对动弹模量(%)				抗冻等级	抗渗等级
										100次	200次	250次	300次	100次	200次	250次	300次	90 d	90 d
1	DBJQ-22	$C_{180}40$ $F_{90}300W_{90}15$	四	0.41	24	35	76	0.50	1.6	—	—	—	—	—	—	—	—	—	—
2	DBJQ-5		四	0.41	24	35	78	0.50	1.6	0.4	0.8	1.3	1.8	98.4	94.3	91.2	90.4	>F300	>W15
3	DBJQ-6		三	0.41	29	35	92	0.50	1.4	—	—	—	—	—	—	—	—	—	>W15
4	DBJQ-7		三富浆	0.41	31	35	97	0.50	1.2	—	—	—	—	—	—	—	—	—	>W15
5	DBJQ-1		二	0.41	35	35	109	0.50	1.4	—	—	—	—	—	—	—	—	—	—
6	DBJQ-23	$C_{180}35$ $F_{90}300W_{90}14$	四	0.46	25	35	76	0.50	1.6	—	—	—	—	—	—	—	—	—	—
7	DBJQ-10		四	0.46	25	35	78	0.50	1.6	0.5	0.9	1.6	2.2	97.1	93.8	90.7	85.5	>F300	>W15
8	DBJQ-11		三	0.46	30	35	92	0.50	1.4	—	—	—	—	—	—	—	—	—	—
9	DBJQ-12		三富浆	0.46	32	35	97	0.50	1.2	—	—	—	—	—	—	—	—	—	—
10	DBJQ-2		二	0.46	36	35	109	0.50	1.4	—	—	—	—	—	—	—	—	—	—
11	DBJQ-24	$C_{180}30$ $F_{90}250W_{90}13$	四	0.50	26	35	76	0.50	1.6	—	—	—	—	—	—	—	—	—	—
12	DBJQ-13		四	0.50	26	35	78	0.50	1.6	0.4	1.1	1.7	2.5	95.3	92.6	87.5	80.4	>F300	>W15
13	DBJQ-14		三	0.50	31	35	92	0.50	1.4	—	—	—	—	—	—	—	—	—	—
14	DBJQ-15		三富浆	0.50	33	35	97	0.50	1.2	—	—	—	—	—	—	—	—	—	—
15	DBJQ-3		二	0.50	37	35	109	0.50	1.4	—	—	—	—	—	—	—	—	—	—
16	DBJQ-16	$C_{90}40$ F300W15	三	0.40	29	35	93	0.50	1.4	—	—	—	—	—	—	—	—	—	—
17	DBJQ-4		二	0.40	35	35	109	0.50	1.4	—	—	—	—	—	—	—	—	—	—
18	DBJQ-17		二	0.40	37	35	113	0.50	1.2	—	—	—	—	—	—	—	—	—	—
19	DBJQ-21	$C_{180}40$ $F_{90}300W_{90}15$(纤维)	四	0.42	24	35	81	0.55	1.1	0.4	0.8	1.6	1.9	98.5	95.4	91.7	90.8	>F300	>W15
20	DBJQ-18		三富浆	0.42	30	35	100	0.55	1.0	0.3	0.5	1.1	1.8	96.5	95.6	93.2	91.3	>F300	>W15
21	DBJQ-20	$C_{180}35$ $F_{90}300W_{90}14$(纤维)	四	0.46	25	35	81	0.55	1.1	0.3	0.5	1.2	1.9	96.3	94.1	92.3	89.9	>F300	>W15
22	DBJQ-19		三富浆	0.46	31	35	100	0.55	1.0	0.4	0.9	1.7	2.3	96.9	94.8	92.7	90.5	>F300	>W15

表 3-146 混凝土耐久性能试验结果(华新水泥+盘南煤灰+龙游减水剂+博特引气剂)

序号	试验编号	设计指标	级配	水胶比	砂率(%)	粉煤灰(%)	用水量(kg/m³)	减水剂JM-Ⅱ(%)	引气剂ZB-1G(×10⁻⁴)	质量损失率(%)				相对动弹模量(%)				抗冻等级	抗渗等级
										100次	200次	250次	300次	100次	200次	250次	300次	90 d	90 d
1	DBHT-4	$C_{180}40$ $F_{90}300W_{90}15$	四	0.41	24	35	74	0.50	1.8	—	—	—	—	—	—	—	—	—	—
2	DBHT-3		四	0.41	24	35	76	0.50	1.8	0.3	0.6	1.1	1.5	98.7	94.2	93.1	91.3	>F300	>W15
3	DBHT-1		三	0.41	29	35	90	0.50	1.8	—	—	—	—	—	—	—	—	—	>W15
4	DBHT-2		三富浆	0.41	31	35	95	0.50	1.6	—	—	—	—	—	—	—	—	—	>W15
5	DBHT-5		二	0.41	35	35	107	0.50	1.6	—	—	—	—	—	—	—	—	—	—
6	DBHT-19	$C_{180}35$ $F_{90}300W_{90}14$	四	0.46	25	35	74	0.50	1.8	—	—	—	—	—	—	—	—	—	—
7	DBHT-18		四	0.46	25	35	76	0.50	1.8	0.5	0.9	1.8	2.4	95.6	93.1	91.2	88.9	>F300	>W15
8	DBHT-9		三	0.46	30	35	90	0.50	1.8	—	—	—	—	—	—	—	—	—	—
9	DBHT-10		三富浆	0.46	32	35	95	0.50	1.6	—	—	—	—	—	—	—	—	—	—
10	DBHT-6		二	0.46	36	35	107	0.50	1.6	—	—	—	—	—	—	—	—	—	—
11	DBHT-21	$C_{180}30$ $F_{90}250W_{90}13$	四	0.50	26	35	74	0.50	1.8	—	—	—	—	—	—	—	—	—	—
12	DBHT-20		四	0.50	26	35	76	0.50	1.8	0.6	1.1	2.2	3.1	95.0	92.1	89.9	84.7	>F300	>W15
13	DBHT-11		三	0.50	31	35	90	0.50	1.8	—	—	—	—	—	—	—	—	—	—
14	DBHT-13		三富浆	0.50	33	35	95	0.50	1.6	—	—	—	—	—	—	—	—	—	—
15	DBHT-7		二	0.50	37	35	107	0.50	1.6	—	—	—	—	—	—	—	—	—	—
16	DBHT-12	$C_{90}40$ F300W15	三	0.40	29	35	91	0.50	1.7	—	—	—	—	—	—	—	—	—	—
17	DBHT-8		二	0.40	37	35	111	0.50	1.3	—	—	—	—	—	—	—	—	—	—
18	DBHT-16	$C_{180}40$ $F_{90}300W_{90}15$(纤维)	四	0.42	24	35	79	0.55	1.1	0.5	0.8	1.4	2.1	98.1	96.0	92.4	89.5	>F300	>W15
19	DBHT-14		三富浆	0.42	30	35	98	0.55	1.0	0.4	0.6	1.2	1.9	99.0	96.2	94.0	90.8	>F300	>W15
20	DBHT-17	$C_{180}35$ $F_{90}300W_{90}14$(纤维)	四	0.46	25	35	79	0.55	1.1	0.6	1.0	1.9	2.8	96.3	94.3	90.3	86.1	>F300	>W15
21	DBHT-15		三富浆	0.46	31	35	98	0.55	1.0	0.5	0.9	1.6	2.6	98.1	96.6	92.7	87.9	>F300	>W15

(6)混凝土性能试验结果比较。

为便于分析混凝土配合比复核试验结果的相关数值,分别采用相同的设计指标和配合比及水泥品种,针对长科院和水科院两家科研单位的研究成果进行比较。由于长科院和水科院两家研究单位均采用嘉华低热水泥进行研究和试验,因此比较分析均采用嘉华低热水泥材料组合的大坝混凝土配合比复核试验结果。混凝土配合比复核试验强度与科研单位比较结果见表 3-147,混凝土配合比复核试验极限拉伸值与科研单位比较结果见表 3-148。

表 3-147　混凝土配合比复核试验强度与科研单位比较结果

序号	设计指标	级配	龄期(d)	抗压强度(MPa)			劈拉强度(MPa)		
				复核	长科院	水科院	复核	长科院	水科院
1	$C_{180}40$ $F_{90}300W_{90}15$	四	28	37.4/35.3	31.1/31.9	30.1/28.6	2.41/2.56	2.21/2.21	2.30/2.13
2			90	52.7/49.3	52.0/50.4	48.5/44.9	3.98/3.59	3.62/3.48	3.34/3.01
3			180	55.4/56.0	57.2/56.0	55.5/51.6	4.01/4.13	3.80/3.85	4.09/3.58
4		三	28	36.7	32.5	—	2.62	2.34	—
5			90	49.4	52.1	—	3.65	3.45	—
6			180	54.9	56.5	—	3.96	3.88	—
7	$C_{180}35$ $F_{90}300W_{90}14$	四	28	33.9/31.5	27.9/28.3	27.1/25.3	2.23/2.71	1.92/2.09	2.01/1.92
8			90	45.5/44.7	48.8/43.7	46.4/40.7	3.92/3.38	3.39/3.32	3.20/2.82
9			180	52.6/50.4	51.9/50.1	53.5/49.3	4.06/3.92	3.56/3.61	3.58/3.26
10	$C_{180}30$ $F_{90}250W_{90}13$	四	28	27.1/25.3	24.3/23.5	23.0/21.3	1.81/2.15	1.79/1.91	1.97/1.83
11			90	38.9/37.5	41.0/38.9	38.6/36.6	3.00/3.16	3.11/3.07	3.00/2.75
12			180	42.8/43.8	46.3/45.3	48.6/43.6	3.47/3.54	3.47/3.38	3.47/3.12
13	$C_{180}40$ $F_{90}300W_{90}15$	四纤维	28	32.4	31.2	30.4	2.52	2.35	2.07
14			90	48.8	50.9	42.6	3.81	3.56	3.30
15			180	55.1	55.9	49.8	4.01	4.03	3.42

注:在同一格内填写两个数据的代表两组试验结果。

通过对相关数值进行比较可知,除早期复核试验结果稍高外,中国水电四局复核试验的 90 d 和 180 d 龄期混凝土抗压强度、轴拉强度、极限拉伸值均与长科院和水科院两家科研单位的成果比较接近,因此本次复核试验的成果与长科院和水科院的试验成果较为吻合。

表 3-148　混凝土配合比复核试验极限拉伸值与科研单位比较结果

序号	设计指标	级配	龄期(d)	轴拉强度(MPa)			极限拉伸值(×10^{-6})		
				复核	长科院	水科院	复核	长科院	水科院
1	$C_{180}40$ $F_{90}300W_{90}15$	四	28	3.45	3.09	3.05	110	97	97
2			90	4.10	4.16	3.93	120	123	114
3			180	4.84	4.25	4.80	132	124	130
4	$C_{180}35$ $F_{90}300W_{90}14$	四	28	3.04	2.80	2.80	94	92	90
5			90	3.91	3.95	3.81	115	116	113
6			180	4.55	4.04	4.77	125	118	127
7	$C_{180}30$ $F_{90}250W_{90}13$	四	28	2.79	2.51	2.77	84	82	88
8			90	3.66	3.68	3.79	107	108	109
9			180	4.15	3.87	4.61	120	113	125
10	$C_{180}40$ $F_{90}300W_{90}15$	四纤维	28	3.40	3.09	2.88	109	99	89
11			90	4.25	4.16	4.00	122	121	120
12			180	4.90	4.47	4.40	139	124	121

6. 混凝土原材料交叉组合试验

(1)交叉组合混凝土拌合物性能试验。

根据业主提供的两种低热水泥、三种粉煤灰、两种减水剂和两种引气剂等原材料进行混凝土不同原材料之间交叉组合适配性试验。适配性试验选择有代表性的配合比参数进行试拌,根据原材料特性,通过调整单位用水量和外加剂掺量等参数,使混凝土拌合物满足规定的和易性、坍落度、含气量等设计要求后再成型试件,进行混凝土力学性试验。

不同原材料交叉组合混凝土拌合物性能试验结果见表 3-149~表 3-156,结果显示,当采用同种配合比时,对混凝土所用原材料逐个交叉组合试验,对混凝土的单位用水量和引气剂掺量均有不同程度的影响,特别是粉煤灰品种变化对混凝土拌合物的含气量影响最直接。为保持混凝土含气量在同一范围内,引气剂掺量对不同的混凝土材料组合波动较大。

(2)交叉组合混凝土力学性能试验。

根据混凝土不同原材料之间交叉组合适配性试验参数,进行混凝土力学性试验。混凝土不同原材料交叉组合适配性试验抗压强度和劈拉强度试验结果见表 3-157~表 3-164。试验结果表明,当采用相同的配合比进行不同材料组合交叉试验时,混凝土抗压强度比较接近,波动不大,不同原材料逐个交叉组合对混凝土强度影响有限。

表 3-149　交叉组合混凝土拌合物性能试验结果[嘉华水泥+(曲靖、珙县、盘南)煤灰+博特减水剂+博特引气剂]

序号	试验编号	设计指标	级配	水胶比	用水量 (kg/m³)	胶材量 (kg/m³)	砂率 (%)	粉煤灰 (%)	减水剂 (%)	引气剂 (×10⁻⁴)	坍落度(mm)		含气量(%)		主要原材料			
											设计	实测	设计	实测	水泥	粉煤灰	减水剂	引气剂
1	DBSSJT-1	$C_{180}40$ $F_{90}300W_{90}15$	四	0.41	76	185	24	35	0.5	1.8	30~50	48	4.5~5.5	4.5	嘉华	盘南	博特	博特
2	DBSSJN-2			0.41	76	185	24	35	0.5	2.0	30~50	52	4.5~5.5	4.8	嘉华	珙县	博特	博特
3	DBSSJQ-3			0.41	78	190	24	35	0.5	4.0	30~50	47	4.5~5.5	5.0	嘉华	曲靖	博特	博特

表 3-150　交叉组合混凝土拌合物性能试验结果[华新水泥+(曲靖、珙县、盘南)煤灰+龙游减水剂+龙游引气剂]

序号	试验编号	设计指标	级配	水胶比	用水量 (kg/m³)	胶材量 (kg/m³)	砂率 (%)	粉煤灰 (%)	减水剂 (%)	引气剂 (×10⁻⁴)	坍落度(mm)		含气量(%)		主要原材料			
											设计	实测	设计	实测	水泥	粉煤灰	减水剂	引气剂
1	DBLLHQ-1	$C_{180}40$ $F_{90}300W_{90}15$	四	0.41	77	188	24	35	0.5	1.9	30~50	50	4.5~5.5	4.9	华新	曲靖	龙游	龙游
2	DBLLHN-2			0.41	76	185	24	35	0.5	1.5	30~50	52	4.5~5.5	5.5	华新	盘南	龙游	龙游
3	DBLLHT-3			0.41	76	185	24	35	0.5	0.9	30~50	48	4.5~5.5	5.5	华新	珙县	龙游	龙游

表 3-151　交叉组合混凝土拌合物性能试验结果[嘉华水泥+(珙县、盘南)煤灰+博特减水剂+龙游引气剂]

序号	试验编号	设计指标	级配	水胶比	用水量 (kg/m³)	胶材量 (kg/m³)	砂率 (%)	粉煤灰 (%)	减水剂 (%)	引气剂 (×10⁻⁴)	坍落度(mm)		含气量(%)		主要原材料			
											设计	实测	设计	实测	水泥	粉煤灰	减水剂	引气剂
1	DBJQ-8	$C_{180}40$ $F_{90}300W_{90}15$	四	0.41	77	188	24	35	0.50	1.0	30~50	49	4.5~5.5	5.1	嘉华	珙县	博特	龙游
2	DBSLJN-1		三富浆	0.41	94	229	31	35	0.50	0.9	50~70	60	4.5~5.5	5.3	嘉华	珙县	博特	龙游
3	DBJQ-9		四	0.41	77	188	24	35	0.50	1.0	20~40	39	4.5~5.5	4.9	嘉华	盘南	博特	龙游
4	DBSLJT-2		三	0.41	89	217	29	35	0.50	1.15	50~70	72	4.5~5.5	5.0	嘉华	盘南	博特	龙游
5	DBSLJT-7		二	0.41	106	259	34	35	0.50	1.05	70~90	87	4.5~5.5	4.9	嘉华	盘南	博特	龙游
6	DBSLJN-5		四纤维	0.42	79	188	23	35	0.55	0.65	30~50	46	4.5~5.5	5.3	嘉华	珙县	博特	龙游
7	DBSLJT-6		四纤维	0.42	80	190	23	35	0.55	0.75	30~50	45	4.5~5.5	5.1	嘉华	盘南	博特	龙游
8	DBSLJT-3		三纤维	0.42	93	221	30	35	0.55	1.0	50~70	60	4.5~5.5	5.1	嘉华	盘南	博特	龙游
9	DBSLJN-4		三纤维	0.42	92	219	30	35	0.55	0.7	50~70	70	4.5~5.5	5.5	嘉华	珙县	博特	龙游

表 3-152 交叉组合混凝土拌合物性能试验结果[华新水泥+(珙县、曲靖)煤灰+龙游减水剂+博特引气剂]

序号	试验编号	设计指标	级配	水胶比	用水量(kg/m^3)	胶材量(kg/m^3)	砂率(%)	粉煤灰(%)	减水剂(%)	引气剂($\times10^{-4}$)	坍落度(mm)		含气量(%)		主要原材料			
											设计	实测	设计	实测	水泥	粉煤灰	减水剂	引气剂
1	DBLSHN-8	$C_{180}35$ $F_{90}300W_{90}14$	四	0.45	74	164	25	35	0.50	1.0	20~40	41	4.5~5.5	4.3	华新	珙县	龙游	博特
2	DBLSHN-3		三富浆	0.45	91	202	32	35	0.50	1.4	50~70	66	4.5~5.5	5.0	华新	珙县	龙游	博特
3	DBLSHQ-9		四	0.45	77	171	25	35	0.50	1.8	20~40	36	4.5~5.5	4.1	华新	曲靖	龙游	博特
4	DBLSHQ-2		三	0.45	88	196	30	35	0.50	2.3	50~70	65	4.5~5.5	4.6	华新	曲靖	龙游	博特
5	DBLSHQ-1		二	0.45	107	238	36	35	0.50	2.3	70~90	88	4.5~5.5	5.5	华新	曲靖	龙游	博特
6	DBLSHN-7		四纤维	0.46	82	178	25	35	0.55	0.5	20~40	40	4.5~5.5	4.9	华新	珙县	龙游	博特
7	DBLSHQ-6		四纤维	0.46	86	187	25	35	0.55	1.3	20~40	38	4.5~5.5	4.9	华新	曲靖	龙游	博特
8	DBLSHN-4		三富浆	0.46	94	204	32	35	0.55	1.1	50~70	59	4.5~5.5	5.2	华新	珙县	龙游	博特
9	DBLSHQ-5		三富纤维	0.46	102	222	32	35	0.55	1.6	50~70	63	4.5~5.5	5.0	华新	曲靖	龙游	博特

表 3-153 交叉组合混凝土拌合物性能试验结果[嘉华水泥+(曲靖、珙县、盘南)煤灰+龙游减水剂+龙游引气剂]

序号	试验编号	设计指标	级配	水胶比	用水量(kg/m^3)	胶材量(kg/m^3)	砂率(%)	粉煤灰(%)	减水剂(%)	引气剂($\times10^{-4}$)	坍落度(mm)		含气量(%)		主要原材料			
											设计	实测	设计	实测	水泥	粉煤灰	减水剂	引气剂
1	DBLLJQ-1	$C_{180}40$ $F_{90}300W_{90}15$	四	0.41	78	190	24	35	0.5	2.0	30~50	46	4.5~5.5	4.9	嘉华	曲靖	龙游	龙游
2	DBLLJN-2			0.41	75	183	24	35	0.5	0.85	30~50	47	4.5~5.5	5.0	嘉华	珙县	龙游	龙游
3	DBLLJT-3			0.41	76	185	24	35	0.5	0.95	30~50	54	4.5~5.5	4.8	嘉华	盘南	龙游	龙游

表 3-154 交叉组合混凝土拌合物性能试验结果[嘉华水泥+(曲靖、珙县、盘南)煤灰+博特减水剂+博特引气剂]

序号	试验编号	设计指标	级配	水胶比	用水量(kg/m^3)	胶材量(kg/m^3)	砂率(%)	粉煤灰(%)	减水剂(%)	引气剂($\times10^{-4}$)	坍落度(mm)		含气量(%)		主要原材料			
											设计	实测	设计	实测	水泥	粉煤灰	减水剂	引气剂
1	DBSSHT-3	$C_{180}40$ $F_{90}300W_{90}15$	四	0.41	76	185	24	35	0.5	1.6	30~50	50	4.5~5.5	4.5	嘉华	曲靖	博特	博特
2	DBSSHN-2			0.41	75	183	24	35	0.5	1.4	30~50	54	4.5~5.5	4.6	嘉华	珙县	博特	博特
3	DBSSHQ-1			0.41	77	188	24	35	0.5	2.5	30~50	46	4.5~5.5	4.8	嘉华	盘南	博特	博特

表 3-155　交叉组合混凝土拌合物性能试验结果[华新水泥+(珙县、曲靖)煤灰+博特减水剂+龙游引气剂]

序号	试验编号	设计指标	级配	水胶比	用水量 (kg/m^3)	胶材量 (kg/m^3)	砂率 (%)	粉煤灰 (%)	减水剂 (%)	引气剂 ($\times10^{-4}$)	坍落度(mm)		含气量(%)		主要原材料			
											设计	实测	设计	实测	水泥	粉煤灰	减水剂	引气剂
1	DBSLHN-1	$C_{180}40$ $F_{90}300W_{90}15$	四	0.41	74	180	24	35	0.50	0.7	30~50	49	4.5~5.5	4.8	华新	珙县	博特	龙游
2	DBSLHN-7		三富浆	0.41	92	224	31	35	0.50	0.7	50~70	70	4.5~5.5	5.2	华新	珙县	博特	龙游
3	DBSLHQ-2		四	0.41	75	183	24	35	0.50	1.2	30~50	52	4.5~5.5	4.8	华新	曲靖	博特	龙游
4	DBSLHQ-8		三	0.41	86	210	29	35	0.50	1.1	50~70	54	4.5~5.5	4.9	华新	曲靖	博特	龙游
5	DBSLHQ-9		二	0.41	107	261	35	35	0.50	1.0	70~90	88	4.5~5.5	5.5	华新	曲靖	博特	龙游
6	DBSLHN-4		四纤维	0.42	79	188	24	35	0.55	0.25	20~40	33	4.5~5.5	5.0	华新	珙县	博特	龙游
7	DBSLHQ-3		四纤维	0.42	81	193	24	35	0.55	0.5	30~50	45	4.5~5.5	4.8	华新	曲靖	博特	龙游
8	DBSLHQ-6		三富纤维	0.42	103	245	31	35	0.55	0.5	50~70	70	4.5~5.5	4.8	华新	曲靖	博特	龙游
9	DBSLHN-5		三富纤维	0.42	102	243	31	35	0.55	0.27	50~70	69	4.5~5.5	4.7	华新	珙县	博特	龙游

表 3-156　交叉组合混凝土拌合物性能试验结果[嘉华水泥+(珙县、盘南)煤灰+龙游减水剂+博特引气剂]

序号	试验编号	设计指标	级配	水胶比	用水量 (kg/m^3)	胶材量 (kg/m^3)	砂率 (%)	粉煤灰 (%)	减水剂 (%)	引气剂 ($\times10^{-4}$)	坍落度(mm)		含气量(%)		主要原材料			
											设计	实测	设计	实测	水泥	粉煤灰	减水剂	引气剂
1	LSJN-1	$C_{180}35$ $F_{90}300W_{90}14$	四	0.45	76	169	25	35	0.50	0.9	30~50	55	4.5~5.5	4.4	嘉华	珙县	龙游	博特
2	LSJN-7		三富浆	0.45	94	209	32	35	0.50	0.9	50~70	70	4.5~5.5	4.5	嘉华	珙县	龙游	博特
3	LSJT-2		四	0.45	76	169	25	35	0.50	1.5	30~50	45	4.5~5.5	4.7	嘉华	盘南	龙游	博特
4	LSJT-8		三	0.45	86	191	30	35	0.50	1.5	50~70	53	4.5~5.5	4.5	嘉华	盘南	龙游	博特
5	LSJT-9		二	0.45	107	238	36	35	0.50	1.7	70~90	83	4.5~5.5	5.0	嘉华	盘南	龙游	博特
6	LSJN-4		四纤维	0.46	81	176	25	35	0.55	0.5	20~40	42	4.5~5.5	4.8	嘉华	珙县	龙游	博特
7	LSJT-3		四纤维	0.46	81	176	25	35	0.55	1.0	20~40	41	4.5~5.5	4.9	嘉华	盘南	龙游	博特
8	LSJN-5		三纤维	0.46	103	224	30	35	0.55	0.5	50~70	71	4.5~5.5	4.7	嘉华	珙县	龙游	博特
9	LSJT-6		三纤维	0.46	103	224	30	35	0.55	0.75	50~70	70	4.5~5.5	4.8	嘉华	盘南	龙游	博特

表 3-157　交叉组合混凝土力学性能试验结果[嘉华水泥+(曲靖、珙县、盘南)煤灰+博特减水剂+博特引气剂]

序号	试验编号	设计指标	级配	水胶比	用水量(kg/m³)	砂率(%)	粉煤灰(%)	减水剂(%)	引气剂(×10⁻⁴)	抗压强度(MPa)			劈拉强度(MPa)			拉压比(%)		
										28 d	90 d	180 d	28 d	90 d	180 d	28 d	90 d	180 d
1	DBSSJT-1	$C_{180}40$ $F_{90}300W_{90}15$	四	0.41	76	24	35	0.5	1.8	37.3	53.9	57.2	2.40	3.86	4.07	6.4	7.2	7.1
2	DBSSJN-2			0.41	76	24	35	0.5	2.0	36.8	50.4	54.0	2.32	3.57	3.99	6.3	7.1	7.4
3	DBSSJQ-3			0.41	78	24	35	0.5	4.0	35.2	50.8	54.1	2.30	3.24	3.88	6.5	6.4	7.2

表 3-158　交叉组合混凝土力学性能试验结果[华新水泥+(曲靖、珙县、盘南)煤灰+龙游减水剂+龙游引气剂]

序号	试验编号	设计指标	级配	水胶比	用水量(kg/m³)	砂率(%)	粉煤灰(%)	减水剂(%)	引气剂(×10⁻⁴)	抗压强度(MPa)			劈拉强度(MPa)			拉压比(%)		
										28 d	90 d	180 d	28 d	90 d	180 d	28 d	90 d	180 d
1	DBLLHQ-1	$C_{180}40$ $F_{90}300W_{90}15$	四	0.41	77	24	35	0.5	1.9	35.3	46.0	51.5	2.56	3.50	3.82	7.3	7.6	7.4
2	DBLLHT-2			0.41	76	24	35	0.5	1.5	35.9	46.8	51.6	2.85	3.66	3.87	7.9	7.8	7.5
3	DBLLHN-3			0.41	76	24	35	0.5	0.9	35.2	45.1	52.4	2.59	3.71	3.86	7.4	8.2	7.4

表 3-159　交叉组合混凝土力学性能试验结果[嘉华水泥+(珙县、盘南)煤灰+博特减水剂+龙游引气剂]

序号	试验编号	设计指标	级配	水胶比	用水量(kg/m³)	砂率(%)	粉煤灰(%)	减水剂(%)	引气剂(×10⁻⁴)	抗压强度(MPa)			劈拉强度(MPa)			拉压比(%)		
										28 d	90 d	180 d	28 d	90 d	180 d	28 d	90 d	180 d
1	DBJQ-8	$C_{180}40$ $F_{90}300W_{90}15$	四	0.41	77	24	35	0.50	1.0	36.5	51.7	53.3	2.83	4.22	4.31	7.6	8.2	8.1
2	DBSLJN-1		三富浆	0.41	94	31	35	0.50	0.9	36.6	53.4	57.9	2.48	3.83	4.11	6.8	7.2	7.1
3	DBJQ-9		四	0.41	77	24	35	0.50	1.0	37.1	50.2	59.1	2.77	3.86	4.23	7.5	7.7	7.2
4	DBSLJT-2		三	0.41	89	29	35	0.50	1.15	34.6	50.0	54.8	2.40	3.20	3.89	6.9	6.4	7.1
5	DBSLJT-7		二	0.41	106	34	35	0.50	1.05	35.6	47.0	57.0	2.61	3.70	4.22	7.3	7.9	7.4
6	DBSLJN-5		四纤维	0.42	79	23	35	0.55	0.65	34.2	46.6	54.0	2.45	3.99	4.18	7.2	8.6	7.7
7	DBSLJT-6		四纤维	0.42	80	23	35	0.55	0.75	35.7	47.0	54.5	2.58	3.61	4.14	7.2	7.7	7.6
8	DBSLJT-3		三纤维	0.42	93	30	35	0.55	1.0	33.6	45.4	57.5	2.50	3.76	4.21	7.4	8.3	7.3
9	DBSLJN-4		三纤维	0.42	92	30	35	0.55	0.7	32.8	44.2	54.3	2.47	3.43	3.86	7.5	7.8	7.1

表 3-160　交叉组合混凝土力学性能试验结果[华新水泥+(珙县、曲靖)煤灰+龙游减水剂+博特引气剂]

序号	试验编号	设计指标	级配	水胶比	用水量(kg/m^3)	砂率(%)	粉煤灰(%)	减水剂(%)	引气剂($\times10^{-4}$)	抗压强度(MPa)			劈拉强度(MPa)			拉压比(%)		
										28 d	90 d	180 d	28 d	90 d	180 d	28 d	90 d	180 d
1	DBLSHN-8	$C_{180}35$ $F_{90}300W_{90}14$	四	0.45	74	25	35	0.50	1.0	29.7	47.1	53.8	2.30	3.66	3.84	7.7	7.8	7.1
2	DBLSHN-3		三富浆	0.45	91	32	35	0.50	1.4	28.8	42.0	48.8	2.20	3.38	3.71	7.6	8.0	7.6
3	DBLSHQ-9		四	0.45	77	25	35	0.50	1.8	30.8	47.2	54.8	2.09	3.24	3.78	6.8	6.9	6.9
4	DBLSHQ-2		三	0.45	88	30	35	0.50	2.3	29.8	41.5	49.4	2.00	3.54	3.73	6.7	8.5	7.6
5	DBLSHQ-1		二	0.45	107	36	35	0.50	2.3	28.5	37.8	46.2	2.13	3.57	3.71	7.5	9.5	8.0
6	DBLSHN-7		四纤维	0.46	82	25	35	0.55	0.5	26.8	41.4	47.8	2.01	3.26	3.76	7.5	7.9	7.9
7	DBLSHQ-6		四纤维	0.46	86	25	35	0.55	1.3	28.2	45.0	50.1	2.08	3.21	3.69	7.4	7.1	7.4
8	DBLSHN-4		三富纤维	0.46	94	32	35	0.55	1.1	31.2	46.5	51.2	2.50	3.39	3.70	8.0	7.3	7.2
9	DBLSHQ-5		三富纤维	0.46	102	32	35	0.55	1.6	30.2	43.6	47.0	2.33	3.43	3.65	7.7	7.9	7.8

表 3-161　交叉组合混凝土力学性能试验结果[嘉华水泥+(曲靖、珙县、盘南)煤灰+龙游减水剂+龙游引气剂]

序号	试验编号	设计指标	级配	水胶比	用水量(kg/m^3)	砂率(%)	粉煤灰(%)	减水剂(%)	引气剂($\times10^{-4}$)	抗压强度(MPa)			劈拉强度(MPa)			拉压比(%)		
										28 d	90 d	180 d	28 d	90 d	180 d	28 d	90 d	180 d
1	DBLLJQ-1	$C_{180}40$ $F_{90}300W_{90}15$	四	0.41	78	24	35	0.5	2.0	36.7	47.3	52.4	2.76	3.69	4.19	7.5	7.8	8.0
2	DBLLJN-2			0.41	75	24	35	0.5	0.85	35.2	50.3	55.9	2.81	3.83	4.39	8.0	7.6	7.9
3	DBLLJT-3			0.41	76	24	35	0.5	0.95	37.2	50.4	56.0	2.49	3.73	3.97	6.7	7.4	7.1

表 3-162　交叉组合混凝土力学性能试验结果[华新水泥+(曲靖、珙县、盘南)煤灰+博特减水剂+博特引气剂]

序号	试验编号	设计指标	级配	水胶比	用水量(kg/m^3)	砂率(%)	粉煤灰(%)	减水剂(%)	引气剂($\times10^{-4}$)	抗压强度(MPa)			劈拉强度(MPa)			拉压比(%)		
										28 d	90 d	180 d	28 d	90 d	180 d	28 d	90 d	180 d
1	DBSSHT-3	$C_{180}40$ $F_{90}300W_{90}15$	四	0.41	76	24	35	0.5	1.6	37.2	49.7	56.0	2.54	3.69	4.01	6.8	7.4	7.2
2	DBSSHN-2			0.41	75	24	35	0.5	1.4	37.3	51.1	54.5	2.94	3.82	4.00	7.9	7.5	7.4
3	DBSSHQ-1			0.41	77	24	35	0.5	2.5	36.3	51.5	55.4	2.74	4.21	4.35	7.5	8.2	7.6

表 3-163　交叉组合混凝土力学性能试验结果[华新水泥+(珙县、曲靖)煤灰+博特减水剂+龙游引气剂]

序号	试验编号	设计指标	级配	水胶比	用水量 (kg/m³)	砂率 (%)	粉煤灰 (%)	减水剂 (%)	引气剂 (×10⁻⁴)	抗压强度(MPa)			劈拉强度(MPa)			拉压比(%)		
										28 d	90 d	180 d	28 d	90 d	180 d	28 d	90 d	180 d
1	DBSLHN-1	$C_{180}40$ $F_{90}300W_{90}15$	四	0.41	74	24	35	0.50	0.7	34.6	48.2	59.9	2.75	3.74	4.17	7.9	7.8	7.0
2	DBSLHN-7		三富浆	0.41	92	31	35	0.50	0.7	36.1	54.5	58.5	2.77	3.92	4.23	7.7	7.2	7.2
3	DBSLHQ-2		四	0.41	75	24	35	0.50	1.2	37.0	50.2	55.2	2.36	3.57	4.03	6.4	7.1	7.3
4	DBSLHQ-8		三	0.41	86	29	35	0.50	1.1	37.1	53.1	58.8	2.60	3.84	4.18	7.0	7.2	7.1
5	DBSLHQ-9		二	0.41	107	35	35	0.50	1.0	33.5	50.6	57.5	2.52	3.94	4.07	7.5	7.8	7.1
6	DBSLHN-4		四纤维	0.42	79	24	35	0.55	0.25	34.6	50.0	56.8	2.46	3.41	4.12	7.1	6.8	7.3
7	DBSLHQ-3		四纤维	0.42	81	24	35	0.55	0.5	36.4	55.2	58.1	2.73	3.92	4.18	7.5	7.1	7.2
8	DBSLHQ-6		三富纤维	0.42	103	31	35	0.55	0.5	31.5	46.9	53.5	2.21	3.71	3.97	7.0	7.9	7.4
9	DBSLHN-5		三富纤维	0.42	102	31	35	0.55	0.27	33.4	52.2	56.1	2.50	3.77	4.15	7.5	7.2	7.4

表 3-164　交叉组合混凝土力学性能试验结果[嘉华水泥+(珙县、盘南)煤灰+龙游减水剂+博特引气剂]

序号	试验编号	设计指标	级配	水胶比	用水量 (kg/m³)	砂率 (%)	粉煤灰 (%)	减水剂 (%)	引气剂 (×10⁻⁴)	抗压强度(MPa)			劈拉强度(MPa)			拉压比(%)		
										28 d	90 d	180 d	28 d	90 d	180 d	28 d	90 d	180 d
1	LSJN-1	$C_{180}35$ $F_{90}300W_{90}14$	四	0.45	76	25	35	0.50	0.9	32.6	47.6	50.6	2.54	3.45	3.79	7.8	7.3	7.5
2	LSJN-7		三富浆	0.45	94	32	35	0.50	0.9	28.0	43.2	53.6	2.20	3.64	4.09	7.9	8.4	7.6
3	LSJT-2		四	0.45	76	25	35	0.50	1.5	31.1	48.2	52.3	2.41	3.91	4.01	7.7	8.1	7.7
4	LSJT-8		三	0.45	86	30	35	0.50	1.5	30.4	48.4	52.4	2.46	3.42	3.89	8.1	7.1	7.4
5	LSJT-9		二	0.45	107	36	35	0.50	1.7	31.1	47.5	53.2	2.55	3.36	4.23	8.2	7.1	8.0
6	LSJN-4		四纤维	0.46	81	25	35	0.55	0.5	30.9	44.3	51.2	2.38	3.29	3.68	7.7	7.4	7.2
7	LSJT-3		四纤维	0.46	81	25	35	0.55	1.0	29.7	41.5	51.8	2.39	3.60	3.77	8.0	8.7	7.3
8	LSJN-5		三纤维	0.46	103	30	35	0.55	0.5	32.5	45.7	54.0	2.59	3.30	4.03	8.0	7.2	7.5
9	LSJT-6		三纤维	0.46	103	30	35	0.55	0.75	33.8	48.1	55.3	2.80	3.77	4.21	8.3	7.8	7.6

7. 复核配合比补充试验

根据2017年1月10日在白鹤滩工程建设部召开的白鹤滩水电站大坝垫座混凝土施工配合比试验成果审查会及中国三峡建设管理有限公司白鹤滩工程建设部下发的《白鹤滩水电站大坝垫座混凝土施工配合比试验成果审查会议纪要》(2017年第11期)的内容要求,试验室对设计指标为$C_{180}40F_{90}300W_{90}15$的混凝土配合比进行水胶比微调补充试验,即将原水胶比调整为0.42进行复核试验。

嘉华低热水泥材料组合和华新低热水泥材料组合补充配合比混凝土拌合物性能试验结果见表3-165、表3-166。嘉华低热水泥材料组合和华新低热水泥材料组合补充配合比混凝土力学性能试验结果见表3-167、表3-168。

补充的两种低热水泥材料组合混凝土配合比试验结果表明,当设计指标为$C_{180}40F_{90}300W_{90}15$的混凝土配合比水胶比由0.41提高到0.42时,混凝土抗压强度略有降低,但其拌合物性能和力学性能均能满足设计要求。

8. 大坝混凝土施工配合比

白鹤滩水电站主坝工程为混凝土双曲拱坝,设计龄期较长为180 d。但混凝土的耐久性能设计龄期却为90 d,并且抗冻性能和抗渗性能设计等级要求较高,是施工配合比选用时的主要控制指标,应作为重点和其他设计要求共同确定施工配合比。大坝混凝土配合比复核试验结果的各项性能均满足设计要求,与两家科研单位的试验成果分析比较,复核试验的相关数值较为接近,试验数据准确可靠。

根据大坝混凝土配合比复核试验及多种原材料组合交叉适配性试验,参考低线拌和系统混凝土试生产时各项参数的验证结果,考虑到大坝混凝土所用的原材料品种较多,综合各种因素的影响最终所确定的白鹤滩水电站大坝坝体混凝土施工配合比见表3-169、表3-170。

9. 小结

(1)本次大坝混凝土配合比复核试验是依据2016年10月6日二滩国际白鹤滩监理组织召开的《大坝混凝土配合比试验计划专题会》会议纪要及上报的混凝土配合比试验大纲等内容开展。混凝土配合比复核试验过程中,除个别参数微调外,基本全部按照招标文件提供的大坝坝体混凝土参考配合比的各项参数进行。

(2)配合比复核试验所采用的华新水泥(昆明东川)有限公司生产的“堡垒”牌P·LH42.5水泥和四川嘉华锦屏特种水泥有限责任公司生产的“隆冠”牌P·LH42.5水泥,均满足《中热硅酸盐水泥、低热硅酸盐水泥、低热矿渣硅酸盐水泥》(GB 200—2003)和《拱坝混凝土用低热硅酸盐水泥技术要求及检验》(Q/CTG 13—2015)相关标准要求,华新低热水泥早期强度高于嘉华低热水泥,但28 d抗压强度却低于嘉华低热水泥,两种低热水泥的抗折强度比较接近;四川盘南涛峰粉煤灰、宜宾珙县能顺粉煤灰、曲靖方园粉煤灰全部符合《水工混凝土掺用粉煤灰技术规范》(DL/T 5055—2007)和《拱坝混凝土用粉煤灰技术要求及检验》(Q/CTG 15—2015)中对Ⅰ级粉煤灰的等级要求;浙江龙游ZB-1A缓凝高效减水剂、江苏博特JM-Ⅱ缓凝高效减水剂,均不能同时满足对嘉华低热水泥和华新低热水泥的适应性要求,即同厂家同型号的减水剂针对嘉华低热水泥和华新低热水泥采用不同的配方。

表 3-165　补充混凝土拌合物性能试验结果（嘉华水泥+曲靖煤灰+博特减水剂+龙游引气剂）

序号	试验编号	设计指标	级配	水胶比	砂率（%）	粉煤灰（%）	用水量（kg/m^3）	胶材量（kg/m^3）	减水剂（%）	引气剂（$\times10^{-4}$）	坍落度（mm）		含气量（%）		凝结时间（min）		和易性
											设计	实测	设计	实测	初凝	终凝	
1	PB-6	$C_{180}40$ $F_{90}300W_{90}15$	四	0.42	24	35	78	186	0.50	2.0	30~50	47	4.5~5.5	5.4	—	—	较好
2	PB-7		三	0.42	29	35	92	219	0.50	1.8	50~70	68	4.5~5.5	5.2	—	—	较好
3	PB-8		三富浆	0.42	31	35	97	231	0.50	1.6	50~70	62	4.5~5.5	5.5	—	—	较好
4	PB-9		二	0.42	35	35	109	260	0.50	1.8	70~90	85	4.5~5.5	5.3	1 488	1 834	较好

表 3-166　补充混凝土拌合物性能试验结果（华新水泥+盘南煤灰+龙游减水剂+博特引气剂）

序号	试验编号	设计指标	级配	水胶比	砂率（%）	粉煤灰（%）	用水量（kg/m^3）	胶材量（kg/m^3）	减水剂（%）	引气剂（$\times10^{-4}$）	坍落度（mm）		含气量（%）		凝结时间（min）		和易性
											设计	实测	设计	实测	初凝	终凝	
1	PB-2	$C_{180}40$ $F_{90}300W_{90}15$	四	0.42	24	35	76	181	0.50	3.0	30~50	49	4.5~5.5	5.5	—	—	较好
2	PB-3		三	0.42	29	35	90	212	0.50	2.5	50~70	70	4.5~5.5	4.6	—	—	较好
3	PB-4		三富浆	0.42	31	35	95	223	0.50	2.5	50~70	68	4.5~5.5	5.2	—	—	较好
4	PB-5		二	0.42	35	35	107	255	0.50	2.4	70~90	76	4.5~5.5	5.0	—	—	较好

表 3-167　补充混凝土力学性能试验结果(嘉华水泥+曲靖煤灰+博特减水剂+龙游引气剂)

序号	试验编号	设计指标	级配	水胶比	砂率(%)	粉煤灰(%)	用水量(kg/m³)	抗压强度(MPa)				劈拉强度(MPa)				拉压比(%)		
								7 d	28 d	90 d	180 d	7 d	28 d	90 d	180 d	28 d	90 d	180 d
1	PB-6	$C_{180}40$ $F_{90}300W_{90}15$	四	0.42	24	35	78	—	36.1	46.4	53.5	—	2.69	3.57	4.01	7.5	7.7	7.5
2	PB-7		三	0.42	29	35	92	—	33.9	45.8	51.2	—	2.54	3.52	3.69	7.5	7.7	7.2
3	PB-8		三富浆	0.42	31	35	97	—	33.4	46.4	52.4	—	2.63	3.62	3.98	7.9	7.8	7.6
4	PB-9		二	0.42	35	35	109	—	32.7	45.3	49.7	—	2.56	3.44	3.93	7.8	7.6	7.9

表 3-168　补充混凝土力学性能试验结果(华新水泥+曲靖煤灰+龙游减水剂+博特引气剂)

序号	试验编号	设计指标	级配	水胶比	砂率(%)	粉煤灰(%)	用水量(kg/m³)	抗压强度(MPa)				劈拉强度(MPa)				拉压比(%)		
								7 d	28 d	90 d	180 d	7 d	28 d	90 d	180 d	28 d	90 d	180 d
1	PB-2	$C_{180}40$ $F_{90}300W_{90}15$	四	0.42	24	35	76	—	34.9	47.2	51.7	—	2.61	3.60	4.03	7.5	7.6	7.8
2	PB-3		三	0.42	29	35	90	—	33.9	46.5	50.2	—	2.68	3.50	3.82	7.9	7.5	7.6
3	PB-4		三富浆	0.42	31	35	95	—	32.4	47.0	51.5	—	2.60	3.53	3.81	8.0	7.5	7.4
4	PB-5		二	0.42	35	35	107	—	31.8	46.3	49.9	—	2.51	3.55	3.99	8.0	7.7	8.0

表 3-169　白鹤滩水电站大坝坝体混凝土施工配合比(嘉华水泥)

序号	工程部位	设计指标	级配	水胶比	砂率(%)	粉煤灰(%)	减水剂(%)	引气剂(%)	坍落度(cm)	材料用量(kg/m³)										
										用水量	水泥	粉煤灰	砂	小石	中石	大石	特大石	减水剂	引气剂	纤维
1	A 区混凝土	$C_{180}40$ $F_{90}300W_{90}15$	四	0.42	23	35	0.5	0.040	3~5	79	122	66	507	341	341	513	513	0.94	0.075	—
2			三	0.42	28	35	0.5	0.035	5~7	95	147	79	592	459	459	614	—	1.13	0.079	—
3			三富浆	0.42	30	35	0.5	0.030	5~7	99	153	83	629	442	442	591	—	1.18	0.071	—
4			二	0.42	34	35	0.5	0.035	7~9	112	173	93	687	669	669	—	—	1.33	0.093	—
5		$C_{180}40$ $F_{90}300W_{90}15$ (纤维)	四	0.42	23	35	0.55	0.040	2~4	84	130	70	502	337	337	508	508	1.10	0.080	0.9
6			三富浆	0.42	29	35	0.55	0.030	4~6	104	161	87	601	443	443	593	—	1.36	0.074	0.9
7	B 区混凝土	$C_{180}35$ $F_{90}300W_{90}14$	四	0.46	24	35	0.5	0.035	3~5	80	113	61	532	338	338	509	509	0.87	0.061	—
8			三	0.46	29	35	0.5	0.030	5~7	95	134	72	619	456	456	610	—	1.03	0.062	—
9			三富浆	0.46	31	35	0.5	0.025	5~7	99	140	75	656	439	439	588	—	1.08	0.054	—
10			二	0.46	35	35	0.5	0.030	7~9	112	158	85	714	666	666	—	—	1.22	0.073	—
11		$C_{180}35$ $F_{90}300W_{90}14$ (纤维)	四	0.46	24	35	0.55	0.035	2~4	85	120	65	526	335	335	504	504	1.02	0.065	0.9
12			三富浆	0.46	30	35	0.55	0.025	4~6	104	147	79	627	441	441	590	—	1.24	0.057	0.9
13	C 区回填混凝土	$C_{180}30$ $F_{90}250W_{90}13$	四	0.50	25	35	0.5	0.035	3~5	80	104	56	557	336	336	505	505	0.85	0.056	—
14			三	0.50	30	35	0.5	0.025	5~7	95	124	67	645	453	453	606	—	0.95	0.048	—
15			三富浆	0.50	32	35	0.5	0.020	5~7	99	129	69	682	436	436	584	—	0.99	0.040	—
16			二	0.50	36	35	0.5	0.025	7~9	112	146	78	741	661	661	—	—	1.12	0.056	—
17	孔口及闸墩抗冲磨混凝土、二期回填混凝土	$C_{90}40$ F300W15	三	0.40	28	35	0.5	0.035	5~7	95	154	83	589	456	456	611	—	1.19	0.083	—
18			二	0.40	34	35	0.5	0.035	7~9	112	182	98	682	665	665	—	—	1.40	0.098	—
19			二	0.40	35	35	0.5	0.035	10~12	118	192	103	692	645	645	—	—	1.48	0.103	—

注:(1)四川嘉华锦屏 42.5 低热硅酸盐水泥，Ⅰ级粉煤灰，缓凝高效减水剂，引气剂，江苏能力 PVA 纤维。

(2)灰岩人工骨料，砂 FM=2.4~2.8;二级配，小石:中石=50:50;三级配，小石:中石:大石=30:30:40;四级配，小石:中石:大石:特大石=20:20:30:30。

(3)砂细度模数每增减 0.2，砂率相应增减 1%。

(4)引气剂掺量应根据原材料的变化及时进行动态调整，使混凝土含气量控制在 4.5%~5.5%。

表 3-170　白鹤滩水电站大坝坝体混凝土施工配合比(华新水泥)

序号	工程部位	设计指标	级配	水胶比	砂率(%)	粉煤灰(%)	减水剂(%)	引气剂(%)	坍落度(cm)	材料用量(kg/m³)										
										用水量	水泥	粉煤灰	砂	小石	中石	大石	特大石	减水剂	引气剂	纤维
1	A 区混凝土	$C_{180}40$ $F_{90}300W_{90}15$	四	0.42	23	35	0.5	0.040	3~5	77	119	64	510	343	343	516	516	0.92	0.073	—
2			三	0.42	28	35	0.5	0.035	5~7	93	144	78	595	461	461	617	—	1.11	0.078	—
3			三富浆	0.42	30	35	0.5	0.030	5~7	97	150	81	632	444	444	594	—	1.16	0.069	—
4			二	0.42	34	35	0.5	0.035	7~9	110	170	92	690	672	672	—	—	1.31	0.092	—
5		$C_{180}40$ $F_{90}300W_{90}15$ (纤维)	四	0.42	23	35	0.55	0.040	2~4	82	127	68	504	339	339	510	510	1.07	0.078	0.9
6			三富浆	0.42	29	35	0.55	0.030	4~6	102	158	85	603	445	445	595	-	1.34	0.073	0.9
7	B 区混凝土	$C_{180}35$ $F_{90}300W_{90}14$	四	0.46	24	35	0.5	0.035	3~5	78	110	59	534	340	340	511	511	0.85	0.059	—
8			三	0.46	29	35	0.5	0.030	5~7	93	131	71	621	458	458	613	—	1.01	0.061	—
9			三富浆	0.46	31	35	0.5	0.025	5~7	97	137	74	658	441	441	591	—	1.05	0.053	—
10			二	0.46	35	35	0.5	0.030	7~9	110	155	84	717	669	669	—	—	1.20	0.072	—
11		$C_{180}35$ $F_{90}300W_{90}14$ (纤维)	四	0.46	24	35	0.55	0.035	2~4	83	117	63	529	336	336	506	506	0.99	0.063	0.9
12			三富浆	0.46	30	35	0.55	0.025	4~6	102	144	78	630	443	443	592	—	1.22	0.056	0.9
13	C 区回填混凝土	$C_{180}30$ $F_{90}250W_{90}13$	四	0.50	25	35	0.5	0.035	3~5	78	101	55	560	337	337	507	507	0.78	0.055	—
14			三	0.50	30	35	0.5	0.025	5~7	93	121	65	647	455	455	609	—	0.93	0.047	—
15			三富浆	0.50	32	35	0.5	0.020	5~7	97	126	68	685	438	438	586	—	0.97	0.039	—
16			二	0.50	37	35	0.5	0.025	7~9	110	143	77	744	664	664	—	—	1.10	0.055	—
17	孔口及闸墩抗冲磨混凝土、二期回填混凝土	$C_{90}40$ F300W15	三	0.40	28	35	0.5	0.035	5~7	93	151	81	592	458	458	614	—	1.16	0.081	—
18			二	0.40	34	35	0.5	0.035	7~9	110	179	96	686	668	668	—	—	1.38	0.096	—
19			二	0.40	35	35	0.5	0.035	10~12	116	189	102	695	648	648	—	—	1.45	0.102	—

注:(1)华新水泥(昆明东川)42.5 低热硅酸盐水泥,I 级粉煤灰;缓凝高效减水剂,引气剂,江苏能力 PVA 纤维。

(2)灰岩人工骨料,砂 FM=2.4~2.8;二级配,小石:中石=50:50。三级配,小石:中石:大石=30:30:40。四级配,小石:中石:大石:特大石=20:20:30:30。

(3)砂细度模数每增减 0.2,砂率相应增减 1%。

(4)引气剂掺量应根据原材料的变化及时进行动态调整,使混凝土含气量控制在 4.5%~5.5%。

(3)江苏博特JM-Ⅱ缓凝高效减水剂和浙江龙游ZB-1A缓凝高效减水剂采用嘉华低热水泥进行品质检测均满足《混凝土外加剂》(GB 8076—2008)标准要求,但浙江龙游ZB-1A减水剂的初凝时间差超过《拱坝混凝土用外加剂技术要求及检验》(Q/CTG 18—2015)企业标规准定。江苏博特JM-Ⅱ减水剂采用华新低热水泥进行品质检测初凝结时间差偏长;浙江龙游ZB-1A减水剂使用华新低热水泥进行品质检测初凝时间差偏长、泌水率比偏大。江苏博特GYQ-Ⅰ引气剂和浙江龙游ZB-1G引气剂均满足《混凝土外加剂》(GB 8076—2008)和《拱坝混凝土用外加剂技术要求及检验》(Q/CTG 18—2015)标准要求。

(4)江苏博特JM-Ⅱ缓凝高效减水剂与嘉华低热水泥和华新低热水泥组合对盘南涛峰、珙县能顺、曲靖方园三种粉煤灰的适应性试验均满足三峡企业标准要求。

(5)混凝土配合比复核试验参数中减水剂掺量比招标文件大坝坝体混凝土参考配合比低0.1%,单位用水量仍比招标文件大坝坝体混凝土参考配合比室内试验低1~5 kg;引气剂掺量比大坝坝体混凝土参考配合比低0.01%~0.02%。

(6)白鹤滩水电站大坝混凝土设计龄期较长,为180 d,配合比复核试验以设计龄期为主。通过与长科院及水科院两家科研单位的成果数据进行比较,排除水泥强度差异外,各项试验结果比较接近,整体趋势较为吻合,试验数据准确可靠。

(7)多种原材料交叉组合对混凝土拌合物的用水量和含气量均有影响,特别是粉煤灰品种变化时对引气剂掺量波动较大,对混凝土强度影响有限。

(8)混凝土配合比复核试验所采用的单位用水量和胶材用量均比招标文件大坝坝体混凝土参考配合比有所降低,对有效降低混凝土温升、提高混凝土抗裂性能有利。

(9)施工配合比是在室内试验成果的基础上,结合低线拌和系统混凝土试生产时各项参数而提出的。

(10)复核试验所确定的混凝土配合比各项性能满足设计要求。在今后的实际施工中,混凝土施工配合比还应根据施工条件及原材料的实际情况,进一步进行调整和完善。

(11)配合比复核试验过程中发现,混凝土中掺入四川涛峰盘南电厂粉煤灰时,混凝土拌合物会出现较浓烈的刺鼻性氨味气体,应引起重视。

3.4 水电工程混凝土配合比数据库建立

水电工程混凝土配合比参数见表3-171。

表3-171 水电工程混凝土配合比参数

序号	混凝土设计指标	级配	坍落度(cm)	水胶比	单位用水量(kg/m^3)	粉煤灰(%)	减水剂(%)	引气剂(%)	砂率(%)	粗骨料比例	混凝土密度(kg/m^3)	应用工程名称
1	R_{90}200 D150S10	砂浆	7~9	0.47	215	35	0.5	0.007	100	—	—	三峡
2	R_{90}200 D150S10	三	3~5	0.50	102	35	0.5	0.011	31	30:30:40	—	

续表 3-171

序号	混凝土设计指标	级配	坍落度(cm)	水胶比	单位用水量(kg/m³)	粉煤灰(%)	减水剂(%)	引气剂(%)	砂率(%)	粗骨料比例	混凝土密度(kg/m³)	应用工程名称
3	R_{90}200 D150S10	四	3~5	0.50	88	35	0.5	0.011	26	20:20:30:30	—	三峡
4	R_{90}150 D100S8	砂浆	7~9	0.52	210	40	0.5	0.007	100	—	—	
5	R_{90}150 D100S8	三	3~5	0.55	102	40	0.5	0.011	31	30:30:40	—	
6	R_{90}150 D100S8	四	3~5	0.55	86	40	0.5	0.011	26	20:20:30:30	—	
7	R_{90}200 D250S10	砂浆	7~9	0.47	215	30	0.5	0.007	100	—	—	
8	R_{90}200 D250S10	三	3~5	0.50	102	30	0.5	0.011	31	30:30:40	—	
9	R_{90}200 D250S10	四	3~5	0.50	88	30	0.5	0.011	26	20:20:30:30	—	
10	R_{90}250 D250S10	砂浆	7~9	0.42	220	30	0.5	0.007	100	—	—	
11	R_{90}250 D250S10	三	3~5	0.45	102	30	0.5	0.011	30	30:30:40	—	
12	R_{90}250 D250S10	四	3~5	0.45	88	30	0.5	0.011	25	20:20:30:30	—	
13	R_{90}300 D250S10	砂浆	7~9	0.42	220	20	0.5	0.007	100	—	—	
14	R_{90}300 D250S10	二	3~5	0.45	125	20	0.5	0.01	36	40:60	—	
15	R_{90}300 D250S10	三	3~5	0.45	103	20	0.5	0.01	30	30:30:40	—	
16	R_{90}300 D250S10	四	3~5	0.45	90	20	0.5	0.01	25	20:20:30:30	—	
17	R_{28}200 D150S10	三	3~5	0.50	104	25	0.5	0.01	32	30:30:40	—	
18	R_{28}200 D150S10	四	3~5	0.50	92	25	0.5	0.01	26	20:20:30:30	—	
19	R_{28}250 D250S10	二	3~5	0.45	125	20	0.5	0.01	36	40:60	—	
20	R_{28}250 D250S10	三	3~5	0.45	103	20	0.5	0.01	30	30:30:40	—	

续表 3-171

序号	混凝土设计指标	级配	坍落度(cm)	水胶比	单位用水量(kg/m³)	粉煤灰(%)	减水剂(%)	引气剂(%)	砂率(%)	粗骨料比例	混凝土密度(kg/m³)	应用工程名称
21	R_{28}300 D250S10	二	5~7	0.40	124	20	0.7	0.007	33	40:60	—	三峡
22	R_{28}300 D250S10	三	3~5	0.40	102	20	0.7	0.007	28	30:30:40	—	
23	R_{28}350 D250S10	二	5~7	0.35	126	20	0.7	0.007	32	40:60	—	
24	R_{28}350 D250S10	三	3~5	0.35	106	20	0.7	0.007	27	30:30:40	—	
25	R_{28}500 D250S10	二	5~7	0.30	134	—	0.7	—	31	40:60	—	

注:(1)荆门中热 525#水泥,平圩Ⅰ级粉煤灰;三峡人工骨料,ZB-1A 减水剂,DH9 引气剂。
(2)配合比采用绝对体积法计算。

序号	混凝土设计指标	级配	坍落度(cm)	水胶比	单位用水量(kg/m³)	粉煤灰(%)	减水剂(%)	引气剂(%)	砂率(%)	粗骨料比例	混凝土密度(kg/m³)	应用工程名称
26	R_{28}150 S4D50	二	5~7	0.55	130	30	0.7	0.007	33	60:40	2 410	尼那
27	R_{28}150 S4D50	三	5~7	0.55	105	30	0.7	0.007	29	40:30:30	2 440	
28	R_{28}150 S4D50	四	3~5	0.55	95	30	0.7	0.007	25	30:30:20:20	2 460	
29	R_{28}200 S6D200	二	5~7	0.46	125	20	0.7	0.01	31	60:40	2 410	
30	R_{28}200 S6D200	三	5~7	0.46	105	20	0.7	0.01	28	40:30:30	2 440	
31	R_{28}200 S6D200	四	3~5	0.46	90	20	0.7	0.01	24	30:30:20:20	2 460	
32	R_{28}250 S4D200	二	5~7	0.45	125	20	0.7	0.007	31	60:40	2 410	
33	R_{28}250 S4D200	三	5~7	0.45	105	20	0.7	0.01	27	40:30:30	2 440	
34	R_{28}250 S4D200	四	3~5	0.45	90	20	0.7	0.01	23	30:30:20:20	2 460	
35	R_{28}300 S4D200	二	5~7	0.35	125	—	0.7	0.01	29	60:40	2 420	
36	R_{28}300 S4D200	三	5~7	0.35	105	—	0.7	0.01	26	40:30:30	2 450	

续表 3-171

序号	混凝土设计指标	级配	坍落度(cm)	水胶比	单位用水量(kg/m^3)	粉煤灰(%)	减水剂(%)	引气剂(%)	砂率(%)	粗骨料比例	混凝土密度(kg/m^3)	应用工程名称
37	$C_{90}20$ F300W8	二	4~10 s	0.45	88	55	0.7	0.35	33	50:50	2 400	龙首/碾压
38	$C_{90}20$ F200W8	二	4~10 s	0.47	88	55	0.7	0.35	33	50:50	2 400	
39	$C_{90}20$ F300W8	三	4~10 s	0.45	84	55	0.7	0.35	29	30:35:35	2 420	
40	$C_{90}20$ F200W8	三	4~10 s	0.47	84	55	0.7	0.35	29	30:35:35	2 420	
41	$C_{90}20$ F100W6	三	4~10 s	0.50	84	65	0.7	0.35	30	30:35:35	2 420	
42	$C_{28}20$ F300W8	灰浆	—	0.45	450	55	0.7	灰浆掺量占混凝土体积 6%~8%			—	龙首/变态
43	$C_{28}25$ F300W5	二	5~7	0.48	125	35	0.7	0.012	30	50:50	2 430	龙首/常态
44	$C_{28}20$ F300W8	砂浆	9~11	0.42	245	30	0.6	0.006	100	—	2 170	龙首
45	$C_{28}20$ F200W8	砂浆	9~11	0.44	245	30	0.6	0.006	100	—	2 170	
46	$C_{28}20$ F100W8	砂浆	9~11	0.47	245	30	0.6	0.006	100	—	2 170	

注：(1)原材料采用龙首天然骨料，FM＝2.6±0.2；永登 525#纯硅酸盐水泥。

(2)永昌电厂粉煤灰。

(3)黑河河水。

(4)SW－1A 缓凝高效减水剂及 DH9 引气剂，碾压混凝土外掺 4%膨胀剂。

(5)本配合比中混凝土组成材料用量是 VC 值 4~10 s 基础上计算所得，VC 值每增减 1 s，用水量相应减增 1.5 kg/m^3；用水量是 FM＝2.6±0.2 基础上确定的，超出该范围，FM 每增减 0.2，保持用水量不变，砂率相应增减 1%。

47	$C_{90}20$ F150W8	四	3~5	0.55	84	35	0.5	0.01	26	20:20:30:30	2 490	江口
48	$C_{90}20$ F150W8	三	3~5	0.55	102	35	0.5	0.01	31	30:30:40	2 460	
49	$C_{90}25$ F150W8	四	3~5	0.52	84	35	0.5	0.01	25	20:20:30:30	2 490	
50	$C_{90}25$ F150W8	三	3~5	0.52	102	35	0.5	0.01	30	30:30:40	2 460	

续表 3-171

序号	混凝土设计指标	级配	坍落度(cm)	水胶比	单位用水量(kg/m³)	粉煤灰(%)	减水剂(%)	引气剂(%)	砂率(%)	粗骨料比例	混凝土密度(kg/m³)	应用工程名称
51	$C_{90}30$ F150W8	四	3~5	0.48	84	30	0.5	0.009	24	20:20:30:30	2 490	江口
52	$C_{90}30$ F150W8	三	3~5	0.48	102	30	0.5	0.009	28	30:30:40	2 460	
53	$C_{28}35$ F150W8	二	5~7	0.43	124	—	0.5	0.008	35	40:60	2 430	
54	$C_{28}35$ F150W8	三	5~7	0.43	106	—	0.5	0.008	29	30:30:40	2 460	

注:(1)水泥选用525#中热(普硅)水泥。

(2)粗骨料采用人工碎石,细骨料采用人工砂FM=2.6±0.2,FM每增减0.2,砂率相应增减1%;混凝土坍落度每增加1 cm,用水量相应增加2 kg/m³。

序号	混凝土设计指标	级配	坍落度(cm)	水胶比	单位用水量(kg/m³)	粉煤灰(%)	减水剂(%)	引气剂(%)	砂率(%)	粗骨料比例	混凝土密度(kg/m³)	应用工程名称
55	C15W4F100	三	3~5	0.55	100	35	0.5	0.007	30	30:30:40	2 460	直岗拉卡
56	C15W4F100	二	5~7	0.55	120	35	0.5	0.007	36	40:60	2 430	
57	C15W4F100	砂浆	9~11	0.52	240	35	0.5	0.004	100	—	2 200	
58	C20W6F150	三	3~5	0.52	100	30	0.5	0.008	29	30:30:40	2 460	
59	C20W6F150	二	5~7	0.52	120	30	0.5	0.008	35	40:60	2 430	
60	C20W6F150	砂浆	9~11	0.49	240	30	0.5	0.004	100	—	2 200	
61	C25W4F200	二	5~7	0.50	120	—	0.5	0.007	35	40:60	2 450	
62	C25W4F200	砂浆	9~11	0.47	240	—	0.5	0.004	100	—	2 200	
63	C25W6F200	三	3~5	0.47	100	20	0.5	0.009	29	30:30:40	2 460	
64	C25W6F200	二	5~7	0.47	120	20	0.5	0.009	35	40:60	2 430	
65	C25W6F200	砂浆	9~11	0.44	240	20	0.5	0.004	100	—	2 200	
66	C30W6F200	三	3~5	0.45	102	—	0.5	0.007	28	30:30:40	2 470	

续表 3-171

序号	混凝土设计指标	级配	坍落度 (cm)	水胶比	单位用水量 (kg/m^3)	粉煤灰 (%)	减水剂 (%)	引气剂 (%)	砂率 (%)	粗骨料比例	混凝土密度 (kg/m^3)	应用工程名称
67	C30W6F200	二	5~7	0.45	123	—	0.5	0.007	34	40:60	2 450	直岗拉卡
68	C30W6F200	砂浆	9~11	0.42	240	—	0.5	0.004	100	—	2 200	

注:(1)525#中热水泥,Ⅱ级粉煤灰,骨料为天然卵石骨料,砂 FM=2.7,FM 每增减 0.2,砂率相应增减 1%。

(2)砂率每增减 1%,用水量相应增减 2 kg/m^3;坍落度每增减 1 cm,用水量相应增减 2 kg/m^3。

序号	混凝土设计指标	级配	坍落度 (cm)	水胶比	单位用水量 (kg/m^3)	粉煤灰 (%)	减水剂 (%)	引气剂 (%)	砂率 (%)	粗骨料比例	混凝土密度 (kg/m^3)	应用工程名称
69	C15W4F50	三	7~9	0.55	93	35	0.6	0.007	30	30:30:40	2 435	苏只
70	C20W6F100	二	7~9	0.50	110	30	0.6	0.007	34	40:60	2 400	
71	C20W6F100	三	7~9	0.50	93	30	0.6	0.007	29	30:30:40	2 435	
72	C20W6F200	二	7~9	0.50	110	25	0.6	0.008	34	40:60	2 400	
73	C20W6F200	三	7~9	0.50	93	25	0.6	0.008	29	30:30:40	2 435	
74	C25W6F150	二	7~9	0.45	110	25	0.6	0.007	33	40:60	2 400	
75	C25W6F150	三	7~9	0.45	93	25	0.6	0.007	28	30:30:40	2 435	
76	C25W6F100	二	7~9	0.45	110	30	0.6	0.007	32	40:60	2 400	
77	C25W6F200	二	7~9	0.45	110	25	0.6	0.008	32	40:60	2 400	
78	C25W6F200	三	7~9	0.45	93	25	0.6	0.008	28	30:30:40	2 435	
79	C30W6F200	二	7~9	0.40	110	25	0.6	0.008	31	40:60	2 400	
80	C30W6F200	三	7~9	0.40	93	25	0.6	0.008	27	30:30:40	2 435	
81	C40F100	二	7~9	0.30	110	25	0.6	0.007	29	40:60	2 400	

注:(1)水泥品种为永登或青海中热 525#硅酸盐水泥,粉煤灰品种为平凉Ⅱ级粉煤灰。

(2)减水剂品种为 JM-Ⅱ高效(缓凝、泵送)增强剂,引气剂品种为 DH-9。

(3)骨料为公伯峡永久筛分系统生产的天然骨料,砂细度模数 2.8。

序号	混凝土设计指标	级配	坍落度 (cm)	水胶比	单位用水量 (kg/m^3)	粉煤灰 (%)	减水剂 (%)	引气剂 (%)	砂率 (%)	粗骨料比例	混凝土密度 (kg/m^3)	应用工程名称
82	C15	四	5~7	0.55	90	30	0.5	—	27	25:20:25:30	2 470	康扬
83	C15	三	5~7	0.55	108	30	0.5	—	29	30:30:40	2 460	
84	C15	二	7~9	0.55	127	30	0.5	—	33	40:60	2 430	
85	C20F200W4	四	5~7	0.50	90	20	0.5	0.006	26	25:20:25:30	2 460	
86	C20F200W4	三	5~7	0.50	108	20	0.5	0.006	28	30:30:40	2 450	
87	C20F200W4	二	7~9	0.50	127	20	0.5	0.006	32	40:60	2 420	
88	C25	二	7~9	0.47	130	25	0.5	—	32	40:60	2 430	

续表 3-171

序号	混凝土设计指标	级配	坍落度(cm)	水胶比	单位用水量(kg/m³)	粉煤灰(%)	减水剂(%)	引气剂(%)	砂率(%)	粗骨料比例	混凝土密度(kg/m³)	应用工程名称
89	C25	一	11~13	0.47	145	25	0.5	—	36	100	2 410	康扬
90	C25F200W4	三	5~7	0.45	110	20	0.5	0.006	27	30:30:40	2 450	
91	C25F200W4	二	7~9	0.45	130	20	0.5	0.006	31	40:60	2 420	
92	C30	三	5~7	0.42	110	20	0.5	—	27	30:30:40	2 460	
93	C30F200W4	二	7~9	0.40	135	20	0.5	0.006	31	40:60	2 420	
94	C35F200W4	三	5~7	0.35	110	20	0.5	0.006	27	30:30:40	2 450	

注：青海大通 P·MH42.5 水泥；平凉粉煤灰Ⅱ级；砂石料为康扬料场合格天然料，砂 FM=2.8±0.2。FM 每增减 0.2，砂率相应增减 1%，同时增减 3 kg 理论用水。混凝土坍落度每增减 1 cm，理论用水量相应增减 2.5 kg/m³。砂浆稠度每增减 1 cm，相应理论用水量增减 8 kg。砂浆比同强度等级的混凝土水灰比下调 0.03。

95	$C_{180}25$ W10F300 ($C_{180}20$ W10F300)	砂浆	9~11	0.42	230	25	0.6	—	100	—	2 150	拉西瓦
96		二	5~7	0.45	100	35	0.55	0.011	34	40:60	2 400	
97		三	4-6	0.45	86	35	0.55	0.011	29	30:30:40	2 430	
98		四	4~6	0.45	77	35	0.5	0.011	25	20:20:30:30	2 450	
99	$C_{180}25$ W10F300 ($C_{180}20$ W10F300)	一	7~9	0.45	125	25	0.6	0.007	42	100	2 360	富浆
100		二	7~9	0.45	107	30	0.6	0.007	38	40:60	2 400	
101		三	7~9	0.45	91	30	0.6	0.007	33	30:30:40	2 430	
102	$C_{180}32$ W10F300 ($C_{180}35$ W10F300)	砂浆	9~11	0.37	220	25	0.6	—	100	—	2 150	拉西瓦
103		二	5~7	0.40	100	30	0.55	0.011	34	40:60	2 400	
104		三	4-6	0.40	86	30	0.55	0.011	29	30:30:40	2 430	
105		四	4-6	0.40	77	30	0.5	0.011	25	20:20:30:30	2 450	
106	$C_{180}32$ W10F300 ($C_{180}35$ W10F300)	一	7~9	0.40	125	25	0.6	0.007	42	100	2 360	富浆
107		二	7~9	0.40	107	30	0.6	0.007	38	40:60	2 400	
108		三	7~9	0.40	91	30	0.6	0.007	33	30:30:40	2 430	

注：水泥为永登 42.5 或大通 42.5 中热硅酸盐水泥；粉煤灰为连城、靖远Ⅰ级粉煤灰或平凉Ⅱ级粉煤灰。骨料为红柳滩天然骨料，砂 FM=2.6~2.8；坍落度每增减 1 cm，用水量相应增减 2 kg/m³；砂细度模数每增减 0.2，砂率相应增加 1%；含气量控制在 4.5%~5.5%。

109	C10F50W2	三	3~5	0.55	95	30	0.6	0.010	30	30:30:40	2 460	海甸峡
110	C15F150W4	三	3~5	0.55	95	30	0.6	0.008	30	30:30:40	2 460	
111	C15F150W6	三	3~5	0.55	95	30	0.6	0.008	29	30:30:40	2 460	
112	C15F200W8	二	5~7	0.55	110	20	0.6	0.010	34	40:60	2 440	

续表 3-171

序号	混凝土设计指标	级配	坍落度(cm)	水胶比	单位用水量(kg/m³)	粉煤灰(%)	减水剂(%)	引气剂(%)	砂率(%)	粗骨料比例	混凝土密度(kg/m³)	应用工程名称
113	C15F200W8	三	3~5	0.55	92	20	0.6	0.010	30	30:30:40	2 460	海甸峡
114	C20F200W8	三	3~5	0.50	92	20	0.6	0.010	29	30:30:40	2 460	
115	C20F200W6	二	5~7	0.50	112	30	0.6	0.010	34	40:60	2 440	
116	C20F200W6	三	3~5	0.50	95	30	0.6	0.010	30	30:30:40	2 460	
117	C25F200W6	二	5~7	0.45	110	30	0.6	0.010	34	40:60	2 440	
118	C25F200W6	三	3~5	0.45	92	30	0.6	0.010	29	30:30:40	2 460	
119	C50F200W6	一	7~9	0.28	128	15	0.6	0.006	38	100	2 430	
120	C50F200W6	二	5~7	0.28	112	15	0.6	0.006	33	40:60	2 450	
121	C15F200W4	三	3~5	0.55	92	20	0.6	0.010	30	30:30:40	2 460	
122	C15F200W4	二	5~7	0.55	110	20	0.6	0.010	34	40:60	2 440	
123	C20W4	二	5~7	0.52	112	30	0.6	0.008	35	40:60	2 440	
124	C20	二	5~7	0.52	112	20	0.6	0.008	34	40:60	2 440	
125	C20	三	3~5	0.52	92	20	0.6	0.008	34	30:30:40	2 460	
126	C30F200W6	二	5~7	0.40	112	20	0.6	0.010	33	40:60	2 440	
127	C15F150W4	三	3~8 s	0.50	82	40	0.6	0.028	35	30:30:40	2 460	碾压
128	C15F150W4	二	3~8 s	0.50	94	40	0.6	0.027	40	40:60	2 440	
注:采用永登 42.5 中热水泥、西固热电厂Ⅱ级粉煤灰、海甸峡天然骨料;引气剂采用河北石家庄外加剂厂生产的 DH9 引气剂。												
129	$C_{90}10$ W2 F50	三	4~6	0.67	105	35	0.6	—	30	30:30:40	2 450	长洲
130	$C_{90}15$ W6 F50	三	4~6	0.60	105	30	0.6	—	29	30:30:40	2 450	
131	C20W6F50	三	4~6	0.55	108	—	0.6	—	29	30:30:40	2 460	
132	C20W6F50	二	5~7	0.55	125	—	0.6	—	34	40:60	2 420	
133	C25W6F50	一	7~9	0.50	145	—	0.6	—	38	100	2 380	
134	C25W6F50	二	5~7	0.50	125	—	0.6	—	33	40:60	2 420	
135	C25W6F50	三	4~6	0.50	108	—	0.6	—	29	30:30:40	2 460	
136	C15W2F50	三	4~6	0.55	105	20	0.6	—	29	30:30:40	2 450	
137	C20W4F50	三	4~6	0.50	108	20	0.6	—	29	30:30:40	2 450	
138	C20F50	一	7~9	0.55	145	—	0.6	—	38	100	2 380	
139	C20F50	二	5~7	0.55	125	—	0.6	—	34	40:60	2 420	

续表 3-171

序号	混凝土设计指标	级配	坍落度（cm）	水胶比	单位用水量（kg/m³）	粉煤灰（%）	减水剂（%）	引气剂（%）	砂率（%）	粗骨料比例	混凝土密度（kg/m³）	应用工程名称
140	C20F50	三	4～6	0.55	108	—	0.6	—	29	30:30:40	2 460	长洲
141	C25F50	一	7～9	0.50	145	—	0.6	—	38	100	2 380	
142	C25F50	二	5～7	0.50	125	—	0.6	—	33	40:60	2 420	
143	C25F50	三	4～6	0.50	108	—	0.6	—	29	30:30:40	2 460	
144	C30F50	一	7～9	0.43	145	—	0.6	—	37	100	2 380	
145	C30F50	二	5～7	0.43	125	—	0.6	—	32	40:60	2 420	
146	C30F50	三	4～6	0.43	108	—	0.6	—	28	30:30:40	2 460	
147	$C_{90}15$	二	5～7	0.60	130	40	0.6	—	36	40:60	2 410	
148	$C_{90}15$	三	4～6	0.60	110	40	0.6	—	31	30:30:40	2 450	
149	$M_{28}30$	砂浆	9～11	0.40	220	—	0.5	—	100	—	2 200	
150	$M_{28}25$	砂浆	9～11	0.47	220	—	0.5	—	100	—	2 200	
151	$M_{28}20$	砂浆	9～11	0.47	220	20	0.5	—	100	—	2 200	
152	$M_{28}15$	砂浆	9～11	0.52	220	20	0.5	—	100	—	2 200	
153	$M_{90}15$/$M_{28}10$	砂浆	9～11	0.57	220	30	0.5	—	100	—	2 200	
154	$M_{90}10$	砂浆	9～11	0.64	220	35	0.5	—	100	—	2 200	

注：采用42.5普通硅酸盐水泥，Ⅱ级粉煤灰，梧洲倒水天然骨料，FM按2.6配制，砂石骨料以饱和面干状态为基准进行计算，江苏建科院JM-Ⅱ或浙江龙游ZB-1A减水剂外加剂。

序号	混凝土设计指标	级配	坍落度（cm）	水胶比	单位用水量（kg/m³）	粉煤灰（%）	减水剂（%）	引气剂（%）	砂率（%）	粗骨料比例	混凝土密度（kg/m³）	应用工程名称
155	$C_{180}15$ F50 W4	三	3～8 s	0.55	90	60	0.8	0.015	38	30:30:40	2 500	大通河铁城/碾压
156	$C_{180}20$ F300W6	二	3～8 s	0.45	100	40	0.8	0.04	42	40:60	2 460	
157	灰浆	—	—	0.55	550	60	0.8	0.010	—	—	1 558	
158	灰浆	—	—	0.45	520	40	0.8	—	—	—	1 685	
159	$C_{90}20$ W6F200	三	4～6	0.55	110	20	0.6	0.010	32	30:30:40	2 450	大通河铁城
160	$C_{90}20$ W4F200	二	4～6	0.50	130	15	0.6	0.010	36	40:60	2 430	
161	$C_{90}25$ W6F200	二	4～6	0.45	130	15	0.6	0.010	36	40:60	2 430	

续表 3-171

序号	混凝土设计指标	级配	坍落度(cm)	水胶比	单位用水量(kg/m³)	粉煤灰(%)	减水剂(%)	引气剂(%)	砂率(%)	粗骨料比例	混凝土密度(kg/m³)	应用工程名称
162	$C_{90}25$ W6F300	二	4~6	0.40	130	—	0.6	0.013	36	40:60	2 430	大通河铁城
163	$C_{90}25$ W6F300	一	4~6	0.40	155	—	0.6	0.013	42	100	2 400	

注：(1)采用祁连山牌 42.5 中热普硅水泥；连城/靖远Ⅱ级粉煤灰；天津雍阳 SKY-2 减水剂、SKY-H 引气剂和河北育才 GK-4A 减水剂；金沙峡灰岩人工骨料，人工砂 FM = 2.8±0.2，石粉含量按(16±2%)控制。

(2)配合比计算采用假定容重法。

序号	混凝土设计指标	级配	坍落度(cm)	水胶比	单位用水量(kg/m³)	粉煤灰(%)	减水剂(%)	引气剂(%)	砂率(%)	粗骨料比例	混凝土密度(kg/m³)	应用工程名称
164	$C_{28}20$ W6F100	三	5~7	0.50	108	25	0.7	0.004	32	30:30:40	—	居甫渡
165	$C_{90}20$ W6F100	三	5~7	0.55	110	25	0.7	0.004	33	30:30:40	—	
166	$C_{90}25$ W8F100	二	5~7	0.50	122	25	0.7	0.003	36	45:55	—	
167	$C_{90}25$ W8F100	三	5~7	0.50	105	25	0.7	0.004	33	30:30:40	—	

注：本配合比所用的水泥为普洱天壁普通 42.5 水泥；景谷泰裕双掺料；骨料为人工砂、人工碎石，骨料为饱和面干时的用量。

序号	混凝土设计指标	级配	坍落度(cm)	水胶比	单位用水量(kg/m³)	粉煤灰(%)	减水剂(%)	引气剂(%)	砂率(%)	粗骨料比例	混凝土密度(kg/m³)	应用工程名称
168	C15F50W4	二	7~9	0.55	125	25	0.7	0.008	37	40:60	2 530	积石峡
169	C15F50W4	三	5~7	0.55	105	25	0.7	0.008	32	25:25:50	2 560	
170	C20F100W8	二	7~9	0.49	125	25	0.7	0.008	36	40:60	2 530	
171	C20F100W8	三	5~7	0.49	105	25	0.7	0.008	30	25:25:50	2 560	
172	C25F100W8	一	7~9	0.45	135	20	0.7	0.008	39	100	2 500	
173	C25F100W8	一泵	15~17	0.43	150	20	0.7	0.004	42	100	2 450	
174	C25F200W8	二	7~9	0.45	125	20	0.7	0.008	34	40:60	2 530	
175	C25F200W8	二泵	15~17	0.43	138	20	0.7	0.004	39	55:45	2 460	
176	C25F200W8	三	5~7	0.45	105	20	0.7	0.008	29	25:25:50	2 550	
177	C30F200W8	二	7~9	0.41	125	20	0.7	0.008	33	40:60	2 530	
178	C30F200W8	二泵	15~17	0.40	138	20	0.7	0.004	38	55:45	2 460	
179	C30F200W8	三	5~7	0.41	105	20	0.7	0.008	29	25:25:50	2 550	
180	C35F200W8	二	7~9	0.38	125	20	0.7	0.008	32	40:60	2 530	
181	C40F200W8	二	7~9	0.35	125	15	0.7	0.008	31	40:60	2 530	

注：(1)水泥为永登 42.5 或大通 42.5 中热硅酸盐水泥；粉煤灰为连城、西固或平凉Ⅰ级粉煤灰；引气剂为 DH9 或 JM-2000。

(2)骨料为干沟天然砂石料场天然骨料和干沟天然级配下的人工破碎料，其中砂料由 40%人工砂和 60%天然砂组成，小石、中石以 50%人工碎石和 50%天然石组成。大石以 15%人工碎石和 85%天然石组成。砂 FM = 2.6~3.0。

续表 3-171

序号	混凝土设计指标	级配	坍落度(cm)	水胶比	单位用水量(kg/m³)	粉煤灰(%)	减水剂(%)	引气剂(%)	砂率(%)	粗骨料比例	混凝土密度(kg/m³)	应用工程名称
182	C15W4	二	5~7	0.60	125	25	0.65	—	36	40:60	2 420	龙口
183	C15W4	三	3~5	0.60	105	25	0.65	—	32	30:35:35	2 470	
184	C15W4	四	3~5	0.60	95	25	0.65	—	28	25:25:25:25	2 510	
185	C15W4	砂浆	9~11	0.57	230	25	0.65	—	100	—	2 200	
186	R_{90}200F50W6 R_{90}200F100W4	三	3~5	0.58	105	25	0.65	0.008	32	30:35:35	2 470	
187		四	3~5	0.58	95	25	0.65	0.008	28	25:25:25:25	2 510	
188		砂浆	9~11	0.55	230	25	0.65	0.008	100	—	2 200	
189	R200	二	5~7	0.55	125	20	0.65	膨胀剂10%	35	40:60	2 420	
190	R200	砂浆	9~11	0.52	230	20	0.65	—	100	—	2 200	
191	R_{90}150F100	三	3~5	0.60	105	35	0.65	0.008	33	30:35:35	2 470	
192	R_{90}150F50W4	四	3~5	0.60	92	35	0.65	0.008	29	25:25:25:25	2 510	
193	R_{90}150F150W4	砂浆	9~11	0.57	230	35	0.70	0.008	100	—	2 200	
194	R_{90}200F200W4	三	3~5	0.55	105	25	0.65	0.008	31	30:35:35	2 470	
195	R_{90}200F150W4	三	3~5	0.58	105	25	0.65	0.008	31	30:35:35	2 470	
196	R_{90}300F200W4	三	3~5	0.50	105	20	0.65	0.008	31	30:35:35	2 470	
197	R_{90}300F200W4	砂浆	9~11	0.47	230	20	0.65	0.008	100	—	2 200	
198	C40	二	5~7	0.35	125	—	0.70	—	35	40:60	2 420	
199	R_{90}150F50	二	5~7	0.60	125	40	0.70	0.006	36	40:60	2 420	
200	R_{90}150F50	砂浆	9~11	0.57	230	40	0.70	0.006	100	—	2 200	
201	R_{90}200F150W6	四	3~5	0.58	95	25	0.70	0.008	28	25:25:25:25	2 510	
202	R_{90}200F150W4	砂浆	9~11	0.55	230	25	0.70	0.008	100	—	2 200	
203	R_{90}200F50W6	三	3~5	0.58	105	25	0.70	0.006	32	30:35:35	2 470	

续表 3-171

序号	混凝土设计指标	级配	坍落度(cm)	水胶比	单位用水量(kg/m³)	粉煤灰(%)	减水剂(%)	引气剂(%)	砂率(%)	粗骨料比例	混凝土密度(kg/m³)	应用工程名称
204	R_{90}200F50W6	砂浆	9~11	0.55	230	25	0.70	0.008	100	—	2 200	龙口
205	R_{90}250F200W4	二	5~7	0.53	125	25	0.70	0.008	25	40:60	2 420	
206	R_{90}250F200W4	砂浆	9~11	0.50	230	25	0.70	0.008	100	—	2 200	
207	R_{90}200F50W4	三	3~5	0.55	105	35	0.70	0.006	32	30:35:35	2 470	
208	R_{90}200F50W4	砂浆	9~11	0.52	230	35	0.70	0.006	100	—	2 200	
209	R_{90}300F50	二	5~7	0.48	125	25	0.70	0.008	36	40:60	2 420	
210	R_{90}200F150W4	二	5~7	0.58	125	25	0.70	0.008	40	40:60	2 420	
211	R_{90}200F150W4	砂浆	9~11	0.55	230	25	0.70	0.008	100	—	2 200	
212	R200F50	二	5~7	0.55	125	20	0.70	0.006	36	40:60	2 420	
213	R250F50	二	5~7	0.50	125	20	0.70	0.006	36	40:60	2 420	

注:采用河曲天然砂和龙口人工碎石,膨胀剂为 UEA 类型。水泥可采用大同、乌兰、唐山 P·O 42.5 水泥;粉煤灰为河曲Ⅰ级粉煤灰;减水剂 JM-Ⅱ,掺量 0.65%,DH-1B,掺量 0.7%,JHUNF-2A,掺量 0.7%;引气剂为 DH-9A。

序号	混凝土设计指标	级配	坍落度(cm)	水胶比	单位用水量(kg/m³)	粉煤灰(%)	减水剂(%)	引气剂(%)	砂率(%)	粗骨料比例	混凝土密度(kg/m³)	应用工程名称
214	C_{90}15F50W6	三	3~5 s	0.53	78	65	0.70	0.100	33	30:30:40	2 430	马岩洞/碾压
215	C_{90}20F100W8	二	3~5 s	0.50	90	50	0.70	0.150	39	40:60	2 410	
216	C_{90}20F100W8	三	5~7	0.53	110	22	0.70	0.01	32	30:30:40	2 450	马岩洞
217	C30F100W8	二	5~7	0.45	128	15	0.70	0.01	37	40:60	2 430	
218	C40F100W8	二	5~7	0.40	132	—	0.70	0.01	36	40:60	2 430	
218	C20F100W8	二	5~7	0.52	120	30	0.70	0.01	38	40:60	2 430	
219	C20F100W8	三	5~7	0.52	105	30	0.70	0.01	32	30:30:40	2 450	

续表 3-171

序号	混凝土设计指标	级配	坍落度(cm)	水胶比	单位用水量(kg/m³)	粉煤灰(%)	减水剂(%)	引气剂(%)	砂率(%)	粗骨料比例	混凝土密度(kg/m³)	应用工程名称
220	C25F 100W8	二	5~7	0.48	125	25	0.7	0.01	38	40:60	2 430	马岩洞
221	C25F 100W8	三	5~7	0.48	105	25	0.7	0.01	32	30:30:40	2 450	

注：水泥选用华新 P · O 42.5 水泥，粉煤灰选用重庆珞璜电厂生产的 I 级粉煤灰，外加剂选用贵州 NF-A 缓凝高效减水剂、NF-550 减水剂、四川 FT-2 型缓凝高效减水剂和石家庄 GK-9A 引气剂。

223	$C_{90}15$ W4F50	三	7~9	0.55	110	30	0.8	0.01	32.5	25:30:45	—	戈兰滩
224	$C_{90}15$ W4F50	二	7~9	0.55	128	30	0.8	0.01	36.5	65:35	—	
225	$C_{90}20$ W8F50	三	7~9	0.50	108	30	0.8	0.01	31.5	25:30:45	—	
226	$C_{90}20$ W8F50	二	7~9	0.50	126	30	0.8	0.01	35.5	65:35	—	
227	$C_{28}20$ W4F50	三	7~9	0.45	108	20	0.8	0.01	30.5	25:30:45	—	
228	$C_{28}20$ W4F50	二	7~9	0.45	125	20	0.8	0.01	34.5	65:35	—	
229	$C_{28}20$ W4F50	一	7~9	0.45	148	20	0.8	0.01	40.5	100	—	
230	$C_{28}25$ W6 F100	三	7~9	0.40	106	20	0.8	0.01	29.0	25:30:45	—	
231	$C_{28}25$ W6F100	二	7~9	0.40	123	20	0.8	0.01	33.0	65:35	—	
232	$C_{28}25$ W6F100	一	7~9	0.40	146	20	0.8	0.01	39.0	100	—	

注：采用景谷水泥厂生产的“泰裕”牌 P · O 32.5，景谷水泥厂配制好的掺合料(矿渣和石粉比例为 50:50)，石灰岩加工成的人工砂，石灰岩粗骨料，江西萍乡外加剂厂生产的 HA-JG 缓凝高效减水剂，江苏苏博特有限公司生产的 JM-2000 引气剂。

233	C15W6F100	三	5~7	0.50	122	30	0.8	0.018	32	20:40:40	2 410	炳灵
234	C20W6F150	三	5~7	0.48	122	30	0.8	0.018	32	20:40:40	2 410	
235	C20W6F200	三	5~7	0.45	122	20	0.8	0.020	32	20:40:40	2 410	
236	C20W6F200	二	7~9	0.45	135	20	0.8	0.020	36	30:70	2 380	
237	C25W6F150	三	5~7	0.43	122	20	0.8	0.020	31	20:40:40	2 410	

续表 3-171

序号	混凝土设计指标	级配	坍落度(cm)	水胶比	单位用水量(kg/m³)	粉煤灰(%)	减水剂(%)	引气剂(%)	砂率(%)	粗骨料比例	混凝土密度(kg/m³)	应用工程名称
238	C25W6F150	二	7~9	0.43	135	20	0.80	0.020	35	30:70	2 380	
239	C25W6F200	三	5~7	0.42	122	20	0.80	0.020	31	20:40:40	2 410	
240	C25W6F200	二	7~9	0.42	135	20	0.80	0.020	35	30:70	2 380	炳灵
241	C30W6F200	三	5~7	0.38	122	20	0.80	0.020	30	20:40:40	2 410	
242	C30W6F200	二	7~9	0.38	135	20	0.80	0.020	34	30:70	2 380	
243	C_{90}15	二	5~8 s	0.46	105	65	0.85	0.070	38	35:65	2 370	
244	W6F100	灰浆	—	0.44	526	50	0.80	0.010	—	—	1 730	炳灵/碾压
245	C_{90}15	三	5~8 s	0.50	101	65	0.85	0.070	35	25:45:30	2 410	
246	W4F50	灰浆	—	0.48	555	50	0.80	0.010	—	—	1 720	

注：水泥采用永登 525#高抗硫酸盐水泥和 42.5 中热硅酸盐水泥；西固热电厂Ⅱ级粉煤灰；引气剂为 DH9；骨料采用炳灵水电站关家川人工破碎粗、细骨料。

247	C15W6F50	三	3~5	0.60	113	35	0.7	0.006	31	35:35:30	2 450	
248	C15W6F50	砂浆	9~11	0.57	230	35	0.7	0.006	100	—	2 200	
249	C15W6F50	二	7~9	0.60	138	35	0.7	0.006	40	45:55	2 430	
250	C20W8F100	二	5~7	0.52	130	20	0.7	0.006	37	45:55	2 430	团坡
251	C20W8F100	二	12~14	0.52	155	20	0.7	0.006	43	50:50	2 430	
252	C20W8F100	砂浆	9~11	0.49	230	20	0.7	0.006	100	—	2 200	
253	C25W8F100	二	5~7	0.45	135	—	0.7	0.004	36	45:55	2 430	
254	C25W8F100	砂浆	9~11	0.42	230	—	0.7	0.004	100	—	2 200	

注：采用乌江 42.5 普通硅酸盐水泥，清镇Ⅱ级粉煤灰，团坡人工骨料，人工砂 FM=2.9±0.2 每增减 0.2，砂率相应增减 1%；石粉含量每增减 2%，用水量相应增减 2.0 kg/m³，砂率相应减增 1%。砂石骨料以饱和面干状态为基准进行计算，外加剂采用贵州中兴南友建材有限公司 RST-1 缓凝高效减水剂和石家庄市中伟建材有限公司生产的 DH-9A 引气剂。

255	C_{90}20 W8F100	砂浆	9~11	0.52	290	35	0.6	—	100	—	2 300	
256	C_{90}20 W8F100	三	3~5	0.55	120	35	0.8	0.015	31	30:30:40	2 620	
257	C_{90}20 W8F100	四	3~5	0.55	100	35	0.8	0.015	25	20:20:30:30	2 660	金安桥
258	C_{90}20 W8F100	二	13~15	0.52	170	35	0.8	0.008	42	50:50	2 540	
259	C_{28}20 W6F100	砂浆	9~11	0.47	290	30	0.6	—	100	—	2 300	

续表 3-171

序号	混凝土设计指标	级配	坍落度(cm)	水胶比	单位用水量(kg/m³)	粉煤灰(%)	减水剂(%)	引气剂(%)	砂率(%)	粗骨料比例	混凝土密度(kg/m³)	应用工程名称
260	$C_{28}20$ W6F100	三	3～5	0.50	120	30	0.8	0.015	30	30:30:40	2 620	金安桥
261	$C_{28}20$ W6F100	四	3～5	0.50	100	30	0.8	0.015	24	20:20:30:30	2 660	
262	$C_{90}15$ W6F100	砂浆	9～11	0.57	290	40	0.6	—	100	—	2 300	
263	$C_{90}15$ W6F100	三	3～5	0.60	120	40	0.8	0.015	32	30:30:40	2 620	
264	$C_{90}15$ W6F100	四	3～5	0.60	100	40	0.8	0.015	26	20:20:30:30	2 660	
265	$C_{28}25$ W8F100	砂浆	9～11	0.42	290	25	0.6	—	100	—	2 300	
266	$C_{28}25$ W8F100	二	5～7	0.45	135	25	0.8	0.015	35	45:55	2 580	
267	$C_{28}25$ W8F100	三	3～5	0.45	120	25	0.8	0.015	29	30:30:40	2 620	
268	$C_{90}35$ W8F100	砂浆	9～11	0.37	290	30	0.6	—	100	—	2 300	
269	$C_{90}35$ W8F100	二	5～7	0.40	135	30	0.8	0.015	34	45:55	2 580	
270	$C_{90}20$ W8F100	二	7～9	0.55	145	35	0.8	0.012	41	50:50	2 580	金安桥/富浆
271	$C_{90}20$ W8F100	三	7～9	0.55	130	35	0.8	0.012	35	30:40:30	2 620	
272	$C_{28}20$ W6F100	二	7～9	0.50	145	25	0.8	0.012	40	50:50	2 580	
273	$C_{28}20$ W6F100	三	7～9	0.50	130	25	0.8	0.012	34	30:40:30	2 620	
274	$C_{90}15$ W6F100	二	7～9	0.60	145	40	0.8	0.012	42	50:50	2 580	
275	$C_{90}15$ W6F100	三	7～9	0.60	130	40	0.8	0.012	36	30:40:30	2 620	
276	$C_{28}25$ W8F100	一	9～11	0.45	160	20	0.8	0.012	42	100	2 540	
277	$C_{28}25$ W8F100	二	9～11	0.45	150	20	0.8	0.012	39	50:50	2 560	

续表 3-171

序号	混凝土设计指标	级配	坍落度(cm)	水胶比	单位用水量(kg/m³)	粉煤灰(%)	减水剂(%)	引气剂(%)	砂率(%)	粗骨料比例	混凝土密度(kg/m³)	应用工程名称
278	$C_{90}35$ W8F100	一	9~11	0.40	160	30	0.8	0.012	41	100	2 540	金安桥/富浆
279	$C_{90}15$ W6F100	砂浆	9~11	0.47	290	60	0.6	—	100	—	2 300	金安桥/碾压
280	$C_{90}15$ W6F100	三	3~5 s	0.50	90	60	1.0	0.3	34	30:40:30	2 630	
281	$C_{90}15$ W6F100	浆液	—	0.52	574	50	0.5	—	—	—	1 683	
282	$C_{90}20$ W6F100	砂浆	9~11	0.44	290	60	0.6	—	100	—	2 300	
283	$C_{90}20$ W6F100	三	3~5 s	0.47	90	60	1.0	0.3	33	30:40:30	2 630	
284	$C_{90}20$ W6F100	浆液	—	0.52	574	50	0.5	—	—	—	1 683	
285	$C_{90}20$ W8F100	砂浆	9~11	0.44	290	55	0.6	—	100	—	2 300	
286	$C_{90}20$ W8F100	二	3~5 s	0.47	100	55	1.0	0.3	37	45:55	2 600	
287	$C_{90}20$ W8F100	浆液	—	0.52	574	50	0.5	—	—	—	1 683	

注:永保 42.5 中热硅酸盐水泥;攀枝花Ⅱ级粉煤灰。玄武岩人工骨料,碾压混凝土根据实测的人工砂石粉含量,采用石灰石粉代砂,使砂石粉含量控制在 16%~18%。

288	C15	二	7~9	0.53	115	15	1.05	—	35	40:60	2 430	江源
289	C15	二泵	15~17	0.50	148	15	1.05	—	41	55:45	2 420	
290	C15	三	5~7	0.53	98	15	1.05	—	31	30:25:45	2 450	
291	C20	二	7~9	0.48	115	15	1.05	—	34	40:60	2 430	
292	C20	二泵	15~17	0.47	148	15	1.05	—	40	55:45	2 420	
293	C20	三	5~7	0.48	98	15	1.05	—	30	30:25:45	2 450	
294	C25	二	7~9	0.44	115	15	1.05	—	33	40:60	2 430	
295	C25	二泵	15~17	0.43	148	15	1.05	—	39	55:45	2 420	
296	C25	三	5~7	0.44	98	15	1.05	—	29	30:25:45	2 450	
297	C15F150	二	7~9	0.49	110	15	1.05	0.018	34	40:60	2 400	
298	C15F150	二泵	15~17	0.48	140	15	1.05	0.013	38	55:45	2 390	
299	C15F150	三	5~7	0.49	93	15	1.05	0.014	30	30:25:45	2 420	

续表 3-171

序号	混凝土设计指标	级配	坍落度(cm)	水胶比	单位用水量(kg/m³)	粉煤灰(%)	减水剂(%)	引气剂(%)	砂率(%)	粗骨料比例	混凝土密度(kg/m³)	应用工程名称
300	C20F200	二	7~9	0.44	110	15	1.05	0.017	33	40:60	2 400	江源
301	C20F200	二泵	15~17	0.43	140	15	1.05	0.012	37	55:45	2 390	
302	C20F200	三	5~7	0.44	93	15	1.05	0.013	29	30:25:45	2 420	
303	C25F200	二	7~9	0.40	110	15	1.05	0.016	32	40:60	2 400	
304	C25F200	二泵	15~17	0.39	140	15	1.05	0.011	36	55:45	2 390	
305	C25F200	三	5~7	0.40	93	15	1.05	0.012	28	30:25:45	2 420	

注:采用永登 32.5 普通硅酸盐酸盐水泥,连城Ⅰ级粉煤灰,JK-GJ 高效减水剂,DH9 引气剂;骨料为克图料厂天然粗细骨料。

序号	混凝土设计指标	级配	坍落度(cm)	水胶比	单位用水量(kg/m³)	粉煤灰(%)	减水剂(%)	引气剂(%)	砂率(%)	粗骨料比例	混凝土密度(kg/m³)	应用工程名称
306	C15	砂浆	9~11	0.52	230	30	0.6	—	100	—	2 150	莲花台
307	C15	二	5~7	0.55	125	30	0.6	—	34	50:50	2 410	
308	C15	三	3~5	0.55	103	30	0.6	—	28	35:25:40	2 440	
309	C20	砂浆	9~11	0.47	230	25	0.6	—	100	—	2 150	
310	C20	一	7~9	0.50	140	25	0.6	—	38	100	2 380	
311	C20	二	5~7	0.50	122	25	0.6	—	33	50:50	2 410	
312	C20	三	3~5	0.50	100	25	0.6	—	27	35:25:40	2 440	
313	C25	砂浆	9~11	0.42	230	20	0.6	—	100	—	2 150	
314	C25	二	5~7	0.45	122	20	0.6	—	32	50:50	2 410	
315	C30	砂浆	9~11	0.37	230	20	0.6	—	100	—	2 150	
316	C30	一	7~9	0.40	140	15	0.6	—	36	100	2 380	
317	C30	二	5~7	0.40	122	15	0.6	—	31	50:50	2 410	
318	$C_{180}10$ W8F150	砂浆	9~11	0.57	230	65	0.6	—	100	—	2 150	莲花台/碾压
319		三	3~5 s	0.60	78	65	0.6	0.005	30	40:30:30	2 430	
320		浆液	—	0.45	500	60	0.4	0.003	—	—	1 615	
321	$C_{180}10$ W8F150	砂浆	9~11	0.57	230	60	0.6	—	100	—	2 150	
322		二	3~5 s	0.60	85	60	0.6	0.005	34	50:50	2 430	
323		浆液	—	0.45	500	60	0.4	0.003	—	—	1 615	

注:南阳 42.5 普通硅酸盐水泥,南阳Ⅰ级粉煤灰,卵石骨料,河北中伟 DH-1B 缓凝高效减水剂,DH-9B 引气剂。

序号	混凝土设计指标	级配	坍落度(cm)	水胶比	单位用水量(kg/m³)	粉煤灰(%)	减水剂(%)	引气剂(%)	砂率(%)	粗骨料比例	混凝土密度(kg/m³)	应用工程名称
324	$C_{90}25$ W8F50	四	3~5	0.50	87	25	0.7	0.003	21	20:20:30:30	2 470	龙江

续表 3-171

序号	混凝土设计指标	级配	坍落度（cm）	水胶比	单位用水量（kg/m^3）	粉煤灰（%）	减水剂（%）	引气剂（%）	砂率（%）	粗骨料比例	混凝土密度（kg/m^3）	应用工程名称
325	C_{90}25 W8F50	三	3~5	0.50	99	25	0.7	0.003	25	30:30:40	2 450	龙江
326	C_{90}25 W8F50	三	9~11	0.50	116	25	0.7	0.003	25	30:30:40	2 450	龙江/溜槽
327	C_{90}25 W8F50	三	5~7	0.47	110	25	0.7	0.003	29	30:30:40	2 450	龙江/富浆
328	C_{90}25 W8F50	二	5~7	0.50	118	25	0.7	0.003	29	40:60	2 430	龙江
329	C_{90}25 W8F50	二	7~9	0.47	130	25	0.7	0.003	33	40:60	2 430	龙江/富浆
330	C_{90}25W8F50	一	5~7	0.50	138	25	0.7	0.003	33	100	2 410	龙江
331	C_{90}25 W8F50	一	7~9	0.47	151	25	0.7	0.003	37	100	2 410	龙江/富浆
332	C_{90}25 W8F50	砂浆	9~11	0.47	235	25	0.7	0.003	100	—	2 200	
333	C_{90}30 W8F50	四	3~5	0.46	87	25	0.7	0.003	21	20:20:30:30	2 470	龙江
334	C_{90}30 W8F50	三	3~5	0.46	99	25	0.7	0.003	25	30:30:40	2 450	
335	C_{90}30 W8F50	三	9~11	0.46	116	25	0.7	0.003	25	30:30:40	2 450	龙江/溜槽
336	C_{90}30 W8F50	三	5~7	0.43	110	25	0.7	0.003	29	30:30:40	2 450	龙江/富浆
337	C_{90}30 W8F50	二	5~7	0.46	118	25	0.7	0.003	29	40:60	2 430	龙江
338	C_{90}30 W8F50	二	7~9	0.43	130	25	0.7	0.003	33	40:60	2 430	龙江/富浆
339	C_{90}30 W8F50	一	5~7	0.46	138	25	0.7	0.003	33	100	2 410	龙江
340	C_{90}30 W8F50	一	7~9	0.43	151	25	0.7	0.003	37	100	2 410	龙江/富浆
341	C_{90}30 W8F50	砂浆	9~11	0.43	235	25	0.7	0.003	100	—	2 200	
342	C30W8F50	三	3~5	0.43	99	25	0.7	0.003	25	30:30:40	2 450	龙江
343	C30W8F50	二	5~7	0.43	118	25	0.7	0.003	29	40:60	2 430	

续表 3-171

序号	混凝土设计指标	级配	坍落度(cm)	水胶比	单位用水量(kg/m^3)	粉煤灰(%)	减水剂(%)	引气剂(%)	砂率(%)	粗骨料比例	混凝土密度(kg/m^3)	应用工程名称
344	C30W8F50	一	5~7	0.43	138	25	0.7	0.003	33	100	2 410	龙江
345	C30W8F50	砂浆	9~11	0.40	235	25	0.7	0.003	100	—	2 200	
346	C35W8F50	三	3~5	0.38	109	10	0.7	0.003	24	30:30:40	2 450	龙江/纤维 0.9
347	C35W8F50	二	5~7	0.38	131	10	0.7	0.003	28	40:60	2 430	
348	C35W8F50	一	5~7	0.38	151	10	0.7	0.003	32	100	2 410	
349	C35W8F50	砂浆	9~11	0.35	235	10	0.7	0.003	100	—	2 200	
350	C30F50	三	3~5	0.45	103	—	0.7	—	26	30:30:40	2 450	龙江
351	C30F50	二	5~7	0.45	122	—	0.7	—	30	40:60	2 430	
352	C30F50	一	5~7	0.45	142	—	0.7	—	34	100	2 410	
353	C30F50	砂浆	9~11	0.42	235	—	0.7	—	100	—	2 200	
354	C30W8	一	5~7	0.46	138	MgO 2.5%	0.7	0.003	35	100	2 410	
355	C30W8	砂浆	9~11	0.43	235	MgO 2.5%	0.7	0.003	100	—	2 200	
356	C25F50	三	3~5	0.50	103	—	0.7	—	26	30:30:40	2 450	
357	C25F50	二	5~7	0.50	122	—	0.7	—	30	40:60	2 430	
358	C25F50	一	5~7	0.50	142	—	0.7	—	34	100	2 410	
359	C25F50	砂浆	9~11	0.47	235	—	0.7	—	100	—	2 200	

注：水泥采用 42.5 普硅水泥，江腾火山灰开发有限公司生产的火山灰，天然骨料，河砂细度模数 2.6±0.2，细度模数每增减 0.2，砂率相应增减 1%。

360	$C_{180}15$ W4F50	三	3~7 s	0.55	83	60	0.75	0.06	34	30:40:30	2 440	功果桥/碾压
361		浆液	—	0.50	555	50	0.70	—	—	—	1 673	
362	$C_{180}20$ W10F100	二	3~7 s	0.50	93	50	0.75	0.06	38	50:50	2 420	
363		浆液	—	0.50	555	40	0.70	—	—	—	1 673	

续表 3-171

序号	混凝土设计指标	级配	坍落度(cm)	水胶比	单位用水量(kg/m^3)	粉煤灰(%)	减水剂(%)	引气剂(%)	砂率(%)	粗骨料比例	混凝土密度(kg/m^3)	应用工程名称
364	C$_{180}$25 W8F100	二	3~7 s	0.50	93	50	0.75	0.06	38	50:50	2 420	功果桥/碾压
365		浆液	—	0.50	555	40	0.70	—	—	—	1 673	
366	C$_{180}$25 W8F100	三	3~7 s	0.50	83	60	0.75	0.06	34	30:40:30	2 440	
367	C$_{180}$15 W4F50	三	3~7 s	0.55	86	60	0.75	0.06	34	30:40:30	2 440	
368		浆液	—	0.50	555	50	0.70	—	—	—	1 673	
369	C$_{180}$20 W10F100	二	3~7 s	0.50	96	50	0.75	0.06	38	50:50	2 420	
370		浆液	—	0.50	555	40	0.70	—	—	—	1 673	
371	C$_{180}$25 W8F100	二	3~7 s	0.50	96	50	0.75	0.06	38	50:50	2 420	
372		浆液	—	0.50	555	40	0.70	—	—	—	1 673	
373	C$_{180}$25 W8F100	三	3~7 s	0.50	86	60	0.75	0.06	34	30:40:30	2 440	
374	C40F100	二	7~9	0.35	147	25	0.8	0.015	29	50:50	2 420	功果桥
375	C$_{90}$25 W8F100	三	5~7	0.50	115	30	0.8	0.015	27	30:40:30	2 440	
376	C20F100	二	7~9	0.52	130	25	0.8	0.015	35	50:50	2 420	
377	C30W8 F100	二	7~9	0.37	137	25	0.8	0.015	31	50:50	2 420	
378	C20W8 F50	二	7~9	0.45	130	25	0.8	0.015	34	50:50	2 420	
379	C25W8 F100	三	5~7	0.42	120	25	0.8	0.015	29	30:40:30	2 440	
380	C25W8 F100	二	7~9	0.42	135	25	0.8	0.015	33	50:50	2 420	
381	C30W8 F100	三	5~7	0.37	120	25	0.8	0.015	27	30:40:30	2 440	

注：采用祥云 P·MH42.5 中热硅酸盐水泥，掺合料为盘南电厂Ⅱ级粉煤灰，骨料为功果桥水电站左砂系统生产的砂岩人工破碎粗、细骨料和打鹰山人工骨料与左砂人工骨料 7:3混合骨料，减水剂选用江苏建筑科学研究院生产的博特 JM-Ⅱ，引气剂选用北京科宁空港外加剂有限公司生产的 ADD-15 型引气剂。

序号	混凝土设计指标	级配	坍落度(cm)	水胶比	单位用水量(kg/m^3)	粉煤灰(%)	减水剂(%)	引气剂(%)	砂率(%)	粗骨料比例	混凝土密度(kg/m^3)	应用工程名称
382	C20W6F100	三	5~7	0.50	94	20	0.5	0.002	28	30:40:30	2 430	黄丰
383	C20W6F200	二	7~9	0.48	112	20	0.5	0.005	34	45:55	2 410	
384	C20W6F200	三	5~7	0.48	96	20	0.5	0.005	30	30:40:30	2 430	

续表 3-171

序号	混凝土设计指标	级配	坍落度(cm)	水胶比	单位用水量(kg/m^3)	粉煤灰(%)	减水剂(%)	引气剂(%)	砂率(%)	粗骨料比例	混凝土密度(kg/m^3)	应用工程名称
385	C20W6F100	二	7~9	0.50	110	20	0.5	0.002	34	45:55	2 410	黄丰
386	C25W6F100	三	5~7	0.46	94	20	0.5	0.002	29	30:40:30	2 430	
387	C25W6F150	三	5~7	0.45	95	20	0.5	0.003	29	30:40:30	2 430	
388	C25W6F100	二	7~9	0.45	104	20	0.5	0.002	35	45:55	2 410	
389	C25W6F200	三	5~7	0.43	92	20	0.5	0.004	29	30:40:30	2 430	
390	C25	二	7~9	0.45	104	20	0.5	—	35	45:55	2 410	
391	C30W6F100	三	5~7	0.40	102	20	0.5	0.002	28	30:40:30	2 430	
392	C30W6F150	三	5~7	0.38	88	20	0.5	0.003	28	30:40:30	2 430	
393	C30W6F200	二	7~9	0.36	116	20	0.5	0.005	34	45:55	2 410	
394	C40W6F150	二	7~9	0.32	122	15	0.5	0.003	32	45:55	2 410	

注:水泥为青海中热 42.5 硅酸盐水泥,粉煤灰为甘肃平凉Ⅱ级粉煤灰,骨料为黄丰水电站筛分系统生产的天然骨料。

序号	混凝土设计指标	级配	坍落度(cm)	水胶比	单位用水量(kg/m^3)	粉煤灰(%)	减水剂(%)	引气剂(%)	砂率(%)	粗骨料比例	混凝土密度(kg/m^3)	应用工程名称
395	C_{90}25 W10F100	三	5~7	0.54	111	30	0.9	0.012	30	30:35:35	—	官地
396		砂浆	9~11	0.51	275	30	0.6	0.01	100	30:35:35	—	
397	C_{90}20 W8F100	三	5~7	0.58	111	30	0.9	0.012	31	30:35:35	—	
398		砂浆	9~11	0.55	275	30	0.6	0.01	100	30:35:35	—	
399	C_{28}25 W8F100	三	5~7	0.45	110	25	0.9	0.012	29	30:35:35	—	
400		砂浆	9~11	0.42	275	25	0.6	0.01	100	30:35:35	—	
401	C_{28}35 W8F100	三	5~7	0.37	110	20	0.9	0.012	28	30:35:35	—	
402		砂浆	9~11	0.34	275	20	0.6	0.01	100	30:35:35	—	

注:(1)四川嘉华、湖南石门、四川峨胜 42.5 中热硅酸盐水泥以及甘肃平凉Ⅱ级粉煤灰、骨料为玄武岩人工骨料、山东华伟或浙江龙游缓凝高效减水剂、江苏博特引气剂。

(2)采用绝对体积法进行计算,嘉华 42.5 中热水泥密度为 3.18 g/cm^3,平凉Ⅱ级粉煤灰密度为 2.38 g/cm^3,人工砂密度为 2.9 g/cm^3,小石、中石、大石密度分别为 3.0 g/cm^3、3.01 g/cm^3、3.02 g/cm^3。常态混凝土三级配含气量按 3.5%计算,砂浆含气量按 5.0%计算。

3.5　水电工程特殊混凝土配合比

特殊要求的混凝土的配合比设计应遵循常态混凝土的配合比设计程序进行。

3.5.1　预应力混凝土

预应力混凝土是按照结构设计要求,对钢筋施加预应力,其强度等级最低为 C30 的混凝土。预应力混凝土配合比设计应符合下列规定:

(1)宜选用强度等级不低于 42.5 的硅酸盐水泥、中热硅酸盐水泥或普通硅酸盐水泥,不宜使用矿渣硅酸盐水泥或火山灰质硅酸盐水泥。

(2)应选用质地坚硬、级配良好的中粗砂。

(3)应选用连续级配骨料,骨料最大粒径不应超过 40 mm。

(4)不宜掺用氯离子含量超过水泥质量 0.02%的外加剂。

(5)混凝土早期强度应能满足施加预应力的要求。一般要求 5 d 龄期强度不低于设计强度的 80%。

3.5.2　泵送混凝土

泵送混凝土是流动性混凝土的一种,必须满足泵送施工的工艺要求,即要求有较好的可泵性。泵送施工时的坍落度不宜低于 140 mm。泵送混凝土配合比设计应符合下列规定:

(1)应选用连续级配骨料,骨料最大粒径应满足输送设备要求,混凝土输送管最小内径宜符合表 3-172 的规定。

表 3-172　混凝土输送管最小内径要求

粗骨料最大粒径(mm)	输送管最小内径(mm)
25	125
40	150

(2)应掺用坍落度经时损失小的泵送剂或高性能减水剂、引气剂等。

(3)宜掺用粉煤灰等活性掺合料。

(4)水胶比不宜大于 0.60 。

(5)胶凝材料用量不宜低于 300 kg/m^3。

(6)砂率宜为 35%~45% 。

(7)不同入泵坍落度或扩展度的混凝土,其泵送高度宜符合表 3-173 的规定。

表 3-173　混凝土入泵坍落度与泵送高度关系

最大泵送高度(m)	50	100	200	400	400 以上
入泵坍落度(mm)	100~140	150~180	190~220	230~260	—
入泵扩展度(mm)	—	—	—	450~590	600~740

3.5.3　喷射混凝土

不是依赖振捣密实,而是在高速喷射时,由水泥与骨料的反复连续撞击而使混凝土压密。喷射混凝土配合比设计应符合以下规定：

(1)水泥用量应较大。

(2)干法喷射水泥与砂石的质量比宜为1:4.0~1:4.5,水胶比宜为0.40~0.45,砂率宜为45%~55%;湿法喷射水泥与砂石的质量比宜为1:3.5~1:4.0,水胶比宜为0.42~0.50,砂率宜为50%~60%。规定水泥与骨料的比例,主要是考虑既满足喷射混凝土的强度要求,又可减少回弹率。实践证明,当砂率低于50%时,管路易堵塞;若砂率高于60%,则不仅会降低喷射混凝土强度,也会增加收缩。

(3)用于湿法喷射的混合料拌制后,应进行坍落度测试,其坍落度宜为80~120 mm 。

(4)当掺用钢纤维时,钢纤维的直径宜为0.3~0.5 mm;钢纤维的长度宜为20~25 mm,且不得大于25 mm;钢纤维的掺量宜为干混合料质量的3.0%~6.0% 。

3.5.4　抗冲磨混凝土

抗冲磨混凝土是指过水的水工建筑物遭受水流速度不小于12 m/s,且水中会有悬移质和推移质磨蚀作用、强度等级不低于C35的混凝土。抗冲磨混凝土配合比设计应符合以下规定：

(1)宜选用强度等级大于等于42.5的中热硅酸盐水泥、低热硅酸盐水泥、硅酸盐水泥或普通硅酸盐水泥。

(2)应选用质地坚硬、含石英颗粒多、清洁、级配良好的中粗砂。

(3)应选用质地坚硬的天然卵石或人工碎石,天然骨料最大粒径不宜超过40 mm,人工骨料最大粒径可为80 mm,当掺用钢纤维时,混凝土骨料最大粒径不宜大于20 mm 。

(4)应掺用高效减水剂,宜优先选用低收缩的高性能减水剂, 有抗冻要求的,应论证加入引气剂的必要性。

(5)宜掺用Ⅰ级粉煤灰、硅粉等活性掺合料,掺合料用量应通过试验确定。

3.5.5　水下不分散混凝土

水下不分散混凝土是指掺用抗分散外加剂配制的通过管道在水下施工不易分散,具有较好黏聚性的混凝土。水下不分散混凝土配合比设计应符合以下规定：

(1)水泥：普通硅酸盐水泥,强度等级为42.5或52.5。

(2)骨料：应选用质地坚硬、清洁、级配良好的骨料。粗骨料采用一级配天然卵石或人工碎石,粒径为5~20 mm 。细骨料宜用水洗河砂,细度模数为2.6~2.9。

(3)抗分散剂按生产厂推荐的掺量掺入。掺入抗分散剂后应使混凝土达到的质量标准见表3-174。

3.5.6　特殊混凝土配合比数据库

水电工程特殊混凝土配合比参数见表3-175。

表 3-174　掺抗分散剂水下不分散混凝土的性能要求

试验项目		性能要求
泌水率(%)		<0.5
含气量(%)		<4.5
坍落度(mm)	30 s	230±20
	2 min	230±20
坍扩度(mm)	30 s	450±20
	2 min	450±20
抗分散性	水泥流失量(%)	<1.5
	悬浊物含量(mg/L)	<150
	pH	<12
凝结时间(h)	初凝	≥5
	终凝	≤30
水下成型试件与空气中成型试件抗压强度比(%)	7 d	>60
	28 d	>70
水下成型试件与空气中成型试件抗压强度比(%)	7 d	>50
	28 d	>60

表 3-175　水电工程特殊混凝土配合比参数

序号	混凝土设计指标	级配	坍落度(cm)	水胶比	单位用水量(kg/m^3)	粉煤灰(%)	减水剂(%)	引气剂(%)	砂率(%)	粗骨料比例	混凝土密度(kg/m^3)	应用工程名称
1	R_{28}400 D250S10	二	5~7	0.30	129	20	0.7	0.006	33	40:60		三峡/抗冲耐磨
2	R_{28}250	二	12~14	0.45	145	30	0.6	—	43	40:60		三峡/泵送
3	R_{28}300	二	12~14	0.45	145	25	0.6	—	43	40:60		
4	R_{90}200 D150S10	二	11~13	0.50	140	35	0.5	0.011	42	40:60		
5	R_{90}200 D250S10	二	12~14	0.50	135	30	0.7	0.007	43	40:60		
6	R_{90}250 D250S10	二	12~14	0.45	135	30	0.7	0.007	41	40:60		
7	R_{90}300 D250S10	二	18~20	0.45	152	20	0.7	0.008	41	40:60		三峡/高流态
8	R_{28}250 D250S10	二	18~20	0.45	152	20	0.7	0.008	41	40:60		
9	R_{28}300 D250S10	二	18~20	0.40	154	20	0.7	0.008	41	40:60		

续表 3-175

序号	混凝土设计指标	级配	坍落度(cm)	水胶比	单位用水量(kg/m³)	粉煤灰(%)	减水剂(%)	引气剂(%)	砂率(%)	粗骨料比例	混凝土密度(kg/m³)	应用工程名称
10	$R_{28}500$	一	3~5	0.33	158	20	1.2	钢纤维 1%	40	100		三峡/钢纤维混凝土
11	$R_{28}500$	一	3~5	0.33	160	—	1.2	钢纤维 1%	45	100		

注:(1)原材料采用荆门中热 525#水泥,平圩Ⅰ级粉煤灰;三峡人工骨料,ZB-1A 减水剂,DH9 引气剂。

(2)配合比采用绝对体积法计算。

序号	混凝土设计指标	级配	坍落度(cm)	水胶比	单位用水量(kg/m³)	粉煤灰(%)	减水剂(%)	引气剂(%)	砂率(%)	粗骨料比例	混凝土密度(kg/m³)	应用工程名称
12	$C_{28}40$ F300W8	二	5~7	0.32	125	15	0.8	0.012	28	50:50	2 430	龙首/抗冲耐磨

注:原材料采用龙首天然骨料,FM=2.6±0.2;永登 525#纯硅酸盐水泥;永昌电厂粉煤灰;黑河河水;SW-1A 缓凝高效减水剂及 DH9 引气剂。

序号	混凝土设计指标	级配	坍落度(cm)	水胶比	单位用水量(kg/m³)	粉煤灰(%)	减水剂(%)	引气剂(%)	砂率(%)	粗骨料比例	混凝土密度(kg/m³)	应用工程名称
13	$C_{28}35$ F150W8	二	5~7	0.45	125	硅粉 5%	0.6	—	37	40:60	2 430	江口/抗冲耐磨
14	$C_{28}35$ F150W8	三	5~7	0.45	102	硅粉 5%	0.6	—	32	30:30:40	2 460	
15	$C_{28}40$ F150W8	二	5~7	0.42	125	硅粉 5%	0.6	—	37	40:60	2 430	
16	$C_{28}40$ F150W8	三	5~7	0.42	102	硅粉 5%	0.6	—	32	30:30:40	2 460	
17	$R_{28}200$	—	—	0.45	215	—	速凝剂 3%	—	50	粒径 5~10 mm	2 315	江口/喷混凝土

注:水泥选用 525#中热(普硅)水泥,粗骨料采用人工碎石,细骨料采用人工砂 FM=2.6±0.2,FM 每增减 0.2,砂率相应增减 1%;混凝土坍落度每增加 1 cm,用水量相应增加 2 kg/m³。

序号	混凝土设计指标	级配	坍落度(cm)	水胶比	单位用水量(kg/m³)	粉煤灰(%)	减水剂(%)	引气剂(%)	砂率(%)	粗骨料比例	混凝土密度(kg/m³)	应用工程名称
18	C25F50W8	二	15~18	0.48	155	20	泵送剂 0.5%	—	41	60:40	2 420	掌鸠河/泵送
19	$C_{28}20$W6F50	一	12~18	0.55	165	—	0.6	—	42	100	2 380	长洲/泵送
20	$C_{28}20$W6F50	二	12~18	0.55	145	—	0.6	—	38	50:50	2 420	
21	$C_{28}20$W6F50	三	12~18	0.55	128	—	0.6	—	33	30:40:30	2 460	
22	$C_{28}25$W6F50	一	12~18	0.50	165	—	0.6	—	42	100	2 380	

续表 3-175

序号	混凝土设计指标	级配	坍落度(cm)	水胶比	单位用水量(kg/m³)	粉煤灰(%)	减水剂(%)	引气剂(%)	砂率(%)	粗骨料比例	混凝土密度(kg/m³)	应用工程名称
23	C_{28}25W6F50	二	12~18	0.50	145	—	0.6	—	38	50:50	2 420	长洲/泵送
24	C_{28}25W6F50	三	12~18	0.50	128	—	0.6	—	33	30:40:30	2 460	
25	C_{28}30W6F50	一	12~18	0.43	145	—	0.6	—	41	100	2 380	
26	C_{28}30W6F50	二	12~18	0.43	128	—	0.6	—	36	50:50	2 420	
27	C_{90}15	二	12~18	0.60	150	40	0.6	—	39	50:50	2 410	
28	C_{90}15	三	12~18	0.60	130	40	0.6	—	34	30:40:30	2 450	

注:采用42.5普通硅酸盐水泥,Ⅱ级粉煤灰,梧洲倒水天然骨料,FM按2.6配制,采用山西黄河UNF-3外加剂。若采用江苏建科院JM-Ⅱ或浙江龙游ZB-1A减水剂外加剂,混凝土单位用水量降低5 kg/m³。

序号	混凝土设计指标	级配	坍落度(cm)	水胶比	单位用水量(kg/m³)	粉煤灰(%)	减水剂(%)	引气剂(%)	砂率(%)	粗骨料比例	混凝土密度(kg/m³)	应用工程名称
29	C_{28}50	二	4~6	0.30	135	硅粉 5%	0.7	—	34	40:60	2 430	铁城/抗冲耐磨

注:(1)采用祁连山牌42.5中热普硅水泥;连城/靖远Ⅱ级粉煤灰;天津雍阳SKY-2减水剂、SKY-H引气剂和河北育才GK-4A减水剂;金沙峡灰岩人工骨料,人工砂FM=2.8±0.2,石粉含量按(16±2)%控制。

(2)配合比计算采用假定容重法。

序号	混凝土设计指标	级配	坍落度(cm)	水胶比	单位用水量(kg/m³)	粉煤灰(%)	减水剂(%)	引气剂(%)	砂率(%)	粗骨料比例	混凝土密度(kg/m³)	应用工程名称
30	C20F50W4	二	13~15	0.50	145	25	0.70	0.006	42	50:50	2 420	龙口/泵送
31	C20F50W4	二	18~22	0.46	154	20	0.65	0.004	45	50:50	2 420	龙口/高流态
32	R_{90}400 F200W6	二	5~7	0.38	125	20	0.65	0.008	32	40:60	2 420	龙口/抗冲耐磨
33	R_{90}400 F200W6	二	12~16	0.38	145	20	0.65	0.008	37	50:50	2 420	

注:采用河曲天然砂和龙口人工碎石,水泥采用大同P·O 42.5水泥;粉煤灰为河曲Ⅰ级粉煤灰;减水剂JM-Ⅱ,掺量0.65%,JHUNF-2A,掺量0.7%;引气剂为DH-9A。

序号	混凝土设计指标	级配	坍落度(cm)	水胶比	单位用水量(kg/m³)	粉煤灰(%)	减水剂(%)	引气剂(%)	砂率(%)	粗骨料比例	混凝土密度(kg/m³)	应用工程名称
34	C25	—	5~7	0.48	200	—	—	—	44	100	2 360	莲花台/喷混凝土

注:南阳42.5普通硅酸盐水泥,南阳Ⅰ级粉煤灰,卵石骨料,小石粒径5~15 mm,速凝剂根据现场试验掺入。

3.6 小　结

大坝混凝土是水工大体积混凝土的典型代表,它具有其自身的特点:大坝混凝土工作环境复杂,需要长期在水的浸泡下、高水头压力下、高速水流的侵蚀下以及各种恶劣的气候和地质环境下工作,为此,大坝混凝土耐久性能(以抗冻等级 F 表示)、温控防裂性能比其他混凝土要求更高。大坝混凝土具有长龄期、大级配、低坍落度、掺掺合料和外加剂、绝热温升低、温控防裂要求严、施工强度高等特点,不论在温和、炎热、严寒的各种恶劣环境条件下,其可塑性好、使用方便、经久耐用、适应性强、安全可靠等优势是其他材料无法替代的,已成为水利水电工程极为重要的建筑材料。

水工混凝土配合比设计其实质就是对混凝土原材料进行的最佳组合。质量优良、科学合理的配合比在水工混凝土快速筑坝中占有举足轻重的作用,具有较高的技术含量,直接关系到大坝质量和温控防裂,可以起到事半功倍的作用,获得明显的技术经济效益。水工混凝土除满足大坝强度、防渗、抗冻、极限拉伸等主要性能要求外,大坝内部混凝土还要满足必要的温度控制和防裂要求。从三峡大坝开始,逐步确立了大坝混凝土施工配合比设计“三低两高两掺”的技术路线特点,即低水胶比、低用水量和低坍落度,高掺粉煤灰和较高石粉含量,掺缓凝减水剂和引气剂的技术路线,有效改善了大坝混凝土性能,提高了密实性和耐久性,降低了混凝土水化热温升,对大坝混凝土的温控抗裂十分有利。

影响大坝混凝土抗裂性能和耐久性的因素十分复杂,但主要有两个关键因素:一是如何提高大坝混凝土自身的抗裂性能和耐久性;二是大坝混凝土的高质量施工和温度控制。提高大坝混凝土自身抗裂性能和耐久性,主要是通过混凝土原材料优选和科学合理的配合比设计,这与水泥品种、掺合料品质、骨料粒形级配、外加剂性能以及配合比设计优化有关,目前大坝混凝土施工配合比设计仍是建立在经验工程的基础上。大坝混凝土施工配合比试验具有周期长(设计龄期 90 d 或 180 d)、骨料粒径大(最大粒径 150 mm 四级配)、劳动强度高(以人工为主)、试验存在一定误差 (如坍落度试验等)等特点。所以,大坝混凝土施工配合比设计试验需要提前一定的时间进行,并要求试验选用的原材料尽量与工程实际使用的原材料相吻合,避免由于原材料“两张皮”现象,造成试验结果与实际施工存在较大差异的情况发生。

大坝混凝土施工配合比试验是在施工阶段进行的试验,试验采用加工的成品骨料和优选确定的水泥、掺合料、外加剂等原材料,保证了施工配合比参数稳定,具有可靠的操作性,组成材料用量准确,砂率波动极小,用水量可以控制到 1 kg/m^3,使新拌混凝土坍落度或 VC 值始终控制在设计的范围内,为混凝土拌和控制和施工浇筑提供了可靠的保证。

由于重力坝与拱坝的工作性态完全不同,所以重力坝与拱坝在混凝土设计指标上有很大区别。近年来,重力坝除三峡、向家坝(下部碾压混凝土)及藏木大坝外,以碾压混凝土坝为主。采用碾压混凝土筑坝技术最大的优势是快速,碾压混凝土既有混疑土的特性,符合水胶比定则,施工又具有土石坝快速施工的特点,重力坝采用碾压混凝土筑坝技术具有明显优势,所以碾压混凝土坝已成为最具有竞争力的坝型之一。拱坝以混凝土强度作为控制指标,所以拱坝具有材料分区简单,混凝土抗压强度、抗拉强度、抗冻等级、抗渗等级及极限拉伸值等指标要求高，特别是混凝土采用 180 d 设计龄期，利用混凝土后期强度，提高了粉煤灰掺量，降低胶凝材料用量，对温控防裂极为有利。

大坝混凝土施工配合比与科研设计阶段提交的大坝混凝土配合比既相互关联又有一定的区别。众所周知，混凝土坝设计时，需要提供混凝土材料的基本资料，为此，在工程可行性研究设计阶段，需要进行大坝混凝土科研试验。由于科研阶段，工程使用的料场未投产，其他原材料也不是最终确定的，故科研阶段试验采用的原材料样品与施工阶段工程实际使用的原材料存在一定差异，其最大区别就是试验条件发生了变化。虽然科研阶段提交的大坝混凝土配合比仅是一个原则性的报告，但对大坝混凝土温控计算、招标文件编制和施工配合比设计仍起着十分重要的指导作用。大坝混凝土施工配合比设计是在施工阶段进行的配合比试验，试验采用加工的成品骨料和优选确定的水泥、掺合料、外加剂等原材料，保证了施工配合比参数稳定，材料用量准确，具有可靠的操作性，使新拌混凝土坍落度或 VC 值始终控制在设计的范围内，为混凝土拌和控制和施工浇筑提供了可靠的保证。

大坝混凝土施工配合比设计主要依据《水工混凝土配合比设计规程》(DL/T 5330)、《水工混凝土试验规程》(SL 352 或 DL/T 5150)、《水工混凝土施工规范》(SL 677 或 DL/T 5144) 等标准，并按照工程招标投标文件要求的大坝混凝土设计指标，参照类似工程大坝混凝土施工配合比设计试验工程实例，密切围绕水工混凝土"温控防裂、提高耐久性"关键技术，按照招标文件要求，编制科学合理的配合比试验计划，通过大坝混凝土原材料优选、配合比参数选择、试验配合比确定、拌合物性能试验、硬化混凝土性能试验结果分析以及施工配合比的应用调整等，确定最终的大坝混凝土施工配合比。

大坝混凝土施工配合比试验主要内容有：新拌混凝土拌合物性能试验，主要包括和易性、坍落度、含气量、凝结时间、表观密度等，硬化混凝土性能试验，主要包括力学性能(抗压强度、劈拉强度、抗拉强度、抗剪强度等)、变形性能(极限拉神、弹性模量、干缩、自生体积变形、徐变等)、耐久性能(抗渗、抗冻、碱骨料反应)、热学性能(绝热温升、导温系数、导热系数、比热系数)。大坝混凝土施工配合比试验中，混凝土拌合物性能与硬化混凝土性能密切相关，新拌混凝土拌合物性能是大坝混凝土施工质量保证的基础，直接关系到大坝混凝土浇筑质量、施工进度以及温控防裂和整体性能。

大坝混凝土施工配合比试验应以新拌混凝土性能试验为重点，要求新拌混凝土具有良好的工作性能，满足施工要求的和易性、抗骨料分离、易于振捣或碾压、液化泛浆好等性能，要改变配合比设计重视硬化混凝土性能、轻视拌合物性能的设计理念。大坝混凝土采用 90 d 或 180 d 设计龄期，故配合比试验周期较长。所以，大坝混凝土配合比试验需要提前一定的时间进行，并要求试验选用的原材料尽量与工程实际使用的原材料相吻合，避免出现原材料"两张皮"现象，造成试验结果与实际施工存在较大差异的情况发生。

混凝土易发生的主要问题是产生裂缝，不同类型裂缝产生原因预防措施及防治方法如下：

(1)塑性收缩裂缝。

塑性收缩裂缝多在新浇筑并暴露于空气中的结构、构件表面出现，且长短不一，互不连贯，裂缝较小，类似于干燥的泥浆面。大多在混凝土初凝后(一般在浇筑后 4 h 左右)，当外界气温高、风速大、气候很干燥的情况下出现。

产生原因:①混凝土浇筑后,表面没有及时覆盖,受风吹日晒,表面游离水分蒸发过快,产生急剧的体积收缩,而此时混凝土早期强度低,不能抵抗这种变形应力而导致开裂;②使用收缩率较大的水泥或水泥用量过多,或使用过量的粉砂;③混凝土水灰比过大,模板、垫层过于干燥,吸收水分太大等;④浇筑在斜坡上的混凝土,由于重力作用,有向下流动产生的裂纹。

预防措施:①配制混凝土时,应严格控制水灰比和水泥用量,选择级配良好的砂,减小空隙率和砂率,同时要振捣密实,以减少收缩量,提高混凝土抗裂强度;②配制混凝土前,将基层和模板浇水湿透,避免吸收混凝土中的水分,混凝土浇筑后,对裸露表面应及时用潮湿材料覆盖,认真养护,防止强风吹袭和烈日暴晒;③在气温高、温度低或风速大的天气施工,混凝土浇筑后,应及早进行喷水养护,使其保持湿润;④大面积混凝土宜浇完一段,养护一段。在炎热季节,要加强表面的抹压和养护工作。

防治方法:①如混凝土仍保持塑性,可采取及时压抹一遍或重新振捣的办法来消除,再加强覆盖养护;②如混凝土已硬化,可向裂缝内装入干水泥粉,或在表面抹薄层水泥砂浆进行处理;③对于预制构件,也可在裂缝表面涂环氧胶泥或粘贴环氧玻璃布进行封闭处理,以防钢筋锈蚀。

(2)沉降收缩裂缝。

沉降收缩裂缝多沿结构上表面钢筋通长方向或箍筋上断续出现,或在埋设件的附近周围出现。裂缝呈梭形,深度不大,一般到钢筋上表面为止。多在混凝土浇筑后发生,混凝土硬化即停止。

产生原因:混凝土浇筑振捣后,粗骨料沉落,挤出水分、空气,表面呈现泌水,而形成竖向体积缩小沉落,这种沉落受到钢筋、预埋件、模板、大的粗骨料以及先期凝固混凝土的局部阻碍或约束,或混凝土本身各部位相互沉降量相差过大而造成裂缝。

预防措施:①振捣要充分,但避免过度;②加强混凝土配制和施工操作控制,不使水灰比、砂率、坍落度过大;③可先浇筑深部位,静停 2~3 h,待沉降稳定后,再与上部薄截面混凝土同时浇筑,以避免沉降过大导致裂缝。

(3)干燥收缩裂缝。

宽度较细,多在 0.05~0.2 mm。走向纵横交错,没有规律性,裂缝分布不均。

产生原因:混凝土成型后,养护不当,受到风吹日晒,表面水分散失快,体积收缩大,而内部湿度变化很小,收缩也小,因而表面收缩变形受到内部混凝土的约束,出现拉应力,引起混凝土表面开裂;或者平卧长型构件水分蒸发,产生的体积收缩受到地基或垫层的约束,而出现干缩裂缝。

预防措施:①混凝土水泥用量、水灰比和砂率不能过大;②提高粗骨料含量,以降低干缩量;③严格控制砂石含泥量,避免使用过量粉砂;④混凝土应振捣密实,并注意对板面进行抹压,可在混凝土初凝后、终凝前,进行二次抹压,以提高混凝土抗拉强度,减少收缩量;⑤加强混凝土早期养护。

(4)温度裂缝。

表面温度裂缝走向无一定规律性,梁板类长度尺寸较大的结构件,裂缝多平行于短边;大面积结构裂缝常纵横交错,表面温度裂缝多发生在施工期间,较深的或贯穿的裂缝多发生在浇筑后 2~3 个月或更长时间，缝宽受温度变化影响较明显，冬期较宽，夏季较细。沿截面高度，裂缝大多呈上宽下窄状，但个别也有下宽上窄的情况，遇顶部或底板配筋较多的结构，有时也有出现中间宽两端窄的梭形裂缝。

产生原因：①表面温度裂缝，多由于温差较大引起的。混凝土结构构件，特别是大体积混凝土基础浇筑后，在硬化期间水泥放出大量水化热，内部温度不断上升，使混凝土表面和内部温差较大。当温度产生非均匀的降温差时，将导致混凝土表面急剧的温度变化而产生较大的降温收缩，此时表面受到内部混凝土的约束，将产生很大的拉应力，而混凝土早期抗拉强度很低，因而出现裂缝。但这种温差仅在表面处较大，离开表面就很快减弱。因此，裂缝只在接近表面较浅的范围出现，表面层以下结构仍保持完整。②深进的和贯穿的温度裂缝，多由于结构降温差较大，受到外界的约束而引起的，当大体积混凝土基础、墙体浇筑在坚硬地基或厚大的老混凝土垫层上时，没有采取隔离层等放松约束的措施，如果混凝土浇筑时温度很高，加上水泥水化热的温升很大，使混凝土的温度很高，当混凝土降温收缩，全部或部分地受到地基、混凝土垫层或其他外部结构的约束，将会在混凝土内部出现很大的拉应力，产生降温收缩裂缝。这类裂缝较深，有时是贯穿性的，将破坏结构的整体性。

预防措施：①加强混凝土的养护和保温；②分层浇筑振捣密实或掺加抗裂防渗剂，以提高混凝土抗拉强度；③合理选取原材料和配合比，采用级配良好的石子，砂石含泥量控制在较低范围内；④混凝土浇筑后裸露的表面及时喷水养护，夏季应适当延长养护时间，以提高抗裂能力，冬期应适当延长保温和脱模时间，使缓慢降温，以防温度骤变温差过大引起裂缝。⑤避开炎热天气浇筑大体积混凝土。

防治方法：温度裂缝对钢筋锈蚀、碳化、抗冻融（有抗冻要求的结构）、抗疲劳（对受动荷载构件）等方面有影响，故应采取措施治理。对表面裂缝，可采用涂两遍环氧胶水或贴环氧玻璃布，以及抹、喷水泥砂浆等方法进行表面封闭处理，对有整体性防水、防渗要求的结构，应根据裂缝可灌程度，采用灌水泥浆或化学浆液的方法进行裂缝修补，或者灌浆与表面封闭同时采用。

第 4 章　轨道交通工程混凝土配合比研究与应用

4.1　轨道交通工程混凝土施工特点

当前铁路轨道交通行业建设标准高、技术要求高、质量目标高，特别是对混凝土结构的抗碳化锈蚀、抗氯盐锈蚀、抗冻融破坏、抗裂性、抗碱-骨料反应、抗化学侵蚀、抗磨蚀等长期性能的指标和控制、检测要求进行了严格规定。但是，施工过程中如混凝土配合比设计、原材料中砂石骨料的质量波动、浇筑过程中的布料及振捣、混凝土养护等，都对混凝土工程质量有一定的影响。总之，混凝土工程质量在其安全、使用功能及耐久性能、环境保护等方面均要满足其设计要求。

城市轨道交通混凝土质量具有三个方面的严格要求：抗压强度要求高、防渗标号要求高、要求混凝土具有良好的抗裂性能。

总之，混凝土工程质量在其安全、使用功能及耐久性能、环境保护等方面均要满足其设计要求。

4.2　轨道交通工程混凝土配合比设计依据

4.2.1　配合比设计理念

混凝土配合比，是指单位体积的混凝土中各组成材料的质量比例。确定这种数量比例关系的工作，称为混凝土配合比设计。

混凝土的配合比参数和原材料应根据混凝土结构的设计使用年限、所处环境条件、环境作用等级和施工工艺等确定。

混凝土配合比应按最小浆体比原则进行设计。混凝土配合比的设计方法既可采用体积法，也可采用质量法。

4.2.2　原材料质量要求

水泥应选用硅酸盐水泥或普通硅酸盐水泥，不宜使用早强水泥，C30 及以上的混凝土应采用硅酸盐水泥或普通硅酸盐水泥，C30 以下的混凝土，可采用粉煤灰硅酸盐水泥、矿渣硅酸盐水泥或复合硅酸盐水泥。

粉煤灰、矿渣粉、硅灰和石灰石粉等矿物掺合料应选用能改善混凝土性能且品质稳定的产品。

细骨料应选用级配合理、质地坚固、吸水率低、空隙率小的洁净天然河砂，或母材检验合格、经专门机组生产的机制砂,不应使用海砂。

粗骨料应选用粒形良好、级配合理、质地坚固、吸水率低、线胀系数小的洁净碎石,无抗拉、抗疲劳要求的 C40 以下混凝土也可采用符合要求的卵石。当一种级配的骨料无法满足使用要求时,可以将两种或两种以上级配的粗骨料混合使用。

减水剂宜选用高效减水剂或高性能减水剂,速凝剂宜选用低碱或无碱速凝剂,引气剂、膨胀剂、降黏剂、增黏剂、内养护剂等外加剂应选用能明显改善混凝土性能且品质稳定的产品。外加剂与水泥及矿物掺合料之间应具有良好的相容性,其品种和掺量应经试验确定。

拌和用水可采用饮用水,也可采用满足标准要求的其他水源的水。

4.2.2.1　水泥质量要求

硅酸盐水泥和普通硅酸盐水泥的性能应符合表 4-1 和表 4-2 的规定,其他品种水泥的性能应符合国家现行标准《通用硅酸盐水泥》(GB 175)的规定。

表 4-1　水泥的性能技术要求

序号	检验项目	技术要求	检验方法
1	比表面积	300~350 m^2/kg	GB/T 8074
2	凝结时间	初凝≥45 min,终凝≤600 min(硅酸盐水泥终凝≤390 min)	GB/T 1346
3	安定性	沸煮法合格	
4	强度	符合表 2-2 的规定	GB/T 17671
5	烧失量	≤5.0%(P·O),≤3.5%(P·Ⅱ),≤3.0%(P·Ⅰ)	GB/T 176
6	游离氧化钙含量	≤1.0%	
7	氧化镁含量	≤5.0%	
8	三氧化硫含量	≤3.5%	
9	氯离子含量	≤0.06%	
10	碱含量	≤0.80%	
11	助磨剂名称及掺量	符合 GB 175—2007 的 5.2 条规定	检查产品质量证明文件
12	石膏种类及掺量	符合 GB 175—2007 的 5.2 条规定	
13	混合材种类及掺量	符合 GB 175—2007 的 5.2 条规定	
14	熟料中的铝酸三钙含量	≤8.0%	GB/T 21372

注:(1)当混凝土结构所处环境为氯盐环境时,混凝土宜选用低氯离子含量(不大于 0.06%)的水泥,不宜使用抗硫酸盐硅酸盐水泥。

(2)当混凝土结构所处环境为严重硫酸盐化学腐蚀环境时,混凝土宜选用铝酸三钙含量小于 5.0%的熟料所生产的硅酸盐水泥。

(3)当骨料具有碱-骨料反应活性时,水泥的碱含量不应超过 0.60%。C40 及以上混凝土用水泥的碱含量不宜超过 0.60%。

表 4-2　硅酸盐水泥和普通硅酸盐水泥的强度要求

品种	强度等级	抗压强度		抗折强度	
		3 d	28 d	3 d	28 d
硅酸盐水泥	42.5	≥17.0	≥42.5	≥3.5	≥6.5
	52.5	≥23.0	≥52.5	≥4.0	≥7.0
	62.5	≥28.0	≥62.5	≥5.0	≥8.0
普通硅酸盐水泥	42.5	≥17.0	≥42.5	≥3.5	≥6.5
	52.5	≥23.0	≥52.5	≥4.0	≥7.0

4.2.2.2　矿物掺合料质量要求

矿物掺合料的性能应符合表 4-3~表 4-6 的规定。

表 4-3　粉煤灰的性能技术要求

序号	检验项目	技术要求		检验要求
		Ⅰ级	Ⅱ级	
1	细度(45 μm 方孔筛筛余)	≤12%	≤25.0%	GB/T 1596
2	需水量比	≤95%	≤105%	
3	烧失量	≤5.0%	≤8.0%	GB/T 176
4	氯离子含量	≤0.02%		
5	含水量	≤1.0%		GB/T 1596
6	三氧化硫含量	≤3.0%		GB/T 176
7	半水亚硫酸钙含量[a]	≤3.0%		GB/T 5484
8	氧化钙含量	≤10%		GB/T 176
9	游离氧化钙含量	≤1.0%		
10	二氧化硅、三氧化二铝和三氧化二铁总含量	≥70%		
11	密度	≤2.6 g/cm³		GB/T 208
12	强度活性指数	≥70%		GB/T 1596
13	碱含量	*		GB/T 176

注:当混凝土所处的环境为严重冻融破坏环境时,宜采用烧失量不大于 3.0%的粉煤灰。

a. 当采用干法或半干法脱硫工艺排出的粉煤灰时,应检测半水亚硫酸钙($CaSO_3 \cdot 1/2H_2O$)含量。

“*”碱含量值用于计算混凝土的总碱含量。

表 4-4　矿渣粉的性能技术要求

序号	检验项目		技术要求			检验要求
			S75	S95	S105	
1	密度		≥2.8 g/cm³			GB/T 208
2	比表面积		≥300 m²/kg	≥400 m²/kg	≥500 m²/kg	GB/T 8074
3	流动度比		≥95%			GB/T 18046
4	烧失量		≤1.0%			
5	氧化镁含量		≤14.0%			GB/T 176
6	三氧化硫含量		≤4.0%			
7	氯离子含量		≤0.06%			
8	含水量		≤1.0%			GB/T 18046
9	活性指数	7 d	≥55%	≥75%	≥95%	
		28 d	≥75%	≥95%	≥105%	
10	碱含量		*			GB/T 176

注:"*"碱含量值用于计算混凝土的总碱含量。

表 4-5　硅灰的性能技术要求

序号	检验项目	技术要求	检验要求
1	烧失量	≤4.0%	GB/T 176
2	比表面积	≥18 000 m²/kg	GB/T 18736
3	需水量比	≤125%	
4	28 d 活性指数	≥85%	
5	氯离子含量	≤0.02%	GB/T 176
6	二氧化硅含量	≥85%	
7	含水量	≤3.0%	GB/T 1596
8	碱含量	≤1.5%	GB/T 176
9	三氧化硫含量	*	

注:硅灰掺量不宜超过胶凝材料总量的 8%,且宜与其他矿物掺合料复合使用。

"*"三氧化硫含量值用于计算混凝土的总三氧化硫含量。

表 4-6　石灰石粉的性能技术要求

序号	检验项目		技术要求	检验要求
1	细度(45 μm 方孔筛筛余)		≤15%	GB/T 30190
2	碳酸钙含量		≥75%	GB/T 5762
3	MB 值		≤1.0 g/kg	GB/T 30190
4	含水量		≤1.0%	
5	流动度比		≥100%	
6	抗压强度比	7 d	≥60%	
		28 d	≥60%	
7	碱含量		*	GB/T 176

注:“*”碱含量值用于计算混凝土的总碱含量。

4.2.2.3　细骨料质量要求

细骨料的颗粒级配应符合表 4-7 的规定。

表 4-7　细骨料的颗粒级配范围

方孔筛(mm)		各级配区累计筛余(%)		
		Ⅰ区	Ⅱ区	Ⅲ区
9.75		0	0	0
4.75		10~0	10~0	10~0
2.36		35~5	25~0	15~0
1.18		65~35	50~10	25~0
0.60		85~71	70~41	40~16
0.30		95~80	92~70	85~55
0.15	天然河砂	100~90	100~90	100~90
	机制砂	97~85	94~80	94~75

注:除 4.75 mm 和 0.60 mm 筛挡外,细骨料其他筛挡的实际累计筛余百分率与表中所列的累计筛余百分率相比允许稍有超出分界线,但超出总量不应大于 5%。

细骨料的碱活性应按《铁路混凝土》(TB/T 3275)对骨料的矿物组成和碱活性矿物类型进行鉴别和相关试验,并符合下列规定:

(1)细骨料的快速砂浆棒膨胀率应小于 0.30%。

(2)梁体、轨道板、轨枕、接触网支柱等构件中使用的细骨料的快速砂浆棒膨胀率应小于 0.20%。

(3)当细骨料的快速砂浆棒膨胀率小于 0.20%时,混凝土的总碱含量应符合设计及相关规范规定;当细骨料的快速砂浆棒膨胀率大于等于 0.20%且小于 0.30%时,除混凝土的总碱含量应符合设计及相关规范规定外,还应采取抑制碱-骨料反应的技术措施,并经试验证明抑制有效。

(4)细骨料的其他性能应符合表 4-8 的规定。

表 4-8　细骨料的性能技术要求

序号	检验项目		技术要求			检验要求
			<C30	C30~C45	≥C50	
1	含泥量		≤3.0%	≤2.5%	≤2.0%	TB/T 3275
2	泥块含量		≤0.5%			
3	云母含量		≤0.5%			
4	轻物质含量		≤0.5%			
5	有机物含量		浅于标准色			
6	压碎指标(机制砂)		≤25%			
7	石粉含量(机制砂)	<0.5 g/kg	≤15.0%			
		≥0.5 g/kg,<1.40 g/kg	≤10.0%	≤7.0%	≤5.0%	
		≥1.40 g/kg	≤5.0%	≤3.0%	≤2.0%	
8	吸水率		≤2.0%			
9	坚固性		≤8%			
10	硫化物及硫酸盐含量(以 SO_3 计)		≤0.5%			
11	氯化物含量(以 Cl^- 计)		≤0.02%			

注:(1)冻融破坏环境下,细骨料的含泥量应不大于 2.0%,吸水率应不大于 1%。
(2)当细骨料中含有颗粒状的硫酸盐或硫化物杂质时,应进行专门检验,确认能满足混凝土耐久性要求时,方能采用。

4.2.2.4　粗骨料质量要求

粗骨料宜选用同料源两种或多种级配骨料混配而成,粗骨料的颗粒级配应符合表 4-9 的规定。

表 4-9　粗骨料的颗粒级配范围

公称粒级(mm)	累计筛余,按质量(%)								
	方孔筛筛孔边长尺寸(mm)								
	2.36	4.75	9.5	16.0	19.0	26.5	31.5	37.5	53
5~10	95~100	80~100	0~15	0	—				
5~16	95~100	85~100	30~60	0~10	0	—			
5~20	95~100	90~100	40~80	—	0~10	0	—		
5~25	95~100	90~100	—	30~70	—	0~5	0	—	
5~31.5	95~100	90~100	70~90	—	15~45	—	0~5	0	—
5~40	—	95~100	70~90	—	30~65	—	—	0~5	0

注:(1)粗骨料的最大公称粒径不宜超过钢筋混凝土保护层厚度的 2/3(在严重腐蚀环境条件下不宜超过 1/2),且不应超过钢筋最小间距的 3/4。
(2)配制强度等级 C50 及以上混凝土时,粗骨料的最大公称粒径不应大于 25 mm。

粗骨料的压碎指标应符合表 4-10 的规定。

表 4-10　粗骨料的压碎指标　(%)

混凝土强度等级	<C30			≥C30		
岩石种类	沉积岩	变质岩或深成的火成岩	喷出的火成岩	沉积岩	变质岩或深成的火成岩	喷出的火成岩
碎石	≤16	≤20	≤30	≤10	≤12	≤13
卵石	≤16			≤12		

注:沉积岩(水成岩)包括石灰岩、砂岩等,变质岩包括片麻岩、石英岩等,深成的火成岩包括花岗岩、正长岩、闪长岩和橄榄岩等,喷出的火成岩包括玄武岩和辉绿岩等。

粗骨料的碱活性应按《铁路混凝土》(TB/T 3275)对骨料的矿物组成和碱活性矿物类型进行鉴别和相关试验,并符合下列规定:

(1)粗骨料的快速砂浆棒膨胀率应小于 0.30%。

(2)梁体、轨道板、轨枕、接触网支柱等构件中使用的粗骨料的快速砂浆棒膨胀率应小于 0.20%。

(3)当粗骨料的快速砂浆棒膨胀率小于 0.20%时,混凝土的总碱含量应符合设计及相关规范规定;当粗骨料的快速砂浆棒膨胀率大于等于 0.20%且小于 0.30%时,除混凝土的总碱含量应符合设计及相关规范规定外,还应采取抑制碱-骨料反应的技术措施,并经试验证明抑制有效。

(4)不得使用具有碱-碳酸盐反应的粗骨料,其岩石柱膨胀率应小于 0.10%。

(5)粗骨料的其他性能应符合表 4-11 的规定。各级配骨料的含泥量、泥块含量也应满足表 4-11 的规定。

表 4-11　粗骨料的性能技术要求

序号	检验项目	技术要求			检验要求
		<C30	C30~C45	≥C50	
1	针片状颗粒总含量	≤10%	≤8%	≤5%	GB/T 14685
2	含泥量	≤1.0%	≤1.0%	≤0.5%	
3	泥块含量	≤0.2%			
4	岩石抗压强度(碎石)	大于等于 1.5 倍混凝土抗压强度等级			
5	吸水率	≤2.0%(冻融破坏环境下≤1.0%)			
6	紧密孔隙率	≤40%			
7	坚固性	≤8%(用于预应力混凝土结构时≤5%)			
8	硫化物及硫酸盐含量(以 SO_3 计)	≤0.5%			
9	氯化物含量(以 Cl^- 计)	≤0.02%			TB/T 3275
10	有机物含量(卵石)	浅于标准色			GB/T 14685

注:当粗骨料为碎石时,岩石抗压强度用其母岩抗压强度表示,施工过程中,粗骨料的强度可用压碎指标进行控制。

4.2.2.5　外加剂质量要求

外加剂的性能应符合表 4-12~表 4-18 的规定。

表 4-12　减水剂的性能技术要求

<table>
<tr><th>序号</th><th colspan="3">检验项目</th><th colspan="2">技术要求</th><th>检验要求</th></tr>
<tr><td rowspan="2">1</td><td colspan="3">含气量</td><td>≤3.0%</td><td>3.0%~6.0%</td><td rowspan="6">GB 8076</td></tr>
<tr><td>含气量经时变化量</td><td colspan="2">1 h</td><td>—</td><td>-1.5%~+1.5%</td></tr>
<tr><td rowspan="2">2</td><td rowspan="2">减水率</td><td colspan="2">高效减水剂</td><td colspan="2">≥20%</td></tr>
<tr><td colspan="2">高性能减水剂</td><td colspan="2">≥25%</td></tr>
<tr><td rowspan="2">3</td><td rowspan="2">泌水率比</td><td colspan="2">高效减水剂</td><td colspan="2">≤20%</td></tr>
<tr><td colspan="2">高性能减水剂</td><td colspan="2">≤20%</td></tr>
<tr><td>4</td><td colspan="3">压力泌水率比(用于泵送混凝土时)</td><td colspan="2">≤90%</td><td>TB/T 3275</td></tr>
<tr><td rowspan="2">5</td><td rowspan="2">硫酸钠含量(按折固含量计)</td><td colspan="2">高效减水剂</td><td colspan="2">≤10.0%</td><td rowspan="4">GB/T 8077</td></tr>
<tr><td colspan="2">高性能减水剂</td><td colspan="2">≤5.0%</td></tr>
<tr><td>6</td><td colspan="3">氯离子含量(按折固含量计)</td><td colspan="2">≤0.6%</td></tr>
<tr><td>7</td><td colspan="3">碱含量(按折固含量计)</td><td colspan="2">≤10%</td></tr>
<tr><td rowspan="2">8</td><td rowspan="2">坍落度 1 h 经时变化量(用于泵送混凝土时)</td><td colspan="2">高效减水剂</td><td colspan="2">缓凝型≤60 mm</td><td rowspan="16">GB 8076</td></tr>
<tr><td colspan="2">高性能减水剂</td><td colspan="2">标准型≤80 mm,缓凝型≤60 mm</td></tr>
<tr><td rowspan="4">9</td><td rowspan="4">凝结时间差</td><td rowspan="2">高效减水剂</td><td>初凝</td><td colspan="2">标准型-90~+120 min,缓凝型>+90 min</td></tr>
<tr><td>终凝</td><td colspan="2">标准型-90~+120 min</td></tr>
<tr><td rowspan="2">高性能减水剂</td><td>初凝</td><td colspan="2">早强型-90~+90 min,标准型-90~+120 min,缓凝型>+90 min</td></tr>
<tr><td>终凝</td><td colspan="2">早强型-90~+90 min,标准型-90~+120 min</td></tr>
<tr><td rowspan="8">10</td><td rowspan="8">抗压强度比</td><td rowspan="4">高效减水剂</td><td>1 d</td><td colspan="2">标准型≥140%</td></tr>
<tr><td>3 d</td><td colspan="2">标准型≥130%</td></tr>
<tr><td>7 d</td><td colspan="2">标准型≥125%,缓凝型≥125%</td></tr>
<tr><td>28 d</td><td colspan="2">标准型≥120%,缓凝型≥120%</td></tr>
<tr><td rowspan="4">高性能减水剂</td><td>1 d</td><td colspan="2">早强型≥180%,标准型≥170%</td></tr>
<tr><td>3 d</td><td colspan="2">早强型≥170%,标准型≥160%</td></tr>
<tr><td>7 d</td><td colspan="2">早强型≥145%,标准型≥150%,缓凝型≥140%</td></tr>
<tr><td>28 d</td><td colspan="2">早强型≥130%,标准型≥140%,缓凝型≥140%</td></tr>
<tr><td rowspan="2">11</td><td rowspan="2">收缩率比</td><td colspan="2">高效减水剂</td><td colspan="2">≤125%</td></tr>
<tr><td colspan="2">高性能减水剂</td><td colspan="2">≤110%</td></tr>
<tr><td>12</td><td colspan="3">匀质性(密度、pH 值、含固量)</td><td colspan="2">满足 GB 8076 要求</td><td>查质量证明文件</td></tr>
</table>

表 4-13　引气剂的性能技术要求

<table>
<tr><th>序号</th><th colspan="2">检验项目</th><th>技术要求</th><th>检验要求</th></tr>
<tr><td>1</td><td colspan="2">减水率</td><td>≥6%</td><td rowspan="10">GB 8076</td></tr>
<tr><td>2</td><td colspan="2">含气量</td><td>≥3.0%</td></tr>
<tr><td>3</td><td colspan="2">泌水率比</td><td>≤70%</td></tr>
<tr><td>4</td><td colspan="2">1 h 含气量经时变化量</td><td>-1.5%~+1.5%</td></tr>
<tr><td rowspan="3">5</td><td rowspan="3">抗压强度比</td><td>3 d</td><td>≥95%</td></tr>
<tr><td>7 d</td><td>≥95%</td></tr>
<tr><td>28 d</td><td>≥90%</td></tr>
<tr><td rowspan="2">6</td><td rowspan="2">凝结时间差</td><td>初凝</td><td>-90~+120 min</td></tr>
<tr><td>终凝</td><td>≤125%</td></tr>
<tr><td>7</td><td colspan="2">收缩率比</td><td rowspan="2">≥80%</td></tr>
<tr><td>8</td><td colspan="2">相对耐久性指数(200 次)</td></tr>
<tr><td>9</td><td colspan="2">28 d 硬化混凝土气泡间距系数</td><td>≤300 μm</td><td>TB/T 3275</td></tr>
<tr><td>10</td><td colspan="2">氯离子含量(按折固含量计)</td><td>*</td><td rowspan="2">GB/T 8077</td></tr>
<tr><td>11</td><td colspan="2">碱含量(按折固含量计)</td><td>*</td></tr>
</table>

注:“*”氯离子含量值和碱含量值用于计算混凝土的总氯离子含量和总碱含量。

表 4-14　降黏剂的性能技术要求

<table>
<tr><th>序号</th><th colspan="2">检验项目</th><th>技术要求</th><th>检验要求</th></tr>
<tr><td>1</td><td colspan="2">细度(45 μm 方孔筛筛余)</td><td>≤12%</td><td>GB/T 1345</td></tr>
<tr><td>2</td><td colspan="2">氯离子含量</td><td>≤0.06%</td><td>GB/T 176</td></tr>
<tr><td>3</td><td colspan="2">黏度比</td><td>≤65%</td><td>TB/T 3275</td></tr>
<tr><td>4</td><td colspan="2">流动度比</td><td>≥100%</td><td rowspan="3">GB/T 18046</td></tr>
<tr><td rowspan="2">5</td><td rowspan="2">抗压强度比</td><td>7 d</td><td>≥65%</td></tr>
<tr><td>28 d</td><td>≥85%</td></tr>
<tr><td>6</td><td colspan="2">三氧化硫含量</td><td>≤3.5%</td><td rowspan="2">GB/T 8077</td></tr>
<tr><td>7</td><td colspan="2">碱含量</td><td>*</td></tr>
</table>

注:“*”碱含量值用于计算混凝土的总碱含量。

表 4-15　增黏剂的性能技术要求

序号	检验项目		技术要求	检验要求
1	氯离子含量		≤0.6%	GB/T 8077
2	碱含量		≤1.0%	
3	黏度比		≥150%	TB/T 3275
4	用水量敏感度		≥12 kg/m^3	
5	扩展度之差		≤50 mm	
6	常压泌水率比		≤50%	GB 8076
7	凝结时间差	初凝	-90~+120 min	
		终凝		
8	抗压强度比	3 d	≥90%	
		28 d	≥100%	
9	28 d 收缩率比		≤100%	
10	三氧化硫含量		*	GB/T 8077

注："*"三氧化硫含量值用于计算混凝土的总三氧化硫含量。

表 4-16　膨胀剂的性能技术要求

序号	检验项目		技术要求		检验要求
			Ⅰ型	Ⅱ型	
1	细度	比表面积	≥200 m^2/kg		GB/T 23439
		1.18 mm 筛筛余	≤0.5%		
2	凝结时间	初凝	≥45 min		
		终凝	≤600 min		
3	限制膨胀率	水中 7 d	≥0.035%	≥0.050%	
		空气中 21 d	≥-0.015%	≥-0.010%	
4	抗压强度	7 d	≥22.5 MPa		
		28 d	≥42.5 MPa		
5	碱含量		≤5%		
6	碱含量		≤0.75%		

表 4-17　速凝剂的性能技术要求

序号	检验项目		技术要求	检验要求
1	氯离子含量(按折固含量计)		≤0.1%	GB/T 8077
2	碱含量(按折固含量计)		≤5.0%	
3	净浆凝结时间	初凝	≤5 min	GB/T 35159
		终凝	≤12 min	
4	砂浆抗压强度	1 d 抗压强度	≥7.0 MPa	
		28 d 抗压强度比	≥90%	
		90 d 抗压强度保留率	≥100%	

表 4-18　内养护剂的性能技术要求

序号	检验项目		技术要求	检验要求
1	氯离子含量(按折固含量计)		≤0.06%	GB/T 176
2	碱含量(按折固含量计)		≤0.8%	
3	凝结时间差	初凝	-90~+120 min	GB 8076
		终凝		
4	抗压强度比	3 d	≥80%	
		28 d	≥90%	
5	12 h 收缩率比		≤60%	GB/T 50082
6	28 d 收缩率比		≤80%	
7	28 d 抗裂性		不开裂	TB/T 3275

4.2.2.6　拌和用水质量要求

拌和用水的性能应符合表 4-19 的规定。

表 4-19　拌和用水的性能技术要求

序号	检验项目	技术要求			检验要求
		预应力混凝土	钢筋混凝土	素混凝土	
1	pH 值	≥5.0	≥4.5	≥4.5	JGJ 63
2	不溶物含量	≤2 000 mg/L	≤2 000 mg/L	≤5 000 mg/L	
3	可溶物含量	≤2 000 mg/L	≤5 000 mg/L	≤10 000 mg/L	
4	氯化物含量(以 Cl^- 计)	≤500 mg/L ≤350 mg/L(用钢丝或热处理的钢筋)	≤1 000 mg/L	≤3 500 mg/L	
5	硫酸盐含量(以 SO_4^{2-} 计)	≤200 mg/L(混凝土处于氯盐环境下)			
		≤600 mg/L	≤2 000 mg/L	≤2 700 mg/L	
6	碱含量	≤1 500 mg/L	≤1 500 mg/L	≤1 500 mg/L	GB/T 176
7	抗压强度比(28 d)	≥90%			JGJ 63
8	凝结时间差	≤30 min			

4.2.3　配合比设计性能指标要求

4.2.3.1　配合比选定试验的检验和计算项目

混凝土配合比应根据设计使用年限、所处环境条件、环境作用等级和施工工艺等进行设计,混凝土配合比选定试验的检验和计算项目应符合表 4-20 的规定,当设计对混凝土的耐久性指标有更高要求时,其配合比应另行研究确定。

表 4-20　混凝土配合比选定试验的检验和计算项目

<table>
<tr><th>序号</th><th>检验项目</th><th>试验方法</th><th>说明</th></tr>
<tr><td>1</td><td>坍落度或维勃稠度</td><td rowspan="4">《普通混凝土拌合物性能试验方法标准》(GB/T 50080)</td><td rowspan="3">基本检验项目</td></tr>
<tr><td>2</td><td>泌水率</td></tr>
<tr><td>3</td><td>凝结时间</td></tr>
<tr><td>4</td><td>扩展度和扩展时间</td><td>仅对成型方式为自密实的混凝土</td></tr>
<tr><td>5</td><td>抗压强度</td><td>《普通混凝土力学性能试验方法标准》(GB/T 50081)</td><td rowspan="3">基本检验项目</td></tr>
<tr><td>6</td><td>电通量</td><td>《普通混凝土长期性能和耐久性能试验方法标准》(GB/T 50082)</td></tr>
<tr><td>7</td><td>含气量</td><td>《普通混凝土拌合物性能试验方法标准》(GB/T 50080)</td></tr>
<tr><td>8</td><td>弹性模量</td><td>《普通混凝土力学性能试验方法标准》(GB/T 50081)</td><td>仅对预应力混凝土或当设计有要求时</td></tr>
<tr><td>9</td><td>抗冻等级</td><td>《普通混凝土长期性能和耐久性能试验方法标准》(GB/T 50082)</td><td>仅对处于冻融破坏环境的混凝土或对耐久性有特殊要求的混凝土</td></tr>
<tr><td>10</td><td>气泡间距系数</td><td>《铁路混凝土》(TB/T 3275)</td><td>仅对处于冻融破坏、盐类结晶破坏环境的混凝土</td></tr>
<tr><td>11</td><td>氯离子扩散系数</td><td rowspan="2">《普通混凝土长期性能和耐久性能试验方法标准》(GB/T 50082)</td><td>仅对处于氯盐环境的混凝土</td></tr>
<tr><td>12</td><td>56 d 抗硫酸盐结晶破坏等级</td><td>仅对处于盐类结晶破坏环境的混凝土</td></tr>
<tr><td>13</td><td>胶凝材料抗蚀系数</td><td>《铁路混凝土》(TB/T 3275)</td><td>仅对处于硫酸盐化学侵蚀环境的混凝土</td></tr>
<tr><td>14</td><td>抗渗等级</td><td rowspan="2">《普通混凝土长期性能和耐久性能试验方法标准》(GB/T 50082)</td><td>仅对隧道衬砌混凝土</td></tr>
<tr><td>15</td><td>收缩</td><td>仅对无砟轨道底座板混凝土、双块式轨枕道床板混凝土、自密实混凝土</td></tr>
<tr><td>16</td><td>碱含量</td><td>水泥、矿物掺合料、外加剂及水的碱含量之和</td><td rowspan="3">基本计算项目</td></tr>
<tr><td>17</td><td>三氧化硫含量</td><td>水泥、矿物掺合料、外加剂及水的三氧化硫含量之和</td></tr>
<tr><td>18</td><td>氯离子含量</td><td>水泥、矿物掺合料、粗骨料、细骨料、外加剂及水的氯离子含量之和</td></tr>
</table>

4.2.3.2　混凝土的总碱含量要求

混凝土的总碱含量应符合设计要求,当设计无具体要求时,应符合表 4-21 的规定。

表 4-21　混凝土的总碱含量最大限值　（单位：kg/m^3）

设计使用年限		100 年	60 年	30 年
环境条件	干燥环境	3.5	3.5	3.5
	潮湿环境	3.0	3.0	3.5
	含碱环境	2.1	3.0	3.0

注：(1)混凝土的总碱含量是指表 4-1～表 4-19 要求检测的各种原材料的碱含量之和。其中，矿物掺合料的碱含量以其所含可溶性碱量计算。粉煤灰的可溶性碱量取粉煤灰总碱量的 1/6，磨细矿渣粉的可溶性碱量取矿渣粉总碱量的 1/2，硅灰的可溶性碱量取硅灰总碱量的 1/2。
(2)干燥环境是指不直接与水接触、年平均空气相对湿度长期不大于 75%的环境；潮湿环境是指长期处于水下或潮湿土中、干湿交替区、水位变化区以及年平均相对湿度大于 75%的环境；含碱环境是指直接与高含盐碱土体、海水、含碱工业废水或钠(钾)盐等接触的环境；干燥环境或潮湿环境与含碱环境交替变化时，均按含碱环境对待。
(3)对于含碱环境中的混凝土主体结构，除总碱含量满足本表要求外，还应使用非碱活性骨料。

4.2.3.3　混凝土的总氯离子含量和总三氧化硫含量要求

钢筋混凝土中的总氯离子含量不应超过胶凝材料总量的 0.10%，预应力混凝土中的总氯离子含量不应超过胶凝材料总量的 0.06%。混凝土的总氯离子含量是指表 2-1～表 2-19 要求检测的各种原材料的氯离子含量之和，以其与胶凝材料的质量比表示。

混凝土中总三氧化硫含量不应超过胶凝材料总量的 4.0%。混凝土的总三氧化硫含量是指表 2-1～表 2-19 要求检测的各种原材料的三氧化硫含量之和，以其与胶凝材料的质量比表示。

4.2.3.4　混凝土中矿物掺合料掺量范围

不同环境下混凝土中矿物掺合料掺量应符合表 4-22 的要求。

表 4-22　不同环境下混凝土中矿物掺合料掺量范围　（%）

环境类别	矿物掺合料种类	水胶比	
		≤0.40	>0.40
碳化环境	粉煤灰	≤40	≤30
	磨细矿渣粉	≤50	≤40
氯盐环境	粉煤灰	30～50	20～40
	磨细矿渣粉	40～60	30～50
化学侵蚀环境	粉煤灰	30～50	20～40
	磨细矿渣粉	40～60	30～50
盐类结晶破坏环境	粉煤灰	≤40	≤30
	磨细矿渣粉	≤50	≤40
冻融破坏环境	粉煤灰	≤30	≤20
	磨细矿渣粉	≤40	≤30
磨蚀环境	粉煤灰	≤30	≤20
	磨细矿渣粉	≤40	≤30
各类环境	石灰石粉	≤30	≤20

注：(1)本表规定的矿物掺合料的掺量范围适用于使用硅酸盐水泥或普通硅酸盐水泥的混凝土。
(2)本表中的掺量是指单掺一种矿物掺合料时的适宜范围。当采用多种矿物掺合料复掺时，不同矿物掺合料的掺量可参考本表，并经过试验确定。
(3)严重氯盐环境与化学侵蚀环境下，混凝土中粉煤灰的掺量应大于 30%，或矿渣粉的掺量大于 50%。
(4)年平均环境温度低于 15 ℃的硫酸盐环境下，混凝土不宜使用石灰石粉。
(5)对于预应力混凝土结构，混凝土中粉煤灰掺量不宜超过 30%。

4.2.3.5　混凝土的最大水胶比和最小胶凝材料用量

不同环境下混凝土的最大水胶比和最小胶凝材料用量应满足设计要求。设计无要求时，应符合表 4-23 的要求。

表 4-23　混凝土的最大水胶比和最小胶凝材料用量　（单位：kg/m³）

环境类别	环境作用等级	设计使用年限					
		100 年		60 年		30 年	
		最大水胶比	最小胶凝材料用量	最大水胶比	最小胶凝材料用量	最大水胶比	最小胶凝材料用量
碳化环境	T1	0.55	280	0.60	260	0.60	260
	T2	0.50	300	0.55	280	0.55	280
	T3	0.45	320	0.50	300	0.50	300
氯盐环境	L1	0.45	320	0.50	300	0.50	300
	L2	0.40	340	0.45	320	0.45	320
	L3	0.36	360	0.40	340	0.40	340
化学侵蚀环境	H1	0.50	300	0.55	280	0.55	280
	H2	0.45	320	0.50	300	0.50	300
	H3	0.40	340	0.45	320	0.45	320
	H4	0.36	360	0.40	340	0.40	340
盐类结晶破坏环境	Y1	0.50	300	0.55	280	0.55	280
	Y2	0.45	320	0.50	300	0.50	300
	Y3	0.40	340	0.45	320	0.45	320
	Y4	0.36	360	0.40	340	0.40	340
冻融破坏环境	D1	0.50	300	0.55	280	0.55	280
	D2	0.45	320	0.50	300	0.50	300
	D3	0.40	340	0.45	320	0.45	320
	D4	0.36	360	0.40	340	0.40	340
磨蚀环境	M1	0.50	300	0.55	280	0.55	280
	M2	0.45	320	0.50	300	0.50	300
	M3	0.40	340	0.45	320	0.45	320

注：碳化环境下，素混凝土最大水胶比不应超过 0.60，最小胶凝材料用量不应低于 260 kg/m³；氯盐环境下，素混凝土最大水胶比不应超过 0.55，最小胶凝材料用量不应低于 280 kg/m³。

4.2.3.6 混凝土的最大胶凝材料用量

不同强度等级混凝土的最大胶凝材料用量宜满足表 4-24 的要求。

表 4-24 混凝土的最大胶凝材料用量限值 （单位:kg/m^3）

混凝土强度等级	成型方式	
	振动成型	自密实成型
<C30	360	—
C30~C35	400	550
C40~C45	450	600
C50	480	—
>C50	500	—

4.2.3.7 混凝土的砂率

混凝土砂率应根据骨料的最大粒径和混凝土的水胶比确定,一般情况下宜满足表 4-25 的要求。

表 4-25 混凝土的砂率要求 （%）

骨料最大粒径	水胶比			
	0.30	0.40	0.50	0.60
10	38~42	40~44	42~46	46~50
20	34~38	36~40	38~42	42~46
40	—	34~38	36~40	40~44

注:(1)本表适用于采用碎石、细度模数为 2.6~3.0 的天然中砂拌制的坍落度为 80~120 mm 的混凝土。

(2)砂的细度模数每增减 0.1,砂率相应增减 0.5%~1.0%。

(3)当使用卵石时,砂率可减少 2%~4%。

(4)当使用机制砂时,砂率可增加 2%~4%。

4.2.3.8 混凝土的浆体比

自密实混凝土单位体积浆体比不宜大于 0.40,其他混凝土的浆体比不宜大于表 4-26 规定的限值要求。

表 4-26 不同等级混凝土浆体比的最大值

强度等级	浆体比
C30~C50(不含 C50)	≤0.32
C50~C60(含 C60)	≤0.35
C60 以上(不含 C60)	≤0.38

注:浆体比即混凝土中水泥、矿物掺合料、水和外加剂的体积之和与混凝土总体积之比。

4.2.3.9　混凝土的抗压强度等级

不同环境下，桥梁灌注桩、隧道衬砌用混凝土的最低抗压强度等级应满足表 4-27 的要求。除桥梁灌注桩、隧道衬砌和水硬性支承层外，混凝土的最低抗压强度应满足表 4-28 的要求。

表 4-27　桥梁灌注桩、隧道衬砌用混凝土的最低抗压强度等级

环境类别	环境作用等级	设计使用年限			
		100 年		30 年	
		钢筋混凝土	素混凝土	钢筋混凝土	素混凝土
碳化环境	T1	C30	C30	C30	C30
	T2	C35	C30	C35	C30
	T3	C40	C30	C40	C30
氯盐环境	L1	C40	C35	C40	C35
	L2	C45	C35	C45	C35
	L3	C50	C35	C50	C35
化学侵蚀环境	H1	C35	C35	C35	C35
	H2	C40	C40	C40	C40
	H3	C45	C45	C45	C45
	H4	C45	C45	C45	C45
盐类结晶破坏环境	Y1	—	—	C35	C35
	Y2	—	—	C40	C40
	Y3	—	—	C45	C45
	Y4	—	—	C45	C45
冻融破坏环境	D1	—	—	C35	C35
	D2	—	—	C40	C40
	D3	—	—	C45	C45
	D4	—	—	C45	C45

注：(1)抗压强度等级是指在标准条件下制作并养护的混凝土试件于 90 d 龄期时的抗压强度值。

(2)灌注桩是指埋入土中或水中的柱体。

表 4-28 混凝土的最低抗压强度等级

环境类别	环境作用等级	设计使用年限					
		100 年		60 年		30 年	
		钢筋混凝土和预应力混凝土	素混凝土	钢筋混凝土和预应力混凝土	素混凝土	钢筋混凝土和预应力混凝土	素混凝土
碳化环境	T1	C30	C30	C25	C25	C25	C25
	T2	C35	C30	C30	C25	C30	C25
	T3	C40	C30	C35	C25	C35	C25
氯盐环境	L1	C40	C35	C35	C30	C35	C30
	L2	C45	C35	C40	C30	C40	C30
	L3	C50	C35	C45	C30	C45	C30
化学侵蚀环境	H1	C35	C35	C30	C30	C30	C30
	H2	C40	*	C35	C35	C35	C35
	H3	C45	*	C40	*	C40	*
	H4	C50	*	C45	*	C45	*
盐类结晶破坏环境	Y1	C35	C35	C30	C30	C30	C30
	Y2	C40	*	C35	C35	C35	C35
	Y3	C45	*	C40	*	C40	*
	Y4	C50	*	C45	*	C45	*
冻融破坏环境	D1	C35	C35	C30	C30	C30	C30
	D2	C40	*	C35	C35	C35	C35
	D3	C45	*	C40	*	C40	*
	D4	C50	*	C45	*	C45	*
磨蚀环境	M1	C35	C35	C30	C30	C30	C30
	M2	C40	*	C35	C35	C35	C35
	M3	C45	*	C40	*	C40	*

注:(1)对于钢筋的配筋率低于最小配筋率的混凝土结构,其混凝土的抗压强度等级应与钢筋混凝土结构的混凝土抗压强度等级相同。

(2)无砟轨道底座板和道床板的混凝土抗压强度等级是指在标准条件下制作并养护的混凝土试件于 90 d 龄期时的抗压强度值;除无砟轨道底座板和道床板结构外,其他钢筋混凝土和素混凝土的抗压强度等级是指在标准条件下制作并养护的混凝土试件于 56 d 龄期时的抗压强度值。

(3)“ * ”表示不宜使用素混凝土。如果不使用素混凝土,混凝土的最低抗压强度等级应与钢筋混凝土结构的混凝土抗压强度等级相同,且应采取有效的防裂措施。

4.2.3.10　混凝土拌合物性能

新拌混凝土的工作性能应根据混凝土结构的类型、施工工艺与成型方式确定,并宜满足表 4-29 的要求。

表 4-29　混凝土的工作性能

成型方式	主要结构/构件类型	工作性能	
		指标	技术要求
振动台	轨枕	增实因数	1.05~1.40
	双块式轨枕	坍落度(mm)	≤80
	接触网支柱(方)	维勃稠度(s)	≥20
附着式振动	CRTS Ⅰ型板式无砟轨道轨道板	坍落度(mm)	≤120
	CRTS Ⅱ型板式无砟轨道轨道板	坍落度(mm)	≤120
	CRTS Ⅲ型板式无砟轨道轨道板	坍落度(mm)	≤120
离心机	电杆	坍落度(mm)	≤100
	接触网支柱(圆)	坍落度(mm)	≤100
振捣棒(斗送)	T 梁	坍落度(mm)	≤160
振捣棒(斗送)	桩、墩台、承台、梁体合拢段、道床板、底座、涵洞,隧道衬砌、仰拱,路基支挡等	坍落度(mm)	≤140
振捣棒(泵送)	桩、墩台、承台、箱梁、塔柱,道床板、底座、涵洞,隧道衬砌、仰拱,路基支挡等	坍落度(mm)	≤200
自密实	塔柱	扩展度(mm)	≤650
		扩展时间(s)	4~8
	水下灌注桩	扩展度(mm)	≤600
		扩展时间(s)	4~8
	CRTS Ⅲ型板式无砟轨道自密实混凝土层	扩展度(mm)	≤680
		扩展时间(s)	3~7
		L 型仪充填比	>0.8
		J 环障碍高差(mm)	<18
滑模摊铺	水硬性支承层	增实因数	>1.20
湿法喷射	隧道初支	坍落度(mm)	≤180

混凝土的含气量应满足设计要求。当设计无明确要求时,不同环境下自然养护混凝土和钢筋混凝土的含气量最低限制应满足表 4-30 的要求。

表 4-30 混凝土的含气量最低限值

环境条件	冻融破坏环境				盐类结晶破坏环境	其他环境
	D1	D2	D3	D4	Y1、Y2、Y3、Y4	
含气量(入模时)	4.5%	5.0%	5.5%	6.0%	4.0%	2.0%

混凝土的入模温度宜为 5~30 ℃。

混凝土的凝结时间应满足运输、浇筑和养护工艺的要求,并通过试验确定。

混凝土拌合物不应泌水。

4.2.3.11 混凝土耐久性能

不同强度等级混凝土的电通量应满足表 4-31 的要求。

氯盐环境下,混凝土抗氯离子渗透性能应满足表 4-32 的要求。

盐类结晶破坏环境下,混凝土的气泡间距系数应小于 300 μm,且混凝土抗盐类结晶破坏性能应满足表 4-33 的要求。

冻融破坏环境下,混凝土的气泡间距系数应小于 300 μm,且混凝土抗冻性能应满足表 4-34 的要求。

表 4-31 不同强度等级混凝土的电通量

评价指标	混凝土强度等级	设计使用年限		
		100 年	60 年	30 年
电通量	<C30	<1 500 C	<2 000 C	<2 500 C
	C30~C45	<1 200 C	<1 500 C	<2 000 C
	≥C50	<1 000 C	<1 200 C	<1 500 C

注:当混凝土抗压强度的设计龄期为 28 d 和 56 d 时,混凝土电通量的评定龄期为 56 d;当混凝土抗压强度的设计龄期为 90 d 时,混凝土电通量的评定龄期为 90 d。

表 4-32 氯盐环境下混凝土抗氯离子渗透的性能

评价指标	环境作用等级	设计使用年限	
		100 年	60 年
混凝土氯离子扩散系数 D_{RCM} (m^2/s)	L1	$\leqslant 7\times10^{-12}$	$\leqslant 10\times10^{-12}$
	L2	$\leqslant 5\times10^{-12}$	$\leqslant 8\times10^{-12}$
	L3	$\leqslant 3\times10^{-12}$	$\leqslant 4\times10^{-12}$

注:当混凝土抗压强度的设计龄期为 28 d 和 56 d 时,混凝土氯离子扩散系数的评定龄期为 56 d;当混凝土抗压强度的设计龄期为 90 d 时,混凝土氯离子扩散系数的评定龄期为 90 d。

表 4-33　盐类结晶破坏环境下混凝土抗盐类结晶破坏性能

评价指标	环境作用等级	设计使用年限		
		100 年	60 年	30 年
抗硫酸盐结晶破坏等级	Y1	≥KS90	≥KS60	≥KS60
	Y2	≥KS120	≥KS90	≥KS90
	Y3	≥KS150	≥KS120	≥KS120
	Y4	≥KS150	≥KS120	≥KS120

注:当混凝土抗压强度的设计龄期为 28 d 和 56 d 时,混凝土抗硫酸盐结晶破坏等级的评定龄期为 56 d;当混凝土抗压强度的设计龄期为 90 d 时,混凝土抗硫酸盐结晶破坏等级的评定龄期为 90 d。

表 4-34　冻融破坏环境下混凝土的抗冻性能

评价指标	环境作用等级	设计使用年限		
		100 年	60 年	30 年
抗冻等级	D1	≥F300	≥F250	≥F200
	D2	≥F350	≥F300	≥F250
	D3	≥F400	≥F350	≥F300
	D4	≥F450	≥F400	≥F350

注:当混凝土抗压强度的设计龄期为 28 d 和 56 d 时,混凝土抗冻等级的评定龄期为 56 d;当混凝土抗压强度的设计龄期为 90 d 时,混凝土抗冻等级的评定龄期为 90 d。

硫酸盐化学侵蚀环境下,混凝土胶凝材料的抗硫酸盐侵蚀系数应不低于 0.80。

氯盐环境下,混凝土的护筋性技术要求应通过专门试验研究确定。

磨蚀环境下,混凝土的耐磨性技术要求应通过专门试验研究确定。

当设计有特殊要求时,混凝土的抗裂性技术要求应通过专门试验研究确定。

4.2.3.12　混凝土长期性能

无砟轨道底座混凝土、双块式轨枕道床板混凝土、自密实混凝土和预应力混凝土的 56 d 干燥收缩率不应大于 400×10^{-6}。

承受疲劳荷载作用的混凝土结构,混凝土的抗疲劳性能技术要求应通过专门的试验研究确定。

4.2.4　配合比设计质量控制要点

混凝土配合比设计过程中,必须达到以下 4 项基本要求:

(1)满足结构设计的强度等级要求。

(2)满足混凝土施工所要求的和易性。

(3)满足工程所处环境对混凝土耐久性的要求。

(4)符合经济原则,即节约胶凝材料以降低混凝土成本。

4.3 轨道交通工程混凝土配合比设计典型案例

以新建铁路蒙西至华中地区铁路煤运通道工程为例,进行 C35 墩柱配合比的设计。

4.3.1 设计说明

C35 混凝土,施工部位为墩柱,环境条件为 H_1(化学侵蚀环境)、Y_1(盐类结晶破坏环境)和 T_2(碳化环境),现场采用泵送施工,坍落度控制在 160~200 mm。

4.3.2 依据规范标准

《铁路混凝土结构耐久性设计规范》(TB 10005—2010 J 1167—2011);
《铁路混凝土工程施工质量验收标准》(TB 10424—2010 J 1155—2011);
《铁路混凝土》(TB/T 3275—2011);
《普通混凝土配合比设计规程》(JGJ 55—2011);
《普通混凝土力学性能试验方法标准》(GB/T 50081—2002);
《普通混凝土拌合物性能试验方法标准》(GB/T 50080—2002);
《普通混凝土长期性能和耐久性能试验方法标准》(GB/T 50082—2009);
《新建铁路蒙西至华中地区铁路煤运通道(三门峡至荆门段)设计图纸》。

4.3.3 原材料

水泥:华新水泥(襄阳)有限公司 P · O 42.5(低碱);

粉煤灰:湖北全通诚达建材有限公司,湖北华电襄阳发电有限公司,襄阳电厂 F 类Ⅱ级;

细骨料:襄阳仁合汇建设有限公司白河砂,中砂,细度模数 $M_X=2.9$;

粗骨料:荆门市高田建材有限公司,5~31.5 mm 连续级配碎石(5~10 mm:10~20 mm:20~31.5 mm=3:3:4);

外加剂:山西康力建材有限公司 KLPCA 聚羧酸高性能减水剂(缓凝型),掺量 1.0%,减水率 25%;

引气剂:山西康力建材有限公司 KLAE 引气剂,掺量 0.5%;

拌和水:宜城地下水。

4.3.4 设计步骤

(1)确定配制强度。

根据《普通混凝土配合比设计规程》(JGJ 55—2011)、《铁路混凝土工程施工质量验收标准》(TB 10424—2010 J 1155—2011)、《铁路桥涵工程施工质量验收标准》(TB 10415—2003 J 286—2004)、《混凝土结构工程施工质量验收规范》(GB 50204—2002)规

定,σ 取值为 5.0 MPa,混凝土的配制强度采用下式确定:

$$f_{cu,0} \geqslant f_{cu,k} + 1.645\sigma = 43.2\ \text{MPa}$$

(2)水胶比。

根据《普通混凝土配合比设计规程》(JGJ 55—2011),考虑粉煤灰的影响系数,该配合比粉煤灰的影响系数为 0.75,

$$\begin{aligned} W/C_0 &= \frac{\alpha_a \gamma_c f_{ce,g} \gamma_f \gamma_s}{f_{cu,g} + \alpha_a \alpha_b \gamma_c f_{ce,g} \gamma_f \gamma_s} \\ &= \frac{0.53 \times 1.16 \times 42.5 \times 0.75 \times 1.00}{43.2 + 0.53 \times 0.20 \times 1.16 \times 42.5 \times 0.75 \times 1.00} \\ &= 0.42 \end{aligned}$$

根据经验,水胶比取 0.44。

(3)单位用水量。

1)C35 混凝土坍落度为 160~200 mm。

m_w=205+(180−90)/20×5=227.5(kg)。

2)掺减水剂混凝土单位用水量:

$m_{wa}=m_w(1-\beta)$=227.5×(1−0.25)=170.6(kg)。

计算掺减水剂后的单位用水量:掺聚羧酸高性能减水剂,其减水率为 25%,固体含量 19.39%。

胶凝材料按 400 kg/m³,减水剂含水量=400×1.0%×(1−19.39%)=3(kg/m³)。引气剂含水量=400×0.5%=2(kg/m³)。

试拌后,取用水量为 158 kg,实际用水量为 158+3+2=163(kg/m³)。

减水剂实际含水量 m_{01}=370×1.0%×(1−19.39%)=3(kg/m³),引气剂实际含水量 m_{02}=370×0.5%=2(kg/m³)。

实际用水量 m_{wa} 为 158+3+2=163(kg/m³)。

(4)根据《铁路混凝土结构耐久性设计规范》(TB 10005—2010　J 1167—2011)及《铁路混凝土》(TB/T 3275—2011)规定,混凝土胶凝材料总量、水胶比、含气量及浆体体积比应满足表 4-35 要求。

表 4-35　混凝土胶凝材料总量、水胶比、含气量及浆体体积比要求

环境条件	最小胶凝材料用量(kg/m³)	最大胶凝材料用量(kg/m³)	最大水胶比	混凝土含气量限值(%)	浆体体积比限值
H1、Y1、T2	300	400	0.50	≥4.0	≤0.32

为提高混凝土的耐久性,改善混凝土的工作性,应在混凝土中掺加掺量适宜的粉煤灰、矿渣粉或硅灰等矿物掺合料,本设计矿物掺合料为粉煤灰(掺量为 30%),根据《铁路混凝土结构耐久性设计规范》(TB 10005—2010　J 1167—2011)及《铁路混凝土》(TB/T 3275—2011)规定,粉煤灰掺量应满足表 4-36 要求。

表 4-36　混凝土中矿物掺合料掺量范围　(%)

环境类别	矿物掺合料种类	水胶比≥0.40
H1、Y1、T2	粉煤灰	20~30

(5)根据上述规定,参照《普通混凝土配合比设计规程》(JGJ 55—2011)及《铁路混凝土》(TB/T 3275—2011)配合比设计步骤初步确定胶凝材料用量、外加剂用量、水胶比和砂率,见表 4-37。

表 4-37　混凝土胶凝材料用量、外加剂用量、用水量、水胶比、砂率

水泥 (kg/m^3)	粉煤灰 (kg/m^3)	矿渣粉 (kg/m^3)	减水剂 (kg/m^3)	引气剂 (kg/m^3)	水 (kg/m^3)	水胶比	砂率 (%)
259	111	—	3.70	1.850	158	0.44	42

(6)采用体积法按下列公式计算砂、石用量(水泥密度为 2 990 kg/m^3,水密度为 1 000 kg/m^3,粉煤灰密度为 2 220 kg/m^3,减水剂密度为 1 060 kg/m^3,引气剂密度为 1 070 kg/m^3,砂子密度为 2 630 kg/m^3,石子密度为 2 690 kg/m^3,含气量按 4.5%考虑):

$$V_{s,g} = 1 - \left(\frac{m_w}{\rho_w} + \frac{m_c}{\rho_c} + \frac{m_{p1}}{\rho_{p1}} + \frac{m_{p2}}{\rho_{p2}} + \frac{m_{a1}}{\rho_{a1}} + \frac{m_{a2}}{\rho_{a2}} + a\right)$$

$$m_s = V_{s,g} S_v \rho_s$$

$$m_g = V_{s,g}(1 - S_v)\rho_g$$

即 $V_{s,g} = 0.655\ m^3$

$$m_s = 0.655 \times 42\% \times 2\ 630 = 724(kg/m^3)$$

$$m_g = 0.655 \times (1 - 42\%) \times 2\ 690 = 1\ 022(kg/m^3)$$

(7)根据上述计算结果,初步选定基准配合比,见表 4-38。

表 4-38　基准混凝土配合比　(单位:kg/m^3)

材料名称	水泥	粉煤灰	河砂	碎石	减水剂	引气剂	水
规格种类	P·O 42.5(低碱)	F 类Ⅱ级	中砂	5~31.5 mm	KLPCA 型	KLAE 型	地下水
单位用量	259	111	724	1 022	3.70	1.850	158

(8)在该基准配合比的基础上增加两个不同水胶比(在基准混凝土配合比水胶比基础上减小 0.02 和增加 0.02)的配合比,并进行试拌,作为强度分析参考。根据上述条件计算每方材料用量,见表 4-39。

表 4-39　不同水胶比混凝土配合比　(单位:kg/m^3)

编号	水胶比	水泥	粉煤灰	河砂	碎石	减水剂	引气剂	水
MHTJ21-TPB-C35-20170125-01	0.44	259	111	724	1 022	3.70	1.850	158
MHTJ21-TPB-C35-20170125-02	0.42	272	116	716	1 011	3.88	1.940	158
MHTJ21-TPB-C35-20170125-03	0.46	248	106	730	1 031	3.54	1.770	158

注:以下配比编号简称为 0125-01、0125-02、0125-03。

4.3.5　混凝土拌合物性能

在表 4-39 基础上进行混凝土拌合物性能试验，所选定混凝土配合比拌合物性能见表 4-40。

表 4-40　混凝土拌合物性能结果

编号	实测密度(kg/m³)	理论密度(kg/m³)	校正系数	坍落度(mm)		含气量(%)	泌水率(%)	压力泌水率(%)	凝结时间(h:min)	
				初始	0.5 h 后				初凝	终凝
0125-01	2 390	2 281	1.048	195	180	5.4	0	31	11:05	15:20
0125-02	2 390	2 278	1.049	190	185	5.6	0	29	11:00	15:15
0125-03	2 390	2 277	1.049	200	190	5.2	0	35	11:20	15:30

注：根据混凝土拌合物性能试验结果，初步选定的配合比的混凝土拌合物性能均满足要求。

4.3.6　混凝土力学性能及耐久性能

(1)按上述配合比成型试件，做力学性能试验(7 d、28 d、56 d 抗压强度)及 56 d 电通量试验，结果见表 4-41。

表 4-41　混凝土力学性能及电通量试验结果

编号	抗压强度(MPa)			电通量(C)
	7 d	28 d	56 d	56 d
0125-01	31.1	40.5	45.4	948
0125-02	34.6	43.9	49.0	911
0125-03	28.1	37.2	42.5	1 022

注：根据混凝土抗压强度及电通量试验结果，水胶比为 0.46 的配合比强度偏低，不能满足设计要求，其余选配的两个配合比的混凝土抗压强度及电通量试验结果均能满足要求。

(2)基准混凝土耐久性能试验结果见表 4-42。

表 4-42　基准混凝土耐久性试验结果

编号	胶凝材料抗蚀系数 ≥0.80	硬化混凝土气泡间距系数 ≤300 μm	抗硫酸盐结晶破坏等级 ≥KS90
0125-01	0.87	163	>KS90

4.3.7　理论配合比选定

根据上述试验结果及拌合物性能，在满足设计和施工要求的条件下，按照工作性能优良、强度和耐久性满足要求，本着经济、节约、优选的原则，选定 C35 混凝土理论配合比。

根据上述试验结果、环境条件及《铁路混凝土结构耐久性设计规范》(TB 10005—2010　J 1167—2011)及《铁路混凝土》(TB/T 3275—2011)的规定,根据实测混凝土表观密度,求出校正系数,对理论配合比进行校正。则校正系数根据下式确定:

校正系数=实测密度/理论密度=1.048

最终满足设计和施工要求的理论配合比(以理论配合比中每项材料用量乘以校正系数)见表 4-43。

表 4-43　混凝土配合比　(单位:kg/m^3)

材料名称	水泥	粉煤灰	河砂	碎石	减水剂	引气剂	水
规格种类	P·O 42.5(低碱)	F 类Ⅱ级	中砂	5~31.5 mm	KLPCA 型	KLAE 型	地下水
单位用量	271	166	759	1 071	3.87	1.939	166

核算单方混凝土的碱含量、氯离子含量、三氧化硫含量及浆体体积比计算结果见表 4-44。

表 4-44　单方混凝土的碱含量、氯离子含量、三氧化硫含量及浆体体积比

核算项目	总碱含量(kg/m^3)	氯离子含量(%)	三氧化硫含量(%)	浆体体积比
标准要求值	≤3.0	≤0.10	≤4.0	≤0.32
核算结果	1.72	0.04	2.12	0.31

4.3.8　附件

混凝土配合比选定报告;混凝土试件抗压强度试验报告;混凝土电通量快速测定报告;混凝土中总碱含量、氯离子含量计算书;混凝土中三氧化硫含量计算书;混凝土浆体比计算书;胶凝材料抗蚀系数试验报告;混凝土试件气泡间距系数检测报告;水泥混凝土抗硫酸盐侵蚀试验报告;水泥试验报告;混凝土用粉煤灰试验报告;粗骨料试验报告;细骨料试验报告;混凝土外加剂试验报告;混凝土引气剂试验报告;水质简易分析报告。

4.4　轨道交通工程混凝土配合比数据库建立

现对宁杭客运专线 NHZQ-2 标、宝兰客运专线 BL-10 标、京沈客运专线 TJ-9 标、衢宁铁路(福建段)先期工程、蒙华铁路 MHTJ-21 标、徐盐铁路 XYZQ2-1 标、兴泉铁路 XQNQ-7 标、深圳地铁 12 号线、武汉地铁蔡甸线等工程的配合比加以整理,形成如下数据库,见表 4-45。

表 4-45　轨道交通工程混凝土配合比参数

序号	混凝土设计指标	级配	坍落度（mm）	水胶比	用水量（kg/m^3）	粉煤灰（%）	矿渣粉（%）	膨胀剂（%）	减水剂（%）	引气剂（%）	速凝剂（%）	纤维（kg）	砂率（%）	粗骨料比例	密度（kg/m^3）	应用工程名称
1	C10	Ⅱ	90～120	0.55	142	40	0	0	0.8	0	0	0	42	20:80	2 370	宁杭客专
2	C12～C18	Ⅱ	—	0.64	115	25	0	0	0	0	0	0	40	20:80	2 300	宁杭客专
3	C12～C18	Ⅱ	≤30	0.72	130	19	0	0	0	0	0	0	41	20:80	2 340	宁杭客专
4	C15	Ⅰ	—	0.33	122	0	0	0	0	0	0	0	0	100	2 336	衢宁铁路
5	C15	Ⅱ	100～140	0.58	173	27	0	0	1.7	0	0	0	43	100	2 320	深圳地铁
6	C15	Ⅱ	160～180	0.63	160	35	0	0	1.5	0	0	0	50	100	2 379	武汉地铁
7	C15	Ⅱ	—	0.31	103	0	0	0	0.8	0	0	0	0	20:80	2 086	宁杭客专
8	C15	Ⅱ	90～110	0.50	147	40	0	0	0.8	0	0	0	40	20:80	2 370	宁杭客专
9	C15	Ⅱ	120～140	0.51	147	35	0	0	1.0	0	0	0	38	30:70	2 324	宝兰客专
10	C15	Ⅱ	160～180	0.50	152	40	0	0	0.8	0	0	0	42	20:80	2 360	宁杭客专
11	C15	Ⅱ	160～200	0.53	160	30	0	0	1.0	0	0	0	46	40:60	2 404	衢宁铁路
12	C15	Ⅱ	160～200	0.55	166	30	0	0	1.0	0	0	0	43	30:70	2 348	蒙华铁路
13	C15	Ⅱ	160～200	0.55	166	50	0	0	1.0	0	0	0	44	30:70	2 350	徐盐铁路
14	C20	Ⅱ	100～140	0.53	169	23	0	0	1.7	0	0	0	42	100	2 330	深圳地铁
15	C20	Ⅰ	160～180	0.55	165	30	0	0	1.5	0	0	0	48	100	2 380	武汉地铁
16	C20	Ⅱ	160～180	0.58	160	33	0	0	1.5	0	0	0	49	100	2 379	武汉地铁
17	C20	Ⅱ	90～110	0.48	147	40	0	0	0.8	0	0	0	39	20:80	2 371	宁杭客专
18	C20	Ⅱ	120～140	0.48	147	35	0	0	1.0	0	0	0	38	30:70	2 323	宝兰客专
19	C20	Ⅱ	160～180	0.48	152	40	0	0	0.8	0	0	0	41	20:80	2 361	宁杭客专

续表 4-45

序号	混凝土设计指标	级配	坍落度（mm）	水胶比	用水量（kg/m^3）	粉煤灰（%）	矿渣粉（%）	膨胀剂（%）	减水剂（%）	引气剂（%）	速凝剂（%）	纤维（kg）	砂率（%）	粗骨料比例	密度（kg/m^3）	应用工程名称
20	C20	Ⅱ	160～200	0. 51	160	30	0	0	1. 0	0	0	0	45	40:60	2 403	衢宁铁路
21	C20	Ⅱ	160～200	0. 53	163	30	0	0	1. 0	0	0	0	42	30:70	2 352	蒙华铁路
22	C20	Ⅱ	160～200	0. 50	164	40	0	0	1. 0	0	0	0	43	30:70	2 350	徐盐铁路
23	C20	Ⅱ	160～200	0. 54	175	40	0	0	0. 8	0	0	0	47	40:60	2 363	京沈客专
24	C20	Ⅱ	160～200	0. 51	170	20	20	0	0. 9	0	0	0	47	40:60	2 373	京沈客专
25	C20P10	Ⅲ	140～180	0. 48	162	25	0	0	1. 2	0	0	0	41	20:40:40	2 436	兴泉铁路
26	C25 喷	Ⅰ	80～130	0. 44	188	0	0	0	1. 0	0	3. 0	0	50	100	2 353	衢宁铁路
27	C25 喷	Ⅰ	80～130	0. 38	177	0	0	0	1. 2	0	7. 0	0. 9	49	100	2 435	兴泉铁路
28	C25 喷	Ⅰ	80～130	0. 43	182	0	0	0	0. 7	0	4. 0	0	50	100	2 203	京沈客专
29	C25 喷	Ⅰ	90～110	0. 34	160	0	0	0	1. 0	0	5. 0	0	50	100	2 400	宝兰客专
30	C25	Ⅱ	120～140	0. 45	147	35	0	0	1. 0	0	0	0	38	30:70	2 323	宝兰客专
31	C25	Ⅱ	160～180	0. 43	152	30	0	0	0. 8	0	0	0	41	20:80	2 359	宁杭客专
32	C25	Ⅱ	160～200	0. 49	160	30	0	0	1. 0	0	0	0	44	40:60	2 404	衢宁铁路
33	C25	Ⅱ	160～200	0. 50	162	30	0	0	1. 0	0	0	0	41	30:70	2 355	蒙华铁路
34	C25	Ⅱ	160～200	0. 48	164	40	0	0	1. 0	0	0	0	43	30:70	2 350	徐盐铁路
35	C25	Ⅱ	160～200	0. 47	170	20	20	0	0. 9	0	0	0	46	40:60	2 373	京沈客专
36	C25	Ⅲ	160～200	0. 46	162	25	0	0	1. 2	0	0	0	41	20:40:40	2 438	兴泉铁路
37	C30 喷	Ⅰ	80～130	0. 38	180	0	0	0	0. 8	0	4	0	49	100	2 204	京沈客专
38	C30	Ⅱ	100～140	0. 48	165	19	0	0	1. 9	0	0	0	42	100	2 350	深圳地铁

续表 4-45

序号	混凝土设计指标	级配	坍落度（mm）	水胶比	用水量（kg/m³）	粉煤灰（%）	矿渣粉（%）	膨胀剂（%）	减水剂（%）	引气剂（%）	速凝剂（%）	纤维（kg）	砂率（%）	粗骨料比例	密度（kg/m³）	应用工程名称
39	C30	Ⅱ	120～160	0.46	166	20	0	0	1.6	0	0	0	43	100	2 350	深圳地铁
40	C30	Ⅱ	160～180	0.48	160	15	15	0	1.5	0	0	0	45	100	2 378	武汉地铁
41	C30	Ⅱ	90～110	0.38	147	20	20	0	0.8	0	0	0	38	20:80	2 369	宁杭客专
42	C30	Ⅱ	160～180	0.38	152	20	20	0	0.8	0	0	0	40	20:80	2 360	宁杭客专
43	C30	Ⅱ	160～180	0.38	152	20	20	0	0.8	0	0	0	40	20:80	2 360	宁杭客专
44	C30	Ⅱ	160～200	0.45	160	25	0	0	1.0	0	0	0	43	40:60	2 404	衢宁铁路
45	C30	Ⅱ	160～200	0.47	162	30	0	0	1.0	0	0	0	41	30:70	2 356	蒙华铁路
46	C30	Ⅱ	160～200	0.42	160	35	0	0	1.0	0	0	0	42	30:70	2 360	徐盐铁路
47	C30	Ⅱ	160～200	0.42	147	15	15	0	1.1	0	0	0	39	30:70	2 347	宝兰客专
48	C30	Ⅱ	160～200	0.44	163	20	20	0	1	0	0	0	45	40:60	2 374	京沈客专
49	C30	Ⅲ	160～200	0.43	162	25	0	0	1.2	0	0	0	41	20:40:40	2 442	兴泉铁路
50	C30P6	Ⅱ	140～180	0.45	165	19	0	0	2.2	0	0	0	43	100	2 350	深圳地铁
51	C30P8	Ⅱ	180～220	0.42	165	16	0	0	2.2	0	0	0	42	100	2 350	深圳地铁
52	C30 水下	Ⅱ	180～220	0.43	165	18	0	0	2.2	0	0	0	43	100	2 350	深圳地铁
53	C30 水下	Ⅱ	180～220	0.47	170	15	15	0	1.6	0	0	0	47	100	2 381	武汉地铁
54	C30 水下	Ⅱ	180～220	0.40	165	25	0	0	1.0	0	0	0	43	40:60	2 404	衢宁铁路
55	C30 水下	Ⅱ	180～220	0.38	152	20	20	0	1.0	0	0	0	43	20:80	2 350	宁杭客专
56	C30 水下	Ⅱ	180～220	0.44	165	30	0	0	1.0	0	0	0	41	30:70	2 352	蒙华铁路
57	C30 水下	Ⅱ	180～220	0.41	162	35	0	0	1.0	0	0	0	43	30:70	2 360	徐盐铁路

续表 4-45

序号	混凝土设计指标	级配	坍落度(mm)	水胶比	用水量(kg/m^3)	粉煤灰(%)	矿渣粉(%)	膨胀剂(%)	减水剂(%)	引气剂(%)	速凝剂(%)	纤维(kg)	砂率(%)	粗骨料比例	密度(kg/m^3)	应用工程名称
58	C30 水下	Ⅱ	180~220	0. 42	160	20	20	0	1. 1	0	0	0	45	40:60	2 374	京沈客专
59	C35	Ⅰ	90~110	0. 40	150	15	0	0	1. 2	0	0	0	44	100	2 425	衢宁铁路
60	C35	Ⅰ	160~200	0. 39	175	25	0	0	1. 0	0	0	40. 0	44	100	2 400	徐盐铁路
61	C35	Ⅱ	90~110	0. 36	147	20	20	0	0. 8	0	0	0	38	20:80	2 370	宁杭客专
62	C35	Ⅱ	120~160	0. 42	164	17	0	0	1. 6	0	0	0	42	100	2 360	深圳地铁
63	C35	Ⅱ	160~180	0. 44	160	15	15	0	1. 5	0	0	0	44	100	2 381	武汉地铁
64	C35	Ⅱ	160~200	0. 43	164	17	0	0	2. 3	0	0	0	42	100	2 360	深圳地铁
65	C35	Ⅱ	160~180	0. 36	152	20	20	0	0. 8	0	0	0	40	20:80	2 359	宁杭客专
66	C35	Ⅱ	160~200	0. 43	160	25	0	0	1. 0	0	0	0	42	40:60	2 404	衢宁铁路
67	C35	Ⅱ	160~200	0. 44	162	30	0	0	1. 0	0. 5	0	0	41	30:70	2 379	蒙华铁路
68	C35	Ⅱ	160~200	0. 40	160	35	0	0	1. 0	0	0	0	42	30:70	2 360	徐盐铁路
69	C35	Ⅱ	160~200	0. 39	158	30	0	0	1. 0	0	0	0	41	30:70	2 360	徐盐铁路
70	C35	Ⅱ	160~200	0. 39	147	15	15	0	1. 1	0	0	0	39	30:70	2 348	宝兰客专
71	C35	Ⅱ	160~200	0. 35	140	30	10	0	1. 3	0. 2	0	0	39	40:60	2 316	京沈客专
72	C35P10	Ⅱ	160~200	0. 40	162	15	0	0	1. 7	0	0	0	41	100	2 360	深圳地铁
73	C35P10	Ⅲ	160~200	0. 41	164	20	0	0	1. 2	0	0	0	41	20:40:40	2 442	兴泉铁路
74	C35P8	Ⅱ	120~160	0. 42	164	17	0	0	2. 3	0	0	0	42	100	2 360	深圳地铁
75	C35P8	Ⅱ	160~180	0. 38	160	14	14	7	1. 5	0	0	0	43	100	2 386	武汉地铁
76	C35P6 水下	Ⅱ	180~220	0. 40	163	15	0	0	2. 2	0	0	0	42	100	2 360	深圳地铁

续表 4-45

序号	混凝土设计指标	级配	坍落度（mm）	水胶比	用水量（kg/m³）	粉煤灰（%）	矿渣粉（%）	膨胀剂（%）	减水剂（%）	引气剂（%）	速凝剂（%）	纤维（kg）	砂率（%）	粗骨料比例	密度（kg/m³）	应用工程名称
77	C35P8 水下	Ⅱ	180~220	0. 40	162	15	0	0	1. 6	0	0	0	42	100	2 361	深圳地铁
78	C35P10 水下	Ⅱ	180~220	0. 39	160	13	0	0	1. 7	0	0	0	41	100	2 359	深圳地铁
79	C35P12 水下	Ⅱ	180~220	0. 37	158	12	0	0	1. 7	0	0	0	41	100	2 360	深圳地铁
80	C35 水下	Ⅱ	180~220	0. 40	160	20	20	0	1. 1	0	0	0	44	40:60	2 374	京沈客专
81	C35 水下	Ⅱ	180~220	0. 43	170	15	15	0	1. 6	0	0	0	46	100	2 386	武汉地铁
82	C35 水下	Ⅱ	180~220	0. 37	165	25	0	0	1. 0	0	0	0	42	40:60	2 404	衢宁铁路
83	C35 水下	Ⅱ	180~220	0. 36	152	20	20	0	1. 0	0	0	0	43	20:80	2 349	宁杭客专
84	C35 水下	Ⅱ	180~220	0. 41	163	30	0	0	1. 0	0. 5	0	0	41	30:70	2 380	蒙华铁路
85	C35 水下	Ⅱ	180~220	0. 39	162	35	0	0	1. 0	0	0	0	42	30:70	2 360	徐盐铁路
86	C35 水下	Ⅲ	180~220	0. 38	170	30	0	0	1. 2	0	0	0	40	20:40:40	2 432	兴泉铁路
87	C40	Ⅰ	140~180	0. 35	155	20	0	0	1. 2	0	0	0	39	100	2 462	兴泉铁路
88	C40	Ⅱ	140~180	0. 41	160	8	0	8	2. 3	0	0	0	41	100	2 370	深圳地铁
89	C40	Ⅰ	160~180	0. 35	165	15	15	0	1. 0	0	0	1. 0	44	100	2 330	宁杭客专
90	C40	Ⅰ	160~200	0. 42	165	30	0	0	1. 0	0	0	0	41	100	2 404	衢宁铁路
91	C40	Ⅰ	160~200	0. 37	157	30	0	0	1. 1	0. 5	0	1. 0	43	100	2 362	蒙华铁路
92	C40	Ⅰ	160~200	0. 37	175	25	0	0	1. 0	0	0	1. 0	43	100	2 400	徐盐铁路
93	C40	Ⅰ	160~200	0. 40	170	30	0	0	1. 3	0	0	1. 0	45	100	2 357	京沈客专
94	C40	Ⅱ	140~180	0. 35	158	20	0	0	1. 2	0	0	0	40	30:70	2 459	兴泉铁路
95	C40	Ⅱ	160~180	0. 34	152	20	20	0	0. 8	0	0	0	40	20:80	2 360	宁杭客专

续表 4-45

序号	混凝土设计指标	级配	坍落度(mm)	水胶比	用水量(kg/m^3)	粉煤灰(%)	矿渣粉(%)	膨胀剂(%)	减水剂(%)	引气剂(%)	速凝剂(%)	纤维(kg)	砂率(%)	粗骨料比例	密度(kg/m^3)	应用工程名称
96	C40	Ⅱ	160~200	0.38	160	30	0	0	1.0	0	0	0	41	40:60	2 404	衢宁铁路
97	C40	Ⅱ	160~200	0.41	162	28	0	0	1.0	0.5	0	0	41	30:70	2 371	蒙华铁路
98	C40	Ⅱ	160~200	0.38	160	30	0	0	1.0	0	0	0	40	30:70	2 360	徐盐铁路
99	C40	Ⅱ	160~200	0.37	158	25	0	0	1.0	0.2	0	0	39	30:70	2 360	徐盐铁路
100	C40	Ⅱ	160~200	0.36	147	15	15	0	1.1	0	0	0	39	30:70	2 348	宝兰客专
101	C40	Ⅲ	160~200	0.35	159	30	0	0	1.2	0	0	0	41	20:40:40	2 452	兴泉铁路
102	C40P10	Ⅱ	160~180	0.35	160	13	13	9	1.5	0	0	0	44	100	2 389	武汉地铁
103	C40P8	Ⅱ	160~200	0.40	158	8	0	8	2.4	0	0	0	40	100	2 370	深圳地铁
104	C40 水下	Ⅱ	180~220	0.38	160	30	10	0	1.1	0	0	0	43	40:60	2 375	京沈客专
105	C40 水下	Ⅱ	180~220	0.34	165	30	0	0	1.0	0	0	0	41	40:60	2 404	衢宁铁路
106	C40 水下	Ⅱ	180~220	0.34	152	20	20	0	1.0	0	0	0	42	20:80	2 349	宁杭客专
107	C40 水下	Ⅱ	180~220	0.38	159	30	0	0	1.0	0	0	0	41	30:70	2 363	蒙华铁路
108	C40 水下	Ⅱ	180~220	0.37	162	30	0	0	1.0	0	0	0	41	30:70	2 360	徐盐铁路
109	C45	Ⅱ	160~180	0.32	152	20	20	0	0.8	0	0	0	40	20:80	2 361	宁杭客专
110	C45	Ⅱ	160~200	0.36	160	25	0	0	1.0	0	0	0	40	30:70	2 360	徐盐铁路
111	C45	Ⅱ	160~200	0.33	147	15	15	0	1.1	1.0	0	0	39	30:70	2 306	宝兰客专
112	C45	Ⅱ	90~110	0.32	147	20	20	0	0.8	0	0	0	38	20:80	2 371	宁杭客专
113	C45 水下	Ⅱ	180~220	0.32	152	20	20	0	1.0	0	0	0	42	20:80	2 350	宁杭客专
114	C45 水下	Ⅱ	180~220	0.35	162	30	0	0	1.0	0	0	0	40	30:70	2 360	徐盐铁路

续表 4-45

序号	混凝土设计指标	级配	坍落度（mm）	水胶比	用水量（kg/m³）	粉煤灰（%）	矿渣粉（%）	膨胀剂（%）	减水剂（%）	引气剂（%）	速凝剂（%）	纤维（kg）	砂率（%）	粗骨料比例	密度（kg/m³）	应用工程名称
115	C45 水下	Ⅱ	180～220	0. 33	148	15	15	0	1. 2	0	0	0	40	30:70	2 349	宝兰客专
116	C50	Ⅰ	0～20	0. 30	140	15	0	10	1. 1	0	0	0	41	100	2 418	蒙华铁路
117	C50	Ⅰ	0～20	0. 27	130	10	12	8	1. 0	0	0	0	40	100	2 395	宁杭客专
118	C50	Ⅰ	0～20	0. 28	135	14	14	7	0. 9	0. 9	0	0	36	100	2 385	宝兰客专
119	C50	Ⅰ	0～20	0. 28	139	9	0	9	1. 1	0	0	0	42	100	2 365	衢宁铁路
120	C50	Ⅰ	20～40	0. 26	122	18	9	9	1. 1	0	0	0	38	100	2 442	兴泉铁路
121	C50	Ⅰ	40～80	0. 30	144	10	10	10	1. 0	0. 1	0	0	41	100	2 410	徐盐铁路
122	C50	Ⅰ	70～90	0. 31	148	7	9	8	1. 1	0	0	0	38	100	2 425	京沈客专
123	C50	Ⅱ	160～180	0. 32	160	12	13	0	1. 5	0	0	0	44	100	2 388	武汉地铁
124	C50	Ⅱ	160～200	0. 32	152	10	0	0	2. 3	0	0	0	38	100	2 380	深圳地铁
125	C50	Ⅱ	180～220	0. 30	152	9	0	8	2. 1	0	0	0	36	100	2 380	深圳地铁
126	C50	Ⅱ	160～200	0. 32	153	10	0	0	1. 4	0	0	0	42	40:60	2 348	衢宁铁路
127	C50	Ⅱ	160～200	0. 29	145	9	0	7	1. 1	0	0	0	42	40:60	2 345	衢宁铁路
128	C50	Ⅱ	160～200	0. 26	130	0	8	0	1. 4	0	0	0	41	20:80	2 370	宁杭客专
129	C50	Ⅱ	160～200	0. 30	148	13	13	0	1. 0	0	0	0	38	20:80	2 428	宁杭客专
130	C50	Ⅱ	160～200	0. 30	148	13	13	8	1. 0	0	0	0	38	20:80	2 428	宁杭客专
131	C50	Ⅱ	160～200	0. 30	149	10	20	0	1. 2	1. 0	0	0	39	30:70	2 368	宝兰客专
132	C50	Ⅱ	160～200	0. 30	144	20	10	0	1. 2	0	0	0	37	30:70	2 400	兴泉铁路
133	C50	Ⅱ	160～200	0. 33	152	15	0	0	1. 1	0. 5	0	0	40	30:70	2 415	蒙华铁路

续表 4-45

序号	混凝土设计指标	级配	坍落度(mm)	水胶比	用水量(kg/m^3)	粉煤灰(%)	矿渣粉(%)	膨胀剂(%)	减水剂(%)	引气剂(%)	速凝剂(%)	纤维(kg)	砂率(%)	粗骨料比例	密度(kg/m^3)	应用工程名称
134	C50	Ⅱ	160~200	0.32	153	8	12	0	1.2	0	0	0	39	40:60	2 436	京沈客专
135	C50	Ⅱ	180~220	0.30	144	10	20	0	1.0	0	0	0	40	20:80	2 358	宁杭客专
136	C50	Ⅱ	180~220	0.32	153	10	10	0	1.0	0.1	0	0	40	30:70	2 410	徐盐铁路
137	C55	Ⅰ	0~20	0.26	130	10	12	8	1.0	0	0	0	40	100	2 380	宁杭客专
138	C55	Ⅰ	20~40	0.25	123	18	9	9	1.1	0	0	0	37	100	2 446	兴泉铁路
139	C55	Ⅰ	40~80	0.28	140	10	10	10	1.0	0.1	0	0	40	100	2 410	徐盐铁路
140	C55	Ⅰ	180~220	0.28	149	20	10	0	1.2	0	0	0	36	100	2 400	兴泉铁路
141	C55	Ⅱ	160~200	0.29	144	10	10	8	1.0	0	0	0	40	20:80	2 380	宁杭客专
142	C55	Ⅱ	160~200	0.29	144	5	5	0	1.3	0	0	0	40	20:80	2 370	宁杭客专
143	C55	Ⅱ	160~200	0.29	147	20	10	0	1.2	0	0	0	37	30:70	2 400	兴泉铁路
144	C55	Ⅱ	160~200	0.26	147	18	9	9	1.1	0	0	0	37	30:70	2 451	兴泉铁路
145	C55	Ⅱ	180~220	0.30	150	10	10	0	1.0	0.1	0	0	39	30:70	2 411	徐盐铁路
注 1	宁杭客专	水泥采用 P·O 42.5 水泥；粉煤灰采用 F 类Ⅰ级；矿渣粉采用 S95；细骨料采用 0~5 mm 中砂（河砂）；粗骨料采用 5~10 mm、10~20 mm、5~16 mm、16~31.5 mm 碎石；减水剂采用 PCA Ⓡ-Ⅰ聚羧酸高性能减水剂；速凝剂采用液体速凝剂；膨胀剂采用 SBTJM Ⓡ-ⅢC 型混凝土膨胀剂；纤维采用聚丙烯腈纤维。														
注 2	宝兰客专	C40 及以上水泥采用 P·O 42.5 水泥（低碱），C40 以下水泥采用 P·O 42.5 水泥；C50 及以上粉煤灰采用 F 类Ⅰ级，C50 以下粉煤灰采用 F 类Ⅱ级；矿渣粉采用 S95；细骨料采用 0~5 mm 中砂（河砂）；粗骨料采用 5~10 mm、10~20 mm、5~16 mm、16~31.5 mm 碎石；减水剂采用 PCA Ⓡ-Ⅰ聚羧酸高性能减水剂；引气剂采用 GYQ Ⓡ-I 混凝土高效引气剂；速凝剂采用 KD-5 液体速凝剂；膨胀剂采用 FAC 混凝土膨胀剂。														

续表 4-45

注 3	京沈客专	C40 及以上水泥采用 P · O 42.5 水泥(低碱),C40 以下水泥采用 P · O 42.5 水泥；C50 及以上粉煤灰采用 F 类Ⅰ级,C50 以下粉煤灰采用 F 类Ⅱ级;矿渣粉采用 S95;细骨料采用 0~5 mm 中砂(河砂);粗骨料采用 5~10 mm、10~20 mm、5~16 mm、16~25 mm 碎石;减水剂采用聚羧酸 JD-9(缓凝型)减水剂;引气剂采用 RB-10b 引气剂;速凝剂采用 RB-14b 液体速凝剂;膨胀剂采用 FAC-15 混凝土膨胀剂;纤维采用聚丙烯腈纤维。
注 4	衢宁铁路	C40 及以上水泥采用 P · O 42.5 水泥(低碱),C40 以下水泥采用 P · O 42.5 水泥；C50 及以上粉煤灰采用 F 类Ⅰ级,C50 以下粉煤灰采用 F 类Ⅱ级;细骨料采用 0~5 mm 中砂(河砂);粗骨料采用 5~10 mm、10~20 mm、5~16 mm、16~31.5 mm 碎石;减水剂采用聚羧酸高性能减水剂;速凝剂采用 CC-AI 型液体速凝剂;膨胀剂采用 TL-UEA 型混凝土膨胀剂。
注 5	蒙华铁路	C40 及以上水泥采用 P · O 42.5 水泥(低碱),C40 以下水泥采用 P · O 42.5 水泥；C50 及以上粉煤灰采用 F 类Ⅰ级,C50 以下粉煤灰采用 F 类Ⅱ级;细骨料采用 0~5 mm 中砂(河砂);粗骨料采用 5~10 mm、10~20 mm、5~16 mm、16~25 mm 碎石;减水剂采用 KLPCA 聚羧酸高性能减水剂;引气剂采用 KLAE 引气剂;膨胀剂采用 KL-2 型混凝土膨胀剂;纤维采用聚丙烯腈纤维。
注 6	徐盐铁路	C40 及以上水泥采用 P · O 42.5 水泥(低碱),C40 以下水泥采用 P · O 42.5 水泥；C50 及以上粉煤灰采用 F 类Ⅰ级,C50 以下粉煤灰采用 F 类Ⅱ级;矿渣粉采用 S95;细骨料采用 0~5 mm 中砂(河砂);粗骨料采用 5~10 mm、10~20 mm、5~16 mm、16~25 mm 碎石;减水剂采用 PCA ®-Ⅰ聚羧酸高性能减水剂;引气剂采用 GYQ ®-I 混凝土高效引气剂;膨胀剂采用 TL-UEA 型混凝土膨胀剂;纤维采用聚丙烯腈纤维、钢纤维。
注 7	兴泉铁路	C50 及以上水泥采用 P · O 52.5 水泥,C50 以下水泥采用 P · O 42.5 水泥；C50 及以上粉煤灰采用 F 类Ⅰ级,C50 以下粉煤灰采用 F 类Ⅱ级;矿渣粉采用 S95;C50 及以上细骨料采用 0~5 mm 中砂(河砂)、C50 以下细骨料采用 0~5 mm 中砂(机制砂);粗骨料采用 5~10 mm、10~20 mm、16~31.5 mm 碎石;减水剂采用聚羧酸(缓凝型)减水剂;速凝剂采用液体速凝剂;膨胀剂采用 TL-UEA 混凝土膨胀剂;纤维采用纤维素纤维。
注 8	深圳地铁	水泥采用 P · O 42.5 水泥;粉煤灰采用 F 类Ⅱ级;细骨料采用 0~5 mm 中砂(河砂);粗骨料采用 5~25 mm 连续级配碎石;减水剂采用 WS-PC 聚羧酸(缓凝型)高性能减水剂;膨胀剂采用 WK 复合纤维膨胀抗裂剂。
注 9	武汉地铁	水泥采用 P · O 42.5 水泥；粉煤灰采用 F 类Ⅱ级;矿渣粉采用 S95;细骨料采用 0~5 mm 中砂(河砂);5~20 mm、5~25 mm 连续级配碎石;减水剂采用聚羧酸高性能减水剂;膨胀剂采用 HEA 高性能混凝土增强抗裂剂。
注 10	其中深圳地铁、武汉地铁项目配合比设计的计算方法为质量法,其他项目均采用体积法。	

4.5　轨道交通工程特殊混凝土配合比

宁杭客运专线 NHZQ-2 标使用于人行道挡板、盖板的钢纤维混凝土,设计标号为 R130 的配合比,水泥采用 P · O 42.5 水泥,掺加硅粉,骨料采用石英砂,外加剂采用 RPC 专用外加剂,纤维采用钢纤维。配合比材料用量见表 4-46。

表 4-46　宁杭客专 R130 配合比材料用量

强度等级	施工部位	设计坍落度(mm)	级配	骨料比例	水胶比	选定混凝土配合比用量(kg)							
						水泥	硅粉	细骨料1	细骨料2	细骨料3	外加剂	纤维	水
R130	人行道挡板盖板	90~110	Ⅲ	74:18:8	0.06	690	180	897	218	97	120	168	48

京沈客运专线 TJ-9 标使用于 CRTSⅢ型板式无砟轨道充填层的自密实混凝土,设计强度等级为 C40 的配合比,原材料使用低碱 P · O 42.5 水泥、S95 矿粉、膨胀剂、黏度改性材料、5~16 mm 连续级配粗骨料,细度模数为 2.3~2.5 的洁净、质地坚硬的河砂,减水剂、引气剂、符合混凝土拌和用水的地下水。配合比采用体积法设计,材料用量见表 4-47。

表 4-47　京沈客专 C40 自密实混凝土配合比材料用量

强度等级	施工部位	设计坍落度(mm)	级配	骨料比例	水胶比	选定混凝土配合比用量(kg)							
						水泥	矿渣粉	黏性改性材料	细骨料	粗骨料	外加剂	膨胀剂	水
C40	自密实混凝土	≤680	Ⅰ	100	0.32	270	184	29	825	825	7.42	47	175

武汉地铁 11 号线工程适用于钢管柱自密实混凝土,设计标号为 C60 的配合比,原材料使用 P · O 42.5 水泥、F 类Ⅰ级粉煤灰、S95 矿粉、HEA 高性能混凝土增强抗裂剂,细骨料采用 0~5 mm 中砂(河砂);粗骨料采用 5~16 mm 连续级配粗骨料,减水剂采用聚羧酸高性能减水剂。配合比采用体积法设计,材料用量见表 4-48。

表 4-48　武汉地铁 C60 自密实混凝土配合比材料用量

强度等级	施工部位	设计坍落度(mm)	级配	骨料比例	水胶比	选定混凝土配合比用量(kg)							
						水泥	粉煤灰	矿渣粉	细骨料	粗骨料	外加剂	膨胀剂	水
C60	钢管柱自密实混凝土	650~750	Ⅱ	100	0.27	370	89	89	805	899	11.9	48	161

4.6 小 结

混凝土工程质量的好坏直接影响着整个混凝土结构的整体质量，而混凝土原材料的好坏和选配是否恰当，也直接影响着混凝土工程的质量。混凝土配合比设计中，水胶比、用水量初步确定后，原材料的选择及配合比的试配调整工作尤为重要。根据以上工程配合比数据统计情况来看，同强度等级、同施工工艺的配合比各工程的水胶比等参数差异比较明显，主要受各工程采用的原材料的性能差异（如掺加的不同矿物掺合料的性能、细骨料的粗细程度、粗骨料的最大粒径及级配比例、外加剂性能差异、外加剂与胶凝材料的适应性等）影响导致。

深圳地铁及武汉地铁施工用的混凝土配合比均采用质量法进行设计，与体积法设计的其他工程的混凝土配合比差异较大。现对2013~2020年施工的宝兰客运专线、京沈客运专线、衢宁铁路、蒙华铁路、徐盐铁路、兴泉铁路等6个工程的大流动性混凝土配合比，对其水胶比、用水量、胶凝材料总量加以整理统计（见表4-49），为今后类似工程提供参考经验。砂率及粗骨料比例、外加剂掺量等参数应根据工程实际情况、相关规范及设计要求确定。

表4-49 水胶比、用水量、胶凝材料总量波动范围统计

序号	强度等级	设计坍落度（mm）	水胶比			用水量（kg）			胶凝材料总量（kg）			配合比数量（条）
			最小值	最大值	平均值	最小值	最大值	平均值	最小值	最大值	平均值	
1	C25	160~200	0.46	0.50	0.479	160	170	164	327	362	343	5
2	C30	160~200	0.42	0.47	0.438	147	163	159	351	381	364	6
3	C30水下	180~220	0.40	0.44	0.418	160	165	163	381	412	392	4
4	C35	160~200	0.35	0.44	0.401	140	164	156	371	405	391	7
5	C35水下	180~220	0.37	0.41	0.385	160	170	164	400	447	424	5
6	C40	160~200	0.35	0.41	0.375	147	162	158	399	454	422	6
7	C40水下	180~220	0.34	0.38	0.363	159	165	162	421	485	443	4
8	C45	160~200	0.33	0.35	0.340	148	162	155	448	463	456	2
9	C50	160~200	0.30	0.33	0.315	144	153	151	478	497	482	6

轨道交通工程建设标准高，混凝土施工质量尤为重要。但由于施工现场诸多不可预见的因素，导致混凝土在施工过程中出现许多质量问题，如何在现场及时有效地解决这些问题，对保证工程施工质量至关重要。混凝土配合比设计是混凝土施工过程中质量控制

的关键因素，它直接影响着混凝土施工的难易程度，影响着混凝土工程的内在质量及外观，影响着混凝土的生产成本。因此，只有合理的混凝土配合比才能满足混凝土的强度、工作性和耐久性要求，才能保证以混凝土为承重结构的建筑结构的安全性和稳定性，才能尽可能地降低材料的成本。

虽然混凝土配合比设计已经有一整套完整的标准和规范指导操作，但由于现场施工环境条件制约和当地特定材料限制等，决定了混凝土配合比不能完全做到“标准化”，只能在本地区通用的材料中选择合适的组成材料。混凝土配合比优化总的原则是在保证混凝土各项性能指标的前提下，尽量选用价格便宜的材料，少用价格相对较高的材料。比如在进行混凝土配合比优化设计时，关键要考虑的因素是水泥的价格相较其他材料要高很多，因而所有可能采取的步骤都首先应该是在保证混凝土各项性能指标满足规范和设计要求的前提下，尽量减少混凝土拌合物中的水泥用量，或用价格更便宜的其他材料，如粉煤灰、矿粉等替代部分水泥用量，以此来提高混凝土性能，降低混凝土造价。

施工现场影响混凝土配合比的因素很多，应从理论设计与施工管理两方面进行把关，只有保证混凝土各个环节协调一致，才能使配合比得到真正的优化，才能运用到实际施工生产中，最终达到降本增效的目的。

第 5 章　公路工程混凝土配合比研究与应用

5.1　公路工程混凝土施工特点

公路工程为线性工程，施工道路以项目进场后自建临时便道为主，路况较差；场站建设受地形条件限制，混凝土浇筑运距长短不一；混凝土结构物体积相对不大，但标号多，种类如水下灌注桩基混凝土、纤维混凝土、微膨胀混凝土、透水混凝土、抗渗混凝土、喷射混凝土、水下混凝土等均有所涉及；构件中钢筋较为密集，浇筑外观质量要求高，对混凝土的和易性、流动性要求较高；地材存在供应不足导致更换频繁、质量不稳定等情况，公路工程混凝土配合比胶凝材用量往往较水工大坝混凝土用量高等。

桥涵工程为露天施工，受气候和自然条件的影响与制约，要对雨季、冬季和高温季节采取不同的应对措施。

5.2　公路工程混凝土配合比设计依据

《公路桥涵施工技术规范》(JTG/T 3650—2020)；
《公路工程水泥及水泥混凝土试验规程》(JTG 3420—2020)；
《用于水泥、砂浆和混凝土中的粒化高炉矿渣粉》(GB/T 18046—2017)；
《用于水泥和混凝土中的粉煤灰》(GB/T 1596—2017)；
《公路工程集料试验规程》(JTG E42—2005)；
《混凝土外加剂》(GB 8076—2008)；
《混凝土用水标准》(JGJ 63—2006)；
《普通混凝土配合比设计规程》(JGJ 55—2011)。

5.3　公路工程混凝土配合比设计典型案例

5.3.1　设计背景及要求

建(个)元高速公路项目个元段全长 51.127 km，主线起于个旧市蚂蟥塘村附近，设蚂蟥塘枢纽接在建新鸡高速公路，终于尼格村附近，设尼格枢纽接建水至元阳高速公路。全线共设桥梁 15.04 km/42 座，其中，特大桥 2 252.12 m/2 座、大桥 12 720.18 m/39 座、中桥 66.1 m/1 座；全线共设置隧道 24.88 km/15 座，其中，特长隧道 15 226 m/3 座、长隧道 6 299.5 m/4 座、中长隧道 1 802.5 m/2 座、短隧道 1 554 m/6 座；桥梁、隧道占路线总长为 78.07%，互通式立体交叉 3 处。本次设计为强度等级 C50 混凝土，设计坍落度 160~200 mm。

5.3.2　依据规范标准

《普通混凝土配合比设计规程》(JGJ 55—2011);
《公路工程水泥及水泥混凝土试验规程》(JTG E30—2005);
《公路桥涵施工技术规范》(JTG/T F50—2011)。

5.3.3　原材料

水泥:华新水泥(红河)有限公司,P · O 52.5;
细骨料:个旧市红阳砂石有限公司,0~4.75 mm;
粗骨料:个旧市希丹水泥制品有限公司,5~20 mm 连续级配(其中掺配比例为:5~10 mm:10~20 mm=30%:70%;
拌和水:饮用水;
外加剂:山西凯迪建材有限公司,聚羧酸盐高性能减水剂(缓凝型),掺量 1.5%。

5.3.4　设计步骤

(1)确定配制强度。

根据《公路桥涵施工技术规范》(JTG/T F50—2011)附录 B2,混凝土的施工配置强度 $f_{cu,0}$,可根据强度标准差的历史水平按下式计算确定:

$$f_{cu,0} \geqslant f_{cu,k} + 1.645\sigma$$

式中　$f_{cu,0}$——混凝土配制强度,MPa;
$f_{cu,k}$——混凝土立方体强度标准值,这里取设计混凝土强度等级值,MPa;
σ——混凝土强度标准差,按表 5-1 取值,MPa。

表 5-1　标准差 σ　(单位:MPa)

混凝土强度标准值	<C20	C20~C35	>C35
σ	4.0	5.0	6.0

本次配合比配制强度为:

$$f_{cu,0} \geqslant 50 + 1.645 \times 6.0 = 59.87(\text{MPa})$$

当水泥 28 d 胶沙抗压强度(f_{ce})无实测值时,可按下式计算:

$$f_{ce} = \gamma_c f_{ce.g} = 52.5 \times 1.10 = 57.75(\text{MPa})$$

式中　γ_c——水泥强度等级值的富余系数,可按实际统计资料确定,当缺乏实际统计资料时,也可按表 5-2 选用;
$f_{ce.g}$——水泥强度等级值,MPa。

表 5-2　水泥强度等级制的富余系数(γ_c)

水泥强度等级值	32.5	42.5	52.5
富余系数	1.12	1.16	1.10

(2)当胶凝材料 28 d 胶砂抗压强度(f_b)无实测值时,可按下式计算:

$$f_b = \gamma_f \gamma_s f_{ce} = 1.00 \times 1.00 \times 57.75 = 57.75(\text{MPa})$$

式中　γ_f、γ_s——粉煤灰影响系数和粒化高炉矿渣粉影响系数，可按表 5-3 选用；

f_{ce}——水泥 28 d 胶沙抗压强度，MPa，可实测，也可按表 5-2 确定。

表 5-3　粉煤灰影响系数(γ_f)和粒化高炉矿渣粉影响系数(γ_s)

掺量(%)	粉煤灰影响系数 γ_f	粒化高炉矿渣粉影响系数(γ_s)
0	1.00	1.00
10	0.85~0.95	1.00
20	0.75~0.85	0.95~1.00
30	0.65~0.75	0.90~1.00
40	0.55~0.75	0.80~0.90
50	-	0.70~0.85

(3)混凝土水胶比计算：

$$w/b = \frac{a_a f_b}{f_{cu,0} + a_a a_b f_b}$$

式中　a_a、a_b——回归系数，按表 5-4 取值；

f_b——胶凝材料(水泥与矿物掺合料按使用比列混合)28 d 胶沙强度，MPa。

表 5-4　回归系数

系数	粗骨料品种	
	碎石	卵石
a_a	0.53	0.49
a_b	0.20	0.13

注：根据地材情况，配合比设计时 w/b 取 0.32。

(计算水胶比小于《公路桥涵施工技术规范》(JTG/T 3650—2020)中环境类别Ⅰ中的最大水胶比要求。)

(4)用水量的确定。

根据要求混凝土拌合物坍落度为 160~200 mm 和碎石最大粒径为 20 mm，初步确定单位用水量 m_{wo}=228 kg/m³。

当掺外加剂时，混凝土用水量可按该式计算：

$$m_{w,ad} = m_{wo}(1 - \beta_{ad})$$

式中　$m_{w,ad}$——掺外加剂混凝土的单位用水量，kg/m³；

m_{wo}——未掺外加剂混凝土的单位用水量，kg/m³；

β_{ad}——外加剂的减水率(%)，经试验确定。

由于混凝土配合比掺加了外加剂，试验掺外加剂混凝土的单位用水量按减水率 33%计算的混凝土用水量：

$$m_{w,ad} = m_{wo}(1 - \beta_{ad}) = 153 \text{ kg}$$

(5)水泥用量：

$$m_{b0} = \frac{m_{w,ad}}{W/B} = 478 \text{ kg/m}^3$$

(6)外加剂用量：

外加剂掺量为 $\beta_a=1.5\%$，$m_{a0}=m_{b0}\beta_a=7.17$ kg。

(7)砂率的确定。

根据砂的细度模数和粗骨料的种类，查表取砂率 $\beta_s=37\%$。

(8)粗细骨料用量计算：

采用质量法 $m_{b0}+m_{s0}+m_{g0}+m_{w,ad}=2\ 450$ kg，$\beta_s=m_{s0}/(m_{s0}+m_{g0})\times100\%$。

假定容重为 2 450 kg/m³，由上式计算得出：$m_{so}=673$ kg/m³，$m_{go}=1\ 146$ kg/m³。

经试拌调整后确定基准配合比为水泥：细骨料：粗骨料：水：外加剂＝478：673：1 146：153：7.17＝ 1：1.41：3.81：0.32：0.015。

由初步计算和水胶比调整得出表 5-5。

表 5-5 C50 混凝土配合比材料用量 (单位：kg/m³)

编号	水泥 (kg)	细骨料 (kg)	粗骨料		水 (kg)	外加剂 (kg)
			5～10 mm	10～20 mm		
1	528	637	340	792	153	7.92
2	478	673	344	802	153	7.17
3	437	707	346	807	153	6.56

(9)计算 30 L 拌合物水泥混凝土材料用量，见表 5-6。

表 5-6 30 L 拌合物水泥混凝土材料用量 (单位：kg)

编号	水泥 (kg)	细骨料 (kg)	粗骨料		水 (kg)	外加剂 (g)
			5～10 mm	10～20 mm		
1	15.84	19.11	10.20	23.76	4.59	23.8
2	14.34	20.19	10.32	24.06	4.59	21.5
3	13.11	21.21	10.38	24.21	4.59	19.7

5.3.5 C50 混凝土试配及拌合物性能

在表 5-5 的基础上进行 C50 混凝土配合比进行试配，得出表 5-7。

表 5-7 混凝土拌合物性能试验结果

编号	用水量 (kg/m³)	表观密度 (kg/m³)	坍落度 (mm)	含砂情况	黏聚性	保水性
1	153	2 460	200	中	良好	无
2	153	2 450	195	中	良好	无
3	153	2 430	190	中	良好	无

5.3.6 力学性能

根据拌合物性能试验结果，上述配合比的拌合物性能满足设计要求。按上述配合比成型力学性能(7 d、28 d 抗压强度)，试验结果见表 5-8。

表 5-8　力学性能试验结果

编号	抗压强度(MPa)	
	7 d	28 d
1	57.8	66.8
2	54.0	62.5
3	48.0	56.6

5.3.7　理论配合比确定

根据上述试验结果,选定表 5-9 配合比为 C50 混凝土配合比,其工作性、抗压强度能满足设计要求和施工要求。因此,选定上述配合比作为理论配合比。

表 5-9　理论配合比材料用量　(单位:kg/m³)

编号	水泥(kg)	细骨料(kg)	粗骨料		水(kg)	外加剂(kg)
			5~10 mm	10~20 mm		
1 m³ 材料用量	478	673	344	802	153	7.17

5.4　公路工程混凝土配合比数据库建立

5.4.1　渭武高速公路混凝土配合比应用

渭源至武都高速公路主线长约 244 km,采用双向四车道高速公路技术标准,设计时速 80 km/h,路基宽度 24.5 m,线路起自渭源县路园乡,接在建的临洮至渭源高速公路和已建成通车的天水至定西高速公路陇西至渭源连接线,经殪虎桥、岷县、宕昌、两河口,止于武都区两水镇。同步采用二级公路标准建设舟曲连接线、漳县、岷县、宕昌立交连接线等 9 条连接线共约 81 km。

本工程为已完工项目,使用表 5-10 所示配合比的混凝土在施工过程中满足和易性要求,满足强度和耐久性要求,并符合经济性原则。

5.4.2　西宁南绕城高速公路混凝土配合比应用

西宁南绕城高速公路是国家高速公路网京藏高速和青海高速公路网的重要组成部分。公路自东向西贯穿西宁市,起点与兰西高速曹家堡机场互通立交相接,终点与西湟一级公路相接,共同组成西宁市绕城高速环线。工程采用六车道高速公路标准建设,设计行车速度 100 km/h;全线桥梁和隧道总长占总里程的 40%。

本工程为已完工项目,使用表 5-11 所示配合比的混凝土在施工过程中满足和易性要求,满足强度和耐久性要求,并符合经济性原则。

表 5-10　滑武高速公路混凝土配合比

序号	混凝土设计指标	级配	坍落度（mm）	水胶比	单位用水量（kg/m^3）	粉煤灰（%）	减水剂（%）	矿渣粉（%）	砂率（%）	粗骨料比例	混凝土密度（kg/m^3）	应用工程名称
1	C30	Ⅲ	120~160	0.42	166	20	1.00	0	45	5~10 mm:10~20 mm:16~31.5 mm=20:50:30	2 400	滑武高速公路
2	C30抗渗	Ⅲ	120~160	0.42	166	20	1.00	0	45	5~10 mm:10~20 mm:16~31.5 mm=20:50:30	2 400	
3	C30水下	Ⅲ	180~220	0.46	175	0	1.00	0	45	5~10 mm:10~20 mm:16~31.5 mm=20:50:30	2 400	
4	C30水下	Ⅲ	180~220	0.44	175	20	1.00	0	45	5~10 mm:10~20 mm:16~31.5 mm=20:50:30	2 400	
5	C50	Ⅱ	120~160	0.32	154	0	1.00	0	39	5~10 mm:10~20 mm=35:65	2 450	

注:(1)原材料品种,水泥:P·O 42.5,粉煤灰:Ⅰ级(序号2、4)、Ⅱ级(序号1),细骨料:中砂,粗骨料:碎石,外加剂:高性能减水剂。

(2)配合比计算方法:假定容重法。

表 5-11　西宁南绕城高速公路混凝土配合比

序号	混凝土设计指标	级配	坍落度(mm)	水胶比	单位用水量(kg/m³)	粉煤灰(%)	减水剂(%)	矿渣粉(%)	砂率(%)	粗骨料比例	混凝土密度(kg/m³)	应用工程名称
1	C15	Ⅱ	120~150	0.57	148	25	1.00	0	40	5~20 mm:20~31.5 mm=60:40	2 420	西宁南绕城高速公路
2	C20	Ⅱ	120~150	0.51	148	15	1.00	0	40	5~20 mm:20~31.5 mm=60:40	2 430	
3	C25	Ⅱ	120~150	0.46	148	15	1.00	0	40	5~20 mm:20~31.5 mm=60:40	2 430	
4	C30	Ⅱ	120~150	0.40	148	15	1.00	0	39	5~20 mm:20~31.5 mm=60:40	2 440	
5	C30	Ⅱ	160~180	0.41	160	15	1.00	0	42	5~20 mm:20~31.5 mm=60:40	2 430	
6	C30抗硫	Ⅱ	120~150	0.40	150	15	1.00	0	39	5~20 mm:20~31.5 mm=60:40	2 440	
7	C30抗硫	Ⅱ	160~180	0.41	160	15	1.00	0	42	5~20 mm:20~31.5 mm=60:40	2 430	
8	C30水下	Ⅱ	180~220	0.40	165	15	1.00	0	42	5~20 mm:20~31.5 mm=60:40	2 420	
9	C40	Ⅱ	120~150	0.31	150	0	1.00	0	38	5~20 mm:20~31.5 mm=60:40	2 440	
10	C50	Ⅱ	160~180	0.32	158	0	1.00	0	39	5~20 mm:20~31.5 mm=60:40	2 430	

注:(1)原材料品种,水泥:P·O 42.5(序号 1、2、3、4、5、9)、P·M SR42.5(序号 6、7、8)、P·Ⅱ 52.5(序号 10),粉煤灰:Ⅱ级,细骨料:中砂,粗骨料:碎石,外加剂:高性能减水剂。

(2)配合比计算方法:假定容重法。

5.4.3 林拉高等级公路混凝土配合比应用

林拉公路第三合同段(K4264+800~K4296+000),起点位于贡日,全长 31.651 km,向西跨尼洋河,下穿国道 G318 后,两次跨越尼洋河,至秀巴(桩号:K4296+000)。路线全线均为整体式路基,本合同段共设桥梁 3 567 m/12 座(不含主线上跨分离式、互通主线桥),占路线总长度的 11.27%,其中大桥 3 343 m/8 座、中桥 198 m/ 3 座、小桥 26 m/1 座;无隧道;涵洞 27 道、圆管涵 2 道、通道 20 道;设置互通式立体交叉 1 处(百巴互通),服务区 1 处,停车区 1 处(与观景平台合建)。

本工程为已完工项目,使用表 5-12 所示配合比的混凝土在施工过程中满足和易性要求,满足强度和耐久性要求,并符合经济性原则。

5.4.4 太行山高速公路混凝土配合比应用

太行山高速公路邢台段工程项目北起平赞高速公路邢石界,南连太行山高速邯郸段。全长 83.704 km。双向四车道高速公路标准建设。起点至石城互通段设计速度 100 km/h,路基宽度 25 m;石城互通至终点段设计速度 80 km/h,整体式路基宽 24.5 m,分离式路基宽 12.75 m。全线设置互通立交 9 座,特大桥 1 座、大桥 35 座、中桥 4 座、小桥 73 座,涵洞 99 道;主线上跨分离立交 16 座、主线下穿分离立交 1 座、天桥 29 座、通道 11 道;长隧道 1 座、中隧道 1 座、短隧道 2 座;服务区 2 处,养护工区 2 处,隧道管理所 2 处,通信监控分中心 1 处,匝道收费站 9 座。

本工程为已完工项目,使用表 5-13 所示配合比的混凝土在施工过程中满足和易性要求,满足强度和耐久性要求,并符合经济性原则。

5.4.5 中开高速公路混凝土配合比应用

中山至开平高速公路工程 TJ-8 标段,位于广东省江门市,起止桩号为:K61+600~K100+500,全线长 38.9 km,全线采用高速公路标准设计,双向六车道,设计时速 120 km/h,设计荷载为公路-Ⅰ级。沿线跨越银洲湖水道,与新台高速公路、S271 和 S273 省道、在建深茂铁路等多条线路交会,是江门市南部东西向交通大通道。

本工程为在建项目,使用表 5-14 所示配合比的混凝土在施工过程中满足和易性要求,满足强度和耐久性要求,并符合经济性原则。

5.4.6 建(个)元高速公路混凝土配合比应用

建(个)元高速公路项目个元段全长 51.127 km,主线起于个旧市蚂蟥塘村附近,设蚂蟥塘枢纽接在建新鸡高速公路,终于尼格村附近,设尼格枢纽接建水至元阳高速公路。全线共设桥梁 15.04 km/42 座,其中,特大桥 2 252.12 m/2 座、大桥 12 720.18 m/39 座、中桥 66.1 m/1 座;全线共设置隧道 24.88 km/15 座,其中,特长隧道 15 226 m/3 座、长隧道 6 299.5 m/4 座、中长隧道 1 802.5 m/2 座、短隧道 1 554 m/6 座;桥梁、隧道占路线总长为 78.07%,互通式立体交叉 3 处。

本工程为在建项目,使用表 5-15 所示配合比的混凝土在施工过程中满足和易性要求,满足强度和耐久性要求,并符合经济性原则。

表 5-12　林拉高等级公路混凝土配合比

序号	混凝土设计指标	级配	坍落度（mm）	水胶比	单位用水量（kg/m^3）	粉煤灰（%）	减水剂（%）	矿渣粉（%）	砂率（%）	粗骨料比例	混凝土密度（kg/m^3）	应用工程名称
1	C15	Ⅱ	120～160	0.54	167	20	1.00	0	34	5～16 mm:16～31.5 mm=30:70	2 400	林拉高等级公路
2	C15	Ⅱ	160～200	0.54	170	20	1.00	0	35	5～16 mm:16～31.5 mm=30:70	2 400	
3	C15	Ⅱ	120～160	0.58	167	0	1.00	0	35	5～16 mm:16～31.5 mm=30:70	2 400	
4	C15	Ⅱ	160～200	0.58	170	0	1.00	0	36	5～16 mm:16～31.5 mm=30:70	2 400	
5	C20	Ⅱ	120～160	0.50	167	20	1.00	0	34	5～16 mm:16～31.5 mm=30:70	2 400	
6	C20	Ⅱ	160～200	0.50	170	20	1.00	0	35	5～16 mm:16～31.5 mm=30:70	2 400	
7	C20	Ⅱ	120～160	0.54	167	0	1.00	0	35	5～16 mm:16～31.5 mm=30:70	2 400	
8	C20	Ⅱ	160～200	0.54	170	0	1.00	0	36	5～16 mm:16～31.5 mm=30:70	2 400	
9	C25	Ⅱ	120～160	0.46	167	15	1.00	0	33	5～16 mm:16～31.5 mm=30:70	2 400	
10	C25	Ⅱ	160～200	0.46	170	15	1.00	0	34	5～16 mm:16～31.5 mm=30:70	2 400	
11	C25	Ⅱ	120～160	0.50	167	0	1.00	0	34	5～16 mm:16～31.5 mm=30:70	2 400	
12	C25	Ⅱ	160～200	0.50	170	0	1.00	0	35	5～16 mm:16～31.5 mm=30:70	2 400	
13	C30	Ⅱ	120～160	0.42	167	15	1.00	0	33	5～16 mm:16～31.5 mm=30:70	2 400	
14	C30	Ⅱ	160～200	0.42	170	15	1.00	0	34	5～16 mm:16～31.5 mm=30:70	2 400	
15	C30	Ⅱ	120～160	0.46	167	0	1.00	0	34	5～16 mm:16～31.5 mm=30:70	2 400	
16	C30	Ⅱ	160～200	0.46	170	0	1.00	0	35	5～16 mm:16～31.5 mm=30:70	2 400	

续表 5-12

序号	混凝土设计指标	级配	坍落度(mm)	水胶比	单位用水量(kg/m^3)	粉煤灰(%)	减水剂(%)	矿渣粉(%)	砂率(%)	粗骨料比例	混凝土密度(kg/m^3)	应用工程名称
17	C30 水下	Ⅱ	180~220	0.42	173	15	1.00	0	35	5~16 mm:16~31.5 mm=40:60	2 400	林拉高等级公路
18	C30 水下	Ⅱ	180~220	0.46	173	0	1.00	0	35	5~16 mm:16~31.5 mm=40:60	2 400	
19	C40	Ⅱ	120~160	0.36	163	15	1.00	0	32	5~16 mm:16~31.5 mm=30:70	2 400	
20	C40	Ⅱ	160~200	0.36	168	15	1.00	0	32	5~16 mm:16~31.5 mm=30:70	2 400	
21	C40	Ⅱ	120~160	0.38	163	0	1.00	0	33	5~16 mm:16~31.5 mm=30:70	2 400	
22	C40	Ⅱ	160~200	0.38	168	0	1.00	0	34	5~16 mm:16~31.5 mm=30:70	2 400	
23	C40 细石	Ⅰ	120~160	0.40	180	0	1.00	0	40	5~10 mm	2 400	
24	C50	Ⅱ	160~200	0.34	165	0	1.00	0	37	5~10 mm:10~20 mm=30:70	2 400	
25	C50	Ⅱ	120~160	0.34	168	0	1.00	0	35	5~10 mm:10~25 mm=20:80	2 400	
26	C50 抗渗	Ⅱ	120~160	0.34	168	0	3.00	0	35	5~10 mm:10~25 mm=20:80	2 400	

注:(1)原材料品种,水泥:P·O 42.5(序号 1~22)、P·Ⅱ 52.5(序号 23~26),粉煤灰:Ⅱ级,细骨料:中砂,粗骨料:碎石(1~16、19~26)、卵石(序号 17、18),外加剂:高性能减水剂(序号 1~25)、多功能防水剂(序号 26)。

(2)配合比计算方法:假定容重法。

表 5-13　太行山高速公路混凝土配合比

序号	混凝土设计指标	级配	坍落度（mm）	水胶比	单位用水量（kg/m^3）	粉煤灰（%）	减水剂（%）	矿渣粉（%）	砂率（%）	粗骨料比例	混凝土密度（kg/m^3）	应用工程名称
1	C15	Ⅲ	160～200	0.57	172	35	1.00	0	41	5～10 mm:10～20 mm:16～31.5 mm=20:50:30	2 400	太行山高速公路
2	C20	Ⅲ	160～200	0.53	166	30	1.00	0	40	5～10 mm:10～20 mm:16～31.5 mm=20:50:30	2 400	
3	C25	Ⅲ	160～200	0.48	161	30	1.00	0	39	5～10 mm:10～20 mm:16～31.5 mm=20:50:30	2 400	
4	C30	Ⅲ	160～200	0.42	158	30	1.00	0	38	5～10 mm:10～20 mm:16～31.5 mm=20:50:30	2 400	
5	C30	Ⅲ	160～200	0.42	160	30	1.00	0	42	5～10 mm:10～20 mm:16～31.5 mm=20:50:30	2 400	
6	C30	Ⅲ	180～220	0.42	164	30	1.00	0	44	5～10 mm:10～20 mm:16～31.5 mm=20:50:30	2 400	
7	C30P8	Ⅲ	160～200	0.41	158	20	1.00	0	43	5～10 mm:10～20 mm:16～31.5 mm=20:50:30	2 400	
8	C30 水下	Ⅲ	180～220	0.42	162	30	1.00	0	40	5～10 mm:10～20 mm:16～31.5 mm=20:50:30	2 400	
9	C40	Ⅱ	160～200	0.37	157	20	1.00	0	38	5～10 mm:10～20 mm=30:70	2 400	

续表 5-13

序号	混凝土设计指标	级配	坍落度（mm）	水胶比	单位用水量（kg/m³）	粉煤灰（%）	减水剂（%）	矿渣粉（%）	砂率（%）	粗骨料比例	混凝土密度（kg/m³）	应用工程名称
10	C40	Ⅲ	160～200	0. 37	156	20	1. 00	0	37	5～10 mm∶10～20 mm∶16～31. 5 mm＝20∶50∶30	2 400	太行山高速公路
11	C40	Ⅱ	160～200	0. 36	160	20	1. 00	0	42	5～10 mm∶10～20 mm＝30∶70	2 400	
12	C40	Ⅲ	160～200	0. 36	157	20	1. 00	0	41	5～10 mm∶10～20 mm∶16～31. 5 mm＝20∶50∶30	2 400	
13	C50	Ⅱ	160～200	0. 31	153	0	1. 00	10	36	5～10 mm∶10～20 mm＝30∶70	2 420	
14	C50	Ⅱ	160～200	0. 31	153	0	1. 00	10	39	5～10 mm∶10～20 mm＝30∶70	2 420	
15	C55	Ⅱ	160～200	0. 30	150	0	1. 25	5	38	5～10 mm∶10～20 mm＝30∶70	2 420	
16	C60	Ⅱ	160～200	0. 28	150	0	1. 50	10	36	5～10 mm∶10～20 mm＝30∶70	2 450	

注：(1)原材料品种，水泥：P·O 42.5，粉煤灰：Ⅱ级，矿渣粉：S95，细骨料：中砂(序号1、2、3、4、8、9、10、13、16)、机制中砂(序号5、6、7、11、12、14、15)，粗骨料：碎石，外加剂：高性能减水剂。

(2)配合比计算方法：假定容重法。

表 5-14　中开高速公路混凝土配合比

序号	混凝土设计指标	级配	坍落度(mm)	水胶比	单位用水量(kg/m^3)	粉煤灰(%)	减水剂(%)	矿渣粉(%)	砂率(%)	粗骨料比例	混凝土密度(kg/m^3)	应用工程名称
1	C15 细石	Ⅰ	140~180	0.60	162	0	1.00	0	42	5~10 mm	2 380	中开高速公路
2	C20	Ⅲ	160~200	0.55	166	0	1.00	0	42	5~10 mm:10~20 mm:16~31.5 mm=10:70:20	2 380	
3	C25	Ⅱ	160~200	0.52	165	0	1.00	0	42	5~10 mm:10~25 mm=20:80	2 380	
4	C30	Ⅲ	140~180	0.45	165	0	1.00	0	40	5~10 mm:10~20 mm:16~31.5 mm=10:70:20	2 380	
5	C30 水下	Ⅲ	180~220	0.43	170	20	1.00	0	43	5~10 mm:10~20 mm:16~31.5 mm=10:70:20	2 380	
6	C30 泵送	Ⅲ	160~200	0.44	170	0	1.00	0	43	5~10 mm:10~20 mm:16~31.5 mm=10:70:20	2 380	
7	C35	Ⅲ	140~180	0.42	165	0	1.00	0	39	5~10 mm:10~20 mm:16~31.5 mm=10:70:20	2 380	
8	C35 水下	Ⅲ	180~220	0.40	170	20	1.00	0	42	5~10 mm:10~20 mm:16~31.5 mm=10:70:20	2 380	
9	C40	Ⅲ	140~180	0.38	165	0	1.00	0	38	5~10 mm:10~20 mm:16~31.5 mm=10:70:20	2 380	
10	C50	Ⅱ	160~200	0.32	157	0	1.00	0	38	5~10 mm:10~25 mm=20:80	2 420	
11	C50 细石	Ⅰ	140~180	0.33	152	0	1.00	0	36	5~10 mm	2 420	

注:(1)原材料品种,水泥:P.O 42.5,粉煤灰:Ⅱ级,细骨料:中砂,粗骨料:碎石,外加剂:高性能减水剂。
(2)配合比计算方法:假定容重法。

表 5-15　建(个)元高速公路混凝土配合比

序号	混凝土设计指标	级配	坍落度(mm)	水胶比	单位用水量(kg/m³)	粉煤灰(%)	减水剂(%)	矿渣粉(%)	砂率(%)	粗骨料比例	混凝土密度(kg/m³)	应用工程名称
1	C15	Ⅲ	140~180	0.54	150	25	1.00	0	42	5~10 mm:10~20 mm:16~31.5 mm=10:60:30	2 400	建(个)元高速公路
2	C15	Ⅲ	140~180	0.54	150	25	1.00	0	42	5~10 mm:10~20 mm:16~31.5 mm=10:60:30	2 400	
3	C20	Ⅲ	140~180	0.51	150	25	1.00	0	41	5~10 mm:10~20 mm:16~31.5 mm=10:60:30	2 400	
4	C20	Ⅲ	160~200	0.51	163	25	1.00	0	42	5~10 mm:10~20 mm:16~31.5 mm=10:60:30	2 400	
5	C20	Ⅲ	140~180	0.51	150	25	1.00	0	41	5~10 mm:10~20 mm:16~31.5 mm=10:60:30	2 400	
6	C25	Ⅲ	160~200	0.45	160	20	1.00	0	41	5~10 mm:10~20 mm:16~31.5 mm=10:60:30	2 400	
7	C25	Ⅲ	140~180	0.45	150	20	1.00	0	41	5~10 mm:10~20 mm:16~31.5 mm=10:60:30	2 400	
8	C30	Ⅲ	140~180	0.41	155	20	1.00	0	40	5~10 mm:10~20 mm:16~31.5 mm=10:60:30	2 400	
9	C30	Ⅲ	140~180	0.41	155	20	1.00	0	40	5~10 mm:10~20 mm:16~31.5 mm=10:60:30	2 400	

续表 5-15

序号	混凝土设计指标	级配	坍落度（mm）	水胶比	单位用水量（kg/m³）	粉煤灰（%）	减水剂（%）	矿渣粉（%）	砂率（%）	粗骨料比例	混凝土密度（kg/m³）	应用工程名称
10	C30P8	Ⅲ	160～200	0.41	160	20	1.00	0	40	5～10 mm∶10～20 mm∶16～31.5 mm＝10∶60∶30	2 400	建（个）元高速公路
11	C30P8	Ⅲ	160～200	0.41	160	20	1.00	0	40	5～10 mm∶10～20 mm∶16～31.5 mm＝10∶60∶30	2 400	
12	C30 水下	Ⅲ	180～220	0.42	167	20	1.00	0	44	5～10 mm∶10～20 mm∶16～31.5 mm＝10∶60∶30	2 400	
13	C30 水下	Ⅲ	180～220	0.42	167	20	1.00	0	44	5～10 mm∶10～20 mm∶16～31.5 mm＝10∶60∶30	2 400	
14	C35	Ⅲ	160～200	0.38	158	20	1.00	0	39	5～10 mm∶10～20 mm∶16～31.5 mm＝10∶60∶30	2 400	
15	C40	Ⅲ	160～200	0.36	158	20	1.00	0	38	5～10 mm∶10～20 mm∶16～31.5 mm＝10∶60∶30	2 400	
16	C50	Ⅱ	160～200	0.31	148	10	1.00	0	38	5～10 mm∶10～20 mm＝30∶70	2 420	
17	C50	Ⅱ	160～200	0.32	153	0	2.00	0	37	5～10 mm∶10～20 mm＝30∶70	2 450	

注：（1）原材料品种，水泥：P·O 42.5（序号 1～15）、P·O 52.5（序号 16、17），粉煤灰：Ⅱ级，细骨料：中砂，粗骨料：碎石，外加剂：高性能减水剂。
（2）配合比计算方法：假定容重法。

5.5 公路工程特殊混凝土配合比

5.5.1 抗弯拉混凝土配合比设计典型案例

5.5.1.1 设计背景

建(个)元高速公路项目个元段全长 51.127 km,主线起于个旧市蚂蟥塘村附近,设蚂蟥塘枢纽接在建新鸡高速公路,终于尼格村附近,设尼格枢纽接建水至元阳高速公路。全线共设桥梁 15.04 km/42 座,其中,特大桥 2 252.12 m/2 座、大桥 12 720.18 m/39 座、中桥 66.1 m/1 座;全线共设置隧道 24.88 km/15 座,其中,特长隧道 15 226 m/3 座、长隧道 6 299.5 m/4 座、中长隧道 1 802.5 m/2 座、短隧道 1 554 m/6 座;桥梁、隧道占路线总长为 78.07%,互通式立体交叉 3 处。本设计针对设计任务及要求,根据实际使用的材料,使配制的混凝土在满足经济性的前提下,符合技术性能及施工要求。

5.5.1.2 设计依据及标准

《公路水泥混凝土路面施工技术细则》(JTG/T F30—2014);

《公路水泥混凝土路面设计规范》(JTG D40—2011);

《公路工程集料试验规程》(JTG E42—2005);

《公路工程水泥及水泥混凝土试验规程》(JTG E30—2005);

《公路隧道施工技术规范》(JTG/T 3660—2020);

《公路隧道施工技术细则》(JTG/T F60—2009)。

5.5.1.3 设计要求

(1)设计弯拉强度:5.0 MPa。

(2)设计坍落度为 20~40 mm,且拌合物要求具有良好的和易性,无离析、泌水现象。

(3)使用部位:隧道路面基层。

5.5.1.4 原材料

(1)水泥:华新水泥(红河)有限公司,P·O 42.5;

(2)细骨料:个旧市红阳砂石有限公司,0~4.75 mm;

(3)碎石:个旧市希丹水泥制品有限公司,4.75~26.5 mm 连续级配碎石,掺配比例:5~10 mm:10~20 mm:16~26.5 mm=20:30:50;

(4)拌和水:饮用水;

(5)外加剂:山西凯迪建材有限公司,KDSP 聚羧酸盐高性能减水剂(缓凝型),1.0%。

5.5.1.5 配合比设计

(1)确定水泥混凝土 28 d 配制弯拉强度。

根据公式:

$$f_c = \frac{f_\gamma}{1 - 1.04C_v} + ts$$

式中 f_c——面层水泥混凝土 28 d 配制弯拉强度,MPa;

f_r——设计弯拉强度标准值，取 5.0 MPa；

C_v——弯拉强度变异系数，取 0.05；

t——保证率系数，取 0.79；

s——弯拉强度试验样本标准差，取 0.30 MPa。

故

$$f_c=\frac{f_\gamma}{1-1.04C_v}+ts=\frac{5.0}{1-1.04\times 0.05}+0.79\times 0.30=5.51(\mathrm{MPa})$$

（2）计算水胶比：

$$\frac{w}{c}=\frac{1.5684}{f_c+1.0097-0.3595f_s}=\frac{1.5684}{5.51+1.0097-0.3595\times 8.3}=0.44$$

式中 f_c——面层水泥混凝土 28 d 配制弯拉强度，取 5.51 MPa；

f_s——水泥 28 d 实测抗折强度，取 8.3 MPa。

（3）选定砂率。根据砂的细度模数与砂率关系表，并综合本标段用砂检测结果，S_p 取 36%。

（4）选定单位用水量：

$$\begin{aligned} w_0 &= 104.97+0.309S_L+11.27\frac{c}{w}+0.61S_p \\ &= 104.97+0.309\times 40+11.27/0.44+0.61\times 36 \\ &= 165\ (\mathrm{kg}) \end{aligned}$$

$$w_{0w}=w_0(1-\frac{\beta}{100})=165\times(1-29.3\%)=117\ (\mathrm{kg})$$

式中 w_0——不掺外加剂与掺合料混凝土的单位用水量，kg/m^3；

s_L——坍落度，取 40 mm；

s_p——砂率，取 36%；

w_{ow}——掺外加剂混凝土的单位用水量，kg/m^3；

β——所用外加剂的实测减水率，取 29.3%。

（5）计算单位水泥用量：

$$c_0=\frac{c}{w}w_0=\frac{1}{0.44}\times 165=375\ (\mathrm{kg})$$

5.5.1.6　**正交试验**

选用水泥用量、用水量、砂率 3 个因素，每个因素选定 3 个水平，选用 L9（34）正交表安排试验方案。水泥用量选用 340 kg、375 kg、410 kg；用水量选用 117 kg、127 kg、137 kg；砂率选用 36%、37%、38%。

正交试验方案见表 5-16，试验结果见表 5-17。

根据试验结果可知，影响坍落度的主要因素为用水量；影响抗弯拉强度的主要因素为水泥用量，其次是用水量。根据试配强度（编号 4、5、7、8、9 符合要求）及设计坍落度，考虑坍落度损失并兼顾经济性原则，选定编号 5 为基准配合比，水泥∶砂∶石∶水∶外加剂＝375∶721∶1 177∶127∶3.75。

表 5-16 正交试验方案

编号		因素				每立方米混凝土用量(kg)					水胶比
		水泥用量	用水量	砂率	空列(误差列)	水泥	砂	石	水	外加剂	
水平	1	340	117	36	1	340	699	1 244	117	3.40	0.34
	2	340	127	37	2	340	715	1 218	127	3.40	0.37
	3	340	137	38	3	340	731	1 192	137	3.40	0.40
	4	375	117	37	3	375	706	1 202	117	3.75	0.31
	5	375	127	38	1	375	721	1 177	127	3.75	0.34
	6	375	137	36	2	375	680	1 208	137	3.75	0.37
	7	410	117	38	2	410	712	1 161	117	4.10	0.29
	8	410	127	36	3	410	671	1 192	127	4.10	0.31
	9	410	137	37	1	410	686	1 167	137	4.10	0.33

表 5-17 正交试验结果

编号		因素				结果	
		水泥用量	用水量	砂率	空列(误差列)	坍落度(mm)	28 d 抗弯拉强度(MPa)
水平	1	340	117	36	1	25	5.23
	2	340	127	37	2	45	4.78
	3	340	137	38	3	55	4.36
	4	375	117	37	3	20	6.32
	5	375	127	38	1	40	5.79
	6	375	137	36	2	50	5.07
	7	410	117	38	2	15	6.84
	8	410	127	36	3	25	6.20
	9	410	137	37	1	35	5.67
坍落度(mm)	k1	42	20	33	33		
	k2	37	37	33	37		
	k3	25	47	37	33		
	R	17	27	4	4		
28 d 抗弯拉强度(MPa)	k1	4.79	6.13	5.50	5.56		
	k2	5.73	5.59	5.59	5.56		
	k3	6.24	5.03	5.66	5.63		
	R	1.45	1.10	0.16	0.07		

5.5.1.7 确定试验室配合比

(1)按基准水灰比±0.03、砂率±1%确定各自配合比,见表 5-18。

(2)在表 5-18 的基础上进行配合比试配,拌合物试验结果见表 5-19。

表 5-18　不同组别配合比

水胶比	水泥	砂	碎石	水	外加剂	砂率(%)
0.31	410	689	1 174	127	4.10	37
0.34	375	721	1 177	127	3.75	38
0.37	343	753	1 177	127	3.43	39

表 5-19　混凝土拌合物试验结果

水胶比	坍落度(mm)	棍度	含砂情况	保水性	黏聚性	表观密度(kg/m^3)
0.31	25	中	中	无	良好	2 430
0.34	35	上	中	无	良好	2 420
0.37	40	上	中	无	良好	2 410

粗骨料填充体积率：

$$K_c = \frac{V_{az}}{V_c} = \frac{1\ 174/(1 - 39.8\%)}{2\ 420} = 80.6\%$$

式中　V_{az}——粗骨料混合料振实容重占体积，kg/m^3；

V_c——混凝土实测容重，kg/m^3。

(3)混凝土抗压及抗弯拉强度试验结果见表 5-20。

表 5-20　混凝土抗压及抗弯拉强度试验结果

水胶比		0.31	0.34	0.37
试件尺寸(mm)		150×150×150	150×150×150	150×150×150
抗压强度(MPa)	7 d	46.1	40.2	35.5
	28 d	57.2	50.8	44.7
试件尺寸(mm)		550×150×150	550×150×150	550×150×150
抗弯拉强度(MPa)	7 d	5.21	4.87	4.16
	28 d	6.28	5.68	4.87

5.5.1.8　确定理论配合比

根据试验混凝土拌合物坍落度、黏聚性、保水性及 28 d 的抗弯拉强度结果，拟采用配合比为：水泥∶细骨料∶粗骨料∶水∶外加剂=375∶721∶1 177∶127∶3.75(见表 5-21)。

表 5-21　理论配合比

选定配合比每立方用量(kg/m^3)	水泥	砂	碎石	水	外加剂
	375	721	1 177	127	3.75

5.5.2　公路工程特殊混凝土配合比数据库建立

公路工程特殊混凝土配合比数据见表 5-22～表 5-25。

表 5-22　喷射混凝土

序号	混凝土设计指标	级配	坍落度(mm)	水胶比	单位用水量(kg/m^3)	粉煤灰(%)	减水剂(%)	速凝剂(%)	砂率(%)	粗骨料比例	混凝土密度(kg/m^3)	应用工程名称
1	C25 喷射	Ⅰ	100~140	0.44	185	0	1.00	4.00	50	5~10 mm	2 200	太行山高速公路
2	C25 喷射	Ⅰ	140~180	0.44	185	0	1.00	4.00	50	5~10 mm	2 300	
3	C20 喷射	Ⅰ	140~180	0.48	185	0	1.00	4.00	50	5~10 mm	2 300	

注：原材料品种，水泥：P·O 42.5，细骨料：中砂（序号 1）、机制中砂（序号 2、3），粗骨料：碎石，外加剂：高性能减水剂，速凝剂：湿喷法用速凝剂。

表 5-23　路面混凝土

序号	混凝土设计指标	级配	坍落度(mm)	水胶比	单位用水量(kg/m^3)	粉煤灰(%)	减水剂(%)	矿渣粉(%)	砂率(%)	粗骨料比例	混凝土密度(kg/m^3)	应用工程名称
1	C35 路面	Ⅱ	30~50	0.37	147	0	1.00	0	32	5~16 mm:16~31.5 mm=30:70	2 400	林拉高等级公路
2	C40 路面	Ⅱ	120~160	0.36	152	0	1.20	0	36	5~10 mm:10~20 mm=30:70	2 400	太行山高速公路
3	C40 路面	Ⅱ	120~160	0.36	150	0	1.00	0	35	5~10 mm:10~20 mm=30:70	2 400	
4	f5.0 路面	Ⅲ	20~40	0.34	127	0	1.00	0	38	5~10 mm:10~20 mm:16~26.5 mm=20:30:50	2 400	建(个)元高速公路

注：原材料品种，水泥：P·O 42.5，细骨料：中砂（序号 1,3,4）、机制中砂（序号 2），粗骨料：碎石，外加剂：高性能减水剂。

表 5-24　透水混凝土

序号	混凝土设计指标	级配	坍落度(mm)	水胶比	单位用水量(kg/m³)	粉煤灰(%)	减水剂(%)	矿渣粉(%)	砂率(%)	粗骨料比例	混凝土密度(kg/m³)	应用工程名称
1	C25 透水	Ⅱ	—	0.20	85	0	1.00	0	0	5~10 mm:10~25 mm=30:70	2 210	林拉高等级公路
2	C25 透水	Ⅰ	—	0.25	95	0	1.00	0	0	10~20 mm	2 044	建(个)元高速公路

注:原材料品种,水泥:P·O 42.5,粗骨料:碎石,外加剂:高性能减水剂。

表 5-25　纤维及膨胀混凝土

序号	混凝土设计指标	级配	坍落度(mm)	水胶比	单位用水量(kg/m³)	矿渣粉(%)	减水剂(%)	膨胀剂(kg)	钢纤维(kg)	聚丙烯纤维(kg)	砂率(%)	粗骨料比例	混凝土密度(kg/m³)	应用工程名称
1	C50 钢纤维	Ⅱ	120~160	0.34	168	0	1.10		40		35	5~10 mm:10~25 mm=20:80	2 440	林拉高等级公路
2	C50 膨胀	Ⅱ	160~200	0.31	153	10	1.25	49			36	5~10 mm:10~20 mm=30:70	2 420	太行山高速公路
3	C50 纤维	Ⅱ	160~200	0.31	153	10	1.25			1.2	36	5~10 mm:10~20 mm=30:70	2 420	
4	C55 封锚	Ⅰ	160~200	0.28	150	0	1.50	40			36	5~10 mm	2 420	
5	C50 桥面	Ⅱ	120~160	0.31	144	0	1.20	46.5	50		37	5~10 mm:10~25 mm=40:60	2 500	
6	C50 纤维膨胀	Ⅱ	120~160	0.31	150	0	1.20	24		1.2	36	5~10 mm:10~20 mm=20:80	2 420	
7	C50 钢纤维膨胀	Ⅱ	120~160	0.31	152	0	1.10	25	50		35	5~10 mm:10~20 mm=20:80	2 450	

注:原材料品种,水泥:P·O 42.5(序号 2~7)、P·Ⅱ 52.5(序号 1),细骨料:中砂(序号 1~5)、机制中砂(序号 6、7),粗骨料:碎石,外加剂:高性能减水剂,膨胀剂:粉状(替代水泥)。

5.6 小 结

5.6.1 原材料分析

(1)水泥。

水泥的选用应以稳定、适应性良好为原则,尤其是对外加剂的适应性应给予足够的重视。稳定、适应性良好的水泥是确保混凝土质量和成本控制的前提。另外,使用硅酸盐水泥以外的水泥品种时,还应了解水泥中混合材料的种类及掺量,以便在使用掺合料时统筹考虑。

(2)掺合料。

不同的掺合料具有不同的性质,活性掺合料的使用不仅可改善混凝土的性能,对混凝土成本的控制亦有不可忽视的影响。以常用的Ⅱ级粉煤灰、矿粉为例,Ⅱ级粉煤灰的需水量比一般为105%,矿粉的需水量比一般为95%,因此使用不同的掺合料和不同的掺加比例对混凝土的用水量将产生不同的影响。另外,不同的掺合料品种、掺加量对混凝土的和易性、强度等产生不同的影响,使用时应根据对混凝土的质量要求和经济指标加以选择。

(3)外加剂。

在进行混凝土配合比设计以及试配时,首先选择外加剂的品种,了解外加剂的基本性能,然后通过混凝土试拌选定外加剂的合适掺量。外加剂掺量的选择主要取决于减水剂的合理用量,每种减水剂都存在最佳掺量,此时才可能产生相应的效果,从而达到所需的性能和经济技术指标。

(4)骨料。

优质的骨料对混凝土的性能具有明显的改善作用,不同混凝土对骨料的要求不同。规范中对砂子的级配、细度模数、含泥量、泥块含量等有明确的要求,一般在配制强度等级较低的混凝土时,使用偏细的砂子有助于改善混凝土的和易性,而配制强度等级较高的混凝土时,适宜使用较粗的砂子。砂子的级配影响混凝土的和易性,尤其是对混凝土流动性能的影响更为显著。在使用质量较差的砂子配制混凝土时,应对混凝土的配合比进行适当调整,如:调整砂率、外加剂掺量、胶凝材料用量和用水量等。过细的砂子对混凝土的收缩不利,容易引起混凝土的开裂,而且增加混凝土的成本。

同样,石子对混凝土的影响也不容忽视。用级配合理的石子配制的混凝土具有良好的流动性,混凝土的工作性容易保证。另外,配制高强度等级的混凝土时,石子的种类和最大粒径应适当控制。碎石优于卵石,一方面碎石中风化石很少,另一方面碎石的表面粗糙,与水泥浆的结合力更大。用粒径较小的石子配制的混凝土比用大粒径石子配制的混凝土强度略高。与普通混凝土相比,高强混凝土的强度对界面更敏感。用小粒径石子时,水泥浆体和单个石子界面的过渡层周长和厚度都小,难以形成大的缺陷,有利于界面强度的提高。同时,石子粒径越小,石子本身缺陷的概率越小。

5.6.2　易发生的问题及原因分析

(1)混凝土离析、泌水,其产生原因及解决措施见表 5-26。

表 5-26　混凝土离析、泌水产生原因及解决措施

产生原因	解决措施
1. 外加剂减水率过高或超掺,保水性增稠性、含气量不够	如果水泥浆体泛白,可能代表减水率过大,应降低外加剂掺量或降低减水率,适当提高保水增稠,提升含气量
2. 砂率偏低或断级配严重	适当增加砂率,控制砂子细模、级配偏差变化
3. 骨料粒形、级配不良	更换骨料或调整大小石比例
4. 水泥、掺合料质量问题,尤其矿物成分、化学成分影响较大	一方面可要求水泥、掺合料厂家调整改善质量,另一方面可从外加剂角度调整,可两者同时采用
5. 用水量过大或砂石含水不稳定	注意砂石料含水变化,设置雨棚、排水沟,含水量太大的应适当延长存放时间,翻拌均匀

(2)混凝土板结、抓地、假凝,其产生原因及解决措施见表 5-27。

表 5-27　混凝土板结、抓地、假凝的产生原因及解决措施

产生原因	解决措施
1. 水胶比偏低,整体黏度大,浆体不柔和	根据材料需水量,选择较合适的水胶比,以保证最佳浆体柔和度
2. 水泥需水量大,调凝石膏成分问题	控制水泥标准稠度需水量,严格要求厂家调整
3. 掺合料质量问题,可能是无活性磨细混合料	对比检测质量差异,控制每个检验批次质量相对稳定性
4. 骨料尤其砂子断级配严重,无法支撑浆体下沉	筛分对比,区间分布情况,及时调整砂率等
5. 砂泥粉、石粉、杂质含量太高	严格控制砂含泥量、石粉含量、杂质情况
6. 外加剂引气不足,缓凝成分不匹配	外加剂调整优化,在形态相对良好时控制含气量在较合适的范围内;调整外加剂的缓凝成分,找到适应性最佳的缓凝剂

(3)混凝土坍落度损失大,其产生原因及解决措施见表 5-28

表 5-28 混凝土坍落度损失大的产生原因及解决措施

产生原因	解决措施
1. 水泥凝结快,C3A 含量高、温度过高,水化快	对水泥凝结时间、库存冷却时间加以控制,以保证水化热不至于过高
2. 减水剂保坍、缓凝成分不足	减水剂调整过程中加强保坍、缓凝调整,保证凝结时间足够
3. 骨料含泥量高,尤其类似于膨润土的泥粉	严格控制骨料含泥量,减少对减水剂吸附影响
4. 掺合料质量差,需水量大、烧失量高,吸附性强	对掺合料需水量、烧失量、细度、玻璃体进行控制,提升和易性保持能力
5. 气温过高,相对湿度小,水化快、水分蒸发过快	适当提高出机坍落度,尽量避免高温暴晒施工,减小环境因素的影响
6. 强制搅拌时间过长,运输距离过远,时间较长	对运输距离较远时间较长的应适当提高掺量,出机坍落度适当放大,对于超过一定时间范围的,可以采取后掺、补偿法,避免现场加水造成质量下降

(4)混凝土浮浆杂质,其产生原因及解决措施见表 5-29。

表 5-29 混凝土浮浆杂质的产生原因及解决措施

产生原因	解决措施
1. 粉煤灰原因是主要原因,因电厂为了燃煤更充分,进行点火时可能使用 0[#] 柴油或重油,造成粉煤灰中残留的油上浮	可以用烧杯将粉煤灰冲水,观测是否有黑色油性物质上浮;在粉煤灰水溶液中加入强碱或水泥搅拌,观测有无气体外溢;经过冲洗后的粉煤灰观测其颗粒情况,有无明显的石粉、煤矸石等杂质情况。若需使用,则需要严格控制坍落度,用于附属或隐蔽工程部位
2. 粉煤灰含碳量高,烧失量大,或掺假使用煤矸石、建渣等其他材料粉磨而成	
3. 因环保要求,脱硫、脱硝导致粉煤灰残留,遇水产生氨气上浮带出轻物质、杂质,甚至引起体积不稳定	

(5)混凝土表观色差、砂线,其产生原因及解决措施见表 5-30。

表 5-30　混凝土表观色差、砂线的产生原因及解决措施

产生原因	解决措施
1. 掺合料中含有油性轻物质,含碳,浮浆色差,轻物质附着于模板表面,或模板被污染没有清理	以水冲洗掺合料观测有无油、杂质析出;检查模板清洁光滑度
2. 坍落度过大,泌水离析,或材料级配太差空隙太大	检查坍落度是否偏大,离析情况,严格控制
3. 砂率偏大,表面水泥浆无光泽,或砂子太粗	检查浇筑过程中浮浆情况、砂子级配情况
4. 混凝土整体和易性欠佳,浆体不柔和或局部过振	检查浇筑混凝土的和易性、柔和度,观察振捣后的浮浆,以振捣到出浆、不下沉、无气泡外溢为佳
5. 外加剂没有达到最佳掺量,提浆无黏性,用水量过大	检查混凝土是否水胶比偏大,根据实际材料需水量,使用最佳掺量,使混凝土表面浆体达到青色为佳

(6)混凝土表面蜂窝、麻面,其产生原因及解决措施见表 5-31。

表 5-31　混凝土表面蜂窝、麻面的产生原因及解决措施

产生原因	解决措施
1. 振捣不充分、漏振,局部布料过多	加强施工环节控制,严格按照流程作业,振捣到位
2. 混凝土含气量过大,大气泡过多	检测混凝土入模含气量,观察气泡情况
3. 脱模剂质量差,混凝土和易性欠佳,黏度太大,提浆表面气泡不易破裂	检查混凝土和易性、黏度情况,降低黏性,有利于振捣过程中大气泡排除、破裂
4. 混凝土可能缓释滞后增大坍落度,浇筑后释放气泡密闭于模板	观察坍落度经时变化,若浇筑到位后坍落度不降反增,应排查原因,降低外加剂掺量或重新调整适应性
5. 模板死角或拐角处排出的气泡被封闭于斜面下沿	对于死角较多无法振捣的部位只能尽量布料过程中分层加强,或使用自密性较好的混凝土

(7)混凝土强度不够,其产生原因及解决措施见表 5-32。

表 5-32　混凝土强度不够的产生原因及解决措施

产生原因	解决措施
1. 胶凝材料用量偏低或水泥强度低、水胶比偏高	根据水泥实测强度,选用合适的胶材用量、水胶比试拌确定
2. 骨料强度不够、压碎值超标、针片状偏多	检查骨料的针片状、压碎值,应控制在合格范围内
3. 混凝土密实度不够,振捣不到位	加强振捣,使混凝土足够密实
4. 混凝土养护不到位,或气温过低	应以实际标养试件作为基准
5. 粉煤灰掺假或用量过高,没有足够的水泥水化物供二次水化	检查粉煤灰质量,若粉煤灰质量差,不宜使用过高掺量
6. 外加剂凝结时间超长、引气量过大	检测混凝土凝结时间、含气量,及时做出调整

(8)混凝土表面裂纹,其产生原因及解决措施见表 5-33。

表 5-33　混凝土表面裂纹的产生原因及解决措施

产生原因	解决措施
1. 养护不及时不到位,表面失水干缩裂纹	及时养护,覆盖避免暴晒
2. 水泥凝结时间短、外加剂缓凝不足导致水化热过高,温升裂纹	采用凝结时间合理的水泥,必要时采用中热或低热水泥
3. 混凝土密实度不够,表面松散	加强振捣,填充密实
4. 脱模时间早,实体强度低,不足以抵抗收缩应力产生裂纹	脱模时应达到最低强度要求,避免自身、外界环境影响造成应力裂纹
5. 材料因素,水泥安定性、掺合料细度、骨料含泥、含粉量过高	水泥安定性,细度检测,控制含泥量、含粉量等
6. 砂率过大,浮浆过深,表层无粗骨料束缚	根据细度模数选择较合适的砂率,避免浮浆太深
7. 模板支撑地基产生弹性变形,挣裂	应提前验算模板、支撑的承重能力,避免支撑地基浸水或松软变形的影响

(9)混凝土表面气泡多,其产生原因及解决措施见表 5-34。

表 5-34　混凝土表面气泡多的产生原因及解决措施

产生原因	解决措施
1. 砂产地不固定,颗粒级配差,含泥量高,质量不稳定	要求供应商保持砂产地相对稳定,加强进场检测,控制砂级配和含泥量
2. 外加剂品质不稳定,存在气泡多和滞后现象	原厂家外加剂通过多次试验调整,效果不明显,选择更换外加剂厂家(采取消泡、降黏、适当保坍措施)
3. 砂率和粗骨料级配不理想	根据砂细度模数变化和粗骨料筛分试验结果,及时调整砂率和粗骨料比例
4. 坍落度过小或过大	现场严格控制混凝土的出机坍落度,对坍落度不符合要求的,禁止入仓

(10)混凝土表面浮浆厚,其产生原因及解决措施见表 5-35。

表 5-35　混凝土表面浮浆厚的产生原因及解决措施

产生原因	解决措施
1. 混凝土坍落度偏大,易发生粗骨料离析现象	严格控制混凝土坍落度和扩展度,使坍落度控制在 200~220 mm,扩展度控制在 500~550 mm 为宜
2. 砂率偏高,混凝土浆体率增大,表面浮浆较多	适当降低混凝土砂率,减少浆体率,控制混凝土表面浮浆
3. 粉煤灰质量不稳定,粉煤灰密度偏大,看似存在油性物质上浮,却没有起到真正的粒形效应	取消配合比中粉煤灰,不掺加掺合料

第 6 章　工业与民用建筑工程混凝土配合比研究与应用

6.1　工民建行业混凝土施工特点

工民建是工业与民用建筑的简称,随着社会的发展和经济水平的提升,人们对工民建施工质量重视度逐渐提高。工民建作为城市建设中的主要组成部分,混凝土施工质量的好坏对城市整体建设有着重要作用。工民建行业建筑物结构类型可以分为砖木结构、砖混结构、钢筋混凝土结构和钢结构四大类。钢筋混凝土结构能合理地利用钢筋和混凝土两种材料的特性,具有可模性好、整体性好、耐久性好、耐火性好、易于就地取材、造价经济、利于保护环境等优点,是工民建行业使用最多的结构形式之一。

由于工民建行业建筑物多为钢筋混凝土框架结构,一般由板、梁、柱结构组成,具有断面小、体型狭长、钢筋密集、工序复杂等特点,对混凝土的施工性能要求较高,往往采用强度高、坍落度大、流动性能好的高性能细粒级混凝土。混凝土浇筑施工多采用混凝土罐车运输、混凝土泵车泵送入仓方式。因此,根据工民建行业建筑结构特点、施工工艺要求,科学合理地对混凝土配合比进行设计及试验,对提高混凝土施工质量与施工效率有着举足轻重的作用。

6.2　工民建行业混凝土配合比设计依据

工民建行业混凝土配合比设计,一般根据混凝土强度等级及施工所要求的混凝土拌合物坍落度(或工作度-维勃稠度)指标进行。如果混凝土还有其他技术性能要求,除在计算和试配过程中予以考虑外,尚应增添相应的试验项目,进行试验确认,混凝土配合比设计应满足设计需要的强度和耐久性。配合比设计试验主要依据规程规范如下:

《通用硅酸盐水泥》(GB 175);

《水泥胶砂强度检验方法(ISO 法)》(GB/T 17671);

《水泥胶砂流动度测定方法》(GB/T 2419);

《水泥标准稠度用水量、凝结时间、安定性检验方法》(GB/T 1346);

《普通混凝土拌合物性能试验方法标准》(GB/T 50080);

《普通混凝土力学性能试验方法标准》(GB/T 50081);

《普通混凝土长期性能和耐久性能试验方法标准》(GB/T 50082);

《普通混凝土配合比设计规程》(JGJ 55);

《金属材料 拉伸试验 第 1 部分:室温试验方法》(GB/T 228.1);

《金属材料 弯曲试验方法》(GB/T 232);

《钢筋混凝土用钢 第 2 部分:热轧带肋钢筋》(GB 1499.2);

《钢筋混凝土用钢 第 1 部分:热轧光圆钢筋》(GB 1499.1);

《钢筋焊接及验收规程》(JGJ 18)；
《钢筋焊接接头试验方法标准》(JGJ/T 27)；
《焊接接头拉伸试验方法》(GB 2651)；
《钢筋机械连接技术规程》(JGJ 107)；
《钻芯法检测混凝土强度技术规程》(CECS 03)；
《混凝土外加剂匀质性试验方法》(GB/T 8077)；
《混凝土外加剂》(GB 8076)；
《超声法检测混凝土缺陷技术规程》(CECS 21)；
《城市道路和建筑物无障碍设计规范》(JGJ 50)；
《城镇道路工程施工与质量验收规范》(CJJ 1)；
《城市桥梁工程施工与质量验收规范》(CJJ 2)；
《建筑地基基础工程施工质量验收标准》(GB 50202)；
《砌体结构工程施工质量验收规范》(GB 50203)；
《混凝土结构工程施工质量验收规范》(GB 50204)；
《钢结构工程施工质量验收规范》(GB 50205)。

6.3　工业与民用建筑工程混凝土配合比设计典型案例

6.3.1　混凝土配合比设计的基本原则

6.3.1.1　力学性能

力学性能是指混凝土的强度指标，影响混凝土抗压强度的因素很多，主要有水泥强度等级及水灰比、骨料种类及级配、施工条件等。

(1)水泥强度等级。

水泥强度等级大致代表了水泥的活性，即在相同配合比的情况下，水泥强度等级越高，混凝土的强度等级也越高。混凝土配合比设计时，主要从经济合理的角度来选择水泥强度等级。

(2)水灰比。

混凝土单位体积中所用水的重量和水泥的重量比被称为水灰比。水灰比越大，混凝土的强度越低。在满足和易性的前提下，混凝土用水量越少越好，这是混凝土配合比设计中的一条基本原则。

(3)骨料的种类及级配。

砂子、石子在混凝土中起骨架作用，因此统称骨料。砂石由石材的品种、颗粒级配、含泥量、坚固性、有害物质等指标来表示它的质量。砂石质量越好，配制的混凝土质量越好。当骨料级配良好，砂率适中时，由于组成了密实骨架，可使混凝土获得较高的强度。

(4)施工条件。

如果施工条件较好，并有一定的管理措施，可适当降低混凝土的坍落度；反之，如现场施工条件较差,应适当提高混凝土的坍落度。

6.3.1.2　和易性

混凝土的和易性是指在一定施工条件下,确保混凝土拌合物成分均匀,在成型过程中满足振动密实的混凝土性能。常用坍落度和维勃稠度来表示。

不同类型的构件,对和易性的要求在施工验收规范中已有规定,但还要结合施工现场的设备条件和管理水平来确定。影响混凝土和易性的因素很多,但主要一条就是用水量。增加用水量,混凝土的坍落度是增加了,但是混凝土的强度也下降了。因此,采用使用减水剂的方法成了改善混凝土和易性最经济合理和最有效的方法。

6.3.1.3　耐久性

混凝土的耐久性是它抵抗外来及内部被侵蚀破坏的能力,为了提高混凝土的耐久性,在混凝土配合比设计时,应充分考虑采取相应的措施提高混凝土耐久性指标,使混凝土耐久性满足建筑物使用要求。可以采取如选择合适的水泥品种和强度等级,采用合理砂石级配和最优砂率,掺加高性能混凝土外加剂和掺合料等措施来提高混凝土的耐久性。

6.3.1.4　经济性

混凝土配合比的设计在保证质量的前提下尽可能做到经济合理。水泥是混凝土中价值最高的材料,节约水泥用量是混凝土配合比设计的主要目标,通过掺加混凝土外加剂和掺合料,采用合理砂率和骨料级配等方式提高混凝土性能,达到节约水泥用量、降低混凝土生产成本的目的。同时还要通过加强施工管理,优化施工工艺,确保混凝土生产施工质量。

6.3.2　对原材料要求、性能指标要求

6.3.2.1　水泥

水泥是决定混凝土成本的主要材料,同时又起到黏结、填充等重要作用,所以水泥的选用格外重要。水泥的选用主要是考虑水泥的品种和强度等级。水泥的品种繁多,选择水泥应根据工程的特点和所处的环境气候条件等因素进行分析,并考虑当地水泥的供应情况做出选择。其中以硅酸盐系列水泥生产量最大、应用最为广泛。

(1)选用水泥时,应注意其特性对混凝土结构强度、耐久性和使用条件是否有不利影响。

(2)选用水泥时,应以能使所配制的混凝土强度达到要求、收缩小、和易性好和节约水泥为原则。

(3)水泥应符合现行国家标准,并附有制造厂的水泥品质试验报告等合格证明文件。水泥进场后,应按其品种、强度、证明文件以及出厂时间等情况分批进行检查验收。对所用水泥应进行复查试验。为快速鉴定水泥的现有强度,也可用促凝压蒸法进行复验。

(4)袋装水泥在运输和储存时应防止受潮,堆垛高度不宜超过 10 袋。不同强度等级、品种和出厂日期的水泥应分别堆放。

(5)散装水泥的储存,应尽可能采用水泥罐或散装水泥仓库。

(6)水泥如受潮或存放时间超过 3 个月,应重新取样检验,并按其复验结果使用。

6.3.2.2　粉煤灰

由于混凝土的浇筑方式为泵送,为了改善混凝土的和易性,便于泵送,考虑掺加适量

的粉煤灰。按照规范要求，采用矿渣硅酸盐水泥拌制大体积粉煤灰混凝土时，其粉煤灰取代水泥的最大限量为 25%。粉煤灰对降低水化热、改善混凝土和易性有利，但掺加粉煤灰的混凝土早期极限抗拉值均有所降低，对混凝土抗渗抗裂不利，因此粉煤灰的掺量应控制在 10%以内，采用外掺法，即不减少配合比中的水泥用量。按配合比要求计算出每立方米混凝土所掺加粉煤灰量。

6.3.2.3　粗骨料

粗骨料是指粒径大于 4.75 mm 的岩石颗粒。人工破碎而形成的石子称为碎石。天然形成的石子称为卵石。施工中一般采用碎石，粒径 5~25 mm，含泥量不大于 1%时选用粒径较大、级配良好的石子配制的混凝土，和易性较好，抗压强度较高，同时可以减少用水量及水泥用量，从而使水泥水化热减少，降低混凝土温度。混凝土用的粗骨料，其最大粒径不得超过构件截面最小尺寸的 1/4，且不得超过钢筋最小净间距的 3/4。对混凝土的实心板，粗料的最大粒径不宜超过板厚的 1/3，且不得超过 40 mm。

粗骨料的颗粒级配，可采用连续级配或连续级配与单粒级配合使用。在特殊情况下，通过试验证明混凝土无离析现象时，也可采用单粒级。

粗骨料大粒径应按混凝土结构情况及施工方法选取，但最大粒径不得超过结构最小边尺寸的 1/4 和钢筋最小净距的 3/4；在两层或多层密布钢筋结构中，不得超过钢筋最小净距的 1/2，同时最大粒径不得超过 100 mm。用混凝土泵运送混凝土时的粗骨料最大粒径，除应符合规定外，对碎石不宜超过输送管径的 1/3；对卵石不宜超过输送管径的 1/2.5，同时应符合混凝土泵制造厂的规定。粗骨料的技术要求及有害物质含量的规定见表 6-1~表 6-3。

表 6-1　粗骨料的压碎指标技术要求

项目	类别	混凝土强度等级	
		C60~C40	≤C35
石料压碎指标(%)	沉积岩	≤10	≤16
	变质岩或深成的火成岩	≤12	≤20
	喷出的火成岩	≤13	≤30
卵石	—	≤12	≤16

表 6-2　粗骨料的针片状颗粒含量、含泥量、泥块含量技术要求

项目	类别	混凝土强度等级		
		≥C60	C55~C30	≤C25
针片状颗粒含量(%)		≤8	≤15	≤25
含泥量(按质量计)(%)		≤0.5	≤1.0	≤2.0
泥块含量(按质量计)(%)		≤0.2	≤0.5	≤0.7

注：(1)对于有抗冻、抗渗或其他特殊要求的混凝土，其所用碎石或卵石中含泥量不应大于 1.0%。当碎石或卵石的含泥是非黏土质的石粉时，其含泥量可由表中的 0.5%、1.0%、2.0%分别提高到 1.0%、1.5%、3.0%。

(2)对于有抗冻、抗渗或其他特殊要求的强度等级小于 C30 的混凝土，其所用碎石或卵石中泥块含量不应大于 0.5%。

表 6-3　碎石或卵石中的有害物质含量

项目	品质指标
硫化物及硫酸盐折算 SO(按质量计)不大于(%)	1
卵石中有机物含量(用比色法试验)	颜色不应深于标准色,如深于标准色,则应配制混凝土进行强度试验,抗压强度应不低于 95%

注:如含有颗粒硫酸盐或硫化物,则要进行混凝土耐久性试验,确认能满足要求时方能用。

混凝土结构物处于表 6-4 所列条件下时,应对碎石或卵石进行坚固性试验,试验结果应符合表内的规定。

表 6-4　碎石或卵石的坚固性试验

混凝土所处环境条件及其性能要求	在溶液中循环次数	试验后质量损失不大于(%)
在严寒及寒冷地区室外使用,并经常处于潮湿或干湿交替状态下的混凝土;有腐蚀性介质作用或经常处于水位变化区的地下结构或有疲劳、耐磨、抗冲击等要求的混凝土	5	≤8
在其他条件下使用的混凝土	5	≤12

注:有抗冻、抗渗要求的混凝土用硫酸钠法进行坚固性试验不合格时,可再进行直接冻融试验。

6.3.2.4　细骨料

细骨料是指粒径小于 4.75 mm 的岩石颗粒,通常称为砂。施工中一般采用中砂,山砂 (45%)+人工砂(55%),平均粒径大于 0.5 mm,含泥量不大于 5%,选用平均粒径较大的中、粗砂拌制的混凝土比采用细砂拌制的混凝土可减少用水量 10%左右,同时相应减少水泥用量,使水泥水化热减少,降低混凝土温升,并可减少混凝土收缩。细骨料不宜采用海砂,不得不采用海砂时,其氯离子的含量对于钢筋混凝土应符合规定。

砂的筛分应符合下列规定:

砂的分类见表 6-5。

表 6-5　砂的分类

砂组	粗砂	中砂	细砂
细度模量	3.7~3.1	3.0~2.3	2.2~1.6

注:细度模量主要反映全部颗粒的粗细程度,不完全反映颗粒的级配情况,混凝土配制时应同时考虑砂的细度模量和级配情况。

砂的级配应符合表 6-6 中任何一个级配区所规定的级配范围。

表 6-6 砂的分区及级配范围

标准筛筛孔尺寸(mm)	级配区			标准筛筛孔尺寸(mm)	级配区		
	Ⅰ区	Ⅱ区	Ⅲ区		Ⅰ区	Ⅱ区	Ⅲ区
	累计筛率(%)				累计筛率(%)		
10.00	0	0	0	0.63	85~74	70~41	40~16
5.00	10~0	10~0	10~0	0.315	95~80	92~70	85~55
2.50	35~5	25~0	15~0	0.16	100~90	100~90	100~90
1.25	65~35	50~10	25~0				

注:(1)表中除 5 mm、0.63 mm、0.16 mm 筛孔外,其余各筛孔累计筛余允许超出分界线,但其总量不得大于 5%。

(2)Ⅰ区砂宜提高砂率以配低流动性混凝土,Ⅱ区砂宜优先选用以配不同等级的混凝土,Ⅲ区砂宜适当降低砂率以保证混凝土的强度。

(3)对于高强泵送混凝土用砂宜选用中砂,细度模数为 2.9~2.6。2.5 mm 筛孔的累计筛余量不得大于 15%,0.315 mm 筛孔的累计筛余量宜在 85%~92%范围内。

细骨料含泥量、泥块含量及石粉含量见表 6-7~表 6-9。当对河砂、海砂或机制砂的坚固性有怀疑时,应用硫酸钠进行坚固性试验,试验时循环 5 次,砂的总质量损失应符合表 6-10 的规定。

砂中有害物质的含量应通过试验测定,其含量不宜超过表 6-11 的规定。

表 6-7 天然砂中含泥量

项目	混凝土强度等级		
	≥C60	C55~C30	≤C25
含泥量(按质量计)(%)	≤2.0	≤3.0	≤5.0

表 6-8 砂中泥块含量

项目	混凝土强度等级		
	≥C60	C55~C30	≤C25
泥块含量(按质量计)(%)	≤0.5	≤1.0	≤2.0

对于有抗冻、抗渗或其他特殊要求的强度等级小于或等于 C25 的混凝土用砂,其含泥量不应大于 3.0%。

对于有抗冻、抗渗或其他特殊要求的强度等级小于或等于 C25 的混凝土用砂,其泥块含量不应大于 1.0%。

表 6-9　人工砂或混合砂中石粉含量

项目		混凝土强度等级		
		≥C60	C55～C30	≤C25
石粉泥量(按质量计)(%)	MB<1.4(合格)	≤5.0	≤7.0	≤10.0
石粉含量(按质量计)(%)	MB≥1.4(不合格)	≤2.0	≤3.0	≤5.0

表 6-10　砂的坚固性指标

混凝土所处的环境条件	循环后的质量损失
在严寒及寒冷地区室外使用,并经常处于潮湿或干湿交替状态下的混凝土;有腐蚀性介质作用或经常处于水位变化区的地下结构或有疲劳、耐磨、抗冲击等要求的混凝土	≤8
在其他条件下使用的混凝土	≤10

注:(1)寒冷地区系指最冷月份的月平均温度为 0～-10 ℃且日平均温度≤5 ℃的天数不超过 145 d 的地区。

(2)对同一产源的砂,在类似的气候条件下使用已有可靠经验时,可不做坚固性检验。

(3)对于有抗疲劳、耐磨、抗冲击要求的混凝土用砂,或有腐蚀介质作用或经常处于水位变化区的地下结构混凝土用砂,其循环后的质量损失率应小于 8%。

表 6-11　砂中的有害物质含量

项目	质量指标
云母含量(%)	<2.0
轻物质含量(%)	<1.0
硫化物及硫酸盐折算为 S_q(%)	<1.0
有机质含量(用比色法试验)	颜色不应深于标准色,如深于标准色,则应配制混凝土进行强度试验,抗压强度应不低于 95%

注:(1)对有抗冻、抗渗或其他特殊要求的混凝土用砂,总含泥量应不大于 3%,其中泥块含量应不大于 1.0%,云母含量不应超过 1%。

(2)对有机质含量进行复核时,用原状砂配制的水泥砂浆抗压强度不低于用洗除有机质的砂所配制的砂浆的 95%时为合格。

(3)砂中如含有颗粒状的硫酸盐或硫化物,则要进行混凝土耐久性试验,满足要求时方能使用。

(4)杂质含量均按质量计。

人工砂总压碎指标值应小于 30%。

6.3.2.5　混凝土外加剂

混凝土外加剂可分为四类:一是改善混凝土拌合物流动性的外加剂,如减水剂、引气剂;二是调节混凝土凝结时间、硬化性能的外加剂,如缓凝剂;三是改善混凝土耐久性的外加剂,如引气剂;四是改善混凝土其他性能的外加剂,如膨胀剂。

(1)应根据外加剂的特点,结合使用目的,通过技术、经济比较来确定外加剂的使用品种。如果使用一种以上的外加剂,必须经过配比设计,并按要求加入到混凝土拌合物中。在外加剂的品种确定后,掺量应根据使用要求、施工条件、混凝土原材料的变化进行调整。

(2)所采用的外加剂,必须是经过有关部门检验并附有检验合格证明的产品,其质量应符合现行《混凝土外加剂》(GB 8076)的规定,使用前应复验其效果,使用时应符合产品说明及本规范关于混凝土配合比、拌制、浇筑等各项规定以及外加剂标准中的有关规定。有关混凝土外加剂现场复试检测项目及标准见规范附录 F-2。不同品种的外加剂应分别存储,做好标记,在运输与存储时不得混入杂物和遭受污染。

6.3.2.6　混凝土拌和用水

拌制混凝土用的水,应符合下列要求:

(1)水中不应含有影响水泥正常凝结与硬化的有害杂质或油脂、糖类及游离酸类等。合计超过水的质量 0.27 mg/cm^3 的水不得使用。

(2)不得用海水拌制混凝土。

(3)供饮用的水,一般能满足上述条件,使用时可不经试验。

6.3.3　混凝土配合比设计控制要点

(1)掌握混凝土结构的设计技术要求,了解设计意图,明确混凝土强度和耐久性要求,为水泥品种、掺合料及外加剂选择提供科学合理依据。

(2)了解混凝土结构构件体型尺寸、截面大小、钢筋布置等情况,了解是否有特殊性能要求,为骨料级配选择提供依据。

(3)了解施工工艺,如输送、浇筑的措施,使用机械化的程度,掌握混凝土拌合物工作性和凝结时间的要求,便于选用外加剂及其掺量。

(4)选择适合工程实际的混凝土强度等级及设计龄期,确定满足混凝土结构设计及施工要求的强度等级和混凝土配制强度。

(5)混凝土配合比设计时,要保证混凝土拌合物具有足够的坍落度、良好的和易性、可塑性、不易产生离析现象,便于现场施工。

(6)根据工程使用环境及气候条件,选择合理的抗渗、抗冻、耐腐蚀等耐久性指标,在满足工程施工和质量前提下,尽可能降低混凝土生产成本,做到经济合理。

6.3.4　配合比设计试验前准备工作

6.3.4.1　混凝土配合比试配试验前注意事项

(1)检查检测试验室环境条件。

混凝土配合比试验前,应检查混凝土试验环境条件,合理的环境温度为(20±5)℃,环境湿度为>50%。

(2)检查仪器设备工作状态。

混凝土配合比试验前,应检查确认所用的仪器设备及辅助设备是否齐全,设备性能是否完好。

6.3.4.2　收集混凝土配合比试验资料

混凝土配合比设计及试验前应先了解和收集混凝土配合比有关的设计指标、施工条件、使用环境等技术资料,明确混凝土拌合物及硬化混凝土性能要求。需收集的技术资料主要包括以下几方面:

(1)要求的混凝土强度等级。

(2)要求的混凝土施工流动性,包括坍落度或维勃稠度。

(3)使用的水泥品种和水泥强度等级。

(4)使用的骨料品种,包括粗细骨料的种类、粒级、物理及化学技术指标。

(5)使用的外加剂和掺合料的要求及技术资料。

(6)混凝土生产、施工工艺和施工条件,如搅拌方式、运输方式、运输距离、入仓方式、振捣方式以及结构物体型尺寸、钢筋布置情况等。

(7)混凝土施工和使用的环境条件。

6.3.4.3　混凝土配合比试验周期

混凝土配合比试验周期与采用的设计龄期及耐久性指标有关。工民建行业混凝土配合比一般采用 28 d 设计龄期,如考虑混凝土抗冻、抗渗等耐久性指标,混凝土配合比试验周期一般为 2~3 个月。

6.3.4.4　混凝土配合比试验原材料用量

混凝土配合比试验所需原材料用量由试验项目多少决定,一般情况下单个混凝土配合比试验所需原材料用量见表 6-12。

表 6-12　单个混凝土配合比试验所需原材料用量

原材料	水	水泥	砂	小石 5~20 mm	中石 20~40 mm	减水剂	引气剂
用量(kg)	50	140	260	205	280	6.5	2.0

6.3.4.5　混凝土配合比试验仪器设备

混凝土配合比试验主要仪器设备见表 6-13。

表 6-13　混凝土配合比试验所需仪器设备

序号	仪器设备名称	规格型号	技术参数
1	微机控制电液伺服万能材料试验机	WAW-1000B	测量范围:100~1 000 kN,有效量程 20%~80%,测量精度:1 级,最小分辨率 0.01 kN
2	微机电液伺服压力机	CXYAW-2000S	测量范围:200~2 000 kN,有效量程 20%~80%,测量精度:1%,最小分辨率 0.01 kN
3	混凝土弹性模量测定仪	TX-Ⅱ	测量范围:变形 0~1 mm,测量精度:变形 0.001 mm
4	混凝土抗渗仪	HP-4.0	测量范围 0~4.9 MPa,示值精度±0.015 MPa,最小分度值≤0.05 MPa

续表 6-13

序号	仪器设备名称	规格型号	技术参数
5	混凝土快速冻融试验箱	TDRF-2	测量范围:温度-20~20 ℃,冻融周期 2.5~4 h,测量精度:温度±0.5 ℃,时间 1 s
6	混凝土动弹仪	DT-W18	测量范围:100~20 kHz,测量精度:1 Hz
7	混凝土振动台	HZJ-1	台面尺寸:1 000 mm×1 000 mm,振动频率:2 860 次/min,振幅:0.3~0.6 mm
8	维勃稠度仪	HGC-1	测量范围:5~30 s,测量精度:0.1 s
9	自落式混凝土搅拌机	SZJ-100 型	搅拌筒总容量:150 L,出料口直径:320 mm,公称容量:100 L,搅拌筒转速:(40+3)r/min
10	单卧轴强制式混凝土搅拌机	HJW-60	进料容量 66 L,出料容量 60 L,搅拌均匀时间:≤45 s,搅拌机转速:48 r/min
11	单卧轴强制性搅拌机	HX-15	进料容量 24 L,出料容量 15 L,搅拌均匀时间:≤45 s,搅拌机转速:48 r/min
12	数显砂浆稠度仪	SC-145	测量范围: 0~145 mm,测量精度:1 mm
13	数显混凝土贯入阻力仪	HG-80 型(0~1 500 N)	测量范围:0~1 500 N,测量精度:0.1 N
14	砂浆贯入阻力仪	SZ-100	测量范围:0~100 N,测量精度:0.01 N
15	混凝土含气量测定仪	LA-0316	测量范围:0~100%,测量精度:量程的 6%内为 0.1% ,量程的 6%~10%为 0.2%
16	全自动界面张力仪	JYW-200A	测量范围:0~199.9 mN/m,测量精度:±1%,分辨率 0.1 mN/m
17	混凝土压力泌水仪	SY-2	测量范围:0~6 MPa,测量精度:0.1 MPa
18	电子秤	TCS-150	测量范围:150 kg,测量精度:50 g
19	电子天平	YP20002	测量范围:2 000 g,测量精度:0.01 g
20	电子计重秤	JSB30-1	测量范围:30 kg,测量精度:5 g
21	钢直尺	60 cm	测量范围:60 cm,测量精度:1 mm
22	钢直尺	30 cm	测量范围:30 cm,测量精度:1 mm
23	增实因数桶	150×300	因数桶: ϕ 150×300,压板: ϕ(20~60)×146
24	坍落度筒及捣棒	ϕ 100 mm×ϕ 200 mm×300 mm	坍落度筒 ϕ 100 mm× ϕ 200 mm×300 mm,捣棒

6.3.5　混凝土配合比设计试验步骤

工民建行业混凝土配合比设计，一般根据混凝土强度等级及施工所要求的混凝土拌合物坍落度（或工作度——维勃稠度）指标进行。如果混凝土还有其他技术性能要求，除在计算和试配过程中予以考虑外，尚应增添相应的试验项目，进行试验确认。混凝土配合比设计应满足设计需要的强度和耐久性。水灰比的最大允许值可参见表6-14。

表6-14　混凝土的最大水灰比和最小水泥用量

环境条件		结构物类别	最大水灰比			最小水泥用量(kg)		
			素混凝土	钢筋混凝土	预应力混凝土	素混凝土	钢筋混凝土	预应力混凝土
1. 干燥环境		•正常的居住和办公用房屋内部件	不作规定	0.65	0.60	200	260	300
2. 潮湿环境	无冻害	•高湿度的室内部件 •室外部件 •在非侵蚀性土和(或)水中的部件	0.70	0.60	0.60	225	280	300
	有冻害	•经受冻害的室外部件 •在非侵蚀性土和(或)水中且经受冻害的部件 •高湿度且经受冻害的室内部件	0.55	0.55	0.55	250	280	300
3. 有冻害和除冰剂的潮湿环境		•经受冻害和除冰剂作用的室内和室外部件	0.50	0.50	0.50	300	300	300

注：(1)当采用活性掺合料取代部分水泥时，表中最大水灰比和最小水泥用量即为替代前的水灰比和水泥用量。
(2)配制C15级及其以下等级的混凝土，可不受本表限制。
(3)混凝土拌合料应具有良好的施工和易性和适宜的坍落度。混凝土的配合比要求有较适宜的技术经济性。

6.3.5.1　普通混凝土配合比设计

1. 计算混凝土试配强度

计算混凝土试配强度$f_{cu,0}$，并计算出所要求的水灰比值(w/c)。

(1)混凝土配制强度。

混凝土的施工配制强度按下式计算：

$$f_{cu,0} \geqslant f_{cu,k} + 1.645\sigma \tag{6-1}$$

式中　$f_{cu,0}$——混凝土的施工配制强度，MPa；

$f_{cu,k}$——设计的混凝土立方体抗压强度标准值，MPa；

σ——施工单位的混凝土强度标准差，MPa。

σ 的取值,如施工单位具有近期混凝土强度的统计资料时,可按下式求得:

$$\sigma = \sqrt{\frac{\sum_{i=1}^{N} f_{cu,i}^{2} - N\mu_{f_{cu}}^{2}}{N-1}}$$

式中　$f_{cu,i}$——统计周期内同一品种混凝土第 i 组试件强度值,MPa;

$\mu_{f_{cu}}$——统计周期内同一品种混凝土 N 组试件强度的平均值,MPa;

N——统计周期内同一品种混凝土试件总组数,$N \geqslant 250$。

当混凝土强度等级为 C20 或 C25 时,如计算得到的 $\sigma<2.5$ MPa,取 $\sigma=2.5$ MPa;当混凝土强度等级等于或高于 C30 时,如计算得到的 $\sigma<3.0$ MPa,取 $\sigma=3.0$ MPa。

对预拌混凝土厂和预制混凝土构件厂,其统计周期可取为 1 个月;对现场拌制混凝土的施工单位,其统计周期可根据实际情况确定,但不宜超过 3 个月。

施工单位如无近期混凝土强度统计资料,可按表 6-15 取值。

表 6-15　σ 取值表

混凝土强度等级	<C15	C20~C35	>C35
σ(N/mm²)	4	5	6

(2)计算出所要求的水灰比值(混凝土强度等级小于 C60 时)。

$$w/c = \frac{\alpha_a f_{ce}}{f_{cu,0} + \alpha_a \alpha_b f_{ce}}$$

式中　α_a、α_b——回归系数;

f_{ce}——水泥 28 d 抗压强度实测值,MPa;

w/c——混凝土所要求的水灰比。

回归系数 α_a、α_b 通过试验统计资料确定,若无试验统计资料,回归系数可按表 6-16 选用。

表 6-16　回归系数 α_a、α_b 选用表

回归系数	碎石	卵石
α_a	0.46	0.48
α_b	0.07	0.33

当无水泥 28 d 实测强度数据时,式中 f_{ce} 值可用水泥强度等级值(MPa)乘上一个水泥强度等级的富余系数 γ_c,富余系数 γ_c 可按实际统计资料确定,无资料时可取 $\gamma_c=1.13$。f_{ce} 值也可根据 3 d 强度或快测强度推定 28 d 强度关系式推定得出。

对于出厂期超过 3 个月或存放条件不良而已有所变质的水泥,应重新鉴定其强度等级,并按实际强度进行计算。

计算所得的混凝土水灰比值应与规范所规定的范围进行核对,如果计算所得的水灰比大于表 6-14 所规定的最大水灰比值,应按表 6-14 取值。

2. 选取每立方米混凝土的用水量和水泥用量

(1)选取用水量。

w/c 在0.4~0.8范围时,根据粗骨料的品种及施工要求的混凝土拌合物的稠度,其用水量可按表6-17、表6-18取用。

表6-17 干硬性混凝土的用水量 (单位:kg/m^3)

拌合物稠度		卵石最大粒径(mm)			碎石最大粒径(mm)		
项目	指标	10	20	40	16	20	40
维勃稠度(s)	16~20	175	160	145	180	170	155
	11~15	180	165	150	185	175	160
	5~10	185	170	155	190	180	165

表6-18 塑性混凝土的用水量 (单位:kg/m^3)

拌合物稠度		卵石最大粒径(mm)				碎石最大粒径(mm)			
项目	指标	10	20	31.5	40	16	20	31.5	40
坍落度(mm)	10~30	190	170	160	150	200	185	175	165
	35~50	200	180	170	160	210	195	185	175
	55~70	210	190	180	170	220	205	195	185
	75~90	215	195	185	175	230	215	205	195

注:(1)本表用水量系采用中砂时的平均取值。采用细砂时,每立方米混凝土用水量可增加5~10 kg;采用粗砂时,则可减少5~10 kg。

(2)掺用各种外加剂或掺合料时,用水量应相应调整。

w/c 小于0.4的混凝土或混凝土强度等级大于等于C60级以及采用特殊成型工艺的混凝土用水量应通过试验确定。

流动性和大流动性混凝土的用水量可以表6-18中坍落度90 mm的用水量为基础,按坍落度每增大20 mm用水量增加5 kg,计算出未掺外加剂时的混凝土的用水量。

掺外加剂时的混凝土用水量可按下式计算:

$$m_{wa} = m_{w0}(1-\beta)$$

式中 m_{wa}——掺外加剂混凝土的用水量,kg/m^3;

m_{w0}——未掺外加剂混凝土的用水量,kg/m^3;

β——外加剂的减水率(%)。

外加剂的减水率应经试验确定。

(2)计算每立方米混凝土的水泥用量。

每立方米混凝土的水泥用量(m_{c0})可按下式计算:

$$m_{c0} = \frac{m_{w0}}{w/c} \tag{6-5}$$

计算所得的水泥用量如小于表 6-14 所规定的最小水泥用量，则应按表 6-14 取值。混凝土的最大水泥用量不宜大于 550 kg/m^3。

3. 选取混凝土砂率值，计算粗细骨料用量

(1) 选取砂率值。

坍落度为 10~60 mm 的混凝土砂率，可按粗骨料品种、规格及混凝土的水灰比在表 6-19 中选用。

表 6-19　混凝土的砂率　(%)

水灰比 (w/c)	卵石最大粒径(mm)			碎石最大粒径(mm)		
	10	20	40	16	20	40
0.40	26~32	25~31	24~30	30~35	29~34	27~32
0.50	30~35	29~34	28~33	33~38	32~37	30~35
0.60	33~38	32~37	31~36	36~41	35~40	33~38
0.70	36~41	35~40	34~39	39~44	38~43	36~41

注：(1) 表中数值系中砂的选用砂率。对细砂或粗砂，可相应地减少或增加砂率。

(2) 只用一个单粒级粗骨料配制混凝土时，砂率应适当增加。

(3) 对薄壁构件，砂率取偏大值。

(4) 表中的砂率系指砂与骨料总量的重量比。

坍落度大于 60 mm 的混凝土砂率，可经试验确定，也可在表 6-19 的基础上，按坍落度每增大 20 mm，砂率增大 1%的幅度予以调整。

坍落度小于 10 mm 的混凝土，其砂率应通过试验确定。

(2) 计算粗、细骨料的用量，算出供试配用的配合比。

在已知混凝土用水量、水泥用量和砂率的情况下，可用体积法或重量法求出粗、细骨料的用量，从而得出混凝土的初步配合比。

1) 体积法。

体积法又称绝对体积法。这个方法是假设混凝土组成材料绝对体积的总和等于混凝土的体积，因而得到下列方程式，并解之。

$$\frac{m_{c0}}{\rho_c} + \frac{m_{g0}}{\rho_g} + \frac{m_{s0}}{\rho_s} + \frac{m_{w0}}{\rho_w} + 0.01\alpha = 1$$

$$\rho_s = \frac{m_{s0}}{m_{g0} + m_{s0}} \times 100\%$$

式中　m_{m0}——混凝土的水泥用量，kg/m^3；

m_{g0}——混凝土的粗骨料用量，kg/m^3；

m_{s0}——混凝土的细骨料用量，kg/m^3；

m_{w0}——混凝土的用水量，kg/m^3；

ρ_c——水泥密度，g/cm^3，可取 2 900~3 100，kg/m^3；

ρ_g——粗骨料的视密度，g/cm^3；

ρ_s——细骨料的视密度，g/cm^3；

ρ_w——水的密度，kg/m^3，可取 1 000 kg/m^3；

α——混凝土含气量百分数（%），在不使用含气型外掺剂时可取 $\alpha=1$。

在上述关系式中，ρ_g 和 ρ_s 应按《普通混凝土用砂、石质量及检验方法标准》（JGJ 52）所规定的方法测得。

2）重量法。

重量法又称为假定重量法。这种方法是假定混凝土拌合物的重量为已知，从而可求出单位体积混凝土的骨料总用量（重量），进而分别求出粗、细骨料的重量，得出混凝土的配合比。方程式如下：

$$m_{c0} + m_{g0} + m_{s0} + m_{w0} = m_{cp}$$

$$\beta_s = \frac{m_{s0}}{m_{g0} + m_{s0}} \times 100\%$$

式中 m_{cp}——每立方米混凝土拌合物的假定重量，kg/m^3，其值可取 2 350~2 450 kg/m^3；

β_s——砂率（%）；

其他符号同体积法。

在上述关系式中，m_{cp} 可根据本单位累积的试验资料确定。在无资料时，可根据骨料的密度、粒径以及混凝土强度等级，在 2 350~2 450 kg/m^3 的范围内选取。

（3）普通混凝土拌合物的试配和调整。

按照工程中实际使用的材料和搅拌方法，根据计算出的配合比进行试拌。混凝土试拌的数量不应少于表 6-20 所规定的数值，如需要进行抗冻、抗渗或其他项目试验，应根据实际需要计算用量。采用机械搅拌时，拌和量应不小于该搅拌机额定搅拌量的 1/4。

表 6-20 混凝土试配的最小搅拌量

骨料最大粒径（mm）	拌合物数量（L）
31.5 及以下	15
40	25

如果试拌的混凝土坍落度不能满足要求或保水性不好，应在保证水灰比条件下相应调整用水量或砂率，直至符合要求。然后提出供检验混凝土强度用的基准配合比。混凝土强度试块的边长应不小于表 6-21 的规定。

表 6-21 混凝土立方体试块边长

骨料最大粒径（mm）	试块边长（mm）
≤30	100×100×100
≤40	150×150×150
≤60	200×200×200

制作混凝土强度试块时，至少应采用 3 个不同的配合比，其中一个是按上述方法得出的基准配合比，另外两个配合比的水灰比应较基准配合比分别增加或减少 0.05，其用水量应该与基准配合比相同，但砂率值可分别增加和减少 1%。

当不同水灰比的混凝土拌合物坍落度与要求值的差超过允许偏差时，可通过增、减用水量进行调整。

制作混凝土强度试件时，尚需试验混凝土的坍落度、黏聚性、保水性及混凝土拌合物的表观密度，作为代表这一配合比的混凝土拌合物的各项基本性能。

每种配合比应至少制作一组（3 块）试件，标准养护 28 d 后进行试压；有条件的单位也可同时制作多组试件，供快速检验或较早龄期的试压，以便提前提出混凝土配合比供施工使用。但以后仍必须以标准养护 28 d 的检验结果为准，据此调整配合比。

经过试配和调整以后，便可按照所得的结果确定混凝土的施工配合比。由试验得出的各水灰比值的混凝土强度，用作图法或计算求出混凝土配制强度（$f_{cu,0}$）相对应的水灰比。这样，初步定出混凝土所需的配合比，其值为：

用水量（m_w）——取基准配合比中的用水量值，并根据制作强度试件时测得的坍落度值或维勃稠度加以适当调整。

水泥用量（m_c）——以用水量乘以经试验选定出来的灰水比计算确定。

粗骨料（m_g）和细骨料（m_s）用量——取基准配合比中的粗骨料和细骨料用量，按选定灰水比进行适当调整后确定。

按上述各项定出的配合比算出混凝土的表观密度计算值 $\rho_{c,c}$：

$$\rho_{c,c} = m_c + m_g + m_s + m_w$$

再将混凝土的表观密度实测值除以表观密度计算值，得出配合比校正系数 δ：

$$\delta = \rho_{c,t}/\rho_{c,c}$$

式中　$\rho_{c,t}$——混凝土表观密度实测值，kg/m^3；

$\rho_{c,c}$——混凝土表观密度计算值，kg/m^3。

当混凝土表观密度实测值与计算值之差的绝对值不超过计算值的 2% 时，按上述确定的配合比即为确定的设计配合比，当二者之差超过 2% 时，应将混凝土配合比中每项材料用量均乘以校正系数 δ，即为最终确定的配合比设计值。

6.3.5.2　矿物掺合料混凝土配合比设计

1. 设计原则

矿物掺合料混凝土的设计强度等级、强度保证率、标准差及离差系数等指标应与基准混凝土相同，配合比设计以基准混凝土配合比为基础，按等稠度、等强度的等级原则等效置换，并应符合《普通混凝土配合比设计规程》（JGJ 55）的规定。

2. 设计步骤

（1）根据设计要求，按照《普通混凝土配合比设计规程》（JGJ 55）进行基准配合比设计。

（2）可按表 6-22 选择矿物掺合料的取代水泥百分率 β_c。

表 6-22　取代水泥百分率 β_c

矿物掺合料种类	水灰比或强度等级	取代水泥百分率 β_c		
		硅酸盐水泥	普通硅酸盐水泥	矿渣硅酸盐水泥
粉煤灰	≤0.40	≤40	≤35	≤30
	>0.40	≤30	≤25	≤20
粒化高炉矿渣粉	≤0.40	≤70	≤55	≤35
	>0.40	≤50	≤40	≤30
沸石粉	≤0.40	10~15	10~15	5~10
	>0.40	15~20	15~20	10~15
硅灰	C50 以上	≤10	≤10	≤10
复合掺合料	≤0.40	≤70	≤60	≤50
	>0.40	≤55	≤50	≤40

注:(1)高钙粉煤灰用于结构混凝土时,根据水泥品种不同,其掺量不宜超过以下限制。

(2)矿渣硅酸盐水泥不大于 15%、普通硅酸盐水泥不大于 20%、硅酸盐水泥不大于 30%。

(3)按所选用的取代水泥百分率(β_c),求出每立方米矿物掺合料混凝土的水泥用量(m_c):

$$m_c = m_{c0}(1 - \beta_c)$$

(4)按表 6-23 选择矿物掺合料超量系数 δ_c。

表 6-23　超量系数 δ_c

矿物掺合料种类	规格或级别	超量系数
粉煤灰	Ⅰ	1.0~1.4
	Ⅱ	1.2~1.7
	Ⅲ	1.5~2.0
粒化高炉矿渣粉	S105	0.95
	S95	1.0~1.15
	S75	1.0~1.25
沸石粉		1.0
复合掺合料	S105	0.95
	S95	1.0~1.15
	S75	1.0~1.25

(5)按超量系数 δ_c 求出每立方米混凝土的矿物掺合料混凝土的矿物掺合料用量 m_f:

$$m_f = \delta_c(m_{c0} - m_c)$$

式中　β_c——取代水泥百分率(%);

m_f——混凝土中的矿物掺合料用量,kg/m³;

δ_c——超量系数;

m_{c0}——基准混凝土中的水泥用量,kg/m³;

m_c——矿物掺合料混凝土中的水泥用量,kg/m³。

(6)计算每立方米矿物掺合料混凝上中水泥、矿物掺合料和细骨料的绝对体积,求出矿物掺合料超出水泥的体积。

(7)按矿物掺合料超出水泥的体积,扣除同体积的细骨料用量。

(8)矿物掺合料混凝土的用水量,按基准混凝土配合比的用水量取用。

(9)根据计算的矿物掺合料混凝土配合比,通过试拌,在保证设计的工作性的基础上,进行混凝土配合比的调整,直至符合要求。

(10)外加剂的掺量应按取代前基准水泥的百分比计。

(11)矿物掺合料混凝土的水灰比及水泥用量、胶凝材料用量应符合表 6-24 的要求。

表 6-24　最小水泥用量、胶凝材料用量和最大水灰比

矿物掺合料种类	用途	最小水泥用量(kg/m^3)	最小胶凝材料用量(kg/m^3)	最大水灰比
粒化高炉矿渣粉复合掺合料	有冻害、潮湿环境中结构	200	300	0.50
	上部结构	200	300	0.55
	地下、水下结构	150	300	0.55
	大体积混凝土	110	270	0.60
	无筋混凝土	100	250	0.70

6.3.5.3　有特殊要求的混凝土配合比设计

1. 抗渗混凝土

(1)抗渗混凝土所用原材料应符合下列规定:

1)粗骨料宜采用连续级配,其最大粒径不宜大于 40 mm,含泥量不得大于 1.0%,泥块含量不得大于 0.5%。

2)细骨料的含泥量不得大于 3.0%,泥块含量不得大于 1.0%。

3)外加剂宜采用防水剂、膨胀剂、引气剂、减水剂或引气减水剂。

4)抗渗混凝土宜掺用矿物掺合料。

(2)抗渗混凝土配合比的计算方法和试配步骤除应遵守普通混凝土配合比设计的规定外,尚应符合下列规定:

1)每立方米混凝土中的水泥和矿物掺合料总量不宜小于 320 kg。

2)砂率宜为 35%~45%。

3)供试配用的最大水灰比应符合表 6-25 的规定。

表 6-25　抗渗混凝土最大水灰比

抗渗等级	最大水灰比	
	C20~C30	C30 以上
P6	0.60	0.55
P8~P12	0.55	0.50
P12 以上	0.50	0.45

(3)掺用引气剂的抗渗混凝土，其含气量宜控制在3%~5%。

(4)进行抗渗混凝土配合比设计时，尚应增加抗渗性能试验，并应符合下列规定：

1)试配要求的抗渗水压值应比设计值提高0.2 MPa。

2)试配时，宜采用水灰比最大的配合比做抗渗试验，其试验结果应符合下式要求：

$$P_t \geqslant P + 0.2$$

式中 P_t——6个试件中4个未出现渗水时的最大水压值，MPa；

P——设计要求的抗渗等级值。

3)掺引气剂的混凝土还应进行含气量试验，试验结果应符合相关标准的规定。

2. 抗冻混凝土

(1)抗冻混凝土所用原材料应符合下列规定：

1)应选用硅酸盐水泥或普通硅酸盐水泥，不宜使用火山灰质硅酸盐水泥。

2)宜选用连续级配的粗骨料，其含泥量不得大于1.0%，泥块含量不得大于0.5%。

3)细骨料含泥量不得大于3.0%，泥块含量不得大于1.0%。

4)抗冻等级F100及以上的混凝土所用的粗骨料和细骨料均应进行坚固性试验，并应符合现行行业标准《普通混凝土用砂、石质量及检验方法标准》(JGJ 52)的规定。

5)抗冻混凝土宜采用减水剂，对抗冻等级F100及以上的混凝土应掺引气剂，掺用后混凝土的含气量应符合普通混凝土配合比设计的规定。

(2)混凝土配合比的计算方法和试配步骤除应遵守普通混凝土配合比设计规定外，供试配用的最大水灰比尚应符合表6-26的规定。

表6-26 抗冻混凝土的最大水灰比

抗冻等级	无引气剂时	掺引气剂时
F50	0.55	0.60
F100	—	0.55
F150及以上	—	0.50

(3)进行抗冻混凝土配合比设计时，尚应增加抗冻融性能试验。

3. 高强混凝土

(1)配制高强混凝土所用原材料应符合下列规定：

1)应选用质量稳定、强度等级不低于42.5级的硅酸盐水泥或普通硅酸盐水泥。

2)对强度等级为C60级的混凝土，其粗骨料的最大粒径不应大于31.5 mm，对强度等级高于C60级的混凝土，其粗骨料的最大粒径不应大于25 mm；针片状颗粒含量不宜大于5.0%，含泥量不应大于0.5%，泥块含量不宜大于0.2%；其他质量指标应符合现行行业标准《普通混凝土用砂、石质量及检验方法标准》(JGJ 52)的规定。

3)细骨料的细度模数宜大于2.6，含泥量不应大于2.0%，泥块含量不应大于0.5%。其他质量指标应符合现行行业标准《普通混凝土用砂、石质量及检验方法标准》(JGJ 52)的规定。

4)配制高强混凝土时应掺用高效减水剂或缓凝高效减水剂并应掺用活性较好的矿物掺合料,且宜复合使用矿物掺合料。

(2)高强混凝土配合比的计算方法和步骤除应按本章规定进行外,尚应符合下列规定:

1)基准配合比中的水灰比,可根据现有试验资料选取。

2)配制高强混凝土所用砂率及所采用的外加剂和矿物掺合料的品种、掺量,应通过试验确定。

3)高强混凝土的水泥用量不应大于 550 kg/m^3,水泥和矿物掺合料的总量不应大于 600 kg/m^3。

(3)高强混凝土配合比的试配与确定的步骤应按本章的规定进行。当采用 3 个不同的配合比进行混凝土强度试验时,其中一个应为基准配合比,另外两个配合比的水灰比,宜较基准配合比分别增加和减少 0.02~0.03。

(4)高强混凝土设计配合比确定后,尚应用该配合比进行不少于 6 次的重复试验进行验证,其平均值不应低于配制强度。

6.3.5.4　泵送混凝土

1. 泵送混凝土原材料

(1)水泥。

配制泵送混凝土应采用硅酸盐水泥、普通硅酸盐水泥、矿渣硅酸盐水泥和粉煤灰硅酸盐水泥,不宜采用火山灰质硅酸盐水泥。

矿渣水泥保水性稍差,泌水性较大,但由于其水化热较低,多用于配制泵送的大体积混凝土,但宜适当降低坍落度、掺入适量粉煤灰和适当提高砂率。

(2)粗骨料。

粗骨料的粒径、级配和形状对混凝土拌合物的可泵性有着十分重要的影响。

粗骨料的最大粒径与输送管的管径之比有直接的关系,应符合表 6-27 的规定。

表 6-27　粗骨料的最大粒径与输送管径之比

石子品种	泵送高度(m)	粗骨料的最大粒径与输送管径之比
碎石	<50	≤1:30
	50~100	≤1:4.0
	>100	≤1:5.0
卵石	<50	≤1:2.5
	50~100	≤1:3.0
	>100	≤1:4.0

粗骨料应采用连续级配,针片状颗粒含量不宜大于 10%。

粗骨料的级配影响空隙率和砂浆用量,对混凝土可泵性有影响,常用的粗骨料级配曲线可按图 6-1 选用。

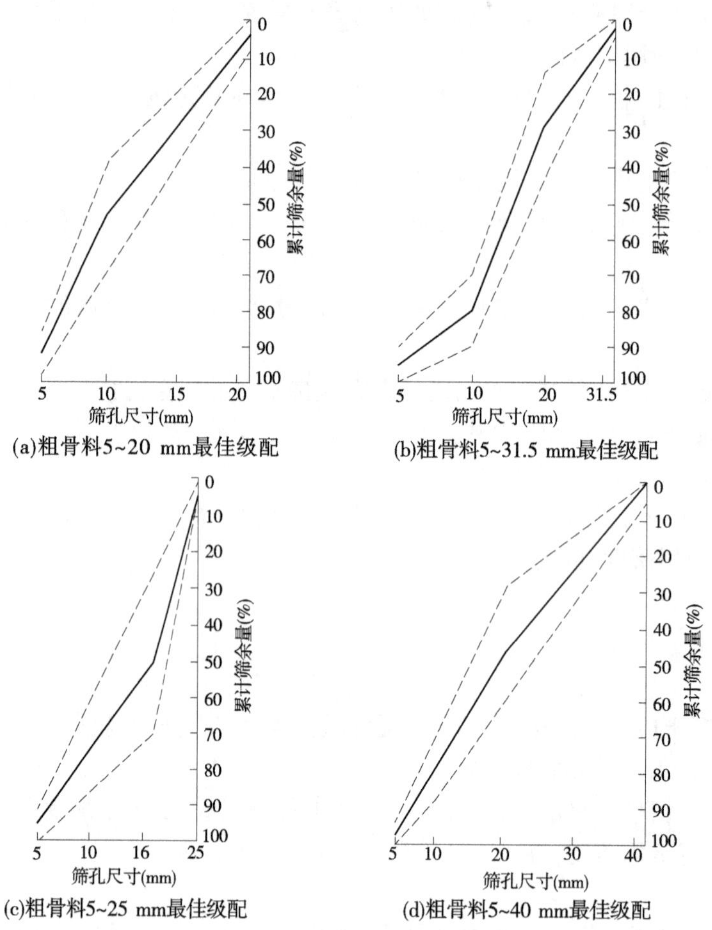

图 6-1　泵送混凝土粗骨料最佳级配

图 6-1 说明:粗实线为最佳级配线,两条虚线之间区域为适宜泵送区,粗细骨料最佳级配区宜尽可能接近两条虚线之间范围的中间区域。

(3)细骨料。

细骨料对混凝土拌合物的可泵性也有很大影响。混凝土拌合物之所以能在输送管中顺利流动,主要是由于粗骨料被包裹在砂浆中,而由砂浆直接与管壁接触起到的润滑作用。对细骨料除应符合国家现行标准《普通混凝土用砂质量标准及检验方法》(JGJ 52)外,一般有下列要求:宜采用中砂,细度模数为 2.5~3.2;通过 0.315 mm 筛孔的砂不少于 15%;应有良好的级配,可按图 6-2 选用。

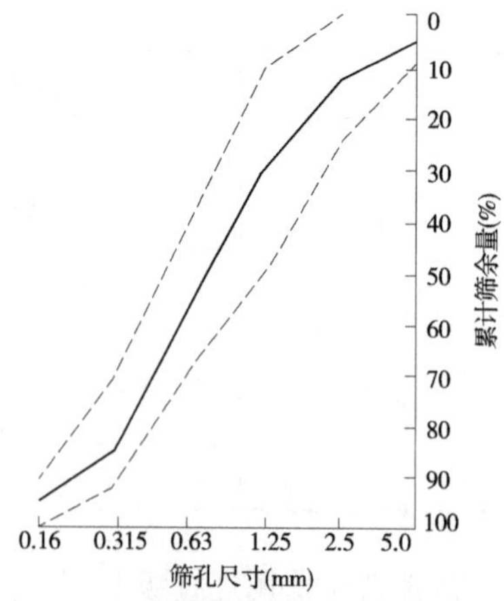

图 6-2　泵送混凝土细骨料最佳级配

(4)掺合料。

泵送混凝土中常用的掺合料为粉煤灰,掺入混凝土拌合物中,能使泵送混凝土的流动性显著增加,且能减少混凝土拌合物的泌水和干缩,大大改善混凝土的泵送性能。当泵送混凝土中水泥用量较少或细骨料中通过 0.315 mm 筛孔的颗粒小于 15%时,掺加粉煤灰是很适宜的。对于大体积混凝土结构,掺加一定数量的粉煤灰还可以降低水泥的水化热,有利于控制温度裂缝的产生。

粉煤灰的品质应符合国家现行标准《用于水泥和混凝土中的粉煤灰》《粉煤灰在混凝土和砂浆中应用技术规程》《预拌混凝土》的有关规定。

(5)外加剂。

泵送混凝土中的外加剂,主要有泵送剂、减水剂和引气剂,对于大体积混凝土结构,为防止产生收缩裂缝,还可掺入适宜的膨胀剂。

2. 泵送混凝土配合比设计

泵送混凝土配合比设计应根据混凝土原材料、混凝土运输距离、混凝土泵与混凝土输送管径、泵送距离、气温等具体施工条件试配。必要时,应通过试泵送确定泵送混凝土的配合比。

泵送混凝土的坍落度,可按国家现行标准《混凝土泵送施工技术规程》的规定选用。对不同泵送高度,入泵时混凝土的坍落度,可按表 6-28 选用。混凝土入泵时的坍落度允许误差应符合表 6-29 的规定。混凝土经时坍落度损失值,可按表 6-30 选用。

表 6-28　不同泵送高度入泵时混凝土坍落度选用值

泵送高度(m)	30 以下	30~60	60~100	100 以上
坍落度(mm)	100~140	140~160	160~180	180~200

表 6-29　混凝土坍落度允许误差

所需坍落度(mm)	坍落度允许误差(mm)
≤100	±20
>100	±30

表 6-30　混凝土经时坍落度损失值

大气温度(℃)	10~20	20~30	30~35
混凝土经时坍落度损失值(mm)(掺粉煤灰和木钙,经时 1 h)	5~25	25~35	35~50

注:掺粉煤灰与其他外加剂时,坍落度经时损失值可根据施工经验确定。无施工经验时,应通过试验确定。

泵送混凝土配合比设计时,应参照以下参数:

(1)泵送混凝土的用水量与水泥和矿物掺合料的总量之比不宜大于 0.60。

(2)泵送混凝土的砂率宜为 35%~45%。

(3)泵送混凝土的水泥和矿物掺合料的总量不宜小于 300 kg/m^3。

(4)泵送混凝土应掺适量外加剂,并应符合国家现行标准《混凝土泵送剂》的规定。外加剂的品种和掺量宜由试验确定,不得任意使用。掺用引气型外加剂时,其混凝土的含气量不宜大于 4%。

(5)掺粉煤灰的泵送混凝土配合比设计,必须经过试配确定,并应符合国家现行标准的有关规定。

6.3.5.5 控制碱-骨料反应配合比设计

混凝土碱-骨料反应是指混凝土中的碱和环境中可能渗入的碱与混凝土骨料(砂石)中的活性矿物成分,在混凝土固化后缓慢发生化学反应,产生胶凝物质,因吸收水分后发生膨胀,最终导致混凝土从内向外延伸开裂和损毁的现象。

混凝土碱含量是指来自水泥、化学外加剂和矿粉掺合料中游离钾、钠离子量之和。以当量 Na_2O 计,单位 kg/m^3(当量 $Na_2O\%=Na_2O\%+0.658K_2O\%$)。即:混凝土碱含量=水泥带入碱量(等当量 Na_2O 百分含量×单方水泥用量)+外加剂带入碱量+掺合料中有效碱含量。

1. 混凝土最大碱含量

根据《混凝土结构设计规范》(GB 50010),混凝土结构的耐久性应符合表 6-31 的环境类别和设计使用年限要求。

表 6-31 混凝土结构的环境类别

环境类别		条件
一		室内正常环境
二	a	室内潮湿环境;非严寒和非寒冷地区的露天环境;与无侵蚀性的水或土壤直接接触的环境
	b	严寒和寒冷地区的露天环境;与无侵蚀性的水或土壤直接接触的环境
三		使用除冰盐的环境;严寒和寒冷地区冬期水位变动的环境;滨海室外环境
四		海水环境
五		受人为或自然的侵蚀性物质影响的环境

注:严寒和寒冷地区的划分应符合国家现行标准《民用建筑热工设计规程》(JGJ 24)的规定。一类、二类和三类环境中,设计使用年限为 50 年的结构混凝土应符合表 6-32 的规定。

表 6-32 结构混凝土耐久性的基本要求

环境类别		最大水灰比	最小水泥用量 (kg/m^3)	最低混凝土强度等级	最大氯离子含量 (%)	最大碱含量 (kg/m^3)
一		0.65	225	C20	1.0	不限制
二	a	0.60	250	C25	0.3	3.0
	b	0.55	275	C30	0.2	3.0
三		0.50	300	C30	0.1	3.0

注:(1)氯离子含量系指其占水泥用量的百分率。

(2)预应力构件混凝土中的最大氯离子含量为 0.06%,最小水泥用量为 300 kg/m^3;最低混凝土强度等级应按表中规定提高两个等级。

(3)素混凝土构件的最小水泥用量不应少于表中数值减 25 kg/m^3。

(4)当混凝土中加入活性掺合料或能提高耐久性的外加剂时,可适当降低最小水泥用量。

(5)当有可靠工程经验时,处于一类和二类环境中的最低混凝土强度等级可降低一个等级。

(6)当使用非碱活性骨料时,对混凝土中的碱含量可不作限制。

2. 配合比设计控制要点

(1)控制碱骨料反应配合比设计,与普通混凝土设计相同,主要是控制组成材料的碱含量以及骨料的碱活性。

碱活性骨料按砂浆棒长度膨胀法试验(砂浆棒养护龄期 180 d 或 16 d),按膨胀量的大小分为四种:①非碱活性骨料,膨胀量小于或等于 0.02%;②低碱活性骨料,膨胀量大于 0.02%,小于或等于 0.06%;③碱活性骨料,膨胀量大于 0.06%,小于或等于 0.10%;④高碱活性骨料,膨胀量大于 0.10%。

(2)一类工程可不采取预防混凝土碱骨料反应措施,但结构混凝土外露部分需采取有效的防水措施。如采用防水涂料、面砖等,防止雨水渗进混凝土结构。

一类环境中,设计使用年限为 100 年的结构混凝土应符合下列规定:

1)钢筋混凝土结构的最低混凝土强度等级为 C30,预应力混凝土结构的最低混凝土强度等级为 C40。

2)混凝土中的最大氯离子含量为 0.06%。

3)宜使用非碱活性骨料;当使用碱活性骨料时,混凝土中的最大碱含量为 3.0 kg/m^3。

4)混凝土保护层厚度应按规定增加 40%;当采取有效的表面防护措施时,混凝土保护层厚度可适当减少。

5)在使用过程中,应定期维护。

(3)凡用于二、三类以上工程结构用水泥、砂石、外加剂、掺合料等混凝土用建筑材料,必须具有由技术监督局核定的法定检测单位出具的(碱含量和骨料活性)检测报告,无检测报告的混凝土材料禁止在此类工程上应用。

(4)二类工程均应采取预防混凝土碱骨料反应措施,要首先对混凝土的碱含量做出评估。

使用 A 种非碱活性骨料配制混凝土,其混凝土含碱量不受限制。

使用 B 种低碱活性骨料配制混凝土,其混凝土含碱量不超过 5 kg/m^3。

使用 C 种碱活性骨料配制混凝土,其混凝土含碱量不超过 3 kg/m^3。

使用 D 种高碱活性骨料严禁用于二、三类以上的工程。

特别重要结构工程或特殊结构工程,应按有关混凝土碱骨料试验数据配制混凝土。

(5)配制二类工程用混凝土应当首先考虑使用 B 种低碱活性骨料以及优选低碱水泥(碱含量 0.6%以下)、掺加矿粉掺合料及低碱、无碱外加剂。

用 C 种活性骨料配制二类工程用混凝土,当混凝土含碱量超过限额,可采取下述措施,但应做好混凝土试配,同时满足混凝土强度等级要求。

1)用含碱量不大于 1.5%的Ⅰ或Ⅱ级粉煤灰取代 25%以上重量的水泥,并控制混凝土碱含量低于 4 kg/m^3。

2)用含碱量不大于 1.0%、比表面积 4 000 cm^2/g 以上的高炉矿渣粉取代 40%以上重量的水泥,并控制混凝土碱含量低于 4 kg/m^3。

3)用硅灰取代 10%以上重量的水泥,并控制混凝土碱含量低于 4 kg/m^3。

4)用沸石粉取代 30%以上重量的水泥,并控制混凝土碱含量低于 4 kg/m^3。

5)使用比表面积 5 000 cm^2/g 以上的超细矿粉掺合料时,可通过检测单位试验确定抑制碱骨料反应的最小掺量。

6)用作碱-骨料反应抑制剂的有锂盐和钡盐。加入水泥重量的碳酸锂(Li_2CO_3)或氯化锂(LiCl),或者2%~6%的碳酸钡($BaCO_3$)、硫酸钡或氯化钡($BaCl_2$),均能显著有效地抑制碱骨料反应。

7)掺用引气剂使混凝土保持4%~5%的含气量,可容纳一定数量的反应产物,从而缓解碱骨料反应膨胀压力。

(6)二类和三类环境中,设计使用年限为100年的混凝土结构,应采取专门有效措施。

三类工程除采取二类工程的措施外,要防止环境中盐碱渗入混凝土,应考虑采取混凝土隔离层的措施(如设防水层等),否则须使用A种非碱活性骨料配制混凝土。

三类环境中的结构构件,其受力钢筋宜采用环氧树脂涂层带肋钢筋;对预应力钢筋、锚具及连接器应采取专门防护措施。

(7)四类和五类环境中的混凝土结构,其耐久性要求应符合有关标准的规定。

6.3.6　混凝土配合比设计试验实例

6.3.6.1　创盈公司商品混凝土配合比设计试验

青海创盈投资集团商品混凝土分公司是黄河水电有限责任公司下属的分公司,位于西宁市南绕快速路与德令哈路交会处。主要为西宁地区的高层建筑物及其他建筑物提供成品混凝土,综合拌和楼每年生产商品混凝土约8万m^3。

混凝土配合比试验以力学试验为主,通过试验设计出经济实用的混凝土配合比以满足建筑物的安全要求。

根据青海创盈投资集团商品混凝土分公司2006年7月25日下发的《创盈公司商品混凝土配合比试验任务书》的要求,此次试验共需提供8个强度等级的混凝土配合比参数,强度等级为C15~C50不等,混凝土设计龄期均为28 d,强度保证率为95%,施工浇筑方式采用泵送,并要求在混凝土中掺入粉煤灰。

1. 混凝土配合比设计要求

青海创盈投资集团商品混凝土设计要求见表6-33。

2. 混凝土原材料使用情况

水泥:甘肃永登水泥股份有限公司生产的42.5级普通硅酸盐水泥;

粉煤灰:甘肃大唐连城发电有限公司生产的Ⅱ级粉煤灰;

外加剂:西宁宣达建材有限公司生产的MKJ-3缓凝高效减水剂及西宁陕青新型建材有限公司生产的UNF-3缓凝高效减水剂;

骨料:砂石骨料产地均在湟中,细骨料为天然砂,粗骨料为湟中浩运公司生产的人工碎石,粒径为20~40 mm,没有5~20 mm粒径的骨料。

3. 混凝土配合比参数选择试验

根据创盈公司混凝土配合比试验任务书的要求和特点,混凝土配合比参数选择试验分两步进行,首先固定粉煤灰掺量和水胶比进行拌合物性能(如坍落度)与用水量、砂率等关系试验,然后根据创盈公司混凝土的设计技术要求和在试验中选定的单位用水量、砂率及外加剂掺量,进行水胶比、粉煤灰掺量与混凝土力学性能的关系试验,从而对在混凝土配合比参数选择试验所取得的试验成果进行分析的基础上,提出满足设计要求及施工要求的商品混凝土配合比。

表 6-33　混凝土设计要求

序号	设计等级	级配	水泥品种	外加剂	掺合料	坍落度（cm）	强度保证率（%）
1	C15	二级配	普硅 42.5	缓凝高效减水剂	粉煤灰	18±2	≥95
2	C20	二级配	普硅 42.5	缓凝高效减水剂	粉煤灰	18±2	≥95
3	C25	二级配	普硅 42.5	缓凝高效减水剂	粉煤灰	18±2	≥95
4	C30	二级配	普硅 42.5	缓凝高效减水剂	粉煤灰	18±2	≥95
5	C35	二级配	普硅 42.5	缓凝高效减水剂	粉煤灰	18±2	≥95
6	C40	二级配	普硅 42.5	缓凝高效减水剂	粉煤灰	18±2	≥95
7	C45	二级配	普硅 42.5	缓凝高效减水剂	粉煤灰	18±2	≥95
8	C50	二级配	普硅 42.5	缓凝高效减水剂	粉煤灰	18±2	≥95

（1）混凝土砂率和单位用水量确定。

作为混凝土配合比的主要参数，砂率和单位用水量确定是混凝土配合比参数选择工作的主要内容。根据创盈公司提供的原材料的情况设计要求、施工要求的特点，砂率和单位用水量确定试验条件如下：混凝土种类为间断级配泵送混凝土，骨料最大粒径为 40 mm，混凝土骨料由天然砂 20～40 mm 的人工碎石组成，水胶比 0.45，采用 UNF-3 减水剂，并用 MLJ-3 作对比，掺量均为 0.80%，水泥采用永登 42.5 级普通硅酸盐水泥，连城Ⅱ级粉煤灰 15%，试验过程中控制混凝土 40 min 坍落度为 11～18 cm。对于水胶比为 0.65 和 0.30 的混凝土，根据混凝土中胶材的变化情况也作试验确定。

采用 UNF-3 减水剂，在水胶比 0.45，粉煤灰 15%时，泵送混凝土最优砂率为 47%，单位用水量 175 kg/m^3。

采用 MLJ-3 减水剂，在水胶比 0.45，粉煤灰 15%时，泵送混凝土最优砂率为 49%，单位用水量 175 kg/m^3。对于水胶比为 0.65 的混凝土，其砂率为 47%，单位用水量 175 kg/m^3。

对于水胶比为 0.30 的混凝土，泵送混凝土最优砂率为 39%，单位用水量 175 kg/m^3。

（2）混凝土拌合物性能、水胶比与抗压强度关系试验。

按照确定的混凝土配合比参数进行拌合物性能试验及抗压强度试验，其中 CY-16 未掺煤灰，作为参考配比。其中不同参数的拌合物性能试验方案见表 6-34。

表 6-34　配合比参数选择试验方案

编号	水胶比	砂率(%)	用水量(kg)	减水剂掺量(%)	煤灰掺量(%)	40 min 坍落度(cm)	混凝土容重(kg/m^3)
CY-1	0.65	51	175	0.80	25	16~18	2 410
CY-2	0.60	50	175	0.80	25	16~18	2 410
CY-3	0.55	49	175	0.80	25	16~18	2 410
CY-4	0.50	48	175	0.80	25	16~18	2410
CY-5	0.45	47	175	0.80	25	16~18	2 410
CY-6	0.55	49	175	0.80	15	16~18	2 410
CY-7	0.50	48	175	0.80	15	16~18	2 410
CY-8	0.45	47	175	0.80	15	16~18	2 410
CY-9	0.40	45	175	0.80	15	16~18	2 410
CY-10	0.35	42	175	0.80	15	16~18	2 410
CY-11	0.50	48	175	0.80	10	16~18	2 410
CY-12	0.45	47	175	0.80	10	16~18	2 410
CY-13	0.40	45	175	0.80	10	16~18	2 410
CY-14	0.35	42	175	0.80	10	16~18	2 410
CY-15	0.30	37	175	0.80	10	16~18	2 410
CY-16	0.32	39	175	0.80	—	16~18	2 410

注:(1)采用的骨料:湟中产天然砂,湟中浩运公司 20~40 mm 人工碎石,永登 42.5 级普通硅酸盐水泥,连城Ⅱ级灰,西宁陕青新型建材有限公司生产的 UNF-3 缓凝高效减水剂。

(2)控制 40 min 混凝土坍落度 11~18 cm。

4. 混凝土配合比确定及推荐

(1)混凝土配制强度。

根据《创盈公司商品混凝土配合比试验任务书》的要求,设计龄期为 28 d,混凝土强度保证率均为 95%。

混凝土配制强度计算公式为:

$$f_{cu,0} = f_{cu,k} + t\sigma$$

式中　$f_{cu,0}$——混凝土配制强度,MPa;

$f_{cu,k}$——设计的混凝土强度标准值,MPa;

t——概率度系数,参照表 6-35 选用;

σ——施工的混凝土强度标准差,MPa,根据不同的强度等级,σ 参照表 6-35 选用。

按照《创盈公司商品混凝土配合比试验任务书》的要求,混凝土强度等级及配制强度见表 6-35。

表 6-35　混凝土配制强度

混凝土强度等级	龄期(d)	保证率 P(%)	概率度系数 t	标准差 σ(MPa)	配制强度(MPa)
C15	28	95	1.65	3.5	20.8
C20	28	95	1.65	4.0	26.6
C25	28	95	1.65	4.0	31.6
C30	28	95	1.65	4.5	37.4
C35	28	95	1.65	4.5	42.4
C40	28	95	1.65	5.0	48.3
C45	28	95	1.65	5.0	53.3
C50	28	95	1.65	5.5	59.1

(2)水胶比的确定。

单位用水量和砂率以及外加剂掺量确定以后,根据水胶比、粉煤灰掺量与抗压强度的关系,经回归分析得到回归方程,根据回归方程计算和确定不同强度等级的混凝土的水胶比,然后对计算得到的水胶比进行适当的调整,使其更加趋于合理。

不同强度等级混凝土水胶比选定见表 6-36。

表 6-36　不同强度等级混凝土水胶比选定

混凝土强度等级	配制强度(MPa)	粉煤灰掺量(%)	计算水胶比	单位用水量(kg/m^3)	胶材总量(kg/m^3)	水泥用量(kg/m^3)	煤灰用量(kg/m^3)	预采用的水胶比
C15	20.8	25	0.60	175	293	220	73	0.57
C20	26.6	25	0.50	175	347	260	87	0.49
C25	31.6	25	0.44	175	393	295	98	0.43
C30	37.4	25	0.39	175	447	335	112	0.38
C35	42.4	25	0.35	175	494	370	123	—
C40	48.3	25	0.32	175	549	411	137	—
C45	53.3	25	0.29	175	595	446	149	—
C50	59.1	25	0.27	175	649	487	162	—
C15	20.8	15	0.74	175	236	200	35	—
C20	26.6	15	0.60	175	291	247	44	0.54
C25	31.6	15	0.52	175	339	288	51	0.48
C30	37.4	15	0.44	175	394	335	59	0.43
C35	42.4	15	0.40	175	442	375	66	0.39
C40	48.3	15	0.35	175	498	423	75	0.35
C45	53.3	15	0.32	175	546	464	82	—

续表 6-36

混凝土强度等级	配制强度(MPa)	粉煤灰掺量(%)	计算水胶比	单位用水量(kg/m³)	胶材总量(kg/m³)	水泥用量(kg/m³)	煤灰用量(kg/m³)	预采用的水胶比
C50	59.1	15	0.29	175	601	511	90	—
C15	20.8	10	0.85	175	206	186	21	—
C20	26.6	10	0.67	175	262	236	26	—
C25	31.6	10	0.56	175	310	279	31	0.52
C30	37.4	10	0.48	175	366	330	37	0.45
C35	42.4	10	0.42	175	415	373	41	0.40
C40	48.3	10	0.37	175	472	425	47	0.36
C45	53.3	10	0.34	175	520	468	52	0.33
C50	59.1	10	0.30	175	576	518	58	—
C45	53.3	0	0.35	175	467	467	0	0.33
C50	59.1	0	0.33	175	524	524	0	0.32

5. 推荐的商品混凝土配合比

推荐的创盈公司商品混凝土配合比见表 6-37。

6.3.6.2 江苏如东海上风电场 100 MW 示范项目Ⅱ期混凝土配合比设计试验

1. 混凝土配合比设计要求

依据《中水电江苏如东海上风电场(潮间带)100 MW 示范项目Ⅱ期 80 MW 风电机组土建及安装工程招标文件》(招标编号:XNY/RD/YK/090)第二卷技术条款,混凝土设计技术指标及使用部位如下:

江苏如东海上风电场 100 MW 示范项目Ⅱ期风机低桩高台柱基础采用 PHC 管桩,桩径 800 mm。承台下分 3 圈布置 PHC 预应力高强度钢筋混凝土管桩。基础承台为圆柱体,承台混凝土强度等级为 C40,抗渗等级为 P8;承台底面形状为圆形,基底下铺设 C20 素混凝土垫层。

江苏如东海上风电场 100 MW 示范项目Ⅱ期基础承台采用海工耐久混凝土。海工耐久混凝土系为用混凝土常规原材料、常规工艺,经配比优化而制作的,在海洋环境中具有高耐久性、高尺寸稳定性和良好工作性的高性能结构混凝土材料。

2. 混凝土原材料使用情况

水泥:南通海螺 P · O 42.5 水泥;

粉煤灰:南通华瑞有限公司生产的Ⅰ级粉煤灰;

外加剂:江苏苏博特生产的 PCA-9 聚羧酸高效减水剂;

骨料:细骨料为天然砂,粗骨料为 5~25 mm 连续级配碎石。

表 6-37　创盈公司商品混凝土推荐配合比

编号	设计等级	减水剂品种	水胶比	砂率(%)	煤灰(%)	减水剂(%)	坍落度(cm)	材料用量(kg/m³)							密度(kg/m³)
								用水量	水泥	煤灰	砂	粗骨料(mm)		外加剂	
												5~20	20~40	减水剂	
CST-1	C15	UNF-3	0. 57	50	25	0. 8	18±2	175	230	77	963		963	2. 456	2 410
CST-2	C20	UNF-3	0. 49	48	25	0. 8	18±2	175	268	89	900		975	2. 857	2 410
		UNF-3	0. 54	49	15	0. 8	18±2	175	275	49	935		973	2. 593	2 410
CST-3	C25	UNF-3	0. 48	48	15	0. 8	18±2	175	310	55	896		971	2. 917	2 410
CST-4	C30	UNF-3	0. 45	47	10	0. 8	18±2	175	350	39	866		977	3. 111	2 410
CST-5	C35	UNF-3	0. 40	45	10	0. 8	18±2	175	394	44	807		987	3. 500	2 410
CST-6	C40	UNF-3	0. 36	42	10	0. 8	18±2	175	438	49	733		1 012	3. 889	2 410
CST-7	C45	UNF-3	0. 33	43	10	0. 8	18±2	175	477	53	731		969	4. 242	2 410
CST-8	C50	UNF-3	0. 32	39		0. 8	18±2	175	547		657		1 027	4. 375	2 410

注:(1)采用的骨料:湟中产天然砂,湟中浩运公司 20~40 mm 人工碎石,水泥为永登 42. 5 级普通硅酸盐水泥,粉煤灰为连城Ⅱ级灰,减水剂为西宁陕青新型建材有限公司生产的 UNF-3 缓凝高效减水剂。

(2)坍落度每增减 1 cm,用水量相应增减 2. 5 kg/m³;砂细度模数每增减 0. 2,砂率相应增减 1%。

3. 混凝土配合比设计及参数选择

(1)混凝土配制强度。

依据《水运工程混凝土施工规范》(JTS 202—2011)配合比设计的要求,配制强度按下式计算:

$$f_{cu,0}=f_{cu,k}+1.645\sigma$$

式中 $f_{cu,0}$——混凝土的配制强度,MPa;

$f_{cu,k}$——混凝土设计龄期的强度标准值,MPa;

σ——混凝土强度标准差,MPa,取值见表 6-38。

表 6-38 混凝土强度标准差的平均水平

强度等级	<C20	C20~40	>40
混凝土强度标准	3.5	4.5	5.5

在式中,σ 取值 4.5 MPa,故 C20 混凝土配置强度为 27.4 MPa,C40 混凝土配置强度为 47.4 MPa。

(2)混凝土配合比参数选择。

配合比设计计算采用假定容重法,粉煤灰等量替代水泥,混凝土配合比设计参数见表 6-39。

表 6-39 混凝土配合比设计参数

设计指标	水胶比	用水量 (kg/m³)	粉煤灰掺量 (%)	砂率 (%)	PCA-9 (%)	设计坍落度 (mm)	说明
C40	0.37±0.02	170±10	20	38±2	1.3	110~130	掺氧化镁
C40	0.37±0.02	170±10	20	38±2	1.3	110~130	
C40	0.37±0.02	180±10	20	38±2	1.3	180~220	泵送
C20	0.56±0.02	170±10	20	40±2	1.3	110~130	

(3)混凝土配合比试验结果。

按照上述试验参数拌制混凝土,混凝土配合比试验结果见表 6-40。

4. 推荐混凝土施工配合比

推荐低桩高台柱基础混凝土施工配合比见表 6-41。

6.3.6.3 宁夏同心小罗山风电场一二期工程混凝土配合比设计试验

宁夏同心小罗山风电场 2×49.5 MW 风电项目工程位于宁夏回族自治区同心县东北约 46 km 处,海拔 1 500~1 760 m,厂区地形平坦开阔。小罗山风电场占地面积 3 956.964 万 m²,规划装机容量 99 MW,装机规模为 2×49.5 MW,配套工程包括新建 1 座 110 kV 升压站,风电场安装 66 台轮毂高度为 75 m 的金风 JF87/1 500 kW 风力发电机组,以 4 回路 35 kV 集电线路接入场内 110 kV 升压站,110 kV 线路接入马高庄 330 kV 升压站。

表 6-40　混凝土配合比试验结果

试验编号	设计指标	水胶比	设计坍落度(mm)	粉煤灰掺量(%)	用水量(kg/m^3)	砂率(%)	PCA-9(%)	实测坍落度(mm)	抗压强度(MPa)		混凝土类型
									7 d	28 d	
HNTP-1	C40	0.37	110~130	20	160	39	1.3	127	33.6	45.6	掺氧化镁
HNTP-2	C40	0.37	110~130	20	160	39	1.3	125	34.3	45.4	—
HNTP-3	C40	0.37	180~220	20	170	39	1.3	200	34.0	44.3	泵送
HNTP-4	C20	0.56	110~130	20	160	42	1.3	130	19.5	26.8	—

表 6-41　推荐低桩高台柱基础混凝土施工配合比

设计指标	水胶比	粉煤灰掺量(%)	砂率(%)	PCA-9(%)	MgO(%)	设计坍落度(mm)	单位材料用量(kg/m^3)							密度(kg/m^3)	说明
							水	水泥	粉煤灰	砂	石	PCA-9	MgO		
C40	0.37	20	39	1.3	2.5	110~130	160	346	86	705	1 103	5.62	10.8	2 416	微膨胀
C40	0.37	20	39	1.3	—	110~130	160	346	86	705	1 103	5.62	—	2 406	
C40	0.37	20	39	1.3		180~220	170	367	92	691	1 080	5.97	—	2 406	泵送
C20	0.56	20	42	1.3	—	110~130	160	229	57	821	1 133	3.72	—	2 404	

注:(1)普硅 42.5 水泥,中砂,碎石,PCA-9 聚羧酸减水剂。

(2)骨料级配:5~25 mm 连续级配。

(3)砂细度模数为 2.6±0.2,砂细度模数每增减 0.2,砂率相应增减 1%;混凝土坍落度每增减 1 cm,单位用水量需相应增减 2.5 kg/m^3。

(4)现场混凝土配合比应根据施工采集的骨料进行调整,配合比调整应满足设计和施工要求。

1. 混凝土配合比设计要求

根据中能新源宁夏同心小罗山风电场 2×49.5 MW 风电项目工程技术要求及工程试验承包合同,采用施工现场所使用的原材料进行混凝土配合比设计,结合现场施工技术措施和特点,提供满足现场施工要求的混凝土配合比。混凝土设计要求见表 6-42。

2. 混凝土原材料使用情况

水泥:宁夏青铜峡水泥股份有限公司生产的双鹿 42.5R 普通硅酸盐水泥;

粉煤灰:华电宁夏灵武市发电有限公司生产的Ⅱ级粉煤灰;

外加剂:四川三和混凝土外加剂有限公司生产的 RH-B 高效流化泵送剂;

骨料:细骨料为宁夏吴忠市同心县下马关镇砂场生产的天然砂,粗骨料为红寺堡海子沟砂石料场生产的人工碎石;

纤维:泰安同伴纤维有限公司生产的螺旋形聚乙烯醇纤维。

3. 推荐混凝土施工配合比

推荐混凝土施工配合比见表 6-43。

6.4 工业与民用建筑工程混凝土配合比数据库建立

工业与民用建筑工程中使用的混凝土是指常态混凝土,不包括有特殊要求的混凝土。混凝土配合比设计参数是根据混凝土配制强度及其他力学性能、拌合物性能、长期性能和耐久性能是经过试验得到,应同时满足混凝土设计要求和施工要求。工业与民用建筑工程混凝土配合比参数见表 6-44。

6.5 工业与民用建筑工程特殊混凝土配合比数据库建立

工业与民用建筑工程中使用的有特殊要求的混凝土主要有抗渗混凝土、抗冻混凝土、高强混凝土、泵送混凝土等。特殊混凝土配合比计算、试配的步骤和方法,除应遵守普通混凝土配合比试验有关规定外,对于所用原材料和一些参数的选择,均有特殊的要求。

6.5.1 泵送混凝土配合比

工业与民用建筑工程泵送混凝土配合比参数见表 6-45。

6.5.2 微膨胀混凝土配合比

工业与民用建筑工程微膨胀混凝土配合比参数见表 6-46。

6.5.3 纤维混凝土配合比

工业与民用建筑工程纤维混凝土配合比参数见表 6-47。

表 6-42　混凝土设计要求

序号	设计等级	类型	级配	外加剂	掺合料	坍落度(cm)	强度保证率(%)
1	C20	泵送	二级配	泵送剂	粉煤灰	80±10	≥95
2	C25	常态	二级配	—	粉煤灰	140±10	≥95
3	C30	泵送	二级配	泵送剂	粉煤灰	140±10	≥95
4	C35	泵送	二级配	泵送剂	粉煤灰	140±10	≥95
5	C40F150	泵送	二级配	泵送剂	粉煤灰	140±10	≥95
6	C20 细石	泵送	一级配	泵送剂	粉煤灰	140±10	≥95

表 6-43　低桩高台柱基础混凝土施工推荐配合比

设计指标	级配	水胶比	粉煤灰掺量(%)	砂率(%)	泵送剂(%)	设计坍落度(mm)	单位材料用量(kg/m^3)								混凝土类型
							水	水泥	粉煤灰	砂	石		泵送剂	纤维	
											5~20 mm	20~40 mm			
C25	二	0.48	20	34	—	70~90	188	313	78	587	465	697	—	—	微膨胀
C20	二	0.50	20	39	1.2	130~150	182	291	73	690	495	605	4.368	—	
C30	二	0.42	20	39	1.2	130~150	182	347	87	665	477	583	5.200	—	泵送
C35	二	0.38	20	38	1.2	130~150	182	383	96	632	473	578	5.747	—	
C40F150	二	0.33	20	38	1.2	130~150	184	446	112	603	451	552	6.691	0.9	
C20 细石	二	0.50	20	42	1.2	130~150	192	307	77	724	1019	0	4.608	—	

注:(1)混凝土配合比计算采用绝对体积法,原材料表观密度分别为:水泥 3.10 g/cm^3,粉煤灰 2.30,细骨料 2.63,粗骨料 2.68。

(2)骨料为风干状态,砂子采用天然砂,碎石采用人工骨料。混凝土实际单位用水量要根据砂石骨料含水、外加剂溶液含水进行调整。

(3)砂细度模数每增减 0.2,砂率相应增减 1%;混凝土坍落度每增减 1 cm,单位用水量需相应增减 2.5 kg/m^3。

表 6-44　工业与民用建筑工程混凝土配合比参数

序号	混凝土设计指标	级配	坍落度（mm）	水胶比	单位用水量（kg/m^3）	粉煤灰（%）	减水剂（%）	泵送剂（%）	引气剂（%）	砂率（%）	粗骨料比例	混凝土密度（kg/m^3）	应用工程名称
1	C25	二	70~90	0. 48	188	20	—	—	—	34	40:60	2328	宁夏同心小罗山风电场
2	C20	一	110~130	0. 56	160	20	1. 3	—	—	42	—	2 404	江苏如东海上风电场
3	C40	一	110~130	0. 37	160	20	1. 3	—	—	39	—	2 406	江苏如东海上风电场

注：1. 原材料品种及比重：

（1）江苏如东海上风电场：水泥：南通海螺 P · O 42. 5 水泥；粉煤灰：南通华瑞有限公司生产的 Ⅰ 级粉煤灰；外加剂：江苏苏博特生产的 PCA-9 聚羧酸高效减水剂；骨料：细骨料为天然砂，粗骨料为 5~25 mm 连续级配碎石。

（2）宁夏同心小罗山风电场：水泥：宁夏青铜峡水泥股份有限公司生产的双鹿 42. 5R 普通硅酸盐水泥；粉煤灰：华电宁夏灵武市发电有限公司生产的 Ⅱ 级粉煤灰；外加剂：四川三和混凝土外加剂有限公司生产的 RH-B 高效流化泵送剂；骨料：细骨料为宁夏吴忠市同心县下马关镇砂场生产的天然砂，粗骨料为红寺堡海子沟砂石料场生产的 5~20 mm 和 20~40 mm 人工碎石；纤维：泰安同伴纤维有限公司生产的螺旋形聚乙烯醇纤维。

2. 配合比计算方法：（1）江苏如东海上风电场：体积法；（2）宁夏同心小罗山风电场：体积法。

3. 其他需要说明的事项：无。

表 6-45　工业与民用建筑工程泵送混凝土配合比参数

序号	混凝土设计指标	级配	坍落度(mm)	水胶比	单位用水量(kg/m^3)	粉煤灰(%)	减水剂(%)	泵送剂(%)	引气剂(%)	砂率(%)	粗骨料比例	混凝土密度(kg/m^3)	应用工程名称
1	C15	一	160~200	0.57	175	25	0.8	—	—	50	—	2 410	创盈公司商品混凝土
2	C20	一	160~200	0.49	175	25	0.8	—	—	48	—	2 410	
3	C20	一	160~200	0.54	175	15	0.8	—	—	49	—	2 410	
4	C25	一	160~200	0.48	175	15	0.8	—	—	48	—	2 410	
5	C30	一	160~200	0.45	175	10	0.8	—	—	47	—	2 410	
6	C35	一	160~200	0.40	175	10	0.8	—	—	45	—	2 410	
7	C40	一	160~200	0.36	175	10	0.8	—	—	42	—	2 410	
8	C45	一	160~200	0.33	175	10	0.8	—	—	43	—	2 410	
9	C50	一	160~200	0.32	175	0	0.8	—	—	39	—	2 410	
10	C40	一	180~220	0.37	170	20	1.3	—	—	39	—	2 406	江苏如东海上风电场
11	C20 细石	一	130~150	0.50	192	20	—	1.2	—	42	—	2 324	宁夏同心小罗山风电场
12	C20	二	130~150	0.50	182	20	—	1.2	—	39	45:55	2 340	
13	C30	二	130~150	0.42	182	20	—	1.2	—	39	45:55	2 346	
14	C35	二	130~150	0.38	182	20	—	1.2	—	38	45:55	2 350	

注:1. 原材料品种及比重:

(1)创盈公司商品混凝土:水泥:甘肃永登水泥股份有限公司生产的 42.5 级普通硅酸盐水泥;粉煤灰:甘肃大唐连城发电有限公司生产的Ⅱ级粉煤灰;外加剂:西宁宣达建材有限公司生产的 MKJ-3 缓凝高效减水剂及西宁陕青新型建材有限公司生产的 UNF-3 缓凝高效减水剂;骨料:砂石骨料产地均在湟中,细骨料为天然砂,粗骨料为湟中浩运公司生产的人工碎石,粒径为 20~40 mm,没有 5~20 mm 粒径的骨料。

(2)江苏如东海上风电场:水泥:南通海螺 P·O 42.5 水泥;粉煤灰:南通华瑞有限公司生产的Ⅰ级粉煤灰;外加剂:江苏苏博特生产的 PCA-9 聚羧酸高效减水剂;骨料:细骨料为天然砂,粗骨料为 5~25 mm 连续级配碎石。

(3)宁夏同心小罗山风电场:水泥:宁夏青铜峡水泥股份有限公司生产的双鹿 42.5R 普通硅酸盐水泥;粉煤灰:华电宁夏灵武市发电有限公司生产的Ⅱ级粉煤灰;外加剂:四川三和混凝土外加剂有限公司生产的 RH-B 高效流化泵送剂;骨料:细骨料为宁夏吴忠市同心县下马关镇砂场生产的天然砂,粗骨料为红寺堡海子沟砂石料场生产的 5~20 mm 和 20~40 mm 人工碎石;纤维:泰安同伴纤维有限公司生产的螺旋形聚乙烯醇纤维。

2. 配合比计算方法:(1)创盈公司商品混凝土:质量法;(2)江苏如东海上风电场:体积法;(3)宁夏同心小罗山风电场:体积法。

3. 其他需要说明的事项:无。

表 6-46 工业与民用建筑工程微膨胀混凝土配合比参数

序号	混凝土设计指标	级配	坍落度（mm）	水胶比	单位用水量（kg/m^3）	粉煤灰（%）	减水剂（%）	泵送剂（%）	膨胀剂（%）	砂率（%）	粗骨料比例	混凝土密度（kg/m^3）	应用工程名称
1	C40	一	110~130	0.37	160	20	1.3	—	2.5	39	—	2 416	江苏如东海上风电场

注：1. 原材料品种及比重：江苏如东海上风电场：水泥：南通海螺 P·O 42.5 水泥；粉煤灰：南通华瑞有限公司生产的Ⅰ级粉煤灰；外加剂：江苏苏博特生产的 PCA-9 聚羧酸高效减水剂；膨胀剂：MgO；骨料：细骨料为天然砂，粗骨料为 5~25 mm 连续级配碎石。

2. 配合比计算方法：体积法。

3. 其他需要说明的事项：无。

表 6-47 工业与民用建筑工程纤维混凝土配合比参数

序号	混凝土设计指标	级配	坍落度（cm）	水胶比	单位用水量（kg/m^3）	粉煤灰（%）	减水剂（%）	泵送剂（%）	纤维（kg/m^3）	砂率（%）	粗骨料比例	混凝土密度（kg/m^3）	应用工程名称
1	C40F150	二	130~150	0.33	184	20	—	1.2	0.9	38	45:55	2 356	宁夏同心小罗山风电场

注：(1)原材料品种及比重：水泥：宁夏青铜峡水泥股份有限公司生产的双鹿 42.5R 普通硅酸盐水泥；粉煤灰：华电宁夏灵武市发电有限公司生产的Ⅱ级粉煤灰；外加剂：四川三和混凝土外加剂有限公司生产的 RH-B 高效流化泵送剂；骨料：细骨料为宁夏吴忠市同心县下马关镇砂场生产的天然砂，粗骨料为红寺堡海子沟砂石料场生产的 5~20 mm 和 20~40 mm 人工碎石；纤维：泰安同伴纤维有限公司生产的螺旋形聚乙烯醇纤维。

(2)配合比计算方法：体积法。

(3)其他需要说明的事项：无。

6.6 小　结

6.6.1 混凝土配合比总结分析

(1)常态混凝土通常采用高性能外加剂,掺加粉煤灰来提高混凝土拌合物性能、长期性能和耐久性能,使混凝土同时满足设计要求和施工要求,实现混凝土配合比设计科学、经济、合理的目的。

(2)商品泵送混凝土采用间断级配,砂率较大,最大砂率为 C15 混凝土,达 50%,最小砂率为 C50 混凝土,为 39%。间断级配混凝土工作性较差,易离析,可以通过掺加粉煤灰、加大胶凝材料用量改善混凝土拌合物工作性,防止离析,提高混凝土性能。

(3)根据混凝土的使用性能,可在混凝土掺加泵送剂、膨胀剂、纤维等材料,来提高混凝土某一项性能,如可泵性、微膨胀、抗裂等,实现混凝土的特殊使用功能。

6.6.2 配合比试验及应用注意事项

混凝土作为建筑工程中最常见的人工混合材料,其质量取决于成型后混凝土的力学性能及耐久性能。混凝土质量好坏关系到建筑物的安全使用,因此混凝土配合比试验及施工过程中,需要对混凝土配合比进行优化和调整,严格控制用水量、水胶比和砂率,同时提高混凝土施工质量,减少和避免混凝土结构危害性缺陷的发生。

(1)采用合理混凝土配合比设计方案。在对于混凝土设计技术要求充分了解的基础上,结合混凝土施工工艺、施工质量控制水平制订合理的混凝土配合比设计方案,在混凝土配合比设计阶段对混凝土结构可能产生的危害性缺陷进行预防,使混凝土配合比更符合工程现场原材料及施工技术要求。

(2)严格控制混凝土原材料质量。混凝土质量的好坏,取决于原材料的质量。因此,要严格控制原材料质量,加强对进场原材料的检验,严禁使用不符合规范标准的原材料,避免因原材料不合格造成混凝土质量不满足要求的情况发生。

(3)合理控制混凝土浇筑施工温度。在混凝土施工时,要合理控制施工的温度,有效控制混凝土在浇筑和出机时的温度,减少温度裂缝的发生,从而影响混凝土结构的安全使用。

(4)做好混凝土施工时及施工后的养护。导致混凝土裂缝产生的原因包括水分蒸发、混凝土收缩。如果用较高的温度来进行混凝土浇筑,会导致混凝土表面水分的蒸发、快速流失,同时会导致混凝土收缩变形的程度过大,严重影响混凝土的使用质量,导致混凝土提前开裂。所以,混凝土施工时和施工后要及时进行养护,做好保温保湿,使混凝土的表面处于湿润状态,有效减少混凝土的干缩裂缝现象。在混凝土的养护工作中,还要做好防晒措施,避免暴晒引起的混凝土干裂。

6.6.3 高强泵送混凝土配合比试验及应用展望

高强泵送混凝土是工民建行业高层建筑施工常用的混凝土之一。高强泵送混凝土强度高、黏度大,泵送压力较高,泵送施工尤其困难,给混凝土施工浇筑带来一系列有待试验研究的技术难题。高强泵送混凝土技术已成为高层建筑施工技术不可缺少的一个方面,不断研究高强度等级混凝土的超高泵送技术,对于提高高层建筑施工质量及施工效率具有广泛的实用价值和经济价值。

6.6.3.1 混凝土可泵性的评价指标

混凝土可泵性是表示混凝土在泵压下沿输送管道流动的难易程度以及稳定程度的特性。可泵性主要表现为流动性和内聚性。流动性是能够泵送的主要性能;内聚性是抵抗分层离析的能力,即使在振动状态下或在压力条件下也不易发生水与骨料的分离。

国内主要采用坍落度和压力泌水率对混凝土可泵性进行评价。采用坍落度方法测定可泵性时,通常通过坍落度、扩展度和倒坍落度筒的流下时间来评价拌合物流动性、黏度等性能。倒坍落度筒的流下时间 t 为 5~30 s、扩展度 $S_F \geqslant 450$ mm、坍落度 S_L 为 180~220 mm 时,混凝土可泵性好、阻力小,容易泵送;当 $t \geqslant 30$ s、$S_F \leqslant 450$ mm 时,混凝土不易泵送。

6.6.3.2 高强泵送混凝土配合比设计思路

混凝土的可泵性与混凝土组成材料及其配合比密切相关,与混凝土和管壁间的摩擦、压力条件下浆体性能及混凝土质量变化等有关。高强泵送混凝土的配合比设计思路是:首先确定水泥和外加剂品种,确定优质矿物掺合料,寻找最佳掺合料用量比例,然后确定掺合料的最佳替代掺量,通过调整外加剂性能、砂率、粉体含量等措施,进一步降低混凝土和易性尤其是黏度的经时变化率。确定试验室最佳配合比,根据现场实际泵送高度变化(混凝土性能、泵送损失)情况,采用不同的配合比进行生产施工。

第7章　总　结

7.1　各专业混凝土配合比研究与应用异同点

从中国水电四局各工程项目对不同行业或领域施工配合比试验研究及设计情况来看，在各行业之间配合比设计思路、设计方法还是存在一定差别的，其中工民建、公路、铁路、地铁、市政等建筑工程混凝土配合比设计对粗、细骨料均以干燥状态为基准，粗骨料最大粒径为40 mm，主要按照《普通混凝土配合比设计规程》（JGJ 55）进行设计，采用的强度保证率均为95%，混凝土配制强度的确定方法按照$f_{cu,0}=f_{cu,k}+1.645\sigma$进行计算，水胶比的选取主要由强度、混凝土结构类型和使用环境来确定；水利和水电工程混凝土配合比设计对粗、细骨料均以饱和面干状态为基准，粗骨料最大粒径达到150 mm，混凝土单位用水量相对较少，其中水利工程主要依据《水工混凝土施工规范》（SL 677）和《水工混凝土试验规程》（SL 352—2006）等相关要求，水电工程主要按照《水工混凝土施工规范》（DL/T 5144）和《水工混凝土配合比设计规程》（DL/T 5330）的相关要求进行设计，水利和水电工程采用的强度保证率t一般根据工程的重要性、具体的结构部位有所不同，取值一般为95%、90%、85%、80%等，混凝土配制强度的确定方法按照$f_{cu,0}=f_{cu,k}+t\sigma$进行计算，水胶比的选取主要根据混凝土强度等级、抗渗等级和抗冻等级等来确定。同时也可以看出，在国内各行业之间配合比设计均采用了水胶比、单位用水量和砂率等三大参数，配合比的计算方法均可采用体积法和质量法，这些虽然与欧洲一些国家在配合比设计思路和方法之间存在一定差异，但是比较适合我国在混凝土砂、石骨料生产和控制水平的国情。

7.2　配合比数据库应用

通过对中国水电四局各项工程施工配合比进行汇编而形成配合比数据库，其主要目的在于整合中国水电四局长期从事各行业或领域施工配合比技术资源，对不同工程项目，采用不同品种的水泥、骨料、掺合料、外加剂等原材料及不同品种的混凝土配合比设计试验技术和应用措施方面进行交流，总结经验和教训，推广或推动新技术、新材料、新工艺的应用和创新。通过对不同行业、不同领域、不同工程项目、不同原材料品种、不同气候因素、不同环境和地质条件、不同工程部位、不同设计要求、不同拌和设备、不同运输条件、不同入仓方式、不同浇筑施工措施等进行认真的对比和分析，找出共性的、规律性方面以及不同之处，要客观地、有针对性地加以参考，吸取之前的经验教训，对不妥之处或出现的新情况、新问题认真进行分析，不断进行技术创新，取得最好的技术经济效益。所以，在配合比数据库的应用及其参考过程中，不能简单地照搬照抄，反对在新开的工程项目或顾客委托的配合比试验中不加分析或验证而直接采用，如果不加思索一味地照搬照抄，也就违背了进行配合比汇编的初衷。

7.3　混凝土配合比研究与应用成果

在不同行业、不同领域混凝土工程长期实践中，中国水电四局在混凝土领域不断进行探索、研究和创新，掌握了混凝土配合比的核心技术，并依托这些核心技术为混凝土工程建设做出了重大贡献，同时也为推动我国混凝土技术进步起到了重要作用。截至目前，承担的已建和在建大坝、电站约 50 座，其他各类水利、公路、铁路、地铁、光伏、风电、城建、房建等混凝土工程项目 60 余项，在混凝土施工过程中，同时伴随着对其各项性能的试验研究工作。

首先是对高寒及恶劣环境条件下混凝土耐久性研究工作。从中国水电四局承建龙羊峡水电站的年代算起，至今已有 40 多年历史了，在此期间，中国水电四局扎根青海高原 40 多年，在高原高寒恶劣环境条件下进行混凝土施工及耐久性研究工作的基础上，建成了龙羊峡水电站、李家峡水电站、黑泉水库、公伯峡水电站、甘肃龙首水电站、拉西瓦水电站、积石峡水电站、纳子峡水电站、蓄集峡等水利水电工程。在这些工程项目中，大坝和水利工程对混凝土抗冻和抗渗性能要求较高，其抗冻等级均在 F200 以上，抗渗等级均在 W6 以上，龙羊峡大坝、李家峡大坝混凝土抗冻等级为 F250，抗渗等级为 W8；黑泉水库面板、龙首电站碾压混凝土、拉西瓦水电站大坝、纳子峡水电站面板、蓄集峡水电站面板混凝土抗冻等级均达到 F300，为高抗冻混凝土；抗渗性能方面，拉西瓦水电站大坝混凝土抗渗等级达到 W10，公伯峡面板、纳子峡面板、蓄集峡面板均达到 W12，为高抗渗性混凝土。在这些工程项目中，混凝土配合比试验设计采用“两低三掺”的技术路线，通过采用较低的水胶比、降低用水量，在混凝土中掺Ⅰ级粉煤灰、高效减水剂和引气剂，推荐的配合比混凝土满足设计要求，具有良好的耐久性能、抗裂性能以及较低的绝热温升。混凝土的力学性能指标主要有强度、弹模、极限拉伸值等，特别是水工混凝土设计龄期除 28 d 外，有些工程采用 90 d 或 180 d 设计龄期，中国水电四局在每个工程项目施工之前均要对混凝土力学性能开展深入研究，以确保混凝土各项力学性能满足设计要求。拉西瓦水电站在混凝土配合比设计试验过程中，除上述各项力学性能试验研究外，同时进行了 28 d 龄期、90 d 龄期和 180 d 龄期全级配混凝土力学性能试验研究。

在混凝土抗裂研究方面，曾结合南水北调漕河特大型渡槽和刘家峡洮河口排砂洞工程特点，开展了大型渡槽薄壁结构高性能混凝土和水工抗冲蚀混凝土抗裂性试验研究工作。

关于热学性能和变形性能，关系到混凝土的温控和防裂，也是水工混凝土必须研究的主要内容。龙羊峡、李家峡、拉西瓦、积石峡、小湾、官地、功果桥、蓄集峡等工程均进行了混凝土绝热温升、线膨胀系数、比热、导热系数的测试与研究，龙羊峡、李家峡、拉西瓦、积石峡、官地、功果桥、黄登、蓄集峡等工程均进行了混凝土干缩变形、自生体积变形等性能的测试研究，龙羊峡、李家峡、官地等水电站还进行了混凝土徐变性能的测试和研究。

在特种混凝土配合比方面，三峡工程、泸定白日坝大桥钢管混凝土、黄登水电站等工程进行了自密实混凝土研究，功果桥水电站进行了 CSG 配合比试验研究，玉树重建工程进行冬季高寒防冻混凝土和泡沫混凝土试验研究。

在新型掺合料方面,戈兰滩试验室进行了矿渣粉和石灰石粉混凝土试验研究,西宁中心试验室曾经进行了矿渣微粉基于水工混凝土方面的试验研究,龙江试验室进行了火山灰基于双曲拱坝混凝土的应用研究。

在其他不同的建筑行业方面,京沪高铁、宁杭客运专线、贵广铁路、武汉地铁、深圳地铁、林拉公路、太行山高速公路等工程进行了高性能混凝土试验研究,西宁中心试验室结合创盈公司混凝土配合比进行了商品混凝土试验研究,在平安高铁新区、玉树灾后重建工程建设过程中开展了工民建及市政工程配合比试验研究,江苏如东风电试验室开展了海上风电工程混凝土配合比试验研究。

正是由于在混凝土配合比方面不断的研究和探索,才使混凝土配合比逐步成为中国水电四局核心技术,并且混凝土施工技术和质量始终处于国家及行业的领先地位,浇筑的混凝土质量优良,许多工程获得了国家、行业或地方的质量奖,例如建设的刘家峡水电站1978年获得全国科学大会科技成果奖和国家银质工程奖,龙羊峡水电站枢纽工程荣获2003年国务院科技进步二等奖及2002年青海省科技进步一等奖,李家峡水电站荣获2006年度中国建筑工程鲁班奖、中国电力优质工程奖,万家寨水利枢纽工程荣获中国水利工程协会2005年度水利工程大禹奖,三峡水利枢纽工程获2009年新中国成立60周年“百项经典暨精品工程”,2011年获中国“百年百项杰出土木工程”,小浪底水利枢纽工程荣获2010—2011年度中国建设工程鲁班奖,龙首水电站荣获2003年甘肃省建设厅优秀工程“飞天奖”, 公伯峡水电站2007年荣获建设部和中国建筑业协会鲁班奖,2008年青海省科技进步奖一等奖,沙坡头水利枢纽工程荣获中国水利协会2007年度中国水利工程优质奖(大禹奖),小湾水电站荣获2016—2017年度国家优质工程金质奖,金安桥水电站荣获2013年云南省优质工程一等奖,功果桥水电站荣获2014—2015年度“国家优质工程奖”,京沪高速铁路荣获国务院2015年国家科技进步奖特等奖,天津大道工程荣获2011天津市市政公路工程金奖及2011—2012年度国家优质工程银质奖,深圳地铁7号线工程荣获2014年度全国建筑业绿色施工示范工程及2016—2017年度国家优质工程金质奖等。在这些获得质量奖的工程中,混凝土配合比设计试验技术及混凝土质量控制技术均发挥了重要的作用。

参考文献

[1] 中国建筑科学研究院. 普通混凝土配合比设计规程:JGJ 55—2011[S]. 北京:中国建筑工业出版社,2011.

[2] 中铁三局集团有限公司. 铁路混凝土工程施工质量验收标准:TB 10424—2018[S]. 北京:中国铁道出版社,2019.

[3] 中国铁道科学研究院集团有限公司铁道建筑研究所,中铁十二局集团有限公司. 铁路混凝土:TB/T 3275—2018[S]. 北京:中国铁道出版社,2018.

[4] 长江勘测规划设计研究院. 水工混凝土施工规范:SL 677—2014[S]. 北京:中国水利水电出版社,2014.

[5] 中国水利水电科学研究院,南京水利科学研究院. 水工混凝土试验规程:SL/T 352—2020[S]. 北京:中国水利水电出版社,2020.

[6] 中国电力企业联合会. 水工混凝土试验规程:DL/T 5150—2017[S]. 北京:中国电力出版社,2018.

[7] 中国电力企业联合会. 水工混凝土施工规范:DL/T 5144—2015[S]. 北京:中国电力出版社,2015.

[8] 中国电力企业联合会. 水工混凝土配合比设计规程:DL/T 5330—2015[S]. 北京:中国电力出版社,2015.

[9] 交通运输部公路科学研究院. 公路工程水泥及水泥混凝土试验规程:JTG 3420—2020[S]. 北京:人民交通出版社,2020.

[10] 中交一公局集团有限公司. 公路桥涵施工技术规范:JTG/T 3650—2020[S]. 北京:人民交通出版社,2020.